AF330147

MATÉRIAUX

POUR LA

CARTE GÉOLOGIQUE DE LA SUISSE

PUBLIÉS PAR LA COMMISSION DE LA SOCIÉTÉ HELVÉTIQUE DES SCIENCES NATURELLES

AUX FRAIS DE LA CONFÉDÉRATION

DIX-HUITIÈME LIVRAISON

DESCRIPTION GÉOLOGIQUE

DES

TERRITOIRES DE VAUD, FRIBOURG ET BERNE

COMPRIS

DANS LA FEUILLE XII ENTRE LE LAC DE NEUCHATEL ET
LA CRÊTE DU NIESEN

PAR

V. GILLIÉRON

AVEC UN TABLEAU DES TERRAINS ET TREIZE PLANCHES

BERNE

EN COMMISSION CHEZ SCHMID, FRANCKE & Co. (ANC. LIBRAIRIE J. DALP)

1885

La Commission géologique déclare que les auteurs sont seuls responsables du contenu de leurs ouvrages, et de l'exactitude des cartes et des profils qui les accompagnent.

TABLE DES MATIÈRES

AVANT-PROPOS

Ce volume se rapporte à une partie considérable de la feuille XII de la carte géologique de la Suisse, publiée à la fin de l'année 1879. L'impression en a commencé en janvier 1883, avant que la rédaction en fût terminée, et, à cause de mes nombreuses occupations, ce n'est qu'en septembre 1885 qu'elle a pu être achevée. C'est la même cause qui a prolongé le travail sur le terrain pendant de longues années, quoique la Commission géologique ait obtenu des autorités scolaires de Bâle un congé qui m'a permis d'y employer tout l'été de 1876.

Une partie des résultats de mes recherches a été publiée en 1873, dans la douzième livraison de ces Matériaux; elle contient un aperçu général sur les Alpes de Fribourg et une monographie du Montsalvens accompagnée d'une petite carte. La première partie de ce travail (59 pages) se trouve remplacée par le présent volume, mais non la seconde, à laquelle je renvoie souvent le lecteur pour éviter une double publication.

Le lever a été fait presque partout sur des cartes au 1 : 50,000; pour plusieurs parties des cantons de Vaud et de Berne, je n'ai

eu malheureusement entre les mains que des copies assez défec-
tueuses, ou des épreuves incomplètes, ce qui n'a pas contribué à
abréger le travail.

Les noms de lieux sont mal indiqués sur la carte originale du
canton de Fribourg, et ces imperfections ont souvent passé sur la
partie de la feuille XII qui en est la réduction ; je me suis abstenu
d'employer des noms rectifiés dans ce texte, car c'eût été remplacer un inconvénient moindre par un pire. Autant que je l'ai
pu, je ne me suis servi dans les descriptions que des indications
de localités qu'on peut trouver sur cette feuille XII. Aussi, bien
des endroits en pays de langue allemande se trouvent désignés
par leur nom allemand, quoiqu'ils en aient un en français ; si
j'avais écrit, par exemple, *Dirlaret, la Villette, Bellegarde*, il n'y
aurait eu que les habitants du pays qui auraient pu savoir qu'il
s'agissait des villages inscrits sous les noms de *Rechthalden, im
Fang, Jaun*. Pour désigner avec précision une localité, je me suis
servi quelquefois des lettres et des chiffres portés sur la carte, en
les mettant en italiques ; à la page 17, par exemple, j'indique la
position d'un pointement de rhétien, en disant qu'il est sur le
ruisseau au nord de *lb* (Tha*lb*erg).

Parmi les fossiles que j'ai recueillis, il s'en est trouvé de nouveaux que j'ai dénommés, lorsque c'étaient des espèces ou des
formes suffisamment distinctes ; mais, étant de l'avis de ceux qui
pensent que c'est rendre un très mauvais service à la science que
de publier un nom qui n'est pas accompagné d'une figure exacte
et d'une description complète du fossile, j'ai remplacé les désignations spécifiques par des lettres, en citant les espèces nouvelles
qui devaient servir à comparer différents gisements. J'ai fait don

au musée de Bâle de tous les fossiles que j'ai recueillis; ils y resteront réunis en collection spéciale au moins pendant quelque temps.

Autant que possible, je me suis abstenu de sortir du territoire de la carte, en décrivant les terrains et leurs dislocations, parce que j'avais l'intention d'en faire, dans un chapitre particulier, une comparaison avec ceux de régions voisines ou éloignées; la nécessité de restreindre l'étendue du livre m'a fait renoncer à ce projet. L'ouvrage qui m'aurait fourni le plus de matériaux à cet effet, aurait été les Etudes sur le Pays-d'enhaut par M. H. Schardt.

Ce qu'on pourra surtout trouver dans mon travail, ce sont des *faits*. Je les ai exposés avec autant d'impartialité que possible, toutes les fois qu'ils avaient rapport à quelque point controversé. Je n'ai donc touché aux théories géologiques qu'autant que cela était indispensable pour l'exposition de ces faits, et je n'ai guère cherché à tirer de ces derniers des conclusions générales, lorsqu'elles me semblaient devoir se présenter suffisamment à l'esprit du lecteur au courant de la science.

J'ai le plaisir de voir cet ouvrage paraître sous les auspices de M. B. Studer, qui a dirigé si longtemps et avec tant de dévouement l'entreprise de l'élaboration de la nouvelle carte géologique de la Suisse, et aux conseils et critiques duquel je dois beaucoup. Je regrette de ne pouvoir plus rendre le même hommage à P. Merian, que la mort nous a enlevé, mais qui nous a laissé, dans le musée et la bibliothèque qu'il enrichissait de ses dons, un trésor dont profiteront bien des générations de chercheurs. Nous avons aussi perdu O. Heer, qui m'a rendu le grand service de déterminer les restes de plantes que j'ai trouvés dans les montagnes. MM. Rütimeyer et de

Loriol se sont donné beaucoup de peine pour tirer parti, l'un des ossements mal conservés que j'ai recueillis, l'autre des Echinodermes. M. A. Favre a eu la bonté de me donner des renseignements sur l'origine de roches erratiques en les déterminant. M. E. Favre a revu quelques-unes de mes déterminations de fossiles. Enfin M. A. Muller a souvent mis à ma disposition ses connaissances minéralogiques et géologiques. Après avoir témoigné ma reconnaissance à ces savants, j'ai le plaisir de remercier encore bon nombre de personnes à qui je dois des renseignements ou des secours de différentes sortes: MM. H. Cuony, Musy, F. Castella, Bouquet, Chenaux, Reichlen, A. Gremaud, Ritter, Delley, Berger, Landerset, Grossmann, Crausaz et Schneuwlin.

J'ajouterai qu'il est peu de contrées alpestres qu'il soit aussi facile de parcourir que les montagnes de la feuille XII: les hôtels et les établissements de bains s'y trouvent distribués de telle façon qu'il n'y a pas beaucoup de points qui en soient éloignés de plus de quelques heures de marche; si l'on veut se contenter d'un gîte sur le foin, de pain et de laitage, on pourra demander l'hospitalité dans les chalets et séjourner partout.

BALE, en septembre 1885.

TOPOGRAPHIE.

La feuille XII de l'Atlas de la Suisse, à la géologie de laquelle se rapportent ces pages, s'étend sur un coin du Jura, sur le plateau et sur une portion des Alpes. La région du Jura a été coloriée par M. Jaccard, et il l'a déjà décrite dans le Supplément à la description géologique du Jura vaudois et neuchâtelois, pag. 43.[1] La partie orientale de la feuille a été étudiée par M. Bachmann, qui en donnera sans doute plus tard la description. La limite de nos territoires respectifs est, dans la direction du nord au sud, l'Aar, la Sarine (Saane), la Sense jusqu'à l'embouchure du Laubbach entre Plaffeyen et Guggisberg; puis en allant vers l'est, le Laubbach, la Ryffenmatt et une ligne se dirigeant de là vers Wattenwyl; ensuite le pied des montagnes jusqu'au Niesen, et la crête de la chaîne du Niesen jusqu'au bord méridional de la carte. Ce volume doit donc donner la description géologique de la plus grande partie des chaines alpines qui sont sur la feuille, et d'une portion notable du plateau.

Quand on contemple cette région, en la dominant du flanc du Jura, il semble qu'on ait devant soi un plateau incliné qui monte du lac de Neuchâtel aux Alpes; les vallées assez profondes qui le creusent étant dirigées au nord-est, on ne s'aperçoit presque pas de leur présence. Le spectacle est ainsi assez

---

[1] Matériaux pour la carte géologique de la Suisse, livraison 7.

différent de celui qu'offre la Suisse centrale et orientale, où les vallées se dirigent des Alpes au Jura. Une autre circonstance contribue à rendre moins varié le tableau de notre région : c'est que le poudingue du pied des Alpes étant beaucoup moins développé qu'à l'orient, on n'y trouve que des représentants bien affaiblis du Napf, du Rigi et du Speer, de ces cimes dont les formes déjà hardies préludent à celles des Alpes d'une manière si harmonieuse. A leur place nous n'avons que la chaîne de flysch de la Berra, dont les croupes plus arrondies forment le premier gradin des Alpes. En revanche, les cimes calcaires qui se dressent au-dessus, ne laissent rien à désirer sous le rapport du pittoresque et de la variété des formes.

Pour l'intelligence de la description géologique de ce territoire, il sera bon d'établir, au moins dans les Alpes, quelques divisions topographiques aussi naturelles que possible. Elles seront moins nécessaires pour le plateau, dont je me bornerai à décrire ici le réseau hydrographique, en ajoutant quelques remarques sur le relief du pays.

LES ALPES.

Dans sa Géologie des Alpes occidentales de la Suisse et ses autres ouvrages, M. Studer a distingué, dans notre territoire, la chaîne de la Berra, celle du Stockhorn, celles des Gastlosen et des Spielgärten, formant ensemble le groupe du Simmenthal, enfin celle du Niesen. Plus tard, M. C. Brunner a séparé du massif du Stockhorn, les chaînes du Langeneckgrat et du Ganterist. Ces dernières divisions sont rendues très apparentes, du côté de l'orient de notre territoire, par des dépressions longitudinales très marquées ; en allant vers l'ouest, il semble qu'on ait des massifs autrement disposés, plutôt que trois prolongements des alignements reconnus du côté de l'est, et qu'il vaille mieux conserver à cet ensemble le nom de chaîne du Stockhorn, le seul qu'ait employé et popularisé M. Studer. Mais la carte géologique nous montre qu'au fond la division en trois chaînes continue à subsister, et que les limites en sont bien marquées par des affleurements presque continus de terrains triasiques, qui suivent des dépressions parfois considérables, et qui sont accompagnés de failles.

Les coupures transversales des chaînes permettent de les diviser en parties plus ou moins nombreuses, dont les unes sont de véritables massifs, les autres seulement des portions de chaînes ne comprenant qu'une seule arête.

Chaîne de la Berra.

Placée entre le plateau molassique ondulé et les Alpes calcaires, *la chaîne de la Berra*, presque entièrement composée de schistes et de grès, participe du caractère de ces deux régions, et établit entre elles une transition naturelle.

Elle entre sur notre carte au parallèle de Semsales, en formant deux branches séparées par la profonde vallée de la Trême; on peut les comprendre sous le nom de *massif des Alpettes*, quoiqu'elles ne soient proprement que la continuation du Niremont, situé plus au sud. Géographiquement, la chaîne est ensuite complètement interrompue sur une longueur d'une lieue, au débouché de la vallée de la Sarine; c'est tout au plus si l'on en peut retrouver une faible continuation dans la colline de Morlon, entièrement recouverte par les dépôts glaciaires. A l'est de la Sarine, elle recommence par le *massif du Mont-salvens*, composé surtout de terrains secondaires, ce qui lui donne une physionomie toute différente. Ce massif n'est séparé que par un simple col de celui du *Cousinbert*; ici la chaîne atteint sa plus grande hauteur dans la sommité de la Berra, et une largeur assez grande pour qu'elle puisse renfermer des vallées transversales relativement considérables. Au-delà de la Sense, cette largeur diminue peu à peu dans le *massif du Gurnigel*, creusé profondément par une vallée presque longitudinale; puis la chaîne est coupée subitement, déjà à une assez grande distance de la plaine de l'Aar proprement dite.

Chaîne du Langeneckgrat.

Entre la chaîne de la Berra et celle du Ganterist, on trouve de distance en distance des montagnes moins élevées, qui sont loin de former une ligne continue, mais qui sont bordées de deux côtés par une zone triasique et une dépression plus ou moins marquée. En commençant par le sud-ouest, le premier de ces petits massifs est celui de *Gruyères*; le second, celui de l'*Arsajoux*, est au nord-est de Charmey; il est coupé par la cluse des Rosseyres, et cesse au bord du Javroz. Plus loin, de l'autre côté de ce torrent, s'élève une petite chaîne qui semble n'avoir pu surgir entièrement de son recouvrement de flysch dans son centre, et qui disparaît sous ce terrain au bord du lac Noir, c'est le *massif du Dosenrain.* Après une longue interruption, le Langeneckgrat, près de Blumenstein, termine cette chaîne intermittente, à laquelle il donne son nom; pour le considérer à part, on pourra l'appeler *massif des Wirtneren.*

Chaîne du Ganterist.

Après son entrée au bord sud de la feuille XII, la chaîne du Ganterist présente des vallons, des crêts et des combes qui lui donnent une certaine ressemblance de structure avec le Jura, et elle forme, de la Sarine à la cluse oblique de la Jogne (Jaun-Bach), les deux massifs de la *Dent de Broc* et du *Plan,* séparés par la cluse perpendiculaire du Montélon. Au-delà de la Jogne, dans le massif des *Brunnen*[1] la structure est plus simple; deux longues arêtes rocheuses de jurassique supérieur enferment les bassins crétacés des Fornyx et des Sciernes, et sont flanquées de terrains inférieurs. A partir de la haute vallée de Nüschels, la chaîne du Ganterist semble ne plus être qu'un contrefort de celle du Stockhorn; elle forme alors les deux petits massifs du *Hohmättle* et du *Wannels,* entre lesquels elle subit une interruption où elle n'est indiquée que par des affleurements de cargneule, le reste des terrains étant resté recouvert par le flysch. A partir de la Hengst-Sense, la chaîne recouvre tout de suite sa hauteur, mais ne reprend pas la largeur qu'elle avait au sud-ouest; comme elle n'est plus coupée par une vallée transversale, cette partie ne forme qu'un seul massif allongé, auquel on peut appliquer le nom de la *Neunenenfluh,* qui est à l'est du Ganterist.

Chaîne du Stockhorn.

La chaîne du Stockhorn a plus de constance dans sa largeur que celle du Ganterist, et elle élève ses sommets un peu plus haut. Elle entre sur notre

---

[1] J'emploie ce nom, parce qu'il est sur la carte; dans la contrée on ne l'applique pas aux sommités qu'il y désigne (voir à cet égard le travail de MM. Sottaz et Wäber mentionné plus loin dans la Bibliographie, 1877).

feuille, du côté du sud, par la large masse du *Hochmatt,* dont les terrains secondaires, bientôt atténués, sont coupés par la cluse de Im-Fang, et se rétrécissent encore en s'abaissant vers Jaun, limite de ce premier massif. De l'autre côté de la vallée, ils s'élargissent de nouveau en s'élevant toujours plus dans la direction du nord-nord-est, ce qui les amène à occuper une partie de la place de la chaîne du Ganterist; c'est là le massif de la *Kaiser-Eck,* qui est imparfaitement séparé de celui de la *Scheibe* par la vallée du Harnisch, coupure ouverte seulement du côté du nord. Une cluse qui, de Morgeten, se dirige au sud sur Weissenburg, sépare la partie orientale de la chaîne, où se dresse le Stockhorn, et qu'on peut appeler massif des *Nüschleten.* A partir des sommités de ce nom, il y a une réduction subite dans la largeur de la chaîne, et elle se termine bientôt à la plaine de l'Aar, comme les précédentes.

Chaîne des Gastlosen.

La chaîne des Gastlosen est bien plus étroite que celles que nous venons de considérer; malgré cela c'est celle qui change le plus de physionomie: ici elle est parfaitement accusée par son relief, là elle se réduit à un rocher plaqué contre la chaîne du Stockhorn; ici une faille la dédouble, là elle cesse d'exister, pour se reformer un peu plus au nord. A cause de leur peu de largeur, le nom de massif ne convient pas toujours à ces parties; je continuerai cependant à l'employer pour ne pas me servir de celui de chaîne, qui serait pris alors tantôt dans un sens général, tantôt dans un sens particulier.

A l'entrée de ce nouvel alignement, au bord sud de la feuille, le massif de la *Marchzahn* a un aspect qui le distingue de toutes les autres montagnes de la Suisse: c'est une muraille déchiquetée en dents aiguës, et si étroite à sa base qu'un trou naturel la traverse de part en part. Après la cluse que forme la vallée de Jaun, une dislocation dans le sens horizontal a porté le massif du *Baederberg* un peu plus à l'est; en même temps les terrains secondaires surgissent une seconde fois à l'ouest, et comme ils acquièrent un relief de plus en plus considérable, la chaîne se trouve bientôt double. Cette division continue dans le massif du *Holzershorn* (nom emprunté à la sommité cotée 1949 m. sur la carte), qui est au-delà de la cluse de Boltigen, et va se terminer en se perdant sous le flysch à Wüstenbach. La chaîne est donc interrompue à cet endroit; on peut admettre pourtant qu'elle a déjà recommencé plus au nord par un lambeau mis à jour par le torrent de Bunfall, et qu'elle continue au-dessus d'Oberwyl par une zone jurassique et triasique, qui semble seulement adossée à la chaîne du Stockhorn, mais en est séparée par une faille sans influence sur le relief. Par la diminution progressive mais rapide de la faille, et la réduction extrême des couches qui viennent à jour, ce massif d'*Oberwyl* est réduit à une largeur infime avant la cluse de Weissenburg, et disparaît même complètement sous les débris. La chaîne reparaît pourtant à une petite hauteur sur le flanc gauche de la cluse, et reprend peu à peu une plus grande largeur; toutefois elle ne forme orographiquement qu'une terrasse adossée à celle du Stockhorn. La faille qui la sépare de cette dernière cessant peu à peu, on finirait par n'avoir plus de raison d'admettre deux chaînes, si le relief ne les distinguait pas parfaitement vers leur extrémité orientale. Là, celle des Gastlosen s'élargit d'une manière notable, et se termine par la *Simmenfluh*, dont le nom peut servir à en désigner cette dernière partie. Une cluse pittoresque qui semble longitudinale, mais qui est au fond transversale, à cause du changement de direction des couches à cette extrémité de la chaîne, y livre un passage à la Simmen, entre la Burgfluh au sud et la Simmenfluh au nord.

Vallée de la Simmen.

A son débouché le Simmenthal est étroit, et l'on peut dire que là les flancs de la vallée ne sont que les flancs des montagnes qui la bordent. Mais cette simplicité du relief ne continue que jusqu'à Därstetten. En amont de cette localité, le flanc sud se complique de vallées latérales, et la chaîne calcaire est plus éloignée du thalweg. En amont de Reidenbach, c'est le flanc gauche qui présente une série de vallées latérales plus parallèles entre elles que les précédentes, et séparées par des croupes plus régulières et plus élevées, qui atteignent la hauteur de véritables montagnes. Une partie des eaux de cette région s'écoule à l'ouest par la vallée de la Jogne.

Tout le Simmenthal est rempli par un seul terrain, le flysch, qui y forme sans doute plusieurs plis, qu'il est fort difficile de reconnaître à cause de la persistance de la végétation. Il y a là assez de raisons pour faire considérer cette vallée à part dans une description géologique.

Chaîne des Spielgärten.

Si l'on ne considère les massifs de terrains secondaires qui enveloppent la vallée de Diemtigen que sur notre carte, on ne sera guère tenté de leur donner le nom de chaîne, car ils s'étendent presque autant en largeur qu'en longueur; mais ils se prolongent plus loin au sud-ouest; c'est là que se trouvent les *Spielgärten*, dont M. Studer a appliqué le nom à l'ensemble des masses calcaires qui se prolongent jusqu'au-delà de la Sarine.

Quoique ces montagnes ne le cèdent guère en hauteur, et parfois en hardiesse de formes, à celles qui sont au nord du Simmenthal, elles s'en distinguent en ce qu'elles ne surgissent pas entièrement de la nappe de flysch qui les entoure, ou, si elles le font, ce n'est pas d'une manière continue. C'est surtout le cas dans l'alignement le plus rapproché du Simmenthal, où l'on distingue trois sommités principales, le *Niederhorn*, le *Buntelgabel* et le *Thurnen*. Les deux premières ont des escarpements considérables du côté du sud-est; dans le Thurnen les parties abruptes sont plutôt du côté du nord. Un second alignement commence par un beau cirque qui se rattache au massif des *Mänigen*, dont les escarpements sont tournés au sud-est. Ce dernier trait se retrouve, au-delà du Männiggrund, dans l'*Abendberg*, qui s'abaisse aussi brusquement du côté de la vallée de Diemtigen. La continuation de l'alignement est formée par plusieurs *Klippen* beaucoup moins élevées, dont la principale est la *Zünegg*. La Burgfluh, au sud-ouest de *Wimmis*, pourrait être rattachée à cet alignement, si les couches qui la composent ne passaient pas, sans aucune espèce d'interruption, à celles de la Simmenfluh.

En dehors de ces deux alignements, trois grandes *Klippen* s'élèvent dans le flysch, au sud de l'Abendberg. Celle du *Hohmad* n'a d'escarpements considérables que du côté du sud, celles du *Schwarzberg* et de *Twirien* en ont de fort hardis du côté de l'est.

Les divisions orographiques qui viennent d'être établies sont résumées dans le tableau suivant:

Chaînes.	Massifs.	Chaînes.	Massifs.
Berra	Alpettes	Gastlosen	Marchzahn
	Montsalvens		Baederberg
	Cousinbert		Holzershorn
	Gurnigel		Oberwyl
Langeneckgrat	Gruyères		Simmenfluh
	Arsajoux	Spielgärten	Prem. alignement :
	Dosenrain		Niederhorn
	Wirtneren		Buntelgabel
Ganterist	Dent de Broc		Thurnen
	Plan		Sec. alignement :
	Brunnen		Mänigen
	Hohmättle		Abendberg
	Wannels		Zünegg
	Neunenenfluh		Klippen :
Stockhorn	Hochmatt		Hohmad
	Kaiser-Eck		Schwarzberg
	Scheibe		Twirien.
	Nüschleten		

LE PLATEAU.

Remarques sur l'hydrographie.

Du pied des Alpes, où il est à une altitude qui varie autour de 8 ou 900 m., le plateau va généralement en s'abaissant jusqu'au lac de Neuchâtel, qui est à 435 m. Cependant ce bassin n'en reçoit directement aucune rivière de quelque importance, la Broye n'étant guère qu'une exception apparente. C'est que dans la région qui nous occupe ici, c'est-à-dire dans celle qui est à l'ouest de la Sense, les cours d'eau ne vont pas directement au Jura. La Broye et la Sarine n'y arrivent qu'en coulant au nord-nord-est, ce qui allonge beaucoup leur cours, et la Sense suit la même direction, avant de se détourner pour aller se jeter dans la Sarine.

Dans le coin sud-ouest de la carte, une partie des eaux de notre région semble vouloir se rendre dans le bassin du Léman, par la Broye, la Mionnaz, le Flon et d'autres ruisseaux, qui coulent dans la direction du sud-ouest. Mais la Broye est arrêtée par les poudingues de Châtel-St-Denis et d'Attalens, au midi du territoire de notre feuille, et elle est obligée de rebrousser chemin vers le nord, et de ramener dans cette direction ses eaux et celles des ruisseaux qu'elle a reçus. La vallée qu'elle parcourt ainsi s'approfondit rapidement; déjà en amont de Moudon, le thalweg n'est plus qu'à 530 m.; en même temps le fond de la vallée devient une plaine d'une largeur notable, dans laquelle la rivière serpentait sans doute autrefois, avant que son cours eût été redressé. Depuis Payerne, elle coule dans une plaine encore plus large, qu'elle partage, il est vrai, avec la Petite-Glane, et dont le lac de Morat occupe ensuite toute la largeur. La direction qu'elle prend pour se rendre au lac de Neuchâtel n'est point naturelle, et cette partie de son cours ne saurait être bien ancienne.

En sortant des Alpes, la Sarine amène un volume d'eau plus considérable que celui de la Broye à son embouchure dans le lac de Morat, et cependant, sur le plateau, les dimensions de sa vallée sont moindres. Son lit est parfois dans une plaine assez large depuis Gruyères; mais à partir de Pont-la-ville, il est étroitement encaissé et se distingue par de nombreux méandres. Ce n'est qu'en amont de Laupen que ces allures changent; le lit est dans une plaine et les méandres cessent; toutefois cette plaine n'atteint pas même la largeur de celle de la Broye en amont de Payerne, et lorsque l'Aar vient s'y ajouter, ses dimensions n'augmentent pas.

En sortant des Alpes, la Sense coule aussi dans un lit d'une largeur considérable; mais elle entre bientôt, comme la Sarine, dans une gorge étroite et profonde, qui se prolonge jusqu'à ce que la rivière tourne à l'ouest, pour terminer bientôt son cours après avoir parcouru une plaine.

Les cours d'eau moins considérables que la Broye, la Sarine et la Sense, donnent aussi lieu à quelques remarques. Les affluents du côté gauche de la Broye ont la plus grande partie de leur cours dans la direction du nord-est; aussi il faut qu'ils tournent à l'est pour arriver à la rivière principale. Ceux du côté droit ont aussi la dernière portion de leur cours perpendiculaire à la rivière; cette partie est considérable dans l'Erbogne, qui débouche à Corcelles; mais, sauf pour les plus petits, leurs vallons supérieurs vont au nord-est comme de l'autre côté. On remarque la même direction dans les grands affluents de la Sarine sur la rive gauche, savoir la Sionge, la Glane avec la Neyrigue et la Sonnaz.

Sur la rive droite, il y a bien une vallée qui a à peu près la même orientation; mais les eaux s'en écoulent en sens inverse, au sud-ouest par la Serbache, et au nord-nord-est par le ruisseau du Mouret. La Gérine et le Gotteron ont le nord-ouest pour orientation générale; dans ces deux bassins les ruisseaux viennent du côté du sud-ouest, mais ils ont une grande variété de direction. De même que la Gérine, la Tafferna coule dans une vallée étroite et profonde; elle va d'abord au nord, ce qui l'amène dans la région ou la direction générale est le nord-est; elle se conforme alors à cette loi.

Remarques sur le relief.

Le relief du plateau étant surtout l'œuvre des eaux, l'orientation des collines concorde avec celle des rivières et des ruisseaux. Il en résulte que dans la partie occidentale de notre territoire, la plupart des élévations du sol courent du sud-ouest au nord-est, tandis qu'à l'est de la Neyrigue, de la Glane, de la Sarine et du lac de Morat, on ne reconnaît guère de lois dans la direction des hauteurs. Dans la partie sud-ouest de la feuille, où les cours d'eau vont en sens contraires, à la Broye d'un côté et à la Neyrigue de l'autre, la direction des collines du sud-ouest au nord-est n'est pas altérée par des hauteurs courant du sud-est au nord-ouest, et déterminant le partage des eaux; celles-ci se séparent simplement à partir d'un marais tourbeux, ou d'un bas-fond marécageux enfermé entre des collines.

La ligne de hauteurs la plus considérable du plateau est du côté des Alpes; mais elle ne leur est pas constamment parallèle. Elle commence à l'ouest de la Sense par le Menzisberg, bien moins élevé pourtant que le Guggisberg, à l'est de la même rivière. Au-delà de la Gérine, une série de collines séparées par des ravins qui vont du sud au nord, continuent à avoir un versant plus ou moins considérable du côté des Alpes; plus loin le Mont-Combert s'élève plus haut. Jusqu'à Pont-la-ville, ces hauteurs subalpines restent assez parallèles à la chaîne de la Berra; mais depuis là elles courent à l'ouest, et s'en trouvent ainsi éloignées dans le Gibloux, la plus considérable de toutes. Au sud, cette montagne n'est qu'incomplètement séparée d'un plateau, surmonté de deux collines, qui présente aux Alpes une pente rapide de plus de 200 m. A l'ouest du massif des Alpettes, il n'y a pas de hauteur qui ait un versant escarpé du côté des Alpes.

Au sud-ouest du Gibloux, se trouve une large vallée, qui a facilité la construction du chemin de fer de Romont à Bulle. Elle commence à Vaulruz par des marais, et elle est parcourue ensuite par un ruisseau des plus calmes, auquel on ne saurait attribuer le creusement de cette grande dépression.

Une autre région de la configuration de laquelle les cours d'eau actuels ne rendent point compte, c'est celle des bords du lac de Neuchâtel. Sur la ligne menée de Font à Montet, les collines élevées qui viennent du sud-ouest s'abaissent subitement, et sont remplacées par un plateau bas, dont les eaux s'écoulent des deux côtés. Ce plateau se relève vers le commencement du lac de Morat, pour s'abaisser de nouveau à Lugnorre, ce qui rend d'autant plus sensible l'élévation rapide de la colline du Vully, dont les pentes sont escarpées de tous les côtés.

Il serait plus embarrassant qu'utile d'établir des divisions géographiques dans le plateau; cela ne ferait guère qu'entraîner à des répétitions dans la description géologique. De même, si l'on distinguait des régions différentes d'après les étages de la molasse, elles auraient le défaut de ne plus pouvoir servir, quand il serait question du terrain quaternaire. Il vaut donc mieux faire ici abstraction de toute espèce de division de ce territoire.

RÉSUMÉ HISTORIQUE.

A la fin de ce chapitre, on trouvera une liste des ouvrages qui ont plus ou moins rapport à la géologie de la région dont il sera traité dans ce mémoire; c'est aux numéros de cette liste que renvoient les chiffres entre parenthèses, dans l'esquisse historique qui va suivre. Cette partie de mon travail a atteint des dimensions auxquelles je ne m'attendais guère en la commençant, et qui sont passablement inusitées en matière de géologie; j'ai donc été souvent tenté de la réduire; mais, en définitive, il m'a semblé utile, dans un ouvrage du genre de celui-ci, de faire connaître aux lecteurs s'intéressant spécialement au sujet les progrès successifs qui ont été faits dans la connaissance géologique de ce territoire. J'ai donc inséré dans la liste bibliographique non seulement les ouvrages qui en traitent avec quelques détails, mais tous ceux où l'une ou l'autre de ses localités est mentionnée au point de vue géologique, tout en laissant de côté des travaux importants pour l'ensemble de la Suisse, uniquement parce qu'aucune partie de cette région n'y était nominativement désignée. J'aurais voulu cependant faire un triage, pour omettre les ouvrages dont les auteurs paraissaient ne répéter que ce que d'autres avaient dit avant eux; mais souvent il était fort difficile de savoir au juste quels étaient ceux qu'il fallait exclure pour cette raison. Je me suis de même abstenu de critiquer les opinions émises; c'eût été, dans la plupart des cas, fastidieux et bien inutile.

Pour ce qui concerne les auteurs des siècles passés, je n'aurais guère pu songer à les compulser, si je n'avais pas eu, pour m'orienter, l'excellente histoire de la géographie physique en Suisse que nous devons à M. Studer.[1]

Comme le sujet lui-même, cette revue rétrospective se divise naturellement en deux parties : les Alpes et le plateau. La date de la publication des principaux ouvrages de M. Studer, nous donnera les jalons essentiels pour diviser chacune de ces parties.

ALPES.

Période antérieure au XIXᵉ siècle.

„A côté du Pilate et du Calanda, dit M. Studer,[2] nous pouvons considérer „le Niesen et le Stockhorn comme les plus anciennes stations des missionnaires „naturalistes, qui de là ont pénétré dans les recoins les plus reculés des Alpes." C'est au XVIᵉ siècle que ce travail a commencé; les premiers missionnaires au Stockhorn étaient des ecclésiastiques et un professeur de grec et d'hébreu à Berne; mais ils ne s'occupaient encore que de botanique; les vers latins où *Rhellicanus* (1) chante cette course, contiennent des détails topographiques, mais pas de remarques pétrographiques ou minéralogiques.

Il en est de même de la description d'*Aretius* (2); toutefois elle offre de plus quelque chose qui se rattache à notre sujet : ce sont les détails donnés sur les deux lacs du Stockhorn, dont les eaux s'échappent par des issues souterraines.

Un ami de Conr. Gessner, *Piperinus*, pasteur à Sigriswyl, paraît être le premier qui ait fait des recherches minéralogiques dans notre région, car il avait composé un catalogue des plantes et des fossiles du Simmenthal, que A. de Haller a eu entre les mains, mais qui est resté manuscrit.[3]

On trouve moins que le titre ne fait attendre dans le curieux volume de *Rebmann*, qui était aussi un ecclésiastique (3). Le Niesen ayant invité le Stock-

---

[1] Geschichte der physischen Geographie der Schweiz.
[2] Geschichte der physischen Geographie der Schweiz, S. 110.
[3] *Studer*, Geschichte der physischen Geographie der Schweiz, S. 110.

horn et sa cour, les deux montagnes ont une conversation en vers qui remplit tout le volume, et dans laquelle elles traitent de l'histoire sacrée et profane et de toutes les sciences. Le Niesen a vu la création du monde (p. 4), et les astres apparaître au firmament; il se décrit lui-même, ainsi que ses richesses (p. 495), et le Stockhorn en fait autant (p. 497); mais ces descriptions ne contiennent guère que les noms des pâturages environnants, et le nombre des vaches qu'on y peut estiver.

Plantin (4) ayant été pasteur à Château-d'Oex et ayant fait de là des courses de montagne, devait connaître notre territoire. Nous ne pouvons pourtant pas revendiquer ce qu'il dit de la montagne de Doronaz, qui se trouve en dehors, ni même la mention des pierres à feu, qu'il ne paraît connaître que dans la préfecture du Gessenay (p. 42); mais bien ce qu'il dit d'une source près de Charmey, savoir que le bois qui y est plongé se couvre de soufre et brûle avec flamme et une odeur sulfureuse (p. 175). Cette indication reparaît dans les auteurs subséquents, et est rapportée tantôt à la source de dom Hugon, tantôt à une autre aux Ciernes, plus près de Charmey. Plantin relate encore qu'on lui a communiqué (p. 71) que de la sciure de bois jetée dans un lac des montagnes de Fribourg, a reparu dans une source sur le territoire bernois, à deux milles d'Allemagne de distance; cette indication se rapporte peut-être à l'un des lacs de Wallop.

J.-J. Wagner (5) reproduit les renseignements donnés par Plantin (p. 126 et 319). A l'article des éboulements de montagne, il en indique un (p. 46) dans le canton de Fribourg, qui a coûté la vie à huit personnes; mais il ne dit pas dans quel endroit cet accident a eu lieu. C'est dans son livre qu'on rencontre les premiers détails sur les sources minérales de Blumenstein et du Gurnigel (p. 109 et 110); il mentionne aussi le premier le lait de lune du Stockhorn (p. 341).

Peu après la découverte des eaux minérales chaudes de Weissenburg, à la fin du XVIIe siècle, *Ritter* entreprit de les faire connaître au public; il y avait trouvé du vitriol, de l'alun, de l'or et du fer (6, p. 16).

C'est à peu près là tout ce que le seizième et le dix-septième siècle ont légué au suivant, au commencement duquel *J.-Jac. Scheuchzer* fit ses explorations. Il n'a pas ajouté grand'chose au peu de connaissances qu'on avait de nos régions, parce qu'il les a peu visitées. Il a passé au pied du Niesen (**10**, p. 482), mais il n'a pas pénétré dans l'intérieur du Simmenthal, et encore moins dans les montagnes qui le bordent. Tandis qu'il expose en détail la topographie du Niesen (**8**, p. 194) et du Stockhorn (p. 197), il ne nomme aucune sommité du canton de Fribourg, sauf la Mehrenfluh, qui est à sa limite ; mais il n'oublie pas l'éboulement de rocher déjà enregistré par Wagner (**8**, p. 135). Ce dont il parle le plus, ce sont les eaux minérales : l'Hydrographia helvetica mentionne pour la première fois une source de la vallée de Diemtigen, qui est appelée *la fontaine du suif* (Unschlittbrunnen), parce qu'elle dépose une matière sébacée, quoique l'eau soit potable et sans goût particulier (**9**, p. 314). Il dit un mot des eaux minérales de Charmey, d'après Plantin (**9**, p. 316), et de celles de Weissenburg, du Gurnigel et de Blumenstein (**10**, p. 144 ; **9**, p. 343, 192, 193). Il ne paraît pas du reste qu'il ait visité les localités lui-même ; cependant il a fait une expérience sur l'eau de Weissenburg : en la faisant évaporer il a obtenu un résidu sans goût particulier, qui peut bien provenir de lait de lune.

Dans son ouvrage sur les bains de Weissenburg, *Christen* nous apprend qu'il a trouvé du naphte à la source, et dans d'autres endroits des montagnes, ainsi que des pyrites. Dans l'eau il y a du vitriol, et le dépôt qu'elle forme est composé de naphte, de lait de lune et de tartre (**11**, p. 9—12). Christen s'est occupé aussi de la recherche des mines dans l'Oberland bernois ; près de Boltigen, il avait rencontré une montagne entière de soufre et de vitriol, qui paraissait ne le céder en rien à celle de Rammelsberg près de Gosslar (**12**). Quoique la relation de ses découvertes n'ait pas été publiée, c'est à lui que nous devons de trouver plus tard le Fluhberg, près de Boltigen, mentionné souvent, bien à tort, comme renfermant diverses richesses minérales.

L'un des premiers voyages botaniques de *Haller* a eu pour but l'exploration des montagnes qui sont entre le Gurnigel et Weissenburg. Il a fait à cette occasion des essais sur les eaux minérales (**13**, p. 7) ; il mentionne aussi le lait de lune de la dernière de ces localités (p. 16), et l'écoulement souterrain des eaux du lac occidental du Stockhorn, qui vont former le ruisseau de Buntschi (p. 21). Il ajoute ensuite qu'on trouve des sélénites sous la Stockernfluh, et qu'elles sont semblables à celles de Bienne, dont il a vu faire du plâtre très blanc. Ce dernier détail peut faire penser qu'il s'agit du gypse qui est au nord du Stockhorn; cependant il est plus probable que Haller a eu en vue du spath calcaire provenant de rochers jurassiques au midi des lacs; ces rochers forment en effet un escarpement du côté du Simmenthal, et portent le nom de Stockernfluh. Cette indication se trouve reproduite par *Guettard*, qui appelle le minéral spath (**15**, p. 336).

Les ouvrages de *Gruner* nous donnent des indications bien plus nombreuses, mais ses renseignements ont été compilés sans beaucoup de critique. *Les Eisgebirge* (**16**) contiennent une carte des Alpes du Valais et de Berne, avec des signes minéralogiques et l'indication des eaux minérales[1]; dans le texte on a, sur le Simmenthal et la vallée de Diemtigen (p. 150—152), quelques détails qui sont répétés dans ses ouvrages postérieurs. La troisième partie, p. 5, contient une critique judicieuse des conceptions de Guettard.

Ses catalogues relatifs à la minéralogie du canton de Berne (**21**) et de la Suisse en général (**23**), sont par ordre systématique. Les données du premier sont répétées dans le second. Gruner y admet les découvertes de Christen comme dignes de foi, car il cite souvent le Fluhberg, près de Boltigen; il y a là de la terre alumineuse, de la terre vitriolique, de la terre soufreuse, de l'alun vierge, le charbon fossile, les pyrites, la mine de cuivre terreuse, un minerai d'argent (cité avec doute). La vallée de Diemtigen n'est pas moins riche: on y trouve de la terre bitumineuse à l'Unschlittbrunnen, la mine de cuivre blanche, qui a été exploitée, la galène, la mine d'argent grise. Weissenburg vient ensuite: il y a différents spaths, de l'huile de pétrole et de l'asphalte, du lait de lune. Dans le Simmenthal, on a encore du marbre à Därstetten et du mercure à Erlenbach (cité avec doute). Les autres substances minérales indiquées sont le lait de lune et la terra sigillata, à Blumenstein, le marbre entre Bottens (Botterens) et Villars Vola, l'albâtre au Stockhorn (cité avec doute) et à Grany près de Gruyères (sans doute Pringy), la sélénite au Stockhorn, différents spaths au Stockhorn, la pierre à fusil entre Charmey et Belle-

---

[1] Cette carte est reproduite à une plus petite échelle par *Herrliberger*, Neue Topographie helvetischer Gebirge, 1774, Theil 1.

garde (elle contient de l'or natif, métal qu'on rencontre aussi dans des pyrites), enfin le calcaire près de Pringy.

Bertrand était contemporain de Gruner, et ils se sont fait réciproquement des emprunts. Dans la minérographie du canton de Berne (**19**), les indications sont d'abord distribuées suivant l'ordre alphabétique des localités, ensuite dans l'ordre systématique. Nous y trouvons à peu près les mêmes renseignements que dans Gruner sur Blumenstein, Boltigen, Diemtigen, Grimmi, Gurnigel, Lavelen, le Stockhorn et Weissenburg.

De toutes les substances minérales mentionnées par ces auteurs, la plus importante était sans contredit la houille du flanc gauche du Simmenthal. C'est *Rud. Sinner* de Ballaigues (**22**) qui donne les premiers renseignements un peu précis sur les mines de Boltigen, ouvertes au milieu du XVIIe siècle (p. 73). Il indique aussi les autres localités où on a trouvé le charbon et fait des essais d'exploitation, savoir Oberwyl et Erlenbach (p. 74, 80, 84).

Le point de vue utilitaire dominait tellement dans les publications de la Société économique de Berne, que Sinner ne fait pas même mention des fossiles qui accompagnent les couches de houille. Il ne paraît pas qu'il y ait non plus dans les ouvrages paléontologiques de *Scheuchzer* et de *Lang* des citations de nos montagnes. C'est dans *Gruner* que nous trouvons la première indication d'une localité fossilifère : à Thal, entre le Stockhorn et la Nünifluh, il y a des Ostracites, dit-il (**16**, p. 151). Cela se rapporte très probablement à un pointement de rhétien sur le ruisseau nord de *lb* (Thal*berg*), où j'ai trouvé en effet l'*Ostrea Marcignyana*. Ce n'est qu'en 1798 que *Bridel* donna une indication analogue sur le canton de Fribourg; il rapporte comme un on-dit qu'il y a des corps marins pétrifiés dans les rochers ruineux qui dominent le Pré-de-l'Essert (**33**, p. 224).

C'est *de Saussure* qui a commencé la série des observations géologiques proprement dites dans nos montagnes. En allant de Vevey à Spiez, il a descendu le Simmenthal (**25**, vol. 3), et il a remarqué, en amont de Weissenbach, des lits irréguliers de sables et de cailloux agglutinés (§ 1163), dans lesquels il n'a pu distinguer aucun fragment de roches primitives; en général, dit-il encore plus loin, il n'y a dans ces vallées que des cailloux des montagnes du voisinage, qui sont toutes secondaires (§ 1166) et calcaires pour la plupart; les couches, souvent verticales, sont dirigées du nord-nord-est au sud-sud-ouest, ou du nord-est au sud-ouest.

En descendant la vallée de Bellegarde, *Ch. de Bonstetten* a été frappé par une colline de blocs, à l'entrée de la plaine de Charmey, et il en attribue le transport à la rupture d'une paroi de rochers qui retenait un lac (**24**, 15ᵉ lettre). Si le déplacement de ces blocs, qui a été opéré du reste par un glacier, n'était pas si minime à côté de celui des masses de débris dans la plaine et le Jura, on pourrait dire que Bonstetten a appliqué, en même temps que de Saussure, l'hypothèse des débâcles au transport des blocs erratiques.

La première classification de nos montagnes dans un système est de *Manuel* (**30**); il considère les Alpes comme formées de plusieurs chaînes parallèles; les montagnes qui sont entre le Simmenthal et le Gessenay d'un côté et Schwarzenburg et le canton de Fribourg de l'autre, appartiennent, dit-il, à sa troisième zone de calcaire, qui repose sur une brèche; les pétrifications y sont plus rares que dans les chaînes calcaires intérieures. Il faut joindre à cette idée théorique celle que Bridel a énoncée à propos du lac Noir: on est porté à croire, pense-t-il, qu'àprès le déluge, la majorité de la Suisse était un vaste lac (**33**, p. 232).

En 1788, *Morell* publia l'analyse des sources de Weissenburg, de Blumenstein et du Gurnigel, en ajoutant pour cette dernière quelques mots sur la minéralogie de la localité (**26**, p. 248, 260, 298). La même année, *Weber* fit aussi connaître ses recherches sur ces deux dernières sources, et en outre sur celle du Schwefelberg, pour laquelle il se sert du nom d'une sommité voisine, le Ganterist (**27**, p. 115, 127, 169). Quant aux eaux minérales des montagnes du canton de Fribourg, il ne paraît pas qu'elles aient été, à cette époque, l'objet d'une bien grande attention; Bridel en dit pourtant quelques mots (**33**, p. 183, 194).

De 1801 à 1824.

C. Escher était certainement, au commencement de ce siècle, l'homme qui avait étudié le plus consciencieusement les Alpes. La carte de ses voyages géognostiques[1] nous montre qu'il a parcouru les montagnes de Fribourg et du Simmenthal en divers sens; sans aucun doute il avait plus fait d'observations dans notre région qu'il n'a eu l'occasion d'en publier. Il ne chercha pas à faire rentrer à toute force les Alpes dans le cadre du système de Werner, justement peut-être parce qu'il les connaissait mieux que d'autres de ses confrères. Il se bornait à distinguer, au nord des terrains primitifs, le *calcaire des hautes montagnes*, dans lequel il mettait le Simmenthal et la partie supérieure du canton de Fribourg (**38**, p. 286). Cherchant ensuite à établir des divisions pétrographiques, il mentionne la chaîne du Niesen, qui appartient à la grauwacke, puis les schistes argileux du Simmenthal, dont il avait remarqué les variations de teinte et de composition, et la zone de gypse qui se trouve dans la même vallée (**35**, p. 288, 289; **45**, p. 177).

Pendant son séjour à Neuchâtel, *Léop. de Buch* visita la Gruyère, et y recueillit des échantillons, qui firent partie d'une collection servant d'introduction à celle des montagnes de Neuchâtel. Dans le catalogue explicatif qu'il en rédigea (**36**), il remarque que les tours d'Ay, la Dent-de-Brenlaire, le Ganterisch et le Stockhorn, forment une des chaînes principales de la Suisse, chaîne qui est extrêmement coupée, et dont les couches s'inclinent constamment vers le sud-est de 70° (p. 573 et 579). Commençant alors à attribuer aux dislocations du sol un certain rôle dans la formation des montagnes, il ajoute que cette grande chaîne a été élevée par un mouvement de bascule, et que le vide qui a été produit ainsi a été rempli par des couches dont le plongement est moindre, parce que ce vide a été plus facilement rempli que celui qui a occasionné la bascule de la grande chaîne (p. 580). Dans le mémoire sur le Jura (**38**), qui date de la même époque, se trouve un profil qui part du Tschingelhorn, passe par le Niesen, le Stockhorn, Biren, Berne, Neuchâtel, etc., et finit à l'ouest de Besançon. Dans le texte, il est dit que le Niesen appartient à la formation de transition, composée d'une pierre calcaire noire, et le Stockhorn à la formation secondaire, qui est de calcaire gris (p. 689). Ces deux

---

[1] Publiée par A. Escher dans: Escher als Gebirgsforscher, Anhang zu Hottinger's H. C. Escher von der Linth.

divisions, passant sous la molasse et le Jura, reviennent à jour à Besançon. Le grès du Gurnigel est réuni à la molasse en une seule formation.

En quittant Neuchâtel, L. de Buch fit, dans la Suisse orientale, un voyage qui l'amena à modifier ses idées à l'égard du Niesen, lorsqu'il répondit à quelques remarques d'Escher (**45**). Il est disposé à admettre que cette montagne est de la même formation que le conglomérat de la vallée de la Sernft, qui est probablement le *rothe Liegende*. Escher a tort de l'appeler grauwacke, en donnant ainsi une signification minéralogique à ce nom, qui est une expression géologique. Quant au Stockhorn qui le surmonte, c'est du calcaire alpin, c'est-à-dire l'équivalent du zechstein en Allemagne; il hésite seulement à le paralléliser avec le Glärnisch, parce que dans ce dernier le calcaire n'est pas gris, mais noir (p. 103, 176, 183). La géologie est trop avancée, ajoute-t-il, pour concéder l'existence d'une formation particulière sous le nom de calcaire des hautes montagnes; ce nom ne pourrait être admis que si Escher l'appliquait seulement à ce que les autres géologues appellent terrain de transition (p. 185). Dans ce débat, celui qui était le moins dans l'erreur était évidemment Escher: il donnait un nom spécial à ce qu'il ne pouvait faire entrer dans le système admis alors; L. de Buch a contribué plus tard à faire rejeter sa propre manière de voir par la géologie moderne.

Le coup d'œil général sur les formations des montagnes de la Suisse (**39**), que M. Studer attribue à *S. Gruner*, ne contient dans le texte rien de spécial sur notre région; mais il renferme une carte géologique, qu'on peut appeler la première de la Suisse, car celle de Guettard avait pour point de départ une idée fort erronée. Des quatre teintes qui s'y trouvent, trois sont sur le territoire de la feuille XII. La partie sud-est appartient à la *Flötzformation la plus ancienne*, qui s'appuie sur les couches primitives. Le Niesen, le Bas-Simmenthal et les chaînes extérieures sont d'une *Flötzkalkformation plus récente*, qui comprend aussi le Jura; la molasse est dans la *Flötzformation récente*. Les limites entre ces trois divisions paraissent du reste avoir été menées un peu arbitrairement.

Dans la carte d'*Ebel* (**42**), notre territoire est moins divisé. La chaîne du Niesen, le Simmenthal et les chaînes extérieures appartiennent au calcaire alpin récent. La chaîne extérieure de flysch est réunie à la nagelfluh, qui forme une zone continue au pied des Alpes. Dans le texte (p. 284), Ebel donne quelques développements. Si les vallées transversales de la Salza et de la Gruyères ne se terminent pas actuellement par des lacs, c'est que ceux qui s'y trouvaient sans doute primitivement ont été comblés par les décombres, ou se sont écoulés entièrement, parce que leurs effluents ont creusé leurs lits. Les Alpes calcaires paraissent avoir formé autrefois quatre chaînes parallèles. La chaîne du Niesen appartient à la troisième; les bancs calcaires des hauteurs en ont été emportés, ce qui a mis à jour les schistes et la grauwacke sur de grandes étendues. Le Ganterisch et le Stockhorn appartiennent à la deuxième chaîne calcaire, dans laquelle les couches plongent au sud-est de 25 à 60°, et forment du côté du nord-ouest des escarpements de plusieurs milliers de pieds de hauteur (p. 317; **44**, article Stockhorn). Pétrographiquement, Ebel aurait voulu distinguer un *grès alpin*, dont le Niesen est un exemple (p. 333 et 334). Il donne du reste de cette montagne une description détaillée (p. 341), qui se trouve aussi dans son Guide du voyageur (**44**, vol. 3, p. 562); ici il est d'avis que la chaîne se continuait autrefois par la vallée de Brienz, mais qu'une révolution l'a emportée, et a mis à jour le flanc du Niesen lui-même. Le gypse du Simmenthal fait partie d'une zone qui part du val d'Illiez en Valais; on doit y avoir trouvé du sel près de Grubenwald, mais Escher, Struve et Tscharner ont fait des recherches dans cette localité, sans en trouver autre chose que des traces dans quelques sources (p. 344 et 346; **44**, vol. 4, p. 252).

Quant aux Alpes de Fribourg, Ebel n'en parle presque pas, pas même dans son Guide du voyageur, où on n'en trouve quelques mots qu'à l'article *Freiburg*. Il ne paraît pas non plus connaître d'autres localités à pétrifications que celle de Thal (**44**, vol. 2, p. 242). Les charbons du Simmenthal sont mentionnés çà et là (**42**, p. 360; **44**, articles Boltigen et Erlenbach), de même que les eaux minérales (**42**, p. 363—365; **44**, articles Blumenstein, Ganterisch, Gurnigel, Guggisberg et Weissenburg).

Dans le compte-rendu qu'*Escher* donna du principal ouvrage géologique d'Ebel, il fit, sur des points de détails, des rectifications qui se rapportent à notre territoire (**43**, p. 330, 335).

Le chanoine *Fontaine* (**46** et **47**) a moins parlé des Alpes que de la région de la molasse. Il ne paraît pas s'être préoccupé d'y distinguer des formations; il indique seulement les différentes roches dont elles sont composées, et s'arrête surtout au silex et au gypse de Pringy et du Burgerwald.

Chr. Bernoulli (**51**), qui n'était pas géognoste de son métier, avait étudié cependant son sujet avec soin; dans sa revue générale, il ne mentionne guère de notre territoire alpin que les schistes argileux du Simmenthal et du Niesen, et ceux qui renferment le charbon dans le Simmenthal (p. 52 et 54). La nagelfluh est pour lui une chaîne dont les débris proviennent surtout des Alpes calcaires méridionales, et qui est plus ancienne que la chaîne septentrionale (p. 81), mais plus moderne que le grès du plateau (p. 86, 87). Dans son catalogue, il montre plus d'esprit critique que ses devanciers; notre région a perdu les richesses minéralogiques dont elle avait été dotée; le Simmenthal n'est plus en possession que de ses traces de sel et de ses charbons (p. 195, 263); mais pour la première fois le soufre natif est mentionné dans les carrières de gypse du canton de Fribourg (p. 200).

Lorsque *Buckland* vint chercher à distinguer dans les Alpes les terrains de l'Angleterre qu'on avait ajoutés à la série de Werner, il ne se prononça qu'indirectement sur le calcaire de nos chaînes, en mettant dans le coral-rag Roche, qui est sur leur prolongement. Il crut reconnaître le nouveau grès rouge, ou grès bigarré, dans les couches rouges du Bas-Simmenthal, et le grès rouge ancien *(Rothliegendes)* dans les conglomérats du Niesen (**59**, p. 30, 31, 43). Sur ce dernier point il était de la même opinion que L. de Buch.

A la même époque, et sans se préoccuper de les faire entrer dans un système géologique, *Sam. Studer* avait étudié les chaînes du Gurnigel et du Stockhorn, et il communiqua ses résultats au rédacteur de notices très soignées sur les bains du Gurnigel et de Weissenburg (**57** et **62**). Le Gurnigel, dit-il, est une montagne de débris composée surtout d'une espèce de grès, qui recouvre un noyau de gypse, où les sources prennent leur origine. Est-ce trop se hasarder, ajoute-t-il, que de présumer que ce gypse s'étend par dessous les montagnes jusqu'à Bex et au-delà, dans la vallée du Rhône, et qu'il repose sur une base ferrugineuse qui donne naissance à des sources surgissant plus bas que les eaux sulfureuses (**57**, p. 3). Cette hypothèsc un peu hardie s'appuyait sur des faits. Dans la Notice sur les bains de Weissenburg, il y a une description assez étendue de la chaîne du Stockhorn; les relations stratigraphiques des différents massifs de roches n'y sont pas débrouillées; mais tous les détails donnés sur la pétrographie, l'orographie, les zigzags formés par certaines assises sont très exacts. S. Studer connaissait encore plusieurs localités fossilifères, qui furent alors mentionnées pour la première fois : le Kapf, Stocken, Blumenstein et la Clus (**62**, p. 2 à 5).

Pour les Alpes fribourgeoises, il n'y a encore à citer à cette époque que quelques remarques faites en passant. *Bourquenoud* distingua bien les montagnes au levant et au couchant de la Val-sainte, qui sont de compositions minéralogiques toutes différentes; celles qui sont calcaires ont les meilleurs pâturages (**61**, p. 278). A propos d'un *jeu de la nature*, où le peuple voit un pas de moine, au Chalet des Hautes-Combes, il mentionne les fossiles qu'on trouve dans cette localité, et en indique aussi entre Crésuz et Charmey (p. 281, 303). *Kuenlin* nous donne les premiers renseignements sur le charbon des Gastlosen, qu'on commença à exploiter à cette époque, mais les espérances qu'il exprime à ce sujet ne se sont guère réalisées; il mentionne aussi dans la même région des pierres à feu, des térébratulithes et du minerai de fer (**63**, p. 140, 141). *Bakewell* a mesuré en passant le plongement des couches calcaires dans le lit de la Sarine, près de Gruyères (**67**, vol. 2, p. 204), calcaire qui, entre Berne et Genève, est couvert par une masse immense de grès et de conglomérats.

C. Brunner a ajouté à son analyse très complète des eaux de Weissenburg des détails pétrographiques sur la chaîne du Stockhorn; on y trouve la remarque que la couleur noire du calcaire provient du charbon (**70**, p. 33). Toutes les autres notices sur les bains de la même région contiennent des analyses des eaux par différents chimistes (**57, 62, 68, 69**). Le premier travail de ce genre publié sur les sources sulfureuses du lac Noir, renferme aussi une analyse très détaillée, et cite la région comme offrant l'occasion de vérifier la théorie de Buffon sur les angles saillants et rentrants des vallées (**52**).

De 1825 à 1833.

Les détails donnés par Sam. Studer sur les environs du Stockhorn, sont assez nombreux et assez liés entre eux pour qu'on puisse dire qu'ils forment une étude géologique d'une partie de notre territoire. Le second travail de ce genre sur la région montagneuse se trouve dans la Monographie de la molasse de M. *B. Studer* (**74**), qui contient aussi dans la préface un exposé très lumineux des phases parcourues jusqu'alors par la géologie alpine. Pour établir les limites de la molasse du côté du sud, M. Studer a étudié d'abord le calcaire, le gypse et la cargneule de l'est du lac Noir, puis les grès mêlés de schistes du flanc opposé de la vallée (p. 25); ces dernières roches se retrouvent, en descendant la Sense, jusqu'à Plaffeyen; en suivant la chaîne, on les voit s'étendre jusqu'au Gurnigel d'un côté, et, par la Berra et le pont de Broc, jusqu'aux Voirons de l'autre côté. L'élément principal de cette chaîne est le grès, auquel M. Studer donne le nom de *grès du Gurnigel* (p. 32). Cette roche n'est pas de la molasse, car elle a pour base du calcaire, du gypse et des schistes marneux, auxquels la molasse de la plaine doit venir buter; le profil le long de la Sense (pl. 1, fig. 1) montre que cette dernière ne plonge pas dessous, comme on pourrait être tenté de le croire au Gurnigel (p. 35).

En 1826, *L. de Buch* publia sa carte géologique de l'Allemagne, où notre territoire se trouve sur la feuille de Bâle et sur celle de Turin (**76**). Il avait reconnu que les Alpes n'étaient pas aussi faciles à répartir dans un système de terrains qu'il l'avait cru auparavant; car il mit la chaîne de la Berra et le Niesen dans le *grès indéterminé* des Alpes, celles du Stockhorn, des Gastlosen et des Spielgärten dans le *calcaire indéterminé*. Le gypse est marqué dans les localités où il avait été indiqué dans la Monographie de la molasse.

En 1827, M. *Studer* continua à faire connaître les résultats de ses recherches sur nos chaînes. Il décrivit le calcaire argileux rouge et vert, qu'on trouve depuis le lac de Thoune au Moléson et au lac de Genève (**81**, p. 35), et qui forme par places le revêtement de la masse principale du calcaire proprement dit; il envisagea les teintes vives comme le résultat d'une action métamorphique d'autant plus difficile à expliquer qu'il n'y a pas de dolomie dans ces chaînes. C'est dans le même travail (p. 39) qu'il introduisit le nom de *flysch* dans la science, pour désigner les schistes et les grès du Simmenthal, qui sont très semblables à ceux du Niesen; il ajoute qu'il est difficile de déterminer dans quel rapport les uns et les autres se trouvent avec le calcaire. Enfin il décrivit, au débouché de la vallée de la Jogne, un conglomérat qui lui semblait avoir pénétré avec violence dans le calcaire (p. 43).

La seconde notice publiée dans les Annales des sciences naturelles (**82**) était une lettre adressée à Alex. Brongniart. Elle nous donne une étude des relations des terrains, en prenant surtout pour point de départ le profil entre le lac Noir et Boltigen. De dessous le grès du Gurnigel, dit l'auteur, on voit surgir un calcaire qui est peut-être le même que celui qui, au bord du lac, paraît former la grande chaîne; le premier ayant les fossiles des Voirons, si cette identité était démontrée, on pourrait déterminer l'âge des couches du Stockhorn. Sur les hauteurs de la Kaiser-Eck le calcaire prend des silex noirs. Deux formations y sont adossées du côté du sud, le calcaire rouge, et les schistes auxquels on peut donner le nom de flysch. On est étonné de voir les couches rouges reparaître au pied de la chaîne des Gastlosen et au sommet du Thurnen, vu que les trois chaînes ont des caractères particuliers qui ne permettent pas de les regarder comme des répétitions du même système de couches. Après ces considérations générales, M. Studer passe à la description de la formation houillère (p. 257). Le calcaire rouge semble passer dessous, mais ce n'est qu'une apparence, ce dont on se convainc en le retrouvant à l'extérieur de la chaîne des deux côtés de Boltigen. Au Fluhberg, on rencontre des couches fossilifères supérieures à celles de la formation houillère; on peut présumer que ce sont les mêmes qui affleurent à Wimmis, ce qui permettrait d'en déduire approximativement l'âge du Niesen.

La lettre de M. Studer accompagnait un envoi de fossiles du Fluhberg et des couches à charbon, qu'*Alex. Brongniart* détermina (p. 266). Malheureusement ce dernier se méprit doublement sur les données stratigraphiques de son correspondant: il comprit que le Fluhberg était du flysch, et décida que ce terrain appartenait aux assises supérieures du jurassique; il crut que les couches à charbon étaient supérieures à celle du Fluhberg, et il les rangea en conséquence dans les formations marines des terrains de sédiment supérieurs, c'est-à-dire dans celles qui sont analogues au calcaire grossier ou à la molasse (p. 276).

Cette première étude des couches de Boltigen était complétée par une analyse de la houille, due à M. *C. Brunner* (p. 280).

En 1829, M. *Studer* rendit compte d'une excursion au sud-est de Plaisance. Il y compare le tertiaire subapennin .à la molasse suisse, et les grès de l'Apennin à ceux du Gurnigel (**83**, p. 141); ceux-là sont accompagnés de calcaire à Ammonites qu'on peut rapprocher de ceux du mont Alire et d'une carrière entre Vaulruz et Semsales.

Dans le temps où M. Studer inaugurait ainsi les recherches détaillées dans nos montagnes, *Rengger* avait constaté qu'en Savoie la formation jurassique passe au calcaire alpin, et il en concluait que ce dernier devait être jurassique (**84**, p. 218); il cite à deux reprises le calcaire du Bürglen, montagne à l'ouest du Ganterist, qu'il avait probablement visitée (p. 196). Quant au Niesen, il continuait à le ranger dans une formation de grauwacke et de schistes (p. 192), qui appartenait au terrain de transition.

Dans son Autobiographie, *Boué* rapporte qu'il visita, en 1827, le Stockhorn et le Simmenthal. Les quelques détails qu'il en donna à cette époque (**85**, p. 573 à 575) sont extraits des publications de M. Studer; il y ajouta seulement quelques présomptions, tirées de la comparaison de cette région avec les Carpathes et les Alpes d'Autriche.

C'est en 1829 que M. *Studer*, accompagné de M. Mousson, étudia plus particulièrement le grès du Gurnigel et le calcaire qui l'accompagne, et fut presque persuadé que ce dernier était le même que celui du Stockhorn (**87**). Enfin, peu après, le caractère jurassique de nos chaînes fut constaté paléontologiquement par M. Studer et *Voltz :* le calcaire du Fallbach, près de Blumenstein, fut attribué au lias; celui de la chaîne du Stockhorn à l'étage jurassique moyen, et celui de Boltigen au kimméridien et portlandien (**88**).

En se fondant sur les données de la Monographie de la molasse, *El. de Beaumont* crut retrouver dans notre territoire des indications positives de trois systèmes de soulèvement (**86**). Une ligne menée des bains du Gurnigel à l'extrémité orientale du lac de Thoune, et séparant des montagnes élevées de dépôts tertiaires, se rapporte au système pyrénéo-apennin (vol. 18, p. 301; vol. 19, pl. 2). Une autre ligne partant du Moléson et se dirigeant vers Wiedlisbach, passe par des escarpements de molasse, et prouve que le soulèvement des Alpes occidentales s'est aussi fait sentir dans l'intérieur de ce terrain (vol. 18, p. 403). Enfin St-Martin présente, dans ses couches de lignite, la direction du soulèvement de la chaîne principale des Alpes (vol. 19, pl. 2). En outre, dans le même ouvrage, cette localité et d'autres sont prises comme termes de comparaison pour la description du tertiaire du bassin du Rhône (vol. 18, p. 344, 378, 382). Dans une lettre à la Société géologique de France (**88**), M. *Studer* fit remarquer, à l'égard du soulèvement pyrénéo-apennin, que la partie orientale de la chaîne du Stockhorn court de l'est à l'ouest, et qu'elle change peu à peu de direction, sans qu'il y ait les dislocations et les entrecroisements que la théorie d'Elie de Beaumont ferait attendre.

Dans ses deux ouvrages (**89, 91**), *Kuenlin* répète sur les Alpes fribourgeoises ce que Fontaine et lui avaient déjà dit dans d'autres publications. Dans son Dictionnaire, il donne en revanche, sur les sources minérales, quelques détails qu'on ne trouve pas tous ailleurs (articles Dürrfluh, Sciernes, Schwarzsee, Fin de dom Hugon, etc.). Avant lui *Rüsch* (**77**) avait déjà résumé ce qu'on en savait : Lac-Noir (vol. 2, p. 168), avec analyses des frères *Blanc* et de *Luthy*; Fin de dom Hugon (p. 172), avec analyse de Luthy; Montbarry (p. 173), avec analyse du même.

Les renseignements sur les bains autour du Stockhorn sont un peu plus étendus, surtout pour le Gurnigel. Rüsch reproduit les anciennes analyses et en donne une nouvelle de *Pagenstecher,* en ajoutant quelques mots sur la composition minéralogique du sol de la région (**77**, vol. 2, p. 88; **78**); sauf les anciennes analyses, *Fueter* donne les mêmes détails (**79**). Pour le Schwefelberg, Rüsch ne contient qu'une analyse de *Studer* (vol. 2, p. 117); pour Blumenstein, il n'a qu'un mot sur le sol et des analyses de *Morell* et de *Fueter* (vol. 2, p. 368; vol. 3, p. 259); pour Weissenburg, il reproduit quelques détails de *Brunner* (vol. 3, p. 203). Enfin il mentionne deux sources sulfureuses à Därstetten, et la source ferrugineuse du Rothenbad, dans la vallée de Diemtigen (vol. 3, p. 178, 285).

De 1834 à 1852.

Les Alpes occidentales de la Suisse par M. Studer.

Nous arrivons à l'ouvrage capital dans l'histoire des études géologiques de nos chaînes alpines, la Géologie des Alpes occidentales de la Suisse (**92**). Les recherches postérieures y ont ajouté beaucoup de détails; elles en ont corrigé quelques autres; leurs auteurs ont étudié telle ou telle partie de ces montagnes avec les préoccupations que la marche de la science a fait succéder les unes aux autres; ils leur ont appliqué en particulier les progrès de la paléontologie, et ont fait servir leurs fossiles à ces progrès; M. Studer a pris lui-même part à ce travail; mais, en définitive, les résultats principaux qu'il avait obtenus dès l'entrée n'ont pas été essentiellement modifiés.

Après avoir fait l'histoire des opinions géologiques sur les Alpes, l'auteur a commencé par se demander à quel point de vue il fallait alors en faire l'étude (p. 22). Sans méconnaître l'importance de la détermination de l'âge des terrains, il lui parut pourtant que, pour parvenir à se rendre compte de la genèse des Alpes, il fallait d'abord débrouiller le chaos qu'elles semblaient présenter en étudiant les chaînes les unes après les autres. A cet effet, il les groupa en cinq *massifs de montagnes* (p. 31), dont quatre sont en partie sur la feuille XII : le *massif* ou plutôt *la chaîne du Niesen, le massif des vallées de la Simmen et de la Sarine,* celui du *Stockhorn* et celui de *la Berra.*

Dans le chapitre sur la chaîne du Niesen (p. 231), M. Studer en décrit l'aspect, la direction, qui subit une courbure peu favorable à la théorie d'El. de Beaumont, et le plongement, qui est loin d'être partout le même, et qui est singulièrement compliqué de contournements et de zigzags. Comme roches composantes, il y a à distinguer les *schistes,* qui prédominent dans le bas, le *grès* et le *conglomérat,* qui sont surtout dans la partie supérieure (p. 237). Le grès donne son nom à tout le terrain. Le conglomérat est composé de blocs anguleux; on est porté à penser qu'il résulte de la destruction sur place d'une couche de calcaire (p. 245). De toute la chaîne, M. Studer ne connaissait qu'un *Fucoides intricatus* Brongn. (p. 239); aussi il ne cherche pas à en préciser l'âge dès l'entrée.

Le massif des vallées de la Simmen et de la Sarine est plus compliqué que celui du Niesen (p. 251). Il se compose d'abord de la chaîne calcaire des *Spielgärten*, qui se divise en deux pour envelopper les couches de la *Hornfluh*, puis de la chaîne semblable des *Gastlosen*, dont les couches plongent au sud-ouest en sens inverse de celles des Spielgärten; entre Oberwyl et Weissenburg, la continuation des Gastlosen semble avoir été emportée, ou n'avoir jamais surgi au-dessus du fond de la vallée. Ces chaînes sont deux pans réunis dans la profondeur, pour envelopper une formation de roches diverses comprises sous le nom de *flysch* (p. 259). Un terrain très semblable au flysch vient s'intercaler entre la chaîne des Gastlosen et celle du Stockhorn, ce sont les *couches de Mocausa*.

M. Studer reprend ensuite ces différentes chaînes et zones pour en faire la description détaillée (p. 266). Le calcaire des Spielgärten est généralement noir; quand il augmente de puissance, il perd souvent sa stratification et devient plus clair; à Wimmis et à la Wildenmannkuppe (hors de la feuille XII), il renferme dans sa partie inférieure des fossiles, dont la plupart appartiennent au Kimmeridge-clay du Jura (p. 272). Il est surmonté de couches rouges, qu'on serait tenté de réunir au flysch, si elles ne paraissaient pas se relier plus intimément avec leur base (p. 269).

Dans son état primitif, le calcaire des Gastlosen se distingue peu de celui des Spielgärten; mais il arrive qu'il forme de hautes parois dentelées, et qu'il change alors de teinte et de structure (p. 275). Les couches inférieures, qui renferment du charbon, ont encore un autre caractère. Les fossiles de la Pfadfluh (Fluhberg), de même que ceux des bancs à charbon, conduisent à la conclusion que les assises des Gastlosen sont les mêmes que celles des Spielgärten (p. 283).

Les calcaires argileux rouges se trouvent dans cette chaîne, comme dans la précédente; mais ils n'offrent pas les mêmes passages à une structure cristalline et à des schistes d'apparence talqueuse.

Les *couches de la Hornfluh* sont composées d'une brèche calcaire, de cargneule bréchiforme, de véritable cargneule, de calcaire sableux et de schistes marneux (p. 288). Elles passent au calcaire de telle façon qu'on est porté à croire que c'est la roche de l'intérieur même de la montagne qui s'est transformée en brèche, et que l'agent qui a produit cet effet est le même que celui qui a formé la cargneule (p. 293).

Le *flysch* ne se distingue pas essentiellement du grès du Niesen, ni des couches de la Hornfluh (p. 294). Outre les schistes marneux tendres auxquels les gens du pays réservent le nom de flysch, on y trouve une grande variété de roches; mais les restes organiques y sont très rares. Près du Sépey (hors de la feuille XII), on y rencontre le *Fucoides intricatus* Brongn. et des *Belemnites* (p. 303).

Les *couches de Mocausa* ne se distinguent pas du flysch du Simmenthal; elles renferment les *Fucoides intricatus* et *Targioni*, et n'en sont qu'une zone séparée, qui s'y réunit de nouveau plus au midi (p. 304).

Quant au gypse et à la cargneule, ils sont décrits comme étant des formations anormales, qui forment deux lignes souvent interrompues, de chaque côté de la chaîne des Spielgärten (p. 307).

La détermination paléontologique de l'âge du calcaire des Spielgärten et des Gastlosen, donnait à M. Studer la possibilité de faire des conjectures sur celui des formations adjacentes. Il lui avait paru qu'au Gürbsgrat et ailleurs, le calcaire était superposé au grès du Niesen (p. 255); il en tire la conclusion que ce dernier doit trouver sa place entre le lias et le Kimmeridge-clay, et le flysch dans la craie ou le tertiaire (p. 288). Mais il y a bien des raisons qui peuvent faire penser que toutes les divisions étudiées sont contemporaines, que leur genèse est en liaison étroite avec la transformation du calcaire en gypse et en cargneule, et que les calcaires des Spielgärten et des Gastlosen ne sont que des noyaux qui sont restés intacts dans la destruction générale de la masse (p. 314 et 363). Cependant quand on cherche à préciser la nature de cette liaison, pour le Niesen par exemple, on se trouve dans l'embarras (p. 247).

Comme on le voit, M. Studer était sous l'influence de la théorie des soulèvements et des métamorphoses qui pouvaient avoir accompagné le surgissement des montagnes. C'est aussi dans cet ordre d'idées qu'il signalait le Thurnen et son cirque de parois de rochers, comme l'exemple qu'on aurait presque pu citer à Lyell, qui demandait qu'on lui montrât un cratère de soulèvement dans les montagnes de sédiment (p. 270).

En continuant notre analyse, nous arrivons au massif du Stockhorn (p. 320);
il comprend plusieurs chaînes, que leur composition et leurs allures réunissent
en un système. Ce qui frappe le plus dans cet ensemble, c'est le changement
dans la direction des couches et dans celle des chaînes; sans coïncider toujours
l'une avec l'autre, ces deux directions forment un arc très accusé. C'est peut-
être à l'élargissement du massif des Spielgärten, dans la région de Zweisimmen,
qu'il faut attribuer ce phénomène. Il semble que les chaînes aient plus cédé à
la courbure que la direction des couches. Cela peut s'expliquer en admettant
que, dans l'origine, les deux directions étaient les mêmes, mais qu'une pression
venant du sud-est a rompu et déplacé les chaînes. Suivant le plus ou moins
d'intensité que l'on attribuera à l'action postérieure qui a arqué ces dernières,
on pourra les joindre, pour la date du soulèvement, au système des Alpes de
Savoie, ou à celui des Alpes suisses (p. 330).

Le groupe du Stockhorn n'est formé que de calcaire. Les fossiles permettent de reconnaître le lias au Langeneckgrat, et c'est probablement le seul
endroit où cette formation soit à jour (p. 332). Au-dessus on a une série de
bancs foncés ou noirâtres, dans laquelle on en remarque un qui est tout-à-fait
oolithique. Un calcaire supérieur, qui peut prendre le nom de *calcaire du Stockhorn*, se distingue bien de l'inférieur, par sa structure compacte et sa cassure
conchoïde. M. Studer n'y a trouvé que quelques fossiles, qui n'appartiennent
pas tous au même niveau, qui sont peut-être même en partie de la division
sous-jacente, et d'après lesquels on peut classer cette dernière dans l'oolithe
inférieure, et le calcaire du Stockhorn dans le coral-rag, ou dans une formation
voisine (p. 338).

L'auteur donne ensuite la description spéciale de quatre profils, dont deux
sont du territoire de la feuille XII, celui de Wallop et celui du Ganterist; il
les résume en distinguant, dans le massif du Stockhorn, 7 divisions, au-dessus
desquelles viennent s'en placer 4 autres de la chaîne des Gastlosen, ce qui
fait qu'on a la série complète du lias et de l'oolithe (p. 350).

La chaîne de la Berra, dont le relief et l'aspect se rapprochent beaucoup
de ceux du Niesen et de la zone du flysch (p. 364), présente trois divisions
à distinguer : le *grès du Gurnigel*, le *calcaire de Châtel* et le *grès de Rallig;*

la seconde est quelquefois accompagnée de gypse. Les schistes marneux qui sont associés au grès du Gurnigel renferment fréquemment les *Fucoides intricatus* et *Targioni* Br.; on n'en voit nulle part le contact avec les assises du Stockhorn. Le calcaire de Châtel est riche en fossiles (p. 376), qui le font ranger dans le coral-rag (p. 389). Le grès de Rallig se montre sur quelques points, comme étage inférieur au pied de la chaîne (p. 380); il est difficile de lui assigner une place dans la série géologique, tandis que le grès du Gurnigel peut être placé dans la craie (p. 390).

Reprenant la question des soulèvements, M. Studer examine s'il y a eu un mouvement à la limite des Alpes et de la molasse, et il conclut affirmativement; mais ce mouvement a probablement été lent, et les produits de la destruction des roches qui l'a accompagné se sont mêlés à ceux de l'érosion, pour former la molasse et la nagelfluh (p. 400). On peut même se demander si ce ne sont pas les soulèvements antérieurs qui ont produit les débris dont sont formées une partie des assises de l'époque de la craie, et qui ont amené au jour les blocs de roches étrangères aux Alpes qu'on y rencontre (p. 410).

Dans l'Atlas, la fig. 20 représente la Klus près de Boltigen; dans les profils, le numéro II appartient à la feuille XII de Frutigen au Gurnigel; le numéro III, du Männigberg au Thurnen; le numéro IV, de Garstatt aux bains du Gurnigel et de Reidenbach à Guggisberg; le numéro VI, des Gastlosen à Plaffeyen. Ces profils sont en même temps des vues des montagnes; aussi l'auteur en reproduisit un peu plus tard quelques-uns, en les rendant plus théoriques, et en y ajoutant les noms systématiques des terrains (**94**); le grès du Gurnigel, le flysch et le grès du Niesen y sont réunis sous la même teinte, et placés dans la craie inférieure.

Mentions dans différents ouvrages.

Quelques années après la publication de l'ouvrage que je viens de chercher à résumer, il fut question de nos montagnes, dans les travaux géologiques, à propos des couches à charbon de Boltigen (**96**). Sur l'examen des fossiles qui se trouvaient à Berlin, *Quenstedt* parallélisa ces assises avec celles du Deister, inférieures au Hilsthon. *Roemer*, qui avait vu la collection de Berne, reconnut que les derniers dépôts jurassiques y étaient représentés, mais il admit que les charbons devaient appartenir à l'argile du Weald, et qu'il devait y avoir une faille, s'ils paraissaient être au-dessous des couches oolithiques. Embarrassé par cette décision des deux paléontologistes, et sûr que les couches à charbon ont bien la position stratigraphique qu'il leur avait assignée, M. *Studer* s'arrêta à l'idée que le Hilsthon était une subdivision liée au portlandien, mais ne s'y joignait pas nécessairement à un niveau déterminé, puisqu'elle est inférieure à Boltigen.

En 1840, la réunion de la société helvétique des sciences naturelles eut lieu à Fribourg. Dans un travail relatif à la botanique, *Lagger* y donna, en quelques lignes, un résumé de la pétrographie du pays (**101**, p. 234); mais la société eut surtout à s'occuper d'un dégagement de gaz inflammable qui s'était produit dans une carrière de gypse au Burgerwald, et que M. Studer avait déjà signalé (**100**). On avait pensé que ce phénomène indiquait la présence du sel dans la profondeur (**102**); une commission fut nommée, et, après examen, le rapporteur, M. *de Fellenberg*, déclara que le gaz ne prouvait rien, et qu'il fallait faire un sondage pour savoir s'il y avait du sel dans la localité. La chose n'eut pas de suite.

En 1842, dans son Aperçu de la structure des Alpes, M. *Studer* fit ressortir les traits de ressemblance de nos chaînes avec le Jura, dont elles ont plusieurs caractères, tout en conservant sous d'autres rapports la physionomie alpine (**107**, p. 244). Il se servit là du nom de macigno alpin pour désigner les couches à Fucoïdes. Dans son Manuel de géographie physique et de géologie, le même auteur prit quelques-uns de ses exemples dans notre région. On ne peut guère douter, dit-il, que les vallées dont les montagnes sont de roches résistantes, les flancs et le bas de roches désagrégeables, ne soient le résultat de l'érosion, surtout si, comme dans le Simmenthal, le débouché se trouve dans des terrains résistants, et que, derrière, la vallée s'élargisse dans les roches tendres (**109**, vol. 1, p. 351). Il attribua à un métamorphisme la coloration de certaines roches, qui a dû souvent provenir d'un changement d'oxidation, ou de la pénétration par de nouvelles matières métalliques, et il cite comme exemple les couches rouges du Simmenthal (vol. 2, p. 140). De même les calcaires se présentent souvent dans un état métamorphique, lors même qu'ils sont loin de toute roche éruptive, ainsi au Thurnen, à la Burgfluh et à la Wallop ; tandis que la base est stratifiée, la masse au-dessus n'a que des fentes verticales, la roche y prend une teinte plus claire, elle est remplie d petites fissures si nombreuses qu'on ne peut en obtenir une cassure fraîche (vol. 2, p. 144).

A la même époque, un essai montra qu'une pierre des montagnes du canton de Fribourg, qui ressemblait à la variété bleue du calcaire lithographique de Solenhofen, était impropre au même usage (**110**, p. 98).

Par ses recherches sur le terrain nummulitique, M. *Rutimeyer* fut amené à le classer dans le tertiaire, et il y joignit toute la série des grès du Gurnigel (**113**, p. 179.)

En 1850, M. *C. Brunner de Wattenwyl* s'occupait de la géologie de la région du Stockhorn. Il trouva entre la Neunenenfluh et le Ganterist une couche renfermant des fossiles néocomiens, ce qui était une véritable découverte dans ces montagnes. Il suivit cette assise des deux côtés de cette localité, et M. *Collomb* ayant aussi recueilli des fossiles de Castellane dans la partie des chaînes qui aboutit au Léman, M. Brunner put en conclure que toutes les sommités élevées, du lac de Thoune à celui de Genève, appartiennent à la formation néocomienne (**120**, p. 109).

Les frères Meyrat faisaient alors, dans la même région, de grandes exploitations de fossiles, que firent connaître MM. *Pictet* et *Studer* (**118**, **119**). Le premier en publia des listes qui indiquaient un mélange d'espèces de l'oolithe inférieure et de la grande oolithe et même du callovien. Les frères Meyrat ayant récolté aussi dans des débris, un examen géologique complet était encore nécessaire, cependant la réalité du mélange lui paraissait très probable. Dans le néocomien on pouvait aussi entrevoir quelque chose d'analogue.

Applications de la théorie des soulèvements.

Dans sa théorie des soulèvements dans les Alpes (**121**), M. *Brunner* distingue entre autres un *soulèvement de la cargneule*, dont la chaîne du Stockhorn présente le type. Il s'est produit là, sur plusieurs lignes, dit-il, des ruptures dans les couches, qui ont pris différentes positions ; les fentes ne se sont pas fermées, elles ont laissé passage aux gaz qui ont produit la cargneule et le gypse (p. 10). Une dislocation peu considérable a d'abord eu lieu entre l'époque jurassique et l'époque crétacée ; puis le soulèvement de toute la chaîne s'est opéré pendant la formation du néocomien (p. 14). Une planche qui accompagne ce travail contient un profil de Wimmis au Gurnigel.

Au moyen de la carte de M. Studer (**92**), *El. de Beaumont* fit à la même époque une application de ses vues à la région du Stockhorn, dont il rapporte le soulèvement au système du Tatra. Une parallèle à ce système, dit-il, passant par le centre du massif du Gurnigel et du Stockhorn, c'est-à-dire par le Schwefelbergbad, se trouve être parallèle à la direction générale de la Kalte Sense et à celle de la crête de l'Arnisch, et représente assez bien la direction de ce petit groupe (**126**, vol. 1, pag. 496).

Eaux minérales.

A cette époque, la plupart des sources minérales des environs du Stockhorn furent l'objet d'analyses très soignées par M. *de Fellenberg* ; il ajouta sur chacune quelques indications relatives à la nature géologique ou minéralogique du sol d'où elles jaillissent. C'est la première fois que l'eau ferrugineuse d'Ottenleue fut l'objet d'un tel travail (**99, 112, 117, 123**).

M. *Verdat* reproduisit pour le Gurnigel les analyses de Pagenstecher et de Fellenberg, et donna un profil et un résumé succinct, mais assez complet de la géologie de la région, en s'appuyant sur les travaux antérieurs et sur des indications fournies par M. C. Brunner. Il pense que les sources viennent du calcaire et du gypse, et que leur apparition est due à une dislocation extraordinaire qui a eu lieu sur ce point (**124**, p. 28).

De 1853 à 1872.

Ouvrages principaux.

En 1853, parurent la carte géologique de la Suisse (**129**), et le second volume de la Géologie de la Suisse de M. *Studer* (**128**), qui contient bien des pages se rapportant en tout ou en partie à la feuille XII. Dans les généralités sur la zone qui s'étend au nord des masses cristallines centrales, M. Studer décrit la structure de la région du Gurnigel, analogue à celle des Voirons (p. 6), et celles des chaînes plus élevées jusqu'à Weissenburg; il y ajoute deux profils de M. Brunner, l'un passant par le Ganterisch, l'autre par le Stockhorn; les grandes failles, l'absence répétée de formations importantes et le renversement des couches des deux côtés des profils, sont les points sur lesquels il insiste. De ces faits et d'autres encore, M. Studer conclut que les pressions des masses centrales n'ont pas produit seules les complications de structure, mais que les forces souterraines ont aussi agi directement dans la zone extérieure des Alpes, ensuite qu'il faut assigner le premier rang à la paléontologie dans la détermination de l'âge des couches (p. 9 et 10).

Nos chaînes ont encore fourni dans cet ouvrage des matériaux pour la description de presque tous les terrains. Les assises qu'on appelle maintenant le rhétien, n'y sont encore connues que par deux fossiles (p. 473); mais le lias des environs de Blumenstein a fourni de véritables faunes, déterminées par M. Ooster (p. 33), et montrant que les trois étages du terrain sont représentés dans la localité. Les listes du jurassique inférieur (p. 44) indiquent la présence du bajocien et du callovien, le bathonien est moins sûr. Pour le jurassique moyen, M. Studer décrit à part le calcaire de Châtel et celui du Stockhorn (p. 48), et en donne des listes de fossiles, moins nombreuses que celles des précédentes divisions. Le jurassique supérieur n'ayant pas encore été reconnu dans la chaîne du Stockhorn, il n'est décrit que dans celles du Simmenthal, où il est le correspondant des couches du Banné, près de Porrentruy (p. 58). On y distingue les schistes à charbon et le calcaire qui les surmonte; dans ces deux divisions les faunes sont si semblables qu'elles n'autorisent guère à les séparer paléontologiquement. Les calcaires argileux rouges qui se présentent irrégulièrement dans la partie supérieure, ne sont envisagés que comme une modification métamorphique.

Le calcaire néocomien du Stockhorn a des caractères paléontologiques et pétrographiques qui le différencient tout-à-fait de celui du reste des Alpes (p. 71); il est probable qu'il se continue jusqu'au lac de Genève. Parmi les fossiles, il y en a qui sont indiqués ailleurs dans l'urgonien; mais ils ne sont pas accompagnés de Rudistes dans cette région, et l'on ne trouve pas un étage distinct qui les renferme.

Les assises à nummulites et le macigno alpin sont rangés dans l'éocène, et le dernier prend le nom de flysch, qui n'avait été appliqué qu'à une de ses zones. MM. de Fischer-Oster et Brunner ayant trouvé une série de blocs renfermant des nummulites dans le lit de la Gürbe, le terrain auquel ces fossiles ont donné leur nom y est probablement en liaison avec le flysch (p. 99). Ailleurs, dans cette région, ce dernier règne seul, et forme cinq zones, décrites autrefois sous des noms locaux à cause des différences qu'elles présentent (p. 120). La plus puissante est celle du Niesen, dont la position géologique est toujours l'objet de quelque incertitude.

A la fin de la description du profil Vétroz-Semsales, quelques mots se rapportent à la région entre Semsales et la Tour-de-Trême (p. 156). Le profil suivant, Gasteren-Praroman, coupe toutes nos chaînes à partir de la vallée de Diemtigen; aussi depuis la page 160, la description explicative a rapport à la feuille XII.

En 1856, M. *C. Brunner de Wattenwyl* publia sur la région du Stockhorn un mémoire étendu, avec une carte géologique et des profils à grande échelle (137). Les levers officiels n'ayant pas encore eu lieu dans cette région, l'auteur avait dû commencer par en faire lui-même la carte topographique.

Il considère le massif du Stockhorn comme l'extrémité d'un système de montagnes particulier, qui, distinct des Alpes, a été soulevé avant l'époque de la craie supérieure (p. 3), et il le divise en cinq chaînes parallèles. Puis il passe à la série des terrains qui le composent, en donnant des catalogues de fossiles très riches à la fin du mémoire.

Le lias le plus inférieur (p. 7) est parallélisé, d'après M. Merian, avec les couches de Kössen. Dans le calcaire liasique, on a recueilli les faunes du sinémurien et du liasien de d'Orbigny, sans qu'on puisse les séparer stratigraphiquement; mais le lias supérieur présente la plus grande analogie avec celui du Würtemberg. Le jurassique inférieur (p. 10) contient réunis les fossiles du bajocien et du callovien de d'Orbigny; l'identité des Ammonites avec celles de Swinitza, dans les Carpathes, est si grande que les collections de Berne renferment des échantillons qui reproduisent parfaitement toutes les figures de Kudernatsch. Les Ammonites de Rovérédo et des couches de Klaus, celles des Basses-Alpes et de la Crimée, qu'a étudiées d'Orbigny, ne concordant pas moins, M. Brunner n'hésite pas à établir une division géologique qui représente le bajocien, le bathonien et une partie du callovien, et qui s'étend du midi de la France jusque dans l'Inde. Le terrain jurassique moyen (p. 12) comprend un calcaire gris, qui est oxfordien, et au-dessus une couche souvent rouge et verdâtre, qui correspond au calcaire de Châtel, dont on observe du reste la continuation directe au Gurnigel.

Le jurassique supérieur existe au pont de Wimmis, localité connue depuis longtemps par des fossiles identiques à ceux du kimméridien de Porrentruy (p. 15). Le calcaire noir qui les renferme est surmonté par un calcaire blanchâtre, dont les restes organiques ne permettent guère de hasarder une détermination; il y en a pourtant qui portent à y voir le dernier membre de la série jurassique, mais la puissance en serait bien grande. On ne peut pas l'envisager comme néocomien inférieur, car ce terrain se montre sous un aspect différent, à une lieue de distance à peine. Il se pourrait que ce fût l'urgonien, ou une autre division de la craie supérieure; il y a des fossiles qui semblent autoriser cette classification; elle serait en outre appuyée par un fragment de Catillus qui s'est trouvé dans un calcaire rouge supérieur, et qui est extrêmement semblable à ceux qui caractérisent le cénomanien des Alpes.

Le néocomien a été reconnu d'abord entre le Ganterisch et la pointe de Neunenen (p. 18). En dessous, on a un calcaire gris clair, où les fossiles sont rares, mais qui appartient aussi au néocomien inférieur, et repose sur le calcaire jurassique rougeâtre. Au-dessus se trouvent des schistes verdâtres, souvent rougeâtres, qui représentent peut-être un étage supérieur de la craie. Mais l'absence absolue du gault ne permet pas d'admettre cette présomption sans hésitation.

Le flysch (p. 20), caractérisé par les Helminthoïdes, ne se trouve que dans les avant-monts du nord et dans le Simmenthal. Les faits ne s'opposent pas à ce qu'on le parallélise avec la craie supérieure, comme le veut de Fischer-Ooster. Au nord il est surtout remarquable par ses blocs d'un granit qu'on ne trouve en place nulle part, et qui sont de véritables blocs erratiques de l'époque où il s'est formé. M. Ooster a trouvé des nummulites (p. 24), dans les débris charriés par la Gürbe, et de Fischer-Ooster, la roche en place, entre le Ziegerhubel et le Seelibühl; c'est le seul exemple que l'on ait d'un grès nummulitique au-dessus du flysch.

Les blocs erratiques qui couvrent la plaine ne s'élèvent pas, au nord-est du massif, à plus de 800 pieds au-dessus du lac de Thoune (p. 26).

Le gypse et la cargneule suivent quatre lignes (p. 27). L'analyse de cette dernière roche montre que les noyaux de matière tendre contiennent plus de magnésie que les parois qui les séparent.

Les dislocations des terrains secondaires peuvent être ramenées à deux voûtes qui se sont rompues à leur centre (p. 32), et dont les pans ont pris différentes positions. Ces lignes de ruptures sont indiquées par le gypse et la cargneule, qui sont le produit de métamorphoses. Des vapeurs ou des sources chargées d'acide sulfurique ont transformé du calcaire en gypse; l'acide carbonique devenu libre a dissous alors le calcaire, qui contient toujours de la magnésie; si, en pareil cas, une précipitation a lieu, le dépôt est d'abord riche en magnésie; c'est ainsi que se sont formés les noyaux de la cargneule; les parois des cellules se sont précipitées après. Le relevé détaillé des directions des couches montre que la direction du soulèvement a changé à différentes époques (p. 35). La formation de voûtes conduit à l'idée d'une pression latérale venant des Alpes, idée contre laquelle s'élèvent pourtant bien des objections. En cherchant la cause à la place même où s'est produit l'effet, il n'est pas nécessaire de supposer une roche éruptive sous la chaîne; nous trouvons une cause suffisante dans le passage d'un sédiment amorphe à l'état cristallin, passage qui produit une augmentation de volume. Les faits plaident pour faire admettre une cause lente, qui a commencé d'agir après le dépôt du lias, a émergé les couches après celui du néocomien, et n'a cessé de se faire sentir qu'après celui de la molasse.

Paléontologie.

Dans cette période, les ouvrages paléontologiques ont commencé à se multiplier en Suisse, et une partie des matériaux que leurs auteurs ont mis en œuvre provenaient des montagnes de la feuille XII. Les Fucoïdes du massif du Gurnigel tiennent une grande place dans la Monographie *de Fischer-Ooster;* il faut y joindre ceux du Bundelberg, autre localité du flysch qui est probablement le Buntel-Alp, dans la chaîne des Spielgärten (**148**, p. 67). Les Fucoïdes liasiques se sont trouvés presque exclusivement au Langeneckgrat (p. 70).

Dans leurs descriptions des Céphalopodes de Ste-Croix et les catalogues qui les accompagnent (**147**), *Pictet* et *Campiche* ont indiqué la présence d'un certain nombre d'espèces dans le néocomien des environs du Stockhorn, quelquefois d'après des exemplaires de la collection Pictet, d'autrefois d'après MM. Brunner et Studer. La figure 2 de la planche 47bis représente en particulier un *Ancyloceras Duvalii* de cette région.

A la même époque, M. *Ooster* avait acquis des collections considérables, dont il a fait don au musée de Berne, qui possédait déjà beaucoup de fossiles de nos montagnes. Dans ses ouvrages, il a surtout cherché à les rapporter aux espèces déjà connues; malheureusement les collecteurs s'étaient trop peu inquiétés de distinguer les gisements, en sorte qu'il n'a pu les indiquer que d'une manière très générale. Le Synopsis des Céphalopodes donne des descriptions d'espèces nouvelles, des détails sur des espèces déjà connues et des figures des unes et des autres. Dans les Synopsis des Brachiopodes et des Echinodermes, où il y a peu d'espèces nouvelles, presque toutes celles qui sont énumérées sont figurées (**155, 162, 169**). Ne pouvant reproduire ici les noms de tous ces fossiles, j'ai extrait des Index alphabétiques des trois ouvrages la liste suivante des localités qui appartiennent à la feuille XII, et les ai distribuées, aussi exactement que cela m'a été possible, entre les chaînes auxquelles elles appartiennent, en allant du sud-ouest au nord-est pour chacune d'elles. C indique les Céphalopodes, B les Brachiopodes et E les Echinodermes. La plupart des noms de localités qui ne sont pas sur la carte fédérale, se trouvent sur celle de M. Brunner (**137**).

Chaîne de la Berra.

Broc C, E.

Botterens C, B, E.

Mont-Alire C.

Valsainte C.

Bärenvorsatz B.

Schwarzbrünnli C, E.

Gurnigelbad C.

Gürbe C, B, E.

Massif des Wirtneren.

Unterwirtneren B, E.

Wirtneren C.

Wirtnerenkirche C.

Langeneckschafberg C, B.

Kirschgraben C, B, E.

Bärschwand B.

Langeneckgrat C, B.

Blumensteinallmend C, B, E.

Fallbach C, B, E.

Ringgraben ou Raingraben C, B.

Chaîne du Ganterist.

Omeinaz (lac d') C.

Schwefelberg C, B, E.

Leiterenpass C.

Untermorgeten C.

Gantrischsee C.

Gantrischkumli C, B, E.

Gantrisch C, B.

Kessel C.

Oberthalalp B.

Neunenenpass C.

Neunenenalp C, E.

Neunenenfall C, B, E.

Oberneunenenalp C, B.

Thalalp C.

Oberwirtneren C, B, E.

Blattenheid C, B, E.

Standhütte C.

Lägerli C, B, E.

Hohmad C, B.

Obersulzgraben C.

Sulzgraben C, B, E.

Schneeloch C, E.

Mentschelen C.

Untermentschelen C, B.

Stierenfluh C.

Krummelweg C, B.

Oberrufigraben C.

Rufigraben C, B, E.

Alpetli C.

Wahl-Alp C.

Oberbach C, B.

Aelpithal C.

Lindenthalfluh C, E, B.

Chaîne du Stockhorn.

Kaisereck C.

Wallop C, B.

Walchli près Weissenburg C.

Säge près Weissenburg C.

Stockensee C.

Zollhorn C.

Nacki C.

Obernacki C.

Chaîne des Gastlosen.	Pont de Wimmis B.
Bäderberg, B, E.	Kapf C, E, B.
Reidigen C, B.	*Localités diverses.*
Boltigen B, E.	Fribourg C.
Holzersfluhe B, E.	Glütschbad C.
Oberweissenburg C.	Chaîne du Stockhorn C.
Burgfluh C, B, E.	Taubenloch C, B, E.
Simmenfluh ou Bortfluh C, B.	Simmenthal B, E.

M. *Ch. Mayer* a publié, dans le Journal de conchyliologie, des diagnoses d'espèces nouvelles dont les originaux proviennent de nos montagnes; ce sont: *Belemnites Oosteri, macilentus, paxillus, helveticus, bernensis, peregrinus, mixtus Heeri, Gillieroni, Fraasi* (**164**).

Dans l'Echinologie helvétique de MM. *Desor* et *de Loriol* (**185**), je trouve les espèces suivantes dont les originaux ont, en tout ou en partie, la même origine: dans les terrains jurassiques, *Cidaris Stoppanii* de Lor., *stockhornensis* Ooster, *allobrogica* Des.; *Hemicidaris florida* Mer., *alpina* Ag.; *Pseudodiadema dilatatum* Ag.; *Pyrina icaunensis* (Cott) de Lor.; *Collyrites Gillieroni* Des., *friburgensis* Ooster, *Voltzii* Ag.; dans les terrains crétacés, par M. *de Loriol* (**218**), *Cidaris friburgensis* de Lor., *Gillieroni* de Lor.; *Collyrites Meyrati* Ooster, *bernensis* Ooster; *Dysaster subelongatus* d'Orb., *Micraster breviporus* Ag.

Nous devons encore à M. *Ooster* plusieurs études paléontologiques, dont les matériaux proviennent en très grande partie du territoire de la feuille XII; ces travaux présentent le grand avantage que toutes les espèces y sont figurées. Ce sont la description des fossiles du corallien et du calcaire rouge de Wimmis (**186** et **187a**); ensuite celle des Zoophicos et des Inocérames (**187b** et **c**). C'est dans ce dernier ouvrage que je vois, avec certitude, apparaître pour la première fois des indications fausses de localités, qui, cela va sans dire, ne sont pas imputables à l'auteur; elles proviennent de collecteurs qui avaient imaginé ce moyen de donner plus de prix aux fossiles qu'ils avaient récoltés dans la région du Moléson ou de Châtel-St-Denis, et dont les amateurs se trouvaient suffisamment pourvus, quand ils ne portaient pas les noms d'une nouvelle localité. Le confluent du Javroz et de la Jogne (p. 38) n'a pu fournir un Inocérame jurassique, car il est dans le néocomien. Je regarde comme très douteuse l'indication du lac d'Omeinaz (p. 36); elle est certainement fausse pour ce qui concerne la couche à Ptéropodes, dont M. Ooster a publié la paléontologie dans une œuvre subséquente (**211**).

Enfin *de Fischer-Ooster* a accompagné de figures la plupart de ses déterminations de fossiles rhétiens (**193**), et M. *Zittel* a compris les Gastéropodes de Wimmis dans son étude des faunes du tithonique inférieur (**205**, p. 365).

Discussion sur le calcaire rouge du Simmenthal.

En 1869, il s'éleva un débat sur l'âge des couches rouges du débouché du Simmenthal. Comme nous l'avons vu (p. 38), M. *Brunner* était disposé à les placer dans le cénomanien. *De Fischer-Ooster* ayant fait chercher des fossiles à la Simmenfluh par le collecteur Tschan, en obtint un certain nombre des schistes rouges. M. *Bachmann* y vit une confirmation du caractère crétacé de ces assises, et s'appuya de l'autorité de MM. Hébert et Merian (**182**, p. 189), tandis que M. Ooster envisagea un grand Inocérame comme nouveau, et ne pouvant pas être séparé d'une espèce qu'on trouve dans les calcaires rouges jurassiques; en outre il crut reconnaître dans les oursins deux Collyrites jurassiques (**187 a**). Dans une étude stratigraphique de la région, *de Fischer-Ooster* partit de cette idée, et identifia tous les calcaires rouges des Alpes de Fribourg, en les plaçant dans le jurassique moyen. Il crut qu'en continuant à remonter la vallée, on devait traverser les mêmes étages qu'en y entrant, et le flysch devint du lias correspondant à celui du Kapf (**188**). Déjà un peu auparavant, M. *Renevier* avait aussi publié un travail où quelques pages sont consacrées à la Simmenfluh (**179**). Pour lui, les couches rouges sont intercalées entre un calcaire sans restes organiques et le calcaire à fossiles coralliens; elles contiennent un Inocérame et un Collyrites voisins d'espèces jurassiques, et se retrouvent interstratifiées au calcaire de Châtel, sur un grand nombre de points des Alpes vaudoises. Tout l'ensemble des couches fossilifères de cette région appartient à l'oxfordien. En répondant aux remarques de M. Renevier sur différents points de la Carte géologique de la Suisse, M. Bachmann maintint son opinion relative aux couches rouges de la Simmenfluh; il insista en outre sur les raisons qui font mettre dans le flysch les schistes du Simmenthal (**189**).

Les difficultés stratigraphiques que présente la Simmenfluh, n'existent guère pour celui qui a étudié les régions plus occidentales; je communiquai occasionnellement mon opinion à M. Studer, et lorsqu'il eut manifesté l'intention de publier ma lettre, j'y ajoutai quelques développements (**190**). Je cherchai à montrer que MM. Renevier et de Fischer-Ooster confondaient deux couches rouges différentes, l'une à la base du jurassique supérieur et l'autre au-dessus du néocomien, et que les assises de Wimmis ne pouvaient être rapprochées pétrographiquement et paléontologiquement que de cette dernière. En même temps, M. *Théophile Studer* avait étudié des préparations microscopiques des schistes en discussion, et il put conclure de ses recherches que, par leurs foraminifères, ils appartiennent à la même époque géologique que le calcaire de Seewen; on y trouve en particulier de nombreux Monostègues, ordre qui n'apparaît que dans la craie, tandis qu'on n'a pas encore signalé de foraminifères dans le calcaire jurassique des Alpes (**191**).

Il y a encore à citer sur ce sujet une lettre de M. *Hébert,* qui précise les opinions qu'il avait émises, et les justifie par le récit de la course qu'il avait faite avec M. Studer. Cette pièce est suivie d'une réponse de M. Renevier (**192**).

En 1870, je fus amené à revenir sur cette question (**201**), et presque immédiatement après M. *Ern. Favre* la traita aussi absolument dans le même sens, en décrivant la partie méridionale des Alpes fribourgeoises (**202**). En outre M. *Merian* reconnut l'*Inoceramus Brongniarti* Goldf. et le *Bourgueticrinus ellipticus* (Mill.) d'Orb., dans les fossiles de Wimmis (**208**). De Fischer-Ooster ne fut cependant pas convaincu et répondit. Il avait été confirmé dans sa manière de voir par un collecteur qui lui avait vendu des fossiles jurassiques comme trouvés dans les schistes rouges de la chaîne des Gastlosen, où M. Favre et moi n'avons jamais pu en découvrir (**209**, p. 329).

Enfin en 1872, M. *Desor* confirma l'opinion que ces assises sont crétacées, après en avoir examiné les oursins (**217**).

Terrain jurassique de Wimmis.

M. *Ooster* ayant reconnu les Brachiopodes de Stramberg et d'Inwald dans le calcaire à teinte claire de Wimmis (**162**), on ne pouvait plus être tenté de l'envisager comme urgonien. *De Fischer-Ooster* engagea alors le collecteur Tschan à faire, dans cette localité, des recherches qui eurent du succès; on eut dès lors dans les musées des séries de fossiles qui donnèrent lieu à une certaine diversité d'opinions parmi les paléontologistes. De Fischer-Ooster se fondant sur la première étude faite par M. Ooster, annonça que la faune appartient au corallien de d'Orbigny, et M. *Merian* énonça la même opinion, en la déclarant plus ancienne que le calcaire noir kimméridien de la même chaîne (**173**). L'année suivante, M. *A. Favre* publia ses Recherches géologiques en Savoie, qui contiennent des notes de M. *Merian* sur les fossiles recueillis dans la continuation de ces couches (**175**, vol. 2, p. 102). Se fondant sur la présence d'espèces qui manquent à Porrentruy, M. Merian pensait que les calcaires noirs du Simmenthal et de la Savoie sont peut-être un peu plus anciens que ceux du Banné.

Un peu plus tard, M. *Zittel* jugea, sur une inspection rapide, que les fossiles du facies corallien appartenaient à la faune de Stramberg, et qu'il était important qu'ils fussent superposés à une autre faune considérée comme le type du kimméridien (**184**, p. 5). La même année, M. *Renevier* exprima une autre opinion: le calcaire noir à Mytilus, le calcaire corallien à Diceras et les couches rouges à Inocérames lui parurent appartenir au groupe oxfordien, si même le calcaire noir n'était pas plus ancien (**179**, p. 52 à 55). *Pictet* pensait en revanche que le corallien de Wimmis était probablement l'équivalent du tithonique inférieur (**198**, p. 240).

En 1869 et 1870, *de Fischer-Ooster* publia sur cette contrée deux travaux géologiques, dont le premier accompagnait la description de la faune du facies corallien par M. *Ooster* (**186** et **188**). Il admit qu'en remontant la Simmen on traverse une série de couches en forme de bateau, que le flysch du Simmenthal, auquel on arrive après avoir laissé derrière soi les calcaires, est du lias correspondant à celui qui est au nord du profil, que le corallien est renversé sur le kimméridien, et que les deux faunes qu'ils contiennent ne sont peut-être que des faciès différents d'un même étage. Dans une autre publication, il donna peu après une liste de sept espèces du kimméridien du Sattel, au sud de Jaun (**209**, p. 335).

Dans la continuation de ses travaux sur les faunes tithoniques, M. *Zittel* fit remarquer que M. Ooster avait décrit 10 espèces d'Inwald; puis ayant étudié les Gastéropodes de Wimmis, il plaça les calcaires blancs dans le tithonique ancien (**205**, p. 177 et 365). En discutant l'âge de différents calcaires coralliens, M. *Coquand* s'occupa aussi de celui de Wimmis. Il s'appuya de l'opinion de M. Renevier (**210**, p. 216), et comparant le calcaire noir à celui de Biot, il semble disposé à croire qu'il pourrait bien être bathonien (p. 225). Quant aux calcaires à Diceras, ils appartiennent, suivant lui, à une des assises du corallien supérieur ou du kimméridien inférieur (p. 234). En rendant compte du travail de M. Coquand, M. *E. Favre* donna quatre profils pour bien montrer la position des calcaires noirs à Mytilus; deux de ces profils sont pris à la cluse de Boltigen, sur la feuille XII (**216**, p. 48).

M. *Hébert* s'est aussi occupé occasionnellement du corallien; il ne pense pas qu'il soit post-kimméridien à cause de la présence dans les calcaires noirs de la *Rhynchonella trilobata,* qui appartient à un niveau inférieur au ptérocérien (**222**, p. 161).

Rhétien et flysch.

Je résumerai les recherches sur ces deux terrains dans le même paragraphe, parce que le dernier a donné lieu à quelques débats, et que de Fischer-Ooster a voulu les réunir.

L'existence d'un étage inférieur au lias proprement dit a été reconnue en premier lieu par M. Brunner, et les fossiles qu'il y trouva furent déterminés par M. *Merian;* ce dernier constata alors la présence des couches de Kössen, qu'il appelait avec d'autres, couches supérieures de St-Cassian (**127** et **133**)· Plus tard dans une étude générale des assises à *Avicula contorta,* M. *Stoppani* publia les noms de quelques fossiles de Blumenstein, et en conclut que l'horizon supérieur, l'hettangien, devait y être à jour (**156**, p. 192—195).

Quant au flysch, de Fischer-Ooster s'en est occupé à deux reprises: il a publié d'abord une Monographie de ses Fucoïdes, dans laquelle il arrive à la conclusion qu'il faut ranger le flysch dans la formation crétacée, et plutôt dans la partie inférieure que dans la supérieure (**146**, p. 26, **148**). Ses motifs sont surtout, pour notre territoire, la présence de Nummulites au-dessus des schistes à Fucoïdes, à l'arête entre le Scelibühl et le Ziegerhubel. M. *Studer* combattit cette manière de voir en s'appuyant sur le fait que, dans tous les pays méditerranéens, le flysch est superposé au terrain nummulitique, lorsque ce dernier existe (**148**).

Onze ans plus tard, de Fischer-Ooster publia un Mémoire sur le rhétien de différentes localités, dont un certain nombre sont dans le territoire dont nous nous occupons. Il y décrit d'abord les roches qui renferment les fossiles, ensuite il examine la position stratigraphique des localités fossilifères (**193**, p. 40). Il appuie plus particulièrement sur celle du Scelibühl, où M. Ooster avait recueilli des fragments de calcaire lumachellique; il admet que ces débris viennent du flysch, et il cite encore bon nombre d'autres endroits du bassin de la Veveyse, où la région attribué au même terrain a fourni des fossiles rhétiens (p. 47). Il se demande ensuite s'il n'est pas permis de conclure de ces faits que le grès du Gurnigel appartient au rhétien, et si les assises n'en ont pas été renversées les unes sur les autres par le gypse, qui est au nord et au sud (p. 49). L'erreur de l'auteur, qui identifiait ainsi deux terrains fort différents, provenait de ce que, sur la ligne de contact entre la chaîne de la Berra et celle du Ganterist, il arrive souvent que le rhétien touche aux schistes et grès à Fucoïdes.

Dans une Notice de la même époque, de Fischer-Ooster fit ressortir qu'une ligne de rhétien et de gypse s'étend de Montreux au lac de Thoune, qu'une seconde ligne de gypse part de ce lac et peut être suivie jusqu'à Bex; qu'ainsi les massifs du Niesen, du Stockhorn et des Alpes de Fribourg et de Vaud se présentent comme reposant sur un grand fond de bateau constitué par le gypse (**194**, p. 188).

Enfin plus tard une localité du flysch de notre territoire, le Mausesbergli, au sud de Jaun, dont M. de Fischer-Ooster possédait deux Helminthoïdes, fut envisagée par lui comme jurassique ou liasique (**209**, p. 326).

En 1877, M. *Heer* ayant examiné la question de l'âge du flysch n'hésita pas à le laisser dans l'éocène (**227**, p. 93).

Détails géologiques spéciaux.

Peu après la publication de la Géologie de la Suisse, M. *Studer* a donné des détails sur un bloc de granit, qui a été exploité dans le flysch du Gurnigel, et qui avait plus de 4000 pieds cubes (**131**). Plus tard il a fait ressortir l'interruption brusque que subissent, à la vallée de l'Aar, les chaînes du Stockhorn et même celle du Niesen; c'est là un fait, dit-il, à l'explication duquel nos théories géologiques se refusent (**157**, p. 6 et 14).

A la suite de leur description des fossiles du néocomien des Voirons, MM. *Pictet* et *de Loriol* donnèrent la liste de ceux de la collection Pictet qui provenaient du col entre le Gantrisch et la Nünenenspitze, et y ajoutèrent les indications de M. Brunner, pour comparer ensuite cette faune avec celle des Voirons (**144**, p. 54).

En 1863, M. *Beck* profita des nouveaux levers topographiques pour publier une carte géologique, qui comprend le Niesen et la région du Stockhorn jusqu'au méridien de Boltigen; mais il ne se servit à cet effet que des données de MM. Studer et Brunner (**161**). Trois ans après, M. *Bachmann* utilisa pour la seconde édition de la Carte géologique de la Suisse les résultats de mes premières recherches dans la vallée de Jaun (**129**). Plus tard encore, je publiai des détails assez circonstanciés sur les terrains crétacés des différentes chaînes, particulièrement sur le néocomien (**201**).

Ayant reçu une série de fossiles de Blattenheid, M. *Zittel* y reconnut les espèces des couches de Klaus, avec quelques autres d'un niveau inférieur. Cela l'amena à discuter les données plus anciennes de MM. Studer et Pictet, et à admettre qu'il y avait là un mélange d'espèces réparties ailleurs de l'oolithe inférieure au callovien (**183**, p. 601). M. *Neumayr*, en discutant à son tour les mêmes documents, rejeta l'idée d'un mélange des fossiles calloviens avec les autres, en se fondant sur le fait que plusieurs espèces regardées par d'Orbigny comme étant de cet horizon n'y appartiennent pas, ou ont une extension verticale plus grande qu'il ne le croyait (**206**, p. 154), M. *E. Favre* s'est aussi occupé de cette question pour le massif du Moléson, tout voisin de notre territoire (**202**, p. 198).

En 1872, le même auteur a cité comme exemple de cargneule appartenant au flysch celle qui se trouve aux bains de Weissenburg (**215**, p. 382).

Mentions dans des ouvrages généraux.

Les montagnes de la feuille XII ont été mentionnées avec plus ou moins de détails dans plusieurs ouvrages généraux : d'abord dans le Rapport sur les forêts de hautes montagnes, dont la partie géologique, ou plutôt pétrographique, a été rédigée par *A. Escher*; il distingue dans notre territoire les chaînes calcaires et les trois zones de flysch (**158**, p. 34 et 42). Il y a plus de détails dans l'Orographie des Alpes de *Desor*, qui, en décrivant les formations sédimentaires alpines, s'est plus ou moins arrêté sur telle ou telle localité des Alpes suisses occidentales, surtout pour l'oolithe supérieure (**159**, p. 185 à 195).

Le panorama géologique de la chaîne des Alpes par *A. Escher* et *A. Muller*, comprend naturellement nos montagnes; les auteurs y distinguent l'éocène, la craie et les terrains jurassiques, et quelques localités sont nommées dans le texte explicatif (**170**, p. 310 à 327).

En faisant sa distribution des terrains jurassiques en couches et en étages, M. *C. Mayer* y a souvent cité les environs du Stockhorn (**167**); il a pensé que le lias de Blumenstein pouvait être divisé en douze couches distinctes, appartenant aux étages thouarsien, charmouthien et sémurien; toutefois il a fait suivre une partie de ces divisions d'un point interrogatif.

Dans son Hypsométrie de la Suisse, M. *Ziegler* compare le cours de la Sarine à celui de la Tamina, et ceux de la Kander et de la Simmen à ceux de la Linth et de la Sernft (**174**, p. 1). Il émet en outre quelque doute sur la classification de la chaîne du Niesen dans le flysch, à cause de sa grande élévation (p. 52).

Dans ses revues générales des flores et des faunes du monde primitif de la Suisse, M. *Heer* cite quelquefois des localités des environs du Stockhorn, soit d'après d'autres auteurs, soit d'après ses ouvrages de botanique fossile (**172 a**, p. 101, 140, 150, 190, etc.; **b**, p. 69, 110, 159, 166, 209, 210, 268, etc.).

De la présence de plantes terrestres dans les Ormonts et du charbon qui s'étend de là à Wimmis, il conclut à l'existence d'une terre-ferme pendant le dépôt du jurassique supérieur; de même trois plantes terrestres du Hohmad le conduisent à la même conclusion pour l'époque bathonienne (**a**, p. 145; **b**, p. 162). Il regarde aussi comme vraisemblable que la mer crétacée présentait une ou deux îles jurassiques, entre le lac de Thoune et celui de Genève (**a**, p. 169, 171; **b**, p. 189, 191).

Différentes parties de la feuille XII sont souvent mentionnées dans l'Index de la Pétrographie et de la Stratigraphie de la Suisse par M. *Studer* (**214**). Les articles les plus importants pour nous sont ceux où l'auteur explique les dénominations tirées de cette région, ou qui contiennent une description sommaire des formations et des roches qu'on y rencontre; tels sont les suivants : Châtelkalk, Flysch, Gürbegranit, Gurnigelsandstein, Hornstein, Kimmeridge-mergel und -Kalk, Niesensandstein, Seewerkalk, Stockhornkalk, Wimmiskalk.

Géologie appliquée. Eaux minérales.

Les observations de *Cullmann* sur le régime des torrents de nos montagnes sont contenues aux pages 342 à 359 et 375 à 391 de son Rapport (**165**). Les deux seuls torrents du canton de Fribourg dont les crues soient redoutables, sont la Trême et la Gérine, qui tous les deux viennent du flysch. La différence que présentent les régions composées de calcaires et celles qui appartiennent au flysch, sous le rapport des dangers d'éboulement et d'inondations, est fort bien exposée dans un article de journal publié par un habitant du pays (**180**).

Une analyse des charbons de Boltigen a été faite par M. *Chatelain*, et il y a ajouté quelques détails, entre autres que c'est celui des charbons suisses qui a la plus grande valeur calorifique (**207**, p. 395 à 398).

Les ouvrages balnéologiques de MM. *Meyer-Ahrens* et *Gohl* (**152, 156, 181**) donnent des analyses et quelques détails géologiques déjà connus sur les sources minérales de la région du Stockhorn. M. *Muller* fait de même à l'égard de celle de Weissenburg (**177**, p. 4 et 18). Gohl émet l'idée que les décompositions qui se font au Gurnigel, dans le sol superficiel contenant des pyrites, contribuent à la minéralisation des sources. Il donne en outre une nouvelle analyse des eaux du Schwefelberg par M. Muller, et mentionne la source ferrugineuse du Rothbad, dans la vallée de Diemtigen, dont le même chimiste a fait une analyse qui n'a pas été publiée. Une notice spéciale sur le Schwefelberg, par M. *Bircher*, attribue à un éboulement le transport des blocs qui sont parvenus jusque sur le versant sud du Seelibühl; on y trouve aussi une nouvelle analyse des eaux par Schwarzenbach (**213**).

Pour le canton de Fribourg, *Meyer-Ahrens* n'a pas eu de détails nouveaux à donner sur les sources minérales qu'il énumère. M. *F. Castella* a publié une analyse des deux sources sulfureuses des bains du lac Noir par Schwarzenbach; la source ferrugineuse du même endroit n'a pas été analysée (**178**, p. 46).

De 1873 à 1882.

Géologie proprement dite.

En 1873, je publiai sur les Alpes de Fribourg une notice destinée à un public moins restreint que celui des géologues, et la douzième livraison des Matériaux pour la carte géologique de la Suisse, qui contient un Aperçu général sur les Alpes de Fribourg et la description détaillée du Montsalvens (**219, 220**).

A la même époque, M. *Renevier* classait dans ses Tableaux des terrains sédimentaires les différentes couches de nos montagnes qui étaient alors connues (**221**).

En 1876, M. *Bachmann* publia une nouvelle étude de la région du Stockhorn (**225**). Après avoir donné un aperçu de l'orographie, il décrit les différents terrains. A propos du dicératien et du kimméridien de Wimmis, il remarque que l'on trouve dans le premier de ces étages, qui est plus récent, des espèces antérieures au dépôt du second; en conséquence, il faut admettre qu'elles ont continué à vivre là plus tard qu'ailleurs, ou bien que ce sont les espèces du kimméridien qui ont apparu là plus tôt que dans le Jura, par exemple (p. 384). Il donne aussi, accompagné d'une description, un profil s'étendant de Därstetten au Gurnigel. On pourrait admettre, dit-il en terminant, que la chaîne du Stockhorn est une seule voûte, qui s'est fait jour à travers le flysch, en formant trois plis; mais le manque du flysch et de la craie dans le centre fait regarder comme probable qu'il y a déjà eu un plissement après le dépôt du crétacé inférieur. Il est peu de montagnes qui démontrent d'une manière plus frappante que des couches rompues et refoulées les unes sur les autres se sont étendues autrefois sur un espace horizontal beaucoup plus considérable que celui qu'elles occupent maintenant.

M. *E. Favre* a publié une série d'études sur les fossiles de la partie supérieure des terrains piraniques des Alpes occidentales; ses déductions géologiques s'appliquent au territoire de la feuille XII, dont il mentionne du reste souvent telle ou telle localité (**223, 228, 230, 240**). Il distingue en particulier, dans le terrain oxfordien, le calcaire rouge à *Belemnites Sauvanausus* et à *Ammonites arduennensis* et le calcaire gris, dont l'*Ammonites bimammatus* est le fossile le plus fréquent; le premier renferme un mélange d'espèces des zones à *Amm. cordatus* et à *Amm. transversarius*, avec une prédominance des représentants de la première de ces divisions; le second est l'équivalent de la partie supérieure des couches à *Amm. transversarius* et, peut-être, des horizons qui la séparent de celles à *Amm. tenuilobatus* (**228**, p. 9—14).

M. *Ischer* a surtout étudié la chaîne du Niesen dans le territoire de la feuille XVII; mais il admet qu'elle a la même structure dans toute son étendue, celle d'un oméga (ω); des deux côtés de la chaîne se montre le trias, sous forme de cargneule et de gypse, tandis que les couches supérieures appartiennent au flysch; les terrains intermédiaires sont restés dans la profondeur, et n'apparaissent qu'un peu du côté du sud (**233**, p. 509, **238**).

A l'occasion d'une étude des *Klippen* de la Suisse centrale, M. *Moesch* remarque que le Niesen contient dans ses conglomérats des roches et des fossiles tout-à-fait semblables à ceux de ces *Klippen*, et que la chaîne du Stockhorn, qui est dans leur direction, n'est elle-même composée que de *Klippen* (**248**, p. 111 et 278).

M. *Vacek* s'est occupé des terrains crétacés de la Suisse, d'abord dans son étude sur le Vorarlberg, contrée où il a reconnu de grandes analogies avec les Alpes de Fribourg et le Montsalvens en particulier (**239**, p. 666, 678). Après avoir parcouru ce dernier massif, il a donné ensuite un résumé des divisions de la craie qu'on y peut établir, et leur a assigné une place dans le cadre général des terrains, ce que je n'avais pas osé faire pour toutes (**241,** p. 526). M. Vacek s'est aussi occupé des calcaires schisteux rouges du Simmenthal; en étudiant le profil d'Erlenbach au Stockhorn, il est arrivé à la conclusion que ce terrain est à la base de la craie, peut-être même en partie tithonique (p. 529). En exposant ces vues nouvelles, M. *E. Favre* les a combattues en quelques mots (**249,** p. 88); dans une réunion de la société helvétique des sciences naturelles, j'ai essayé, de mon côté, de montrer comment M. Vacek a pu être induit en erreur (**250,** p. 285).

Dans un fragment de grès étiqueté chaîne du Stockhorn, *de la Harpe* a reconnu deux espèces de nummulites granulées d'Autriche: *Nummulites Partschi* et *Numm. Oosteri* de la Harpe; malheureusement la provenance exacte de ce fragment n'est pas connue (**243**).

Paléontologie.

Dans cette période M. *E. Favre* nous a donné d'excellentes monographies des faunes du terrain jurassique supérieur, sur lesquelles devront se baser toutes les déterminations ultérieures de fossiles de nos régions (**223, 228, 230, 240**). Il a utilisé pour les dernières des matériaux qui proviennent du territoire de la feuille XII, et dont la plupart sont déposés au musée de Berne. Comme je l'ai déjà dit (p. 42), les collecteurs des environs de Châtel-St-Denis et du Moléson ont fait une répartition de leurs richesses sur des contrées moins favorisées; quelquefois ils sont tombés sur des localités présentant des couches où les fossiles auraient pu se rencontrer; d'autres fois ils ont donnés des indications évidemment fausses. D'un autre côté, le musée de Berne renferme des matériaux du jurassique supérieur de nos régions dont la provenance n'est guère douteuse, par exemple ceux du Ganterist, du Sulzgraben, de Botterens et de Broc. Je ne saurais naturellement faire le départ entre le faux et le vrai dans tout cela, sans risquer de me tromper; je me bornerai donc à signaler la Roche et le Mouray (Mouret sur la carte) comme des villages qui sont dans la molasse et qui, après informations prises, n'ont point d'homonymes dans la montagne. Je crois en outre pouvoir affirmer que les terrains jurassiques n'apparaissent pas dans le massif de la Berra, au pied duquel ces villages se trouvent. Il est du reste à peine nécessaire d'ajouter que les résultats généraux de M. Favre ne seraient guère changés, si les fossiles qu'il a décrits étaient tous rapportés à leur véritable origine. Il y a les mêmes remarques à faire à l'égard des localités de la feuille XII que cite M. *de Loriol* dans sa Description des Crinoïdes de la Suisse, d'après des exemplaires du musée de Berne (**231**). Je ne crois pas à l'existence de la couche à Ptéropodes au lac Noir, ni de l'oxfordien au confluent de la Jogne et du Javroz, et ne regarde comme assez certaines que les indications de localités qui se trouvent déjà dans le Synopsis des Echinodermes de M. Ooster, parce que rien n'indique qu'à l'époque où il l'écrivit, l'auteur de cet ouvrage eût déjà eu affaire à des collecteurs sans probité. M. de Loriol s'est du reste bien aperçu de l'état des choses, comme le prouve la discussion à laquelle il a dû se livrer pour arriver à déterminer le gisement du *Phyllocrinus Cardinauxi*, p. 231.

Pour sa Flore fossile de la Suisse (**227**), M. Heer a fait une révision des plantes de notre territoire, que de Fischer-Ooster avait déjà étudiées, et il a décrit ou déterminé celles que j'ai recueillies, et qui seront citées dans la description géologique qui va suivre.

Dans son étude des Polypiers jurassiques en cours de publication (**246**), M. *Koby* indique deux espèces du corallien de Wimmis, qui sont aussi dans l'épicorallien du Jura, *Pleurosmilia Marcou* Et. et *Rhipidogyra percrassa* Et., et il en décrit deux nouvelles de Boltigen : *Cryptocoenia compressa* Koby et *Convexastrea Bachmanni* Koby.

Travaux divers.

M. *Gremaud* s'est occupé de la cascade de Bellegarde (Jaun), grande source vauclusienne analogue à celles du Jura (**234**). Il pense qu'il n'y a qu'un grand réservoir, ou un cours d'eau important, qui puisse l'alimenter. Il examine si elle vient peut-être du lac Noir, ou bien du massif de montagnes entre la vallée de la Jogne et celle de la Singine ; mais en définitive il est plutôt disposé à penser que c'est la sortie d'une partie de l'eau de la Sarine, qui se perdrait sous terre à 14 kilom. de distance. Dans une autre étude sur les mouvements de terrains, M. *Gremaud* attribue à un éboulement les blocs que l'on observe à la Tzintre près de Charmey, et il mentionne la Pierre-des-Autels, au-dessus de Montévraz, et la vallée de la Singine chaude comme ayant été le théâtre d'accidents pareils. Il décrit en détails et avec figures un glissement qui a eu lieu en 1880, dans le flysch, près de Jaun, et il cherche à le faire rentrer dans une théorie générale sur les éboulements (**244**, p. 76).

M. *Lory* a fait remarquer que les différences d'aspect entre les divers pays de la zone subalpine tiennent surtout aux variations des étages crétacés: le massif du Chablais, la zone extérieure des montagnes de Vaud, de Fribourg et du Simmenthal font contraste avec les chaînes plus intérieures, parce que l'urgonien et la série crétacée supérieure semblent y manquer (**236**, p. 9 et 10).

Les noms marqués sur la carte du canton de Fribourg sont souvent inexacts et même controuvés. Ces erreurs ont passé en partie sur la carte fédérale; M. *Sottaz* s'est occupé d'y remédier, et M. *Wäber* a indiqué ces corrections avec d'autres sur une carte des Alpes de Fribourg; un bon nombre se rapportent à la feuille XII (**229**).

Au moyen des cartes officielles au 1 : 50,000, M. *Bodmer* a recherché quelles sont en Suisse les terrasses qui indiquent d'anciens niveaux supérieurs des vallées, et quels sont, à l'époque actuelle, les différents paliers (Thalstufe) qu'elles présentent dans leur profil longitudinal. Il voit un de ces paliers dans la partie du Simmenthal qui s'étend de Boltigen à la Burgfluh; quant aux terrasses elles sont moins bien conservées dans cette vallée que dans d'autres, et c'est dans la présence du flysch en grandes masses qu'il faut chercher la cause de ce fait (**242**, p. 18 et 19).

PLATEAU.

XVIIIᵉ Siècle.

J.-Jac. *Scheuchzer* est l'auteur le plus ancien où j'aie rencontré une mention pétrographique qui se rapporte au plateau molassique. En 1706, il a fait le voyage de Berne à Fribourg (**7**, 2ᵉ partie, p. 179; **10**, p. 417), et s'est détourné de la route pour aller voir un ermitage creusé dans les rochers des bords de la Sarine, curiosité que l'on trouve dès lors mentionnée dans tous les ouvrages qui parlent du pays. Il fait la remarque que le travail a été exécuté dans un grès tendre, et que l'ermite lui a remis quelques morceaux d'une terre d'ocre qu'il avait trouvée en creusant. De Fribourg son voyage l'a conduit à Neuchâtel, en passant par Avenches et Morat, et en descendant la Broye. Plus tard il a fait la même route en sens inverse (**10**, p. 500); mais il ne s'est guère occupé que des inscriptions romaines; il reproduit celles de Villars-les-Moines, mais ne dit encore rien des pétrifications de cet endroit, dont parlent des auteurs postérieurs.

On trouve quelques remarques dans ses autres ouvrages, où figure aussi l'ocre de l'ermitage: une terre à poterie rouge se rencontre près de Morat (**7**, partie 2, p. 179); le terroir du canton de Fribourg est tout-à-fait semblable à celui du canton de Berne (p. 158); à Henniez, près de Moudon, il y a des bains dont la source est sulfureuse et bitumineuse (**9**, p. 314).

Dans le Traité des pétrifications, dont *Bourguet* est le principal auteur (**14**), il y a une liste des localités du monde entier où l'on trouvait alors des fossiles; la Suisse y joue un assez grand rôle; mais Villars-les-Moines est le seul endroit du canton de Fribourg qui soit cité.

Guettard a choisi la Suisse pour la comparer au Canada, plutôt que tout autre pays, parce qu'il avait pour matériaux les ouvrages de Scheuchzer et de Bourguet, et deux catalogues envoyés par Cappeler au duc d'Orléans, avec des minéraux venant de Suisse (**15**, p. 480). Appliquant à ce pays les idées qui l'avaient amené à distinguer sur des cartes, en France et en Angleterre, une bande schisteuse ou métallique, une bande marneuse et une sablonneuse,[1] il nous donne le premier essai d'une carte géologique de la Suisse, où il distingue sa bande schisteuse et sa bande marneuse. Celle-ci comprend surtout le Jura, mais elle envoie un bras sur notre territoire jusqu'à Morat, sans doute à cause des pétrifications dont l'existence est indiquée par un signe à l'est de cette ville, et par un autre dans le Grand-marais; ce dernier se rapporte probablement

---

[1] Mém. de l'Acad. des sciences, 1746, p. 541 de l'édit de Hollande; voir notamment la p. 549.

au grès coquillier du Vully. Les autres indications relatives au canton de Fribourg se bornent à la pierre de Béroulles, près de Fribourg (p. 503), et à de la glaise à Balm (?) au nord-est de Morat.

A en juger d'après les écrits auxquels elles ont donné lieu, les eaux de Bonn auraient eu une certaine vogue dans la seconde moitié du XVIII⁰ siècle. Dugoz et *Schueler* en ont fait des analyses (**17, 18**).

G. S. Gruner (**21 et 23**) paraît avoir eu des renseignements particuliers sur les environs de Vuadens (Vades dans l'ouvrage) et sur Vaulruz. Suivant lui il y a là de l'argile réfractaire (citée aussi à Rue), de la terre à pipes (aussi près de Prayers et de Kehrsatz), du sable micacé, des marbres variés, surtout dans la Trême, de la mine de cuivre terreuse. Dans d'autres localités, il cite la terre d'Ombre près de Wattenweil (?), dans le canton de Fribourg; de la marne crétacée près de Vogelhausen (Fribourg), de la terre saline et de la terre de sel gemme à Money (Fribourg); de la magnésie purgative aux bains de Bonn, la pierre de remouleur à Bérolles et à Morat (avec?); le charbon fossile à Maracon (il s'agit des mines de St-Martin).

Dans l'article des pétrifications, Gruner cite une dent d'hippopotame trouvée près du lac de Morat; d'après la figure des Basler Merkwürdigkeiten de Bruckner à laquelle il renvoie, ce doit être une molaire d'éléphant. Il indique encore au bois de Châtel, près d'Avenches, un *Cochlites umbilicatus*, et avec la simple indication d'Avenches un *Chamites laevis*.

Bertrand nous donne la première observation véritablement géologique relative à notre territoire. Pour montrer que la terre entière est composée de couches, il cite le mont de Châtel au-dessus d'Avenches, qui lui paraît formé d'une couche de terre, d'une couche de sable, d'une troisième couche de pierre morte, et d'une quatrième de pierre arénacée grise (**19**, p. 5).

Dans la Minérographie du canton de Berne, il indique des *Cochlites* et des *Conchites* à ce même mont de Châtel, et du charbon de pierre à Maracon. A Morat, il y a de la marne grasse du côté de Villars, et une source nitreuse; dans les marais on trouve une source tiède, un peu soufrée et martiale. Enfin on recueille à Münchenwyler (Villars-les-Moines) des Glossopètres et des Térébratules.

Bolz (**20**) parle de grandes pièces de bois de chêne qu'on rencontre à Kerzers dans le Grand-marais, à 3, 4 pieds de profondeur, ou plus; ce sont, dit-il, les seules traces d'une forêt qui, d'après d'anciens documents, existait sur un sol un peu élevé (p. 81). Un de ses amis a conclu d'un dérangement de la boussole qu'il y a du fer dans une colline du côté de Fræschels; la présence d'une source avec une espèce de *Crocus Marti* vient confirmer cette supposition (p. 85).

Rud. Sinner de Ballaigues connaissait l'existence du charbon de pierre à Oron, mais il ne paraît pas qu'on eût commencé à l'exploiter au moment où il écrivait; il en indique aussi l'existence à Wattenwyl (**22**, p. 84).

Dans les Voyages de *Saussure* (**25**), il n'y a de spécial à notre territoire que la remarque que les Grands-marais ont été autrefois recouverts par les eaux du lac de Morat, et que les trois lacs n'en faisaient alors qu'un (1er vol., § 401).

Dans le second volume de son histoire naturelle du Jorat (**28**), le comte de *Razoumowsky* nous a donné la première étude suivie de la géologie de notre territoire et de l'histoire naturelle de ses lacs. Ce n'est pas qu'il ait déjà senti la nécessité de baser ses résultats sur le plus grand nombre d'observations possibles; il s'est en général contenté de faire l'étude de quelques points, mais il s'en est acquitté souvent avec un grand détail. Ce que nous appellons maintenant la molasse d'eau douce inférieure l'a un peu occupé, du moins dans la région des lacs; il remarque que la roche y est plus tendre que dans le Jorat, et qu'elle est par conséquence impropre aux usages d'architecture (p. 132). Il y mentionne un fort beau charbon minéral, qui doit avoir été exploité dans le lit de la Glane (p. 134), et décrit des séries de bancs à Estavayer (p. 135) et au Vully (p. 172).

Les assises à lignites paraissent l'avoir plus intéressé que les précédentes. Après avoir étudié les mines de Paudex (p. 48), il passe à celle de Châtillens et de Palézieux, qui étaient déjà abandonnées, puis à celles de Semsales et de St-Martin (p. 68), qui étaient alors en exploitation; le charbon de ces dernières lui paraît meilleur que celui des autres. Il a du reste bien reconnu que ces différents gisements appartiennent au même terrain, et dans tous il croit retrouver les coquilles vivant dans le lac de Genève. C'est même dans ce lac que les couches doivent s'être formées; celles de lignite sont dues au bitume provenant de la décomposition des animaux (p. 206). A l'époque où se faisait ce dépôt, le lac de Neuchâtel était réuni à celui de Genève; il en donne pour preuve une coquille du lac de Neuchâtel qui se trouve fossile à Paudex (p. 106).

C'est la molasse massive que Razoumowsky a le moins étudiée; il ne paraît pas l'avoir bien distinguée des autres. Ce qui l'a le plus frappé, ce sont les restes de bois, où il croit reconnaître des traces de coups de cognée, en sorte que ce serait l'homme qui aurait détaché ces fragments (p. 74 et 215). Il s'est beaucoup plus occupé du grès coquillier des environs du lac de Neuchâtel, dont il donne une bonne description (p. 137). Il a bien remarqué les variations d'inclinaison des bancs dans la même carrière, et les explique par la combustion de matières minérales.

Le chapitre des restes organiques de ce grès est assez étendu, et il leur consacre les seules planches de son ouvrage, sans toutefois bien les interpréter, à l'exception des dents de requin, auxquelles il refuse le nom de glossopètres, et qu'il appelle dents de poissons. La fig. 12 représente un galet calcaire de la Molière, avec des trous de mollusques perforants remplis par le grès. L'embarras dans lequel Razoumowsky s'est trouvé à ce sujet (p. 147), montre ce à quoi nous sommes exposés, en présence d'un phénomène dont nous n'avons pas la clef. Il arrive à penser que les éléments calcaires des galets se sont réunis dans le grès, et que tous ceux qu'on y trouve sont des coagulations formées sur place, plutôt que des fragments provenant des Alpes. Quant aux grès eux-mêmes, il pense qu'ils ont été formés dans les derniers restes de l'océan qui a baigné autrefois les sommités de la Suisse (p. 216), tandis que les couches d'eau douce du sud sont de formation postérieure. C'est la présence de la mer qui donnait alors au pays un climat plus chaud (p. 227).

Dans le vol. 1 des Mémoires de la société des sciences physiques de Lausanne, Razoumowsky s'était occupé auparavant des poudingues de Vevey, qu'il appellait brèche; il en faisait alors venir les fragments du Jura. Dans l'histoire naturelle du Jorat, il en trouve une continuation jusqu'à Bulle (p. 39, 68), et abandonnant sa manière de voir, il admet que ce sont les eaux de Bulle et de Gruyères (c'est-à-dire la Sarine) qui les ont déposés. Il trouve même que les galets composants sont là plus gros que dans les parties plus éloignées de ce point de départ (p. 211).

Ces observations n'ont pu être faites sur de véritables poudingues tertiaires, qui n'existent pas dans cette région, ceux de Châtel-St-Denis n'étant plus visibles depuis Semsales. Razoumowsky aurait-il été trompé par les nombreux blocs erratiques de cette roche qui se trouvent dans la contrée? Dans le bassin des lacs de Neuchâtel et de Morat, où il y en a aussi, il a pourtant bien reconnu qu'ils ont été transportés (p. 212).

Les observations sur les formations quaternaires ne sont pas nombreuses. L'auteur attribue la présence de gravier à un niveau élevé, sur les bords de la Broye (p. 42) et du lac de Morat (p. 165), à une époque où la rivière et le lac auraient été plus élevés; il pense qu'alors l'homme habitait déjà la contrée (p. 173). Les blocs et fragments erratiques ne sont mentionnés que dans quelques localités (p. 128), et il croit en avoir trouvé un de basalte volcanique. Il rapporte le transport de ces débris à l'époque où tous les lacs étaient réunis (p. 212).

La partie du livre qui traite de l'histoire naturelle des lacs de Neuchâtel et de Morat présente de bonnes observations, mais des déductions hasardées. Razoumowsky a remarqué que le sable se trouve à un niveau supérieur à celui des hautes eaux, entre Cheyres et Estavayer (p. 102) et de Salavaux à Faoug (p. 163), et qu'il forme même des dunes entre Cudrefin et la Sauge; seulement il attribue ces dernières à la Broye, qui doit même y avoir apporté une moule qui ne se trouve que dans le lac de Morat (p. 101).

Il a remarqué l'existence de la zone peu profonde qu'on appelle le *blanc-fond*, et pense que dans 50 ans elle sera à sec (p. 102); en général, il se représente le comblement des lacs comme se faisant avec une très grande rapidité. On pourrait croire qu'il n'a vu la contrée que par des temps calmes, car l'effet des vagues ne l'a point du tout frappé; il attribue même l'érosion de la côte du Vully à l'action du courant de la Broye, qui se continuerait dans le lac (p. 163). Comme de Saussure, il admet que ces nappes d'eau ont été plus étendues (p. 98, 192); mais leur comblement aux extrémités l'amène à se poser une question bizarre pour des lacs qui ont un effluent (p. 199). Il se demande ce que deviennent les eaux déplacées par les atterrissements, et après une discussion il conclut en disant qu'elles doivent se porter du côté le plus escarpé, élever le niveau, et en même temps excaver leur bassin; c'est ainsi que doivent s'être formés les vallons et la colline sous-lacustre de la Motte, dans le lac de Neuchâtel.

Razoumowsky paraît avoir observé le premier les bois carbonisés noirs qui se trouvent dans les eaux des lacs (p. 108); mais il s'en exagère beaucoup l'abondance, puisqu'il pense que les nations maritimes pourraient s'en approvisionner en Suisse (p. 124).

Les observations sur les Grands-marais (p. 192) ne sont pas sans mérite. Elles se rapportent aux parties plus élevées, dont la situation ne me paraît cependant pas indiquée d'une manière bien exacte, puis à la mine de fer limoneuse et aux bois ensevelis.

Enfin Razoumowsky mentionne une source avec air inflammable près de Grandcour (p. 93). En outre, il a écrit un mémoire particulier sur une analyse de la source de St-Eloi, près d'Estavayer (29).

Le travail de *Manuel* (30), qui a été publié la même année que celui de Razoumowsky, est beaucoup plus sommaire. Il distingue les montagnes de grès qui s'étendent de l'Emmenthal au lac de Genève, et dont la base est une brèche; de celle du Jorat, où la base est variable (p. 118) et peut être une couche d'argile, de marne, de sable, de gravier, de galets incohérents ou soudés. En outre, il a remarqué qu'à mesure qu'on s'éloigne de la première zone, le grès est moins résistant, parce que le ciment est plus argileux; mais celui de la Molière et d'Estavayer, qui a des fossiles, fait exception. Les charbons d'Oron sont mentionnés. Les terrains des plaines sont distingués de ceux des collines, et les blocs de granit et de gneiss ne lui ont pas échappé.

C. Escher distinguait deux formations dans la molasse: celle du grès et de la marne avec le grès coquillier près du Jura, et celle du grès proprement dit, cette dernière se perdant dans l'autre dans le sud-ouest de la Suisse (35, p. 284). Il admettait que la zone de nagelfluh s'étendait tout le long du canton de Fribourg, de St-Saphorin au Guggisberg, opinion que nous retrouvons dans presque tous les ouvrages postérieurs (p. 285).

De 1801 à 1824.

Molasse.

Nos terrains molassiques ont un peu occupé *Léop. de Buch,* pendant son séjour à Neuchâtel; mais ce qu'il a écrit alors là-dessus n'a été publié que de nos jours. Dans le profil qu'il a tracé du Tschingelhorn au-delà de Besançon, la molasse est superposée d'un côté à la pierre calcaire grise du Stockhorn, et de l'autre à la pierre calcaire blanche du Jura (**38**). Dans un de ses catalogues de roches il parle d'une partie de ce terrain (**36**, p. 580). Les plaines de Fribourg au-delà de Bulle sont constituées, dit-il, par des poudingues analogues à ceux de St-Saphorin et de Vevey. On n'y trouve absolument point de roches primitives, mais une grande variété de pierres calcaires secondaires et de pierres à fusil, qui appartiennent toutes à la formation calcaire la plus voisine.

Encouragé peut-être par L. de Buch, *A. de Chambrier* s'occupa de tous les poudingues de la Suisse. Dans son mémoire (**41**) les conglomérats du Niesen, où il croit reconnaître des galets du Stockhorn, sont réunis à ceux du Rigi (p. 243). Il distingue ensuite d'autres poudingues, différant de ceux-là par l'adhérence plus faible des galets, et continuant la molasse au pied des Alpes, puis ceux qui forment le haut des collines le long des lacs de Neuchâtel et de Bienne, et qu'il parallélise avec ceux de l'Uetliberg (p. 244). Les roches composantes de ces conglomérats ne se trouvent pas en Suisse (p. 246); un voyage dans les Vosges l'a convaincu que c'est de là qu'elles sont venues; des courants immenses venant du nord ont formé ces poudingues, le Jura n'étant pas alors ce qu'il est maintenant; une révolution les a inclinés, puis les eaux ont déposé les grès. Le pôle a repoussé encore une fois les flots du nord au midi, ce qui a amené le dépôt des poudingues de l'Entlibuch et du pied du Jura; à leur retour, ils ont entraîné les blocs immenses qui sont assis sur la pente méridionale du Jura, et ayant ensuite perdu leur violence, ils ont creusé les vallées dans les grès.

Comme ses prédécesseurs, *Ebel* n'admettait pas d'interruption dans la chaîne que forme le poudingue ou nagelfluh (**42**, vol. 2, p. 12); il ajoute qu'en plongeant au sud-est de 30 à 70° cette roche passe sous la 4e chaîne calcaire des Alpes (p. 14 à 16), ce qui indique qu'elle est plus ancienne (p. 73). *C. Escher* rectifia ces assertions: il cite le Guggisberg et le canton de Fribourg, où la nagelfluh plonge souvent de moins de 15°; quant à la superposition du calcaire alpin à cette roche, elle n'a pu être encore observée nulle part d'une manière certaine, ce qui fait qu'on ne peut en déduire l'âge du terrain (**43**, p. 351 et 354). Une autre rectification porte sur le débouché de la vallée de la Sarine, qu'Ebel disait être dans la nagelfluh (p. 47), comme celui de toutes les vallées des Alpes; Escher remarque que c'est le calcaire alpin qui le forme (p. 353).

Quant à la molasse, Ebel la regardait comme plus ancienne que la nagelfluh, sous laquelle elle lui paraissait plonger (p. 73); suivant lui on n'y trouvait jamais de galets; c'est une autre assertion rectifiée par Escher (p. 352).

Dans l'*Anleitung* du même auteur (**44**), les détails géognostiques sur notre contrée ne sont pas nombreux. A l'article *Freiburg*, on trouve quelques indications générales sur le canton et la première mention des tufs de Corpataux et de Posat. Les articles *Murten* et *Murten-See* contiennent quelques mots sur les fossiles de Villars-les-Moines et sur la composition géologique du Vully. A l'article *Jorat*, on trouve de même quelques détails géologiques et la mention d'une quantité de blocs de granit et de gneiss.

Ce n'est qu'au commencement de ce siècle que le canton de Fribourg a commencé à avoir des naturalistes: le chanoine *Fontaine* s'occupait alors de la minéralogie et de la géognosie du pays, et rassemblait une collection qui a formé la base du musée de Fribourg. Il n'a publié lui-même qu'un résumé de quelques pages dans l'Almanach helvétique (**47**); mais à la même époque, sur l'invitation du comte de Montlosier, il lui adressait deux lettres pour le renseigner sur la géologie du canton de Fribourg; M. Daguet les a publiées en 1852, avec une introduction (**46**). Elles sont plus détaillées que le résumé de l'Almanach helvétique; mais le fond des idées est le même. Fontaine était assez bon observateur; ses descriptions de la molasse sont exactes, à ceci près qu'il affirme que la partie supérieure d'un banc est toujours d'un grès plus fin que la partie inférieure. Il donne des détails sur les galets, les bois carbonisés et les pyrites; c'est à ces dernières qu'il attribue la présence d'eaux minérales dans la plaine. Quant au poudingue, il admet qu'il se prolonge jusqu'à Moudon, et que celui de Châtel-St.-Denis vient rejoindre celui d'Avry, en passant derrière Bulle, ce qui n'est pas le cas. Plus tard, le collaborateur de Fontaine, *Kuenlin*, a donné en passant, dans un voyage pittoresque, quelques détails sur le poudingue de Pont-la-Ville (**71**, p. 54).

Dans une Note un peu antéricure (**60**), *Lardy* distinguait la nagelfluh et la molasse, et il était disposé à regarder la dernière comme plus récente. Parmi les localités qu'il mentionne, Cremin, Combremont et les environs d'Estavayer sont sur notre carte; il admet que la brèche coquillière y alterne avec la molasse. D'après sa rédaction, le lecteur peut croire qu'il y a dans les mêmes localités des couches de houille et du calcaire brun avec Planorbes; aussi *Humbolt,* qui décrit la molasse d'après Charpentier et lui, a compris que le calcaire à coquilles fluviatiles est immédiatement sous la brèche coquillière marine. Humbolt mentionne encore la nagelfluh du canton de Fribourg et des ossements de quadrupèdes d'Estavayer (**65**, p. 306).

Dans son Dictionnaire géographique (**64**), *Levade* ne s'étend pas beaucoup sur la minéralogie et la géologie, sauf dans l'article sur les poudingues de Vevey, qui ne nous concerne pas. Il parle en quelques mots de la houille de Châtillens, Oron et Palézieux. Il s'arrête un peu plus longtemps aux carrières de Moudon et d'Avenches.

Bakewell ne fait que mentionner en passant les grès et les conglomérats qui s'étendent de Berne à Fribourg et plus loin (**67**, vol. 2, p. 199, 204), et après en avoir discuté l'âge, il les juge au moins aussi anciens que le calcaire supérieur des Alpes (p. 398).

Il ne paraît pas qu'après Razoumowsky personne se soit beaucoup occupé des ossements fossiles de la Molière avant *Meissner,* qui, en 1820, mentionna la localité pour ses animaux terrestres; il attribue à des Pachydermes deux figures de Razoumowsky et des ossements que possédait le chanoine Fontaine, et il cherche à en expliquer la présence, soit dans le cas où ils se trouveraient avec des coquilles marines, soit dans celui où ils seraient avec des coquilles d'eau douce (**56**, p. 72, 73).

L'ouvrage que *Bourdet* avait écrit sur les tortues de la Suisse, n'a jamais été publié qu'en extrait. Il avait établi deux espèces sur des restes de la Molière, qui étaient probablement insuffisants pour cela, car Cuvier n'en parle pas, quoiqu'il ait eu le manuscrit de l'auteur à sa disposition (**73**, p. 221). Bourdet mentionne encore de la même localité des ossements d'éléphants, de rhinocéros, de hyène, de poissons, etc. (**66**, p. 50). En outre il avait envoyé à Cuvier un dessin d'une machoire de cochon, de laquelle le grand maître conclut qu'il doit y avoir des molasses de différents âges, puisqu'on y trouve des os d'animaux fort modernes (**73**, p. 504).

Terrain erratique.

Léopold de Buch est le premier géologue qui ait fait des observations un peu suivies sur les blocs erratiques de notre région, et il les a citées à différentes reprises. Admettant l'hypothèse de Saussure, il en attribuait la présence à la débacle d'un lac produite par la rupture de la barrière que formait la réunion de la Dent-du-Midi et de la Dent-de-Morcles; il ne se dissimulait pourtant pas une partie des difficultés qui s'opposaient à une pareille supposition (**36**, p. 667; **53**, p. 619). Les deux roches erratiques qui ont le plus attiré son attention, sont celles qui sont le plus caractéristiques dans notre bassin : le poudingue de Valorsine et l'euphotide de la vallée de Saas; il a d'abord désigné cette dernière sous le nom de jade, employé par de Saussure, et ensuite il lui a appliqué celui de gabbro. Le poudingue de Valorsine, dit-il, est répandu sur les collines du pays de Vaud, de Moudon et de Romont, tandis qu'on n'y voit point ou peu de granit; étant parti de plus bas, il s'est déposé plus tôt (**36**, p. 674; **53**, p. 605 et 614). Cette roche marque parfaitement la limite de la débacle, limite qui va de St-Blaise par Payerne, Massonnens et le pied du Moléson, directement dans la vallée du Trient; il n'y a pas de fragments du Valais dans les localités où le Moléson cache la vue de la vallée du Rhône (**53**, p. 615). On trouve le gabbro entre Moudon, Yverdon et Lausanne et sur les bords du lac de Neuchâtel (**48**, p. 94; **53**, p. 618). Un échantillon d'un bloc des hauteurs de la Sarine, près de Hauterive, est catalogué dans la collection donnée à la ville de Neuchâtel (**37**, p. 681).

Les idées de L. de Buch sur la répartition des blocs n'étaient pas justes; mais celles d'*Ebel* l'étaient encore moins: il avançait que les roches erratiques marquaient les limites des bassins, et que celui de l'Aar s'étendait jusqu'au Jorat (**42**, vol. 2, p. 61 et 62).

Quant à *Fontaine*, il donne quelques détails sur les *blocs étrangers* et les fragments qui les accompagnent, et il les fait aussi venir du Valais par une débacle (**46**, p. 140). *C. Escher* pensait que les courants avaient été simultanés, car, dit-il, les blocs de la vallée de l'Aar et ceux de celle du Rhône ne se sont pas mêlés (**58**, p. 18.

Lacs et eaux minérales.

Tous les auteurs qui ont mentionné les lacs de Neuchâtel et de Morat, n'ont pas oublié de dire qu'autrefois ils n'en formaient qu'un avec celui de Bienne. *Deluc* s'en est en outre occupé à un 'point de vue géologique; il remarque que les collines entre ces deux lacs sont escarpées du côté de celui de Neuchâtel, et qu'il n'y a point de lieu qui présente des signes aussi nombreux d'un grand affaissement (**50**, p. 217, 218). Il reproduit cette idée dans ses Geological Travels, 1813, vol. 1, p. 94.

Déjà auparavant, on s'était occupé de cette région au point de vue du dessèchement des marais et des moyens à employer pour parer aux inondations. Dans son Rapport sur ce sujet (**54**), *Koch* admettait qu'à l'époque romaine les eaux étaient plus basses de quelques pieds, en sorte que les marais étaient une contrée florissante; il se fondait sur la présence d'antiquités et de troncs de chênes en place dans un sol argileux, à 5 ou 6 pieds de profondeur sous la tourbe. Au commencement du 5ᵉ siècle, pensait-il, l'Emme ayant barré le cours de l'Aar, toute la contrée redevint un lac, que plus tard les rivières et la tourbe parvinrent à diviser de nouveau en trois.

Ce n'est que dans le Dictionnaire de *Levade* que j'ai trouvé des mentions des eaux minérales de la plaine dans cette période. Outre celle d'Henniez et la source qui dégage du gaz hydrogène à Grandcour, qui étaient déjà connues, il cite une eau sulfureuse à Lucens (**64**).

De 1825 à 1833.

Jusqu'à M. *Studer* l'étude de la molasse n'avait pas été faite d'une manière telle que les vues générales énoncées pussent être regardées comme fondées sur une observation suffisante des détails. Aussi sa Monographie de la molasse (**74**) forme la base de nos connaissances sur ce sujet, et le point de départ de tous les progrès ultérieurs. La partie orientale de la feuille XII renferme la région du plateau qu'il avait la plus complètement étudiée; mais je dois me borner ici à indiquer ce qui se rapporte plus spécialement au territoire dont traitera ce mémoire.

M. Studer entre dans son sujet, en comparant la molasse à un prisme dont une arète est au Jura et la base opposée au pied des Alpes. Il fait ensuite un tableau très plastique du relief du pays, et détermine les limites du terrain qu'il veut étudier et ses relations avec les chaînes extérieures des Alpes (voir p. 24 de ce résumé).

Il passe ensuite à la description et à l'étude des trois grandes masses principales de roches: la molasse, le poudingue et le grès coquillier.

Pour la molasse c'est dans le groupe du Seeland (p. 95) qu'il y a des détails qui se rapportent à notre territoire. La transformation des marnes en grès à mesure qu'on s'éloigne du Jura est très bien décrite (p. 100).

Dans la nagelfluh du Guggisberg, M. Studer distingue les galets qui viennent des Alpes, ceux qui viennent presque indubitablement du Jura, et ceux qui sont d'origine douteuse. L'horizontalité à peu près complète de ce poudingue impose presque l'idée qu'il recouvrait autrefois l'occident de la Suisse (p. 111); cependant l'auteur ne l'a pas retrouvé à l'ouest de la Singine; il le cite à Pont-la-ville et à Corbière, d'après Kuenlin, et de Bulle à Châtel-St-Denis, d'après Razoumowsky (p. 115) (p. 59 de ce résumé).

Un extrait de ce qui se rapporte au grès coquillier a déjà été publié en 1824 (**72**). M. Studer y distingue un grès et un poudingue (p. 175); mais à mesure qu'on avance vers le sud-ouest, les galets deviennent rares, de sorte qu'on a à peine l'occasion d'employer le dernier de ces noms. Ce qui frappe le plus dans les carrières du Vully, au pied du Jura, c'est d'y trouver des galets de granit et de porphyre, tandis que dans le poudingue de la lisière des Alpes, il y en a du Jura. Les plongements dans le grès, qui varient dans la même carrière et qui sont souvent différents de ceux de la molasse sous-jacente, peuvent être dus à ce que les couches inférieures plus tendres ont cédé quelque peu aux actions souterraines qui ont produit l'inclinaison, tandis que le grès plus dur s'est rompu (p. 192—194).

A l'article qui traite des restes végétaux renfermés dans la molasse, M. Studer donne une description des mines de lignite de St-Martin (p. 270 et suiv.). Il pense que les couches à charbon appartiennent à la partie inférieure ou moyenne du terrain (p. 282). En comparant les fossiles du grès coquillier avec ceux de la région subalpine, il arrive à la conclusion que les deux dépôts sont contemporains (p. 385). L'ensemble des fossiles marins lui fait rapporter la molasse à la formation marine supérieure des collines subapennines, plutôt qu'à la formation inférieure du calcaire de Paris (p. 390—395). Quant à l'âge relatif des couches d'eau douce et de celles d'eau salée, il est difficile de le déterminer pour toutes; si l'on veut faire une différence, il faudra regarder plutôt comme plus anciennes les assises d'eau douce (p. 400).

Les deux ouvrages de *Kuenlin* qui sont consacrés à la description géographique du canton de Fribourg, ne contiennent que peu de détails nouveaux sur les terrains du plateau. Il rapporte que la nagelfluh joue un rôle très important dans le Gibloux (**89**, art. Gibloux; **91**, p. 10); cette observation avait déjà été faite par *Charles*, qui mentionne aussi un filon de houille à Vuippens (**75**. p. 10, 37). Dans l'ouvrage en allemand, on trouve un résumé pétrographique plutôt que géologique de ce qu'on savait alors sur le pays (p. 9). Le Dictionnaire reproduit aussi à chaque localité ce qu'en ont dit les écrivains antérieurs, particulièrement M. Studer dans sa Monographie de la molasse; il y a en outre quelques citations de carrières, ainsi au Gotteron et à Zirkels.

Agassiz a eu, à la fin de cette période, une collection importante de dents de Squales et de Myliobates provenant de la Molière (**90**, p. 10); mais comme il n'indique guère les localités d'une manière spéciale à la suite de ses descriptions, on ne peut savoir quelles espèces se trouvaient avoir des représentants dans cet endroit.

En traitant du terrain diluvien de notre territoire, M. *Studer* rapporte les recherches de L. de Buch (**74**, p. 222), et il y ajoute des observations importantes : près d'Ueberstorf et de Heitenried, on rencontre un granit à gros cristaux de feldspath, qu'on ne peut faire venir de la vallée de la Reuss, et qui ne se trouve pas dans celle de l'Aar ; en compagnie d'autres roches qui sont dans le même cas, mais qui sont peu caractérisées, il y en a qui viennent certainement de la vallée du Rhône, ainsi le gabbro et un calcaire qu'on peut rapprocher du marbre de Roche (p. 226). Après avoir poursuivi les débris valaisans plus au nord-est, M. Studer arrive à la conclusion que la débacle de la vallée du Rhône a été postérieure à celle de la vallée de l'Aar, car celle-ci ne l'a pas du tout entravée dans sa marche. Il envisage aussi la configuration actuelle de la région molassique comme étant probablement le résultat de ces grandes catastrophes (p. 229), qui pourtant ne lui semblaient pas rendre compte de tous les faits d'une manière satisfaisante (p. 208).

Après avoir élaboré sa théorie des soulèvements, *L. de Buch* revint sur celle du transport des blocs, et la mit en harmonie avec ses nouvelles vues. Il n'y a eu des débacles, dit-il, que dans les vallées qui prennent leur origine dans la chaîne primitive, quelque étendues qu'elles soient du reste ; le Simmenthal, par exemple, n'a pas de blocs (**80**, p. 666). La chaîne centrale a soulevé les eaux, elles se sont précipitées dans les vallées latérales ouvertes en même temps, et elles ont ainsi opéré le transport.

Sans rejeter entièrement les déductions de Koch sur la formation des marais tourbeux du Seeland, M. *Studer* (**74**, p. 239) montre qu'elles ne sont pas à l'abri de toute objection, et que la présence de troncs sous la tourbe, qui est générale dans les marais, peut s'expliquer autrement que par une élévation du niveau des lacs.

En parlant des eaux minérales de la molasse, M. *Studer* mentionne celle de Bonn, qui sont légèrement sulfureuses, et dont il faut chercher l'origine plutôt dans la molasse que dans des formations plus profondes (**74**, p. 233). *Rüsch* donne des détails sur les qualités des eaux minérales de Bonn, de Garmiswyl et de Champ-Olivier, près Morat (**77**, vol. 2, p. 176, 178, 228, vol. 3, p. 159). Ces détails se trouvent aussi dans les ouvrages de *Kuenlin*,. particulièrement dans le Dictionnaire (**89, 91**).

De 1834 à 1852.

Molasse.

Dans cette période, le travail le plus important sur la molasse de la Suisse occidentale est celui de *Necker* (**104**). Ses recherches ont surtout porté sur les bords du Léman; mais elles se sont aussi étendues sur le territoire de la feuille XII. Il distinguait, de bas en haut, la molasse rouge, la molasse d'eau douce et la molasse marine. Il mettait naturellement les couches à lignite d'Oron et de St-Martin dans la molasse d'eau douce. A l'époque de ses recherches, les mines des bords de la Broye étaient abandonnées (p. 443), mais non pas celle de St-Martin, dont il donne une description détaillée (p. 445). Il admet que les couches à lignite reposent sur de la molasse grise, qui se montre jusque près de Moudon, quand on descend du Jorat (p. 454). Là, il y a une carrière de molasse blanche qui contient des feuilles qu'il figure, et où il a trouvé en place une dent de Squale, qui en établit l'origine marine. La même molasse forme les falaises de la Sarine à Fribourg et à Guminen. Plus loin (p. 460), Necker divise les marnes et molasses qu'on observe entre Cheires et Chables en quatre couches horizontales, qui sont surmontées par le grès coquillier. Il donne une description détaillée de ce dernier, qui plonge d'environ 10° dans des sens différents.

Dans cette période, M. *Studer* a reparlé occasionnellement de la molasse de nos régions. Répondant à Boué, qui voulait classer la nagelfluh subalpine dans la craie, il cite la présence de fossiles tertiaires récents dans les couches de St-Martin, du Guggisberg et du Gurnigel, qui plongent au sud (**93**, p. 640). Les mêmes localités sont aussi citées ailleurs par M. Studer, pour constater le fait que les couches du pied des Alpes sont d'eau douce, à l'exception de celle du Guggisberg (**97**, p. 384). Quant à la molasse en général, il continuait à la paralléliser avec le tertiaire subapennin plutôt qu'avec celui du midi de la France (**107**, p. 248). La grande puissance de ce terrain au pied des Alpes lui faisait penser qu'il y a eu là un affaissement successif du fond de la mer, supposition qui rend aussi compte des enchevêtrements de couches d'eau douce et de couches marines (**114**).

R. Blanchet s'était fait sur la molasse des idées plus théoriques que fondées sur l'observation (**106, 132 a**). Il distinguait, des Alpes au Jura, trois zones se succédant comme les matériaux qui se déposent à l'embouchure d'un fleuve : le poudingue, la molasse et l'argile. La molasse est recouverte par le grès de la Molière, qu'on appelle *parpin* dans la contrée, et dont il cite des fossiles déterminés par Agassiz et H. de Meyer. De la molasse de Moudon, M. Chatelanat lui avait envoyé des Patelles et des dents de requins. Dans une Note spéciale (**105**), il a donné quelques détails sur une mine de houille à Oron ; il attribue le charbon à des dépôts de tourbe, opinion qui avait déjà été énoncée par *de Charpentier* (**95**).

En traitant de la géologie du canton de Vaud, M. *Lardy* a parlé de quelques localités de la feuille XII. Il regarde le grès coquillier de Cremin et de Payerne comme intercalé à la molasse, et il énumère les couches de houille des environs d'Oron (**115**, p. 192).

Une question a constamment préoccupé les géologues qui ont parlé du plateau suisse, c'est celle de l'origine du poudingue, avec ses galets en partie étrangers aux Alpes actuelles. Dans la Monographie de la molasse, après avoir énuméré les difficultés qui s'opposent à ce qu'on fasse venir ces galets soit de la région alpine, soit du nord, M. *Studer* se demande si L. de Buch avait aussi en vue la nagelfluh, quand il disait qu'il y a des grès qui sont formés comme des agglomérats volcaniques, et qui sont le produit du frottement des roches les unes contre les autres lors du soulèvement (**74**, p. 164). En 1836, *de Charpentier* exprima une opinion analogue (**95**, p. 6) : ces matériaux, dit-il en parlant des éléments du poudingue, ont été fournis par le premier soulèvement des Alpes ; plusieurs de ces débris ont pu être arrachés à de grandes profondeurs, et à des masses que nos vallées n'ont pu atteindre. En 1845, M. *Studer* s'exprime avec un peu plus de réserve, en énonçant une double hypothèse (**107**, p. 250) : supposer, dit-il, que les galets proviennent de l'intérieur de la terre ou du détritus de collines préexistantes, c'est avoir l'air de vouloir résoudre le problème à tout prix, et cependant il serait difficile d'imaginer une autre solution qui fût moins hasardée. Dans un de ses derniers ouvrages, *L. de Buch* formule avec plus de détails l'hypothèse qu'il avait d'abord à peine énoncée: une multitude incroyable de galets arrondis sont sortis par des fissures, pour se déposer sur la molasse, ou pénétrer dans son intérieur; c'est ainsi que s'est formée dans la profondeur la masse de la nagelfluh, qui a ensuite été soulevée violemment avec le reste de la formation tertiaire (**122**).

Sous le rapport paléontologique, il n'y a à mentionner dans cette période que l'étude des restes des vertébrés de la Molière, faite à deux reprises par *Hermann de Meyer* (**98**); dans le nombre se trouvaient ceux qui avaient servi à Razoumowsky. Après les dents de poissons, ce sont les fragments de tortues qui dominent, mais il n'y en a point de marines.

Terrain erratique.

Dans cette période, l'explication du transport du terrain erratique par une ancienne extension des glaciers a pris pied dans la science; c'est dans l'ouvrage de *Charpentier* (**103**) qu'il est question pour la première fois de notre territoire au point de vue de cette nouvelle théorie. L'auteur remarque d'abord que le Jorat a fourni son contingent au terrain erratique, car on trouve des blocs de gompholite près d'Oron, de Rue, et même dans les environs de Moudon et de Payerne (p. 120). Il range les débris observés dans le canton de Fribourg et le Jorat dans les dépôts éparpillés, et il explique que si cette région n'a pas de dépôts accumulés, c'est qu'il n'y a pas eu d'oscillations du glacier au retour d'un climat plus doux (p. 131 et 255). Le glacier du Rhône n'a pas pénétré dans la vallée de la Sarine au-delà de la Tour-de-Trême, parce que celui de cette vallée avait déjà atteint ce point quand il y est arrivé (p. 277). Dans sa carte du terrain erratique de la vallée du Rhône, M. de Charpentier en fait passer la limite qui nous concerne par la Tour-de-Trême, Corbière, la Roche, Plasselb, Schwarzenbourg et Berne.

La même année que Charpentier, *Necker* publiait aussi ses vues sur le terrain erratique, auquel il donnait le nom de diluvien cataclystique. Il recouvre, dit-il en parlant de notre territoire, d'une couche plus ou moins épaisse le plateau du Jorat; il y a des blocs alpins épars même sur le mont de la Molière (104, p. 282, 285). Près d'Oron et entre Oron et St-Martin, on en rencontre beaucoup qui appartiennent à la grauwacke et au poudingue du Trient. Quant aux blocs de poudingue calcaire qui sont entre St-Martin et Semsales, il les attribue à une couche en place (p. 290).

C'est aussi en 1841, que M. *Guyot* a commencé à publier les résultats de ses recherches sur la distribution des roches dans les différents bassins erratiques. Pour celui du Rhône (108), il rectifie un peu la limite du pied des Alpes menée par Charpentier: tandis qu'au Gurnigel ce sont les blocs du bassin de l'Aar qui dominent, les schistes lie-de-vin de Fouilly vont jusqu'au Schwarz-wasser; depuis la Singine on a des roches du Valais jusqu'assez haut sur la Berra, mais plus au sud-ouest la limite est déprimée par les débris du bassin de la Sarine, dont on a des traces jusqu'à 4000 pieds. Plus haut que la Part-Dieu, il n'y a que des débris de terrains secondaires. Dans la plaine, le Gibloux est couvert de blocs jusqu'à son sommet (p. 11).

L'auteur étudie ensuite la distribution des roches, qui a eu lieu suivant une loi qui est la même pour tous les bassins. Pour cela il divise les roches caractéristiques de celui du Rhône en groupes, dont il examine successivement la répartition. Les poudingues de Valorsine ont un domaine plus distinct que tout autre roche (p. 495); ils occupent à eux seuls la rive droite du bassin, les rouges se tenant presque exclusivement à la limite supérieure de l'erratique. En partant des Alpes au-dessus de Bulle, pour aller au Mont-de-Boudry, dans le canton de Neuchâtel (p. 498), on voit, au-delà de Romont et de la Glâne, quelques granits du Haut-Valais se mêler aux poudingues de Valorsine, puis on rencontre des blocs d'euphotides, de chlorite talqueuse et de serpentine du Mont-Rose; entre la Broye et le lac de Neuchâtel, les arkésines et les gneiss chloriteux se joignent aux roches précédentes. Dans une première période, le déversement des glaces n'a eu lieu qu'au nord-est; dans une seconde, il s'est fait sur le bassin du Léman (p. 500), qui était encombré par d'autres glaciers à la première époque.

Sans se décider pour ou contre l'hypothèse glaciaire, *Lardy* se borna à distinguer une alluvion ancienne et une nouvelle, qu'il indique toutes deux au Jorat (115, p. 31).

En 1852, *A. Escher* publia une carte du terrain erratique, où il distinguait les dépôts des différents glaciers et les régions qui ont fourni des blocs; le Simmenthal, la vallée de la Sarine et celle de la Jogne sont dans ces dernières; mais la masse principale de nos montagnes est laissée en blanc (**125**).

En 1849, M. *C. Brunner* a fait, dans un but agricole, l'analyse de 10 échantillons de marne du voisinage du Grand-marais; les numéros 6, 7, 8 et 9 venaient probablement du territoire de la feuille XII et appartenaient, d'après la description, au terrain glaciaire en place ou remanié (**116**).

Formation des vallées du plateau et des lacs.

M. *Studer* s'est occupé, dans cette période, de l'origine des vallées du plateau, dont il attribue le creusement aux rivières. La grandeur des vallées formées par les cours d'eau qui ne viennent pas des Alpes, comme la Mantue, la Glane et la Broye, nous montre qu'il ne faut pas chercher une autre cause pour celles dont les eaux viennent de l'intérieur des montagnes. A première vue, on croit pouvoir distinguer deux érosions successives, séparées par une période de dépôt; mais quand on veut poursuivre cette distinction, on se convainc qu'il n'y a eu que des variations locales et pas d'interruption de l'érosion (**109**, vol. 1, p. 361). M. Studer est entré un peu plus dans le détail du sujet dans une communication à la société helvétique des sciences naturelles (**114**). L'Aar et la Sarine, rivières très encaissées, coulent cependant en serpentines, comme celles des plaines-basses; un courant d'eau qui aurait la force de se creuser un lit aussi profond que le leur, ne formerait pas des méandres; il faut donc admettre que ces rivières coulaient d'abord en serpentant sur l'alluvion ancienne, et ont ensuite acquis la puissance nécessaire pour creuser leur lit actuel. Cette force leur a probablement été donnée par un soulèvement qui a augmenté leur pente, mais qui a laissé l'alluvion ancienne horizontale.

Les sondages de MM. *Guyot et de Pourtalès* leur ont permis de dresser une carte du fond des lacs de Neuchâtel et de Morat, que doivent consulter tous ceux qui s'occupent du problème de l'origine des lacs (**111**). Dans la notice explicative, M. Guyot fait ressortir les traits généraux de la topographie du bassin du lac de Neuchâtel: cette nappe d'eau recouvre une colline sous-lacustre, la Motte, qui sépare deux vallées; une partie peu profonde, appelée blanc-fond, suit la rive droite, qui est taillée en falaises; ces deux derniers traits de la configuration sont corrélatifs en ce qu'ils sont tous deux le résultat de l'action de la vague sur la molasse tendre. La Motte a un relief très accusé: on dirait qu'elle a été soumise à l'action des agents atmosphériques, puis immergée. Il se pourrait que la formation du lac fût due à un affaissement local, postérieur au creusement des vallées tertiaires. Quant au lac de Morat, ce n'est qu'une dépression beaucoup moins considérable dans la molasse.

De 1853 à 1882.

Molasse.

En 1853 parut le second volume de la Géologie de la Suisse, qui forme un nouveau jalon dans notre revue (**128**). Dans la troisième partie, qui traite du plateau, M. *Studer* fait en premier lieu la description des roches: Fribourg est mentionné pour la molasse proprement dite (p. 347); le nord du canton de Vaud, la Molière et le Vully ont fourni des matériaux plus importants pour la description du grès coquillier (p. 355); nous y trouvons ensuite un aperçu sur le nagelfluh calcaire du pied des Alpes (p. 362), et la mention de St-Martin pour son calcaire d'eau douce (p. 369). La manière d'être de la molasse au pied des Alpes est décrite, pour notre région, p. 374 à 376, avec des détails plus étendus pour le profil le long de la Sense. Dans le chapitre des restes organiques, notre territoire n'a presque rien fourni pour la molasse d'eau douce (p. 422): la molasse marine n'est un peu plus riche que par les vertébrés de la Molière (p. 437, 440 à 442).

La première édition de la Carte géologique de la Suisse (**129**) laisse indéterminée la zone molassique qui s'étend de la Glane aux Alpes; mais déjà dans l'année de sa publication, M. Studer reconnut une continuation de la molasse marine subalpine au Burgerwald; il rapporte en outre que Gressly avait constaté l'existence des couches d'eau douce à la Roche et de dépôts marins à l'ouest du pont de Corbière (**131**). Ces données ont été utilisées dans la seconde édition de la carte géologique.

A deux reprises, *A. Morlot* a présenté à la Société vaudoise des sciences naturelles des coupes de la molasse à lignite d'Oron, sur lesquelles il ne nous reste que des notes de procès-verbaux. Les couches mesurées avaient 300 mètres de puissance, quoiqu'elles ne formassent qu'environ le tiers de toute la masse (**135 c, e**).

Les géologues vaudois se sont aussi un peu occupés de la molasse de Moudon. *Bessard* a signalé des coquilles marines dans la hauteur, à Cremin, et dans le lit de la Broye (**139 c**). Plus tard, *Ph. de la Harpe* a fait remarquer que ces dernières étaient implantées dans un ancien fond de mer, présentant des ondulations produites par les vagues, et qu'elles montraient d'un même côté une petite accumulation de vase, ce qui semble indiquer l'existence d'un courant dans les eaux où elles ont vécu (**136 d**).

Dans son étude de la molasse vaudoise à l'occident de la feuille XII, M. *Jaccard* mentionne quelquefois des localités de notre territoire, surtout pour le grès coquillier et la molasse marine (**199**, p. 34 à 38). Il était d'abord disposé à regarder la falaise du Vully et du nord d'Estavayer comme appartenant à la molasse grise, et non à la rouge (p. 43); mais dans son Supplément, il pense qu'on ne peut retrouver dans cette région les différentes subdivisions des environs de Lausanne (p. 57).

MM. *C. Mayer, Heer, Renevier* ont mentionné plus ou moins explicitement les couches de nos contrées dans leurs classifications des terrains tertiaires (**141, 221, 172 a**, p. 277, **b**, p. 301). Dans les premières éditions de ses tableaux, M. C. Mayer mettait le grès coquillier au haut de la molasse marine; dans les dernières, il le met au bas.

Le Dictionnaire de MM. *Martignier* et *de Crousaz* contient, sur la géologie et la paléontologie du Jorat, un résumé d'une page qui se rapporte en partie à notre territoire (**175** bis, p. 451).

L'Index de la pétrographie et de la stratigraphie de M. *Studer* (**214**), mentionne quelques-unes de nos localités du plateau molassique; c'est surtout le cas aux articles: Bunte Mergel, Kalknagelfluh et Nagelfluh, Muschelnagelfluh et Muschelsandstein, Pechkohle, Süsswasserkalk.

Paléontologie de la molasse.

Il n'est guère de contrée du plateau suisse qui ait fourni aussi peu de matériaux aux travaux paléontologiques que la nôtre. Dans son Catalogue des Mollusques de la molasse marine, M. *C. Mayer* ne cite que trois espèces de la Molière: *Cytherea helvetica* Mayer, *Dentalium dentalis* Gmel., et *Murex erinaceus* L. Cormaron, près de Fribourg, est indiqué dans l'explication des abréviations de noms de localités; mais c'est en vain que je l'ai cherché dans le corps du catalogue (**130**).

MM. *Pictet* et *Humbert* ont soumis à une étude rigoureuse les débris de tortues de la Molière (**138**). Les planches 18, 19 et 20 et un article p. 49, sont consacrés aux fragments de Tortues à test lisse de cette localité; ces restes indiquent la présence d'une tortue de terre, d'une autre espèce qui peut être terrestre ou d'eau douce, et de deux Emydes; il est impossible, ajoutent les auteurs, de discuter au moyen des descriptions de Bourdet de la Nièvre les rapports de ces espèces avec celles qu'il a établies. Des côtes décrites à la page 60 et figurées sur la planche 21, fig. 2 et 3, appartiennent probablement au *Trachyaspis Lardyi* H. de Meyer. D'autres fragments sont indéterminables.

Pour une étude toute récente des tortues de la molasse vaudoise, M. *Portis* n'a pas eu de nouveaux matériaux de quelque importance provenant de notre territoire; il parle çà et là de ceux de la Molière (**252**, p. 52, 56, 62, 64).

Dans la Flore tertiaire de M. *Heer*, on trouve cinq plantes qui proviennent de notre territoire: *Dryandroides lignitum, Dryandroides acuminata* et *Salix angusta* de Moudon; *Juglans Blancheti* de Payerne; *Dryandra aventica* d'Avenches (**150**, p. 227).

Les autres restes d'animaux et de plantes trouvés dans notre territoire et mentionnés dans des publications, sont énumérés dans la liste suivante:

Morlot: radius de Rhinocéros de la molasse de Moudon et vertèbre de mammifère de la molasse marine de Cremin, donnés au musée de Lausanne par *Chatelanat;* une vertèbre de mammifère de la molasse marine de Cheires (**135 a**).

Bessard: mâchoire d'un petit carnassier de la molasse de Moudon (**139 a**).

Blanchet: dents et mâchoires de poissons, descriptions et figures du *Goniobates Agassizi* Blanchet; mâchoires de dauphin (**132 b**, **c**).

M. *Meyer:* mâchoire de pachyderme de la molasse marine de Macconens (**176**).

Ph. de la Harpe: tige de *Sequoia* dans le charbon d'Oron (**136 b**).

Morlot: tiges ligneuses d'Oron, dont l'une paraît avoir appartenu à une fougère arborescente (**135 c**).

Michot: don au musée de Lausanne d'une tige de *Palmacites* des mines de St-Martin (Bull. de la soc. vaud., vol. 9, p. 359).

De Fischer-Ooster: liste de plantes des mines de la Combaz, près St-Martin: *Glyptostrobus Ungeri* Heer, *Widdringtomia helvetica* Heer, *Taxodium dubium* Heer, *Grewia cordata* Heer, *Salix longa* A. Br., *Salix media* Heer?, *Populus heliadum* Ung.? (**209**, p. 326).

M. *Reichlen:* dessin d'un *Halitherium* trouvé à Vaulruz et déposé au musée de Fribourg (**200 b**, nᵒ 11; **d**, nᵒ 9).

Terrain quaternaire.

En 1858, *Bessard* a étudié les graviers qui forment une berge au bord du lac, au sud de Morat. Il les envisage comme l'œuvre d'un petit ruisseau, à l'époque où le lac était plus élevé de 40 pieds, quoiqu'il n'ait pas trouvé de terrasses correspondantes dans la vallée de la Broye (**139 b**).

M. *Studer* a examiné la question de l'âge des graviers dans les environs de Berne; à cette occasion il cite l'*Elephas primigenius*, trouvé à Fribourg dans les travaux pour le pont suspendu (**149**, p. 16). Il s'agit probablement d'une dent présentée par M. *Farvagnier* à la réunion de la société helvétique des sciences naturelles en 1839 et déterminée par Agassiz.[1] Dans un ouvrage subséquent, il montre que, dans les environs de Berne et de Fribourg et jusqu'à Lausanne, les graviers doivent être regardés en partie comme contemporains du terrain erratique, en partie comme postérieurs à ce terrain (**166**, p. 193).

M. *A. Favre* a précisé la position de l'éléphant du pont de Fribourg (**175**, vol. 1, p. 51), et en annonçant plus tard la découverte d'une défense à Perraules,

---

[1] Verhandlungen der schweiz. naturforschenden Gesellschaft in Bern 1839, S. 53.

près de la gare de la même ville, il remarque que le gravier qui renfermait le premier individu est sous le terrain glaciaire (**232**, p. 56).

Pour ce qui concerne le terrain erratique proprement dit, il y a d'abord à citer une observation de *Morlot*, qui a trouvé des polis et de grossières stries sur la molasse marine des environs de la Molière (**135 b**).

En 1865, la théorie du transport des blocs erratiques par les glaciers avait obtenu depuis longtemps l'adhésion implicite ou explicite des géologues suisses, lorsque M. *Sartorius* essaya de faire revivre l'hypothèse du transport par des glaces flottant sur un lac intérieur (**168**). La limite qu'il assigne aux blocs du Valais au pied des Alpes de Fribourg, p. 55, et, par conséquent, le rivage du lac qu'il figure sur une carte correspondent à ce que Escher avait tracé sur la sienne. Dans celle de Sartorius les Alpes de Fribourg et la région du Stockhorn jusqu'à la Simmen, sont indiquées comme ayant fourni des blocs, mais le Niesen et le Thurnen sont en blanc, de même que le reste des montagnes du bassin de l'Aar.

En 1866 et 67, les études du terrain glaciaire reçurent une nouvelle impulsion par l'initiative de M. *A. Favre:* un Appel aux Suisses pour les engager à conserver les blocs erratiques fut adressé par la Commission géologique, et MM. *A. Favre* et *Soret* invitèrent les amis de la science à leur fournir des matériaux pour l'élaboration d'une carte des blocs erratiques en Suisse.[1] Dans les cantons de Fribourg et de Vaud, des comités spéciaux se formèrent pour l'organisation des études nécessaires (**197**, p. 178). MM. Gaspary, Champion et Rubattel travaillèrent dans les districts d'Avenches et de Payerne (**195**); MM. Joly et Marguerat, dans ceux de Moudon et de Payerne; M. Chenaux dans les environs de Bulle, et M. Pahud dans ceux de Fribourg (**212 a**, p. 204). Il fut décidé en outre que cinq blocs seraient conservés dans les environs de Bulle (p. 214), et le gouvernement décréta la conservation de tous ceux qui se trouvent dans les forêts cantonales et d'une partie au moins de ceux des forêts communales (**212 b**, p. 168). Les relevés de blocs dans la partie vaudoise de notre carte n'ont pas encore donné lieu à des publications; il n'en est pas

---

[1] Actes de la société helvétique des sciences naturelles en 1866, p. 44; en 1867, p. 153.

tout-à-fait de même pour le canton de Fribourg : MM. *Daguet, Reichlen, Pahud* et *Perrier* ont donné des descriptions du terrain glaciaire et de quelques blocs, dont M. Reichlen a publié aussi des dessins ; ce sont celui de Pierrafortscha, qui a donné son nom à une commune (**200 a**, nº 2 ; **171 a**, p. 6, **b**, p. 7), celui de la Roche, regardé comme un menhir (**200 a**, nº 2, **c**, nº 9), un poudingue de Valorsine, à Corminbœuf (**200 b**, nº 3), et la Pierre du mariage mentionnée à cause de la tradition qui s'y rattache (**171 b**, p. 7).

M. *Sottaz* a publié un second dessin du bloc de Pierrafortscha (**235**, pl. 9.) M. Pahud avait réuni des matériaux pour un ouvrage sur le terrain erratique des environs de Fribourg ; il en avait publié un premier fragment, où il décrit la moraine arquée de Perraules, lorsque ses amis eurent la douleur de le perdre par un accident qui lui arriva en faisant des recherches en bateau sur la Sarine (**200 c**, nº 7).

En 1876, M. *A. Favre* a fait ressortir le fait que le glacier du Rhône n'a pas eu de pente le long de la chaîne de la Berra, de la Bodevenaz au Gurnigel (**226**, p. 192 et 200).

En 1870, dans un travail sur les blocs à conserver dans le canton de Berne, M. *Bachmann* a donné une classification des roches du glacier du Rhône, qui trouverait naturellement son application dans notre territoire. Il cite, près du Gurnigel, les débris qui indiquent la limite entre les deux glaciers du Rhône et de l'Aar, et des blocs du granit de Gasteren entre 1100 et 1200 mètres d'altitude, au-dessus du Fallbach, près de Blumenstein (**203**, p. 51). C'est dans le bassin de l'Aar que M. Bachmann a surtout étudié le terrain quaternaire pour son mémoire sur la Kander, dont je n'ai à résumer ici que ce qui concerne la vallée de la Simmen et le flanc est de la région du Stockhorn. Il s'occupe d'abord des terrasses du Simmenthal, dont la principale a une hauteur de 21 mètres, et remarque que leur formation à été sans doute en liaison avec le plus ou moins d'avancement du creusement de la cluse en amont de Wimmis (**204**, p. 38). Dans un paragraphe particulier, il décrit l'avancement progressif du glacier du Simmenthal (p. 99) : on observe du poli glaciaire à la cluse, près de Garstatt, et la moraine profonde entre Garstatt et Weissenbach ; plus en aval le glacier a dû s'avancer un peu plus rapidement ; à Oey l'élargissement de la vallée en a ralenti le mouvement. Il est probable qu'à ce moment l'affluent de la vallée de Diemtigen n'arrivait pas encore jusque là; le remaniement par les eaux de l'apport des deux glaciers produisit alors les conglomérats de Diemtigen. Sur le flanc de la région du Stockhorn, les éboulis ont recouvert les débris erratiques; là venait s'intercaler entre les glaciers du Rhône et de l'Aar celui de Neuenen. Dans sa période de retrait, le glacier du Simmenthal a laissé différents dépôts, surtout là où il est resté quelque temps stationnaire (p. 143). Les blocs les plus élevés, au-dessus de Moos et de Balzenberg, sont entre 800 et 1000 mètres. Les montagnes du flanc nord de la vallée ont en outre donné naissance à plusieurs petits glaciers (p. 101 et 144).

Trois cartes générales ont successivement figuré le terrain glaciaire de notre région. Celle de M. *Ramsay*, due à Morlot, assigne des glaciers aux vallées de la Sarine, du Simmenthal et de Diemtigen; la limite de celui du Rhône y passe par le lac Noir, et de là se dirige directement sur Berne (**160**). Celle de M. *Rütimeyer* marque l'extension de la glace en dehors des Alpes; le Gibloux y est laissé en blanc (**196**). Enfin celle de MM. *Falsan* et *Chantre*, dont la méthode graphique est différente, accorde aux glaciers venant de nos montagnes un très grand développement sur le plateau: celui de la Sarine passe par Fribourg et Laupen, et celui de la Sense va jusqu'à Berne, après avoir reçu une branche du Schwarzwasserbach (**237**).

Formations des lacs et des vallées.

A peu près en même temps, plusieurs géologues éminents se sont occupés de l'origine des lacs alpins; comme la plupart d'entre eux ont fait rentrer ceux de Neuchâtel et de Morat dans leurs études, je dois résumer ici les différentes opinions qu'ils ont émises.

En 1860, *Desor* fit une classification générale des lacs, en leur appliquant autant que possible des noms tirés des accidents orographiques du Jura (**153**). Si les lacs de Neuchâtel et de Bienne existaient seuls, dit-il, on pourrait les appeler lacs de combes; mais il y a, à côté, celui de Morat, qui est une érosion dans la molasse; il faut donc les mettre tous les trois dans la même catégorie, d'autant plus que celui de Neuchâtel est aussi bordé en partie par ce terrain sur la rive gauche. Les eaux actuelles ne creusant plus de pareils bassins, et la géologie ne nous fournissant aucun indice d'un cataclysme postérieur au transport du terrain glaciaire, il faut en faire remonter la formation à une époque antérieure; s'ils n'ont pas été comblés par les matériaux erratiques, c'est qu'ils ont été remplis par la glace. Le soulèvement des Alpes n'a pu s'opérer sans produire des courants capables d'affouiller; mais les trois lacs du Jura sont l'œuvre des eaux du versant jurassique et de ses vallées. Desor cherche ensuite pourquoi, dans la Suisse occidentale, il y a pas eu d'affouillement dans la direction des Alpes au Jura, comme dans la Suisse centrale, et pourquoi les rivières y ont un cours différent. Il se demande si ce n'est peut-être pas la pente beaucoup plus grande de cette région qui est la cause de ce phénomène.

Déjà un peu avant la publication du mémoire de Desor, M. *de Mortillet* avait émis l'hypothèse du creusement des lacs par l'affouillement des glaciers, et l'avait appliquée aussi à ceux du Jura (**151**, p. 904), qu'il cita encore dans un travail postérieur, où il combattit les idées de Desor (**163**, p. 252).

En 1862, cette cause fut aussi invoquée par M. *Ramsay* comme agent du creusement des lacs, non seulement dans l'alluvion ancienne, ainsi que le voulait M. de Mortillet, mais dans toutes les roches en place possibles. Le glacier du Rhône, dit-il, refoulé par celui de l'Aar, a atteint sa plus grande puissance dans la région du lac de Neuchâtel; aussi en se dirigeant de là au nord-est, il a formé les trois lacs dans les couches secondaires et miocènes; plus loin, son poids ayant diminué, son action a été moins grande, c'est pour cela qu'à Soleure nous voyons réapparaître des strates en place des deux côtés de la rivière (**160**, p. 195).

M. *Studer* n'accorda ni à l'érosion par les eaux, ni à celle par les glaciers, la puissance qu'on voulait leur attribuer. Les vallées, dit-il, sont l'œuvre des soulèvements et les lacs des restes de la profondeur primitive des vallées. Mais le fait de la présence de l'alluvion ancienne en aval des lacs offre des difficultés; pour quelques-uns l'apport a eu lieu par des rivières qui ne traversaient pas de lacs, la Kander et la Simmen par exemple; pour les autres, il faut admettre qu'ils sont le résultat d'un effondrement qui a suivi le dépôt de l'alluvion ancienne (**166**).

M. *Cullmann* attribue à l'Aar la formation des lacs du Jura. A partir de l'arrivée de cette rivière dans la vallée, dit-il, les matériaux ne manquent pas pour la remplir en aval, mais en amont les cours d'eau sont trop peu importants pour produire le même effet; de là vient la formation des lacs, dont le niveau a constamment monté depuis le commencement de l'époque actuelle (**143**).

M. *Rütimeyer* attribue à l'érosion par les eaux la part la plus grande dans la formation des vallées. Il pense que celle des lacs de Neuchâtel et de Bienne est l'œuvre du Rhône, qui déversait autrefois ses eaux du côté de l'orient. C'est une dislocation nord-sud, allant des Voirons au cirque de Vaulion et passant par l'étranglement du lac Léman entre Rolle et Yvoire, qui a enlevé à l'Aar les eaux du Valais. Cet évènement peut être placé à différentes époques, comprises entre le dépôt de la molasse d'eau douce et le remaniement des matériaux erratiques (**196**, p. 55). A un certain moment, les lacs du Jura se prolongeaient jusqu'à Olten, où le Born formait le barrage; ils ont été séparés l'un de l'autre par des dislocations nord-sud, dont on peut suivre les traces dans le Jura (p. 67 et la carte). Parmi les nombreux changements de cours des rivières que décrit M. Rütimeyer, il y en a un qui intéresse un peu notre territoire: c'est le déplacement successif de l'Aar, qui a fini par arriver au Jura plus en amont qu'autrefois, en se jetant dans le lit de la Sarine; cet évènement est venu faciliter le barrage des lacs (p. 71).

Sur un plus petit théâtre, M. *Sottaz* a reconnu que la Trême, en sortant de son lit encaissé, se dirigeait précédemment en ligne droite dans la plaine, pour arriver à la Sionge entre Echarlens et Riaz (**229**, p. 417).

Alluvion.

A partir de 1850, les études pour la correction des eaux du pied du Jura furent reprises avec une nouvelle ardeur. *Kutter* continua à admettre, avec Koch, que les marais avaient été cultivés à l'époque romaine; il mentionne trois opinions sur la cause qui a pu produire ensuite une inondation subite de la contrée: les graviers de l'Aar qui ont élevé le lit de la Thièle; un barrage de cette rivière, exécuté au Pfeidwald par un général romain qui voulait punir une révolte; une congestion naturelle du lit à cet endroit. C'est à cette dernière opinion qu'il s'arrête, et il attribue la congestion à un éboulement de la colline voisine (**134**, p. 4).

Le Message du Conseil fédéral sur ce sujet reproduit les considérations géologiques des écrits antérieurs, sans rien ajouter de nouveau sous ce rapport (**140**).

L'histoire de la correction des eaux du Jura a été faite dernièrement par *Schneider*, l'un des principaux promoteurs de l'entreprise. Il commence par donner un résumé de la géologie du pays, dans lequel il suit tout-à-fait la théorie de M. Rütimeyer pour ce qui concerne la formation des lacs, en ajoutant toutefois qu'ils appartiennent, dans une certaine mesure, à la catégorie des lacs morainiques (**247**, p. 6—18). De la présence de terrasses de 10 à 20 pieds de hauteur à Soleure, de 5 à 15 pieds dans le Seeland, et de l'existence d'un limon lacustre sur les pentes qui bordent le Grand-marais, il conclut qu'à l'époque alluviale les lacs n'en ont d'abord formé qu'un, dont le niveau était plus élevé et qui s'appuyait sur un barrage à Soleure (p. 20). L'Aar ayant trouvé plus tard un écoulement plus facile, le niveau des lacs est descendu même plus bas que celui qui a été atteint par la correction faite récemment. Les lacs étaient déjà séparés du temps des palafittes, mais ils étaient encore plus grands qu'ils ne le sont actuellement. A l'époque romaine, le niveau était toujours bas, ce que prouvent des constructions qui seraient maintenant recouvertes par les eaux. Après l'invasion des Barbares, eut lieu une irruption de l'Aar, qui en amena les graviers jusque dans la lit de la Thièle et produisit une hausse des eaux (p. 33). Il est probable que, sous le second royaume de Bourgogne, l'Aar fut contenue dans son lit par des travaux, car les marais purent être utilisés alors comme pâturage. Enfin, par suite de l'augmentation du cône de déjection de l'Emme, les inondations devinrent plus fréquentes au 16e siècle.

Nous trouvons encore dans l'ouvrage de Schneider quelques mots sur la composition du sol le long de la Broye (p. 71), et une description plus étendue de celui du Grand-marais: la tourbe y repose sur un limon argileux ou sur du sable, et n'est interrompue que par d'anciennes dunes du lac de Neuchâtel (p. 79).

La construction du canal de la Broye entre Payerne et le lac a donné l'occasion de faire des observations, qui ont été l'objet de quelques notes dans le bulletin de la société vaudoise. *Bessard* a présenté la coupe des couches traversées (**139 b**), du bois de frêne carbonisé, une racine de Typha et des objets romains (**139 a**). Il a aussi décrit les atterrissements que forme la Broye à son embouchure dans le lac de Morat, et il avait dressé une carte du cône sous-lacustre de cette rivière (**139 b** et **d**).

De la Harpe a recueilli des restes de castor et de chevreuil, accompagnés aussi d'objets antiques, et plus tard des dents de cheval, près d'Avenches (**136 a** et **c**). *Troyon* attribuait, en grande partie, à une inondation de l'époque romaine la formation de la couche de 3 pieds qui recouvre les antiquités (**145**). MM. *Martignier* et *de Crousaz* mentionnent aussi ces observations en quelques mots (**175** bis, p. 127).

Travaux divers.

En 1858, M. *Gonin* a fait des expériences pour déterminer la force de résistance du grès provenant de six carrières des environs de la Molière; le tableau qui en présente les résultats montre qu'il y a d'assez grandes différences, même entre les échantillons provenant de la même carrière (**142**).

Dans une étude sur les houilles de la Suisse, M. *Chatelain* a donné une analyse des charbons de Semsales, et quelques détails sur les exploitations dans cette localité et à Oron (**207**).

L'abaissement des eaux du lac de Morat a produit un mouvement dans l'ancien fond du lac, près du rivage, à Vallamand-dessous. M. *Fraisse* l'attribue à l'érosion produite par la vague (**245**). M. *Gremaud* a levé un plan de l'effondrement qui a eu lieu, et il lui assigne la même cause, en y ajoutant l'influence du froid. Il montre encore, par les profils du fond du lac, qu'il n'y a pas trop à redouter de pareils accidents, sur les autres points qui y sont plus ou moins exposés (**244**, p. 121).

BIBLIOGRAPHIE.

(La lettre M. et le chiffre qui suit indiquent la page du Résumé historique où le contenu de l'ouvrage est mentionné ou analysé.)

1. 1537. **Rhellicanus,** Stockhornias, qua Stockhornus mons altissimus in bernensium Helvetiorum agro versibus heroïcis describitur. Appendice à De Homeri vita ex Plutarcho. **M.** p. 13.

2. 1561. **Aretius,** Stocc-Hornii et Nessi in Bernatium Helvetiorum ditione montium et nascentium in eis stirpium brevis descriptio. Publié par C. Gessner en appendice aux œuvres de Valerius Cordus et à quelques-unes des siennes propres. **M.** p. 13.

3. 1620. **Rebmann,** Naturae magnalia. Ausführliche beschreibung der Natur, Wundergeschöpffen .... in gestalt eines poetischen kurtzweiligen gesprächs zweier ansehnlichen Bergen in Helvetia gelegen. Editions de 1605 et de 1620. C'est cette dernière que je cite p. 13.

4. 1656. **Plantinus,** Helvetia antiqua et nova. **M.** p. 14.

5. 1680. **J. J. Wagner,** Historia naturalis Helvetiae. **M.** p. 14.

6. 1696. **Ritter,** Kurtze Beschreibungen der .... Milch-warmen Mineral-Wasseren hinter Weissenburg. **M.** p. 14.

7. 1705 **J. Jac. Scheuchzer,** Beschreibungen der Natur-Geschichten des Schweizer-
à 1708. lands. **M.** p. 55, 56.

8. 1716. — Helvetiae Stoicheiographia, orographia et oreographia oder Beschreibung der Elementen, Grenzen und Bergen des Schweizerlands. **M.** p. 15.

9. 1717. — Hydrographia helvetica. Beschreibungen der Seen, Flüssen, Brünnen, warmen und kalten Bäderen, etc. **M.** p. 15, 56.

10. 1723. — Itinera alpina (Edition latine de ses relations de voyages, dont plusieurs ont été publiées d'abord en allemand dans d'autres ouvrages, notamment dans le numéro 7 ci-dessus). **M.** p. 15, 55, 56.

11. 1725. **Christen,** Substantzlicher Bericht von dem hinter Weissenburg Trink- und Bad-Wasser. **M.** p. 15.

— 87 —

12. 1725. **W. Christen,** Description des glacières, etc. Ouvrage qui est resté manuscrit, mais dont M. Studer donne un résumé dans Geschichte der physischen Geographie der Schweiz, S. 217. M. p. 15.

13. 1735. **A. de Haller,** Descriptio itineri suscepti M. Julio Annis 1731. Une seconde édition est dans ses Opuscula botanica, 1749, p. 1. M. p. 15.

14. 1742. **[Bourguet, Cartier, etc.],** Traité des pétrifications. (Une seconde édition de 1778 n'a pu être consultée.) M. p. 56.

15. 1752. **Guettard,** Mémoire dans lequel on compare le Canada à la Suisse par rapport à ses minéraux. Mémoires de l'Académie des sciences, 1752, p. 189 de l'édition in 4°, p. 281 de l'édition de Hollande. Il est traité de la Suisse aux pages 323 et 420. M. p. 16, 56, d'après l'édition de Hollande.

16. 1760. **G. S. Gruner,** Die Eisgebirge des Schweizerlandes. M. p. 16, 17.

17. 1760. Plan et description des bains de Bonn. 4 pages in 4°. M. p. 57.

18. 1762 et 1779. **Schueler,** Chimische Untersuchung der Gesundwasser zu Bonn angestellt in 1759 und 1760. Abhandlungen und Beobachtungen durch die ökonomische Gesellschaft zu Bern, 1762.
— Dissertation sur les eaux savonneuses et en particulier celles de Bonn, 1779. M. p. 57.

19. 1762 à 1766. **E. Bertrand,** Recueil de divers traités sur l'histoire naturelle de la terre et des fossiles, 1766. Nous n'avons à citer ici que les Mémoires sur la structure de la terre p. 1, et l'Essai de minérographie et d'hydrographie du canton de Berne, p. 435, dont une première édition a paru en 1762. M. p. 17, 57.

20. 1763. **Bolz,** Oekonomische Beschreibung des Kirchspiels Kerzers. Abhandl. und Beob. durch die ökon. Ges. zu Bern gesammelt. Stück 1, S. 69. M. p. 58.

21. 1767. **G. S. Gruner,** Von der Aufnahme der Bergwerke in dem Kantone Bern, suivi de Anzeige der bishiehin in der Landschaft Bern entdeckten Mineralien. Abhandl. und Beob. durch die ökon. Ges. zu Bern. M. p. 16, 57.

22. 1768. **[Rud. Sinner],** Historische Nachricht von verschiedenen entdeckten Steinkohlen im Kanton Bern. Abhandl. und Beob. durch die ökon. Ges. zu Bern. Stück 2, S. 65. M. p. 17, 58.

23. 1773. **G. S. Gruner,** Die Naturgeschichte Helvetiens in der alten Welt. A la fin du volume Anzeige der schweizerischen Mineralien. M. p. 16, 57.

24. 1779. **Ch. V. de Bonstetten,** Briefe über ein schweizerisches Hirtenland. M. p. 18.

25. 1779 à 1796. **De Saussure,** Voyage dans les Alpes. M. p. 17, 58.

26. 1788. **Morell,** Chemische Untersuchung einiger der bekanntern und besuchtern Gesundbrunnen und Bäder der Schweiz. M. p. 18.

27. 1788. **[Weber]**, Beyträge zur Geschichte der berühmten Gesundbrunnen und Bäder in unsrer Schweiz. Heft 2. M. p. 18.

28. 1789. **De Razoumowsky,** Histoire naturelle du Jorat et de ses environs. M. p. 58.

29. 1789. — Analyse des eaux de St-Eloi près d'Estavayer. Mém. de la soc. des sciences phys. de Lausanne, vol. 2, partie 1, p. 1. M. p. 61.

30. 1789. **[Manuel],** Versuch eines allgemeinen Umrisses der mineralogischen Beschreibung eines Theils der westlichen Schweiz. Magazin für die Naturkunde Helvetiens von Höpfner. B. 4, S. 109. M. p. 18, 61.

31. 1790. **Coxe,** Voyage en Suisse, traduit de l'anglais. Contient (vol. 2, p. 304) quelques détails sur la molasse et la chaîne du Stockhorn qui ont été fournis à l'auteur par Wyttenbach.

32. 1795–1798. **Norrmann,** Geographisch-statistische Darstellung des Schweizerlandes. Compilation soignée, mais, pour notre territoire, sans détails qui ne se trouvent pas dans les auteurs antérieurs.

33. 1798. **Bridel,** Coup d'œil sur une contrée pastorale des Alpes. Conservateur suisse, vol. 4, p. 170. M. p. 17, 18.

34. 1802. **L. v. Buch,** Geognostische Uebersicht des österreichischen Salzkammergut. Gesammelte Schriften, B. 1, S. 231. Le canton de Fribourg est mentionné pour le nagelfluh (p. 255), que l'auteur envisage ici comme un dépôt de fleuve venant des Alpes, tandis que dans une lettre de 1801, il fait venir les galets de porphyre des Vosges (Ges. Schr. vol. 1, p. 131).

35. 1802. **C. Escher,** Geognostische Angaben über die Alpen in Helvetien. Alpina, B. 1, S. 283. M. p. 19, 61.

36. 1803. **L. de Buch,** Catalogue d'une collection qui peut servir d'introduction à celle des montagnes de Neuchâtel. Gesammelte Schriften, B. 1, S. 558. M. p. 19, 62, 65.

37. — — Catalogue d'une collection de roches qui composent les montagnes de Neuchâtel. Ges. Schr., B. 1, S. 584. M. p. 65.

38. — — Sur le Jura. Ges. Schr., B. 1, S. 688, Taf. XII. M. p. 19, 62.

39. 1805. **[S. Gruner],** Geognostische Uebersicht der helvetischen Gebirgsformationen. Isis, B. 2, S. 857. Reproduit sans la carte dans Alpina, vol. 1, p. 604. M. p. 20.

40. 1805. **S. W[yttenbach],** Reise von Bern nach Interlaken. En indiquant les roches qui composent le Niesen, l'auteur signale cette montagne comme le point où l'on peut le mieux se convaincre que nous vivons sur les ruines d'une création détruite à diverses reprises.

41. — **Aug. de Chambrier,** Recherches sur les montagnes d'alluvions ou poudingues de la Suisse. Journ. de phys., vol. 61, p. 241. M p. 62.

42. 1808. **Ebel,** Ueber den Bau der Erde in dem Alpen-Gebirge. M. p. 20, 62, 66.

43. 1809. **C. Escher,** Compte-rendu critique de l'ouvrage précédent sous le même titre. Alpina, B. 4, S. 283. M. p. 21, 63.

44. — **Ebel,** Anleitung auf die nützlichste und genussvollste Art die Schweiz zu bereisen. 3. Auflage. (La première édition est de 1793.) M. p. 21, 63.

45. — **L. v. Buch,** Reise über die Gebirgszüge der Alpen zwischen Glaris und Chiavenna, im August 1803. Der Gesellschaft naturf. Freunde zu Berlin Magazin. Jahrg. 3, S. 102.
C. Escher, Bemerkungen über den Aufsatz des H. L. v. Buch vom Splügen mit einigen Anmerkungen des letzteren. Im gleichen Bande, S. 176.
Ces deux travaux sont reproduits dans les œuvres complètes de L. de Buch, vol. 2. Ils sont cités ici p. 19 et 20 d'après l'édition originale.

46. 1808-1809. **Fontaine,** Lettres sur l'histoire naturelle du canton de Fribourg, publiées en 1852 dans l'Emulation, nouvelle revue fribourgeoise, p. 129. M. p. 22, 63, 66.

47. 1809. **[Fontaine et Kuenlin],** Helvetischer Almanach. Mineral. und geognostische Beschaffenheit des Kantons Freiburg, S. 8, Produkte, S. 20. M. p. 22, 63.

48. 1810. **L. v. Buch,** Ueber den Gabbro. Der Ges. naturf. Freunde zu Berlin Magazin, Jahrg. 4, S. 128. Gesamm. Schriften, B. 2, S. 85. M. p. 65.

49. 1810. **Struve,** Mémoire sur la nature de la montagne salifère du district d'Aigle. Citation dans le Simmenthal de la corniolaz (carguenle) qu'il regarde comme un tuf ancien (p. 112).

50. — **J. A. Deluc,** Traité élémentaire de géologie. M. p. 66.

51. 1811. **Chr. Bernouilli,** Geognostische Uebersicht der Schweiz nebst einem system. Verzeichnisse aller in diesem Lande vorkommenden Mineral-Körper und deren Fundörter. M. p. 22.

52. 1815. Description des bains du Lac-domêne. M. p. 23.

53. 1815. **L. v. Buch,** Ueber die Ursachen der Verbreitung grosser Alpengeschiebe Abhandlungen der Akademie aus den Jahren 1804—1811, Berlin 1815, S. 161. Leonhard, Mineralog. Taschenbuch, 1818, S. 458. Gesamm. Schriften, B. 2, S. 597. C'est cette dernière édition qui est citée p. 65.

54. 1816. **Koch,** Bericht der Schwellen-Commission über die Aar, Zihl, den Murten-, Neuenburger- und Bieler-See. M. p. 66.

55. 1818. **Fr. Meyer,** Bemerkungen auf einer Reise durch Thüringen, Franken, die Schweiz, etc., Theil 1. Mention de seconde main du nagelflub et des blocs erratiques de notre territoire (p. 91, 356). Plus important par une correction apportée au calcul de L. de Buch sur la vitesse du transport des blocs (p. 367).

56. 1820. **Fr. Meisner,** Ueber einige in der Schweiz gefundene Osteolithen und Odontolithen. Museum der Naturgeschichte Helvetiens, B. 1, S. 63. M. p. 64.

57. 1820 Beschreibung des Gurnigel-Bades. Erste Abth. 1820, zweite Abth. 1821.
und Neujahrsgeschenk von der Gesellsch. zum schwarzen Garten in Zürich.
1821. M. p. 22, 23.

58. 1821. **C. Escher,** Beiträge zur Naturgeschichte der freiliegenden Felsblöcke in
der Nähe der Alpen. Neue Alpina, B. 1, S. 1. Leonhard, Taschen-
buch, 1822, S. 631. Biblioth. univers., vol. 21, 1822, p. 259. Cité ici
d'après l'Alpina, p. 66.

59. 1821. **Buckland,** Mémoire sur la structure géognostique des Alpes et des parties
adjacentes du continent et sur leurs rapports avec les roches secondaires et de transition de l'Angleterre. Journ. de phys., tome 93,
p. 20. Publié aussi dans Annals of Philosophy, vol. 17, p. 450. M. p. 22.

60. 1822. **Lardy,** Note sur le grès molasse. Bibliothèque universelle, vol. 19, p. 181.
M. p. 64.

61. 1822. **Bourquenoud,** Tournée dans les montagnes du Canton de Fribourg.
Conservateur suisse, vol. 10, p. 277. M. p. 23.

62. 1822 Das Bad bei Weissenburg. Erste Abth. 1822, zweite Abth. 1823. Neu-
und jahrsgeschenk von der Gesellsch. zum schwarzen Garten in Zürich.
1823. M. p. 22, 23.

63. 1823. **F. Kuenlin,** Ausflug in die Alpen des Kantons Freiburg. Alpenrosen, S. 116.
M. p. 23.

64. 1823. **Levade,** Dictionnaire géographique et statistique du canton de Vaud.
M. p. 64, 66.

65. — **A. de Humbolt,** Essai géognostique sur le gisement des roches dans les
deux hémisphères. Une seconde édition sans changement est de 1826.
M. p. 64.

66. — **Bourdet de la Nièvre,** Notice sur quatre nouvelles espèces de Reptiles
chéloniens trouvés dans les grès-mollasses de la Suisse. Il a paru de
cet ouvrage manuscrit deux extraits : l'un dans Kurze Uebersicht der
Verhandl. der allg. schw. Gesellsch. für die ges. Naturwissenschaft
zu Aarau, 1823 S. 49; l'autre un peu plus court dans **Meisner,**
Annalen der allg. schw. Ges. für die ges. Naturw., B. 1, S. 19. —
C'est le premier de ces extraits qui est cité p. 65.

67. — **Bakewell,** Travels comprising observations made during a residence in
the Tarentaise, etc., vol. 2, M. p. 23, 67.

68. — **Lutz,** Die Heilquellen des Gurnigels. M. p. 23.

69. 1824. Die Bäder von Blumenstein, Lympach u. s. w. Neujahrsgeschenk von der
Gesellsch. zum schwarzen Garten in Zürich. M. p. 23.

70. — **C. Brunner,** Chemische Zerlegung des Wassers von Weissenburg. Meisner,
Ann. der allg. schw. Ges. für die ges. Naturw., B. 2, S. 33. M. p. 23.

71. 1824. **F. Kuenlin,** Die Alpenreise nach dem Moleson. Alpenrosen, S. 42. M. p. 64.

72. 1824. **B. Studer,** Bruchstück aus den Beiträgen zu einer Monographie der Molasse. Meisner, Ann. der allg. schw. Ges. für die ges. Naturw., B. 1, S. 29. M. p. 67.

73. — **Cuvier,** Ossements fossiles, tome 5, partie 2. M. p. 65.

74. 1825. **B. Studer,** Beyträge zu einer Monographie der Molasse. M. p. 24, 67, 69, 71.

75. 1826. **H. C[harles],** Course dans la Gruyère. M. p. 68.

76. 1826. **[L. von Buch],** Geognostische Karte von Deutschland und den umliegenden Staaten. M. p. 24.

77. 1826. **Rüsch,** Anleitung zu dem richtigen Gebrauche der Bade- und Trink-curen, B. 2. 1832, B. 3. M. p. 27, 69.

78. — — Beschreibung des Gurnigelbad. M. p. 27.

79. 1826. **Fueter,** Les Bains du Gurnigel. M. p. 27.

80. 1827. **L. von Buch,** Ueber die Verbreitung grosser Alpengeschiebe. Poggen-dorff's Annalen, B. 9, S. 575. Gesamm. Schriften, B. 3, S. 658. C'est cette dernière édition qui est citée p. 69.

81. — **B. Studer,** Geognostische Bemerkungen über einige Theile der nördlichen Alpenkette, Leonhard's Taschenbuch, Jahrg. 21, B. 1, S. 1. Traduit dans Annales des sciences naturelles, vol. 11, p. 5. C'est le travail original qui est cité ici p. 24.

82. — — Notice géognostique sur quelques parties de la chaîne du Stockhorn et sur la houille du Simmenthal. Annales des sc. nat., vol. 11, p. 249.

A la suite de ce travail on a une Note d'**Alex. Brongniart** sur les coquilles fossiles qui se trouvent dans les terrains décrits par M. Studer, et une analyse de la houille de Boltigen par M. **Brunner.** M. p. 25.

83. 1829. — Brief über das Piacentinische. Leonhard's Taschenbuch, S. 134. M. p. 26.

84. 1829. **Rengger,** Ueber den Umfang der Jura-Formation, ihre Verbreitung in den Alpen u. s. w. Denkschr. der schweiz. Ges., B. I, S. 172. M. p. 26.

85. 1829. **Boué,** Geognostisches Gemälde von Deutschland. M. p. 26.

86. — **E. de Beaumont,** Recherches sur quelques-unes des Révolutions de la surface du globe, etc. Ann. des sc. nat., vol. 18, p. 5. M. p. 26.

87. 1830. **B. Studer,** Lettre dans le Journ. de géol. de Boué, vol. 1, p. 210. M. p. 26.

88. 1831. **Voltz, Studer,** Lettres à la société géolog. de France. Bull. de la société, tome 2, p. 55 et 68. M. p. 27.

89. 1832. **F. Kuenlin,** Dictionnaire géographique, statistique et historique du canton de Fribourg. M. p. 27, 68, 70.

90. 1833. **Agassiz,** Recherches sur les poissons fossiles, vol. 1. M. p. 68.

91. 1834. **F. Kuenlin,** Der Kanton Freiburg historisch, geographisch, statistisch geschildert. Gemälde der Schweiz, Heft 9. M. p. 27, 68, 70.

92. 1834. **B. Studer,** Geologie der westlichen Schweizer-Alpen, mit einem geologischen Atlas. — L'introduction de cet ouvrage a été traduite en français par Pol Nicart, dans le Bulletin de la soc. géol. de France, vol. 7, p. 225. **M.** p. 28.

93. — — Mittheilung. Leonhard's N. Jahrb., S. 638. **M.** p. 70.

94. 1836. — Ideale Profile zur Erläuterung der Geologie der westl. Schweizer-Alpen. Eine kurze Erklärung davon in Leonhard's N. Jahrb., S. 698. **M.** p. 32.

95. — **Charpentier,** Quelques conjectures sur les grandes révolutions qui ont changé la surface de la Suisse et particulièrement celle du Canton de Vaud. Bibl. univers., vol. 4, p. 1. **M.** p. 71.

96. 1838 **Quenstedt, Rœmer, Studer,** Mittheilungen. N. Jahrb., 1838, S. 315, et 1839, S. 64 u. 67. **Rœmer,** Die Versteinerungen des Norddeutschen 1839. Oolithen-Gebirges. Ein Nachtrag, S. 56. **M.** p. 32.

97. 1839. **Studer,** Mémoire sur la carte géologique des chaînes calcaires et arénacées entre les lacs de Thoune et de Lucerne. Mémoires de la soc. géol. de France, tome 3, p. 379. **M.** p. 70.

98. 1839 **Herm. von Meyer,** Mittheilungen. N. Jahrb., 1839, S. 699, 1843, S. 698. et 1843. **M.** p. 72.

99. 1840. **L. R. de Fellenberg,** Analyse des eaux minérales d'Otteleue. Bibl. univers., tome 27, p. 154. Résumée dans Actes de la soc. helv. des sciences natur. en 1840, p. 166. **M.** p. 35.

100. — **Studer,** Mittheilung. N. Jahrbuch, S. 461. **M.** p. 33.

101. 1841. **Lagger,** Flora des Kantons Freiburg. Actes de la soc. helv. des sciences natur., 1840, p. 233. **M.** p. 33.

102. — Affaire du gaz inflammable au canton de Fribourg. Actes de la soc. helv. des sc. nat. en 1840, p. 79. **M.** p. 33.

103. — **De Charpentier,** Essai sur les glaciers et sur le terrain erratique du Bassin du Rhône. **M.** p. 72.

104. — **Necker,** Etudes géologiques dans les Alpes, vol. 1. **M.** p. 70, 73.

105. 1843. **Blanchet,** Houillères d'Oron-le-Château. Bull. de la soc. vaud. des sc. nat., vol. 1, p. 186. **M.** p. 71.

106. — — Aperçu de l'histoire géologique des terrains tertiaires du Canton de Vaud. **M.** p. 71.

107. 1842 **Studer,** Aperçu général de la structure géologique des Alpes, précédé et de quelques observations générales par **E. Desor.** Biblioth. univ., 1845. vol. 38, 1842, p. 120. Aperçu géologique de la structure des Alpes dans Desor, Nouvelles excursions et séjours dans les glaciers, 1845, p. 225. C'est cette seconde édition qui est mentionnée p. 33, 70, 71.

108. 1843 à 1845. **Guyot,** Sur la distribution des espèces de roches dans le bassin erratique du Rhône. Bull. de la soc. des sc. nat. de Neuchâtel, vol. 1, p. 9 et p. 477. M. p. 73.

109. 1844 et 1847. **Studer,** Lehrbuch der physikalischen Geographie und Geologie, B. 1, 1844, B. 2, 1847. M. p. 33, 74.

110. 1845. **Müller,** Ueber lithographische Steine. Mitth. der naturf. Ges. in Bern, S. 98. M. p. 34.

111. — **Guyot,** Notice sur la carte du fond des lacs de Neuchâtel et de Morat. **De Pourtalès-Gorgier,** Carte du fond des lacs de Neuchâtel et de Morat dessinée d'après les sondages de M. Guyot et les siens propres. Mém. de la soc. des sc. nat. de Neuchâtel, vol. 3. M. p. 74.

112. 1846. **L. R. de Fellenberg,** Analyse de l'eau minérale de Weissenburg. Bull. de la soc. vaud. des sc. nat., vol. 2, p. 115. M. p. 35.

113. 1848. **Rütimeyer,** Recherches géologiques et paléontologiques sur le terrain nummulitique des Alpes bernoises. Arch. des sc. phys. et nat., vol. 9, p. 179. M. p. 34.

114. — **Studer,** Communication à la section de géologie à Soleure. Verhandl. der schw. naturf. Ges., S. 37. M. p. 71, 74.

115. 1849. **Lardy,** Geognostisches und Mineralogisches in Vuillemin, der Canton Waadt. Gemälde der Schweiz, B. 19, S. 168. Ce travail est reproduit en abrégé dans Vuillemin le Canton de Vaud, tableau de ses aspects, etc., 1849; seconde édition, 1862. M. p. 71, 73.

116. — **Brunner,** Ueber den landwirthschaftlichen Werth von Mergeln, welche in der Nähe des grossen Mooses gefunden wurden. Mitth. der naturf. Ges. in Bern, S. 113. M. p. 74.

117. — **L. R. von Fellenberg,** Analyse der Schwefelquellen des Gurnigelbades. Mitth. der naturf. Ges. in Bern, S. 69. M. p. 35.

118. 1850. **Pictet,** Notice sur les fossiles découverts pendant l'été de l'année 1850 dans les Alpes bernoises par M. Em. Meyrat. Arch. des sc. de la Bibl. univ., vol. 15, p. 177. M. p. 34.

119. — **Studer,** Mittheilung. N. Jahrb., S. 826. M. p. 34.

120. — **C. Brunner,** Ueber die geognostische Constitution der Stockhornkette. Verhandl. der schw. naturf. Ges. in Aarau, 1850, S. 99 und 109. M. p. 34.

121. 1851. — Ueber die Hebungsverhältnisse der Schweizer-Alpen. Zeitschrift der deutschen geol. Ges., Band 3, S. 554. En français dans Arch. des sc. phys. et nat., vol. 21, p. 5. C'est cette dernière édition qui est citée p. 34.

122. — **L. von Buch,** Lagerung der Braunkohlen in Europa. Monatsber. der Acad. der Wissensch. zu Berlin, S. 683. M. p. 72.

123. 1851. **L. R. v. Fellenberg,** Analyse des Mineralwassers von Blumenstein. Mitth. der naturf. Ges. in Bern, S. 193. M. p. 35.

124. — **Verdat,** Etude sur les eaux minérales sulfureuses du Gournigel. M. p. 124.

125. 1852. **A. Escher,** Verbreitungsweise der Alpen-Fündlinge, Karte in: Zwei geolog. Vorträge von Heer und A. Escher, und in: Bildungsweise der Landzunge von Horden, Mitth. der naturf. Ges. in Zürich, B. 2, S. 506. M. p. 74.

126. — **El. de Beaumont,** Notice sur les systèmes de montagnes. M. p. 35.

127. — **Merian,** Ueber das Vorkommen der St. Cassianformation am Comersee. Bericht über die Verhandl. der naturf. Ges. in Basel, X, p. 156. M. p. 46.

128. 1853. **Studer,** Geologie der Schweiz, B. 2. M. p. 35, 75.

129. — **Studer et Escher,** Carte géologique de la Suisse. Une seconde édition a paru en 1866, par les soins de M. **Bachmann.** M. p. 35, 48, 75.

130. — **C. Mayer,** Verzeichniss der in der marinen Molasse der schweizerisch-schwäbischen Hochfläche enthaltenen fossilen Mollusken. Mitth. der naturf. Ges. in Bern, S. 73. M. p. 77.

131. — **Studer,** Geologische Mittheilungen. Mitth. der naturf. Ges. in Bern, S. 281. M. p. 48, 75.

132. 1854 **Blanchet,** *a)* Du terrain tertiaire vaudois. Bullet. de la soc. vaud. des à sc. nat., vol. 4, p. 85. *b)* Présentation de fossiles de la Molière, 1860. vol. 4, p. 190 et 249, vol. 5, p. 349. *c) Goniobates Agassizi,* vol. 6, p. 472. M. p. 71, 78.

133. 1854. **Merian,** Ueber verschiedene Petrefacten aus der Stockhornkette, den italienischen Alpen u. s. w. Verhandl. der naturf. Ges. in Basel, Theil 1, S. 314. M. p. 46.

134. — **Kutter,** Die Juragewässercorrection im Jahre 1853. M. p. 84.

135. 1854 **Morlot,** Communications diverses. Bull. de la soc. vaud. des sc. nat. à *a)* vol. 4, p. 4; *b)* vol. 4, p. 39; *c)* vol. 4, p. 176; *d)* vol. 6, p. 30; 1858. *e)* vol. 6, p. 87. M. p. 76, 77, 78, 79.

136. 1855 **Ph. de la Harpe,** Communications diverses: Bull. de la soc. vaud. des à sc. natur. *a)* vol. 4, p. 301; *b)* vol. 5, p. 66; *c)* vol. 6, p. 340; 1860. *d)* vol. 7, p. 177. M. p. 76, 78, 85.

137. 1856. **C. Brunner-von Wattenwyl,** Geognostische Beschreibung der Gebirgs-masse des Stockhorns. N. Denkschr. der allg. schw. Ges. für ges. Naturwissenschaften, B. 15. M. p. 37, 40.

138. — **Pictet et Humbert,** Monographie des Chéloniens de la molasse suisse. Matér. pour la pal. suisse, série 1. Résumé pour la molasse vaudoise par M. **Ph. de la Harpe** dans Bull. de la soc. vaud des sc. nat., vol. 5, p. 405. M. p. 77.

139. 1856 à 1859. **Bessard,** Communications diverses. Bull. de la soc. vaud. des sc. nat. *a)* vol. 5, p. 156; *b)* vol. 6, p. 16 et 27; *c)* vol. 6, p. 335; *d)* vol. 6, p. 360. M. p. 76, 77, 78, 85.

140. 1857. Botschaft des schweizerischen Bundesrathes an die Bundesversammlung über die Angelegenheit der Juragewässercorrection. M. p. 84.

141. 1857 à 1869. **C. Mayer,** Tableau synchronistique des terrains tertiaires de l'Europe. Publié aussi en allemand avec un texte dans Verh. der allg. schw. Ges. in Trogen, 1857. Troisième édit. 1865. Quatrième édition 1868 et 1869. M. p. 76.

142. 1858. **Gonin,** Expériences sur la résistance des grès de la Molière. Bull. de la soc. vaud. des sc. nat., vol. 5, p. 404. M. p. 85.

143. — **Culmann,** Die Correction der Juragewässer. Schweiz. polytechn. Zeitschr., B. 3, S. 8 und 46. M. p. 83.

144. — **Pictet et de Loriol,** Description des fossiles contenus dans le terrain néocomien des Voirons. Matér. pour la paléont. suisse. M. p. 48.

145. — **Troyon,** Lettre sur les inondations des vallées de l'Orbe et de la Broye pendant la domination romaine. Bull. de la soc. vaud. des sc. nat., vol. 6, p. 69. M. p. 85.

146. — **Von Fischer-Ooster,** Die fossilen Fucoiden der Schweizer-Alpen, nebst Erörterungen über deren geologisches Alter. M. p. 40 (sous le chiffre 148 au lieu de 146), p. 47.

147. 1858–64. **Pictet et Campiche,** Description des fossiles du terrain crétacé des environs de Ste-Croix, partie 1 et 2. M p. 40.

148. 1859. **Von Fischer-Ooster,** Mittheilung über den Flysch mit Antwort von H. **Studer.** Verh. der schweiz. naturf. Ges. in Bern 1858, S. 60. M. p. 47. (A la p. 40, le chiffre 148 est au lieu de 146.)

149. — **Studer,** Ueber die natürliche Lage von Bern. M. p. 78.

150. — **Heer,** Flora tertiaria Helvetiæ, vol. 3. M. p. 77.

151. — **de Mortillet,** Note géologique sur Palazzolo et le lac d'Iseo en Lombardie. Bull. de la soc. géol. de France, sér. 2, vol. 16, p. 888. M. p. 82.

152. 1860. **Meyer-Ahrens,** Die Heilquellen und Kurorte der Schweiz. M. p. 50.

153. — **Desor,** De la physionomie des lacs suisses. Revue suisse. — Il existe deux éditions allemandes de cet ouvrage, dont la dernière surtout a quelques changements: Ueber die Deutung der Schweizer Seen in Album von Combe-Varin, 1861; Deutung der Alpen-Seen, in Gebirgsbau der Alpen, 1865. M. p. 81.

155. 1860 à 1863. **Ooster,** Catalogue des Céphalopodes fossiles des Alpes suisses. Nouv. Mém. de la soc. helv. des sc. nat., vol. 17 et 18. Supplément à cet ouvrage avec index des espèces et des localités dans Pétrifications remarquables des Alpes suisses, 1863. M. p. 40.

156. 1860 **Stoppani**, Géologie et paléontologie des couches à Avicula contorta.
à 1865. Paléont. lomb., sér. 3. M. p. 46.

156. 1862. **Gohl**, Die Heilquellen und Badeanstalten des Kantons Bern. M. p. 50.

157. — **Studer**, Observations géologiques dans les Alpes du lac de Thoune.
Arch. des sc. de la Bibl. univ., vol. 15, p. 5. M. p. 48.

158. — Bericht an den hohen schweizerischen Bundesrath über die Untersuchung
der schweizerischen Hochgebirgswaldungen. M. p. 49.

159. — **Desor**, De l'Orographie des Alpes dans ses rapports avec la géologie.
Bull. de la soc. des sc. nat. de Neuchâtel, vol. 6, p. 147. Edition
allemande avec quelques changements : der Gebirgsbau der Alpen,
1865. M. p. 49.

160. — **Ramsay**, On the glacial origine of certain Lakes. Quart. Journ. of the
geol. Society, p. 185. M. p. 81, 82.

161. 1863. **Beck**, Geologische Karte der Umgebungen von Thun, des Stockhorn-
gebirges und des Niesen. M. p. 48.

162. — **Ooster**, Synopsis des Brachiopodes fossiles des Alpes suisses dans
Pétrific. rem. des Alpes suisses. M. p. 40, 45.

163. — **de Mortillet**, Sur l'affouillement des anciens glaciers. Atti della soc.
ital. di sc. nat., vol. 5, p. 248. M. p. 82.

164. 1863-1866. **C. Mayer**, Liste des Bélemnites des terrains jurassiques et diagnoses
des espèces nouvelles. Journ. de Conch., vol. 11, p. 181, vol. 12,
p. 368, vol. 14, p. 358. M. p. 42.

165. 1864. **Culmann**, Bericht an den hohen schweizerischen Bundesrath über die
Untersuchung der schweizerischen Wildbäche. M. p. 50.

166. — **Studer**, De l'Origine des lacs suisses. Arch. des sc. de la Bibl. univ.,
nouv. pér., vol. 19, p. 89. M. p. 78, 82.

167. — **C. Mayer**, Tableau synchronistique des terrains jurassiques. M. p. 49.

168. 1865. **Sartorius von Waltershausen**, Untersuchungen über die Klimate der
Gegenwart und der Vorwelt, mit besonderer Berücksichtigung der
Gletscher-Erscheinungen in der Diluvialzeit. Naturk. Verh. van de
Maatsch. der Wetensch. te Harlem, deel 23. M. p. 79.

169. — **Ooster**, Synopsis des Echinodermes fossiles des Alpes suisses dans
Pétrif. rem. des Alpes suisses. M. p. 40.

170. — **A. Escher und Albr. Müller**, Panorama von Höhenschwand im Schwarz-
wald, geologisch colorirt. Jahrb. des Schw. Alpenklub, Jahrg. 2.
M. p. 49.

171. 1865-1870. Etrennes fribourgeoises. a) année 1865. b) année 1870. M. p. 80.

172. 1865 **Heer**, Die Urwelt der Schweiz. a) erste Ausgabe (traduite en français
et 1879. et en anglais). b) zweite Ausgabe. M. p. 49, 76.

173. 1866. Communications sur le calcaire à Dicéras de Wimmis. *a)* **de Fischer-Ooster**, Actes de la société helv. des sc. nat. à Neuchâtel, p. 65. *b)* **Merian**, ibidem, p. 68, et Verh. der naturf. Ges. in Basel, B. 4, S. 551. Ces communications sont résumées dans Arch. des sc. de la Bibl. univers., nouv. pér., vol. 27, p. 155. **M.** p. 45.

174. — **Ziegler**, Zur Hypsometrie der Schweiz und zur Orographie der Alpen. **M.** p. 49.

175. 1867. **A. Favre**, Recherches géologiques dans les parties de la Savoie, du Piémont et de la Suisse voisines du Mont-Blanc. **M.** p. 45, 78.

175 bis — **Martignier et de Crousaz**, Dictionnaire historique, géographique et statistique du canton de Vaud. **M.** p. 76, 85.

176. — **Meyer**, Présentation d'une mâchoire à la soc. vaud. des sc. nat. Bull., vol. 9, p. 380. **M.** p. 78.

177. 1868. **A. Müller**, Die Wirkungen der Therme von Weissenburg. **M.** p. 50.

178. — **Raemy et Castella**, Sources minérales et Bains du Lac Noir. **M.** p. 51.

179. — **Renevier**, Quelques observations géologiques sur les Alpes de la Suisse centrale. Bull. de la soc. vaud. des sc. nat., vol. 10, p. 39, **M.** p. 43, 45.

180. — Les inondations récentes et passées. Confédéré de Fribourg, n° 136. **M.** p. 50.

181. — **Meyer-Ahrens**, Bad Gurnigel. **M.** p. 50.

182. — **Bachmann**, Mittheilungen aus den palaeont. Sammlungen. Mitth. der naturf. Ges. in Bern, S. 183. **M.** p. 43.

183. — **Zittel**, Paläontologische Notizen über Lias-, Jura- und Kreide-Schichten. Jahrb. der k. k. geol. Anst., B. 18, S. 599. **M.** p. 48.

184. — — Die Cephalopoden der Stramberger Schichten. Paläont. Mitth. aus dem Museum des k. b. Staates, B. 2. **M.** p. 45.

185. 1868 **Desor et de Loriol**, Echinologie helvétique, Echinides de la période à 1872. jurassique. **M.** p. 42.

186. 1869. **Ooster**, Le Corallien de Wimmis avec une Introduction géologique par de **Fischer-Ooster**, dans Pétrific. rem. des Alpes suisses. 1870, Neuer Beitrag zur Kenntniss des Korallenkalks bei Wimmis, in Protozoe helv., B. 2, S. 9. **M.** p. 42, 45.

187. — — Protozoe helvetica, B. 1. *a)* Die fossile Fauna des rothen Kalkes bei Wimmis, S. 1. *b)* Die organischen Reste der Zoophicos-Schichten der Schweizer Alpen, S. 15. *c)* Beitrag zur Kenntniss der jurassischen Inoceramen der Schweizer Alpen, S. 36. **M.** p. 42, 43.

188. — **v. Fischer-Ooster**, Geognostische Beschreibung der Umgebung von Wimmis. Prot. helv., B. 1, S. 5. **M.** p. 43, 45.

189. — **Bachmann**, Quelques remarques sur une note de M. Renevier. Mitth. der naturf. Ges. in Bern, S. 161. **M.** p. 44.

190. 1869. **Gilliéron,** Lettre au professeur Studer. Mitth. der naturf. Ges. in Bern, S. 174. **M.** p. 44.

191. — **Th. Studer,** Ueber Foraminiferen aus den alpinen Kreiden. Mitth. der naturf. Ges. in Bern, S. 177. **M.** p. 44.

192. — **Hébert,** Lettre à M. Studer. **Renevier,** Réponse aux observations de M. Hébert. Bull. de la soc. vaud. des sc. nat., vol. 10, p. 292. **M.** p. 44.

193. — **v. Fischer-Ooster,** Ueber die rhätische Stufe in der Umgegend von Thun. Mitth. der naturf. Ges. in Bern, S. 32. **M.** p. 43, 47.

194. — — Verschiedene geologische Mittheilungen. Mitth. der naturf. Ges. in Bern, S. 184. **M.** p. 47.

195. — **Lochmann,** Rapport sur la marche des travaux de la Commission des blocs erratiques. Bull. de la soc. vaud. des sc. nat., vol. 10, p. 185. **M.** p. 79.

196. — **Rütimeyer,** Ueber Thal- und See-Bildung. **M.** p. 83. (A p. 81 le n° 196 a été mis par erreur au lieu de 224.)

197. — **A. Favre et L. Soret,** Troisième Rapport sur l'étude et la conservation des blocs erratiques. Verh. der schw. naturf. Ges. in Solothurn, S. 169. **M.** p. 79.

198. — **Pictet,** Rapport sur la question relative aux limites de la période jurassique et de la période crétacée. Arch. des sc. de la Bibl. univ., nouv. pér., vol. 36, p. 224. **M.** p. 45.

199. 1869 **Jaccard,** Description géologique du Jura vaudois et neuchâtelois. Matér. et pour la carte géol. de la Suisse, livr. 6. Supplément, livr. 7. 1870. **M.** p. 76.

200. 1869–1872. **Reichlen,** Le Chamois (journal mensuel). *a)* année 1869. *b)* 1870. *c)* 1871. *d)* 1872. **M.** p. 78, 80.

201. 1870. **Gilliéron,** Notice sur les terrains crétacés dans les chaînes extérieures des Alpes des deux côtés du Léman. Arch. des sc. de la Bibl. univers., nouv. pér., vol. 38, p. 255. **M.** p. 44, 48.

202. — **E. Favre,** Le Massif du Moléson et les montagnes environnantes. Arch. des sc. de la Bibl. univ., vol. 39, p. 169. **M.** p. 44, 49.

203. — **Bachmann,** Die wichtigsten erhaltenen oder erhaltungswürdigen Fündlinge im Kanton Bern. Mitth. der naturf. Ges. in Bern, S. 32. **M.** p. 80.

204. — — Die Kander im Berner Oberland. Ein ehemaliges Gletscher- und Flussgebiet. **M.** p. 80.

205. 1870 **Zittel,** Die Fauna der ältern Cephalopoden führenden Tithonbildungen. und Die Gastropoden der Stramberger Schichten. Palaeontographica. 1873. Supplement. **M.** p. 43, 46.

206. 1870. **Neumayr,** Ueber einige neue oder weniger bekannte Cephalopoden der Macrocephalen-Schichten. Jahrb. der k. k. geol. Reichsanst., B. 20, S. 147. **M.** p. 48.

207. — **Chatelain,** Les houilles en Suisse. Bull. de la soc. des sc. nat. de Neuchâtel, vol. 8, p. 393. **M.** p. 50, 85.

208. 1871. **Merian,** Versteinerungen aus dem rothen Kalk der Simmenfluh bei Wimmis. Verh. der naturf. Ges. in Basel, Th. 5, S. 388. **M.** p. 44.

209. — **v. Fischer-Ooster,** Paläontologische Mittheilungen. Mitth. der naturf. Ges. in Bern, S. 325. **M.** p. 44, 46, 47, 78.

210. — **Coquand,** Sur le Klippenkalk du département du Var et des Alpes maritimes. Bull. de la soc. géol. de France, sér. 2, vol. 28, p. 208. **M.** p. 46.

211. — **Ooster,** Die organischen Reste der Pteropodenschicht einer Unterlage der Kreideformation in den Schweizer-Alpen. Protozoe helv., B. 2, S. 89. **M.** p. 43.

212. 1871 et 1872. **A. Favre,** Rapports sur l'étude et la conservation des blocs erratiques. Verhandl. der schweiz. naturf. Ges. *a)* in Frauenfeld, 1871, S. 193. *b)* à Fribourg, 1872, p. 162. **M.** p. 79.

213. 1872. **Bircher,** Das Schwefelbergbad. **M.** p. 51.

214. — **Studer,** Index der Petrographie und Stratigraphie der Schweiz und ihrer Umgebungen. **M.** p. 50, 76.

215. — **E. Favre,** Note sur la géologie des Ralligstöcke. Arch. des sc. de la Bibl. univ., vol. 45, p. 368. **M.** p. 49.

216. 1873. — Revue géologique suisse pour l'année 1872. Arch. des sc. de la Bibl. univ., vol. 46 et 47. **M.** p. 46.

217. — **Discussion** sur les couches rouges des Alpes de Fribourg. Actes de la soc. helv. des sc. nat. à Fribourg en 1872, p. 51. **M.** p. 44.

218. — **De Loriol,** Description des échinides des terrains crétacés de la Suisse dans Matér. pour la Paléont. suisse, part. 5. **M.** p. 42.

219. — **Gilliéron,** Notice géologique sur les Alpes du canton de Fribourg. Actes de la soc. helv. des sc. nat. à Fribourg, p. 281. **M.** p. 51.

220. — — Aperçu géologique sur les Alpes de Fribourg en général et Description spéciale du Monsalvens. Matér. pour la carte géol. de la Suisse, livr. 12. **M.** p. 51.

221. 1873 et 1874. **Renevier,** Tableau des terrains sédimentaires. Bull. de la soc. vaud. des sc. nat., vol. 12. Texte explicatif dans vol. 13. **M.** p. 51, 76.

222. 1874. **Hébert,** Age relatif des calcaires à Terebratula moravica et du Diphyakalk, etc. Bull. de la soc. géol. de France, sér. 3, vol. 2, p. 148. **M.** p. 46.

223. 1875. **E. Favre,** Description des fossiles du terrain jurassique de la montagne des Voirons. Mém. de la soc. paléont. suisse, vol. 2. **M.** p. 52, 53.

224. 1875. **Rütimeyer,** Ueber Pliocen und Eisperiode auf beiden Seiten der Alpen. **M.** p. 81 (sous le numéro 196 par suite d'une erreur).

225. 1876. **Bachmann,** Geologisches über die Umgebungen von Thun. Jahrb. des Schweizer Alpenklub, Jahrg. 11, S. 372. **M.** p. 51.

226. — **A. Favre,** Notice sur la conservation des blocs erratiques et sur les anciens glaciers du revers septentrional des Alpes. Arch. des sc. de la Bibl. univ., vol. 57, p. 181. **M.** p. 80.

227. 1877. **Heer,** Flora fossilis Helvetiae. **M.** p. 48, 54.

228. — **E. Favre,** Description des fossiles du terrain oxfordien des Alpes fribourgeoises. Mém. de la soc. paléont. suisse, vol. 3. **M.** p. 52, 53.

229. — **Sottaz,** Les montagnes du canton de Fribourg. **Wäber,** Zur Karte der Freiburger Alpen. Jahrb. des Schweizer Alpenklub, B. 12, S. 403 und 473. **M.** p. 55, 83.

230. — **E. Favre,** La zone à Ammonites acanthicus dans les Alpes de la Suisse et de la Savoie. Mém. de la soc. paléont. suisse, vol 4. **M.** p. 52, 53.

231. 1877 **De Loriol,** Monographie des Crinoïdes fossiles de la Suisse. Mém. de la
à 1879. soc. pal. suisse, vol. 4—6. **M.** p. 54.

232. 1878. **A. Favre,** Sur une défense d'éléphant trouvée au bois de la Bâtie et sur les éléphants fossiles en Suisse. Arch. des sc. de la Bibl. univ., vol. 64, p. 49. **M.** p. 79.

233. — **Ischer,** Blicke in den Bau der westlichen Berner Alpen. Jahrb. des Schweizer Alpenklub, Jahrg. 13, S. 472. **M.** p. 52.

234. — **Gremaud,** La cascade de Bellegarde. Revue scientifique suisse, p. 121. **M.** p. 54.

235. — **Sottaz,** Les blocs erratiques. Revue scient. suisse, p. 258, pl. IX. **M.** p. 80.

236. — **Lory,** Essai sur l'Orographie des Alpes occidentales. Bullet. de la soc. de statist. du départem. de l'Isère, sér. 3, vol. 7. **M.** p. 55.

237. 1878-79. **Falsan et Chantre,** Etude sur les anciens glaciers et sur le terrain erratique de la partie moyenne du bassin du Rhône. Ann. de la soc. d'agric. de Lyon, série 5, tome 1, p. 573, tome 2, p. 205. **M.** p. 81.

238. 1879. **Ischer,** Geologie der Niesenkette. Verh. der schw. naturf. Ges. in Bern im Jahre 1878, S. 95. **M.** p. 52.

239. — **Vacek,** Ueber Vorarlberger Kreide. Jahrb. der k. k. geol. Reichsanst., B. 29, S. 659. **M.** p. 52.

240. — **E. Favre,** Description des fossiles des couches tithoniques des Alpes fribourgeoises. Mém. de la soc. paléont. suisse, vol. 6. **M.** p. 52, 53.

241. 1880. **Vacek,** Neocomstudie, Jahrb. der k. k. geol. Reichsanst., B. 30, S. 493. **M.** p. 53.

242. — **A. Bodmer,** Terrassen und Thalstufen der Schweiz. **M.** p. 55.

243. 1880. **Ph. de la Harpe,** Note sur les *Nummulites Partschi et Oosteri.* Bull. de la soc. vaud. des sc. nat., vol. 17, p. 33. **M.** p. 53.

244. — **Gremaud,** Courte notice sur les mouvements de terrains. Rev. scient. suisse, p. 73, 97 et 121. **M.** p. 55, 85.

245. — **Fraisse,** Note sur les érosions de Vallamand. Bull. de la soc. vaud. des sc. nat., vol. 17, p. 157. **M.** p. 85.

246. 1880-81. **Koby,** Monographie des Polypiers jurassiques de la Suisse, prem. et seconde partie. Mém. de la soc. paléont. suisse, vol. 7 et 8. **M.** p. 54.

247. 1881. **Schneider,** Das Seeland der Westschweiz und die Korrection seiner Gewässer. **M.** p. 84.

248. — **Mœsch,** Geologische Beschreibung der Kalkstein- und Schiefergebilde der Kantone Appenzell, St. Gallen u. s. w. Beitr. zur geol. Karte der Schweiz, 14. Lief., 3. Abth. **M.** p. 52.

249. — **E. Favre,** Revue de géologie pour l'année 1880. **M.** p. 53.

250. — Session de la société helvétique des sciences naturelles à Aarau. Arch. des sc. de la Bibl. univ., pér. 3, vol. 6, p. 233. **M.** p. 53.

251. 1880. **Gsell-Fels,** Die Bäder und klimatischen Kurorte der Schweiz. Articles assez étendus sur les principaux bains de notre région, avec résumé des analyses et des détails géologiques donnés par les écrits antérieurs.

252. 1882. **Portis,** Les Chéloniens de la molasse vaudoise. Mém. de la soc. paléont. suisse, vol. 9. **M.** p. 77.

PREMIÈRE PARTIE.

ALPES.

Pour les premières observations géologiques et la division générale en terrains, voir le Résumé historique: de Saussure p. 17, Gruner 17, Manuel 18, C. Escher 19, L. de Buch 19, 24, Ebel 20, Bernouilli 22, Buckland 22, Sam. Studer 22, Rengger 26, Voltz 26, B. Studer 24, 25, 26, 28, 36, Brunner 37.

La description des terrains qui composent nos montagnes doit être précédée de la mention d'un fait général, qui rendra raison de l'ordre adopté pour l'exposition des détails qui vont suivre. C'est celui que les terrains restent à peu près les mêmes, tant sous le rapport paléontologique que sous le rapport pétrographique, quand on suit l'une quelconque des chaînes de notre région, mais qu'ils présentent des différences assez grandes pour qu'on ait de la peine à en paralléliser les affleurements, quand on les étudie dans un profil qui coupe plusieurs chaînes. On peut dire qu'en général ils sont de moins en moins variés et de moins en moins riches en fossiles, qu'il est par conséquent de plus en plus difficile d'y établir des divisions, à mesure qu'en partant du nord-ouest pour aller au sud-ouest, on arrive dans des chaînes plus intérieures. Il sera donc naturel de considérer d'abord chaque étage là où il est le mieux caractérisé, c'est-à-dire dans les chaînes extérieures, et de voir ensuite quelles sont les modifications qu'il subit dans les autres, s'il y est reconnaissable.

CHAPITRE Ier.

TERRAINS TRIASIQUES.

Résumé historique. Gypse et cargneule: Studer p. 30, Brunner 39. Rhétien: Studer 36, Brunner 37, Merian 46, Stoppani 46, de Fischer-Ooster 47.

La série triasique n'est représentée dans nos montagnes que par sa partie supérieure, composée de trois massifs de roches sans fossiles, le *gypse*, la *cargneule* et la *dolomie*, et d'un étage très fossilifère, le *rhétien*.

Tandis que dans la chaîne de la Berra, il n'y a qu'un espace de minime étendue où l'on voit apparaître un peu de rhétien, cette série se montre d'une manière presque continue du côté nord de la chaîne du Langeneckgrat, et au nord et au sud de celle du Ganterist, qu'elle délimite d'une manière très naturelle. Elle forme ainsi trois zones, auxquelles une quatrième vient se juxtaposer dans la partie sud-ouest de la chaîne du Stockhorn. Elle surgit en outre dans l'intérieur du massif de la Neunenenfluh, à Alpbiglen et entre Morgeten et Thalberg. Dans la partie orientale de l'alignement des Gastlosen, une cinquième zone apparaît au nord du massif d'Oberwyl et dans l'intérieur de celui de la Simmenfluh. La présence d'assises triasiques dans les massifs des Spielgärten est un peu douteuse.

Gypse.

Le gypse qui compose les couches les plus inférieures de nos montagnes, est rarement pur; dans ce cas il est blanc, quelquefois un peu rosé, toujours à structure finement cristalline. Le plus souvent il est mêlé de marne argileuse noirâtre, parfois rouge foncé, souvent très disséminée dans le sulfate de chaux, d'autres fois formant des feuillets distincts. Ce sont ces marnes qui rendent partout la stratification très apparente. Il y a aussi en mélange des fragments de calcaire dolomitique gris ou verdâtre, compacte ou un peu cristallin, qui paraissent provenir de lits autrefois régulièrement intercalés, mais maintenant brisés. En effet, quand ces lits sont très minces, ils existent encore, mais sont divisés en plaquettes de moins d'un centimètre carré, qui sont appliquées sur la surface de la couche de gypse et qui sont séparées par des fissures de l'épaisseur d'un cheveu à un, deux millimètres et plus; des fentes plus ou moins nombreuses se montrent encore dans l'intérieur des plaquettes; il me paraît évident que ces brisures peuvent provenir de ce que la dolomie n'a pu augmenter de volume comme le sulfate de chaux, si celui-ci a passé de l'état anhydre à celui de gypse (pl. 5, fig. 1). Il y a donc là, me semble-t-il, une confirmation de l'hypothèse que le gypse de nos Alpes a été primitivement de l'anhydrite.

C'est du côté sud du massif des Wirtneren que la puissance de cette division est la plus grande; elle ne dépasse guère 40 mètres.

Le niveau stratigraphique qu'occupe cette formation gypseuse est bien déterminé dans les affleurements des Wirtneren et de Bachalp, dans la chaîne du Ganterist; car elle sort là de dessous la cargneule. Dans la combe triasique qui sépare le massif du Hochmatt de celui du Plan, cette roche ne vient pas à jour, mais sa présence est indiquée près du Rio du Mont par une source sulfureuse.

De loin en loin, au nord des chaînes du Langeneckgrat et du Ganterist, on voit apparaître du gypse que l'on pourrait être tenté de rapporter au flysch qu'il touche. Il y a des affleurements de ce genre à Pringy, dans le massif de Gruyères; aux Rots et à Gratavache dans celui de l'Arsajoux; au lac Noir et au Hohmättle; au Wannels, au Schwefelberg, aux Wirtneren et à Blumenstein. L'âge de ces divers gisements est plus ou moins bien déterminé par la présence du rhétien au-dessus de la cargneule et de la dolomie, qui succèdent ordinairement elles-mêmes au gypse. L'attribution au trias de celui du Wannels est un peu plus douteuse, car on y trouve des fragments où le gypse est entremêlé à une roche gréseuse, qui semble avoir les empreintes charbonneuses du flysch.

La classification de l'affleurement de Pringy est encore plus douteuse. Là le gypse n'est bien à jour que sud de *Creux,* où on l'exploite, et où il doit être en contact avec le bajocien voisin; il y est recouvert de 5 ou 6 mètres de marnes d'un vert sale, contenant des concrétions calcaires et sans aucune trace de fossiles. Tout près, il y a encore du calcaire argileux et schisteux, verdâtre et rouge. Plus au nord, à l'entrée d'une galerie, on a traversé un amas de grès, mêlé à des schistes noirs qui sont tout-à-fait brouillés, mais qui paraissent en place; ces dernières roches ne peuvent appartenir qu'au flysch; en revanche, les marnes vertes semblent plonger sous le bajocien. Ces mêmes marnes, avec les calcaires schisteux, vert et rouge, se montrent sur les ruisseaux à l'ouest de *aux Creux;* elles y sont horizontales, et tout autour on ne voit que les dépôts glaciaires. Je leur ai attribué la même teinte qu'au gypse, avec lequel elles sont en liaison sud de *Creux.* La présence de cette dernière roche au-dessous est rendue très probable par la source sulfureuse des bains de Montbarry, qui est dans cette localité.

Cargneule.

La cargneule est un calcaire magnésien, le plus souvent jaune, parfois gris ou blanchâtre. Ce qui la distingue surtout ce sont les nombreuses cavités dont elle est parsemée, et qui varient de grandeur: il y en a qui sont à peine visibles à l'œil nu, tandis que d'autres ont plusieurs centimètres cubes. Quelques-unes sont de formes irrégulières; d'autres sont limitées par des parois planes, qui ont parfois quelques millimètres d'épaisseur et qui se croisent à angles à peu près droits, en sorte qu'elles ont une forme plus ou moins régulière. Dans ce cas, elles sont habituellement divisées en compartiments par une quantité d'autres parois de l'épaisseur d'une feuille de papier, qui se croisent sous tous les angles possibles; quelquefois ces petites parois sont restées rudimentaires, et ne vont pas en rejoindre une autre. Ces cavités sont souvent remplies par une matière plus tendre. M. Brunner a publié des analyses faites par M. Fluckiger, qui montrent que les parois renferment moins de carbonate de magnésie que leur contenu. [1]

Il arrive que la pâte caverneuse renferme des fragments plus ou moins distincts de dolomie blanchâtre, grise ou gris foncé, quelquefois isolés, mais aussi parfois assez nombreux pour que la roche ait l'aspect d'une brèche. Dans

---

[1] Beschreibung der Gebirgsmasse des Stockhorns, S. 28.

d'autres variétés les cavités sont toutes très petites, les parois ne semblent pas formées d'une matière différente, et la roche est seulement poreuse ; mais elle se distingue de la dolomie en ce qu'elle n'est pas homogène : sur un échantillon de grandeur ordinaire, il y a des variations de dureté et de teinte qui annoncent des différences de composition.

On rencontre quelquefois dans l'intérieur de la cargneule normale des nids de dolomie jaune et schisteuse, qui peuvent atteindre jusqu'à un mètre dans leur plus grande dimension ; une marne verdâtre et morcelée remplit aussi des poches pareilles, ou bien ne se montre qu'en grains, ou en enduit dans des fissures.

La cargneule proprement dite est sans stratification ; aussi dans la plupart des affleurements, il n'est pas possible d'y reconnaître un plongement. Dans d'autres, pourtant, il y a des bancs réguliers de véritable dolomie compacte, ou un peu poreuse, qui sont distinctement séparés par des joints de stratification ; mais souvent cette dolomie est très fissurée, et se décompose en fragments anguleux qui couvrent d'assez grands espaces, sans qu'on puisse la voir en place. Plus rarement encore la cargneule est mêlée d'assises de marnes probablement magnésiennes, verdâtres ou gris verdâtres, qui y marquent aussi le plongement.

La rareté de ces traces de stratification dans la cargneule fait qu'on ne peut guère songer à en évaluer la puissance ; la nature du dépôt rend du reste probable que cette puissance est fort variable ; elle doit être parfois très considérable, à en juger par l'étendue de certains affleurements, par exemple au nord-ouest de la Kaiser-Eck.

Tuf de cargneule. La cargneule paraît se dissoudre assez facilement dans les eaux de pluie ; les pâturages qui la recouvrent ont quelquefois des entonnoirs considérables, qu'on ne peut pas toujours attribuer à la présence du gypse. D'un autre côté, elle se recompose aussi facilement. A la surface de la plupart des affleurements on trouve en effet des nappes superficielles, des masses ou des blocs isolés, qui renferment des fragments arrondis ou anguleux de toutes les roches du pays ; tantôt ces fragments sont isolés, tantôt ils sont assez nombreux pour former un conglomérat. Le ciment dans lequel ils se trouvent ne peut absolument pas se distinguer de la cargneule originelle; car il y a non seulement des trous irréguliers comme dans le tuf ordinaire, mais aussi des cavités à parois planes divisées en une quantité de compartiments, comme dans la roche primitive. Ces tufs sont souvent dans des endroits où il n'y a plus de sources, ni même de filets d'eau; ils renferment des fragments de roches dont l'apport ne peut être expliqué que par l'action d'un glacier; car quelques-uns sont de véritables blocs et d'autres ont des stries. On peut en conclure que la formation d'une partie de ces tufs pseudo-cargneule remonte à l'époque glaciaire.

Dolomie.

La dolomie de nos montagnes est le plus souvent une roche d'un gris clair, presque blanche à l'air, compacte, à cassure esquilleuse quand elle est dure, un peu terreuse quand elle est tendre; elle présente plus rarement des teintes jaunes, brunes ou d'un gris foncé. Les bancs varient beaucoup d'épaisseur; mais il est rare qu'il y en ait d'assez minces pour que la roche puisse être dite schisteuse. Sauf dans une variété poreuse qui est assez rare, on y remarque une quantité de fissures très fines, quelquefois vaguement parallèles entre elles, mais se croisant le plus souvent sous des angles divers, et ordinairement remplies d'une matière cristalline. Quand ces fissures déterminent la cassure de la roche, elle est délitée en fragments anguleux. Outre la variété poreuse que je viens de mentionner, il y en a une autre, assez rare aussi, où la roche a tout-à-fait l'aspect d'une brèche qui serait formée de fragments de dolomie de teintes un peu diverses.

Dans les localités où les couches sont bien à découvert, on voit la dolomie mélangée banc par banc de marnes morcelées, un peu bigarrées; les teintes verdâtres y dominent, puis viennent le gris, le violet et le noir; ce mélange éloigne toute idée que l'on ne soit pas en présence d'un dépôt sédimentaire ordinaire.

A Grenchen, dans la partie occidentale du massif de la Neunenenfluh, j'ai vu quelques feuillets de gypse intercalés irrégulièrement dans de la dolomie brune et poreuse; un peu plus au nord, dans un ravin qui descend des Steckmatten, des fragments de la même roche m'ont paru ne pouvoir provenir non plus que de cette division. Ce n'est que dans ces deux endroits que j'ai rencontré ce mélange.

Pour ce qui concerne la puissance, la dolomie est plus régulière que la cargneule, mais varie aussi dans une certaine mesure; dans quelques localités elle paraît avoir environ 80 mètres, dans d'autres moins.

Rapports du gypse, de la dolomie et de la cargneule.

Les trois divisions que je viens de décrire, gypse, cargneule et dolomie, m'ont paru être des dépôts sédimentaires successifs, qui n'ont peut-être pas été beaucoup plus modifiés postérieurement que telle ou telle formation calcaire ou marneuse des mêmes montagnes. Pendant assez longtemps, on a regardé ces roches comme des métamorphoses du calcaire, et on a expliqué de différentes manières les réactions chimiques par lesquelles elles auraient pu être produites. C'est ce qu'a fait, par exemple, M. Brunner, qui les avait particulièrement étudiées dans la partie orientale de nos chaînes.[1] En 1867, M. A. Favre a résumé les opinions émises sur ce sujet, en donnant de nombreuses indications bibliographiques sur les auteurs qui s'en sont occupés.[2] La doctrine de la métamorphose du calcaire sous l'influence d'émanations souterraines avait perdu du terrain, lorsque M. Chavannes est venu la remettre en honneur dans plusieurs travaux relatifs aux Alpes,[3] qui ont donné l'occasion de la discuter à plusieurs reprises au sein de la société helvétique des sciences naturelles.[4] M. Maur. de Tribolet a appuyé M. Chavannes,[5] tandis que M. Renevier l'a com-

---

[1] Beschreibung der Gebirgsmasse des Stockhorns, S. 27 und 32.

[2] Recherches géologiques en Savoie, vol. 3, p. 440 et 449.

[3] Les principaux sont: Note sur le gypse et la cargneule des Alpes vaudoises; Bull. de la soc. vaud., vol. 12, p. 109. — Note sur le gypse et la cargneule des Alpes bernoises; Actes de la soc. helv. réunie à Bex en 1877, p. 215.

[4] Actes de la soc. helvét. réunie à Fribourg en 1872, p. 52. — Idem à Andermatt en 1875, p. 49. — Idem à Bex en 1877, p. 57.

[5] Sur l'âge stratigraphique de la zone gypsifère Bex — lac de Thoune; Vierteljahrsschrift der naturf. Ges. in Zürich, Jahrg. 23, S. 160.

battu, et a expliqué en détail dans quelles conditions les dépôts de ce genre ont pu se former dans la mer,[1] ce qu'a aussi fait M. Schnetzler.[2]

Dans les deux camps, les trois roches sont plus ou moins envisagées comme étant synchroniques et pouvant se remplacer l'une l'autre; en outre, la cargneule a été souvent considérée comme une modification de sa congénère, comme une *éponge* de dolomie, dit M. Lory. Dans la chaîne du Ganterist, on trouve la dolomie superposée à la cargneule, et celle-ci au gypse, quand il existe. Il n'y a qu'une véritable exception à cette règle, c'est aux Wirtneren. En descendant du haut de la chaîne on traverse les trois divisions dans leur ordre normal; mais au-dessous du gypse on trouve de plus 25 mètres de dolomie avec marnes, en position verticale. Il n'est guère possible de se représenter là une dislocation qui ferait de cet affleurement une réapparition de la dolomie supérieure; aussi il faut l'envisager comme un dépôt antérieur au gypse. Peut-être même existe-t-il partout dans cette position, sans avoir été amené au jour autre part que là. Sur la carte cette dolomie est distinguée autant que l'échelle l'a permis, mais par la même teinte que la supérieure; il n'aurait guère valu la peine d'augmenter la légende des nuances de couleurs pour ce seul affleurement.

Je ne pense pas que la cargneule soit une éponge de la dolomie, parce que cette dernière a une structure homogène, et que sa décomposition par les agents atmosphériques actuels ne produit rien de pareil à de la cargneule; en outre, la facilité avec laquelle les dissolutions de cette dernière reforment un tuf qui en a tous les caractères, montre bien que la structure spéciale de cette roche a pu se produire, dès l'origine, dans les eaux où elle s'est précipitée. Tout en admettant, du reste, une succession dans le dépôt des deux divisions, je ne pense pas que la formation de la dolomie ait suivi celle de la cargneule partout au même moment : le passage d'une des roches à l'autre n'est pas brusque; il arrive que la puissance de l'une augmente, tandis que celle de l'autre diminue; il est donc probable que sur certains points la cargneule a continué à se déposer, tandis qu'ailleurs la dolomie avait déjà commencé à le

[1] Renevier, Notice sur ma carte géol. de la partie sud des Alpes vaudoises; Arch. de la Biblioth. univ., mai 1877.
[2] Actes de la soc. helv. réunie à Bex en 1877, p. 22.

faire. Il y a même une localité dans le massif de l'Arsajoux, au sud-est de la Valsainte, où la zone triasique paraît n'être composée que de cargneule au milieu, tandis qu'à l'est et à l'ouest il n'y a que la dolomie; la région est au reste trop couverte de débris pour que l'on puisse bien voir comment les deux roches se comportent l'une à l'égard de l'autre.

Dans la chaîne des Gastlosen, où n'apparaît pas le gypse, les deux autres roches ne forment deux divisions consécutives que dans le massif d'Oberwyl; c'est sur le ruisseau occidental qu'on les voit le mieux. Dans le massif de la Simmenfluh la zone triasique commence aux bains de Weissenburg par de la cargneule, dont une partie seulement se rapproche de la dolomie par une stratification assez marquée. En allant vers l'est, on voit la zone s'élargir, mais c'est toujours essentiellement la même roche que l'on rencontre; s'il y a de la dolomie, elle ne forme pas une bande régulière. En revanche, à partir de Gerenstein, ce n'est plus guère que cette dernière que l'on voit; mais elle ne paraît pas former partout une zone inférieure au rhétien, car on en trouve parfois des bancs positivement intercalés dans les assises de cet étage; s'il y a de la cargneule, elle n'est pas toujours non plus sous la dolomie. Ce n'est qu'au nord de Günzenen que l'on peut de nouveau distinguer les trois divisions: rhétien fossilifère, dolomie et cargneule. C'est à cause de ces variations que sur la carte la zone triasique n'est marquée que d'une teinte dans ce massif.

Rhétien.

Chaîne de la Berra.

Au Fettbad, au nord de la Pfeife (massif du Gurnigel), on voit sur un petit espace de la dolomie, des marnes et du calcaire avec quelques fossiles qui sont probablement rhétiens. Pour plus de détails, je renvoie à la description que j'ai déjà donnée de cet affleurement, dans la 12e livraison de ces Matériaux, p. 10.

Chaîne du Langeneckgrat et pied septentrional de la chaîne du Ganterist.

Au-dessus de la dolomie décrite plus haut, on trouve toujours au moins des fragments d'un calcaire lumachellique noir, gris noir, ou gris bleuâtre, prenant à l'air des teintes rousses, jaunâtres ou verdâtres. On rencontre aussi assez souvent les couches en place, mais la série complète est rarement visible; là où elle se montre on remarque que les fossiles ne sont pas habituellement immédiatement au-dessus de la dolomie; il y a auparavant des couches intermédiaires, qui ne sont pas les mêmes dans toutes les localités, et où la dolomie et le calcaire s'entremêlent; il peut même arriver que des bancs dolomitiques soient au-dessus des premières assises fossilifères.

La coupe la plus nette dans le rhétien est en dessous de la cascade par laquelle la Gürbe traverse le lias, à Neunenen, au nord-nord-est du Ganterist. On y voit de bas en haut :

1. Dolomie.
2. Calcaire et marnes noirâtres, sans fossiles   .   .   . mètres 3
3. Mêmes roches où s'entremêlent des bancs sans fossiles et des bancs lumachelliques qui en ont beaucoup. Ces derniers sont surtout dans le haut .   .   .   .   " 6
4. Même calcaire avec moins de marnes, aussi fossilifère . " 2
5. Réapparition de calcaire dolomitique avec marnes foncées; pas de fossiles .   .   .   .   .   .   " 4
6. Calcaire dur, bleu foncé, parfois sableux, mêlé de marnes schisteuses .   .   .   .   " 6

Total   mètres 21

Près de là, au nord-nord-ouest du Ganterist, à l'endroit où la Kalte Sense tourne à l'ouest, les couches inférieures aux assises fossilifères sont plus puissantes, plus variées de teintes, et contiennent un banc dolomitique et du calcaire gréseux gris. A Gratavache, à l'origine du Javroz, les bancs qui surmontent la zone fossilifère sont de la dolomie avec un peu de calcaire. Au pied septentrional de la Dent de Broc, ce que l'on voit au-dessous des assises à fossiles n'est que du calcaire gréseux fort semblable à celui du lias, qui est au-dessus, en sorte qu'on a de la peine à se persuader qu'il ne soit pas éboulé. Ainsi, tandis que la partie caractérisée par des restes organiques reste à peu près la même partout, les roches dont le dépôt est antérieur ou postérieur subissent des modifications d'un endroit à l'autre.

Dans quelques localités où cela était possible, j'ai recueilli les fossiles en distinguant leur niveau dans la série des assises; les listes obtenues ainsi montrent quelques différences entre la partie supérieure et l'inférieure de telle localité donnée; mais dans d'autres ces différences ne se maintiennent pas. Il paraît donc qu'ils appartiennent à une faune qui est restée la même pendant un temps assez long. La liste suivante indique les espèces déterminables qui la composent; j'ai omis celles qui me paraissent nouvelles. Quelques-uns de ces fossiles sont attribués par des auteurs à une zone supérieure à celle de l'*Avicula contorta*; c'est le cas, par exemple, de la *Plicatula intusstriata*; chez nous ils se trouvent avec les autres.

Rhabdophylla. Gruyères, Grosse gîte, Pré de l'Essert; Krautboden, Kronenberg et Vorsass (Wannels).
Montlivaultia. Neunenen.
Pentacrinus psilonoti Quenst. Neunenen, ailleurs encore, mais en exemplaires mal conservés.
Hemicidaris florida Merian. Neunenen.
Cidaris Stoppanii de Lor. Payet-Riond, Neunenen.
Terebratula pyriformis Suess. Blumenstein.
   »   *gregaria* Suess. Partout.
Spiriferina uncinata (Schaffh.) Ooster. Neunenen, Blumenstein.
Placunopsis alpina (Winkl.) Moore. Blumenstein.
Ostrea Haidingeriana Emmr. Payet-Riond, Hohmättle, Neunenen, Blumenstein.
   »   *Marcignyana* Martin. Blumenstein.
   »   *Rhodani* Dumort. ? Neunenen.
   »   *sublamellosa* Dünker. Neunenen.
Plicatula intusstriata (Emmr.) Hauer. Presque partout.
Pecten Liebigi Winkler. Neunenen.
   »   *aff. valoniensis* Defr. Chaux-du-vent.
   »   *cf. Foipiani* Stopp. Neunenen.
Lima discus Stopp. Neunenen.
   »   *acuta* Stopp. Payet-Riond.

Lima punctata (Sow.) Desh.? Gratavache.
Avicula contorta Portl. S. de Gruyères, Neunenen.
Mytilus minutus Goldf.? Gratavache.
Trigonia postera Renevier (Quenst.?). Neunenen.
Cardinia austriaca (Hauer) Winkler? Neunenen.
Natica Oppeli Moore. Blumenstein.
Serpula. Hohmättle.

On trouvera les localités de cette liste sur la carte dans l'ordre suivant, en allant du sud-ouest au nord-est : Gruyères, Grosse gîte, Chaux-du-vent et Payet Riond (ces deux noms ne sont pas sur la carte, ce sont des pâturages à l'est de l'Arsajoux), Pré-de-l'Essert (cote 1173 mètres, nord-est de l'Arsajoux), Hohmättle, Wannels, Neunenen, Blumenstein (chemin au-dessus de l'église).

Intérieur et limite méridionale de la chaîne du Ganterist.

Dans la zone triasique qui forme la limite sud et sud-est de la chaîne du Ganterist, je ne connais pas de localités où tous les bancs qui composent le rhétien se présentent en position régulière et sans interruptions de visibilité. L'un des endroits les plus favorables à l'observation est le ruisseau qui descend de Janseck, à l'ouest de Jaun. En le remontant à partir de la route, on traverse un espace recouvert par le glaciaire ou des débris, et où passe sans doute la dolomie. Les premiers bancs en place que l'on rencontre sont d'un calcaire bleu, presque compacte. Après une interruption, ils sont suivis d'un massif de 9 mètres d'un calcaire semblable, entremêlé de bancs différents, dont les uns sont sableux, les autres argileux; le bas de ces assises est fossilifère; mais elles affleurent trop peu pour qu'on puisse en extraire beaucoup d'échantillons déterminables; je ne puis en citer que: *Mytilus minutus* Goldf.? *Plicatula intusstriata* Emmr. et *Terebratula gregaria* Suess. On traverse ensuite une série d'assises analogues, avec des bancs dolomitiques en plus; elle est parfois interrompue et paraît sans fossiles. Après être sorti des prés pour entrer dans la forêt, on trouve une nouvelle zone fossilifère de calcaire lumachellique, renfermant l'*Avicula contorta* Portl., la *Terebratula gregaria* Suess et d'autres fossiles assez difficiles à extraire. Il faut y rattacher l'*Ostrea Haidingeriana* Emmr., qui est appliquée en grande quantité contre un banc à *Pecten valoniensis* Defr., qui commence le lias. En comptant les interruptions, cet ensemble de couches qui plonge assez régulièrement au sud-est en position renversée, peut avoir environ 50 mètres d'épaisseur; la puissance est donc plus grande qu'au nord de la chaîne, et il y a en outre deux zones fossilifères au lieu d'une seule.

A la Bachalp, au nord du Stockhorn, une *selle* joint les deux chaînes; elle est escarpée du côté de l'est, et on y trouve facilement des fossiles rhétiens en grande quantité; mais il ne m'a pas été possible d'y reconnaître la véritable succession des assises. Le lias, qui est très peu puissant, le calcaire et les marnes bleues ou noirâtres du rhétien, y semblent aussi entremêlés que les glaçons d'un lac gelé, que le vent a amoncelés les uns sur les autres. Il est probable qu'il y a deux assises fossilifères comme à Janseck et que l'inférieure, la plus riche, est intercalée dans de la dolomie.

Plus à l'ouest, à Morgeten et à Alpbiglen, sur le flanc et dans l'intérieur de la chaîne, on ne voit pas beaucoup de bancs en place, mais il y a des fossiles en quantité. Ceux qui vont être cités d'Alpbiglen ont été recueillis dans une épaisseur de couches de 3 ou 4 mètres.

La liste générale suivante montre qu'il n'y a que très peu de différence pour la faune entre cette zone et celles qui sont un peu plus au nord. L'*Avicula contorta* s'y rencontre un peu plus fréquemment. Dans les deux régions la *Terebratula gregaria* et la *Plicatula intusstriata* sont les fossiles les plus communs, qui servent plus que tous les autres à constater la présence de l'étage; c'est ce qui me dispense d'indiquer les endroits où j'en ai recueilli des exemplaires. J'ai dû laisser indéterminés des moules de petits Gastéropodes et des Peignes.

Rhabdophyllia. Riggisalp, Bachalp.
Montlivaultia. Bachalp.
Pentacrinus psilonoti Quenst. Alpbiglen, Bachalp.
Hemicidaris florida Merian? Bachalp.
Cidaris Stoppanii de Lor. Alpbiglen, Bachalp.
Terebratula pyriformis Suess. Zur Eich.
    »   *gregaria* Suess. Presque partout.

Anomia Revonii Stopp.? Morgeten, Bachalp.
Placunopsis alpina (Winkler) Moore. Ryprechten, Morgeten, Wahlalp.
    »   *gracilis* (Winkler). Morgeten.
Ostrea Haidingeriana Emmr. Janseck, Alpbiglen, Wahlalp, Bachalp.
    » *Marcignyana* Martin. Im Fang, Alpbiglen (?), Thalberg, Bachalp.
Plicatula intusstriata (Emmr.) Hauer. Presque partout.
Pecten Liebigi Winkler. Ryprechten, Morgeten.
    » *Mayeri* Winkler. Ryprechten.
    » *aff. valoniensis* Defr. Alpbiglen, Bachalp.
    » *cf. Foipiani* Stoppani. Bachalp.
Lima discus Stoppani. Bachalp.
    » *acuta* Stoppani. Alpbiglen, Morgeten.
    » *punctata* (Sow.) Desh.? Alpbiglen.
Gervillia inflata Schaffh. Ryprechten, Morgeten (?)
    » *praecursor* Quenst. Bachalp.
Avicula contorta Portl. Im Fang, Janseck, Alpbiglen, Morgeten.
Mytilus minutus Goldf. Janseck (?), Alpbiglen, Ryprechten.
Trigonia postera Renevier (Quenst.?). Ryprechten, Morgeten.
Cardita austriaca (Hauer) Winkler? Morgeten.
Natica Oppeli Moore. Ryprechten.
Saurichtys acuminatus Ag. Alpbiglen.

Ces localités se trouvent sur la carte dans l'ordre suivant, en allant du sud-ouest au nord-est : Im Fang (massif du Plan), Zur Eich, Janseck (massif des Brunnen), Riggisalp (massif du Hohmättle), Alpbiglen, Ryprechten, Morgeten, Wahlalp, Bachalp (massif de la Neunenenfluh).

Chaîne du Stockhorn.

Le pied septentrional de la chaîne du Stockhorn touche à une zone triasique, qui ne lui appartient pas dans sa partie orientale et centrale. Ce n'est que dans la vallée de Jaun, au massif du Hochmatt, qu'on voit apparaître des assises de ce terrain qui s'y rattachent, parce qu'elles passent sous le lias de cette chaîne. Au Thoss dans la lumachelle formée par la *Terebratula gregaria* Suess, j'ai aussi rencontré la *Terebratula pyriformis* Suess. Là le trias de la chaîne du Ganterist paraît être resté dans la profondeur ; mais il revient à jour à l'ouest du Rio-du-Mont, où les deux montagnes sont séparées par une véritable combe, dont le centre est occupé par la cargneule et probablement par le gypse, caché sous les débris.

Dans cette zone, on ne voit guère le rhétien bien en place. Sur le versant du Rio-du-Mont on peut l'observer sur un petit espace, à la rive droite du ruisseau; mais en montant à Poute-Paluz, les schistes et les calcaires qui le composent semblent avoir été pétris ensemble, même là où il n'y a pas eu éboulement, en sorte qu'on n'a point de série régulière de bancs; les fossiles n'y sont pas rares, mais je n'y ai recueilli que:

Plicatula intusstriata (Emmr.) Hauer.   *Placunopsis alpina* (Winkler) Moore.
Ostrea sublamellosa Dünker.   *Terebratula gregaria* Suess.

Sur le versant du Montélon l'étage est encore moins à jour. Je n'en ai rapporté que la *Terebratula gregaria* Suess.

Chaîne des Gastlosen.

Ce n'est que dans la moitié orientale de la chaîne des Gastlosen que se montre le rhétien. Dans le massif d'Oberwyl, le point où on peut le mieux le voir est le ravin qui descend du Neuenberg, et qui met à jour une bonne partie de la série des couches de ce massif étroit et peu saillant (pl. 4, fig. 3). Les terrains y sont renversés; dans le haut la cargneule triasique est surmontée d'une bande de flysch, qui est reconnaissable malgré son exiguité, et qui appartient à la chaîne du Stockhorn; en dessous vient la dolomie régulièrement stratifiée et entremêlée de marnes bigarrées. Elle est suivie d'une épaisseur de 18 mètres de calcaire noirâtre, en bancs de 1 à 2 décimètres, avec très peu de parties schisteuses, et contenant de rares fossiles rhétiens. Les assises qui viennent ensuite sont de même nature; n'y ayant pas trouvé de fossiles, je ne puis dire où commence un nouvel étage.

Dans le massif de la Simmenfluh, la zone triasique est au centre de la chaîne, et ne présente pas la même régularité de composition. Aux deux extrémités, il y a une épaisseur considérable de cargneule et de dolomie; dans le milieu il y en a beaucoup moins, et je ne connais pas de profil où l'on puisse voir ces roches inférieures flanquées des deux côtés d'assises rhétiennes fossilifères. Cela tient peut-être à la persistance de la végétation et à l'abondance des débris qui sont descendus de la chaîne du Stockhorn; peut-être aussi ne peut-on voir qu'un pan de la voûte, parce que l'autre est resté dans la profondeur.

Les bancs où l'on trouve des fossiles ne dépassent guère 10 mètres de puissance. Ils sont formés de marne schisteuse noirâtre, quelquefois verdâtre, et de calcaire compacte ou un peu sableux, bleu foncé ou noirâtre. C'est presque seulement dans ce dernier que se rencontrent les fossiles, qui y forment souvent une lumachelle. Ici encore, ces assises ne peuvent se distinguer pétrographiquement de celles qui les suivent, et où l'on ne trouve pas de restes organiques.

Les espèces déterminables que j'ai recueillies ne forment qu'une courte liste:

Rhabdophylla. Gerenstein.
Cidaris Stoppanii de Lor. Weissenburgberg.
Terebratula gregaria Suess. Weissenburgberg.
Anomia Revonii Stopp. Gerenstein.
Placunopsis alpina (Winkler) Moore. Klusi-Alp.
Plicatula hettangiensis Terquem. Ravin sous Neuenberg.
   »   *leucensis* Stopp. Klusi-Alp.
   »   *intusstriata* (Emmr.) Hauer. Gerenstein.
Gervillia inflata Schaffh. Gerenstein.
Avicula contorta Portl. Gerenstein.
   »   *aff. solitaria* Moore. Ravin sous Neuenberg.

Ces localités sont dans l'ordre suivant en allant de l'ouest à l'est: Ravin sous Neuenberg, Weissenburgberg, Gerenstein, Klusi-Alp.

Malgré le petit nombre de ces espèces, il y en a deux, *Avicula aff. solitaria* et *Plicatula leucensis*, que je n'ai pas trouvées dans les autres chaînes; en outre, la *Terebratula gregaria*, qui est très fréquente dans ces dernières, ne se rencontre ici que rarement. La *Plicatula hettangiensis* n'occupe pas le niveau un peu supérieur auquel elle se trouve ailleurs.

Assises triasiques dans la chaîne des Spielgärten.

La carte indique deux petits affleurements de couches triasiques dans la chaîne des Spielgärten, au Männiggrund et au sud de Diemtigen.

Au Männiggrund, il y a au bord du ruisseau un peu de cargneule sur une rive, tandis que sur l'autre et plus en amont, c'est un calcaire appartenant au jurassique inférieur qui se montre. Rien n'indique que la cargneule passe sous ce calcaire; mais sa position porte à la mettre dans le trias plutôt qu'à la rattacher au flysch, dont il n'y a pas d'autres traces sur ce point.

Au sud de Diemtigen, le chemin qui descend du village coupe, avant d'arriver au torrent, une douzaine de mètres de dolomie grise, poreuse, tendre dans le bas, plus dure dans le haut, contenant de petits fragments de roches diverses de 1 à 3 millimètres de diamètre. Elle est surmontée par du calcaire foncé très fissuré, dans lequel je n'ai pas trouvé trace de fossiles; de même que la dolomie, il a été pénétré par places d'une matière ferrugineuse rouge, qui paraît provenir d'injections sidérolitiques. Plus en amont, près du ruisseau, des assises calcaires, qui doivent passer à une trentaine de mètres au-dessus de la dolomie, renferment des empreintes de valves d'Acéphales orthoconques indéterminables; j'y ai aussi trouvé un fragment qui pourrait appartenir au *Pecten Mayeri* Winkler, du rhétien. Pour distinguer la dolomie, je lui ai donné la teinte triasique, sans avoir d'autres motifs que la nature de la roche et la possibilité que les fossiles soient rhétiens, possibilité appuyée par la grande puissance des assises jurassiques qui la surmontent.

J'ai été tenté d'en faire autant pour un affleurement qui est du côté sud de la partie orientale de la *klippe* de la Zünegg. On voit là, avec des débris de cargneule, un peu de dolomie qui plonge sous le calcaire jurassique; mais contient aussi des bancs de ce dernier, en sorte qu'elle s'y rattache tout-à-fait, et n'appartient point au gypse éocène voisin, dont le plongement est différent. Ici encore il faudrait trouver des fossiles rhétiens au-dessus pour démontrer que cette dolomie est triasique; comme elle n'est pas si bien séparée du calcaire que celle du sud de Diemtigen, et que les assises qui la recouvrent ne sont pas aussi puissantes, j'ai préféré la regarder comme une variation accidentelle du terrain jurassique, variation qui n'est du reste pas particulière à cette localité, car nous en trouverons une pareille dans le jurassique moyen et inférieur de la chaîne du Stockhorn.

Une alternance toute semblable de calcaire magnésien et de calcaire jurassique noir, se voit au sud-ouest de la *klippe* de Twirien, mais en dehors de la feuille XII; ici on est encore plus tenté d'envisager ces assises comme triasiques, parce qu'elles sont recouvertes d'une plus grande épaisseur de calcaire jurassique.

CHAPITRE II.

TERRAINS LIASIQUES.

Résumé historique : Studer et Voltz p. 26, Studer 31, 37, Brunner 37, de Fischer-Ooster 40, Mayer 49.

Ce n'est que dans la chaîne du Langeneckgrat et des deux côtés de celle du Ganterist, que le lias inférieur et le moyen forment un groupe très distinct par sa roche résistante et les accidents orographiques qu'elle produit; dans les autres je n'ai pu marquer ce terrain à part sur la carte que dans la partie sud-ouest de celle du Stockhorn. Dans celle de la Berra, il n'apparaît qu'en *klippen* et en blocs exotiques dans le massif du Gurnigel.

La puissance de cette division est plus grande sur le versant sud et sud-est de la chaîne du Ganterist que sur l'autre; en moyenne elle est approximativement de 120 mètres.

Hettangien.

Au mélange de calcaire et de marne schisteuse qui forme le rhétien, dans les chaînes du Langeneckgrat et du Ganterist, succèdent quelques bancs calcaires plus épais, qui sont de même couleur intérieurement, mais qui se font reconnaître par la teinte rousse qu'ils prennent à l'air, et dans lesquels il y a ordinairement des Peignes. Ils sont surmontés d'un calcaire gris, noirâtre ou bleuâtre, qui prend en se décomposant un aspect plus sableux, devient moins roux, et reste de même sans intercalations marneuses.

Les fossiles dominants de cet étage sont le *Pecten Thiollierei*, qui est surtout à la base, et le *Pecten valoniensis*, qui monte le plus haut. Il est du reste impossible de le délimiter à sa partie supérieure; car les assises cessent d'avoir des fossiles sans changer de nature, et quand on en trouve en continuant à les remonter, ce sont ceux du lias proprement dit. J'ai rencontré ordinairement le *Pecten valoniensis* jusqu'à 10 m. au-dessus du rhétien; sous Janseck, à l'ouest de Jaun, où ce dernier étage est plus puissant qu'ailleurs, ce *Pecten* remonte aussi plus haut, jusqu'à 15 m.

Le calcaire, qui offre habituellement l'aspect indiqué ci-dessus, peut varier quelque peu: il est quelquefois gris et tout à fait compacte, et ne saurait alors être distingué de celui du jurassique supérieur. D'autres fois il devient assez grossièrement spathique, et se montre par places tellement rempli de fragments d'encrines que cette structure paraît due en partie à ces débris.

Les fossiles recueillis dans cette division ne sont ni nombreux ni variés. Voici ceux de la chaîne du Ganterist:

Pentacrinus psilonoti Quenst. Chesallettes, Nüschelz, Spitzfluh.
Plicatula Crucis Dum.? Chaux-du-vent.
Pecten Thiollierei Martin. Pré-de-l'Essert, Janseck, Morgeten.
   » *valoniensis* Defr. Liensou, Chaux-du-vent, Hohmättle, Morgeten, Neunenen, Bachalp.
Lima dentata Terq.? Neunenen.
   » *tuberculata* Terq. Hohmättle.

Ces localités se trouvent dans l'ordre suivant en allant du sud-ouest au nord-est. Pied nord de la chaîne: Liensou, Chaux-du-vent (est de l'Arsajoux), Pré de l'Essert (cote 1173 m., nord-est de l'Arsajoux), Hohmättle, Neunenen. Pied sud de la chaîne: Janseck, Morgeten.

S'il était permis de faire une comparaison avec un si petit nombre de fossiles, on pourrait dire qu'il y a un assez grand changement de faunes, en passant du rhétien à l'hettangien: le *Pecten valoniensis* n'étant pas identique dans les deux, il n'y a en effet que le *Pentacrinus psilonoti* qui leur soit réellement commun. Toutefois la *Lima tuberculata* est mentionnée dans la zone inférieure par M. Renevier, qui a étudié ce terrain dans un territoire peu éloigné du nôtre.[1]

---

[1] Not. géol. et paléont. sur les Alpes vaudoises. Infralias. Bull. de la soc. vaud., vol. 8, p. 39.

Dans la chaîne du Stockhorn, je n'ai à citer de cette division qu'un *Pecten valoniensis* qui vient de l'ouest du Rio du Mont.

Sinémurien et liasien.

Je réunis ces deux étages, parce que, comme on le verra plus loin, les associations de fossiles qu'on y observe, dans la chaîne du Ganterist, ne permettent guère de les séparer.

Chaîne de la Berra.

Dans cette chaîne le lias n'apparaît qu'en *klippen* ou en blocs exotiques, au pied septentrional du massif du Gurnigel. Les principaux de ces affleurements sont marqués sur la carte d'une manière un peu trop microscopique; mais l'espace qui leur est assigné est encore trop considérable relativement à leurs dimensions dans la nature. En commençant par l'occident, le premier est au sud-ouest du Magerbad; deux autres sont plus à l'est sur le Schwarzwasser; ils y sont accompagnés de blocs exotiques de la même roche. Ayant déjà décrit ces affleurements énigmatiques d'une manière fort détaillée[1], je n'y reviendrai ici que pour compléter et rectifier l'indication des fossiles de l'un de ceux du Schwarzwasser. On y trouve:

Pentacrinus crassus Des.	*Aegoceras planicosta* (Sow.).
Rhynchonella Deffneri Opp.	*Arietites obtusus* (Sow.).
Pecten Hehli d'Orb.	*Arietites Kridion* (Hehl).
Aegoceras Johnstoni (Sow.).	*Belemnites acutus* Miller.

Ces fossiles appartiennent tous au sinémurien, mais à différentes zones. Comme ils ont été recueillis à deux reprises, et en partie dans des débris détachés du rocher, je ne puis dire s'ils y sont réellement associés, ou peut-être répartis à des niveaux différents; le premier cas me paraît le plus probable.

Un quatrième affleurement, que je n'ai pas encore décrit, se trouve dans la forêt, à l'ouest-sud-ouest des Bains du Gurnigel; la région qui l'entoure est

---

[1] Matériaux pour la carte géol., livr. 12, pag. 11 et 18.

couverte de détritus de flysch, qui laissent pourtant apparaître la molasse d'eau douce inférieure à une petite distance du côté du nord-ouest. La masse principale a tout à fait la forme d'une *klippe*, d'environ 50 m. de longueur et 35 m. de hauteur; sa plus grande largeur dépasse un peu la hauteur (pl. 5, fig. 2). Elle est composée d'un calcaire gris bleu, assez impur, à cassure finement grenue, à paillettes spathiques, contenant plus ou moins de rognons de silex corné, et identique à celui du Magerbad et du Schwarzwasser; dans la partie centrale de la masse, il est plus pur et grossièrement cristallin.

J'ai trouvé dans cette *klippe* les quelques fossiles suivants, dont deux indiquent qu'elle appartient au même niveau géologique que les autres.

Rhynchonella.	*Gryphœa arcuata* Lam.
Waldheimia.	*Pecten Hehli* d'Orb.

Par son plongement et sa direction, cette *klippe* semble former une partie intégrante de la chaîne de la Berra. Toutefois la présence d'autres affleurements tout voisins ne s'accorde pas très bien avec cette manière de voir: en allant du côté du nord, on trouve, à 20 m. de la partie nord-est de la *klippe*, un petit mamelon du même calcaire, avec un plongement assez concordant pour qu'on puisse le regarder comme une partie inférieure de la masse principale; mais en allant de là au nord-nord-ouest, on rencontre encore, sur une longueur de 30 m., d'autres mamelons d'une roche identique renfermant aussi le *Pecten Hehli*; on ne voit le plongement que dans deux, dans l'un il est contraire à celui de la *klippe*, dans l'autre il est nord-est. Si ces nouveaux affleurements ne sont que des blocs provenant de la masse principale, ce qui est probable, ce n'est pas depuis que la contrée est dans son état actuel qu'ils s'en sont détachés: la pente est trop douce pour qu'ils aient pu y rouler. Toutefois on peut se représenter qu'ils aient été entraînés par un glissement général des débris de flysch, qui leur auraient servi de véhicule. L'irrégularité de leur plongement, la manière dont ils surgissent du sol, et la puissance qu'il faudrait admettre ici pour une seule subdivision du lias, éloignent l'idée qu'ils forment sous le détritus une unique et même masse avec la *klippe* principale.

Chaînes du Langeneckgrat et du Ganterist.

Dans ces chaînes le sinémurien et le liasien sont habituellement composés d'un calcaire assez impur, mais dur, à cassure un peu terreuse, rarement compacte, divisé en bancs de moyenne épaisseur, gris noirâtre ou bleuâtre, prenant à l'air des teintes gris sale, quelquefois brunâtres; on y trouve parfois quelques oolithes isolées. Dans le bas ce calcaire est presque seul; mais plus haut il est de plus en plus entremêlé, assise par assise, de marnes de pâte assez grossière, schisteuses, tendres, qui s'y ajoutent sans en être séparées par des joints de stratification bien nets. Il contient quelquefois des concrétions de silex corné assez pur; d'autrefois la matière siliceuse s'est accumulée en grains dans certaines parties du calcaire, qui résistent plus que le reste aux actions atmosphériques. En général, les matières non calcaires sont en assez grande quantité et intimément mêlées à la masse; car il arrive souvent que la roche perd complètement son carbonate de chaux à l'air, sans que la désagrégation en soit complète, ce qui fait qu'il en reste des fragments très poreux et très légers. Dans la partie supérieure du terrain, il arrive que les bancs calcaires sont plus ou moins divisés en gros rognons enveloppés dans les schistes; mais cette manière d'être, qui n'a rien de constant, est peut-être un effet des dislocations subies par les couches, plutôt qu'un état primitif de la roche.

Çà et là le calcaire est à peu près pur et de structure compacte; s'il prend alors une teinte plus claire, il devient très semblable à celui du jurassique supérieur. Du côté sud de la chaîne du Ganterist, et quelquefois sur le versant nord, la partie inférieure du terrain est aussi composée de calcaire à peu près pur, mais grossièrement spathique. Les grains cristallins sont assez distincts et se trahissent surtout aux surfaces exposées à l'air; il y en a parfois qui prennent une teinte jaune claire, qui est la même que celle de la dolomie de cette région. On ne voit guère ce calcaire cristallin qu'avec une couleur claire; mais il est probable qu'il est bleu dans l'intérieur; souvent il est un peu panaché de rouge.

Ces assises liasiques, dont la puissance moyenne est approximativement de 100 mètres, contiennent, réunis ou disséminés, des fossiles à plusieurs hauteurs; mais je n'en ai guère pu recueillir en nombre et à différents niveaux, dans un seul et même profil, où il eût été facile de déterminer leurs relations stratigraphiques. Je puis, en revanche, indiquer quelques localités où j'ai rencontré des espèces certainement associées.

1) Le collecteur Tschan m'a fourni une petite collection qu'il assure avoir recueillie dans une épaisseur de couches de demi-mètre au Langeneckgrat, du côté de Blumenstein; j'ai trouvé aussi au même endroit et dans le même banc quelques-unes des espèces d'Ammonites et de Brachiopodes que j'avais reçues de lui.

On peut donc considérer comme associées les formes suivantes:

Rhynchonella furcillata (Theod.).	*Avicula sinemuriensis* d'Orb.
» *variabilis* (Schl.).	« *n. f.*
» *plicatissima* (Quenst.).	*Amaltheus oxynotus* (Quenst.).
Spiriferina rostrata (Schl.) Dav.	*Aegoceras Meyrati* (Ooster).
Waldheimia subnumismalis Dav.	» *aff. Roberti* (Hauer).
» *cornuta* (Sow).	» *aff. tenerum* Neum.
Terebratula subpunctata Dav.	» *n. f.*
Gryphaea arcuata Goldf.	*Arietites tardecrescens* (Hauer).
Pecten textorius Schl.	» *raricostatus* (Ziet.).
» deux autres formes.	*Belemnites macilentus* Mayer.
Lima succinta Schl.	» *Oosteri* Mayer.

Dans cette liste, les deux *Belemnites* et l'*Aegoceras Meyrati*, qui ne sont guère connus que de cette région, ne peuvent servir à comparer cette couche avec les subdivisions établies ailleurs. Si l'on met en regard des autres fossiles les indications de gisement données par les auteurs, on verra tout de suite que non seulement ils appartiennent à des zones différentes, mais encore à deux étages différents. Les Ammonites sont surtout citées dans la zone de l'*Ammonites oxynotus* du sinémurien; la *Gryphaea arcuata* se rencontre plus bas; les Brachiopodes, en revanche, appartiennent plutôt au lias moyen.

2) Sur le ruisseau qui descend de Janseck, à l'ouest de Jaun, je n'ai pas vu de fossiles dans les bancs où ce niveau fossilifère pourrait se trouver; mais il s'en est rencontré un autre un peu différent, qui, à en juger d'après l'épaisseur des assises traversées pour y arriver, pourrait bien être un peu plus élevé.

Il est formé par un banc de 15 centimètres d'épaisseur, plus tendre que ceux qui l'enveloppent, ce qui fait qu'il est très peu à jour, et que je n'ai pu y recueillir qu'un petit nombre de fossiles. Ils indiquent aussi un mélange de zones: les Ammonites sont de la partie supérieure du sinémurien, et les deux Brachiopodes de la partie inférieure du liasien. Ce sont:

Waldheimia numismalis (Lam.).	*Arietites obtusus* (Sow.).
ou *subnumismalis* Dav.	*Harpoceras nodulose* (Buckm.).
Terebratula subovoides Roemer.	» *n. f.*
Gryphaea obliqua Goldf.?	*Belemnites Oosteri* Mayer.

3) A la Tzintre, près Charmey, un banc fossilifère affleure à deux places, savoir nord de *la* et sur la rive gauche de la Jogne, à l'endroit où elle forme une chute, en aval du hameau. Ne connaissant d'abord que la première de ces localités, je croyais que ce banc, qui ne renferme guère que des Brachiopodes, appartenait à l'hettangien: la seconde montre qu'il est plus élevé dans le groupe liasique. Les fossiles qu'il contient laissent dans un grand embarras sur le niveau qu'il faut lui assigner. Ce sont:

Rhynchonella aff. Colombi Ren.	*Waldheimia cornuta* (Sow.).
» *plicatissima* (Quenst.).	*Terebratula perforata* Piette.
» *aff. variabilis* (Schl.).	*Lima punctata* (Sow.) Desh.
» *cf. fissicostata* Suess.	

La *Lima punctata* et la *Terebratula perforata* appartiennent surtout à l'hettangien; toutefois M. Deslongchamps associe à cette dernière une forme du lias moyen qui est identique pour les caractères extérieurs, mais que M. Neumayr regarde comme probablement différente par l'appareil interne[1]; la *Rhynchonella plicatissima* est du lias inférieur, tandis que la *Waldheimia cornuta* est du lias moyen; les autres espèces ne sont pas identiques à celles dont je leur attribue les noms.

Ces Brachiopodes paraissent quelque peu répandus dans le lias cristallin du versant est et sud-est du massif des Brunnen; mais je n'en ai que des fragments auxquels on ne peut donner un nom.

---

[1] *Deslongchamps*, Paléont. française, Brachiopodes jurassiques, p. 75. *Neumayr*, zur Kenntniss der Fauna des untersten Lias. Abh. der k. k. geol. Reichsanstalt, B. VII, H. 5, S. 11.

4) Dans la partie supérieure du lias moyen à intercalations schisteuses, on ne rencontre guère que des Bélemnites presque toujours isolées, qui sont du reste citées dans cet étage par les auteurs. Au ruisseau qui descend au nord de l'Arsajoux, j'ai recueilli ensemble:

Terebratula subovoides Roemer.	*Belemnites araris* Dum.
Belemnites paxillosus Schl.	» *n. f.* **a.**
» *Bucklandi* Phill.	» *n. f.* **b.**

Dans l'intérieur du village de Charmey, il y a une carrière où l'on trouve:

Belemnites paxillosus Schl.	*Belemnites mixtus* Mayer.
» *elongatus* Sow.	» *n. f.* **a.**

La même association s'est rencontrée au sud du lac Noir avec le *Belemnites elongatus* en moins.

J'énumèrerai les fossiles trouvés dans d'autres localités que celles dont il vient d'être question, en distinguant ceux de la chaîne du Langeneckgrat, ceux du côté nord-ouest et nord de la chaîne du Ganterist, ceux de l'intérieur de cette chaîne, où le lias apparaît dans les massifs de la Dent-de-Broc et du Plan, puis à Alpbiglen et entre Morgeten et Thalberg, dans celui de la Neunenenfluh; enfin ceux du côté sud-est et sud de la même chaîne.

Chaîne du Langeneckgrat. Les lettres après les noms de localités indiquent les massifs auxquels ces dernières appartiennent: G, Gruyères; A, Arsajoux; D, Dosenrain; W, Wirtneren.

Aegoceras planicosta (Sow.). Au-dessus de l'église de Blumenstein (W).

Arietites multicostatus (Sow.)? Ruisseau de la Guglera (D).

Belemnites paxillosus Schl. Erbivue en amont de Pringy (G), Wirtneren.

» *mixtus* Mayer. Cerniaulaz (A), Fallbach au sud-ouest du lac Noir (D), Wirtneren.

» *Oosteri* Mayer. Ravin nord de l'Arsajoux.

» *macilentus* Mayer. Ravin nord de l'Arsajoux, Ruisseau de la Guglera (D).

» *Bucklandi* Phill. Ravin nord de l'Arsajoux.

» *elongatus* Sow., non d'Orb. Pré-de-l'Essert (A).

» *longissimus* Miller? Fallbach sud-ouest du lac Noir (D).

Belemnites cylindricus Bl. ? Fallbach sud-ouest du lac Noir (D).

>   *n. f.* **a.** Fallbach sud-ouest du lac Noir (D), Langeneckgrat (W), amont du Fall-bach près Blumenstein (W).

>   *n. f.* **b.** Fallbach sud-ouest du lac Noir (D), Ruisseau de la Guglera (D), Wirtneren.

Versant nord-ouest et nord de la chaîne du Ganterist. Signification des lettres indiquant les massifs: B, Brunnen; H, Hohmättle; W, Wannels; N, Neunenenfluh.

Rhabdophyllia. Schwefelberg (N).

Waldheimia numismalis (Lam.). Vorsass (W).

Aegoceras Birchi (Sow.)? Mittler-Wirtneren (N).

Belemnites paxillosus Schl. Hirtz (W).

>   *mixtus* Mayer. Chesalettes (B), Hohberg (H), Vorsass (W), Hirtz (W).

>   *Oosteri* Mayer. Mittler-Wirtneren (N).

>   *macilentus* Mayer. Hirtz (W).

>   *Milleri* Phill. ? Hohberg (H).

>   *n. f.* **b.** Tzintre (B), Recardes (B), Hohberg (H), Vorsass (W), Hirtz (W).

Intérieur de la chaîne du Ganterist. P, Plan; N, Neunenenfluh.

Waldheimia cornuta (Sow.). Unter-Morgeten (N).

Rhynchonella aff. serrata (Sow.). Mittler-Morgeten (N), ouest de Thalberg (N).

Terebratula subpunctata Dav. Mittler-Morgeten (N), ouest de Thalberg (N).

Arietites ceras (Giebel)? Mittler-Morgeten (N).

Belemnites mixtus Mayer. Alpbiglen (N).

>   *elongatus* Sow., non d'Orb. Alpbiglen (N).

>   *n. f.* **a.** Bourliandaz sud-est de la Tzintre (P).

>   *n. f.* **b.** Alpbiglen (N).

Versant sud-est et sud de la chaîne du Ganterist. P, Plan; B, Brunnen; N, Neunenenfluh.

Waldheimia cor (Lam.). Unter-Morgeten (N).

Terebratula subovoides Roemer? Cerniettes près de Poute-Paluz (P).

Belemnites acutus Miller? Jaun-Allmend (B), Unter-Morgeten (N).

>   *paxillosus* Schloth. Hohmättle.

>   *mixtus* Mayer. Nüschels (B), Sonniger Ryprechten (N), Unter-Morgeten (N), Ober-Bachalp (N).

>   *Oosteri* Mayer. Hohmättle.

>   *macilentus* Mayer? Hohmättle.

>   *n. f.* **a.** Unter-Morgeten (N), Ober-Bachalp (N).

>   *n. f.* **b.** Wannels, Unter-Wahlalp (N).

Chaîne du Stockhorn.

Tandis que dans la plus grande partie de la chaîne du Stockhorn j'ai dû laisser le lias confondu avec les étages qui lui sont superposés, je l'ai distingué par sa teinte spéciale au sud-ouest, dans le massif du Hochmatt. Ce n'est pas que j'y aie trouvé des fossiles autres que le *Pecten valoniensis* cité plus haut (p. 122) et une dent de *Pycnodus,* mais parce que là roche, fort semblable à celle du Ganterist, permet de le reconnaître et de le séparer des assises qui le surmontent, ce qui n'est pas le cas plus au nord-est.

Toarcien.

Les fossiles ne permettent de distinguer le toarcien que dans la chaîne du Langeneckgrat et au massif des Brunnen, dans celle du Ganterist; ceux que j'ai trouvés ailleurs sont peu déterminables. Je prends du reste cette dénomination dans son sens restreint, c'est-à-dire en excluant la zone des *Ammonites torulosus* et *opalinus.*

Les bancs calcaires du liasien cessent après avoir diminué en nombre vers le haut; alors on n'a plus que des schistes argileux, noirâtres ou bleu foncé, un peu calcaire, presque sans intercalations de bancs où domine le carbonate de chaux. Quelquefois les feuillets de ces schistes sont très réguliers et se délitent en plaques très planes; le plus souvent ils sont à surface raboteuse et à structure schisteuse moins distincte. Par suite de leur nature même et du fait qu'ils reposent sur des couches plus dures, ils se trouvent souvent brouillés et il est fort difficile d'en évaluer la puissance; je ne crois pas qu'elle atteigne 15 mètres.

Il est rare que les fossiles toarciens aient conservé leurs formes: ils sont presque toujours aplatis. Ce n'est que dans le massif de l'Arsajoux que j'en ai recueilli desquels je puisse dire qu'ils sont réellement associés. Assez loin au sud de *14* (*1403*), se trouve, dans le pâturage de la Cerniaulaz, un minime affleurement de toarcien, qui n'est environné que de jurassique inférieur, sans que l'on puisse déterminer par suite de quel plissement ou de quelle faille il se trouve à cet endroit, en même temps qu'au nord et au sud. Dans une épaisseur de deux ou trois feuillets j'y ai recueilli:

Tellina?	*Harpoceras thouarsense* (d'Orb.).
Harpoceras bifrons (Brug).	*Stephanoceras anguinum* (Rein.).

Les mêmes schistes réguliers se trouvent dans une position plus normale, au bord du ruisseau des Rosseyres, au sud de 1020 (Pré-de-l'Essert). Dans une épaisseur de couches un peu plus grande qu'à la Cerniaulaz, j'ai réuni les espèces suivantes:

Tellina?	*Harpoceras bifrons* (Brug).
Inoceramus dubius Sow.	» *thouarsense* (d'Orb.).
Lytoceras cornucopiae (Young et Bird).	» *serpentinum* (Rein.)?

Ces fossiles sont attribués par Dumortier à sa zone de l'*Ammonites bifrons*, qui en comprend deux d'Oppel, celle de la *Posidonomya Bronni* et celle de l'*Ammonites jurensis;* Oppel les cite dans tout le lias supérieur, ou dans sa zone inférieure, à l'exception de l'*Harpoceras thouarsense,* qu'il attribue au niveau de l'*Ammonites jurensis.*

Voici l'indication des fossiles trouvés plus ou moins isolés ou réunis dans d'autres localités.

Chaîne du Langeneckgrat. Les lettres indiquent les massifs: G, Gruyère; A, Arsajoux; W, Wirtneren.

Inoceramus Falgeri Mer. Erbivue en amont de Pringy (G), Kirschgraben (W).
Amaltheus spinatus (Brug.). Es Pales (A).
Harpoceras serpentinum (Rein.). Kirschgraben (W), Fallbach près Blumenstein (W).
    » *radians* (Rein.). La Caudraz (G), Es Pales (A).
    » *costula* (Rein.). Kirschgraben (W).
    » *exaratum* (Young et Bird)? Lareyma (G), Kirschgraben (W).
    » *comense* (de Buch)? Lareyma (G).
Stephanoceras commune (Sow). Fallbach près Blumenstein (W).
    » *anguinum* (Rein). Fallbach près Blumenstein (W).
Belemnites tripartitus Schloth.? Gruyères.
    » *n. f.* **c.** Es Pales (A), Fallbach près Blumenstein (W), sud du Fallbach (W).

Chaîne du Ganterist. Massif des Brunnen.

Harpoceras serpentinum (Rein.). Nord de la Banderettaz, Stierenberg.
    » *radians* (Rein.). Nord de la Banderettaz.

Harpoceras fluitans (Dum.)? Stierenberg.
Stephanoceras commune (Sow). Nord des Rosseyres.
Belemnites n. f. **c.** Stierenberg.

Dans ces deux petites listes, les *Harpoceras radians* et *costula* représentent seuls le niveau de l'*Ammonites jurensis*; l'*Harpoceras fluitans* est attribué par Dumortier à la zone de l'*Ammonites opalinus*; si ma détermination n'est pas erronée, j'ai trouvé cette espèce en compagnie de fossiles de niveaux inférieurs.

En faisant le lever de la carte, j'ai dû bientôt reconnaître qu'on ne pouvait séparer le toarcien du jurassique inférieur et le mettre sous la même teinte que le reste du lias: les affleurements de cet étage sont très rares; en outre il est impossible de le distinguer pétrographiquement des assises qui le surmontent, et de savoir s'il existe sur tel ou tel point donné, ou bien s'il est resté dans la profondeur ou a été froissé par les dislocations des couches. J'ai donc mené la limite des teintes entre le toarcien et le liasien, parce qu'il était possible de la reconnaître à peu près partout sur le terrain.

CHAPITRE III.

TERRAINS JURASSIQUES INFÉRIEURS ET MOYENS.

Résumé historique: Studer et Voltz p. 26, Studer 31 et 36, Pictet 34, Brunner 37, Zittel et Neumayr 48, E. Favre 48, Heer 50.

C'est dans le massif du Montsalvens et dans les chaînes du Langeneck-grat et du Ganterist que l'on peut distinguer paléontologiquement les étages jurassiques inférieurs et moyens; dans celle du Stockhorn, les fossiles y deviennent extrêmement rares et les caractères pétrographiques ne sont plus tout-à-fait les mêmes.

Bajocien.

Chaîne de la Berra.

Dans la chaîne de la Berra, le bajocien ne surgit que sur deux points entre Bulle et Broc; il y contient un certain nombre de fossiles. La description détaillée de ces deux affleurements a déjà été faite dans la 12ᵉ livraison de ces Matériaux, p. 67. Je n'ai rien à y ajouter que l'indication du *Taonurus scoparius* (Thioll.) à Broc.

Chaînes du Langeneckgrat et du Ganterist.

Dans ces chaînes, on passe du toarcien au bajocien sans quitter les calcaires argilo-schisteux qui forment le premier de ces étages; seulement ils s'entremêlent bientôt, tantôt plus, tantôt moins, d'un calcaire plus dur, dont les bancs restent toujours séparés les uns des autres par une zone schisteuse plus ou moins épaisse. Ce calcaire est à pâte très fine, à cassure largement conchoïde, d'un gris foncé passant au bleuâtre ou à l'olivâtre; les bancs les plus durs ont une cassure un peu esquilleuse; ceux qui le sont moins sont habituellement à taches noires, petites et grandes, assez souvent ramifiées. La roche ne se distingue alors de celle qui forme certains bancs du néocomien que par une proportion d'argile un peu plus considérable.

Dans cette série de couches, qui approche de 100 mètres de puissance, on peut distinguer plusieurs zones plus ou moins bien caractérisées par leurs fossiles.

1. *Zone de l'Ammonites opalinus*. En amont de la cascade du Fallbach, près de Blumenstein (massif des Wirtneren), on trouve sur différents points, mais surtout au débouché du ruisseau qui descend du Hohmad, une épaisseur de couches de 12 mètres environ, qui renferme les quelques fossiles suivants:

Taonurus scoparius Thioll. ?	*Harpoceras tolutarium* (Dum.).
Posidonomya n. f.	» *opalinum* (Rein.).
Phylloceras n. f. **a.**	*Aptychus ceratoides* (Ooster) ?

L'*Harpoceras tolutarium* est cité par Dumortier au même niveau que son congénère. La *Posidonomya n. f.* est peut-être la *Posidonomya Suessi* Oppel; mais je n'ai pu m'en assurer, faute d'exemplaires authentiques de cette espèce non figurée et incomplètement décrite. Ce fossile s'est retrouvé sur quelques points plus au sud-ouest, jusque dans le massif de Gruyères, mais non pas les Ammonites.

2. *Zone de l'Ammonites Murchisonae*. J'ai recueilli des exemplaires de l'*Harpoceras Murchisonae* sur quelques points du massif des Wirtneren, mais non dans des endroits où leur superposition à la zone de l'*Harpoceras opalinum* ait pu être constatée; ils n'étaient du reste pas accompagnés d'autres fossiles déterminables. Il en est de même de trois autres localités où j'ai rencontré cette Ammonite: la Berrautaz dans le massif de Gruyères, la Cierne au sud de ce massif et la Banderettaz, sur le versant nord-ouest de celui des Brunnen. Dans ces différents endroits, les couches qui la renferment sont assez loin du lias pour qu'on puisse admettre qu'elle occupe dans la série le niveau qu'elle a ailleurs.

3. *Zone de l'Ammonites Humphriesianus*. Au sud-est des chalets du Schwefelberg (massif de la Neunenenfluh), une petite épaisseur de couches contient:

Taonurus procerus Heer?	*Stephanoceras Humphriesianum* (Sow.).
Terebratula.	*Belemnites n. f.* **d.**
Phylloceras n. f. **b.**	

Je n'ai pas réussi, dans cette localité, à découvrir des fossiles dans les assises visibles en dessous de celle-là; en outre, les variations de plongement empêchent d'évaluer la hauteur à laquelle cette zone de l'*Ammonites Humphriesianus* se trouve au-dessus du lias.

En revanche, j'ai rencontré ailleurs l'un ou l'autre des trois Céphalopodes cités, et, dans deux ou trois endroits, j'ai pu reconnaître qu'ils étaient ici au-dessus de la zone précédente, là au-dessous de celle de l'*Ammonites Parkinsoni*:

Phylloceras n. f. **b.** Berrautaz (Gruyères), es Vathia (Arsajoux) (en exemplaires incomplets).
Stephanoceras Humphriesianum (Sow.). La Caudraz (Gruyères), Ganterist (Neunenenfluh)·
Belemnites n. f. **d.** Es Paquiers est de Charmey (Brunnen), Sulzgraben (Neunenenfluh).

Les noms entre parenthèses indiquent les massifs.

4. *Zone de l'Ammonites Parkinsoni.* Au nord du Hohmad, une arête sépare le Sulzgraben à l'est, du Lægerli et de Blattenheid à l'ouest; c'est cette région qu'ont surtout exploitée les frères Meyrat (p. 34). Au nord d'un chalet (Standhütte), des ravins descendent des deux côtés de l'arête, et mettent à jour une couche peu épaisse, qui est relativement très fossilifère. Elle se retrouve sur tout le versant nord-ouest de la chaîne du Ganterist. Je l'ai encore un peu exploitée à la Vieille-Scierne, est de Charmey, nord de *1461*. La petite liste suivante de ces deux localités indique des espèces qui ont certainement vécu ensemble :

Rhynchonella senticosa Dav. ou *subechinata* Opp. Standhütte, Vieille-Scierne.
    »   *aff. furcillata* (Theod.). Standhütte.
Arca. Vieille-Scierne.
Phylloceras Zignoanum (d'Orb.). Standhütte, Vieille-Scierne.
    »   *viator* (d'Orb.). Standhütte.
    »   *subobtusum* (Kudern.). Vieille-Scierne.
    »   *n. f.* **b.** Standhütte, Vieille-Scierne.
Harpoceras bisculptum (Oppel). Standhütte.
Cosmoceras Garantianum (d'Orb.). Standhütte, Vieille-Scierne.
Ancyloceras nodosum d'Orb. Vieille-Scierne.
Perisphinctes Martinsi (d'Orb.). Vieille-Scierne.

C'est seulement à cause de trois espèces de l'Europe centrale qu'on peut attribuer cette petite faune à la zone de l'*Ammonites Parkinsoni: Cosmoceras Garantianum, Ancyloceras nodosum* et *Perisphinctes Martinsi.* Les *Phylloceras* appartiennent à la région méditerranéenne; le *Phylloceras subobtusum* et l'*Harpoceras bisculptum* ne sont cités par les auteurs que dans les couches de Klaus, soit dans l'étage suivant. Le *Phylloceras viator* y monte aussi; mais il ne va pas jusqu'au callovien, auquel d'Orbigny l'a attribué.

J'ai encore à énumérer un certain nombre d'échantillons qui ont été recueillis dans le bajocien, à différents endroits, mais dont je ne peux pas préciser le gisement comme pour les précédents; la plupart proviennent probablement de la zone de l'*Ammonites Parkinsoni.* On trouve en outre des *Taonurus* en quantité, à différents niveaux et un peu partout; mais ils ne paraissent pas pouvoir se distinguer de ceux du bathonien. Dans la liste suivante de ces fossiles, les noms entre parenthèses indiquent les massifs.

Pecten. La Caudraz (Gruyères), Rosseyres (Brunnen).
Lima. Vonnechy (Brunnen).
Pinna. Ganet d'amont est de Charmey (Brunnen).
Arca. Ganet d'amont (Brunnen).
Turbo aff. capitaneus Münster. Praz-Liavoz (Plan).
Phylloceras Zignoanum (d'Orb.). Vonnechy est de Charmey (Brunnen), Blattenheid (Neunenenfluh).

   »   *viator* (d'Orb.). Ganet d'amont et Vonnechy (Brunnen), Blattenheid et Rufi-graben (Neunenenfluh).

   »   *aff. connectens* Zittel. Ganet d'amont (Brunnen).

   »   *n. f.* **b.** Praz-Liavoz (Plan), Ganet d'amont (Brunnen).

Cosmoceras Garantianum (d'Orb.). Praz-Liavoz (Plan), Ganet d'amont (Brunnen), Blatten-heid (Neunenenfluh).

   »   *n. f.* Ganet d'amont (Brunnen).

Ancyloceras annulatum (Desh.). Praz-Liavoz (Plan).
Perisphinctes Martinsi (d'Orb.). Ganet d'amont (Brunnen).
Belemnites longisulcatus Voltz? Beschiess-Hobberg (Hohmättle).

Le bajocien se montre dans l'intérieur des massifs de la Dent-de-Broc et du Plan, mais dans des combes où il est presque partout recouvert de débris; aussi je n'y ai pas recueilli de fossiles. Les couches bajociennes qui viennent à jour sur le versant sud et sud-est de la chaîne du Ganterist sont beaucoup plus visibles; mais elles sont très pauvres, sauf en *Taonurus*; je n'ai à en citer qu'un *Phylloceras* de Ober-Wahlalp, et la *Posidonomya n. f.* qui a été mentionnée ci-dessus, et qui s'est rencontrée au nord du Schwiedenegg-Grat.

Chaîne du Stockhorn.

Dans le massif du Hochmatt, j'ai distingué sur la carte comme étant bajo-cienne une grande épaisseur de couches, qui se différencient par leur nature plus schisteuse de celles qui sont au-dessus et au-dessous; j'ai vainement cherché à corroborer ce caractère pétrographique par des fossiles : je n'y ai trouvé que quelques fragments de bivalves indéterminables.

Bathonien.

Chaîne de la Berra.

Dans la 12ᵉ livraison de ces Matériaux, p. 71 et 75, j'ai déjà décrit les assises bathoniennes qui se montrent près de la Tour-de-Trême et au Hohberg, au nord du Hohmättle, avec bien plus de fossiles que dans les autres chaînes. Pour les désigner, je me suis servi là du nom de couches de Klaus, parce que c'est dans cette division des terrains jurassiques des Alpes orientales et des Carpathes que la faune s'en retrouve surtout. J'ajoute ici aux listes les noms de trois fossiles trouvés ou déterminés depuis lors:

Pentacrinus (Balanocrinus) subteres Münster. Hohberg, p. 75.
Eugeniacrinus sp. nov. de Loriol. Hohberg, p. 75.
Rhynchonella coarctata Oppel. Perreyre, p. 72.

Chaîne du Ganterist.

La chaîne du Langeneckgrat ne présente que des terrains inférieurs au bathonien; en revanche, c'est cet étage qui joue le plus grand rôle sur le versant nord et nord-ouest de celle du Ganterist; sur le versant opposé, il se montre plus que le bajocien dans la partie orientale de la chaîne; mais ce n'est que dans le sud-ouest qu'il y joue un rôle égal à celui qu'il a de l'autre côté. Il apparaît aussi dans les combes intérieures des massifs de la Dent-de-Broc et du Plan, et dans celle de l'Ochsen, plus à l'orient.

On peut en voir de longues séries de bancs dans les arêtes qui partent des sommets du massif de la Neunenenfluh et se prolongent vers le nord, particulièrement dans celle qui se détache du Hohmad. Là, en quittant la zone de l'*Ammonites Parkinsoni*, on rencontre un massif de calcaire assez pur, qui est en grande partie oolithique et beaucoup plus résistant que les couches du bajocien; on peut le prendre pour le commencement du bathonien, car c'est immédiatement au-dessus qu'on commence à trouver le *Lytoceras tripartitum*, le principal fossile de cet étage. Les asisses qui viennent ensuite sont composées de deux roches principales. La première est un calcaire argileux à différents degrés, à cassure terreuse, souvent schisteux, bleu dans l'intérieur, mais si profondément décoloré qu'on ne voit pas souvent cette teinte; il montre çà et là des taches noires assez nettement délimitées, et ne diffère guère de celui du bajocien que par une pâte moins fine. La seconde roche est un calcaire sableux bien plus dur, bleu aussi, mais devenant habituellement roux à l'air, divisé en bancs épais et renfermant çà et là quelques oolithes; les grains mêlés au calcaire sont surtout du quarz, mais il y en a aussi d'autres substances; quelques rognons de silex corné noir s'y rencontrent çà et là. On trouve tous les passages possibles entre ces deux roches, surtout sur le versant sud de la chaîne, où l'uniformité de composition est plus grande que sur l'autre. Quelques bancs du calcaire argileux sont mélangés de grains noirs assez gros, de formes irrégulières, se séparant nettement de la pâte qui les environne; ce sont des concrétions formées là où on les trouve, plutôt que des fragments de roches plus anciennes; d'autres bancs renferment des grains d'origine étrangère. Le mélange des deux roches a lieu de deux manières: le calcaire argileux compose ordinairement la masse de la formation, et l'autre y est intercalé par massifs plus ou moins épais, qui s'y dessinent de loin, parce qu'il se désagrège moins facilement; d'autrefois le calcaire sableux ne forme que des intercalations de deux ou trois bancs, ou d'un seul souvent mince.

C'est cette division qui présente la plus grande puissance dans nos montagnes; elle atteint environ 150 mètres.

Cette masse si considérable de couches ne contient que peu de fossiles, et ils y sont plus ou moins disséminés, tandis qu'à la Tour-de-Trême on en trouve un bien plus grand nombre qui sont associés dans une petite épaisseur d'assises. Ce n'est guère qu'au Ganet d'amont, à l'est de Charmey, que j'ai rencontré quelques espèces réunies. Dans les listes suivantes, les noms entre parenthèses indiquent les massifs.

Versant nord et nord-ouest de la chaîne :

Chondrites Garnieri Sap. la Banderettaz (Brunnen), Stierenberg (?) ouest de l'Ochsen (Neunenenfluh).

Taonurus scoparius Thioll.? Abondant dans plusieurs localités.

Thamnastrea. Standeshütte (Neunenenfluh), couche oolithique à la base de l'étage.

Isastrea. Rosseyres (Brunnen).

Balanocrinus voisin de *subteres.* Ganet d'amont (Brunnen).

Cidaris, un radiole. Stierenberg ouest de l'Ochsen (Neunenenfluh).

Terebratula n. f. **a.** Ganet d'amont et Rosseyres (Brunnen), Mentschelen (Neunenenfluh).

Posidonomya alpina A. Gras. Rosseyres (Brunnen), Ritz, Blattenheid et Mentschelen (Neunenenfluh).

Lytoceras tripartitum (Rasp.). Abondant presque partout.

Phylloceras Kudernatschi Hauer. Praz-Liavoz (Plan), Paquiers, Ganet d'amont et Rosseyres (Brunnen), Stierenberg, nord du Hohmad et Mentschelen (Neunenenfluh).

»   *disputabile* Zittel. Nord du Hohmad (Neunenenfluh).

»   *viator* (d'Orb.). Praz-Liavoz (Plan), Rosseyres (Brunnen).

»   *aff. mediterraneum* Neum. Nord du Hohmad (Neunenenfluh).

Stephanoceras rectelobatum (Hauer). Ganet d'amont (Brunnen).

Perisphinctes banaticus Zittel ou *procerus* (Seebach). Mentschelen (Neunenenfluh).

Aptychus n. f. **a.** Ganet d'amont (Brunnen), Stierenberg (Neunenenfluh).

Rhynchoteuthis, deux espèces. Ganet d'amont (Brunnen), Stierenberg (Neunenenfluh).

Belemnites baculoides Ooster? Paquiers (Brunnen), Mentschelen (Neunenenfluh).

»   *alpinus* Ooster. Stierenberg (Neunenenfluh).

»   *bessinus* d'Orb. Ganet d'amont (Brunnen).

Combes intérieures et versant sud et sud-est de la chaîne. Dans les combes des massifs de la Dent-de-Broc et du Plan et dans celle qui est au sud de l'Ochsen, le bathonien est souvent couvert de débris. Sur le versant sud et sud-est, il est aussi moins à jour que de l'autre côté, en outre les fossiles y sont encore plus rares; toutefois des recherches plus suivies que les miennes augmenteraient sans doute la petite liste suivante :

Chondrites Garnieri Sap. Le Creux (sud du Plan).

Taenidium Gillieroni Heer. Le Creux (sud du Plan).

Taonurus scoparius Thioll.? Dans plusieurs localités.

Cidaris allobrogica Des. Kleiner Brunnen.

Terebratula n. f. **a.** Kleiner Brunnen.

Posidonomya alpina A. Gras. Combe est du Plan.

Lytoceras tripartitum Rasp. Sud de la Dent-de-Bourgoz (Dent-de-Broc), Le Creux sud du Plan, combe est du Plan, ouest de Im Fang (Plan), Kleiner Brunnen.

Aptychus n. f. **a.** Kleiner Brunnen.

Belemnites baculoides Ooster? Grand-Cuaz (Plan).

Ces fossiles appartiennent presque sans exception à la région méditerranéenne et, pour une bonne partie, aux couches de Klaus et de Swinitza dans les Alpes orientales et les Carpathes. C'est probablement à tort que le *Lytoceras tripartitum* et le *Phylloceras viator,* qui ont d'abord été décrits en France, ont été placés dans le callovien par d'Orbigny. Le *Chondrites Garnieri* est indiqué par M. de Saporta dans le bajocien; chez nous il s'est trouvé dans l'intérieur et au haut de la série d'assises dont nous nous occupons ici. L'attribution de cette division au bathonien ne saurait du reste être douteuse dans nos montagnes, puisqu'elle est entre le bajocien et le callovien.

Chaîne du Stockhorn.

Le bathonien est distingué sur la carte dans le massif du Hochmatt, où les terrains conservent quelque peu le caractère pétrographique qu'ils ont dans la chaîne du Ganterist; mais en fait de fossiles je n'ai à en citer que le *Lytoceras tripartitum* Rasp., du nord de la sommité principale.

Callovien.

Chaîne de la Berra.

Sous les noms de *schistes à nodules* et de *calcaire à ciment,* j'ai déjà décrit deux divisions successives, à l'une desquelles au moins on peut appliquer le nom de callovien, et qui se rencontrent dans la plaine de la Sarine, au Montsalvens et au Hohberg, au nord du Hohmättle (12e livraison de ces Matériaux, p. 81 et 164). Dans la chaîne du Ganterist, il n'y a rien qui rappelle la première de ces divisions, ni par la roche, ni par les fossiles; cependant il doit y avoir des couches du même âge, car le dépôt des assises n'y a pas été interrompu. Le calcaire à ciment, dont M. E. Favre s'est aussi occupé,[1] a bien une analogie pétrographique avec le callovien que je vais décrire, mais il en a moins sous le rapport paléontologique. Dans les quelques fossiles cités p. 86, le *Belemnites cf. Didayanus* est devenu *Belemnites Dionysii* E. Favre. Il faut ajouter à cette petite liste comme trouvés ou déterminés plus tard: *Phylloceras Manfredi* (Oppel), *Perisphinctes lucingensis* E. Favre, *Rhyncho-*

---

[1] Descript. des foss. du terrain oxfordien des Alpes fribourgeoises, p. 14.

teuthis larus (F.-Biguet) d'Orb. Ce dernier a été déterminé à l'aide d'exemplaires de Castellane au musée de Bâle; le *Rhynchoteuthis Brunneri* Ooster me paraît appartenir à la même espèce.

Chaîne du Ganterist.

Quand il n'a pas été froissé par les mouvements du sol, le callovien se montre toujours au-dessus du bathonien; mais il n'est pas constitué par une roche présentant une différence de quelque importance qui puisse servir à la distinguer de celle qui forme la masse principale de ce dernier étage. C'est donc un calcaire argileux, gris à l'air, bleu dans l'intérieur, offrant tous les passages entre des assises schisteuses et friables et des bancs assez épais et durs, à structure presque compacte. Il y a assez souvent vers le haut des parties teintées d'un rouge assez vif, avec des taches verdâtres. De même que dans la division suivante, cette couleur rouge n'appartient pas à certaines assises : elle semble quelquefois s'étendre assez loin dans le sens de la stratification, mais ordinairement elle ne forme que de grandes taches dans des couches essentiellement grises ou bleuâtres. Aux Recardes (massif des Brunnen), à 4 mètres en dessous de la limite supérieure de l'étage, la roche renferme une matière verte confluente avec la pâte, et de petits grains noirs qui en sont nettement séparés.

Il n'est pas possible d'indiquer une limite entre cette division et le bathonien, les fossiles des deux étages ne se trouvant qu'à distance les uns des autres, à l'exception des *Taonurus*, qui passent peut-être de l'inférieur au supérieur. On pourrait être tenté de regarder comme callovien ce qui est au-dessus du dernier banc de calcaire sableux dur, mais cette indication est fort incertaine, car on n'a pas de moyen de savoir si ce genre de dépôt a cessé partout au même moment. On peut d'autant plus douter qu'il en soit ainsi qu'en partant de cette supposition, on est amené à donner à l'étage des puissances très variables, par exemple de 25 mètres au Creux, dans le centre du massif du Plan, et de 50 mètres au nord de l'Ochsen, dans le massif de la Neunenenfluh.

— 141 —

C'est vers le haut que cette division présente le plus de fossiles; ils sont quelquefois réunis dans le même banc, mais pas en grand nombre; le plus souvent ils sont disséminés à différents niveaux; aussi je n'ai pas d'associations bien certaines à indiquer ici, et je me borne à en donner les listes par zones géographiques.

Versant nord et nord-ouest de la chaîne. Les fossiles viennent surtout des parties centrales et orientales, parce que les couches y sont plus à jour. Les Rosseyres, le Bijittoz et les Recardes sont dans le massif des Brunnen; les autres localités dans celui de la Neunenenfluh.

Balanocrinus sp. nov. de Loriol. Krümmelweg.
Phyllocrinus gracilis de Lor.? Bürglen.
Cidaris; radioles avec épines verticillées. Schwefelberg.
Terebratulina? Stierenberg, Ganterist.
Terebratula; au moins deux formes que je n'ai pu identifier. Schwefelberg, Bürglen, Ober-
        Neunenen.
Pecten qui se retrouve dans le calcaire à ciment du Montsalvens. Schwefelberg.
Phylloceras tortisulcatum (d'Orb.). Rosseyres, Stierenfluh.
   »   *mediterraneum* Neum. Bijittoz (près des Rosseyres).
Perisphinctes aff. Orion Oppel. Recardes.
   »   *patina* Neum. Stierenberg, Schwefelberg, Bürglen.
   »   *furcula* Neum. Stierenberg (?), Schwefelberg, Hohmad.
   »   *aff. oxyptychus* Neum. Recardes.
Peltoceras arduennense (d'Orb.). Bürglen, Wirtnerenfluh (?).
Belemnites hastatus (Montf.) Bl. Rosseyres, Recardes, Stierenberg, Ochsen, Schwefelberg,
        Ganterist, Neunenenfluh, Stierenfluh.
   »   *semihastatus* Bl. Stierenberg, Schwefelberg, Bürglen.
   »   *Dionysii* E. Favre. Bürglen.
   »   *n. f.* **e.** Recardes.
   »   *n. f.* **f.** Schwefelberg, Bürglen.
   »   *n. f.;* deux espèces représentées seulement par un exemplaire de chacune.
        Schwefelberg, Ganterist.

Combes intérieures de la chaîne. Le callovien n'est bien à jour que sur quelques points: au Matzerus dans le massif de la Dent-de-Broc, au Creux dans celui du Plan, aux Combes, sud des Sciernes, dans celui des Brunnen.

Cidaris avec épines verticillées. Combes.
Rhynchonella très probablement nouvelle. Le Creux.

Inoceramus. Matzerus, Combes.
Lima. Le Creux.
Lytoceras, peut-être deux espèces. Matzerus, le Creux.
Phylloceras n. f. aff. tortisulcatum (d'Orb.). Matzerus.
 » *mediterraneum* Neum. Matzerus.
 » *plicatum* Neum. Matzerus, le Creux.
 » *Manfredi* (Oppel). Matzerus, le Creux.
Perisphinctes aff. Orion (Oppel). Le Creux.
 » *patina* Neum. Le Creux.
 » *furcula* Neum. Le Creux.
Belemnites hastatus (Montf.) Bl. Matzerus, le Creux, Combes.
 » *semihastatus* Bl. Le Creux.
 » *aff. Sauvanausus* d'Orb. Matzerus.
 » *n. f.* **e.** Le Creux, Combes.
 » *n. f.* **g.** Le Creux.

Versant sud et sud-est de la chaîne. Comme dans les étages précédents, les fossiles sont ici plus rares que sur l'autre versant. Le Haut-Crêt est dans le massif du Plan, Thalberg dans celui de la Neunenenfluh, les autres localités dans celui des Brunnen.

Lima. Grosser Brunnen.
Perisphinctes patina Neum. Jaunallmend (débris).
Aptychus. Jaunallmend (débris).
Belemnites hastatus (Montf.) Bl. Haut-Crêt, Grosser Brunnen, Spitzfluh.
 » *semihastatus* Bl. Grosser Brunnen.
 » *n. f.* **e.** Grosser Brunnen, est de Thalberg.
 » *n. f.* **f.** Bochet, rive droite du Jaunbach.

Ces fossiles justifient l'application du nom de callovien à cette division. Quoique peu nombreux, ils représentent différentes classes; il est probable que les Acéphales et les Brachiopodes n'ont pas encore été décrits, ce qui est certainement le cas pour plusieurs Bélemnites. Plusieurs espèces ont une extension verticale considérable; d'autres ne sont indiquées par les auteurs que dans des zones spéciales; je ne puis affirmer qu'elles soient distribuées dans la chaîne du Ganterist autrement que ne le feraient attendre ces indications, mais cela me paraît probable. Elles appartiennent du reste, pour la plupart, à la région méditerranéenne; la faune callovienne des schistes à nodules du Montsalvens, qui est essentiellement de l'Europe centrale, n'est représentée ici que par des espèces dont l'extension verticale et horizontale est très grande. Le *Phylloceras Manfredi* a son gisement principal dans la zone de l'*Ammonites transversarius,* où nous le retrouverons bientôt; le *Phylloceras plicatum* est aussi indiqué par M. Neumayr au même niveau; il s'est rencontré au Montsalvens à la limite du calcaire à ciment et de la zone de l'*Ammonites transversarius,* gisement qui correspond à peu près à la position qu'il a dans la division qui nous occupe.

Chaîne du Stockhorn.

Dans cette chaîne, la partie supérieure des assises réunies sur la carte sous la teinte *JmL* renferme quelques-uns des fossiles du callovien de la chaîne du Ganterist, et peut donc être distinguée du reste, excepté dans la partie orientale. La roche, sans être identique, est à peu près la même que dans l'autre chaîne; c'est donc aussi un calcaire argileux, plus ou moins schisteux ou plus ou moins compact; la teinte est seulement plus foncée, presque noirâtre, et elle devient gris verdâtre à l'air. Dans le massif de la Kayser-Eck, on trouve en outre des bancs de calcaire gréseux en assez grande quantité, du calcaire siliceux un peu cristallin, et des rognons de silex corné souvent noir, disposés parallèlement aux lignes de stratification et formant presque des bancs.

Il est du reste impossible, comme dans la chaîne du Ganterist, d'assigner une limite inférieure à cette division. Sous la Kayser-Eck, j'ai recueilli en place un exemplaire du *Belemnites hastatus,* à 80 mètres au-dessous du terrain jurassique supérieur; d'après cela l'étage aurait une puissance plus grande que dans l'autre chaîne.

Il est digne de remarque que les fossiles se trouvent surtout dans le massif de la Kayser-Eck, qui est la partie de la chaîne qui empiète le plus du côté de celle du Ganterist. Dans la petite liste suivante, Nüschels, Riggis-alp et Geissalp sont dans cette région; les noms entre parenthèses indiquent les massifs auxquels appartiennent les autres localités.

Terebratula. Mêmes formes que dans la chaîne du Ganterist. Nüschels, Geissalp.

Phylloceras. Nüschels.

Perisphinctes patina Neum. Thoos-aux-pierres (Hochmatt).

 »   *furcula* Neum. Nüschels.

 »   *lucingensis* E. Favre? Sous Kayser-Eck.

Peltoceras arduennense (d'Orb.)? Sous Kayser-Eck.

Aptychus. Le même que celui qui est cité sur le versant méridional de la chaîne du Ganterist. Geissalp.

Belemnites hastatus (Montf.) Bl. Nüschels, Riggisalp, sous Kayser-Eck, Unter-Wahlalp et Ober-Wahlalp (Stockhorn).

 » *semihastatus* Bl. Nüschels, Geissalp.

 » *Duvalianus* d'Orb. Riggisalp, Geissalp (?).

 » *Heeri* Mayer. Nüschels (n'est encore connu que de cette localité).

 » *Dionysii* E. Favre. Geissalp.

 › *n. f.* **e.** Sous Kayser-Eck.

CHAPITRE IV.

LIAS - JURASSIQUE MOYEN.

Dans les chaînes du Stockhorn, des Gastlosen et des Spielgärten, le terrain jurassique supérieur peut être distingué au moins par la roche; mais on trouve en dessous de puissantes séries de couches où je ne suis pas parvenu à établir des divisions correspondant à celle de la chaîne du Ganterist, à cause de la rareté et surtout de la mauvaise conservation des fossiles. Je les désigne par le nom un peu incommode de lias - jurassique moyen *(JmL)*.

Chaîne du Stockhorn.

Dans le massif du Hochmatt, par lequel cette chaîne entre sur la feuille XII du côté du sud, les assises inférieures au jurassique supérieur présentent, dans le sens vertical, des variations assez analogues à celles des couches correspondantes de la chaîne du Ganterist pour qu'on puisse se hasarder à y indiquer sur la carte les mêmes terrains, tout en regrettant que cet essai ne soit pas mieux appuyé par les fossiles (voir p. 129, 135, 139, 143). Plus à l'est je n'ai pu établir de divisions qui restent les mêmes sur tous les points de la chaîne, à cause des variations que les roches présentent au même niveau stratigraphique.

Dans les endroits où il n'a pas été réduit par les dislocations, le lias-jurassique moyen atteint au moins 200 mètres de puissance, sans y compter le callovien qui en forme la partie supérieure. Il se compose surtout de calcaire argileux schisteux noirâtre et de calcaire sableux de teinte aussi très foncée, qui forme des massifs plus résistants que les schistes, et qui renferme quelques rognons siliceux. Ce n'est donc guère que la teinte plus foncée qui distingue ces roches de celles du bathonien de la chaîne du Ganterist; un autre trait de ressemblance, c'est la présence d'oolithes très disséminées, qu'on ne retrouve du reste pas partout sans peine. A la Kayser-Eck, les schistes montrent un clivage perpendiculaire à la stratification et plus apparent que cette dernière; ce phénomène est du reste assez rare dans les schistes de nos chaînes, et n'est nulle part aussi marqué.

Ce mélange de calcaire en bancs massifs et de calcaire schisteux argileux présente, dans le sens horizontal, des variations qu'on ne retrouve pas au même degré dans les autres terrains: des portions considérables de couches facilement délitables deviennent dures et forment des rochers à quelque distance, puis redeviennent plus loin schisteuses et tendres, et permettent beaucoup mieux à la végétation de s'établir. On observe bien ces différences dans les mêmes assises à Nüschels, tandis qu'à la Kayser-Eck elles n'existent guère. On les voit se reproduire au Wannels, sur une échelle plus ou moins grande, puis au nord du Widdersgrind.

D'autres variations, indépendantes de celle-là, se manifestent dans la nature même de la roche. Au pied septentrional de la Wankflub, on trouve des assises dolomitiques que met à jour le ruisseau des Ryprechten; comme elles paraissent être en discordance avec le calcaire auquel elles touchent et qu'elles continuent à se montrer plus au nord, elles appartiennent plutôt à la dolomie triasique de la chaîne du Ganterist. Mais au sud de Morgeten, il y a une dizaine de mètres d'épaisseur de dolomie ou de calcaire dolomitique qui ne peut se rattacher qu'aux autres assises de la Wankfluh. Près de là, sur le flanc gauche de la cluse qui sépare les massifs de la Scheibe et des Nüschleten, cette dolomie se montre mêlée de marnes bleues et grises, ce qui semble la rapprocher de celle de la chaîne du Ganterist; elle est suivie d'un massif puissant de calcaire, sur lequel le ruisseau tombe en cascade d'une grande hauteur, et qui est de même très analogue au lias de l'autre chaîne; on est ainsi disposé à admettre que ces deux étages se retrouvent ici, d'autant plus que les assises qui viennent ensuite étant d'un calcaire schisteux noir avec beaucoup de *Taonurus*, peuvent fort bien représenter le bajocien. Seulement ce qui étonne c'est le manque absolu de toute trace du rhétien fossilifère, qui existe dans les autres chaînes au nord et au sud, et qui devrait par conséquent se trouver dans celle-ci. En montant de là le ravin longitudinal qui a son origine nord de *hw* (Schwiedenegg), on suit les assises dolomitiques, et l'on voit aussi des affleurements de cargneule qui appartiennent peut-être à la base de la chaîne du Ganterist. En allant du haut du ravin au point culminant coté à 2010 mètres, on traverse successivement une bien plus grande puissance d'assises dolomitiques (environ 50 mètres), un calcaire d'aspect bréchiforme composé de parties cristallines et de parties magnésiennes, de nouveau un petit massif dolomitique, puis du calcaire cristallin qui forme l'arête du sommet; ce n'est que sur le versant sud qu'on trouve des schistes, auxquels succède le jurassique supérieur. La série des couches est ainsi bien différente de celle de la cluse, et l'on se convainc que les assises de nature dolomitique peuvent se retrouver à différentes hauteurs, et ne représentent pas un niveau déterminé comme dans la chaîne du Ganterist.

Un peu plus à l'orient, à la Zügegg, où des cluses coupent de nouveau la montagne, la masse principale du lias-jurassique moyen est composée des mêmes roches que celles qui le forment exclusivement dans le massif de la Kayser-Eck; les assises anormales sont confinées à la base: à la cluse occidentale il y a de la dolomie mêlée de marnes noires et verdâtres, du calcaire cristallin de teinte claire et d'autre de teinte foncée; à la cluse orientale on trouve avec la dolomie une brèche qui renferme des fragments d'argile noire durcie. Ces assises étant en contact avec de la cargneule, on serait de nouveau tenté de les paralléliser avec la dolomie de la chaîne du Ganterist, si le rhétien fossilifère ne continuait pas à faire complètement défaut.

Les mêmes roches se prolongent à l'est dans le bas du flanc gauche de la vallée de Wahlalp; c'est le calcaire cristallin de teinte claire qui y domine, en formant des masses bien plus épaisses qu'à la Zügegg. En revanche dans la partie moyenne et supérieure de la division, nous retrouvons les calcaires sableux et les schistes qui en sont les roches les plus constantes. Elles semblent moins puissantes au Stockhorn, où le jurassique supérieur a été refoulé par dessus (pl. 3, fig. 3); aussi au nord de la partie occidentale de la sommité, on voit surtout les roches anormales, dans lesquelles on remarque particulièrement la brèche dolomitique à fragments noirs et des marnes vertes mêlées à du calcaire d'aspect magnésien. Ces assises sont plus ou moins brouillées, mais plus à l'est la stratification redevient régulière.

Au Lindenthal on trouve le calcaire noirâtre de cette division; mais il y a tout autant de calcaire clair cristallin et de calcaire dolomitique avec marnes vertes; en même temps la stratification est indistincte ou le plongement très variable; tout ce qu'on peut constater c'est qu'il y a mélange des différentes roches comme au Schwiedenegg-Grat. Les calcaires argileux schisteux manquent complètement, même au contact du jurassique supérieur, où l'on s'attend pourtant à trouver le callovien qui en renferme presque toujours.

Comme je l'ai déjà dit en commençant ce chapitre, j'ai peu de choses à citer de cette division en fait de restes organiques. Il n'y a d'un peu abondants que les *Taonurus,* que l'on voit assez souvent dans les dépôts qui étaient propres à les conserver; les autres fossiles ne sont guère susceptibles que d'une détermination générique et appartiennent à différents niveaux.

A la cote de hauteur 1465, nord de Jaun, dans du calcaire cristallin avec grains jaunes, j'ai trouvé une des variétés de *Harpoceras comense* (de Buch) et une *Rhynchonella.* Au nord de la Wankfluh (massif de la Scheibe), un calcaire semblable est peut-être aussi liasique, car j'y ai rencontré des fragments qui appartiennent vraisemblablement au *Belemnites paxillosus* Schl. A la Kayser-Eck, sur le versant oriental de la colline est de *l* (Nüschel), les couches les plus inférieures de la région paraissent être toarciennes, quoique le calcaire, qu'on voit du reste très peu, n'y soit pas schisteux comme dans la chaîne du Ganterist. J'y ai recueilli: *Terebratula, Harpoceras costula* (Rein.), *Belemnites.*

Les fossiles suivants du nord de la Wankfluh sont probablement bajociens: *Taonurus scoparius* (Thioll.), Radiole d'un Echinide, *Phylloceras Zignoanum* d'Orb.?, *Stephanoceras?*, *Belemnites* d'espèces peut-être nouvelles.

Le *Taonurus procerus* Heer, type et variété formant peut-être une espèce nouvelle (Heer), s'est trouvé à la Kayser-Eck dans des assises que leur position indiquent comme bathoniennes.

Il y a en outre probablement plus haut, mais encore en dessous du callovien à *Belemnites hastatus*, des indices d'une zone corallienne, pauvre du reste. J'y ai recueilli: Gastéropode à test épais à Nüschels; *Itieria* et Polypier à Unter-Wahlalp; *Montlivaultia* à Ober-Wahlalp avec un Gastéropode à test épais; *Nerinea* au Lindenthal.

On rencontre parfois, à différents niveaux, dans des calcaires durs, des Térébratules et des Rhynchonelles qu'il n'est guère possible d'obtenir en exemplaires déterminables.

Chaîne des Gastlosen.

Dans la chaîne des Gastlosen, le lias-jurassique moyen présente une grande uniformité, tant dans le sens vertical que dans le sens horizontal. Dans la partie sud-ouest de la chaîne, il ne vient à jour que par sa partie supérieure, dont il sera question dans le chapitre suivant; plus loin il ne se montre pas d'abord avec toute sa puissance; mais à l'orient il est complet, puisque le rhétien apparaît au-dessous. Il n'est guère possible d'en évaluer l'épaisseur avec quelque certitude; tout ce qu'on peut dire, c'est qu'elle doit dépasser 200 mètres.

Le calcaire de cette division est noir ou noirâtre, quelquefois gris bleuâtre, le plus souvent compacte, à cassure plane, conchoïde ou esquilleuse, quelquefois aussi sableux, à cassure grenue; les bancs ont de 1 à 3 décimètres d'épaisseur, rarement un peu plus. Ils sont presque tous séparés par un lit de calcaire argileux, schisteux et noir, ordinairement moins épais, sauf dans le haut de la division. C'est à cette composition qu'est due la facilité avec laquelle le terrain se couvre de végétation; toutefois la proportion d'argile n'est pas considérable, car il faut longtemps pour que la désagrégation se produise, quand il a été exploité un peu profondément; on le remarque bien sur la route de Thoune au Simmenthal, à l'endroit où elle atteint et suit le pied de la Simmenfluh, et entame ces couches sur d'assez longs espaces; quoiqu'il y ait bien des années qu'elle a été construite, le calcaire compact et les schistes y forment encore une masse assez cohérente, dont la physionomie est passablement différente de celle que l'on trouve partout ailleurs.

Conformément à la règle générale que les fossiles vont en diminuant dans la direction du nord au sud, cette grande masse d'assises est encore plus pauvre que celle qui lui correspond dans la chaîne du Stockhorn. MM. Studer et Brunner ont déjà fait connaître la présence de quelques espèces liasiques au Kapf,[1] localité qui est située au nord de Wimmis, ouest de *Bruni*. Je ne possède de cet endroit que l'*Arietites Hartmanni* (Oppel). Rien ne distingue la roche de ce lias des assises qui le surmontent. Au-dessous il y a encore une quarantaine de mètres de couches visibles le long de la Simmen; elles sont absolument semblables et on n'y trouve pas de traces du rhétien. Plus à l'ouest l'existence du lias est quelque peu indiquée par une Bélemnite de Heiti qui appartient probablement au *Belemnites paxillosus* Schl., et par une autre de Nacki qui est voisine de *Belemnites acutus* Miller.

Sur le flanc gauche de la Klus, au-dessus de Reidenbach, j'ai trouvé un assez grand nombre d'exemplaires d'une Rhynchonelle que je désignerai sous le nom de *Rhynchonella aff. oxynoti* (Quenst.), parce qu'on ne peut pas les distinguer des jeunes de cette espèce qui sont dans la collection du musée de Bâle; cependant il n'y en a point qui soient de la taille des adultes figurés par M. Quenstedt. Je n'ai d'un autre côté pas pu les rapprocher d'autres formes d'un niveau plus élevé, comme on pouvait pourtant s'y attendre d'après le gisement, qui n'est pas à une bien grande profondeur au-dessous des schistes à charbon. Les autres fossiles que j'ai rencontrés çà et là peuvent tout au plus

---

[1] Geologie der Schweiz, B. 2, S. 37. — Geogn. Beschreibung der Gebirgsmasse des Stockhorns, S. 9 und 40.

être désignés sous un nom de genre : Crinoïde, *Pecten*, *Gonomya*, *Ammonites*, *Belemnites*, etc. Comme ils se sont toujours trouvés isolés, il est inutile d'indiquer les localités où je les ai rencontrés.

Chaîne des Spielgärten.

Tandis que les environs du Stockhorn ont attiré l'attention d'un certain nombre d'observateurs, les massifs de la chaîne des Spielgärten appartenant à la feuille XII n'ont été étudiés que par M. Studer[1]; si d'autres géologues les ont visités, ils ont peut-être été découragés par la rareté des fossiles, qui atteint ici son maximum.

La partie inférieure des escarpements de l'Abendberg et de Männigen et les *klippen* de la Zügegg, du Schwarzberg, du Hohmad et de Twirien, sont composées d'un calcaire qui se distingue de celui qui le surmonte parfois par sa teinte noire ou noirâtre; passant quelquefois au bleu très foncé et devenant gris clair à l'air; la pâte en est presque toujours très fine, rarement un peu sableuse ou légèrement cristalline; la cassure quelquefois un peu conchoïde ou esquilleuse, est assez souvent plane, par suite de l'existence d'un clivage irrégulier. Les bancs de ce calcaire n'ont souvent que deux ou trois décimètres d'épaisseur, mais on en voit de beaucoup plus épais, surtout dans la partie moyenne du terrain. Au bas et au haut, ils sont séparés par des intercalations schisteuses, mais peu argileuses, dont les feuillets calcaires sont souvent bosselés et en même temps très serrés les uns contre les autres, ce qui donne à la roche un aspect grumeleux particulier. Dans quelques localités on voit des assises d'apparence dolomitique; c'est particulièrement le cas dans la *klippe* de la Zügegg (voir p. 119). En somme, ce qui distingue ce lias-jurassique moyen de celui de la chaîne des Gastlosen, c'est la moindre proportion d'argile, la plus grande épaisseur des bancs et la structure particulière des schistes; sa puissance paraît aussi plus considérable, car, d'après la hauteur des escarpements qu'il forme, elle ne peut pas être évaluée à moins de 300 mètres.

---

[1] Geologie der westl. Schweizer-Alpen, S. 251, 266, etc. — Geologie der Schweiz, B. 2, S. 161.

Dans cette grande masse de calcaire, je n'ai trouvé de fossiles qu'il valût la peine de recueillir que dans la *klippe* de Twirien, à deux endroits marqués sur la carte en *ie* (Twirien) et nord de *23* (*2303*). Les couches de ces localités appartiennent à la partie supérieure du terrain. J'ai rapporté de la première : *Meandrarea Gresslyi* Et., qui dans le Jura se trouve dans le terrain à chailles siliceux; *Waldheimia* rappellant tout-à-fait par sa forme une des variétés de la *Terebratula perovalis* Sow., mais s'en 'distinguant par son arca bordée d'une carène bien distincte; *Pecten*, deux ou trois espèces indéterminables. Dans l'autre localité, il y a dans quelques dalles une quantité d'articles et de fragments de tiges de *Millerocrinus* et peut-être aussi de *Cyclocrinus*, des radioles d'Echinides et des exemplaires probables de la *Waldheimia* qui vient d'être citée. Le seul de ces fossiles qui permette une comparaison avec d'autres contrées est la *Meandrarea Gresslyi :* elle indiquerait que le calcaire noir comprend aussi un niveau supérieur au callovien, qui termine le lias-jurassique moyen dans la chaîne du Ganterist.

CHAPITRE V.

TERRAIN JURASSIQUE SUPÉRIEUR.

Résumé historique : Buckland p. 22, Studer et Brougniart 25, Studer et Voltz 26, Studer 29, 31, 36, Quenstedt, Rœmer et Studer 32, Brunner 38, Ooster, de Fischer-Ooster, Merian, A. Favre, Zittel, Renevier et Pictet 45, Zittel, Coquand, E. Favre et Hébert 46, Bachmann 51, E. Favre 52.

Composé comme ailleurs presque entièrement de calcaire compacte, le jurassique supérieur est le terrain le plus constant et le plus apparent de tous ceux de nos montagnes, dont il forme presque toujours les arêtes et les sommités rocheuses; le néocomien seul vient parfois lui disputer cette place. Ce n'est que dans la chaîne de la Berra que le jurassique supérieur joue un rôle subordonné. Il est aussi remarquable par ses variations de facies paléontologiques qui sont plus accentuées que celles de tout autre terrain.

Chaîne de la Berra.

A Epagny et à l'ouest de la Tour-de-Trême, dans l'interruption de la chaîne de la Berra, le calcaire jurassique supérieur apparaît sans modifier beaucoup le relief de la plaine; d'après la roche il appartient probablement à la zone de l'*Ammonites acanthicus,* peut-être aussi au tithonique. Dans l'intérieur de la Tour-de-Trême, le même terrain forme une espèce de *klippe,* dont les couches presque verticales ont environ 20 mètres de puissance; je n'y ai recueilli de fossile déterminable que le *Belemnites Mülleri* Gill., qui appartient surtout à la zone de l'*Ammonites acanthicus;* le tithonique est probablement aussi représenté dans ce rocher isolé.

Au Montsalvens, le jurassique supérieur présente moins d'uniformité pétrographique que dans les autres chaînes, et il peut aussi être mieux divisé par le moyen des fossiles. La description en a déjà été faite dans la 12ᵉ livraison de ces Matériaux, p. 89, où j'ai distingué de bas en haut : le *calcaire concrétionné,* représentant la zone de l'*Ammonites transversarius,* le *calcaire schisteux* et le *calcaire en grumeaux,* correspondant à peu près à la zone de l'*Ammonites tenuilobatus,* et le tithonique. Il y a quelques détails à ajouter sur chacune de ces divisions, dont la seconde porte maintenant plutôt le nom de zone de l'*Ammonites acanthicus.*

Calcaire concrétionné. M. E. Favre [1] a rectifié quelques-unes de mes déterminations des fossiles de ce calcaire faites sur des exemplaires trop mal conservés; j'adhère à sa manière de voir, excepté en ce qui concerne l'*Aptychus* que j'ai appelé *Aptychus gigantis* Quenst., qui n'appartient peut-être pas à cette espèce, mais auquel je ne puis attribuer le nom de *latus.* D'après ces rectifications, il faut retrancher du calcaire concrétionné, p. 90: *Ammonites contortus* Neum., et *Ammonites colubrinus* Rein. sp., que M. Favre rapporte par la roche à la zone de l'*Ammonites acanthicus.* En outre, les exemplaires cités sous le nom d'*Ammonites stenorhyncus* Oppel sont douteux, parce qu'il sont petits et que le déroulement y commence plus tôt que dans le type. Il n'est pas possible

---

[1] Descr. des foss. du terrain oxf. des Alpes fribourgeoises et Zone à Amm. acanthicus. Mém. de la soc. paléont. suisse, vol. 3 et 4.

de décider si un exemplaire cité sous le nom d'*Ammonites Oegir* Oppel appartient à cette espèce ou à l'*Ammonites perarmatus* Sow. Enfin les Bélemnites indiquées sous le nom de *Dumortieri* Oppel sont très probablement le *Belemnites voironensis* E. Favre; ces deux noms sont peut-être synonymes, mais le dernier est maintenant à préférer, parce qu'il représente quelque chose de bien défini.

De nouvelles recherches m'amènent à ajouter à cette division :

Belemnites Dionysii E. Favre.
Rhynchoteuthis larus (F. Biguet) d'Orb.
Aspidoceras cf. rupellense (d'Orb.) E. Favre.
   (Gisement un peu incertain.)
Peltoceras bimammatum (Quenst.).
Perisphinctes Pichleri (Oppel).

Perisphinctes lucingensis E. Favre.
Haploceras Erato (d'Orb.).
Oppelia callicera (Oppel).
Lima aff. dornasensis E. Favre.
Rhabdocidaris aff. spinosa (Ag.).

J'ai en outre trouvé dans la partie supérieure du calcaire concrétionné, où il paraîtrait que commence déjà la zone de l'*Ammonites acanthicus*: *Rhynchoteuthis Escheri* Ooster? *Perisphinctes(?) Basilicae* E. Favre.

Calcaire schisteux. Il faut ajouter à la liste de p. 93 :

Belemnites, deux espèces nouvelles.
Perisphinctes Heimi E. Favre?

Taenidium convolutum Heer.

Calcaire en grumeaux. La citation de l'*Ammonites ulmensis*, p. 94, est à retrancher. Il faut ajouter ici, ou au calcaire schisteux, *Perisphinctes colubrinus* (Rein.).

Tithonique. Il y a à joindre aux quelques fossiles de p. 96 :

Belemnites datensis E. Favre.
     cf. *Pilleti* Pictet.

Belemnites cf. conophorus Oppel.
Aptychus cf. exsculptus Schaur.

Blocs exotiques et klippen.

La plupart des *klippen* et des blocs exotiques qui se montrent des deux côtés des massifs du Cousinbert et du Gurnigel, appartiennent au jurassique supérieur. La description de ces gisements anormaux a déjà été faite, en grande partie, dans la 12e livraison de ces Matériaux: est de Corbières, p. 133 et suiv.; Hohberg, nord du Hohmättle, p. 140 et suiv.; Fettbad, nord de la Pfeife, p. 19. Il me reste à décrire ceux des Echelettes, à l'est de la Valsainte, et ceux qui sont au sud des Bains du Gurnigel.

Les Echelettes. Il y a dans cette région deux affleurements de jurassique supérieur qui sont marqués sur la carte. Celui du sud-ouest est un peu à l'ouest du ruisseau voisin ; c'est une seule masse de calcaire compacte, en partie grumeleuse, en partie massive, qui fait l'effet d'une *klippe,* surtout du côté du sud-ouest où elle forme paroi. La longueur en est d'environ 50 mètres et la plus grande largeur de 10 mètres ; on n'y distingue point de stratification sûre, et je n'y ai pas trouvé de fossiles.

L'affleurement du nord-est a été mis à tort sur la rive gauche du ruisseau par le lithographe : il est sur la rive droite. On voit là (pl. 5, fig. 3) une colline en grande partie recouverte par la végétation, dont la pente n'est rapide que du côté du ruisseau, et qui est longue d'environ 60 mètres et haute de 15 à 20 mètres. Du côté du nord cette élévation du sol est assez brusquement interrompue, et c'est là qu'on voit ce qu'indique la coupe 1 ; les trois autres profils se succèdent en allant vers le sud et passent par les points où il y a quelque chose à jour. *Cg* désigne dans ces coupes un calcaire en grumeaux tout pareil à celui du Montsalvens ; c'est la seule roche où j'aie trouvé quelque chose en fait de fossiles, savoir *Aptychus obliquus* Quenst., *Aptychus cf. punctatus* Voltz et un troisième *Aptychus* qui n'a pas encore été décrit, mais qui se retrouve, de même que les deux autres, dans le calcaire grumeleux ou zone de l'*Ammonites acanthicus. Cs* est un calcaire argileux, parfois schisteux, toujours très morcelé ; on peut le rapprocher du calcaire schisteux jurassique du Montsalvens, mais aussi de certaines assises néocomiennes du même massif ; la présence de fossiles pourrait seule servir à en déterminer le niveau. Dans le profil 4, *f* marque le flysch en place, qui est composé ici de schistes noirs et d'une brèche de fragments de roches cristallines ; *fd* indique le flysch en débris, qui couvre du reste toute la région. Il n'est pas possible de découvrir un rapport de superposition sûr entre les deux calcaires, qui ne paraissent guère en liaison l'un avec l'autre. La colline se présente plutôt comme une agglomération de blocs, dont celui de la coupe 1 serait seul d'une taille et d'une forme un peu extraordinaire. Si c'était une moraine quaternaire, elle serait venue du Montsalvens, car un calcaire comme *cs* ne se rencontre pas dans la chaîne du Ganterist ; mais cette explication de l'amas est peu probable, parce qu'on n'y trouve que deux espèces de calcaire, et que les fragments de petite taille plus ou moins arrondis ou émoussés y manquent complètement. Ce qui me semble donc le plus vraisemblable, c'est que nous sommes ici en présence d'un amas de blocs formé pendant le dépôt du flysch.

Environs du Gurnigel. Dans cette contrée les gisements anormaux de jurassique supérieur se trouve surtout dans le Seeligraben, assez loin au sud des Bains. En remontant ce ravin on reste longtemps, après avoir quitté les derniers affleurements de molasse, dans une partie où les berges ne sont composées que de débris de flysch; il y a aussi dans le lit, qui est large, des fragments de calcaire jurassique qui ont pu être transportés de plus haut par le torrent et des blocs de granit à feldspath rouge. Quand on a dépassé le premier affleurement de flysch en place, on arrive bientôt à un bloc de calcaire qui est au pied de la berge gauche; c'est une roche grise et gris foncé, un peu en grumeaux imparfaitement circonscrits par des feuillets d'argile noire; elle ne présente que des traces de stratification, et appartient à la zone de l'*Ammonites acanthicus* plutôt qu'au tithonique; on a exploité ce bloc et ce qu'il en reste ne dépasse pas 6 mètres cubes; c'est pourtant toujours une masse que le torrent n'a pu transporter avec sa pente actuelle. En allant plus en amont, on voit que les fragments de calcaire jurassique continuent à se montrer çà et là dans le lit; dans le nombre il y en a qui sont tachés de rose. On arrive ainsi à une *klippe* qui fait un peu saillie sur la berge droite, et que j'ai cherché à représenter pl. 5, fig. 5. Elle se compose d'un calcaire compacte avec une partie un peu sableuse; la teinte est un gris plus ou moins foncé, panaché de rose à quelques places; il y a à peine un peu de traces de la structure grumeleuse du bloc précédent. Toute la masse est fortement désagrégée par des fissures et plus ou moins prête à tomber en ruines; aussi au pied et en aval il y a une douzaine de gros blocs qui en proviennent sans doute; cependant il n'y a aucun indice qu'elle ait jamais formé une barrière transversale dans le lit du torrent, qui est presque là aussi large qu'ailleurs: les schistes noirs *(Ef)* qui sont appliqués contre la *klippe* indiquent que les eaux ont creusé seulement dans le flysch, et cette présomption est confirmée par la berge gauche, qui ne montre que des débris de flysch, tandis que le calcaire, bien plus résistant, y serait resté à jour s'il y avait jamais existé. Il y a discordance de plongement entre le lambeau de flysch et la *klippe*; mais l'inclinaison sud-sud-est de cette dernière est conforme à celle que montrent le plus souvent les schistes, la dolomie et le gypse éocènes de ce ravin.

D'après les fossiles ce calcaire jurassique est tithonique; j'y ai trouvé:

Aptychus punctatus Voltz.	*Belemnites cf. semisulcatus* Münster.
Belemnites ensifer Oppel.	

Cette *klippe* est la seule que le torrent ait mis à jour; plus en amont on ne trouve que des blocs. Il y en a d'abord un au bas de la berge de droite; il est composé de calcaire en partie grumeleux et se montre sur 7 mètres de longueur et 2 mètres de hauteur, sans qu'on voie les couches en place auxquelles il pourrait toucher. J'y ai trouvé deux Ammonites indéterminables, l'une pourrait être le *Perisphinctes fraudator* Zittel. Le bloc suivant est très instructif, quoiqu'il n'ait que 4 à 5 mètres dans sa plus grande dimension (pl. 5, fig. 4): la partie du côté d'aval repose directement sur des schistes horizontaux du flysch, et quand même ces derniers ont été en partie emportés par les eaux, il semble être encore à la place où il s'est déposé à l'époque éocène. Il y a encore plus en amont deux autres blocs, dont le premier est très veiné de spath calcaire; le dernier, d'environ 12 mètres cubes, est dans le lit, qui est toujours assez large; on ne voit pas ce qu'il y a dessous, mais les schistes du flysch sont en place à côté et en aval, à un niveau correspondant à celui de sa base. Plus en amont il n'y a plus trace de calcaire jurassique, et on arrive tout de suite à un grand massif de grès, que le torrent traverse en cascade, et au-dessus duquel on ne trouve non plus point de calcaire autre que celui qui appartient au flysch. Il est ainsi évident qu'au moins les blocs en amont de la *klippe* sont des masses exotiques que le torrent a dégagées du flysch en creusant son lit.

Dans les débris de flysch qui forment le sol de ses pâturages et de ses forêts, la région des Bains du Gurnigel présente çà et là des fragments ou de petits blocs de calcaire du jurassique supérieur. Ils seraient sans doute plus nombreux, si on ne s'en était pas servi pour obtenir la chaux nécessaire à la construction de ce grand établissement. Il reste encore dans la forêt du Stockweid des blocs et un affleurement qui est peut-être une *klippe*. Pour trouver facilement ce dernier, il faut monter à un pavillon appelé Bellevue et situé sur une éminence; en partant ensuite de ce point dans la direction où il n'y a pas de pente, et en remontant un peu dans la forêt, on arrive à une masse calcaire longue de 12 mètres, et faisant une saillie de 4 à 5 mètres de hauteur d'un seul côté de la pente. Comme on en a exploité une partie, on voit bien que le dessus est stratifié et forme une voûte très surbaissée, avec plongement au nord et au sud; en outre une fissure a mis les deux pans un peu en faille l'un par rapport à l'autre. Je n'y ai pas vu de traces de fossiles, mais un fragment rencontré en dessous en vient peut-être, il renfermait l'*Aptychus punctatus* Voltz. Il est fort possible qu'on soit là en présence de la tête d'une *klippe*; du moins les dimensions seraient bien considérables pour un bloc entièrement enveloppé dans le flysch. En revanche un peu plus au nord-nord-est, à peu près à la même altitude, il y a, l'un à côté de l'autre, deux blocs dont on ne voit que quelques mètres cubes de chacun; la roche n'en est pas identique et des joints de stratification, un peu incertains du reste, indiquent un plongement différent pour chacun; ce n'est donc pas deux affleurements d'une seule et même masse. A côté une petite élévation couverte de mousses et de racines cache peut-être un troisième bloc. Dans cette région, M. Studer a vu, il y a fort longtemps, à l'est du Schwarzbrünnli, un autre affleurement que je ne suis pas parvenu à retrouver.[1]

Chaîne du Ganterist.

Le jurassique supérieur se montre des deux côtés de la chaîne du Ganterist, et forme habituellement les sommités rocheuses qui en couronnent les flancs; il surgit aussi dans l'intérieur des massifs qui sont du côté du sud-ouest. Les différentes bandes qu'il forme ainsi ne présentent pas de caractères distinctifs bien marqués, quoiqu'elles soient parfois éloignées les unes des autres dans le sens où les variations se produisent, c'est-à-dire du nord-ouest au sud-est.

---

[1] Geologie der westl. Schweizer-Alpen, S. 377.

A sa base, ce terrain est très semblable au calcaire concrétionné du Montsalvens, sauf pour la puissance, qui est parfois plus considérable et en moyenne de 25 mètres. La roche la plus apparente est composée de concrétions de calcaire compacte, en dessous de la grosseur d'une noix, de formes très irrégulières, et entremêlées de marnes dures qui les relient intimement, en sorte que la masse est d'une assez grande cohérence et résiste passablement à la désagrégation. La teinte est grise, parfois verdâtre, souvent rouge; tantôt c'est le gris, tantôt c'est le rouge qui domine, mais les deux couleurs forment toujours, relativement l'une à l'autre, un panachage en grand et se présentent à toutes les hauteurs; toutefois c'est plutôt dans le bas que le rouge domine, quoiqu'il y ait des localités où la série est complète sans qu'il existe. Avec cette roche concrétionnée, il y a des bancs de calcaire ordinaire, brunâtre et plus ou moins compacte, et du calcaire argileux schisteux. Les endroits où l'on voit le mieux ces couches sont: le Matzerus dans le massif de la Dent-de-Broc, le Creux dans celui du Plan, les Recardes dans celui des Brunnen; le versant nord de l'Ochsen, de Bürglen, du Ganterist, de la Neunenenfluh, de la Wirtnerenfluh et du Hohmad dans celui de la Neunenenfluh. Les relevés des assises faits dans chacune de ces localités montrent qu'il y a des différences notables entre elles, quant à la répartition des trois roches indiquées, à leurs puissances relatives et aux teintes du calcaire concrétionné. Ces variations se manifestent même sur des points très rapprochés les uns des autres, par exemple des deux côtés de l'épaulement qui descend d'une sommité.

Au-dessus de cette première série d'assises, la roche prédominante est un calcaire compacte, parfois gris foncé dans la partie inférieure, mais ordinairement gris clair, même blanchâtre, partagé en bancs de toutes les épaisseurs; la cassure le divise en fragments anguleux à surfaces planes, quelquefois conchoïdes; rarement la structure est un peu cristalline. Les intercalations marneuses manquent totalement, ou sont extrêmement minces; en revanche il y a assez souvent des bancs qui renferment des feuillets argileux, contournés, gris verdâtre ou bleuâtre, qui divisent incomplètement la masse en grumeaux, et dont la matière colore un peu la pâte calcaire; par sa structure cette variété de roche ressemble à celle du Montsalvens qui appartient à la zone de l'*Am-*

monites acanthicus, mais, dans la chaine du Ganterist, elle n'est pas liée à un niveau déterminé. De même la roche concrétionnée décrite ci-dessus comme dominante à la base, réapparaît à différentes hauteurs en intercalations plus ou moins minces; des bancs compacts en apparence montrent aussi à la cassure une structure plus ou moins concrétionnée et sont quelquefois tachés de rose. Une autre variation à mentionner est celle que présentent certains bancs dont les surfaces à l'air trahissent l'existence d'un triturat de fossiles, qui entre pour une certaine part dans la composition de la roche; cette variété ne se présente pas non plus seulement à un niveau déterminé. Enfin il y a un peu partout des rognons de silex corné de formes bizarres, nettement séparés du calcaire, et souvent groupés dans le sens de la stratification.

L'ensemble des assises du jurassique supérieur a une puissance qui n'est pas inférieure à 150 mètres, quand les froissements ne l'ont pas réduite. Lorsqu'il est à jour dans toute son épaisseur, ce terrain est le plus visible de tous: même sur les pentes peu inclinées la végétation ne s'y établit que par places. Toutes les coupes des grands escarpements ne se ressemblent pourtant pas entièrement, parce que l'épaisseur des bancs y varie, et surtout parce qu'il y a des parties où ils ont été soudés en une seule masse remplie de veines de spath calcaire.

Les fossiles ne sont un peu fréquents que dans le calcaire concrétionné qui compose la partie inférieure de cette grande épaisseur de couches, encore y sont-ils moins nombreux que dans les assises correspondantes du Montsalvens. La liste suivante les énumère sans distinguer les différentes zones géographiques de la chaîne; les localités du versant sud et sud-est paraissent plus pauvres que les autres, soit parce que les couches y étant moins à jour j'y ai fait moins de recherches, soit parce que réellement les restes organiques y sont moins nombreux. Les noms entre parenthèses indiquent les massifs où se trouvent les localités.

Phyllocrinus Cardinauxi de Lor. Combes (Dent-de-Broc).
Rhabdocidaris aff. spinosa (Ag.). Nord de l'Ochsen (Neunenenfluh).
Collyrites friburgensis Ooster. Recardes (Brunnen).
Rhynchonella n. f. Hohmad (Neunenenfluh).
Pecten pilatensis E. Favre. Ouest de la Gübernenfluh et Recardes (Brunnen), Hohmad (Neu-
   nenenfluh).

Lytoceras polyanchomenum Gemm. Le Creux (Plan), Recardes (Brunnen).

Phylloceras tortisulcatum (d'Orb.). Combes et Matzerus (Dent-de-Broc); Tzintre, Ganet d'amont, ouest de la Gübernenfluh et Recardes (Brunnen); Hohmad et Ober-Neunenen (Neunenenfluh).

»   *aff. tortisulcatum* (d'Orb.). Matzerus (Dent-de-Broc), Recardes (Brunnen).

»   *mediterraneum* Neum. Matzerus (Dent-de-Broc), Recardes (Brunnen).

»   *Manfredi* (Oppel). Combes et Pont du Montélon (Dent-de-Broc), Recardes (Brunnen), Oberneunenen.

»   *molesonensis* E. Favre. Recardes (Brunnen).

Haploceras Erato (d'Orb.). Recardes (Brunnen).

Perisphinctes plicatilis (d'Orb.) (Sow.?). Ganet d'amont (?), ouest de la Gübernenfluh et Recardes (Brunnen); Hohmad (?) (Neunenenfluh).

»   *birsmendorfensis* (Moesch). Recardes (Brunnen).

»   *Tiziani* (Oppel)? Matzerus (Dent-de-Broc), Ganet d'amont (?) et Recardes (Brunnen), nord de Bürglen (Neunenenfluh).

Peltoceras arduennense (d'Orb.). Matzerus (Dent-de-Broc).

Rhynchoteuthis larus (F. Biguet) d'Orb. Ouest de la Gübernenfluh (Brunnen).

Belemnites hastatus (Montf.) Bl. Matzerus (Dent-de-Broc), nord-est du Plan et le Creux (Plan); Tzintre, Ganet d'amont, Spitzfluh et Recardes (Brunnen); Ritz, Ober-Neunenen, nord de la Wirtnerenfluh, Hohmad, Krümmelweg (Neunenenfluh).

»   *cf. semisulcatus* Münster. Alpbiglen, nord du Ganterist, nord de la Wirtnerenfluh, Hohmad (Neunenenfluh).

»   *monsalvensis* Gill. Bochuat (Plan), Ritz (Neunenenfluh).

»   *redivivus* Mayer. Tzintre, Combes (Brunnen); exemplaires douteux ailleurs.

»   *argovianus* Mayer. Nord de Bürglen (Neunenenfluh).

»   *voironensis* E. Favre. Nord de Bürglen et nord de la Wirtnerenfluh (Neunenenfluh).

Belemnites neyrivensis E. Favre. Ganet d'amont (Brunnen).

»   *Lorioli* Ooster. Gübernenfluh (Brunnen).

»   *Sauvanausus* d'Orb.? Le Creux (Plan).

»   *Mülleri* Gill.? Recardes (Brunnen).

Ces fossiles constituent une faune de Céphalopodes bien caractérisée; les restes d'Acéphales sont rares, même en tenant compte de ceux qu'on ne peut déterminer. Un certain nombre de ces espèces ne sont connues jusqu'à présent que de nos montagnes, et il y aurait à y ajouter quelques Bélemnites probablement nouvelles. Les autres fossiles appartiennent à la zone de l'*Ammonites transversarius*, à l'exception de trois qui ne sont cités qu'à un niveau inférieur: le *Belemnites Sauvanausus*, le *Lytoceras polyanchomenum* et le *Peltoceras arduen-*

nenses; il est remarquable que ces deux derniers se soient trouvés à la partie supérieure de la division, et non point à la base, comme on aurait pu s'y attendre; au reste le *Peltoceras arduennense* cité ici me paraît différer assez sensiblement du type callovien.

Je n'ai guère trouvé de fossiles dans les assises au-dessus de celles-là, où pourraient se rencontrer les représentants de la zone de l'*Ammonites acanthicus.* J'ai seulement recueillis réunis l'*Aptychus punctatus* Voltz et l'*Aptychus obliquus* Quenst., au Stierenberg (massif des Brunnen), sur un point où il n'est pas facile de déterminer la position de l'assise qui les contenait; ils appartiennent peut-être à cette zone, mais peuvent être aussi tithoniques. En compagnie des fossiles de la liste ci-dessus, j'ai encore trouvé des Ammonites que je n'ai pu rapprocher que d'espèces de la zone de l'*Ammonites acanthicus:* l'une a tout à fait la forme du *Phylloceras isotypum* (Ben.), mais on voit mal les cloisons, et ce qu'on en distingue ne s'accorde pas très bien avec le type; l'autre peut être rapprochée du *Perisphinctes stephanoïdes* (Oppel), mais les exemplaires sont petits et par conséquent mal caractérisés; je n'ai donc pas ajouté ces deux espèces à la liste précédente, à laquelle elles appartiendraient par leur gisement.

Plus haut, ce n'est que dans la moitié supérieure du terrain que j'ai trouvé quelques fossiles, presque toujours isolés et plus ou moins déterminables; l'énumération en sera vite faite:

Crinoïdes, fragments indéterminables à différents endroits.
Ammonites, quelques fragments indéterminables, aussi de différentes localités.
Aptychus Beyrichi Oppel. Bürglen (Neunenenfluh).
    »   *punctatus* Voltz. Fornyx et Stierenberg (Brunnen), Hohmad (Neunenenfluh).
Rhynchoteuthis. Bürglen (Neunenenfluh).
Belemnites cf. *semisulcatus* Münster. Stierenberg (Brunnen), Ritz, Bürglen et Mentschelen
       (Neunenenfluh).
    »   *ensifer* Oppel. Bürglen et Mentschelen (Neunenenfluh).
    »   *strangulatus* Oppel. Fornyx (Brunnen).
    »   *n. f.* Fornyx (Brunnen), Bürglen (Neunenenfluh).

Ces fossiles nous indiquent que si l'on peut jamais exploiter des gisements plus riches dans ce calcaire, ils appartiendront au tithonique à facies de Céphalopodes.

Chaîne du Stockhorn.

Dans le massif du Hochmatt, le jurassique supérieur surmonte l'inférieur sur la pente nord-ouest, et il continue ainsi jusqu'à l'extrémité orientale de la chaîne; à partir de la Kaiser-Eck, il se montre aussi sur le versant sud-est, mais d'une manière moins continue que de l'autre côté et sans surgir autant au-dessus des autres terrains. Quand on passe de l'une de ces zones à l'autre, on remarque qu'il y a quelques différences entre elles sous le rapport pétrographique et que les fossiles, fort rares du reste dans les deux, indiquent des facies différents.

La ressemblance de la zone du nord-ouest et du nord avec le jurassique supérieur du Ganterist dispense d'en faire une description spéciale. A la base on trouve, il est vrai, moins de calcaire concrétionné, et la teinte rouge n'y existe plus du tout; mais on rencontre plus haut les bancs avec triturat de fossiles, les rognons de silex corné des assises à structure concrétionnée cachée et quelques taches roses, d'autres à feuillets irréguliers d'argile. De même que dans la chaîne du Ganterist, la roche dominante est du calcaire présentant toutes les teintes possibles entre le gris très foncé et le blanchâtre; mais, plus souvent encore que dans l'autre chaîne, il y a des parties où les joints de stratification ont disparu, et où les veines de spath sont si nombreuses qu'on a de la peine à voir la pâte primitive; il arrive aussi alors que celle-ci est devenue plus claire et plus ou moins cristalline; on peut citer comme exemple la pyramide du Stockhorn du côté de l'ouest.

La base du terrain ayant à peu près perdu les fossiles qu'elle avait encore dans l'autre chaîne, c'est toute la masse qui se trouve pauvre sous ce rapport; je n'ai à citer de la zone inférieure que quelques Bélemnites qui viennent du massif de la Kaiser-Eck :

Belemnites hastatus (Montf.) Bl. Nüschels.	*Belemnites Sauvanausus* d'Orb. ? Neuer Ganterist.
» *argovianus* Mayer. Nüschels.	*Belemnites n. sp.* Forme qui se trouve aussi dans la chaîne du Ganterist.
» *monsalvensis* Gill. Neuer Ganterist.	
» *cf. semisulcatus* Münst. Kühboden.	

Au-dessus de ces couches appartenant à la zone de l'*Ammonites transversarius*, j'ai recueilli dans la gorge du Petit-Mont (au sud de Im Fang), deux mauvais fossiles qui sont peut-être le *Belemnites argovianus* Mayer et le *Perisphinctes polyplocus* (Rein.). Ce sont là les seuls indices de restes de la zone de l'*Ammonites acanthicus* que j'aie rencontrés.

Plus haut on trouve çà et là, à différents niveaux et presque toujours isolés, quelques fossiles qu'il est fort difficile d'extraire. Voici l'indication de ceux qui peuvent recevoir un nom :

Crinoïdes indéterminables, dans plusieurs localités.
Phyllocrinus. Jaun (Kaiser-Eck). Deux espèces incomplètement connues.
Cidaris pretiosa Des. Gorge du Petit-Mont (sud de Im Fang).
Ostrea du groupe des *O. macroptera* et *angularis*. Keibhorn (sud-ouest du Stockhorn).
Ostrea, autre espèce. Stockhorn.
Haploceras elimatum (Oppel). Kaiser-Eck.
Aptychus exsculptus Schaur. Keibhorn (sud-ouest du Stockhorn).
    »   *punctatus* Voltz. Kaiser-Eck.
    »   *Beyrichi* Oppel? Kaiser-Eck.
Belemnites ensifer Oppel. Keibhorn (sud-ouest du Stockhorn).
    »   *strangulatus* Oppel. Kaiser-Eck, Stockhorn (?).
    »   *datensis* E. Favre. Kaiser-Eck.
    »   *Gemmellaroi* Zittel? Kaiser-Eck.
    »   cf. *bipartitus* (Bl.) Cat. Keibhorn (sud-ouest du Stockhorn).

Ces fossiles nous montrent que le facies tithonique de la chaîne du Ganterist continue dans cette bande septentrionale de celle du Stockhorn; mais les Huîtres annoncent que nous en trouverons un autre plus au sud. Le fragment cité sous le nom de *Cidaris pretiosa* est une plaquette dont on ne mettrait pas en doute la détermination, si on l'avait trouvée dans son gisement ordinaire, car elle ne peut être rapprochée d'aucune autre espèce connue; mais c'est le seul indice de la présence de fossiles valangiens du Jura dans ces couches.

Le calcaire du jurassique supérieur constituant la bande méridionale de la chaîne du Stockhorn forme une voûte irrégulière, dont l'intérieur n'est guère visible que dans des *ruz* plus ou moins profonds, dont aucun n'atteint les assises marno-schisteuses qui entrent sans doute dans la composition du terrain inférieur. Ce calcaire est semblable à celui de la bande septentrionale : les intercalations marneuses y manquant aussi, il forme habituellement des massifs rocheux où la stratification se perd souvent, et que leur physionomie fait distinguer de fort loin ; on y retrouve les bancs à triturat d'encrines, de radioles d'oursins et d'autres fossiles, mais la structure concrétionnée y manque, et la division en gros grumeaux y est rare. Il y a des assises où le carbonate de chaux est plus impur et de structure plus grossière que dans l'autre chaîne, soit par suite d'un mélange d'argile, soit par la présence de petits grains siliceux. En outre, dans les parties les plus profondes, la teinte de la roche est plus foncée, parfois même noirâtre ; ce qui la rapproche tout-à-fait de celle de la chaîne des Gastlosen. Au nord de la Klus (massif de la Kayser-Eck), il y a dans cette partie inférieure une bande mince de galets très siliceux, auxquels s'en mêlent quelques-uns qui sont calcaires.

Les fossiles sont très rares dans cette zone, et ceux que l'on rencontre sont souvent dans des débris, ce qui empêche d'en déterminer le gisement relatif avec certitude. Il y a d'abord des indices de la présence de restes de la zone de l'*Ammonites transversarius :* un habitant de la contrée m'a cédé comme provenant du nord de la Klus un bel exemplaire du *Perisphinctes plicatilis* (d'Orb.) (Sow.?), accompagné d'un *Phylloceras tortisulcatum* (d'Orb.), dans un même fragment d'un calcaire sableux appartenant bien à cette région ; au sud-est de la Reichisalp (massif de la Scheibe), j'ai recueilli en place le *Belemnites hastatus* (Montf.) Bl. avec une *Leptophyllia.* Il y a ensuite quelques fossiles appartenant à la faune de la chaîne des Gastlosen regardée comme kimméridienne : le principal est une Rhynchonelle que je désignerai sous le nom de *Rhynchonella aff. trilobata* (Münster), parce qu'elle est identifiée à cette espèce dans les listes de fossiles publiées, quoique au fond elle en soit assez éloignée ; j'en ai des exemplaires du nord de la Klus, du sud-est de la Reichisalp et des Bains de Weissenburg ; dans ce dernier endroit, tout au moins, elle est dans les assises les plus anciennes qui viennent à jour ; au nord de la Klus, elle est accompagnée de l'*Ostrea pulligera* Goldf. et d'une autre Rhynchonelle qui se retrouve dans la chaîne des Gastlosen, *Rhynchonella aff. inconstans* Sow.

Enfin la présence d'une zone corallienne est indiquée par d'assez nombreux coraux (*Leptophyllia, Rhabdophyllia,* etc.) qu'on trouve dans différents endroits, notamment au Harnisch, et par une petite Nérinée que j'ai rencontrée en nombreux exemplaires dans un bloc, au sud-est de la Reichisalp, et qui paraît appartenir à une espèce nouvelle.

C'est donc dans cette bande de jurassique supérieur que s'opère ou le mélange, ou la juxtaposition, ou le croisement des deux facies de fossiles, dont l'un est au nord, l'autre au sud ; aussi des recherches prolongées dans les bancs en place conduiraient probablement à des résultats intéressants.

Chaîne des Gastlosen.

Ainsi que je viens d'être amené à le dire, le jurassique supérieur se présente dans la chaîne des Gastlosen avec des fossiles appartenant à des facies différents de ceux que nous avons rencontrés dans celles de la Berra et du Ganterist et dans la partie extérieure de celle du Stockhorn. On peut y distinguer en montant dans les couches : les *schistes à charbon,* le *calcaire noir* et le *calcaire à Diceras.* Les schistes à charbon se relient par leurs fossiles au calcaire noir ; mais, en faisant le lever d'une carte géologique à grande échelle dans des régions couvertes par la végétation et les débris, il n'est que rarement possible de savoir jusqu'où ils forment le sous-sol des pâturages et des forêts où ils se trouvent ; aussi je les ai laissés joints aux couches inférieures désignées par la teinte *JmL,* et j'ai fait passer une limite par la base du calcaire noir, où il est possible de la tracer exactement partout. C'est donc le long de cette limite qu'ils se rencontrent quand les dislocations des couches ne les ont pas laissés dans la profondeur.

Schistes à charbon.

Avant de décrire les assises qui renferment de la houille, je dois parler d'un conglomérat qui est en dessous, mais qui ne se trouve que dans la partie sud-ouest de la chaîne. En faisant le lever de cette région, je l'avais rattaché aux schistes à charbon ; mais ne l'ayant pas retrouvé ensuite plus à l'est, il m'était venu des doutes sur cette classification : il me semblait possible que ce conglomérat appartînt au flysch, qui en renferme de plus ou moins semblables. Lorsque la carte dut être publiée, je n'avais pas encore pu trouver le temps de faire une révision pour éclaircir la chose; obligé de me décider, je le joignis alors à la cargneule et au gypse du flysch. En examinant depuis la question sur place, je me suis convaincu que ma première manière de voir était la bonne, et que la zone de cargneule du flysch est trop étendue sur la carte aux dépens de la teinte JmL: en effet, ce conglomérat passe à la Fluhalp très distinctement sous les schistes à charbon et y est en parfaite concordance avec eux; en outre, la nouvelle route de Jaun à Boltigen nous le montre, au Purpel, en petites assises mélangées à celles des schistes et du charbon.

Les fragments qui composent cette roche proviennent de calcaires foncés, de pâtes et de teintes assez diverses; ils sont anguleux, à angles émoussés, ou passablement arrondis; c'est donc une brèche qui prend parfois le caractère de poudingue. Le ciment est un calcaire de teinte aussi foncée ou un peu plus claire que la plupart des fragments, auxquels il est du reste très adhérent et qu'il isole souvent complètement. Par l'exposition à l'air, toute la roche devient d'un gris blanchâtre qui lui donne un aspect dolomitique; il y a du reste des fragments de calcaire magnésien assez nombreux parmi ceux qui la forment. On y voit aussi quelques cailloux d'un silex corné semblable à celui qui se trouve dans les calcaires de la région; mais les roches cristallines paraissent y manquer entièrement. Dans les bancs où les fragments sont arrondis, la roche est moins cohérente et il y a des galets impressionnés. S'il y a des intercalations dans la masse, elles sont formées par une marne schisteuse, verdâtre, noir verdâtre, parfois de couleur ardoise; elles indiquent le plongement véritable du conglomérat, qui sans cela fait quelquefois l'effet d'être seulement appliqué contre les schistes à charbon, quand ceux-ci sont en retrait au-dessus.

Cette division peut atteindre la puissance de 40 mètres, mais elle est ordinairement plus réduite; elle apparaît dans les massifs de la Marchzahn et du Bæderberg toutes les fois que la base des schistes à charbon est venue à jour. A la Klus elle n'existe pas, non plus que dans la vallée de Bunfall; en revanche, dans l'autre moitié du massif qui est la continuation directe du

Bæderhorn, le conglomérat se montre à deux endroits où apparaissent aussi les schistes à charbon: à l'ouest de la Mittagfluh (sommité nord de la Schwarzmatt), où je n'en ai vu pourtant que quelques blocs, et au nord-ouest d'Adlemsried, où il est en place sur une puissance de 6 mètres. C'est donc un dépôt essentiellement local, qui n'appartient qu'à un alignement de la double chaîne des Gastlosen, et cesse quand cet alignement disparaît sous le flysch à Wüstenbach.

Les schistes à charbon qui surmontent le conglomérat, quand il existe, sont marneux, à pâte assez fine, noirs ou noirâtres; ils se décolorent à l'air en teintes diverses, suivant les matières dont ils sont mélangés; quelquefois ils sont un peu sableux et à pâte plus grossière. Ils sont accompagnés de calcaire en bancs ordinairement peu épais, souvent sableux au point de prendre à l'air l'aspect d'un grès. Il y a de grandes variations sous le rapport de la quantité relative et de la distribution de ces deux roches; quelquefois les calcaires l'emportent sur les schistes; ces différences se montrent dans des endroits très rapprochés. Il en est de même pour le charbon, car on en trouve, suivant les localités, deux, trois, quatre bancs, ici plus près les uns des autres, là plus éloignés. La plupart de ces couches de charbon sont minces, du moins celles que j'ai vues dans la région où il y a eu des mines ne dépassaient pas deux décimètres; aussi l'exploitation en est à peu près abandonnée depuis longtemps; c'est ce qui fait que je n'ai pas autant de détails à donner sur ces assises que M. Studer, qui les a décrites dans sa *Geologie der westlichen Schweizer-Alpen*, p. 276. Dans l'été de 1882, on exploitait sur le flanc gauche de la Klus une couche qui est sans aucun doute la plus élevée de toutes, car elle est dans 3 mètres de schistes qui surmontent 4 mètres d'un calcaire si massif qu'on le croirait appartenir à la division supérieure. C'est peut-être la même assise qui apparaît dans une position analogue à la Fluhalp; mais ordinairement le charbon est confiné dans les schistes avec bancs calcaires peu épais.

La puissance des couches qui renferment de la houille, ou les fossiles qui l'accompagnent, varie quelque peu suivant les localités; elle est entre 20 et 30 mètres. Ce n'est au reste que dans les massifs de la Marchzahn, du Bæderberg et du Holzershorn que le charbon se trouve d'une manière un peu suivie. Je n'en ai pas vu dans celui d'Oberwyl, peut-être parce que les schistes y viennent peu à jour. A l'est du village de Weissenbu*rg*berg (sud de *rg*), on en voit affleurer une épaisseur de 3 décimètres, mais il n'est pas pur, et le banc n'est peut-être pas si puissant qu'il le paraît. Les anciens ouvrages mentionnent l'existence d'exploitations au-dessus d'Erlenbach (p. 17). C'est sans doute dans la cluse, qu'elles avaient lieu; quand j'ai passé dans la localité, on n'y voyait plus rien que quelques fragments de schistes. En revanche, à la cluse au-dessus de Latterbach, j'ai trouvé deux couches de charbon, une de un décimètre, l'autre beaucoup plus épaisse, mais dans des schistes brouillés, en sorte qu'il se pourrait qu'elle ne fût pas si puissante qu'elle le paraît. En aval du pont de Wimmis, je n'en ai vu qu'un feuillet qui ne se continuait pas; il n'est pas impossible qu'il y en ait davantage un peu plus loin, dans un endroit où les couches ne sont pas visibles. Quoi qu'il en soit, il me paraît bien probable que le charbon diminue à mesure qu'on s'éloigne du Holzershorn, car les restes organiques qui l'accompagnent deviennent tellement rares du côté de l'est qu'on en voit à peine quelques traces.

Les fossiles des schistes à charbon appartiennent à trois groupes différents; en règle générale ceux d'un même groupe ne se mêlent pas à ceux des deux autres dans le même banc, à l'exception des *Mytilus;* mais à toutes les hauteurs du terrain on peut en trouver des individus ou des associations, qui sont ainsi à la fois en dessus et en dessous de ceux des deux autres catégories.

1º Le premier groupe comprend les fossiles qui ont continué à vivre plus tard, c'est-à-dire pendant le dépôt du calcaire noir :

Ostrea pulligera Goldf. Sud-ouest de la Marchzahn, Mittagfluh (Holzershorn), cluse de Latter-
    bach (Simmenfluh).
  »   une ou deux autres espèces.
Mytilus striatus Goldf. Puchtisweid (Marchzahn), Fluhalp (Bæderberg), Mittagfluh (Holzers-
    horn).
  »   *jurensis* Merian. Sud-ouest de la Marchzahn et Puchtisweid (Marchzahn), Purpel et
    Klus (Bæderberg).
Rhynchonella aff. trilobata (Münster). Kienhorn (Holzersfluh).
Hemicidaris alpina Ag. Puchtisweid (Marchzahn), Purpel (Bæderberg), Mittagfluh (Holzers-
    horn).

2⁰ Le second groupe comprend des polypiers appartenant aux genres: *Thecosmilia, Epismilia, Stylosmilia, Cryptocoenia, Convexastrea;* mais dont deux seulement ont été étudiés par M. Koby et se trouvent être des espèces nouvelles:

Convexastrea Bachmanni Koby. Fluhalp (Bæderberg).

Cryptocoenia compressa Koby. Otfanglï-Alp (Bæderberg).

3⁰ Le troisième groupe comprend des bivalves qui accompagnent surtout les bancs de charbon. Quand la surface extérieure du test de ces fossiles est conservée, elle est noire; souvent le test lui-même a aussi pris cette couleur, mais d'autres fois il est resté blanc; alors les fossiles ont tout-à-fait l'aspect de ceux des calcaires d'eau douce. On peut distinguer dans ces coquilles une douzaine de formes, mais je n'ai pu en rapporter aucune aux espèces connues du jurassique supérieur. Il y a d'abord plusieurs espèces d'Astartes à côtes saillantes et éloignées. Ensuite on a des formes qui font penser à des Cyprines, à des Lucines, et quelque peu à des Cyrènes; mais il est difficile d'en dégager les charnières. Je crois être plus sûr de l'existence de Corbules.

On rencontre quelquefois des empreintes charbonneuses dans les schistes, mais la structure végétale y a disparu; d'autres restes que j'ai recueillis dernièrement à la Fluhalp ressemblent à des Fucoïdes, mais ne sont probablement pas déterminables.

Ces fossiles nous montrent que les schistes à charbon sont un dépôt essentiellement marin, en partie peut-être saumâtre; les Cyrènes seules, s'il y en a, indiqueraient un mélange de couches d'eau douce; mais la présence d'un conglomérat, celle de la houille, les différences dans le mélange des assises d'autres roches, différences qui se manifestent même dans des localités rapprochées, enfin le mode de répartition des fossiles nous apprennent qu'il s'agit ici d'un dépôt de rivage, plus caractérisé du côté du sud-ouest que du côté opposé.

Calcaire noir.

Au-dessus des schistes à charbon, le calcaire noir nous ramène à une roche semblable à celle du jurassique supérieur des autres chaînes; les fossiles seuls diffèrent complètement. C'est surtout à la partie inférieure de la division que ce calcaire a des caractères particuliers: il est noir, compact, à cassure anguleuse ou esquilleuse, quelquefois mêlé de bancs argilo-schisteux, d'autres fois tout en bancs épais; dans ce dernier cas il présente aussi des assises sableuses, surtout dans les régions du sud-ouest. Plus haut la teinte noire fait place à des gris plus ou moins foncés, et la cassure devient assez souvent un peu spathique. Dans cette partie supérieure la stratification disparaît par places, et de nombreuses veines spathiques, petites et grandes, sillonnent la pâte primitive, qui est souvent devenue de teinte encore plus claire.

Deux mesurages approximatifs dans des endroits très éloignés l'un de l'autre, où j'ai pu suivre toute la série des couches m'ont donné le même résultat, savoir une puissance de 120 mètres; ces deux localités sont la March-zahn et la cluse de Latterbach (massif de la Simmenfluh).

Ce n'est qu'à la base du calcaire noir qu'on peut faire de véritables récoltes de fossiles; ils y sont réunis le plus souvent dans des bancs peu épais, passablement argileux, d'où il est assez facile de les extraire; mais beaucoup sont à l'état de moules. Il y a longtemps que M. Studer a fait connaître les localités de Wimmis et de la Fluhalp; on en trouve d'aussi riches tout le long de la chaîne, lorsque les couches viennent à jour et sont exposées à la désagrégation; mais la répartition et l'épaisseur des bancs fossilifères ne sont pas partout les mêmes: quelquefois il semble qu'il n'y en a qu'un immédiatement sur les schistes à charbon; d'autres fois il y en a encore plusieurs dans l'intérieur du calcaire. Au nord de la Marchzahn, par exemple, on en trouve quatre dans une puissance d'assises de 50 mètres; au Holzershorn les fossiles se trouvent dans une épaisseur de 5 mètres, à 30 ou 40 mètres au-dessus des schistes à charbon; au pont de Wimmis, il y en a une zone peu épaisse et moins riche à 20 mètres au-dessous de la principale, dont la puissance est de 3 mètres.

Plus de la moitié supérieure de cette division ne renferme que rarement des fossiles, qu'il est en outre à peine possible d'extraire, mais qui n'indiquent pas un changement de facies; sur quelques points pourtant les dernières couches contiennent quelques Bélemnites, qu'il n'est pas possible de déterminer au moyen des exemplaires que j'ai recueillis.

Quoique j'aie rassemblé une assez grande quantité de fossiles dans la partie inférieure, qui est le calcaire noir proprement dit, je n'en ai pu rapporter qu'un petit nombre à des espèces kimméridiennes, et encore ce sont des formes peu caractérisées:

Terebratula subsella Leym. Un seul exemplaire. Sattel.
Ostrea pulligera Goldf. Gastlose, Fluhalp, Klus, Holzershorn, Hohe Fluh, Pont de Wimmis.
Hinnites inaequistriatus (Voltz). Gastlose, Fluhalp.
Mytilus jurensis Merian. Sattel, Gastlose, Fluhalp, Holzershorn.
Isocardia striata d'Orb. Sattel, Holzershorn, Pont de Wimmis.
Ceromya excentrica (Voltz) Ag. Sattel, Gastlose, Fluhalp, Klus, Holzershorn, Pont de Wimmis.

Ces localités sont dans l'ordre suivant, en allant du sud-ouest au nord-est: Sattel, Gastlose (massif de la Marchzahn); Fluhalp, Klus (Bæderberg); Holzershorn (sommité cotée 1949 mètres); Hohe Fluh (point culminant du massif), Pont de Wimmis (Simmenfluh).

Deux autres espèces publiées ne sont connues que de la chaîne des Gastlosen et de sa continuation en deçà et au delà du Rhône, mais elles y sont abondantes partout; ce sont:

Hemicidaris alpina Ag., *Mytilus striatus* Goldf.

Les formes que j'ai dû laisser indéterminées sont plus nombreuses que celles que je cite. Il y en a quelques-unes que de meilleurs exemplaires pourraient peut-être faire mettre dans la liste des fossiles kimméridiens déjà connus; mais la plupart me paraissent être des espèces nouvelles bien caractérisées, qui se joindront à l'*Hemicidaris alpina* et au *Mytilus striatus* et donneront ainsi à la faune un caractère tout-à-fait spécial: elle se trouvera peut-être différente de toutes celles qui sont connues; en tout cas elle s'éloignera beaucoup de celles du kimméridien de France que les Monographies de M. de Loriol nous ont si bien fait connaître. Coquand ayant émis la conjecture que le calcaire noir de Wimmis pourrait bien être bathonien comme certaines assises fossilifères des environs d'Antibes (voir p. 46), j'ai cherché à retrouver dans nos fossiles les espèces qu'il a indiquées dans sa liste: comme on pouvait s'y attendre pour des faunes de même facies, on peut constater une certaine ressemblance dans telle ou telle forme, mais il n'y a point d'identités; en outre la majorité des espèces qu'il a désignées par un nom précis n'ont pas d'analogues dans notre calcaire noir.

Calcaire à Dicéras.

Rien n'indique une limite entre le calcaire à Dicéras et le calcaire noir dont il vient d'être question; en remontant les couches de ce dernier, on peut admettre que l'on entre dans le premier, lorsque la teinte de la roche est simplement grise au lieu d'être un peu foncée; mais l'on ne trouve pas encore de fossiles qui motivent l'établissement d'une ligne de démarcation. Plus haut, le gris de la base peut varier, mais il ne passe pas au blanc; la structure de la roche est passablement uniforme, quand elle n'a pas été modifiée après le dépôt; la cassure est anguleuse, un peu esquilleuse, la pâte un peu moins fine que dans le tithonique de la chaîne du Ganterist; les rognons de silex corné sont rares et un mélange de matières grenues ne se présente peut-être nulle part. La stratification manque habituellement surtout dans le haut; parfois il y a alors une sorte de clivage en grand, fréquemment vertical, qui divise la masse assez régulièrement pour qu'on puisse être tenté de croire qu'il indique une division en bancs. Sur bien des points la roche est en outre tellement veinée de spath calcaire qu'elle ne se montre plus qu'en fragments polyédriques dans la matière cristalline. C'est dans le massif de la Marchzahn que ces modifications postérieures au dépôt atteignent leur maximum d'intensité: là le calcaire se dresse en une série d'aiguilles, ou plutôt de dalles gigantesques terminées en pointes, et cela donne à la montagne une physionomie qu'on ne retrouve nulle part dans les Alpes suisses. Au Bæderhorn la même variété de roche forme aussi des masses nues, où une grande crevasse s'est trouvée tapissée de beaux et gros scalénoèdres de carbonate de chaux, qui se sont répandus dans les collections avec l'indication de Boltigen comme provenance.

Dans quelques stations fossilifères, l'aspect de la roche est un peu modifié par un grand nombre de fragments roulés, imparfaitement arrondis, mais à surfaces lisses, qui se détachent facilement du calcaire, et ne s'en distinguent pas par leur teinte; comme dans d'autres formations coralliennes, ces pseudo-galets se trouvent être souvent des fossiles usés.

Au débouché du Simmenthal, où la chaîne des Gastlosen s'est comme recourbée pour fermer la vallée, le calcaire à Dicéras semble avoir une puissance très considérable, mais il y forme sans doute des plis que l'absence de stratification empêche de reconnaître. Dans les autres parties de la chaîne ce terrain est souvent réduit, soit parce qu'il a été froissé dans les dislocations, soit parce qu'il a subi des érosions pendant son émersion à la première partie de la période crétacée. On peut lui assigner approximativement une puissance de 100 mètres.

Les fossiles de ce calcaire n'ont été recueillis en quelque abondance qu'à la Simmenfluh par le défunt collecteur Tschann, qui les a répandus dans les collections. M. Ooster en a publié une Monographie.[1] Soit à la Simmenfluh, soit plus à l'ouest, on ne les trouve pas tous mélangés les uns avec les autres : il y a à distinguer deux associations ; mais je ne saurais dire s'il y a différence d'âge entre elles, ou si ce sont des facies contemporains ; toutes deux sont du reste dans la partie supérieure du terrain. L'une comprend surtout des Nérinées, des Dicéras et quelques Acéphales plus ou moins roulés ; l'autre se compose surtout de Brachiopodes, et n'a pas de fragments roulés. A la Simmenfluh on trouve les Nérinées en place aux points indiqués par la carte ; les Brachiopodes sont plus à l'occident, près du Stutz, dans des blocs éboulés ; ce dernier facies doit exister aussi à l'est, car on trouve des Brachiopodes isolés dans les éboulis le long de la route, mais non dans les fragments où il y a des Nérinées, ce qui indique qu'ils occupent une place à part. Le facies à Nérinées se retrouve, tout-à-fait le même, à la Grünholzweid, pâturage ouest de W (Wüstenbach), dans le massif du Holzershorn ; celui à Brachiopodes se présente au nord et à l'ouest de la Schwarzmatt, dans le même massif ; mais je n'y ai pu recueillir que peu d'exemplaires déterminables ; là il y a du reste mélange de Nérinées, tandis que les fragments roulés sont absents. Ces deux localités seraient aussi riches que les autres, si on les avait aussi bien exploitées.

Dans la liste suivante du facies à Nérinées, S indique la Simmenfluh et G la Grünholzweid :

---

[1] Le Corallien de Wimmis dans Pétrifications remarquables des Alpes suisses et Neuer Beitrag zur Kenntniss des Korallenkalks bei Wimmis in Protozoe helvetica, B. 2.

Diplocœnia stellata (Etall.) S.
Convexastrea. S.
Diceras Luci Defr. S, G.
　　　　»　　*n. f.* S.
Cardium cf. cochleatum Quenst. S.
Pileolus helveticus Merian. S.
Nerinea aff. Hoheneggeri Peters. S.
　　»　　　»　*contorta* Buv. S.
　　»　　　»　*Zeuschneri* Peters. S.
　　»　　　*n. f.* S.
Itieria Staszycii (Zeuschner). S, G.

Itieria Renevieri de Lor. S, G.
Neritopsis Hoheneggeri Zitt.? S.
Cerithium. S.
Cryptoplocus succedens Zitt. S.
Nerinea Defrancei Desh., var. *posthuma*
　　　　Zitt. G.
　　»　　*crispa* Zeuschner. S.
　　»　　*wimmisensis* Ooster. S.
Ptygmatis pseudobruntrutana Gemm. S, G.
　　»　　*carpathica* (Zeuschner). S.

Le faciès à Brachiopodes m'a fourni les fossiles suivants :

Montlivaultia. Nord de la Schwarzmatt.
Thecosmilia. Nord de la Schwarzmatt.
Pleurosmilia. Ouest de la Schwarzmatt.
Apiocrinus ou *Millericrinus.* Nord de la Schwarzmatt.
Pentacrinus. Nord de la Schwarzmatt.
Cidaris ou genre voisin; radioles de deux espèces. Ouest de la Schwarzmatt.
Rhynchonella Astieriana d'Orb. Nord de la Schwarzmatt, Stutz, éboulis de la Simmenfluh.
Waldheimia; deux formes. Stutz, éboulis de la Simmenfluh (une des deux formes).
Terebratula moravica Glocker. Stutz.
　　»　　*formosa* Suess. Stutz, éboulis de la Simmenfluh.
　　»　　*immanis* Zeuschner. Stutz.
　　»　　*bieskidensis* Zeuschner. Stutz.
　　»　　*aff. cygnaea* Merian. Stutz.
　　»　　*n. f.* **b.** Nord et ouest de la Schwarzmatt, éboulis de la Simmenfluh.
　　»　　*n. f.* **c.** Stutz, éboulis de la Simmenfluh.
Ostrea. Nord de la Schwarzmatt. Une autre espèce au Stutz.
Pecten Rochati de Lor.? Nord de la Schwarzmatt, éboulis de la Simmenfluh.
　　»　　*simmenensis* Ooster. Nord de la Schwarzmatt.
Belemnites. Stutz (avec les autres fossiles?).

Les Coraux paraissent plus généralement répandus que les autres fossiles, malheureusement ils sont peu déterminables dans l'état où on les trouve. Il en est de même des Encrines qui se rencontrent surtout dans le massif du Bæderberg, dans des bancs qui renferment un triturat de divers fossiles. J'ajoute aux listes ci-dessus les indications suivantes, comme renseignements sur les endroits où l'on pourrait faire de plus amples recherches avec quelque chance de succès.

— 175 —

Microsolena. Marchzahn, Grünholzweid (Holzershorn), est de la Balmfluh (Simmenfluh).
Leptophyllia. Flanc droit du Aebithal (Holzershorn).
Montlivaultia. Blocs au sud de Reutigen (Simmenfluh).
Rabdophyllia. Eboulis de la Simmenfluh.
Thecosmilia. Blocs au sud de Reutigen (Simmenfluh).
Heliocœnia variabilis Etallon. Grünholzweid (Simmenfluh).
Apiocrinus ou *Millericrinus*. Sud-est du Purpel et est du Bæderhorn (Bæderberg).
Diceras. Blocs au sud de Reutigen (Simmenfluh).

Si nous comparons les fossiles de ces listes avec les indications de gisement données par les auteurs, nous trouverons qu'un petit nombre sont mentionnés dans les zones coralliennes inférieures, mais que la plupart appartiennent à celle d'Inwald et du Salève, qui est regardée par bon nombre d'auteurs comme l'équivalent du tithonique à facies de Céphalopodes.

Chaîne des Spielgärten.

Pour la partie supérieure des terrains jurassiques, les renseignements paléontologiques que j'ai pu recueillir dans la chaîne des Spielgärten laissent dans un embarras presque aussi grand que pour la partie inférieure. Je n'y ai, par exemple, pas trouvé la faune du calcaire noir du flanc gauche du Simmenthal, qui existe pourtant au Rüblihorn, dans la continuation sud-ouest de la chaîne, à une assez grande distance il est vrai.[1]

En revanche le haut des couches décrites p. 150, sous le nom de jurassique moyen-lias, est rendu assez semblable aux schistes à charbon de la chaîne des Gastlosen, par la présence d'une plus grande quantité de bancs argileux et schisteux. Les recherches de fossiles que j'y ai faites pour appuyer cette indication, n'ont été couronnées que d'un mince succès: dans les débris descendus de l'escarpement de l'Abendberg, j'ai trouvé un fragment avec bivalves à test blanc qui rappellent celles des schistes en question; mais elles sont trop mal conservées pour qu'on puisse les déclarer identiques. Je n'ai pas rencontré de traces positives de houille dans le territoire de la feuille XII; mais il y en a une couche tout près, à l'est du Röthihorn, sur la feuille XVII, un peu au

---

[1] B. *Studer*, Geologie der westl. Schweizer-Alpen, S. 273. — Geologie der Schweiz, B. 2, S. 62.

midi du cirque de Seeberg. Elle est accompagnée de mauvais fossiles, parmi lesquels il y en a un qui pourrait être un *Mytilus*; en revanche des radioles d'oursins à coupe elliptique et un *Pecten* (ou *Lima*) qui s'est trouvé plus bas, n'ont pas d'analogues dans la chaîne des Gastlosen.

Le calcaire qui forme la masse principale de l'alignement du Niederhorn, et qui surmonte le lias-jurassique moyen dans celui de l'Abendberg, est très semblable au calcaire à Dicéras de la chaîne des Gastlosen; il n'y a que quelques différences à mentionner. La stratification n'y est souvent plus distincte comme dans l'autre chaîne, mais les fissures n'y sont ordinairement pas remplies de spath calcaire; elles s'y trouvent en revanche d'une manière plus constante, même dans les masses où la stratification est conservée; aussi presque toutes les surfaces de cassure sont planes, et se rejoignent par des arêtes à peu près régulières; les autres sont esquilleuses. Dans la partie inférieure surtout, la teinte gris clair de la roche est çà et là panachée d'un noir disposé par taches, quelquefois par bandes minces, mais tellement confluent avec le gris qu'on ne peut dire où il commence et où il finit. Il est fort possible que le noir soit la teinte primitive de la roche, et qu'elle ait subi un commencement de la métamorphose qui change le calcaire foncé en marbre blanc. Au Thurnen seulement j'ai vu à deux ou trois places des rognons semblables à ceux des autres chaînes et disposés de la même manière, mais la silice y est mélangée de calcaire.

La puissance de cette division est très grande: à l'Abendberg, par exemple, on ne peut pas l'évaluer à moins de 200 mètres; dans l'alignement du Niederhorn, on n'en voit pas la base.

Ce calcaire montre çà et là des fragments de fossiles brisés ou triturés; il y en a aussi d'assez complets, dont la coupe se dessine à la surface de la roche; mais quand on veut les extraire, celle-ci ne se casse presque jamais en suivant le test, parce qu'elle est trop fissurée, et l'on ne peut dégager d'exemplaires un peu déterminables. Donc, si j'ai marqué des localités fossilifères sur la carte, c'est plutôt pour indiquer où l'on pourrait chercher que pour préciser les endroits où j'ai fait des récoltes. C'est dans la partie supérieure de ce terrain qu'il y a le plus de ces traces de fossiles; elles appartiennent à un facies corallien, qui est probablement du même niveau que celui de la chaîne des Gastlosen. Voici une petite énumération qui donnera une idée de ce qu'on peut trouver dans cette division :

Rhabdophyllia flabellum (Bl.) Et. Cirque de Seeberg.

Encrines et radioles d'oursins dans les triturats de fossiles de différentes localités.

Pseudomelania? et d'autres Gastéropodes. Cirque de Seeberg, partie occidentale du Buntelgabel.

Nerinea Defrancei Desh. var. *posthuma* Zittel? Partie occidentale du Buntelgabel.

» cochleoides Zittel? *Klippe* au bord de la carte au sud du Niederhorn.

» Partie nord-ouest du Niederhorn, Gestelen-Alp (Niederhorn), partie occidentale du Buntelgabel.

CHAPITRE VI.

TERRAINS CRÉTACÉS.

Si je parle des terrains crétacés dans un seul et même chapitre, c'est que, sauf dans un territoire peu étendu, ils appartiennent au facies méditerranéen pur, et ne se prêtent pas pour cette raison à l'établissement de nombreuses divisions. On n'en peut distinguer en effet que deux, le néocomien et un crétacé supérieur; chacun de ces terrains représente sans doute plusieurs étages de l'Europe centrale.

Néocomien.

Résumé historique : Brunner et Collomb p. 34, Studer 36, Brunner 38, Pictet et Campiche 40, Pictet et de Loriol 48, Gilliéron 48.

Tandis que le crétacé supérieur se retrouve dans toutes les chaînes, le néocomien manque absolument dans celle des Gastlosen et des Spielgärten. Dans la partie de la chaîne de la Berra où on le rencontre, il présente assez de variations pétrographiques et paléontologiques; mais quand on passe dans les deux autres chaînes, on l'y trouve plus uniforme sous tous les rapports.

Chaîne de la Berra.

Le Niremont et le Montsalvens sont les seuls massifs de la chaîne de la Berra où le néocomien joue un rôle un peu important. Ayant déjà décrit, dans la 12ᵉ livraison de ces Matériaux, la manière d'être de ce terrain dans cette région, je n'ai à ajouter ici que l'indication de quelques fossiles trouvés ou reconnus depuis lors.

Les affleurements du Niremont, peu considérables du reste, sont mentionnés à la p. 13. Il faut ajouter à la liste donnée une plante nouvelle, le *Fucoïdes friburgensis* Heer, provenant de Rapaz, et la *Terebratula Strombecki* Schlœnb., de la Defforidaz.

Au Montsalvens, les intercalations de faunules de l'Europe centrale ont donné lieu à l'établissement de subdivisions qu'il est pour la plupart difficile de paralléliser avec les étages établis dans d'autres régions. Je les ai décrites sous les désignations de *couches de Berrias*, p. 104, de *calcaire à Ostreæ*, p. 111, de *couches à Belemnites latus*, p. 113, de *néocomien bleu*, p. 115, de *calcaire oolithique*, p. 117, et de *calcaire noir*, p. 120. En outre, les différentes zones géographiques qu'occupe le néocomien sont décrites à la page 173.

Il faut ajouter aux fossiles des couches de Berrias : *Phyllocrinus sp. n.* de Lor., *Hinnites occitanus* Pictet? et *Pecten Euthymi* Pictet?, qui viennent de l'abrupte de Villarsbeney. Si l'exemplaire de cette localité auquel j'attribue le nom de *Pecten Euthymi* est trop mal conservé pour que la détermination en soit sûre, il n'en est pas de même d'un autre que M. Reichlen a trouvé en amont du pont neuf sur le Javroz, près de Charmey. Ce fossile permet de présumer que la division inférieure du néocomien affleure quelque part dans cette région, où je ne l'ai pas reconnue.

Parmi les fossiles provenant de l'intercalation appelée calcaire à *Ostreae*, M. de Loriol a reconnu le *Pentacrinus neocomensis* Des.

Il faut ajouter aux couches à *Belemnites latus* le *Rhynchoteuthis alatus* d'Orb., de l'abrupte de Villarsbeney. J'ai rencontré le même fossile dans le néocomien bleu au Javrex et dans la gorge de la Jogne sous Châtel. Le *Phyllocrinus Picteti* de Lor. a été trouvé sur le chemin de Cerniat, un peu en amont du pont neuf sur le Javroz.

Dans le reste de la chaîne de la Berra, le néocomien n'apparaît plus qu'avec le tithonique, en *klippen* ou en blocs exotiques, à Tarraillonnaz et au Hohberg (XII⁰ livr., p. 136 et 140). Les *klippen* jurassiques de la partie orientale de la chaîne n'en sont pas accompagnées.

Chaîne du Gauterist.

Un coup d'œil sur la carte montre que, dans la chaîne du Gauterist, le néocomien joue un rôle considérable au sud-ouest d'un côté et à l'est de l'autre. Dans la partie centrale, c'est, après le crétacé supérieur, qui ne s'y trouve plus, le terrain qui a été le plus atteint par la réduction générale que le plissement a fait subir à tous les membres constitutifs de la montagne.

Entre le néocomien de la chaîne de la Berra et celui de la chaîne du Gauterist, on ne trouve nullement la ressemblance pétrographique à laquelle on pourrait s'attendre dans des territoires aussi rapprochés. Le premier présente une certaine variété de composition: il y a des assises marneuses et tendres d'une épaisseur notable, à des calcaires à pâte fine succèdent des massifs de bancs sableux et durs. Le second est au contraire très uniforme dans toute sa hauteur. En outre, le calcaire blanchâtre qui en forme parfois la base, surtout au sud-ouest, ressemble fort au jurassique supérieur et il n'est pas facile, comme au Montsalvens, d'établir une limite entre ces deux terrains qu'on croyait autrefois pouvoir séparer toujours parfaitement l'un de l'autre. Il peut arriver qu'après avoir quitté des assises où l'on ne trouve presque rien, mais que l'identité parfaite de la roche force à rattacher à l'horizon jurassique antérieur, on passe à d'autres où on rencontre quelques espèces néocomiennes. Il faut alors chercher entre deux au moins une limite pétrographique. Dans quelques endroits, aux bancs épais du tithonique succèdent des bancs minces, plus clairs, mêlés même de calcaire marno-schisteux; là on n'est pas embarrassé. Ailleurs les bancs tithoniques diminuent peu à peu d'épaisseur, ce qui fait déjà pressentir plus de difficultés; en montant dans la série on trouve pourtant des calcaires un peu moins durs, à pâte plus fine, qui se rapprochent plus du néocomien bien caractérisé que du tithonique ordinaire; on a alors au moins une limite approximative. Mais il arrive aussi parfois qu'on retrouve plus haut de nouveaux bancs qui ont bien plus l'aspect tithonique que les précédents, et alors on ne peut dire où est la limite. Cependant dans sa masse principale le néocomien se distingue du tithonique. C'est un calcaire assez tendre, à pâte très fine, à cassure habituellement conchoïde, de teinte gris blanchâtre, parfois olivâtre, presque toujours parsemé de taches noires à bords imparfaitement circonscrits, quelquefois même confluentes avec la teinte générale ; en se ramifiant ces taches peuvent prendre l'apparence de Fucoïdes. Les bancs de ce calcaire sont peu épais et souvent séparés par des parties schisteuses et argileuses, d'une teinte plus foncée et assez tendres ; il arrive aussi que ces intercalations schisteuses sont surtout calcaires, et que l'argile n'est qu'un enduit noir à la surface des feuillets. A l'air l'ensemble prend une teinte bleuâtre assez marquée dans les parties où les produits de la décomposition ne sont pas restés attachés à la roche. Le peu d'épaisseur des bancs fait que la stratification est ordinairement très apparente : elle ne disparaît que lorsqu'ils ont été soudés par une action mécanique ou autre, et forment une masse plus ou moins remplie de veines de spath calcaire. Cette espèce d'état métamorphique est cependant moins fréquent que dans le jurassique supérieur.

Outre quelques pyrites de fer, le néocomien contient, comme le tithonique sous-jacent, du silex corné noir, en rognons aplatis dans le sens de la stratification et souvent reliés entre eux.

La puissance de ce terrain est assez difficile à évaluer, à cause des compressions qu'il a subies et des plis et des zigzags qu'il présente ; elle est à peu près la même qu'au Montsalvens, c'est-à-dire qu'on peut la porter à 150 mètres.

Cette grande série d'assises ne présente pas de bancs tout particulièrement fossilifères. Les restes organiques y sont presque toujours disséminés dans toute la hauteur ; ce n'est que çà et là qu'on rencontre des couches où ils sont un peu plus fréquents que dans le reste du profil de la région ; aussi je n'ai d'associations bien constatées à indiquer que celle que fournit la localité où les fossiles néocomiens ont été découverts pour la première fois dans nos montagnes (p. 38). Cet endroit se trouve du côté nord du col qui joint le Ganterist et la Neunenenfluh. Dans la liste suivante, j'ajoute aux espèces que j'y ai recueillies moi-même celles dont des exemplaires sont déposés au musée de Fribourg, exemplaires de la provenance desquels je suis à peu près sûr.

Lytoceras *subfimbriatum* (d'Orb.).
Phylloceras *Thetys* (d'Orb.).
Haploceras *Grasianum* (d'Orb.).
Acanthoceras cf. *angulicostatum* (d'Orb.).
Crioceras *Duvalii* Lév.

Crioceras *Tabarelli* (Astier).
Belemnites *pistilliformis* Bl.
Aptychus *angulocostatus* Pet.
   »   *undatocostatus* Pet.
   »   *noricus* Winkler.

Les fossiles recueillis ailleurs sont énumérés dans la liste suivante, où les noms entre parenthèses indiquent les massifs où se trouvent les différentes localités.

Phyllocrinus *helveticus* Ooster. Nord du Grand-châlet (Brunnen).
   »   *sp. indet.* Ganterist (Neunenenfluh).
Terebratula *diphyoides* d'Orb. Cirque supérieur d'es Combes (Brunnen).
Lima. Ouest-nord-ouest de Morgeten (Neunenenfluh).
Inoceramus. Nord du Grand-châlet et entre Ripetelle et Stierenberg (Brunnen).
Lytoceras *subfimbriatum* (d'Orb.). Ouest du col de la Forcliaz (Broc), col du Petit-Haut-Crêt (?) (Plan), nord du Grand-châlet et sur Planfretz (?) (Brunnen).
Phylloceras *Thetys* (d'Orb.)? Au-dessus de Ripetelle (Brunnen).
Olcostephanus *Astierianus* d'Orb. Au-dessous de Brequettaz (Brunnen).
Crioceras *Duvalii* Lév. Notre-dame du Pont-du-Roc (Plan), au-dessus de Ripetelle et Brecka (Brunnen).
   »   *Villiersanum* d'Orb. Entre Stierenberg et Ripetelle (Brunnen).
   »   *Meriani* (Ooster)? Jacquettaz (Brunnen).
Nautilus. Grosse-gîte (Dent-de-Broc).
Aptychus *Didayi* Coq. Morvaux, sud-est de Brecka, Bremenga, au-dessous de Brequettaz et au-dessus de Ripetelle (Brunnen).
   »   *angulocostatus* Pet. Sud-est de Brecka, Bremenga, au-dessus de Ripetelle (Brunnen), Chumli et nord-ouest du Pohleren-Schafberg (Neunenenfluh).
   »   *aplanatus* Pet. Col ouest de la Dent-de-Broc, Morvaux et nord du Grand-châlet (Brunnen), ouest-nord-ouest de Morgeten (Neunenenfluh).
   »   *undatocostatus* Pet. Rochers ouest d'Arpille (Brunnen), nord de Bürglen (Neunenenfluh).
   »   *Serranonis* Coq. Ryprechten au sud du sommet côté 2099 m. (Neunenenfluh).
   »   *noricus* Winkler. Sud des Invouettes (Plan), rochers ouest d'Arpille (Brunnen).
Rhynchoteuthis *Meriani* Ooster? Bremenga (Brunnen), éboulis du Ganterist (Neunenenfluh).
Belemnites *pistilliformis* Bl. Col du Petit-Haut-Crêt et Hépétaulaz (Plan), Osseires, kleiner Brunn, nord du Grand-châlet, cirque supérieur d'es Combes, nord-ouest du châlet de Bremenga et au-dessus de Brecka (Brunnen), Galutzi (Hohmättle), ouest de la Falsche Fluh (Neunenenfluh).
   »   *bipartitus* (Bl.) Cat. Cirque nord du Grand-châlet, Bremenga, au-dessous de Brequettaz et au-dessus de Brecka (Brunnen), ouest-nord-ouest de Morgeten, Chumli et Lindenthal (Neunenenfluh).

Belemnites minaret Rasp. Jaquettaz (Brunnen), nord de Bürglen (Neunenenfluh).
>   *conicus* Bl. Sud-ouest d'es Combes (Brunnen).
>   *Orbignyanus* Duval-Jouve. Entre Brecka et Ripaz (Brunnen).
>   *n. sp.* **h.** Hépétaulaz (Plan), au-dessus de Ripetelle (Brunnen).
>   *n sp.* **i.** Cirque supérieur d'es Combes et au-dessous de Brequettaz (Brunnen), Chumli (Neunenenfluh).
>   *n. sp.* **k.** Sud-est du Fornix et sud-est de la Jaquettaz (Brunnen), Widderfeld et ouest de la Falsche Fluh (Neunenenfluh).

Cette liste montre que le néocomien de la chaîne du Ganterist appartient exclusivement au facies paléontologique méditerranéen. Les Ammonitides y sont peu nombreuses comparativement aux Bélemnites et aux Aptychus; cela tient en grande partie à ce que ces fossiles sont plus rarement conservés dans un état où ils soient déterminables, quand on ne les trouve que dans des affleurements naturels, ce qui est le cas dans cette chaîne.

Chaîne du Stockhorn.

Le néocomien se présente dans toute l'étendue de la chaîne du Stockhorn. Il entre sur notre carte au Hochmatt, dont il forme le sommet; en se prolongeant ensuite au nord-est, il prend part au rétrécissement général des terrains secondaires de la chaîne. A partir de la Kaiser-Eck, il remplit généralement un pli synclinal central plus ou moins régulier, en enveloppant une zone de crétacé supérieur qui le divise en deux bandes; dans celle du nord il se maintient parfois à une altitude plus grande que le jurassique; dans celle du sud il forme souvent une partie notable du versant méridional de la chaîne et descend même jusqu'au bas; aussi quand il laisse apparaître le jurassique sur ce flanc de la montagne, il peut arriver qu'il se remonte au pied.

Sous le rapport pétrographique ce néocomien est tellement semblable à celui de la chaîne du Ganterist qu'il serait bien inutile d'en faire une description spéciale. Tout ce qu'on peut indiquer en fait de différences, c'est que la base y présente une teinte moins blanchâtre et que l'ensemble a peut-être aussi plus souvent des bancs foncés. La difficulté de trouver une limite qui le sépare du jurassique est la même que dans l'autre chaîne.

Dans la bande du nord-ouest la puissance de ce terrain n'est certainement pas en dessous de celle qu'on peut lui assigner dans la chaîne du Ganterist; dans la bande du sud-est elle est habituellement moindre, sans que pourtant elle paraisse diminuer d'une manière régulière, ni que cette diminution soit assez considérable pour qu'on puisse s'attendre à ne plus trouver trace du terrain dans la chaîne des Gastlosen, qui est si voisine.

Les fossiles ne sont pas absolument rares dans ce néocomien; mais ils offrent encore moins de variété que dans la chaîne précédente et y sont encore plus disséminés; ce sont les Bélemnites que l'on rencontre le plus souvent. Voici la liste de ceux que j'ai recueillis avec l'indication des localités et des massifs.

Chondrites neocomensis Heer. Ravin nord d'Oberwyl (Scheibe).

Phyllocrinus Sabaudianus Pict. et de Lor.? Chaux-de-Félésimaz (Hochmatt).

    »   *sp. indet.* Nord du châlet du Kuhharnisch (Kaiser-Eck).

Lytoceras subfimbriatum (d'Orb.)? Nord de Luchen (Kaiser-Eck).

Haploceras aff. Grasianum (d'Orb.). Nord de la Scheibe.

Crioceras Sabaudianum (Pict. et de Lor.) Au-dessus de la Chaux-de-Lapex (Hochmatt).

Aptychus Didayi Coq. Nord de la Scheibe, Bains de Weissenburg (Nüschleten).

    »   *angulocostatus* Pet. Kuhharnisch (Kaiser-Eck), ouest de Bonfall et sud de Reichisalp (Scheibe).

    »   *aplanatus* Pet. Sohlhorn (Nüschleten).

    »   *Serranonis* Coq. Côté sud du Schafharnisch (Scheibe).

Belemnites pistilliformis Bl. Au-dessus du châlet de Hochmatt, Chaux-de-Félésimaz, Weiss-rössli, au-dessous de l'Aufert, gorge du Petit-Mont (Hochmatt), Kapelboden, Altenhaus, Kaiser-Eck, Weisse Fluh (Kaiser-Eck), ouest de Bonfall, Hohmad, nord de la Scheibe, ravin nord d'Oberwyl (Scheibe), est de Ober-Nacki (Nüschleten).

    »   *bipartitus* (Bl.) Cat. Nord de Luchen (Kaiser-Eck), ouest de Bonfall, côté sud du Schafharnisch, sud de Vorder-Reichisalp, nord de la Scheibe (Scheibe), Stockhorn et est de Ober-Nacki (Nüschleten).

    »   *latus* Bl. Hohmad et sud-sud-ouest de Vorder-Reichisalp (Scheibe).

    »   *minaret* Rasp. Gorge du Petit-Mont (Hochmatt), Altenhaus (?) et Kuhharnisch (Kaiser-Eck), Hohmad, entre Hohmad et Alpligen, est-sud-est de Stierenläger, nord de la Scheibe (Scheibe).

    »   *conicus* Bl. Kuhharnisch et est de Geissalp (?) (Kaiser-Eck), Hohmad et au-dessous d'Alpligen (Scheibe).

    »   *Orbignyanus* Duval-Jouve? Entre Münchenberg et Noberra (Kaiser-Eck).

Belemnites aff. Orbignyanus Duval-Jouve. Ouest de Niederstocken (Nüschleten).

>   *n. sp.* **h.** Wallop (Kaiser-Eck), Hohmad (Scheibe), nord de Flühberg (Nüschleten).
>
>   *n. sp.* **i.** Hochmatt-dessous (Hochmatt), Kapelboden, Altenhaus, nord de Luchen, Weisse Fluh (Kaiser-Eck).
>
>   *n. sp.* **k.** Paufert, Chaux-de-Félésimaz (Hochmatt), Altenhaus, Reidigenberg, Luchen, ouest de la Weisse Fluh (Kaiser-Eck), entre Hohmad et Alpligen (Scheibe).

Le néocomien manquant absolument dans la chaîne des Gastlosen, on peut s'étonner à bon droit de ne trouver aucune trace d'une formation littorale, ni dans la composition pétrographique, ni dans les fossiles de la partie méridionale de la zone qui nous occupe. On peut expliquer en partie ce fait par la remarque que c'est par suite des dislocations que les points où le néocomien manque dans une chaîne se trouvent aussi rapprochés de ceux où il est encore puissant dans l'autre. Qui sait si, en suivant les assises pélagiques dans les profondeurs où elles descendent, on ne les verrait pas prendre le caractère d'un dépôt côtier? Peut-être aussi que l'émersion de la région du Simmenthal pendant la première partie de la période crétacée s'étant étendue peu-à-peu du côté du nord, l'érosion a enlevé le dépôt littoral, et qu'il n'est resté que la partie pélagique que nous observons aujourd'hui.

Crétacé supérieur.

Résumé historique : Buckland p. 22, Studer 24, 29, 33, 36, de Fischer-Ooster, Bachmann, Renevier 43, Gilliéron, Th. Studer, Hébert, E. Favre, Merian, Desor 44, Vacek, E. Favre, Gilliéron 53.

Ne voulant guère exposer que les faits relatifs au territoire dont je m'occupe, je n'ai pas cherché dans le paragraphe précédent à déterminer si le néocomien qui y est décrit correspond à un, deux, trois ou quatre étages de l'Europe centrale ; cela aurait nécessité des comparaisons qui m'auraient mené trop loin. Cependant en prenant le terme de *crétacé supérieur* pour la division qui succède à ce néocomien, j'admets par la même que ce dernier représente une bonne partie des étages crétacés inférieurs. En effet, on ne trouve aucun indice d'une lacune entre ces deux terrains ; il est donc très probable qu'il y a eu continuité complète dans le dépôt. Cette remarque ne s'applique naturellement qu'aux trois chaînes extérieures, où nous avons vu que le néocomien existe; dans les deux autres le crétacé supérieur repose directement sur le jurassique.

Chaîne de la Berra.

Dans cette chaîne le crétacé supérieur ne se présente que dans les massifs du Niremont et du Montsalvens. Il y est composé d'un calcaire marneux et schisteux, habituellement d'un blanc sale. Les fossiles y sont très rares; cependant des recherches plus prolongées que les miennes donneraient probablement de bons résultats dans le massif du Niremont, d'où viennent la plupart de ceux que je puis désigner par un nom :

Fucoïdes latifrons Heer. Grands-Troncs au nord-est de Semsales. Espèce non connue d'une autre région, si ce n'est de la chaîne du Ganterist.

Taonurus tenuistriatus Heer. Ruisseau du They, au nord-est de Semsales. Espèce connue seulement de là et de la chaîne du Stockhorn.

Pseudodiadema. Colline au nord-est de Semsales. Radioles appartenant probablement à ce genre.

Cardiaster Gillieroni de Lor. Rive gauche de la Marivue au-dessus de Semsales. Espèce que je n'ai pas encore vue citée d'une autre localité.

Micraster breviporus Ag. Grands-Troncs au nord-est de Semsales.

Ostrea cf. curvirostris Nills.? Bimont à l'est de Villarsvolard.

Inoceramus. Presque partout. Probablement plusieurs espèces. Une très grande est celle qui est assez répandue dans les autres chaînes et que P. Merian a appelée *In. Brongniarti* Sow. (voir p. 44). Une autre peut être rapprochée de l'*In. cuneiformis* d'Orb., mais je n'ai pas d'exemplaire qui ait l'aile que d'Orbigny figure du côté anal.

On pourra trouver de plus amples détails sur ce terrain dans la 12ᵉ livraison de ces Matériaux, à la page 13 pour le Niremont et aux pages 128 et 181 pour le Montsalvens.

Chaîne du Ganterist.

Le crétacé supérieur ne joue qu'un rôle très subordonné dans la chaîne du Ganterist. C'est à son entrée au bord sud qu'il couvre le plus grand espace;

dans le reste de la chaîne il n'apparaît qu'en bandes minces, pincées dans le néocomien; il manque même complètement dans la partie centrale, c'est-à-dire dans les massifs du Hohmätle et du Wannels, et dans la partie occidentale de celui de la Neunenenfluh.

Comme le néocomien ce terrain est composé de calcaire dont chaque assise renferme plus ou moins d'argile; mais la proportion de cette dernière substance y étant beaucoup plus forte, les bancs durs à structure compacte sont rares, et il y a plus de massifs marno-schisteux et plus ou moins tendres.

Quand il n'y a pas eu froissement des assises, la limite inférieure du terrain est marquée par une zone composée surtout de schistes argileux d'un bleu très foncé, souvent même noirs, qui donne lieu à des dépressions ou à des ravinages. Dans la masse principale, qui est plus résistante, on trouve des teintes d'un rouge vif, parfois violacé, plus souvent encore un gris verdâtre ou bleuâtre. La couleur rouge qui est celle qui frappe le plus, se prolonge quelquefois assez loin dans le sens de la stratification; mais il arrive souvent qu'elle est remplacée subitement par la teinte verdâtre; celle-ci la panache aussi quelquefois en petit et en grand. Un trait de ressemblance entre le crétacé supérieur et le néocomien, c'est la présence de taches noires; elles y sont toutefois plus foncées et à bords plus nettement circonscrits; il arrive aussi qu'elles sont de même ramifiées de manière à prendre l'aspect de Fucoïdes. Les rognons de silex corné sont très rares, ceux de pyrites de fer sont un peu plus fréquents.

C'est dans la chaîne du Ganterist que j'ai recueilli le moins de débris de fossiles, sans doute parce que les affleurements sont plus restreints que dans celle du Stockhorn. Les fragments d'*Inoceramus Brongniarti* Sow. ne sont pas rares; le moins mauvais de ceux que j'ai collectés vient du col de la Forcliaz, au nord de la Dent-de-Bourgoz (massif de la Dent-de-Broc), localité où j'ai aussi trouvé une Huître. Il y a encore deux plantes à citer: *Chondrites neocomensis* Heer, du Scheiterwang (près du Ganterist), et *Fucoïdes latifrons var.* Heer, du sud de la Wirtnerenfluh, dans le même massif. Cette dernière espèce n'est encore connue que de là et du Niremont; l'autre appartient ailleurs au néocomien, et l'exemplaire que je cite ici est un peu incomplet (Heer).

Chaîne du Stockhorn.

Le crétacé supérieur joue un rôle important dans la chaîne du Stockhorn. Il est resserré en zones très étroites aux deux extrémités, comme dans la chaîne du Ganterist; mais dans les massifs de la Kaiser-Eck, de la Scheibe et des Nüschleten, il occupe plus de place que tout autre terrain et forme les sommets élevés du Schafberg, du Widdergalm et de la Scheibe, dont le premier est le point culminant de toutes les montagnes du flanc gauche du Simmenthal. Il se montre aussi parfois au pied sud de la chaîne.

La composition de ce terrain est à peu près partout la même que dans la zone dont il vient d'être question. On y retrouve en particulier les mêmes variations de teintes rouges et gris verdâtre, se panachant l'une l'autre en grand et en petit; dans le bassin de la Reichisalp, par exemple, je n'ai pas vu la couleur rouge, tandis qu'il y en a en assez grande quantité à la Scheibe, qui est tout près.

Les assises plus schisteuses et plus foncées qui forment la base du terrain, sont plus puissantes que dans la chaîne du Ganterist; elles atteignent 20 mètres. Elles manquent, en revanche, là où le bord méridional de la zone repose directement sur le jurassique, ce qui est le cas dans le massif des Nüschleten; ici les premiers bancs crétacés se distinguent très bien quand ils sont argileux et rouges ou verdâtres; mais il n'en est pas de même partout, ils appartiennent parfois à un calcaire plus pur et compact, si semblable au jurassique sous-jacent qu'on ne peut l'en distinguer que par sa schistosité, qui est ordinairement assez visible quand on casse la roche. Ce calcaire se trouve du reste aussi par places dans l'intérieur du terrain.

La puissance du crétacé supérieur de cette zone est considérable: elle dépasse certainement 100 mètres; mais il est difficile de l'évaluer avec quelque précision, parce qu'il n'y a guère de coupes où les couches ne présentent pas de petits plis aigus très compliqués, et que la roche ne fournit pas de points de repère pour reconnaître les grands plis.

Cette division m'a fourni plus de débris de fossiles dans la chaîne du Stockhorn que dans celle du Ganterist; mais ils sont peu propres à servir de documents pour déterminer l'âge du terrain. Ils sont d'abord mal conservés: quoique au premier aspect la roche ne paraisse pas avoir été beaucoup modifiée par des actions mécaniques ou autres, les fossiles y sont assez déformés; ensuite le test forme un tout intime avec la substance enveloppante et le moule intérieur, en sorte que la pièce ne se dégage pas bien. Voici quelques indications sur ce que j'ai recuelli:

Chondrites neocomensis Heer. Sommet du Widdergalm (Kaiser-Eck), Ober-Stocken et Unter-Stocken (sud-ouest et sud du Stockhorn). Espèce connue aussi du néocomien.

Chondrites serpentinus Heer. Sattel au sud-sud-ouest de Jaun (Hochmatt) et nord de la Scheibe. Espèce citée du néocomien de Châtillon de Taverne.

Munsteria cretacea Ooster. Sud du Rothekasten. Décrite par M. Ooster de la craie supérieure du lac de Thoune.

Taonurus tenuistriatus Heer. Sud du Rothekasten. Se trouve aussi dans les chaînes de la Berra et des Gastlosen, mais n'est pas citée d'une autre région.

Nodosaria. Vorder-Sattel (Hochmatt).

Crinoïde et *Echinide* indéterminables. Flanc septentrional du Rothekasten (Kaiser-Eck).

Ostrea. Scheibe. Probablement la même espèce que celle de la chaîne du Ganterist.

Inoceramus Brongniarti Sow.? Comme dans les autres chaînes, on trouve assez fréquemment des fragments d'un Inocérame à test épais, qui ne peut être que l'espèce de Wimmis.

Bivalve déformée, formant presque une lumachelle avec les fragments d'Inocérames, dans le massif de la Scheibe et ailleurs.

Belemnites. Dans la zone de schistes foncés qui est à la base de la formation et dans les bancs qui la surmontent, on trouve parfois de petites Bélemnites, où l'on peut distinguer trois formes; l'une est rapprochée du *Bel. pistilliformis.* C'est à la Kaiser-Eck et au Harnisch que j'en ai le plus recueilli.

Serpula. Très grosse espèce. Vorder-Sattel (Hochmatt).

Dents de *Squalides.* J'en ai recueilli dans plusieurs localités. La plus remarquable qui vient du Vorder-Sattel appartient au genre *Carcharodon;* mais elle est différente de celle que M. Pillet a décrite sous le nom de *Carcharodon longidens,* et qui provient du crétacé supérieur du Mont-d'Abondance en Savoie. [1] D'autres dents du Vorder-Sattel et de la Chaux-de-Félésimaz (Hochmatt) se rapportent peut-être au genre *Sphenodus.* Une autre du Rothekasten présente les caractères des dents de *Méristodon.*

---

[1] Description d'une nouvelle espèce de Carcharodon fossile. Mém. de l'Acad. de Savoie, 3ᵉ série, tome IX.

Chaîne des Gastlosen.

On trouve le crétacé supérieur sur le flanc et au pied sud-est et sud de la chaîne des Gastlosen. Il y forme une bande ordinairement étroite, qui est même par places complètement interrompue, car il y a des endroits où le flysch n'est qu'à quelques pas du jurassique. Ensuite une seconde zone se trouve à partir du Jaunbach, du côté nord-ouest du massif du Bæderberg; elle passe dans l'intérieur quand la chaîne est complètement dédoublée, et se continue avec la même position dans la région du Holzershorn.

Nous avons vu que dans le massif des Nüschleten le crétacé supérieur repose sur le jurassique du côté du sud. Dans la chaîne des Gastlosen il en est de même partout; nulle part on n'y trouve la moindre trace de néocomien, ni même des schistes noirs qui le surmontent. Il y a donc dans la série des dépôts une lacune qui comprend tout le néocomien et une partie du crétacé supérieur. Dans d'autres régions une telle transgression pourrait être reconnue directement par la discordance des couches des deux terrains; mais dans les Alpes cette constatation serait difficile; il faudrait pouvoir la faire sur un grand nombre de points, pour s'assurer ainsi que le non-parallélisme des assises ne provient pas de glissements ou de froissements. Dans le cas qui nous occupe, elle est rendue tout-à-fait impossible par le fait que la stratification n'est pas visible dans le haut du jurassique. On peut pourtant reconnaître directement la transgression d'une autre manière: dans beaucoup de localités le crétacé supérieur est intercalé dans le jurassique de telle façon qu'il semble évident qu'il s'est déposé dans d'anciennes dépressions de ce dernier terrain. C'est le cas en particulier dans la paroi de rocher au nord-est de Latterbach (pl. XII, fig. 4). En outre, il y a plus de variations d'un point à un autre dans la nature des couches qui sont en contact avec le jurassique, qu'il n'y en a dans celles qui sont plus élevées dans la série. Ces faits confirment ce que l'existence de la lacune forçait déjà d'admettre: le crétacé s'est déposé sur une surface jurassique immergée après que l'érosion y avait produit des dépressions. On pourrait même conclure de l'absence du terrain sur les points où le flysch paraît toucher au jurassique que des îlots ont persisté jusqu'à la fin de la période crétacée, et n'ont pas été couverts par ses dépôts, s'il n'était pas aussi possible que cette absence ait été produite par les froissements que les couches ont éprouvés dans les dislocations.

Quant à la composition ce terrain est tout semblable à celui de la chaîne du Stockhorn; il y a seulement peut-être un peu plus de bancs où le calcaire est plus pur et plus compact. On remarque aussi qu'il y en a qui prennent une teinte jaune ou rousse à l'air, et que des feuillets de schistes contiennent beaucoup de grains plus petits qu'une tête d'épingle, et d'une matière un peu différente de celle de la pâte qui les renferme; il est difficile de dire, par un examen superficiel, si ces grains ont été formés par concrétion dans la masse, ou s'ils proviennent d'une autre roche préexistante.

Selon tout apparence la puissance de ce terrain est moins considérable que dans les chaînes plus extérieures; je l'ai évaluée à 80 mètres dans le massif du Bœderberg, à la cluse du Jaunbach; elle est ordinairement moindre. Les fossiles recueillis dans cette zone ne suffisent pas plus que ceux des chaînes du Ganterist et du Stockhorn pour en déterminer le niveau paléontologiquement; mais tout mauvais qu'ils sont, ils montrent que les calcaires rouges et verdâtres de la chaîne des Gastlosen sont les mêmes que ceux qui succèdent au néocomien méditerranéen, là où ce terrain existe. Ce sont:

Chondrites serpentinus Heer? Weibelsried (Bœderberg).
Taonurus tenuistriatus Heer. Nord-est de Latterbach (Simmenfluh).
Nodosaria. Trümmelhorn (Holzershorn).
Echinides indéterminables, mais de même forme que ceux de la chaîne du Stockhorn. Kienhorn (Holzershorn), Simmenfluh.
Inoceramus Brongniarti Sow. Des exemplaires déterminés par P. Merian proviennent de la Simmenfluh; d'autres plus fragmentaires ont été recueillis à l'Oberbergfluh (Marchzahm), à la Fluhalp (Bœderberg), etc.
Belemnites, identique à l'une des formes de la chaîne du Stockhorn. Oberbergfluh (Marchzahm).

Chaîne des Spielgärten.

Le crétacé supérieur joue un assez grand rôle dans les deux alignements de montagnes qui s'étendent entre la vallée de Diemtigen et le Simmenthal, c'est-à-dire dans la partie de la chaîne des Spielgärten où existe le jurassique supérieur. On le voit apparaître aussi dans le flysch du Simmenthal, au bord sud de notre feuille, évidemment comme prolongement de l'alignement du Niederhorn.

Nous retrouvons dans cette nouvelle zone les caractères de celles des montagnes du flanc gauche du Simmenthal, savoir le mélange de marnes et de calcaires schisteux et le panachage en grand par des teintes grises, vertes et rouges. Il y a pourtant quelques différences à signaler: on trouve ici une plus grande quantité de calcaire compact et dur, qui, malgré sa structure schisteuse, résiste assez au morcellement pour qu'il s'y soit formé des lapias, et pour qu'il semble que certaines variétés roses puissent être employées comme marbres; le mélange des grains plus foncés dans les schistes, qui est accidentel dans la chaîne des Gastlosen, devient ici fréquent; il y en a dans le nombre qui pourraient bien être d'origine organique. Enfin au Niederhorn on voit, sur quelques points, une assise de calcaire et de schistes noirs peu épaisse; comme elle ne forme pas la base du terrain, elle ne correspond pas à celle des autres chaînes. A ces différences qui datent probablement du dépôt de la roche, viennent s'en ajouter d'autres indiquant un certain degré de métamorphose : la roche est plus souvent veinée de spath calcaire; les dendrites y sont fréquentes; les schistes marneux ont souvent pris une teinte blanchâtre et sont passablement lustrés.

La puissance de ce terrain est variable. C'est au nord qu'elle est le plus forte, car on peut l'évaluer au Thurnen entre 80 et 100 mètres, tandis que plus au sud elle ne dépasse guère 50 mètres et est bien souvent moindre. Il est probable que la base y manque, comme dans la chaîne des Gastlosen.

La transgression de ce terrain sur le jurassique n'est pas douteuse, car le néocomien manque partout; cependant sur plusieurs points où une stratification existe dans le jurassique, on ne remarque pas de discordance à la limite; il en est particulièrement ainsi dans les cas où les deux terrains sont restés à peu près horizontaux. Là où ils ont été redressés, il y a habituellement une discordance; mais il est difficile de décider si elle date du dépôt du crétacé, ou si elle s'est produite lors des dislocations des couches. Souvent des lambeaux de craie pénètrent dans le jurassique; il est probable que dans plusieurs cas cela provient de ce que le dépôt s'est fait dans des dépressions résultant d'une érosion antérieure ; dans d'autres c'est très évidemment l'effet de petites failles qui se sont produites dans le jurassique, très rigide de sa nature. Il n'est naturellement pas toujours facile de distinguer à laquelle de ces deux causes il faut attribuer telle ou telle des pénétrations qu'on observe ; toutefois il y en a entre les deux sommets du Niederhorn et au Buffeli qui me paraissent ne pouvoir s'expliquer que de la première manière.

Un autre fait à mentionner est celui que les points où le flysch touche au jurassique supérieur sont assez nombreux, sans toutefois que le contact soit à jour. Quand les assises sont très inclinées, il est naturel d'admettre que ce sont les dislocations qui sont la cause de l'absence du terrain intermédiaire. En effet, dans les endroits où le jurassique est resté à peu près horizontal, on trouve presque toujours le crétacé au-dessus, ou bien si le flysch semble en occuper la place, il est possible d'expliquer le fait par des glissements ou des éboulements. Je ne connais qu'un point où le flysch en place m'ait paru reposer directement sur le jurassique à peu près horizontal, c'est au nord-est de l'Abendberg, encore l'affleurement n'est-il pas très étendu. Si le cas était plus fréquent, il y aurait lieu de rechercher si l'absence du crétacé provient d'îlots jurassiques qui existaient à l'époque où il se déposait, ou d'une dénudation qu'il aurait subie avant que le flysch vînt le recouvrir. C'est surtout la première alternative qui serait appuyée par les petites *klippen* jurassiques qui surgissent dans le flysch, sans être accompagnées de lambeaux du terrain intermédiaire : ce seraient des restes d'anciens îlots de la mer crétacée.

La rareté des fossiles, déjà grande dans les autres chaînes, augmente dans celle-ci, comme cela a lieu pour tous les autres terrains. J'ai vu de petites dents de Squalides, que je n'ai pu extraire. Ce qu'il y a de moins rare, ce sont les fragments du grand *Inoceramus Brongniarti* Sow.; le plus gros de ceux que j'ai recueillis provient du nord de l'Abendberg.

CHAPITRE VII.

ÉOCÈNE.

Résumé historique: Studer p. 24, 25, 28 et suiv., 33, 37, 47, 48, Rütimeyer 34, Brunner 38, 39, de Fischer-Ooster 47, Heer 48, Ischer 52, de la Harpe 53.

À l'époque éocène il s'est fait dans nos régions, comme dans le reste des Alpes latérales, des dépôts très puissants, arénacés, marneux et calcaires, qui y occupent maintenant de larges zones, et y forment à eux seuls une chaîne aussi élevée que celles qui sont composées de terrains secondaires. Je ne suis presque pas parvenu à établir des divisions dans cette masse de couches; n'ayant constaté la présence de Nummulites que sur un point, dans la chaîne de la Berra, j'ai dû leur conserver partout ailleurs le nom de *flysch*. Ce n'est qu'à leur base qu'on rencontre des affleurements sporadiques de gypse, de cargneule et de dolomie, qu'on peut décrire à part: c'est ce que je ferai après avoir dit un mot de traces d'injections sidérolithiques et du nummulitique.

Injections sidérolithiques.

Il y a dans les montagnes de la feuille XII quelques indices de dépôts sidérolithiques, qui rappellent, bien en petit, ce que l'on voit dans le Jura et ailleurs. J'ai déjà eu l'occasion de mentionner ceux qui se trouvent dans le jurassique supérieur à la Tour-de-Trême. (Douzième livraison de ces Matériaux, page 146.) On en observe aussi dans les environs de Diemtigen. La dolomie qui est au sud de ce village (p. 119), est partiellement pénétrée d'une matière ferrugineuse rouge, qui se montre aussi dans le calcaire supérieur, soit au-dessus de la dolomie, soit, par places, plus en amont. Cette même matière tapisse encore les fissures de la petite *klippe* jurassique qui est en travers de la vallée, au sud-sud-est de Diemtigen. D'autres traces dans le jurassique et le crétacé supérieur de la chaîne du Stockhorn sont douteuses.

Nummulitique.

De toutes les zones d'éocène qui se trouvent sur la feuille XII, la chaîne de la Berra est la seule où l'on ait signalé jusqu'à présent des Nummulites.

J'en ai trouvé dans la région de *klippen* au sud-ouest du massif du Cousimbert, en *Cha* (*Chabley*). Elles sont renfermées dans un conglomérat de roches cristallines, assez différent de ceux du flysch par son ciment de calcaire blanc. Des débris de cette roche se sont encore montrés dans le massif du Niremont et à l'est de Montévraz. On trouvera quelques détails de plus sur ce nummulitique dans la douzième livraison de ces Matériaux, page 134.

Différents auteurs ont parlé de Nummulites qui ont été recueillies dans le massif du Gurnigel. Ce qu'ils en ont dit est résumé dans le présent volume, aux pages 39, 47 et 53. Enfin j'ai appris par M. Renevier que M. Doge en a découvert à un des escarpements qui dominent le Lac Noir. Dans une course que j'ai faite cet automne, mais à laquelle je n'ai pu consacrer que peu d'heures, je ne suis pas parvenu à les retrouver.

Gypse, cargneule et dolomie éocènes.

Ces trois roches sœurs n'apparaissent que çà et là dans l'éocène. Il n'est pas possible d'y trouver des caractères qui les distinguent bien de celles du trias. Le gypse est mélangé d'autres matières de la même façon, et les feuillets de dolomie qui y sont intercalés sont de même fissurés ou brisés (pl. 5, fig. 1); il contient de petites parties fibreuses et mi-transparentes, tandis que je n'en ai pas rencontré dans la roche triasique. La dolomie est tantôt parfaitement semblable à celle du trias, tantôt plus foncée, traversée d'un plus grand nombre de veines cristallines et plus résistante à l'effort du marteau. La cargneule est parfois noirâtre; elle présente aussi moins souvent des cavités à formes régulières; mais au fond il n'y a point de différences essentielles dans la structure, et probablement aussi dans la composition chimique. Tandis que dans le trias les trois roches forment presque toujours trois assises distinctes et successives, elles sont entremêlées dans l'éocène, ou bien il n'y en a qu'une ou deux dans la même zone. En entrant dans quelques détails sur les affleurements des différentes chaînes, j'aurai l'occasion d'indiquer les raisons qui font ranger ces roches dans la série éocène, tandis que quelques géologues regardent tous les gypses et cargneules des Alpes comme triasiques.

Chaîne de la Berra.

On voit surgir du gypse sur trois points au pied nord de la chaîne de la Berra : dans le massif du Cousinbert, au Burgerwald [1] ; dans celui du Gurnigel, au Fettbad, où il affleure à peine, et dans le Seeligraben, au sud des bains du Gurnigel ; ici il y a aussi de la dolomie et des indices de cargneule. Du côté sud de la même chaîne, j'ai cru devoir envisager comme éocènes de la cargneule et de la dolomie, aux Echelettes, vers l'origine de la vallée du Javroz. D'autres affleurements mentionnés au chapitre du trias (p. 105) pourraient être du même âge.

Au Burgerwald le gypse apparaît dans la région d'éboulis du flysch qui couvre le pied de la chaîne de la Berra ; on l'a exploité à diverses reprises. En 1868 on y voyait de bas en haut :

Gypse en feuillets plus ou moins contourné, mais plongeant dans l'ensemble comme le flysch de la montagne, environ	15 m.
Marne grenue, schisteuse, noir verdâtre	1,50 „
Grès rouge et verdâtre	0,50 „
Gypse	0,50 „

Je n'ai trouvé dans les environs aucune trace d'un autre terrain que le flysch, qui est en place un peu plus haut sur le flanc de la montagne.

C'est au Seeligraben, au sud des Bains du Gurnigel, que l'on voit le mieux que le gypse n'est qu'une simple intercalation dans l'éocène. Quand on remonte le ravin, on quitte les derniers bancs de molasse visibles au sud-ouest des Bains. On est ensuite longtemps dans une région de débris de flysch, avant de trouver un affleurement de couches en place ; le premier que l'on rencontre est une brèche suivie de schistes marneux, roches des plus caractérisques du flysch ; le plongement est sud comme celui de la molasse qu'on a quittée : mais les débris couvrent encore la plus grande partie des berges, et cela continue malgré la profondeur du ravin ; on n'a que de distance en distance quelques affleurements d'assises en place, dont le plongement se fait presque

---

[1] Ce nom n'est pas sur la carte ; il a toujours été employé pour désigner une carrière de gypse qui a eu un certain renom pendant quelque temps (p. 33), et qui est marquée nord de *M* (*Muscheneck*).

toujours au sud, mais sans aucune régularité sous le rapport de l'inclinaison. On y trouve quatre fois des assises de gypse stratifié, accompagné de bancs de dolomie, ou seul, et intercalé dans des schistes calcaires noirs, ou des marnes vertes, violettes et rouges, tels qu'on les voit dans le flysch ordinaire; j'ai encore rencontré un bloc de grès détaché, renfermant du gypse en veines irrégulières. La dolomie se montre aussi seule et normalement intercalée dans les marnes, mais jamais en grandes masses. Il est ainsi facile de se convaincre que les deux roches ont été déposées à diverses reprises, comme les autres couches qu'elles accompagnent. Il y a probablement aussi des assises de cargneule, mais je n'en ai point vu; M. Studer en indique une dans la partie inférieure du profil.[1] Les éboulements des débris qui forment surtout les berges du torrent sont si fréquents, qu'à quelques années de distance telle couche qu'on a vue se trouve cachée, tandis que les eaux en ont dégagé d'autres.

J'ai marqué sur la carte les mêmes roches aux sources des Bains, qui sont dans la direction des affleurements du Seeligraben; à l'heure qu'il est on ne voit là que très peu de choses; d'après les Notices balnéologiques, il ne paraît pas que dans les travaux de captation on ait rencontré des couches en place. A la source du Stock, les débris sortis de la galerie contiennent des fragments de gypse, de cargneule et de dolomie. De même la source du Schwarzbrünnli sort de la dolomie, à en juger d'après les nombreux fragments de cette roche qu'on y trouve.

A 5 ou 6 kilomètres à l'ouest du Gurnigel, au Fettbad [2], on voit affleurer le gypse dans un pâturage sur moins d'un mètre carré, et dans une région de flysch en débris et de blocs exotiques; nulle part tout autour il n'y a les entonnoirs qui ne manquent pas dans cette roche, lorsqu'elle forme la surface du sol sur une étendue un peu considérable.

Il n'est pas impossible que le gypse qui minéralise l'eau sulfureuse des bains à l'ouest du Lac Noir, appartienne au flysch et non au trias; on ne le voit qu'en blocs dans les éboulis au-dessus de la source. Il me semble plus

---

[1] Geologie der westlichen Schweizer-Alpen, S. 387.
[2] Ce nom, qui est sur la carte, est inconnu dans la contrée.

sûr qu'il faut rattacher au flysch la cargneule et la dolomie qui affleurent à l'est des Echelettes, près de l'origine de la vallée du Javroz. Dans le haut de la zone (à l'ouest de *Chésalettes*), il y a de la cargneule à quelques pas du lias, et de la dolomie plus au nord, tandis que dans le trias les deux roches sont habituellement dans l'ordre inverse; plus à l'ouest la cargneule et la dolomie paraissent mélangées, et il y a entre elles et le lias une zone de bajocien; au sud il n'y a plus que la cargneule, qui au Javroz est d'un côté du ruisseau, tandis que le lias est de l'autre. Cette manière d'être de ces roches l'une par rapport à l'autre, l'absence du rhétien, leur contact probable tantôt avec le lias tantôt avec le bajocien, m'ont fait penser qu'elles ne correspondent probablement pas à celles qui sont de l'autre côté du massif, à Gratavache, et qui sont triasiques.

Chaîne du Stockhorn et des Gastlosen.

Au pied nord-ouest du massif du Marchzahn, on voit affleurer du gypse et de la cargneule qui n'y appartiennent pas, mais dépendent du flysch de la chaîne du Stockhorn. Au delà de la Jogne la continuation de cette zone n'a plus que de la cargneule, et bientôt elle passe entre les deux parties du massif du Bæderberg; elle touche là à des conglomérats calcaires d'aspect un peu dolomitique. J'ai réuni ces deux roches sur la carte en leur donnant la même teinte. Plus tard j'ai reconnu sur les lieux que c'était bien à tort, comme cela est expliqué à partir du bas de la page 165. Le conglomérat appartenant au jurassique, la carte attribue une trop grande largeur à la zone de gypse et de cargneule; cela m'oblige à la rectifier par l'indication de ce qu'il y a en réalité dans les différentes localités, en commençant par le sud.

A la croupe au midi du Sattel, on voit de la cargneule noire sur quelques mètres d'épaisseur seulement. Du côté du nord-ouest elle touche au flysch, qui ne se trahit d'abord que par des débris, mais qui est en place un peu plus loin; du côté du sud-sud-ouest, elle se perd sous les blocs descendus de la chaîne calcaire; mais à une petite distance, et, semble-t-il, dans sa direction, c'est du gypse qui affleure; il est plissé et contourné, mais dans l'ensemble il paraît plonger au sud-est. Du côté du nord-nord-est on trouve une large zone de blocs et de débris qui cache la continuation de ces roches, sauf en M (Marchzahn), où c'est le gypse qui apparaît. Un autre contrefort, nord de *Gast* (*Gast*losen), ramène la cargneule à jour, mais seulement du côté de l'est. A la Buchtisweid, il n'y a pas de cargneule visible là où elle est marquée sur la carte, et dans le profil, pl. 2, fig. 2; mais la continuation de la zone est indiquée par des débris qui sont plus près du Jaunbach.

Au nord du Purpel la cargneule, accompagnée d'une bande de flysch, affleure d'une manière presque continue; elle a été bien mise à jour, sur une vingtaine de mètres de puissance, par la construction de la grande route qui conduit maintenant de Jaun dans le Simmenthal. En revanche, dans la région de la Fluh-Alp, la zone marquée est beaucoup trop large, car elle appartient surtout au conglomérat jurassique; mais la cargneule s'y montre pourtant dans la partie nord-est.

Chaîne des Spielgärten.

La chaîne des Spielgärten nous offre les roches qui nous occupent sur différents points, dans le nombre desquels il y en a où leur niveau géologique est difficile à déterminer. La cargneule est mêlée à un conglomérat du flysch au sud du Niederhorn, et il y a dans la même région un affleurement de gypse au Spitzhorn. Les trois roches apparaissent sur deux points dans le massif des Mänigen. La cargneule seule couvre des espaces assez considérables entre les *klippen* de Twirien, du Hohmad et du Schwarzberg. Enfin la vallée de Diemtigen coupe à son débouché une assez longue zone de cargneule et de gypse. Je reprendrai successivement ces différentes localités pour indiquer les raisons qui me font ranger dans l'éocène les roches en question.

Massif du Niederhorn. La région du bord méridional de la carte, au sud et au sud-ouest du Niederhorn, renferme de la cargneule; mais il ne serait guère possible de la distinguer sur la carte comme division particulière, car elle est très distinctement intercalée dans le conglomérat du flysch qui est ici la roche dominante. C'est dans le ravin sans végétation du torrent qui débouche au nord de Grubenwald qu'on voit le mieux la position géologique de cette cargneule; en le remontant jusqu'à un petit affleurement que la nature de la roche m'a fait attribuer au crétacé supérieur, on traverse en descendant dans les couches des alternances de conglomérat et de calcaire schisteux, qui renferment trois masses de cargneule de puissances diverses; en continuant à suivre le ravin, on retrouve à partir de la craie la même série, mais dans l'ordre inverse. Ce n'est pas la cargneule qui repose directement sur le crétacé supérieur, c'est un calcaire, qui forme ainsi la première assise du flysch. Dans la partie la plus élevée du ravin, des bandes de cargneule sont aussi intercalées à des calcaires très gréseux et à des schistes argileux qui ne sauraient appartenir qu'au flysch. Il n'est pas possible de suivre les bancs de cargneule en dehors du ravin à cause de la végétation et surtout des grandes masses de débris qui forment le sous-sol des pâturages. C'est probablement pour cela que je n'en ai pas rencontré plus au nord; mais plus au sud, autour de la *klippe* de Mayenberg, il y en a de nombreux fragments; elle est tout à fait en place sur un assez grand espace à Müntingen sur la feuille XVII.

C'est dans la même position stratigraphique que du gypse apparaît au Spitzhorn (pl. 4, fig. 1); on ne voit pas directement à quelles roches il touche, et son propre plongement est variable, mais il doit être intercalé entre un calcaire très foncé qui repose sur le crétacé, et une bonne partie des conglomérats qui forment le Spitzhorn.

Mänigen. A l'est du cirque de Seeberg, le pied des escarpements jurassiques montre du gypse, et les flancs, de la cargneule avec un peu de dolomie. Il n'est pas facile de déterminer la position stratigraphique de ces roches en grande partie recouvertes par des débris; elles semblent au premier abord appartenir à la chaîne elle-même, et n'être que des lentilles intercalées dans le terrain qui la forme : un examen plus complet fait reconnaître que ce sont des masses plus ou moins épaisses, appliquées, à différentes hauteurs, contre les assises jurassiques, ainsi que cela est représenté par les dessins pl. 8, fig. 2 et pl. 9, fig. 1. Pour le montrer, il faut entrer dans quelques détails.

Le gypse du pied de la pente a dans ses différents affleurements des plongements variés, mais il n'en a pas qui indique qu'il passe sous le calcaire; c'est tout ce que l'on peut en dire. Au nord-ouest du gypse, c'est la cargneule et un peu de dolomie qui ont été mises à jour dans le ravin rapide d'un petit ruisseau, dont les berges sont composées de débris et qui n'est pas visible dans le dessin cité. En amont du cône de déjection, on rencontre d'abord de la cargneule peu vacuolaire, qui semble se terminer par un mètre de dolomie et de calcaire en assises verticales; un peu plus haut on traverse du jurassique dans une position toute différente, car il plonge légèrement vers le nord; mais la cargneule n'a probablement pas cessé d'exister au même niveau, à en juger par de nombreux débris sur le flanc droit; plus haut encore le calcaire jurassique cessant d'être visible, c'est elle qui se montre seule dans le ravin; elle est suivie d'un espace rempli de débris, après lequel le jurassique reparaît. C'est en admettant que la cargneule est simplement un placage, contre la tranche de ce terrain, que ces faits s'expliquent le mieux. On arrive à la même conclusion, quand on examine la position de plusieurs petits lambeaux de la même roche qui sont plus à l'est; on trouve le calcaire non seulement au-dessus, mais parfois à droite et à gauche de chaque lambeau. On le verrait sans doute plus souvent, s'il y avait moins de débris, et si ces débris n'étaient pas çà et là soudés en une brèche vacuolaire, dont la cargneule a fourni le ciment.

La continuation de la pente plus au nord-est ne montre la roche qui nous occupe qu'en fragments isolés, du moins dans les parties où j'ai pu aller; mais avant que la montagne soit coupée par le Mäniggrund, elle se retrouve avec de la dolomie dans la même position que ci-dessus, en deux affleurements dont le dernier repose à la fois sur les deux divisions jurassiques. Ici la cargneule et la dolomie sont accompagnées de leur certificat d'origine, savoir de blocs et de lambeaux de schistes et de grès du flysch bien caractérisés.

De tous ces faits on est autorisé à conclure que le gypse, la cargneule et la dolomie qui accompagne cette dernière, appartiennent à l'éocène, et que ces roches ont été amenées de la profondeur, lors de la dislocation qui a formé le grand escarpement jurassique bordant la vallée du Fiderich.

Twirienhorn, Hohmad et Schwarzbergfluh. La position stratigraphique de la cargneule est plus claire dans une partie de cette région que dans la précédente. A l'est du massif de la Twirienhorn, on voit le flysch toucher au jurassique inférieur, quand il n'est pas recouvert par des talus d'éboulis, ce qui est le cas le plus fréquent. Çà et là on rencontre dans cette région des fragments de cargneule ou de dolomie dont je n'ai pu tenir compte sur la carte, car je n'ai pas trouvé ces roches en place. En revanche, au sud du point culminant, la cargneule est bien dégagée, et on la voit appliquée contre la tranche des couches jurassiques comme aux Mänigen (pl. 4, fig. 4). Sur la pente en dessous le flysch est en place.

Comme l'indique le même profil, le terrain jurassique du Twirienhorn plonge régulièrement au nord-ouest; au nord il est surmonté par un massif considérable de cargneule, assez profondément raviné pour qu'on voie apparaître le calcaire jurassique dans l'intérieur. Tantôt ce dernier y est dans son état ordinaire, tantôt la partie supérieure est, sur un à deux mètres de puissance, d'une teinte moins foncée, et renferme une plus grande quantité de petites fissures remplies de spath. Quand on voit le contact, le calcaire semble parfois passer à la cargneule d'une manière insensible, d'autres fois il y a séparation nette entre les deux roches. A quelques endroits la cargneule paraît avoir été déposée dans des dénudations antérieures du calcaire; toutefois à une place où elle contient des bancs de dolomie, la stratification de ces derniers est parallèle à celle du jurassique. Enfin ce sont quelquefois des schistes argileux à feuillets très minces, comme on n'en trouve que dans le flysch, qui reposent en stratification plus ou moins discordante sur le calcaire. La dénudation antérieure du jurassique paraît encore plus claire au lambeau de cargneule qui y est enfermé un peu plus au nord-est, car les couches supérieures du calcaire passeraient par dessus, si elles étaient prolongées.

Du reste, dans le flysch de cette région, on voit çà et là de la dolomie et de la cargneule qui occupent trop peu de place pour que j'aie pu les indiquer sur la carte. Le massif assez considérable de cette dernière roche qui touche au jurassique du Hohmad, ne fournit pas de renseignements sur son âge, parce qu'on ne voit pas le contact des deux terrains; mais il n'en est pas de même au ruisseau entre le Hohmad et la Schwarzbergfluh. Le calcaire jurassique y a été mis à jour sous le flysch; il est très veiné de spath, et le plongement ne peut guère en être reconnu, mais il est visible sur une assez grande longueur; au-dessus reposent un peu de schistes argileux du flysch, ensuite quelques petits lits de dolomie, puis de la cargneule; le tout n'a que trois mètres de puissance; les dépôts glaciaires ne permettent pas d'en voir davantage.

Enfin à la Schwarzbergfluh, la cargneule repose évidemment sur le terrain jurassique comme au Twirienhorn; mais un contact n'est pas à jour.

Zone de Diemtigen. Le village de Diemtigen est sur une bande de gypse et de cargneule, dont le commencement est à 3 kilomètres plus à l'ouest, sur le flanc gauche d'un vallon qui va aboutir à Sewlen. L'Egelsee, lac sur un plateau à l'est de ce vallon, et quelques entonnoirs tout près, ont été formés par la dissolution d'un massif de gypse, ou bien par celle de la cargneule, qui est la seule roche qu'on y voie. Plus à l'est il y a quelque peu de dolomie, et au-dessus de Diemtigen la cargneule est, par exception, assez bien divisée en couches, en sorte qu'on y peut reconnaître un plongement sud. A Diemtigen, j'ai indiqué par la teinte *Ec* des entonnoirs, dont l'un, au village même, est le plus considérable que l'on rencontre dans le territoire de notre feuille; ils sont bordés par le terrain quaternaire, et ne montrent pas les roches auxquelles ils doivent certainement leur existence.

Dans la région d'Oey, au nord et au sud de la *klippe* de la Zünegg, le gypse joue un grand rôle, quoique la cargneule reste toujours plus abondante, ou tout au moins plus visible; c'est la dolomie qui est la moins fréquente. Il n'est du reste pas possible de reconnaître un ordre de superposition dans les trois roches; il paraît au contraire très probable qu'il n'en existe point, et qu'il n'y a pas lieu d'établir de différence d'ancienneté entre elles. Leur extension dans le sens horizontal est assez considérable pour qu'elles aient pu donner une physionomie spéciale au relief de la contrée. Le sol est très mouvementé par des collines, des mamelons, des vallons très courts, et surtout par des entonnoirs de toutes les grandeurs. Ces derniers ne paraissent pas indiquer toujours la présence du gypse; il y en a du moins beaucoup dans des endroits où l'on ne voit que de la cargneule.

Quant à l'âge de ces roches, il ne me paraît pas douteux qu'elles ne soient aussi éocènes. Elles ne sont en relation de contact avec les terrains jurassiques que par suite des dislocations, car elles touchent tantôt à leur partie inférieure, tantôt à leur partie supérieure. En revanche, elles sont dans la direction de grandes masses de flysch qu'elles viennent interrompre comme des accidents. Au nord-est d'Oey, au sud du mot *Simme*, on voit se succéder sur une seule et même ligne, en allant de l'ouest à l'est, le gypse, la cargneule et le flysch ordinaire; ce dernier plonge au sud-est comme le gypse, et est visible si près de la cargneule qu'il doit y toucher. Un ruisseau descend au pied sud de la partie orientale de la *klippe* de la Zünegg: il y montre une petite épaisseur de schistes variés du flysch qui plongent sous le gypse; la superposition immédiate et la concordance complète des deux roches est même à jour sur un point.

Flysch.

De tous les terrains de la région alpine de notre carte, le flysch est celui qui occupe de beaucoup le plus grand espace. Il offre une grande variété de roches, dont plusieurs sont très caractéristiques, ce qui permet de le distinguer facilement de tous les autres terrains et de le reconnaître même dans de petits affleurements. Tout en restant assez semblable à lui-même dans ses différentes zones, il présente dans chacune d'elles des particularités qui se rapportent un peu à la nature des roches, mais encore plus à la manière dont elles se mélangent, et à la plus ou moins grande prédominance de l'une ou de l'autre.

Chaîne de la Berra.

Le flysch forme à peu près à lui seul la chaîne de la Berra, et en détermine les formes, qui sont intermédiaires entre celles que présentent les collines de la molasse et les chaînes calcaires. La roche qui frappe le plus dans cette large zone est celle d'après laquelle M. Studer avait, dans l'origine, donné au terrain le nom de *grès du Gurnigel*. Le plus souvent ce grès est à grain fin ou moyen, dur et parfois si compacte dans le milieu des bancs que la cassure peut devenir esquilleuse; mais les influences atmosphériques y pénètrent néanmoins profondément, et changent les teintes bleuâtres ou noirâtres de l'intérieur en gris plus ou moins clair et souvent roussâtre. Quelquefois pourtant la roche paraît avoir été dès l'origine d'un gris clair dans toute l'épaisseur du banc; la teinte verdâtre se présente aussi, mais rarement; le rouge est encore plus exceptionnel. On y rencontre fréquemment des empreintes et des particules charbonneuses, plus ou moins disséminées près des joints de stratification, ou couvrant la surface des assises. Les bancs présentent toutes les épaisseurs: il y en a qui ont plus de deux mètres sans offrir aucune apparence de division, d'autres se partagent en dalles, d'autres encore sont schisteux.

Çà et là dans les massifs de grès ordinaire on trouve des bancs, ou même seulement des portions de bancs, qui sont d'un grain grossier, et où l'on peut distinguer à l'œil nu les roches qui forment sans doute aussi les variétés plus fines. Quand ces intercalations deviennent un conglomérat de fragments peu serrés, de la grosseur d'une tête d'épingle à celle d'un pois, on reconnaît encore mieux que les roches sédimentaires plus ou moins calcaires y sont en quantité à peu près égale à celle des roches cristallines, que ce sont tantôt les unes, tantôt les autres qui prédominent, et que les grains des premières sont plutôt arrondis, tandis que ceux des secondes sont plutôt anguleux. Cette différence se manifeste de même quand les conglomérats sont à fragments plus gros; alors si les roches sédimentaires sont prédominantes, c'est plutôt un poudingue, tandis que c'est plutôt une brèche dans le cas contraire; ni les poudingues ni les brèches ne forment du reste une portion bien notable du terrain, et ce sont les premiers qui sont les plus rares. Il sera question des brèches et de leurs éléments granitiques un peu plus loin. Parmi les fragments de roches sédimentaires, il y en a beaucoup qui peuvent être rapportés aux terrains inférieurs, par exemple à la dolomie du trias et au calcaire néocomien taché de noir. Il faut encore remarquer qu'il arrive, mais rarement, que des fragments semblables à ceux des conglomérats sont disséminés dans les grès.

La roche qui vient au second rang parmi celles qui composent le flysch, est une marne habituellement schisteuse, variant beaucoup de dureté et présentant toutes les teintes possibles entre le noir charbon et le gris clair, et souvent aussi des couleurs verdâtres et bleuâtres. Il ne paraît pas qu'il y ait dans la chaîne de la Berra de schistes essentiellement argileux, du moins tous les échantillons que j'ai essayés faisaient effervescence dans l'acide.

Le grès avec moins de grains et la marne avec moins d'argile passent par des transitions insensibles à des calcaires plus ou moins sableux ou plus ou moins argileux, schisteux ou non schisteux, qui présentent moins de variations de teintes que les marnes, et qui ne jouent pas un aussi grand rôle dans la composition de la montagne. Çà et là on rencontre aussi, mais seulement en bancs isolés, un calcaire bien différent : il est de pâte très fine et se brise facilement en montrant de belles cassures conchoïdes ; il est coupé d'un grand nombre de veines cristallines de l'épaisseur d'un cheveu, dont une partie affecte quelquefois un certain parallélisme. Le plus souvent il est d'un gris très clair et plus ou moins panaché de roux ; on en trouve aussi qui est bleuâtre ou verdâtre.

Ce qu'on rencontre le plus rarement, ce sont de tout petites couches d'une roche presque entièrement siliceuse et vert foncé.

Il y a fréquemment à la surface des bancs de grès des ondulations de figures et de grandeurs diverses, comme il s'en forme au fond des mers. D'autres fois ils sont couverts de corps cylindriques ou plus ou moins aplatis, conservant le même diamètre sur une assez grande longueur et naissant par bifurcation les uns des autres ; cette dernière circonstance semble indiquer qu'ils sont d'origine végétale, mais on n'y reconnaît aucune structure organique.

Des fissures tapissées ou remplies de spath calcaire se présentent dans les grès, mais elles ne sont pas fréquentes.

La stratification de toutes ces roches est partout très nette et les surfaces des couches sont souvent remarquablement planes ; ce n'est que quand les assises ont été froissées par les dislocations que cette régularité disparaît. Elles s'entremêlent de toutes les façons possibles. Il y a des masses essentiellement marneuses et schisteuses, mais elles contiennent toujours des bancs de calcaire ou de grès. Il y a de même des masses composées de grès ; mais les bancs en sont assez souvent interrompus par des intercalations marneuses, qui en facilitent d'autant plus la désagrégation qu'elles en sont très nettement séparées par un joint tout à fait plan.

Ce qu'il y a de plus remarquable dans le flysch du massif du Gurnigel, ce sont les blocs de fort beau granit, dont l'un des feldspaths est rose et quelques cristaux de l'autre très légèrement bleuâtres ou verdâtres. Ils ne se trouvent que dans les ravins du Seeli et du Wyssbach, et dans la région du flysch en débris, ou bien dans celle de la molasse; ceux qui sont dans cette dernière position ont été transportés dans les éboulements lents du terrain qui les contenait; les autres sont moins éloignés de leur gisement primitif. Ils ne sont au reste pas nombreux, du moins à la surface du sol, car je n'en connais pas une douzaine qui atteignent ou dépassent un mètre cube, et je ne crois pas qu'il puisse y en avoir beaucoup qui m'aient échappé dans le territoire que j'ai parcouru. L'un des plus gros est dans le Seeligraben à l'ouest-nord-ouest des Bains; il est arrondi et a au moins 12 mètres cubes. En remontant le ravin, on en rencontre un second moins gros, au confluent du ruisseau qui vient de l'ouest de la Stockweid; un troisième, de 7 ou 8 mètres cubes, est encore en dessous des premiers affleurements de flysch et de gypse. Mais le plus considérable de tous ces blocs est dans le Wyssbachgraben, au sud-ouest des Bains; il a environ 30 mètres cubes et les angles en sont arrondis; il porte encore d'un côté des restes de la brèche dont il faisait partie, et de l'autre un grès fin, qui ne s'en sépare pas facilement et qui pénètre dans ses fissures. M. Studer en a fait connaître un bien plus considérable, qui a été exploité dans le même ravin (voir page 48).

Je n'ai pas trouvé de bloc de ce granit dans le ravin du Schwarzwasser, mais d'un autre qui n'y ressemble que par un feldspath rose très abondant: le grain en est beaucoup plus petit et moins distinct. Ce qui rend la présence de cette roche importante, c'est qu'elle ne diffère pas d'un granit dont j'ai trouvé un gros fragment dans les couches de bathonien mises à jour par la Trême, au milieu de son lit, à la Perreyre près de Bulle; la ressemblance est si grande qu'il est extrêmement probable que ces roches exotiques enfermées dans deux terrains d'âges si différents, et cela sur des points éloignés l'un de l'autre, proviennent pourtant de la même zone granitique.

Si l'on réserve le nom de blocs aux fragments qui ont au moins un mètre cube, je n'en ai pas rencontré d'autres que ceux que je viens de mentionner. Mais comme nous l'avons vu plus haut, le flysch contient des brèches dans lesquelles les roches cristallines jouent un rôle très considérable, quoiqu'elles ne les forment pas exclusivement. On en trouve au Seeligraben, quand on quitte le dernier bloc de granit pour entrer dans le flysch en place; il y en a de même au Schwarzwasser, aussi dans la partie inférieure du terrain non en éboulement. Les petits fragments y sont en majorité, mais il y en a de gros qui atteignent un demi-mètre dans leur plus grande dimension. On y reconnaît les granits qui sont en blocs plus en aval; mais il y en a d'autres qui en diffèrent plus ou moins; ainsi l'un a un feldspath d'un vert clair très accusé, un autre en a un rose et un vert; il y a aussi une roche feldspathique, un micaschiste, etc.

Le nord de la Pfeife présente des débris qui proviennent sans doute de conglomérats semblables; un échantillon d'un petit bloc d'un pied cube ne diffère du granit du Gurnigel que parce que la teinte du feldspath rose y est à peine sensible. Dans la continuation de la zone de flysch éboulé, on trouve des blocs bréchiformes au sud-ouest de Kloster près de Plaffeyen; j'y ai remarqué un granit à feldspath plus rouge que celui du Gurnigel, et un fragment de silex corné, un peu différent par sa teinte bleuâtre de celui qu'on rencontre dans les calcaires secondaires de nos montagnes. Sur le versant nord du massif du Cousinbert, les débris de ce genre sont rares. Il y en a davantage dans la région qui est au midi de la Berra; mais là les fragments sont généralement arrondis. Aux Echelettes le flysch qui touche aux blocs exotiques de terrains secondaires (pl. 5, fig. 3), est en partie un poudingue composé surtout de roches sédimentaires, mais il y a un granit dont un feldspath oligoclase est gris clair ou un peu verdâtre et un autre décomposé en kaolin; un gneiss avec deux micas s'y trouve aussi. Aux Botteys, au sud de la Berra, on rencontre une quantité de fragments roulés, provenant sans doute d'un poudingue qu'on ne voit pas en place; outre des roches sédimentaires et du silex corné, on y remarque deux gneiss différant par le mica, un granit sans feldspath rouge et un porphyre rouge à cristaux de quarz. Au sud d'Allires il y a une couche en place d'où provient sans doute un fragment de granit-gneiss à feldspath rouge, qui, avec le granit du Schwarzwasser, se laisse mieux rapprocher que les autres de roches de la Forêt-Noire. Enfin, sur le versant nord-ouest du massif du Niremont, on trouve des débris isolés de roches semblables à celles que je viens d'énumérer, mais sans voir le conglomérat d'où elles proviennent. Je n'y ai pourtant pas rencontré de granit identique à celui des blocs du Gurnigel, quoiqu'il y en ait aussi avec feldspath rouge.

La puissance du flysch de la chaîne de la Berra est très considérable, mais je ne saurais l'évaluer en chiffres. La zone de gypse et de dolomie en forme la base; mais on ne sait où il faut chercher le point où se trouvent les couches supérieures, le terrain formant sans doute plusieurs plis qu'il n'est guère possible de reconnaître.

Dans nos régions, comme dans beaucoup d'autres, le flysch n'a encore fourni aucun fossile du règne animal, si ce n'est le *Polycampton alpinum* Ooster, dont la véritable nature est encore douteuse. Les algues y sont en revanche nombreuses; c'est dans les schistes marneux à pâte fine et de couleur un peu claire qu'on recueille les meilleurs exemplaires; elles sont plus rares dans les massifs de grès. Les listes suivantes en contiennent un certain nombre qui n'ont pas encore été citées ailleurs; c'est aussi le cas de deux Monocotylédonées; les unes et les autres ont été décrites par Heer dans sa *Flora fossilis Helvetiæ*; c'est à lui aussi que je dois la détermination des espèces plus anciennement connues; j'y joins les Helminthoïdes, dont la nature est encore fort problématique, mais qui n'en sont pas moins très caractéristiques des dépôts de flysch dans les Alpes et dans l'Apennin. Il faut aussi mentionner ici une substance semblable à l'ambre, que M. Studer a déjà signalée.[1] J'en ai trouvé dans des fragments contenant beaucoup de particules et d'empreintes charbonneuses, dans le Schwarzwassergraben et au confluent des deux Sensen.

Massif du Niremont.

Chondrites Targionii genuinus (Brongn.). Sud de la Part-Dieu.
    »   »   *arbuscula* Fischer-Ooster. Sud de la Part-Dieu, Frassy (à l'ouest de Gruyères).
    »   *intricatus genuinus* (Brongn.). Sud de la Part-Dieu.
    »   »   *Fischeri* Heer. Ravin de la Marivue au-dessus de Semsales, l'Essert du Chêt, la Defforidaz, sud de la Part-Dieu.
Nulliporites tertiarius Heer. Sciernes-des-Heures (sud-est de la Part-Dieu).

---

[1] Geologie der westlichen Schweizer-Alpen, S. 372.

Cylindrites zigzag Heer. Les Alpettes.
Palæodictyon singulare Heer? Sud de la Part-Dieu.
Tænidium Fischeri Heer. Les Alpettes.
Munsteria flagellaris Sternb.? Les Alpettes.
   »   *Hœssi* Sternb.? Joux-de-Paquier.

Massif du Montsalvens.

Chondrites Targionii genuinus (Brongn.). Sarine en aval du pont de Broc.
   »   »   *arbuscula* Fischer-Ooster. Jogne en amont des Moulins de Broc.
   »   *intricatus genuinus* (Brongn.). Sarine en aval du pont de Broc, pont des Moulins
        de Broc. Jogne en amont des Moulins de Broc.
   »   »   *Fischeri* Heer. Pont de Broc, Sarine en aval du pont de Broc.

Massif du Cousinbert.

Caulerpa. Partie inférieure du ruisseau du Kessler.
Chondrites affinis Steinb. *var.* Gissaz communale (à l'ouest-sud-ouest de la Berra), ouest de
        la Berra, Grosser Schwand.
   »   *inclinatus* (Brongn.). Bimont (à l'est de Villarsvolard).
   »   *Targionii genuinus* (Brongn.). Bimont (à l'est de Villarsvolard), en Allires,
        Gissaz communale (à l'ouest-sud-ouest de la Berra), escarpement ouest du
        sommet de la Berra, ouest de la Berra, Rigolettaz (au nord-est du Cousin-
        bert), Burgerwald, partie inférieure du ruisseau du Kessler, confluent des
        deux Sensen.
   »   *Targionii arbuscula* Fischer-Ooster. La Rischuende (à l'ouest-sud-ouest de la
        Berra), Rigolettaz (au nord-est du Cousinbert), le Creux (au nord du Cousin-
        bert), Grosser Schwand, östlicher Schwand, Burgerwald.
   »   *Targionii longipes* Fischer-Ooster. Neuschwand.
   »   *intricatus genuinus* (Brongn.). Lachiat (à l'est de Villarsvolard), Gissaz-à-Pa-
        quier (à l'est de Corbières), en Allires, le Sucretin (au sud-ouest de la Berra),
        Gissaz communale (à l'ouest-sud-ouest de la Berra), ouest de la Berra, Rigo-
        lettaz (au nord-est du Cousinbert), Höll (Schweinsberg).
   »   *intricatus Fischeri* Heer. Bimont (à l'est de Villarsvolard), Gissaz-à-Paquier (à
        l'est de Corbières), Gissaz communale (à l'ouest-sud-ouest de la Berra), Rigo-
        lettaz (au nord-est du Cousinbert), Burgerwald.
Cylindrites montanus Heer. En Allires.
Palæodictyon singulare Heer. Oestlicher Schwand.
Hormosira moniliformis Heer. La Rischuende (à l'ouest-sud-ouest de la Berra), Burgerwald.
Tænidium Fischeri Heer. Brückerle (à l'origine de la Gérine).
Munsteria flagellaris Steinb.? Rigolettaz (au nord-est du Cousinbert), Creux-d'enfer (est de
        la Berra).

Munsteria Hœssii Steinb. Confluent des deux Sensen.

    »   *bicornis* Heer. Philistor-Fenaz (au nord-est de la Berra).

Halymenites. Gissaz communale (à l'ouest-sud-ouest de la Berra), Rigolettaz (au nord-est du Cousinbert), Höll (Schweinsberg).

Taonurus flabelliformis Fischer-Ooster. Burgerwald.

Helminthoida tœniata Kaufm.? Poffetsrain (Schweinsberg), partie inférieure du ruisseau du Kessler.

    »   *appendiculata* Heer. Philistor-Fenaz (au nord-est de la Berra).

Caulinites friburgensis Heer. Philistor-Fenaz (au nord-est de la Berra).

    »   *crassus* Heer. Philistor-Fenaz (au nord-est de la Berra).

Massif du Gurnigel.

Caulerpa Eseri Unger. Gutmannshaus (à la Kalte Sense en amont de son confluent).

Chondrites inclinatus (Brongn.). Gutmannshaus (à la Kalte Sense en amont de son confluent), Schäfferli (nord du Mättenberg près de la Sense), Hellstätt, Einberg (nord de la Pfeife), est-sud-est de l'Ottenleuebad.

    »   *Targionii genuinus* (Brongn.). Hellstätt, Einberg (nord de la Pfeife), arête entre la Schüpfenfluh et le Seelibühl, nord-ouest de l'Ober-Gurnigel.

    »   *Targionii arbuscula* Fischer-Ooster. Gutmannshaus (à la Kalte Sense en amont de son confluent), nord-est de la Pfeife, Schwarzwasser, Schüpfenfluh, nord du Seelibühl, ravin sud-ouest de la Stockweid, ravin de la Gürbe.

    »   *Targionii longipes* Fischer-Ooster. Ravin sud-ouest de la Stockweid.

    »   *intricatus Fischeri* Heer. Einberg (nord de la Pfeife), Seeligraben, ravin sud-ouest de la Stockweid.

    »   *intricatus genuinus* (Brongn.). Ruisseau du Spitzenbühl (est du Mättenberg), Hellstätt, nord-est de Hellstätt, Einberg (nord de la Pfeife), Halbsack (sud-ouest de l'Ottenleuebad), est-sud-est de l'Ottenleuebad, ravin de la Gürbe.

Nulliporites montanus Heer. Allemania (nord-ouest du Mättenberg).

Munsteria flagellaris Steinb. Allemania (nord-ouest du Mättenberg) (?), Senen (sud-ouest de Grönegg), entre la Schüpfenfluh et le Seelibühl (?).

    »   *Hœssii* Steinb. Allemania (nord-ouest du Mättenberg).

    »   *hamata* Fischer-Ooster? Ober-Gurnigel.

    »   *geniculata* Sternb.? Ouest de la Pfeife.

Taonurus flabelliformis Fischer-Ooster. Senen (sud-ouest de Grönegg), Schüpfenfluh, Seeligraben.

Helminthoïda crassa Schafh. Senen (sud-ouest de Grönegg), Seeligraben.

    »   *labyrinthica* Heer? Senen (sud-ouest de Grönegg).

Polycampton alpinum Ooster. (Fossile dont la classification dans le règne animal est incertaine). Wyssbach.

Chaîne du Ganterist.

Une zone de flysch venant du sud-ouest entre sur notre carte à la Perreyre, à l'est-sud-est de Gruyères. On n'y voit presque pas de couches en place, pas même lorsqu'on arrive au crétacé supérieur, qui l'interrompt complètement et presque subitement. Cette région a été presque tout entière en éboulement, quoiqu'elle soit loin de ne renfermer que des roches de désagrégation facile, car on y remarque beaucoup de blocs de grès; aussi il faut admettre que les couches d'où ils proviennent étaient mêlées de schistes argileux, et fissurées en sens divers perpendiculairement à la stratification.

Je n'ai retrouvé de continuation de cette zone qu'au milieu du massif du Plan. Là, quoique la bande de crétacé supérieur soit extrêmement réduite, elle renferme, vers le haut du vallon qui descend au nord-est, un lambeau de flysch dont la largeur n'est que de 18 mètres; les couches en place n'y sont pas visibles, mais les débris de schistes et de grès sont nombreux et parfaitement caractérisés.

Je n'ai pas recueilli d'algues déterminables dans cette zone rudimentaire de flysch.

Chaîne du Stockhorn.

Dans sa partie sud-ouest, la chaîne du Stockhorn est revêtue sur le flanc sud-est d'une large bande de flysch, qui s'amincit et semble se terminer dans la vallée de Reidigen. C'est la seconde zone de M. Studer, celle qu'il a décrite dans l'origine sous le nom de *groupe de Mocausa*. Après une longue interruption, on la voit réapparaître un instant là où on ne s'y attendait guère, savoir au-dessous du Neuenberg (pl. 4, fig. 3).

Plus loin ce n'est qu'au massif des Nüschleten qu'on en retrouve de petits lambeaux conservés dans le crétacé supérieur, savoir au nord-nord-est de Weissenburgberg, au Lohern, à l'est du lac occidental du Stockhorn et des deux côtés du lac oriental.

Ce flysch présente les mêmes variétés de roches que celui de la Berra; il n'y a que très peu de différences à signaler. On y trouve en plus un silex corné vert, que je n'ai pas vu en place et qui forme probablement de petits bancs dans des calcaires, comme dans le Simmenthal, où il est bien plus abondant. Le grès contient beaucoup de quarz, mais peu d'autres roches cristallines. Il y a une brèche à petits fragments très serrés, presque tous calcaires; mais il n'y en a point qui contiennent, comme dans la chaîne de la Berra, des débris provenant de granit et de gneiss. On ne trouve pas non plus de traces de ces roches dans un conglomérat de galets roulés, dont je n'ai vu que quelques blocs; en compagnie de calcaires très variés, ils ne contenaient que des quarzites et du silex corné assez rares; ces blocs trahissent la présence d'une couche qui continue un poudingue bien plus développé sur la feuille XVII, d'où M. Studer l'a décrit comme la roche la plus remarquable du groupe de Mocausa.[1] Dans le lambeau de flysch qui est entre les deux lacs du Stockhorn, et dans celui qui est au sud-ouest du lac oriental, on trouve beaucoup de galets un peu moins complètement arrondis, qui proviennent sans doute d'un poudingue semblable entièrement désagrégé.

Les espèces d'algues que j'ai à citer du flysch de la chaîne du Stockhorn ne sont pas nombreuses, soit parce qu'il est peut-être un peu moins riche que celui des autres zones, soit parce que les affleurements favorables aux recherches y sont assez rares.

Chondrites Targionii arbuscula Fischer-Ooster. Nord de Weibelsried.
    »   *intricatus genuinus* (Brongn.). Ruisseau de Schattenhubelweid (sud de Jaun), Otfangli (nord-est de Jaun), nord de Weibelsried, Reidigenberg.
    »   *intricatus Fischeri* Heer. In der Weid (nord-est d'Altenhaus).
Palæodictyon singulare Heer. Nord de Weibelsried.
Halymenites flexuosus Fischer-Ooster. Reidigenberg.
Helminthoïda crassa Schafh. Terre-rouge (sud-ouest du Marchzahn).
    »   *labyrinthica* Heer. Ruisseau de Schattenhubelweid (sud de Jaun).

Chaîne des Gastlosen.

La chaîne des Gastlosen est bordée dans toute sa longueur, au sud-est et au sud, par le flysch du Simmenthal, dont il va bientôt être question. Quand elle se divise en deux, ce qui a lieu dans les massifs du Bäderberg et du

---

[1] Geologie der westlichen Schweizeralpen, S. 304. — Geologie der Schweiz, Bd. II, S. 121.

Holzershorn, le centre est occupé par une petite zone du même terrain, qui appartient à la moitié nord-ouest de la chaîne.

A l'extrémité sud-ouest du premier de ces massifs, on ne voit que des débris, au commencement de cette bande de flysch, près du Jaunbach; mais on trouve des schistes et des grès en place à un ruisseau, vers *bel* (Wei*bel*sried); près de là la construction d'une route de Jaun à Boltigen a mis dernièrement à jour des schistes très noirs et un gros banc de calcaire sableux; plus au nord le grès forme un petit rocher. Après une interruption causée par des débris, on peut constater la continuation de la zone à la Fluhalp, où il y a du grès et un conglomérat mi-brèche mi-poudingue, différent de celui des schistes à charbon, qui est tout près; les mêmes roches se montrent aussi, quand on a commencé à descendre le vallon qui conduit de là à la Schwarzmatt; mais elles disparaissent bientôt sous des masses de débris, pour ne reparaître que dans le massif du Holzershorn, entre le Kienhorn et le Trümmelhorn. Là le flysch à environ 50 mètres de puissance et montre presque toutes les variétés de ses roches, y compris le conglomérat de la Fluhalp. Il est moins puissant dans un second affleurement, entre la Mittagsfluh et le Holzershorn; mais il y présente des Fucoïdes, dont les exemplaires que j'ai recueillis ne sont pas, il est vrai, susceptibles d'une détermination rigoureuse. Dans le vallon de la Ramserenweid, en *Adlem (Adlem*sried), ce n'est que par des débris qu'on peut constater la continuation du terrain; en revanche, ce sont des couches en place que la carte indique comme flysch plus au nord-est; mais elles se composent de calcaires et de schistes mal caractérisés, qui pourraient aussi appartenir aux schistes à charbon.

Je n'ai pas d'algues déterminables à citer de cette petite zone.

Zone du Simmenthal.

Sauf à son débouché, la partie de la vallée de la Simmen qui est sur notre carte est tout entière dans le flysch, et c'est du dialecte du pays que M. Studer a tiré le nom de ce terrain (voir page 25). Quand on entre dans la vallée par l'orient, le flysch n'apparaît que comme un revêtement des chaînes qui la bordent; mais plus en amont il s'étend sur une telle largeur qu'il doit nécessairement former des plis entre les montagnes calcaires; il acquiert ainsi une importance qui engage à le considérer à part.

Ce flysch est composé en grande partie des mêmes roches que dans la chaîne de la Berra; il y a pourtant quelques différences que je vais indiquer. Les grès n'y sont pas en bancs aussi épais, et ne forment guère des massifs à part bien puissants. Il arrive plus souvent que les schistes tendres ne contiennent pas de calcaire; c'est surtout le cas des assises rouges, qui sont plus fréquentes que dans l'autre chaîne. Les conglomérats bréchiformes sont rares, ceux qui sont composés de galets roulés sont plus communs; c'est sur la grande route en aval de Weissenburg qu'on peut le mieux observer ces derniers; on y trouve tous les passages du grès fin à un poudingue, dont les fragments n'atteignent pourtant guère la grosseur d'un œuf. Quant à la nature de leurs éléments ces conglomérats sont calcaires; c'est à peine s'il y a quelques galets de quarzite; les granits et les gneiss de la chaîne de la Berra manquent totalement dans cette zone.

La roche qui caractérise tout particulièrement le flysch du Simmenthal est un calcaire compacte, d'un gris plus ou moins clair, rarement bleuâtre ou verdâtre, en bancs ordinairement peu épais, mais quelquefois soudés entre eux en une seule masse. On voit à beaucoup d'endroits que cette roche ne forme que des intercalations d'épaisseurs variables dans le flysch ordinaire; mais quand du calcaire compact apparaît le long du pied du Thurnen et du Niederhorn, et qu'il n'est pas divisé en couches minces, on a de la peine à savoir s'il faut le considérer comme une *klippe* jurassique, ou s'il appartient au flysch. Quand c'est une *klippe*, on finit ordinairement par y trouver des traces de détritus de fossiles; ce qui caractérise le mieux celui qui est éocène, c'est la présence de silex corné; seulement il n'en est pas accompagné partout. Ce silex est vert, rarement rouge, et forme de petits bancs assez réguliers de quelques centimètres d'épaisseur; une couche plus puissante est visible sur la route, en amont de Wüstenbach, elle approche d'un mètre. On en voit aussi affleurer des masses peut-être plus épaisses au Stutz, au nord-ouest du Thurnen; mais si ce sont des assises régulières, elles ont été contournées et froissées. Au nord-est de *g* (Schwarzenberg), la route de Boltigen à Jaun coupe un rocher calcaire, en mettant à jour 7 mètres consécutifs de ce silex, vert et rouge ; il est divisé en petits bancs, un peu mêlés de feuillets argileux. Sur la hauteur à l'ouest de Littisbach, j'ai vu de petites assises d'un pouce de la même roche recourbées en pli aigu, sans la moindre rupture et avec un renflement au coude, comme si la matière avait été plastique lors du plissement.

En remontant le Simmenthal, on commence à voir le calcaire à silex entre Diemtigen et Erlenbach, où, sans être très puissant, il forme deux collines un peu rocheuses. Il continue à se montrer çà et là plus en amont, sur le flanc droit de la vallée, surtout près de la chaîne des Spielgärten. Sur le flanc gauche, il forme de grands massifs, qui dépassent 50 mètres entre Wüstenbach et Reidenbach. Comme il n'est pas moins abondant de l'autre côté de la Simmen, il donne à cette partie de la vallée des reliefs très accusés, où les forêts couvrent de grands espaces : la contrée n'a plus la physionomie ordinaire des régions de flysch. Elle la reprend au sud-ouest de Reidenbach, où le calcaire ne forme plus, comme avant, que des intercalations peu considérables dans les autres roches. Cette intermittence et surtout les variations de puissance de ce membre du flysch, nous montrent que c'est un dépôt qui s'est fait à plusieurs reprises, et qu'il n'y en a probablement pas de massifs que l'on puisse suivre avec quelque certitude d'un bout de la vallée à l'autre.

C'est en partie à ces calcaires que le flysch du Simmenthal doit d'être beaucoup moins sujet aux éboulements que celui de la chaîne de la Berra ; mais on observe le même fait dans des régions qui en sont dépourvues. Cette solidité relative tient surtout à ce qu'il n'y a pas de grands massifs de grès fissurés, entremêlés de schistes tendres, et reposant sur des masses marneuses très délitables. Les bancs résistants et les bancs désagrégeables sont plus régulièrement mêlés les uns aux autres, et l'ensemble offre ainsi moins de prise aux agents atmosphériques et à l'action des eaux.

Je n'ai guère vu que sur un point le contact direct du flysch et du crétacé supérieur : c'est au sentier qui traverse l'extrémité méridionale du massif du Bæderberg ; les deux terrains y sont en concordance parfaite. On ne peut conclure de ce seul fait que le dépôt se soit opéré sans aucune interruption.

Pour les mêmes raisons que dans la chaîne de la Berra (page 208), il n'est pas possible d'évaluer en chiffres la puissance du flysch du Simmenthal.

Comme les localités indiquées dans la liste suivante le font voir, c'est surtout dans la partie qui est au sud-ouest et le long de la chaîne des Gastlosen que le flysch du Simmenthal contient des algues. On en trouverait de très grandes quantités et de très variées à l'est de la partie méridionale du Bæderberg, dans les tranchées qui ont été faites il y a seulement quelques années, pour la route de Jaun à Boltigen.

Chondrites inclinatus (Brongn.). Bühl (nord d'Ablentschen).
    »   *Targionii genuinus* (Brongn.). Bäret (sud de Garstatt).
    »   *Targionii arbuscula* Fischer-Ooster. Gastlosen, Ebnet, nord d'Eichstalden.
    »   *patulus* Fischer-Ooster. Nord d'Eichstalden (en nombreux exemplaires).
    »   *intricatus genuinus* (Brongn.). Bühl (nord d'Ablentschen), est du Bæderhorn, ravin de la Buchweid (est-sud-est du Bæderhorn).
    »   *intricatus Fischeri* Heer. Nord d'Eichstalden, Breite (sud-est de Pfaffenried).
    »   *cæspitosus* Fischer-Ooster. Est du Bæderhorn.
Palæodictyon magnum Heer? Gryden (débouché du Goldbach).
    »   *textum* Heer. Ouest de Zimmerboden (Oberberg), Gryden (débouché du Goldbach).
Tænidium Fischeri Heer. Est du Bæderhorn.
Gyrophyllites galioides Heer. Bäret (sud de Garstatt).
Helminthoïda crassa Schafh. Bühl (nord d'Ablentschen), est du Bæderhorn.
    »   *labyrinthica* Heer. Sud-ouest d'Ablentschen, pied est du Marchzahn, Bühl (au nord d'Ablentschen), est du Bæderhorn.

Chaîne des Spielgärten.

Le flysch de la chaîne des Spielgärten appartient à une nappe primitive, qui couvrait presque toute la région entre le Simmenthal et l'emplacement de la chaîne du Niesen, car il n'y a que les *klippen* du sud-est qu'on puisse se représenter comme ayant peut-être formé des îles pendant le dépôt de ce terrain. Cette nappe a été brisée dans les dislocations, plus ou moins enlevée par l'érosion; mais il en reste sur les sommets du nord-ouest des parties qui ne sont pas séparées du flysch du Simmenthal; de même celui du Niesen se prolonge entre les *klippen* du sud-est.

En passant ainsi du Simmenthal dans la chaîne des Spielgärten, les roches du flysch ne font guère que changer un peu de structure. Les schistes y sont aussi marneux ou sans calcaire, mais plus durs et souvent lustrés; à quelques places les surfaces des feuillets se couvrent de fines stries toujours parallèles, mais quelquefois avec deux directions différentes sur la même plaque; les Fucoïdes, s'il y en a, sont alors déformés, ce qui indique que ces phénomènes ont pour cause un étirement mécanique. Les grès présentent moins de variations qu'ailleurs quant à la grosseur du grain. Je n'ai pas remarqué de poudingues proprement dits; mais au nord-est du Buntelgabel j'ai rencontré dans les schistes des galets calcaires parfaitement arrondis, dont une variété provient du jurassique supérieur de la contrée. Quoique rare, ce fait appuie l'idée qu'il y a eu des îlots de ce terrain qui ont persisté jusqu'au commencement de l'époque éocène (voir page 192).

Le flysch qui pénètre entre les *klippen* du sud-est est tout à fait semblable à celui de la chaîne du Niesen auquel il se relie; on y trouve, en particulier au nord et à l'est du Twirienhorn, la brèche dont il sera question un peu plus loin. On est étonné d'y rencontrer au sud-est du Hohmad un calcaire argileux rouge, parfaitement identique à celui du crétacé supérieur; cette ressemblance m'a obligé d'y faire des recherches attentives : je n'y ai pas découvert le moindre vestige de l'Inocérame caractéristique de la craie de nos régions; en revanche, sur un point, les assises rouges se sont trouvées mêlées de schistes noirs tels qu'il y en a dans l'éocène.

Autour du Niederhorn et plus au sud, la roche prédominante du flysch est une brèche qui est différente de celle du Niesen, et qui joue un rôle assez important pour qu'il ait été à propos de la distinguer sur la carte. C'est la roche principale de la division que M. Studer a décrite dans l'origine en lui donnant le nom de couches *de la Hornfluh*, d'après une montagne qui est au sud de notre territoire (voir page 29). Ce conglomérat est formé d'éléments calcaires de la grandeur d'un bloc à celle d'un petit galet, mêlés entre eux et très serrés; ils sont réunis par une pâte calcaire abondante, contenant elle-même de tout petits fragments, et devenue çà et là cristalline; la teinte en est habituellement très foncée, rarement un peu claire. Les débris calcaires ainsi reliés sont très variés; ils offrent des couleurs passant du noir au gris clair; il y en a de compactes, de sableux, de dolomitiques, de schisteux; on en peut rapporter un bon nombre aux roches secondaires de la contrée; ainsi un fragment de calcaire gréseux, trouvé en amont de Garstatt, est identique à celui du lias et renferme un triturat de fossiles; pour d'autres c'est plutôt dans le flysch lui-même qu'on serait tenté de chercher leur gisement primitif. La plupart ont des formes anguleuses, quelques-uns ont des arêtes émoussées, il y en a qui ont été très roulés. Les éléments non calcaires sont rares : ce sont surtout des silex cornés semblables à ceux des terrains secondaires; à Gestelen, j'ai rencontré un assez grand nombre de fragments d'une quarzite renfermant des grains semblables à du kaolin. Une autre quarzite grenue est aussi assez fréquente à Mänigen, mais je n'ai remarqué aucune trace de fragments provenant de granits ou de gneiss.

On observe sur plusieurs points le passage insensible du conglomérat à un calcaire compacte : un banc composé de fragments peut n'en avoir plus que quelques-uns à peu de pas de distance et finir ensuite par n'être plus que du calcaire; c'est en amont de Garstatt, où ces roches ont été exploitées, qu'on peut le mieux faire ces observations; on y remarque aussi que les fragments et la pâte sont tellement fondus ensemble que ce sont seulement les surfaces exposées à l'air depuis longtemps qui trahissent la structure bréchiforme.

Ce conglomérat serré résiste bien à la désagrégation; aussi il forme des reliefs plus accentués que ceux du flysch ordinaire. Dans les régions recouvertes par la végétation, il semble parfois composer à lui seul le sous-sol; souvent pourtant on y trouve des intercalations de schistes argileux. Là où il y a des déchirures un peu profondes, on les voit encore mieux: en amont de Garstatt, par exemple, on remarque sur la route des schistes calcaréo-argileux, qui sont inférieurs ou intercalés au conglomérat; sur l'autre rive du torrent, ce dernier est séparé du crétacé supérieur par un couloir, dont l'existence est due à la présence de schistes noirs qui y apparaissent quelque peu. En allant du jurassique et du crétacé supérieur de l'extrémité méridionale du Niederhorn au sommet coté 2030 mètres, on a successivement en montant dans les couches:

1⁰ Schistes gris blanchâtre lustrés.

2⁰ Schistes brouillés avec petits bancs de grès.

3⁰ Cargneule épaisse de 5 mètres.

4⁰ Calcaire gris bleuâtre, massif, avec un peu de dolomie et des parties bréchiformes.

5⁰ Massif plus puissant de schistes, avec des bancs gréseux de plus en plus épais.

6⁰ Conglomérat qui forme le sommet.

On observe plus en grand des alternances pareilles dans le bassin de la source du ruisseau qui débouche au nord de Grubenwald. Du côté sud on y voit des schistes lustrés mêlés de conglomérat, qui sont inférieurs à un grand massif de cette dernière roche; ils renferment des Fucoïdes, dont un seul est déterminable; c'est le *Chondrites arbuscula* Fischer-Ooster. Il y en a de meilleurs dans une position analogue, aux sources du ruisseau d'Obergestelen, et sur la plus méridionale des trois branches formant celui qui descend du Mayenberg; ils seront cités à la page suivante. A Seeberg le crétacé supérieur est surmonté par des schistes ordinaires du flysch, qui, à leur tour, supportent des rochers de conglomérat (Seefluh à la pl. 9, fig. 1).

Il résulte de ces différentes observations que le conglomérat bréchiforme joue dans le flysch le même rôle que le poudingue dans la molasse. Comme ce dernier, il ne cesse pas brusquement vers le nord; il se perd peu à peu, et il y en a des bancs qui se prolongent plus loin que là où il est marqué sur la carte comme roche prédominante. Il est remarquable que du côté du nord-ouest il soit séparé du reste du flysch par des affleurements de crétacé supérieur; cela peut faire présumer qu'il y avait là une barrière fermant de ce côté un bassin, à l'époque où il se déposait.

Pour en revenir au flysch de cette chaîne en général, il faut remarquer que les accidents locaux de failles, de froissements, de glissements, et surtout la facilité avec laquelle ce terrain s'éboule et se couvre ensuite de végétation, rendent très difficile l'étude de ses relations avec le crétacé supérieur et le jurassique, auxquels il touche. J'ai déjà dit quelques mots à cet égard à la page 192. N'ayant guère observé de contact direct du crétacé et du flysch daus des endroits où l'on pouvait supposer que les dislocations n'avaient pas changé la position primitive des assises, je ne saurais affirmer que les deux terrains se soient formés successivement, sans lacune dans le dépôt. A la Rinderalp (au nord de l'Abendberg), le flysch en place à un mètre au-dessus du crétacé paraît concorder avec ce dernier.

Le flysch dès Spielgärten est plus pauvre en algues que celui du Simmenthal, et celles que l'on rencontre ne sont pas souvent dignes d'être recueillies. C'est de la région du conglomérat que viennent surtout les exemplaires auxquels Heer a pu donner un nom :

Chondrites inclinatus (Brongn.). Mayenberg.
    »   *Targionii arbuscula* Fischer-Ooster. Origine du ruisseau de Grubenwald. Ober-Gestelen (?).
Cylindrites montanus Heer. Nord-ouest du Buntelgabel.
Palœodictyon singulare Heer. Mayenberg, Ober-Gestelen.
Helminthoïda crassa Schafh. Ober-Gestelen.
    »   *labyrinthica* Heer. Mayenberg, Ober-Gestelen (?).

Chaîne du Niesen.

C'est dans la chaîne du Niesen, qui porte les plus hauts sommets du territoire de notre carte, et qui s'élève au-dessus de vallées dont l'altitude est faible, que le flysch fait le plus l'impression d'un terrain très puissant. Il n'y présente point de caractère particulier qui le différencie notablement de celui des autres zones. On y trouve des brèches, dont la plupart des fragments sont de petites dimensions; des grès très variables sous le rapport de la grosseur du grain; des calcaires assez compactes, tous de teintes foncées; des schistes marneux ou argileux, de tous les degrés de dureté et de toutes les teintes depuis le gris noirâtre au blanchâtre, mais avec moins d'autres couleurs que dans la chaîne de la Berra. Ces schistes sont aussi moins souvent lustrés que dans la zone précédente, mais présentent de même des surfaces striées et des Fucoïdes déformés; ils sont parfois clivés surtout dans le sud de la vallée du Chirel. Comme dans le Simmenthal, ces différentes roches sont très mélangées et passent de l'une à l'autre insensiblement ou brusquement. Ce qui paraît rare, ce sont les massifs de calcaire compacte à silex corné semblables au jurassique supérieur.

Les brèches contiennent des galets roulés ou à angles émoussés, sans prendre pourtant le caractère de poudingues. Les fragments en sont en majorité calcaires et dolomitiques; mais il y a des roches cristallines. Je me bornerai à mentionner celles qu'on peut rapprocher d'échantillons venant de la chaîne de la Berra. C'est en montant au Niesen par le chemin qui part de Wimmis, que j'ai rencontré surtout des fragments de cette catégorie. A deux ou trois cents mètres au-dessus du cône de déjection après lequel le chemin commence à monter rapidement, une brèche en place renferme un granit à grains moyens, qui ne se distingue pas de celui d'un échantillon recueilli aux Alpettes, dans le massif du Niremont; j'en ai encore trouvé un fragment détaché beaucoup plus haut, au Stalden. Il était avec un gneiss riche en mica jaune verdâtre, que j'ai aussi rencontré une seconde fois non loin du sommet, et qu'on ne pourrait distinguer d'un échantillon qui vient des Botteys dans le massif du Cousinbert (page 207). Au ruisseau à l'est du *Wytbodmen*, il s'est trouvé dans le terrain glaciaire un granit à feldspath vert clair, identique à celui que contient la brèche du Gurnigel (page 207); mais les granits à feldspath rouge paraissent manquer.

Les algues sont peu fréquentes dans la chaîne du Niesen, ce qui explique les doutes qui ont été élevés quelquefois sur l'âge de cette grande masse de couches. Je n'ai à citer que les suivantes:

Chondrites affinis Steinb. Feissboden (nord de Chirel).
    »   *Targionii arbuscula* Fischer-Ooster. Nord-est du Frommberg.
    »   *intricatus genuinus* (Brongn.). Feissboden (nord de Chirel), nord-ouest de Feissboden (flanc gauche de la vallée), nord-est du Hohniesen, nord-est du Frommberg.
Helminthoïda crassa Schafh. Entre l'hôtel et le sommet du Niesen.
    »   *labyrinthica* Heer. Nord-est du Frommberg, entre l'hôtel et le sommet du Niesen.

CHAPITRE VIII.

TERRAIN QUATERNAIRE.

Résumé historique: de Saussure p. 17, de Bonstetten 18, A. Escher 74, Sartorius [79], Bachmann 80, Ramsay et Morlot 81, Falsan et Chantre 81.

Il faut répéter ici ce qu'on est obligé de dire de presque toutes les parties des Alpes, c'est qu'on n'a pas trouvé dans nos montagnes de couches plus récentes que le flysch, parce qu'elles ont été émergées avant le dépôt du miocène. Il n'est toutefois pas impossible qu'on y découvre une fois des dépôts terrestres de cette dernière époque. Y rencontre-t-on un quaternaire préglaciaire? Il y a quelques localités où l'on peut être tenté de répondre affirmativement à cette question, parce qu'on y trouve des graviers stratifiés qui, au premier abord, semblent distincts du terrain glaciaire proprement dit.

A l'est de Gruyère, par exemple, le cône de déjection du Chatalet est soutenu par une ancienne berge de la Sarine, où l'on voit du gravier qui se continue du côté du nord; là il est plus à jour, parce que la berge n'y est plus à distance de la rivière. Il s'y montre stratifié, parfois soudé en poudingue et mêlé de bancs de sable et de limon fin; à une place la puissance du sable l'emporte même sur celle du gravier. Les lignes de stratification sont en général légèrement inclinées en aval; pourtant on y voit aussi des inclinaisons différentes. La rive gauche présente des dépôts semblables, mais ils sont moins à jour; ils forment des terrasses presque planes, sur lesquelles il n'y a point d'indices de glaciaire informe. Il en est de même des graviers stratifiés bien plus puissants qui, à Broc, forment une plaine parfaite. L'absence complète de toute trace du passage des glaciers par dessus ces dépôts empêche de les rapporter à une époque antérieure à celle où la contrée a été envahie par les glaces; ils appartiennent bien plutôt au moment où elles ont fait leur retraite; c'est ce que nous verrons encore mieux plus loin, quand il sera question de l'ancien glacier de la vallée de la Jogne.

Un autre dépôt de gravier occupant une position analogue est immédiatement au sud de Weissenbach, dans le Simmenthal; c'est probablement celui qui a attiré l'attention de Saussure (voir p. 17). Il se montre sur une pente rapide, qui s'adoucit à une dizaine de mètres de hauteur pour former une terrasse inclinée. La base n'est guère élevée de plus de deux mètres au-dessus de la Simme, dont le lit est tout près. Les galets atteignant ou dépassant la grosseur de la tête y sont rares; tous sont bien arrondis et en partie soudés par un ciment tuffeux. Le peu d'élévation de ce dépôt au-dessus de la rivière me l'a d'abord fait regarder comme assez récent; aussi il est marqué sur la carte par la teinte de l'alluvion des terrasses. Après l'avoir revu, je trouve que les irrégularités de stratification qu'il présente, et qui sont figurées pl. 5, fig. 7, doivent le faire rapporter plutôt à l'époque du retrait du glacier, quoique je n'y aie pas vu des galets ayant conservé des stries. Il ne me semble pas qu'on puisse l'envisager comme une alluvion antérieure à l'envahissement des glaces, car alors il faudrait admettre que la vallée, après avoir été creusée jusqu'à son niveau actuel, s'est élevée d'environ 12 mètres par le dépôt du gravier, et ne s'est de nouveau creusée que de la même quantité, pendant toute la période glaciaire et l'espace de temps qui l'a suivie.

Les mêmes remarques s'appliquent à du gravier qui est sur la route en aval de Boltigen, à 12 mètres au-dessus de la rivière, et à celui qui est dans la même position en aval de la Simmenegg, et qui contient de petits bancs de sable.

Dans le haut de la vallée du Filderich (ou de Diemtigen), à l'ouest de *wend* (Sch*wend*en), se trouve une zone de gravier assez allongée et un peu en terrasse; un creusage qu'on y a pratiqué m'a permis d'y voir en place un galet strié; ainsi le dépôt date de la période glaciaire.

C'est dans la partie inférieure de la même vallée, près de Diemtigen, que se présentent les masses de gravier les plus considérables de notre territoire alpin. Elles s'étendent d'une manière continue du côté gauche, sur une longueur de plus de trois kilomètres, et y cachent les terrains inférieurs; à l'est de Diemtigen elles semblent avoir une épaisseur de 120 mètres. Sur le flanc droit on voit moins de gravier, parce qu'en amont il est recouvert par le glaciaire informe, dont il ne sort que peu à peu; il laisse ensuite apparaître les terrains inférieurs, mais se maintient dans la hauteur; vis-à-vis de Diemtigen, il s'y élève à 150 mètres au-dessus du niveau de la vallée. Ce gravier est du reste fort irrégulièrement composé quant à la grosseur de ses matériaux: il y a du sable en bancs à part, des assises à galets de grosseur ordinaire, et des masses plus informes, dont les éléments ont toutes les dimensions depuis le grain de sable au bloc d'un mètre de longueur; enfin il est souvent soudé en poudingue et forme alors des rochers. Quand une stratification est visible, elle est horizontale ou présente une légère inclinaison en aval; au nord-est de Diemtigen, on observe en outre que des galets sont imbriqués comme ils le sont dans le lit des eaux courantes. Cependant, dans la partie supérieure surtout, on voit des plongements contraires, qui indiquent moins l'action d'un courant toujours le même qu'un dépôt par des eaux provenant de la fonte d'un glacier, et remaniant les débris que celui-ci a apportés : à l'ouest-sud-ouest d'Oey on observe, par exemple, une inclinaison de 25° sud-ouest. Sur la nouvelle route qui monte à Diemtigen, on voit un plongement très incliné succéder à un autre qui l'est à peine, ce qui porte à croire que les apports successifs ne se sont faits ni sans interruption, ni dans les mêmes circonstances. La grande fréquence des blocs fait aussi penser que le torrent qui les a apportés les recevait d'un glacier peu éloigné. Ces considérations ne suffiraient toutefois pas pour faire repousser d'une manière absolue l'opinion qu'au moins la partie inférieure de ces graviers est antérieure à l'époque glaciaire, si cette hypothèse ne forçait pas à admettre, comme dans les cas précédents, que la vallée a été creusée d'abord jusqu'à sa profondeur actuelle, puis remplie ensuite pour être excavée de nouveau à l'époque glaciaire et plus tard. Si les choses s'étaient passées ainsi, n'aurions-nous pas partout le même phénomène dans le Simmenthal, et cela sur une plus grande échelle? Je crois plutôt qu'il faut rapporter le dépôt de ces graviers à une époque où le glacier du Filderich se terminait plus ou moins haut dans sa vallée, tandis que celui du Simmenthal, en se déversant un peu dans le bas, interceptait l'écoulement des eaux, et les forçait de déposer leurs matériaux dans les environs de Diemtigen, en y ajoutant peut-être une partie des siens. Un recul de cette barrière vers le nord aurait permis aux eaux de porter les débris les moins grossiers un peu plus à l'ouest du côté d'Erlenbach et beaucoup plus du côté d'aval, à l'est d'Oey, où une terrasse de gravier sans blocs continue assez loin celui de la vallée de Diemtigen. Si cette phase a existé, elle n'a pas été tout à fait la dernière de la période glaciaire dans cette région : puisque des dépôts informes recouvrent les graviers du flanc droit au sud de Diemtigen, il y a eu un retour momentané du glacier dans cette partie de la vallée.

Terrain glaciaire.

Toutes les vallées un peu considérables de nos montagnes ont eu des glaciers qui ont laissé sur leurs flancs des dépôts importants et bien caractérisés. La plupart de ces rivières de glace venaient se joindre, sur le plateau, au grand fleuve du Rhône; celle du Simmenthal s'ajoutait à ceux de la Kander et de l'Aar. On trouve en outre, dans les parties élevées des montagnes, des amas et des digues de blocs et de petits débris mélangés les uns avec les autres, dont la présence ne peut s'expliquer que par un transport sur un névé-glacier en mouvement; au pied de pentes rapides on rencontre aussi des alignements de même nature, distincts des éboulis modernes et qu'il faut attribuer à une descente sur la pente quand la neige y persistait toute l'année.

J'exposerai mes observations sur ces différents phénomènes en allant du sud-ouest au nord-est.

Vallée de la Trême.

A l'époque où il atteignait son maximum d'élévation, le glacier du Rhône est venu faire un dépôt assez notable aux Alpettes, sur la croupe du Niremont, à 1350 mètres d'altitude. Mais il ne paraît pas s'être déversé par ce point dans la vallée de la Trême, car ce n'est que dans le haut de la pente que l'on trouve des roches qui en proviennent. De là il faut descendre assez bas sur le flanc de la vallée pour rencontrer de nouveau des dépôts glaciaires, et ils y sont d'une nature différente: ce qui y prédomine, c'est un limon bleu foncé, très fin, très plastique, assez souvent sans galets, formant des masses très épaisses, dans lesquelles les ruisseaux ne mettent pas à jour le flysch sous-jacent; d'autres parties sont pierreuses, mais les traces de lavage par les eaux sont rares. Il y a çà et là de gros blocs, qui appartiennent aux terrains des montagnes voisines, particulièrement au jurassique supérieur; le plus volumineux de ceux que j'ai vus a près de 60 mètres cubes; il est sur le ruisseau, au sud de *Chalet neuf.* Les dépôts ainsi caractérisés ne peuvent provenir que d'un glacier alimenté surtout par les névés du Moléson, et commençant à quatre kilomètres du bord sud de la feuille XII. Ils ne s'étendent pas bien loin sur le territoire de cette feuille; car, déjà un peu au sud du mot *Chalet,* on commence à rencontrer dans le lit de la Trême de grands blocs du poudingue de Valorsine, surtout de la variété rouge. Un peu plus en aval, les débris du glacier du Rhône se présentent en grande quantité, et ils forment des masses très épaisses aux Portes, sur le flanc gauche de la vallée; mais les blocs du Moléson ne cessent pas entièrement, on en voit encore un vers *m* (Trême). Il y a donc eu un moment où le glacier de la Trême n'était arrêté par celui du Rhône qu'à une altitude peu considérable; mais il y en a eu un autre où ce dernier pénétrait par le nord jusqu'au midi de notre feuille, à moins qu'il n'y ait des raisons d'admettre qu'il y soit arrivé du côté du sud, par Châtel-St-Denis et le col de Ratevel. On retrouve en effet des blocs de poudingue de Valorsine sur le ruisseau qui passe un peu au midi du chalet marqué au bord de la carte, sur le flanc droit de la vallée; ils sont encore plus nombreux et accompagnés de blocs du calcaire du Moléson plus haut sur le même ruisseau, où j'ai aussi rencontré un fragment de grès de Taveyannaz moucheté. C'est M. A. Favre qui a émis l'idée que les blocs de poudingue de Valorsine sont arrivés dans la vallée de la Trême par le col de Ratevel, qui n'est qu'à 1232 mètres[1]; il s'appuie sur la présence de blocs de la même roche à 1380 mètres d'altitude, entre la Dent-de-Lys et le Mont-Corbettes. Nous saurons peut-être bientôt par M. E. Favre si un bras du glacier du Rhône a réellement suivi cette route; en attendant je conserve des doutes à cet égard: il me semble que les névés du Moléson, considérables à l'époque de la grande extension des glaciers, pouvaient bien obstruer le passage, ou en tout cas tenir les glaces valaisannes un peu éloignées du flanc droit où sont les blocs mentionnés; en outre l'in-

---

[1] Cinquième rapport sur l'étude et la conservation des blocs erratiques. Actes de la société helv. des sc. nat. à Fribourg en 1872, p. 165 (10).

vasion du glacier du Rhône dans les vallées de la Sarine et de la Jogne, dont il va être question, rend probable qu'il est aussi entré dans celle de la Trême par le nord.

Vallée de la Sarine.

Notre carte ne comprend que les dernières montagnes qui enfermaient le glacier de la Sarine à son débouché dans la plaine. Malgré la largeur de l'espace où il pouvait s'étaler après avoir dépassé Gruyères, il s'est élevé très haut sur le chaînon du flanc gauche.

Les dépôts qu'il a laissés ne sauraient présenter beaucoup de roches différentes de celles de nos chaînes, différentes aussi de toutes celles qu'a apportées le glacier du Rhône, qui recevait des affluents des montagnes que traverse la Sarine. Il en est pourtant dans le nombre qu'on peut envisager comme plus ou moins caractéristiques. C'est d'abord le conglomérat de la Hornfluh, décrit à la page 217; il est coupé par la vallée de la Sarine en amont et en aval de Saanen. C'est ensuite un conglomérat un peu différent, provenant de même du flysch; il est aussi bréchiforme, composé surtout de fragments de calcaire compacte, bleu foncé ou noirâtre, d'un nombre moins grand de cailloux jaunâtres d'aspect dolomitique, de roches siliceuses vertes, et çà et là de fragments de gneiss, roche qui a sans doute aussi fourni des paillettes de mica, qui n'y sont pas rares. En remontant la vallée de la Sarine pour trouver le point de départ de ce conglomérat, le dernier bloc que j'en ai vu sur la grande route est aux Planches, en aval de Rossinières, mais je ne l'ai pas rencontré en place plus en amont. Je ne serais donc pas parvenu à mon but, si M. Schardt n'avait pas eu l'obligeance de s'occuper de cette recherche : il a reconnu que ce conglomérat joue un grand rôle dans le flysch de la vallée de l'Etivaz et des hauteurs qui la couronnent, et m'en a envoyé des échantillons identiques à ceux des blocs erratiques.

Dans notre territoire, à Tzavuqui, près de la Perreyre, le glacier de la Sarine a adossé des dépôts très considérables contre le massif de la Dent-de-Broc, où ils forment deux épaulements dirigés nord-sud; on y remarque beaucoup de blocs du flysch et quelques fragments d'un calcaire rouge à encrines qui appartient au lias; la présence de ces derniers suffit pour montrer que ces épaulements ne sont pas des amas provenant seulement du vallon latéral où ils se trouvent. Le dépôt le plus élevé de cette région est trop peu considérable pour que j'aie pu l'indiquer sur la carte; il est à environ 50 mètres au-dessous d'un chalet coté 1308 mètres sur la carte du canton de Fribourg; par conséquent le glacier s'est élevé à 1250 mètres, soit à 550 mètres au-dessus du lit actuel de la Sarine.

Dans le vallon qui sépare les deux chaînons du massif de la Dent-de-Broc, un amas de glaciaire informe remonte à 1145 mètres; mais il est dû peut-être en partie au névé qui descendait dans le vallon lui-même. En dessous, au bord de la Sarine, il y a du gravier et du sable stratifiés, dont il a déjà été question page 222.

Les dépôts quaternaires de la plaine entre Gruyères et Bulle ont été en grande partie cachés par les déjections des torrents qui y débouchent. Les blocs qu'on y rencontre encore appartiennent surtout au jurassique supérieur, au flysch et au conglomérat de l'Etivaz. Dans le lit de la Trême, au sud de Bulle, on peut voir sur plusieurs points le glaciaire informe nettement distinct des déjections du torrent qui le surmontent.

Le vallon de l'Erbivue, qui descend du Moléson et débouche vers Gruyères, a dû faire un certain apport au glacier de la Sarine, mais cela n'a cependant pas empêché ce dernier d'opérer des dépôts sur les collines et les montagnes qui le bordent; le conglomérat de la Hornfluh se trouve même au point le plus élevé du revêtement continu que le glaciaire forme sur le flanc gauche; j'ai aussi vu des blocs du conglomérat de l'Etivaz, à la Caudraz (au nord-est du point coté 1220 mètres sur la carte). Plus au nord, les flancs du chaînon de flysch au sud-ouest et à l'ouest du Paquier sont entièrement couverts par le glaciaire informe, qui s'y élève sur plusieurs points jusqu'à environ 1200 mètres, soit à plus de 500 mètres au-dessus du niveau de la vallée. Dans cette région, les ruisseaux se sont creusés des ravins de plus de 20 mètres de profondeur, sans atteindre le flysch. Le conglomérat de l'Etivaz s'y trouve en blocs çà et là; celui de la Hornfluh est un peu moins fréquent; il ne domine que vers le haut du dépôt, aux Mossettes et à la Scierne-des-Heures, au sud-ouest du

Paquier. Dans la hauteur ce glaciaire se termine souvent par un petit plateau, dont la végétation herbacée tranche avec celle de la pente de flysch qui le surmonte. Plus bas, au sud-ouest des Granges, on reconnaît facilement des moraines latérales, que figure la topographie de la carte; en outre la pente au-dessus présente plusieurs gradins successifs qui indiquent aussi des séjours prolongés des glaces à la hauteur où ils se trouvent. Au nord-est de la Part-Dieu, les roches de la vallée de la Sarine viennent se mêler à celles du glacier du Rhône; ainsi on voit un bloc du conglomérat de la Horn-fluh, de 12 mètres cubes, dans le lit de la Trême au sud de Vuadens; il est en compagnie d'un bloc du poudingue de la molasse et, un peu en aval, il y en a un autre du poudingue de Valorsine, qui approche de 80 mètres cubes. On chercherait vainement à tracer une ligne de démarcation entre les dépôts des deux glaciers, car ils sont mélangés. Il est évident que les deux courants de glace se sont tour à tour refoulés sur un certain espace, suivant que l'un l'emportait sur l'autre en puissance.

Il n'y a, en revanche, presque pas trace d'un mélange des roches dans la plaine au nord et à l'ouest de Bulle, où les principaux blocs appartiennent au conglomérat de l'Etivaz. Les tranchées du chemin de fer y ont mis à jour des dépôts de glaciaire informe, avec quelques traces de lavage et presque sans roches cristallines du Valais. Pour établir la gare de Bulle, on a enlevé une partie d'une colline qui peut être regardée comme une portion de moraine frontale du glacier qui nous occupe; les blocs et les autres fragments qu'on en a tirés étaient parfaitement polis et striés; les conglomérats de la Horn-fluh et de l'Etivaz y étaient fortement représentés, tandis que je n'y ai ren-contré qu'un nombre infime de petits galets appartenant aux roches du glacier du Rhône; comme ce dernier s'est étendu bien au sud de Bulle, ainsi que nous allons le voir, il est permis de les regarder comme étant à l'état remanié dans cette colline. Au sud de Riaz, au nord-est de 741, on rencontre une série de gros blocs du jurassique supérieur de nos chaînes; ils sont groupés en une arête longue de 30 mètres et dirigée du sud au nord. Ils ont probablement été apportés par le glacier de la Sarine. Aussi on est étonné de constater plus à l'est la présence de blocs de poudingue de Valorsine, et de fragments assez nombreux d'autres roches du glacier du Rhône. Enfin sur sa rive gauche, le glacier de la Sarine a laissé à l'est de Vuadens une moraine latérale bien caractérisée, figurée sur la carte topographique du canton de Fribourg; les plus gros débris qu'on y remarque appartiennent au conglomérat de l'Etivaz.

Il y a donc eu un moment où le glacier de la Sarine a pu s'étendre seul dans la plaine, et l'on peut admettre que depuis lors celui du Rhône n'y est plus revenu. C'est peut-être à ce moment qu'un gros bloc du conglomérat de la Hornfluh a été porté assez haut sur la pente, au nord du mot *Brye*; il y a trouvé les poudingues de Valorsine que le glacier du Rhône y avait laissés antérieurement. On a des indices d'une extension encore plus inattendue des glaces de la vallée de la Sarine : ce sont des blocs et des fragments du conglomérat de l'Etivaz à Plaisance, à l'ouest de Riaz, et même au ruisseau au sud de Sorrens. On peut admettre qu'ils sont venus là, lorsque les glaces de la Sarine étaient repoussées à l'ouest de leur écoulement naturel par celles de la Jogne. D'un autre côté il ne faut pas oublier que l'apport peut en être aussi attribué au glacier du Rhône, qui les aurait reçus par la vallée des Ormonts; ce n'est en effet guère que de cette façon qu'on peut expliquer la présence d'un bloc très semblable, particulièrement riche en fragments de gneiss, qui est au nord des bains des Colombettes, et qu'il serait difficile de faire arriver là par un courant de glace contraire à celui du Rhône.

S'il y a eu un moment où le glacier de la Sarine s'étendait librement dans la plaine, il y en a eu un autre où celui du Rhône devait lui barrer le passage, car, nous le verrons plus loin, à une époque où ce dernier s'élevait très haut, il a pénétré dans la vallée de la Jogne; c'est sans doute alors qu'il a aussi un peu contourné le chaînon du flanc gauche de la vallée, dont j'ai déjà décrit les dépôts; j'ai trouvé en effet un fragment de granit là où le flysch disparaît sous le glaciaire du côté du nord, et en dessous un gros bloc de poudingue de Valorsine rouge; plus à l'est, au ruisseau des Joncs, à environ 1000 mètres de hauteur, j'ai rencontré un gros fragment de gneiss; sous le chalet du Grand-Four, au sud-ouest du Paquier, aussi à 1000 mètres, il y a un bloc de poudingue de Valorsine rouge de plus d'un mètre cube.

Il résulte des détails qui précèdent que la ligne de contact des deux glaciers a été constamment en oscillation, et que vers la fin de la période glaciaire celui de la Sarine était seul en possession de la plaine de Bulle.

Vallée de la Jogne.

La vallée de Jaun (ou de Bellegarde), parcourue par la Jogne, a eu un glacier important, augmenté par divers affluents, dont les principaux s'y joignaient un peu avant qu'il débouchât dans la plaine.

Le névé de ce glacier commençait en amont d'Ablentschen, à quelques kilomètres au sud-ouest du bord méridional de la feuille XII; il a peut-être laissé des dépôts en aval de cette localité, où la Jogne ne coule que dans des débris; mais quand j'ai parcouru cette région, en 1866, mon attention n'était pas dirigée sur ce point et je n'ai pas pu y retourner depuis lors. A l'est de l'extrémité méridionale du massif du Bæderberg, la nouvelle route de Jaun à Boltigen a mis à jour des traces bien caractérisées de la présence d'un glacier. Déjà à l'endroit où elle traverse les terrains secondaires, le crétacé supérieur est poli, et porte un bloc de flysch de plus d'un mètre cube, qui est aussi poli et sillonné autant que peut l'être un grès assez grossier; il est accompagné de quelques galets striés. Ce point étant à 240 mètres au-dessus de la Jogne, le glacier a dû s'épancher pendant longtemps dans le vallon qui aboutit à la cote de hauteur 1108 mètres; nous verrons plus loin que celui du Simmenthal y est aussi venu par le plateau coté 1506 mètres, mais seulement pendant un moment fort court. En continuant à monter vers l'est, la route mentionnée arrive au premier ruisseau qui vient du nord; là elle coupe un dépôt de glaciaire informe de 3 mètres de hauteur, sur 10 mètres de longueur; ce point est à 1400 mètres, soit à 300 mètres au-dessus du lit actuel de la Jogne. Un autre amas de débris plus à l'est et un peu plus haut, n'est pas sûrement du glaciaire. Sur ce flanc du bassin, on ne voit pas de blocs d'un conglomérat qui caractérise les débris provenant du Simmenthal; nous pouvons donc presque sans chance d'erreur attribuer ce dépôt au glacier de la Jogne.

Ce n'est qu'exceptionnellement qu'on peut reconnaître aussi bien les apports glaciaires qui se sont faits sur le flysch, parce qu'ils sont ordinairement cachés par la végétation et surtout par les éboulements. La construction de la route en a pourtant mis à jour de petits, sur le flanc droit de la vallée, en amont de Jaun. Sur le flanc gauche, au Rückli, il y a un dépôt très puissant, car le ruisseau y a creusé un ravin profond sans mettre à jour le terrain sous-jacent. La partie la plus en amont appartient peut-être à un névé local; mais comme il reste à la hauteur de 1350 mètres assez loin du côté du nord, on peut admettre que le glacier principal a atteint cette altitude.

Au nord de Jaun, un vallon à pente rapide est presque rempli de glaciaire très pierreux; mais la partie supérieure vient évidemment des montagnes environnantes, surtout du massif des Brunnen, car le jurassique supérieur et le néocomien y jouent un grand rôle. Dans cette partie le sol est très mouvementé; on y reconnaît plusieurs moraines avec contrepentes du côté d'amont; mais il n'y en a pas qui barrent complètement la vallée. Là où le ruisseau s'est creusé un ravin, on remarque une bande qui se distingue par sa couleur jaunâtre, et qui est inclinée comme le serait le thalweg de la vallée, s'il était régulier. Plus bas, le chalet inférieur est sur un plateau qui est à 1350 mètres, et auquel succède en aval une pente rapide; depuis là le flanc droit du vallon est escarpé et raviné, dans un dépôt informe très pierreux. On peut admettre que le glacier principal a monté jusqu'à la hauteur indiquée, et qu'il a en même temps empéché aux débris qu'apportait le petit glacier local de descendre plus bas dans la vallée; c'est là ce qui aurait produit le palier mentionné.

Depuis la cluse en amont de Jaun, les dépôts glaciaires d'une certaine étendue sont confinés dans la partie inférieure des flancs de la vallée; mais un peu au sud de *eck* (Janseck), à une hauteur d'au moins 1350 mètres, on trouve des galets striés; plus haut sur un sentier une déchirure du sol montre un petit dépôt moins sûrement glaciaire, quoique des fragments qu'il contient m'aient paru appartenir au flysch.

Il n'y a que peu de choses à dire des amas qui sont en dessous, dans le bas de la vallée. Ils appartiennent probablement à l'époque de la retraite du glacier. Celui du flanc gauche est bien à jour un peu en amont de zur Eich; il est très pierreux dans le haut et renferme beaucoup de fragments anguleux, tandis que le bas est composé de dépôts fins en partie stratifiés; il y a sans doute différence d'âge entre ces deux assises. Des graviers bien lavés se trouvent aussi sur le flanc droit en aval de zur Eich.

A Im Fang, débouche la vallée du Petit-Mont, qui ne vient pas de bien loin, mais d'une assez grande hauteur pour qu'il faille admettre qu'elle a apporté un tribut au glacier de la Jogne. En traversant les terrains secondaires, elle ne forme qu'un défilé étroit, entre de hauts rochers où les débris glaciaires n'ont pas pu rester. Il y a peut-être des dépôts plus en amont, mais ils ont été recouverts par les éboulis. Au sud-sud-est d'Im Fang, on remarque sur la pente trois moraines bien distinctes : les deux d'amont sont dirigées du sud-sud-est au nord-nord-ouest, et sont le fait du glacier de la Jogne ; la troisième est plutôt transversale à la vallée du Petit-Mont et paraît provenir de son glacier.

A partir d'Im Fang, le bas de la pente droite est couvert d'un dépôt quaternaire, qui se termine dans le haut par un replat, et que de nombreux éboulements ont bien mis à jour. Du côté d'amont, c'est du glaciaire informe bien caractérisé, avec des fragments anguleux et de nombreux cailloux striés. Ailleurs le limon fin manque presque complètement et les stries sont rares ; il y a eu remaniement par les eaux de fonte, quoique il n'y ait que peu de traces de stratification.

Dans cette région, c'est au nord du Hochmatt que le glaciaire remonte le plus haut. Il couvre une pente à surface très irrégulière, entrecoupée de petits plateaux. Le ruisseau principal y est encaissé jusqu'à la profondeur de 25 mètres, sans mettre à jour le terrain qui supporte les débris ; au haut, à 1310 mètres, il y a un plateau et même, du côté de l'ouest, une contrepente. Les névés du Hochmatt ont dû contribuer à former ce dépôt puissant ; cependant, comme il contient des fragments arrondis jusqu'à sa partie supérieure, il est permis de regarder comme probable que le glacier principal s'est élevé à l'altitude indiquée.

Dans le hameau d'Im Fang, la construction de la nouvelle route de Jaun a mis à jour du lias cristallin qu'on y voyait à peine auparavant. Une partie a reçu un poli grossier sans stries, assez peu caractérisé pour qu'il ne soit pas impossible de l'attribuer à une action un peu ancienne de l'eau, d'autant plus que la Jogne ne coule qu'à quatre mètres plus bas. Ce qui le ferait croire plutôt d'origine glaciaire, c'est qu'aussi sur la route en aval des Fornyx, le jurassique supérieur est non seulement poli, mais couvert de stries parallèles ou croisées, et cela à un endroit qui n'est pas plus élevé au-dessus de la rivière.

La carte n'indique pas de dépôts glaciaires dans la partie de la vallée qui coupe obliquement la chaîne du Ganterist. Il y en aurait peut-être qui mériteraient d'être marqués dans le bassin du Fornyx. D'abord le cône de déjection du ruisseau renferme des fragments de conglomérats du flysch et, au-dessus, il y a du glaciaire en place sur le flanc gauche. J'ai ensuite trouvé à la Raveyre des blocs et des débris étrangers aux terrains de ce bassin, entre autres des grès du flysch et des fragments de lias cristallin remplis d'encrines. Ayant fait le lever de cette région au commencement de mes recherches, lorsque je ne soupçonnais pas que la vallée de la Jogne pût avoir été remplie par les glaces jusqu'à cette élévation, ces trouvailles étaient pour moi une énigme; depuis lors je n'ai pas pu y retourner pour compléter mes observations. Tout ce que je puis dire, c'est qu'il y a de ces fragments jusqu'à une hauteur qui n'est pas inférieure à 1300 mètres. On en rencontre aussi vis-à-vis, dans le vallon qui débouche au nord de *Praz*.

A la Tzintre, nous retrouvons les dépôts glaciaires dans le thalweg. En aval de ce hameau, il y a une moraine arquée composée surtout de blocs du jurassique supérieur; du côté d'amont la hauteur en est de 5 ou 6 mètres, et cette élévation serait plus forte, si la Jogne, qu'elle barre, n'avait pas haussé son lit derrière. Plus à l'est d'autres blocs forment un barrage supérieur, sur lequel la Jogne se précipite; il est moins sûr que leur transport puisse être attribué au glacier, car il se pourrait qu'ils fussent éboulés. Quoi qu'il en soit, c'est à leur présence qu'il faut attribuer la plaine de gravier dans laquelle coule la Jogne plus en amont, et c'est peut-être à cause de l'élévation du lit qu'ils ont occasionnée que nous trouvons le poli glaciaire mentionné ci-dessus presque au niveau de cette plaine.

Les phénomènes de la Tzintre n'appartiennent qu'à un moment de la période glaciaire, probablement à celui du retrait. Plus anciennement, quand la masse de glace avait toute sa puissance, elle pouvait s'étaler plus librement au sortir de la cluse, et se déverser surtout à gauche pour arriver bientôt dans la plaine. Cependant elle a continué à rester à un niveau assez élevé du côté droit, car le bathonien et le bajocien au nord de *tre* (Tzin*tre*) sont parsemés de blocs de jurassique supérieur jusqu'à la hauteur de 1100 mètres environ; ces blocs ont pu être apportés là directement par le glacier de la Jogne, peut-être aussi viennent-ils du jurassique supérieur qui est plus au sud (cote 1401 mètres); ils auraient alors été transportés par un névé que le niveau du glacier de la Jogne forçait à s'écouler par le nord, au lieu de descendre directement dans la vallée; toutefois j'ai trouvé à la hauteur de 1060 mètres un gros fragment de grès du flysch, qui n'a pu être apporté où il était que par le glacier principal; d'un autre côté, la supposition d'un courant latéral forcé de rester à une certaine hauteur sur le flanc droit de la vallée, est appuyée par la présence d'une colline aux Arses, à l'est-nord-est de Charmey; elle est toute composée de blocs de jurassique supérieur, entassés les uns sur les autres, et formant une continuation du dépôt des mêmes roches qui vient d'être mentionné; j'ai évalué le volume du plus gros à 350 mètres cubes. Sur l'autre flanc, au pied du massif du Plan, se trouve une petite moraine arquée, dont la concavité indique qu'elle a été laissée là par des glaces venant plutôt de l'est que de l'ouest.

Le glacier du Javroz venait se joindre à celui de la Jogne à Charmey; la fig. 2 de la pl. 6 montre l'importance des dépôts de cette région; un peu plus en aval arrivait celui du Montélon. A partir de cette dernière vallée latérale, le terrain glaciaire descend vers la plaine en pente douce et régulière, au pied de la Dent-de-Broc (pl. 6, fig. 1). C'est probablement l'encombrement de la vallée par ces dépôts qui a forcé le Javroz et la Jogne à se creuser des gorges profondes dans le jurassique et le néocomien du pied sud-est du Montsalvens. Sur le penchant de cette montagne, les masses glaciaires ne sont importantes qu'au sud-ouest du Crésuz; elles s'y élèvent à la hauteur de 930 mètres, et les ravins que les eaux y ont creusés ne mettent pas toujours à jour le terrain sous-jacent.

Le tableau suivant résume les indications d'altitude des points au-dessus desquels le glacier de la Jogne ne paraît pas s'être élevé. Les chiffres des quatre premières localités sont basés sur la carte à courbes horizontales; ceux des quatre dernières n'ont pu être déterminés qu'au moyen de la carte du canton de Fribourg, qui est à hachures; il sont donc un peu moins sûrs que les autres.

	Altitudes en mètres		Hauteurs au-dessus
	du glacier.	du thalweg.	du thalweg.
Est du massif du Bæderberg (flanc droit)	1400	1100	300
Rückli (flanc gauche)	1350	1010	340
Vallée nord de Jaun (flanc droit) . .	1350	1000	350
Janseck (flanc droit)	1350	970	380
Nord du Hochmatt (flanc gauche) . .	1310	900	410
Au-dessus des Fornyx (flanc droit) .	1300	880	420
Est de Charmey (flanc droit) . . .	1100	870	230
Sud-ouest du Crésuz (flanc droit) . .	930	770 ?	160 ?

Les six premières localités nous montrent qu'au moment de sa plus grande hauteur, la pente du glacier était très douce jusqu'à la Tzintre, beaucoup plus douce que celle du thalweg actuel, qui n'est pourtant pas considérable. A partir de ce point le glacier semble s'être abaissé plus rapidement, de façon que sa pente aurait été plus forte que celle du thalweg actuel. Cette différence entre les deux régions s'explique par l'influence du glacier du Rhône, dont il sera question un peu plus loin.

Quaternaire stratifié.

J'ai déjà mentionné ci-dessus des dépôts de gravier et de sable peu considérables, auxquels il faut en ajouter un autre moins important encore, sur le versant nord de la colline liasique de la Tzintre. Au pied du massif du Montsalvens, on rencontre des dépôts lavés et stratifiés bien plus épais, que le Javroz et la Jogne ont mis à jour, et qui ont en partie une étendue assez considérable pour qu'ils aient pu être marqués sur la carte.

Aux Sciernes, au nord-ouest de Charmey, l'escarpement qui borde le Javroz est surtout composé de gravier, avec un banc de sable épais qui finit bientôt en coin. En dessous on trouve le glaciaire informe bien à jour; il ne l'est pas immédiatement au-dessus, mais il y existe sans aucun doute, puisque la plaine en est composée. Plus au sud-ouest, la carte indique du quaternaire stratifié sur la route de Charmey; c'est du gravier avec un ou deux mètres de dépôt limoneux dans le haut; le tout est en couches horizontales. Une nouvelle route a été construite depuis la publication de la carte; elle passe à une assez grande hauteur au-dessus de cet affleurement, et a mis à jour du gravier et du sable en bancs fortement inclinés du côté du Javroz; c'est un dépôt différent de celui du bas, car il repose sur du glaciaire informe très distinct, qui doit à son tour surmonter les assises stratifiées inférieures. Un peu plus à l'est, le talus de la route montre de nouveau le gravier supérieur sur le quaternaire informe; mais ce dernier a été érodé par les eaux qui ont déposé les débris lavés dans les dépressions et les sillons qu'elles ont creusés; plus loin on ne voit que du glaciaire informe, surmonté à une place d'un peu de sable grossier sans particules fines.

A Lienson, le dépôt stratifié marqué n'occupe que le tiers supérieur de la pente; c'est du gravier, du sable et du limon fin très irrégulièrement entremêlés; un banc de sable de près de deux mètres de puissance est, par exemple, subitement coupé par du gravier et recommence à $1^1/_2$ mètres de distance avec la même épaisseur. Le quaternaire en couches au confluent du Montélon et de la Jogne, et des amas de sable et de gravier déposés sur un plateau étroit qui surmonte les escarpements, au sud-ouest de Châtel, donneraient lieu aux mêmes remarques. Tous ces dépôts stratifiés quelque épais qu'ils soient ne sont donc que des accidents provenant d'époques de fonte prolongée du glacier sur le même point; il est impossible de les relier entre eux et de les regarder comme appartenant tous à la même époque, et de s'en servir pour établir des divisions dans le terrain glaciaire.

Vallées latérales à celle de la Jogne.

J'ai déjà dit ci-dessus (page 233) quelques mots de la vallée du *Petit-Mont*, qui débouche à Im Fang. Celle du *Rio-du-Mont* est plus longue; elle vient du bassin élevé des Morteys, au midi de la feuille XII; malgré cela elle ne présente pas des dépôts quaternaires bien importants. Cela tient peut-être en partie à ce que le vallon des Morteys débouche dans une région presque horizontale, d'où les névés pouvaient descendre aussi vers la Sarine par la vallée de Vert-Champ; mais cela s'explique surtout par la rapidité des pentes dans le territoire de la feuille XII.

Vers le bord sud de la carte, il y a des traces indubitables de transport glaciaire, au nord et au sud du chalet coté 1040 mètres; mais il n'est guère possible de distinguer là ce qui est quaternaire de ce qui est éboulis modernes. Les débris du flanc droit au sud-ouest et à l'ouest de Thoos cachent peut-être aussi des dépôts glaciaires; du moins on en voit apparaître, quand ils diminuent au sud de Praz-Jean. C'est au glacier du Rio-du-Mont qu'il faut rapporter deux moraines du pâturage de Poute-Paluz; elles se réunissent en formant une pointe du côté du sud-ouest, et renferment un étang et un marais, mais on n'en voit pas la composition; ce qui rend leur origine glaciaire non douteuse, c'est qu'en descendant de là au nord-est on trouve, sur les bords du ruisseau, du glaciaire informe avec beaucoup de galets striés, et qu'il y en a aussi quelque peu plus au nord, à une hauteur égale à celle de ces moraines, qui est de 1370 mètres.

Le glacier de la vallée du Javroz venait se joindre à celui de la Jogne au nord de Charmey; les masses de débris qu'il a laissées montrent qu'il était très important. Il était formé de deux branches qui se réunissaient à l'est de la Valsainte. La principale, celle des Rosseyres, venait des bassins élevés du Grand et du Petit-Morvaux. J'ai indiqué sur la carte un premier dépôt glaciaire isolé sur le flanc gauche de la vallée, à la hauteur de 1380 mètres, au sud-est de *a* (Banderetta); il se compose surtout de blocs de jurassique supérieur, qui sont probablement arrivés à cette place, lorsqu'un névé remplissait le vallon peu profond qui est au sud-est. Au nord-est de ce point, la partie inférieure de la pente est couverte de blocs et de débris jurassiques et néocomiens, qui forment une nappe continue; elle se prolonge dans le thalweg, où le ruisseau n'étant pas encore parvenu à se creuser un lit à travers les blocs, se divise en plusieurs branches; en outre les débris isolés des mêmes roches s'élèvent assez haut sur le terrain jurassique de la pente gauche. C'est au sud de *Ross (Ross*eyres) qu'ils montent le plus haut sur la droite, en formant une demi-moraine frontale assez marquée.

Entravé dans son écoulement par le lias du massif de l'Arsajoux, le glacier des Rosseyres a passé par-dessus le côté droit de la vallée, et s'y est réuni à celui de Grata-Vache. La nappe de débris par laquelle il a entièrement recouvert le lias est à 1200 mètres, soit à 100 mètres au-dessus du thalweg actuel; mais sa hauteur a été plus considérable, car, vis-à-vis, il a adossé au flanc gauche du vallon de l'Arsajoux un autre dépôt qui est bien à jour, parce qu'il s'y produit des éboulements; la carte du canton de Fribourg ne donne pas le moyen d'en évaluer exactement l'altitude, mais elle ne doit pas être au-dessous de 1300 mètres.

L'autre branche du glacier du Javroz était fort courte; elle venait de Grata-Vache, et devait surtout recevoir des neiges et des matériaux à transporter du côté gauche. En *G* (*G*rata-Vache) on remarque beaucoup de blocs de jurassique supérieur qui pourraient provenir d'un éboulement; mais il y en a un très gros dans le vallon des Chesalettes qui, ainsi que d'autres débris, ne peut y être arrivé que par un transport sur un névé descendant du Mont-Bremenga. A l'ouest de Grata-Vache se trouve un dépôt assez considérable pour qu'il ait pu être marqué sur la carte.

A partir de la cote de hauteur 1020, toute la région inférieure de la vallée est remplie par le terrain glaciaire; le ruisseau des Rosseyres et le Javroz y coulent en laissant entre eux une colline assez élevée. Cette partie a encore des blocs volumineux, mais ils deviennent de plus en plus rares du côté d'aval. Presque partout le dépôt est très pierreux et contient çà et là des parties lavées et stratifiées; ce n'est que vers les Sciernes qu'on trouve, dans le lit même du torrent, du limon fin renfermant peu de cailloux. Au nord-est de cette localité, le terrain est très ondulé, et forme au pied du massif de l'Arsajoux des épaulements dont l'un peut être qualifié de moraine frontale. Sur la rive droite du Javroz, le quaternaire apparaît très peu, aussi longtemps que c'est le flysch qui compose le flanc de la montagne; c'est qu'il est recouvert par les éboulis récents de ce terrain, qui y forment une zone non interrompue. Quand la vallée est dominée par les terrains secondaires du Montsalvens, le glaciaire y remonte pour le moins aussi haut que sur l'autre flanc: au Javrex un lambeau séparé est à peu près à l'altitude de 1000 mètres; la nappe continue s'y élève à 960 mètres et à Cerniat à 980 mètres.

La vallée du Montélon ne vient pas de bien loin au midi de la feuille XII; malgré cela les dépôts glaciaires y jouent un rôle bien plus important que dans celle du Rio-du-Mont. Cela tient probablement à ce qu'elle est bordée de pentes moins régulières, et à ce que l'écoulement du glacier y était entravé par plus de défilés. Vers le bord sud de la carte, le bas de la vallée ne montre encore point de glaciaire; peut-être y en a-t-il sous les éboulis. Il est assez probable que le glacier a monté sur le flanc droit jusqu'à Poute-Paluz; la région *Poute* est en effet composée d'éminences, de petites collines, de dépressions, qui en font un paysage glaciaire en miniature; si je n'y ai marqué que des éboulis, c'est que je n'ai pas trouvé de preuves directes de l'apport des débris par le glacier du Montélon. Les dépôts à peu près constants le long du ruisseau commencent à Cuaz, où l'on remarque une petite moraine latérale; ailleurs ils se terminent souvent sur les flancs par un plateau ou un adoucissement de pente. Les blocs n'y sont pas nombreux, cependant il y en a un amas sur le flanc gauche. C'est aux chemins qui conduisent d'un côté à Charmey, et de l'autre à Broc, qu'on voit le mieux la composition de ce glaciaire; il y a là de petites parties lavées et stratifiées. Dans la vallée latérale de Coulaz, on reconnaît trois dépôts locaux, dont l'inférieur, tout au moins, est l'œuvre du glacier de la vallée principale.

Invasion du glacier du Rhône dans la vallée de la Jogne.

Malgré l'importance des glaciers qui venaient se réunir dans les environs de Charmey, ils n'ont pas été assez puissants pour empêcher celui du Rhône de pénétrer dans leur domaine pendant un certain temps, et jusqu'à une altitude où ils ne sont pas parvenus dans la même région. En effet ce glacier a laissé des débris au col de la Bodenevaz, sur le crétacé supérieur qui termine le massif du Montsalvens du côté du nord, et cela à la hauteur d'environ 1250 mètres.[1] Il ne paraît du reste pas qu'il soit descendu bien bas du côté de la vallée du

---

[1] C'est par erreur qu'à la page 154 de la XII° livraison de ces matériaux, j'ai indiqué le chiffre de 1150 mètres. Cette indication a été reproduite par M. A. Favre, dans sa Notice sur la conservation des blocs erratiques et sur les anciens glaciers du revers septentrional des Alpes (Arch. des sc. de la Biblioth. univ. vol. 57), à la page 192. Je regrette d'autant plus ma méprise que le chiffre plus exact s'accorde bien mieux avec les autres données de M. A. Favre.

Javroz. Sur le versant oriental du Montsalvens, où il est arrivé par le sud, il a laissé différentes traces de sa présence : un bloc de poudingue de Valorsine rouge de deux mètres cubes est près du chalet qui est à l'est-nord-est de *au Mont,* à une hauteur qui n'est pas en dessous de 1200 mètres; il y en a d'autres en *Mo (M*ont); ce sont des débris plus variés que l'on rencontre en *rens* (Botter*ens).* Au sud de ces différents points, on trouve çà et là des blocs et des fragments erratiques: roches cristallines diverses, poudingues de Valorsine, conglomérats du flysch, etc.; mais je n'ai pas vu de dépôts assez importants et assez continus pour qu'il y eût lieu de les indiquer sur la carte. D'autres témoins de l'envahissement du bassin de la Jogne par le glacier du Rhône, se montrent plus à l'est : un bloc de poudingue violet de Valorsine de deux mètres cubes est dans le lit du ruisseau des Vathia, au nord de *ey* (Charm*ey);* un éboulement a mis un peu à jour un bloc de la même roche sur le chemin est de *e* (Vallé*e* du Montélon); un autre est dans le ravin à l'est de *V,* en dessous d'un dépôt de tuf; ce dernier est très schisteux et ne contient que des fragments de la grosseur de ceux d'un grès ordinaire, mais je crois pouvoir le rapporter à la même roche; ce qu'on en voit indique qu'il dépasse 10 mètres cubes.

Je n'ai pas rencontré d'indices que le glacier du Rhône ait pénétré dans la vallée de la Jogne en amont de la Tzintre; mais quand il s'élevait à plus de 1200 mètres sur les flancs du Montsalvens, il aurait pu remonter jusqu'à Ablentschen, si la vallée avait été creusée jusqu'à sa profondeur actuelle, et si elle n'avait pas été remplie par ses propres glaces. Il s'est donc borné à empêcher, ou au moins à entraver, l'écoulement de ces dernières pendant un certain temps; c'est alors qu'elles ont atteint les altitudes qu'indique le tableau de page 236. Il est probable que ce barrage ne s'est pas soutenu longtemps à son maximum de hauteur, puisque les fragments et les blocs qu'on peut attribuer à l'apport du glacier du Rhône ne sont pas en grande quantité sur le flanc du Montsalvens. Il est encore probable qu'il a eu lieu à une époque ancienne de la période glaciaire, car les roches du Valais sont à l'état de remaniement dans les dépôts en aval de Charmey; il faut en effet longtemps pour qu'on parvienne à y trouver un fragment cristallin, qui est toujours isolé dans les masses de roches sédimentaires provenant des montagnes du pays. On peut en dire autant des blocs de poudingue de Valorsine du nord de Charmey et du débouché du Montélon. Il faut donc considérer la plus grande partie des dépôts glaciaires qu'on observe en amont du débouché de la vallée, comme postérieurs à l'envahissement par le glacier du Rhône.

Le glacier de la Jogne dans la plaine.

De même que celui de la Sarine, le glacier de la Jogne est descendu dans la plaine à une époque relativement récente, où celui du Rhône lui a permis de le faire. A l'endroit où il y débouchait, nous trouvons le plateau de Broc, dont la surface, élevée de 40 mètres au-dessus des plaines alluvionnaires de la Sarine et de la Jogne, est presque parfaitement égalisée et formée de gravier. Je n'ai pu voir nulle part à jour le bas des anciennes berges qui le bordent; elles montreraient peut-être du glaciaire informe sous les dépôts stratifiés. Ces derniers ne sont eux-mêmes que peu visibles. C'est à une exploitation de gravier et de sable au sud de Broc, au-dessus de la mi-hauteur de la berge, qu'on peut le mieux les observer: la fig. 9, planche 5 de la XII\ livraison de ces Matériaux donne un croquis de ce qu'on y voyait en 1871: la partie inférieure de l'exploitation est en couches de gravier fin et de sable, irrégulièrement entremêlées et plongeant de 20° au sud-sud-ouest, tandis que la partie supérieure est presque horizontale. Nous sommes ici évidemment en présence d'un de ces dépôts très irréguliers comme pouvaient les produire les eaux variables d'un glacier, en remaniant les matériaux de ses moraines. Ni là ni ailleurs, je n'ai rencontré de fragments dont l'apport puisse être attribué au glacier du Rhône, mais bien des galets, peu nombreux il est vrai, qui avaient conservé des traces de stries. Quant à la surface de la plaine, elle a été évidemment égalisée par un courant régulier vers la fin de la période quaternaire, puisqu'un glacier ne l'a point recouverte. Il me semble que ce cours d'eau était plutôt la Jogne que la Sarine; si cette dernière avait coulé alors à cette hauteur, elle aurait dû se déverser aussi dans la région au sud de la Tour-de-Trême, qui est plus basse; or on n'y trouve point de traces de son passage; d'un autre côté, le coude qu'elle fait au nord de Broc nous indique qu'elle a été repoussée à l'ouest par les dépôts qui nous occupent.

Entre la colline de Morlon et le massif du Montsalvens, les cailloux de roches cristallines du glacier du Rhône sont d'une grande rareté, et perdus dans ceux qui ont appartenus aux montagnes du canton de Fribourg; ils proviennent sans doute des dépôts plus anciens que le glacier du Rhône a faits lorsqu'il s'élevait à 1250 mètres à la Bodevenaz, et qu'il a laissé un peu plus bas, à l'est de Villarsvolard, des fragments calcaires que des coupes d'oursins et d'autres coquilles font reconnaître comme provenant des chaînes intérieures des Alpes vaudoises. Quant aux dépôts du pied de la montagne, leur composition montre qu'ils sont le fait du glacier de la Jogne et de celui de la Sarine; s'il y a eu un temps où ce dernier a pu s'étendre librement dans la plaine, il y en a eu probablement un autre où il était confiné du côté de la chaîne de la Berra par celui du Rhône; c'est alors qu'il a laissé au haut de la berge de la Sarine actuelle, au nord de la Fin-de-Vaud, un petit bloc de calcaire liasique cristallin, rouge violet, contenant beaucoup de fragments de fossiles, et tout semblable à ceux qui sont mentionnés page 227.

La colline de Morlon, au sommet de laquelle il y a deux petites moraines presque parallèles, semble avoir formé alors la limite entre le grand glacier et les petits; en effet sur le versant oriental les roches cristallines paraissent manquer, tandis qu'elles deviennent fréquentes dans la plaine à l'ouest. Elles le sont aussi dans les environs de Champotey et à l'est-sud-est de Corbières, où elles sont accompagnées des poudingues de Valorsine et même, dans cette dernière localité, d'un bloc du poudingue tertiaire d'Attalens. Au nord de ces points, il ne m'est pas possible de distinguer des dépôts spéciaux qui auraient été opérés par la continuation des glaciers de la Sarine et de la Jogne; mais il me reste une remarque à faire sur ceux que je viens de leur attribuer.

A partir du nord des Moulins-de-Broc, le haut de la berge droite des deux rivières montre des graviers et du sable stratifiés, qui forment une plaine plus ou moins large et souvent régulière jusqu'au nord de Villarsbeney; il n'est guère possible d'attribuer ce dépôt à la Sarine, en supposant pour cela qu'elle aurait coulé antérieurement à cette hauteur, car il est plus élevé au nord qu'au sud, et d'ailleurs la rivière aurait plutôt passé sur sa rive gauche actuelle, qui est plus basse. Ces graviers proviennent donc des eaux du glacier qui se déversaient un peu sur la rive droite. Au bas de la berge et dans les ravins que se sont creusés les ruisseaux, on trouve partout le glaciaire informe, plus ou moins boueux ou plus ou moins pierreux; mais par-dessus les graviers, il n'y a pas le moindre indice de ce facies de quaternaire. Au ruisseau qui coule au sud de M^{in} les choses changent: en le remontant depuis la Sarine, on est d'abord dans du glaciaire informe pierreux, avec beaucoup de cailloux striés; plus en amont on voit apparaître à deux places du poudingue quaternaire, qui a jusqu'à huit mètres de puissance, et qui est directement recouvert par du glaciaire informe, dont la nature est évidente. Ce poudingue est donc plus ancien que le gravier stratifié plus au sud. On le retrouve encore dans la même position au ruisseau de Villarsvolard; ici il y a de plus gros galets, et l'inclinaison de ceux qui sont plats indique que le courant qui les a transportés se dirigeait du sud-ouest au nord-est. Nous avons ainsi, dans un dépôt qui ne date que d'une partie de la période glaciaire, des alternances variables entre les masses stratifiées et les informes; cela nous montre combien il serait peu prudent de regarder partout la première assise stratifiée venue comme formant une ligne de démarcation entre deux grandes époques glaciaires.

Vallée de la Gérine.

Le bassin supérieur de la Gérine (Aergerenbach) est tout· entier dans le massif du Cousinbert; il est entouré par des croupes continues, qui forment presque un carré et dont la hauteur est ordinairement de plus de 1600 mètres; elles ont sans doute été couvertes de neiges permanentes, au moins pendant une partie de l'époque glaciaire; mais elle n'ont pas d'escarpements rocheux qui aient pu rester à découvert et fournir au névé beaucoup de débris à transporter. En outre les montagnes de flysch sont celles qui sont le moins propres à conserver des dépôts glaciaires sur leurs flancs; dès qu'un torrent a un peu entamé un côté de son ravin, il s'y produit un éboulement; le glaciaire, s'il y en a, est ainsi amené successivement dans les eaux du ruisseau, pour en être emporté peu à peu. C'est peut-être pour ces raisons que je n'ai pas de preuves directes à donner de l'existence d'un ancien glacier de la Gérine, peut-être aussi parce que je ne les ai pas assez cherchées.

Je n'ai pas non plus rencontré d'indices montrant que le glacier du Rhône ait pénétré dans ce bassin. Il l'a probablement fait, à moins que le névé-glacier ne l'en ait empêché en s'élevant en même temps que lui.

Vallée de la Warme Sense.

Plusieurs petits bassins supérieurs viennent aboutir au Lac-Noir par une chute brusque, et leurs névés ont formé un glacier qui s'écoulait par la vallée de la Warme Sense (Singine chaude): ce sont le vallon des Recardets, le bassin des Sciernes, le vallon de Nüschel et le bassin de la Riggisalp, au pied de la Kaiser-Eck.

Vallon des Recardets. Etant bordé du côté du sud-est par une montagne escarpée, ce vallon est rempli de débris récents; ils ne sont toutefois pas parvenus à faire disparaître partout les dépôts de l'ancien glacier. Le couloir supérieur par lequel le vallon commence, renferme trois petites moraines frontales, suivies de deux autres latérales; ces accidents rudimentaires, qui ne pourraient être marqués sur la carte, datent de l'époque où la montagne allait cesser d'avoir des neiges éternelles. Plus bas, le chalet supérieur est bâti sur un mamelon, au nord-est duquel est un plateau que bordent une moraine latérale gauche et une frontale. Dans la partie inférieure du vallon, se trouve un barrage de blocs de jurassique supérieur, qui passe sur le flanc gauche et qui est élevé de 5 à 6 mètres du côté d'amont; il me paraît très probable que c'est une moraine, cependant il n'est pas impossible que cela provienne d'un éboulement.

Ce qui était fort inattendu, à cause de la descente rapide de la vallée vers le Lac-Noir, c'est que, pendant un temps assez long, le glacier des Recardets se soit déversé au sud-ouest, dans le vallon des Chesalettes, en sens inverse de sa direction naturelle; il a formé là un dépôt assez puissant et laissé, sur le lias du flanc droit, des blocs de jurassique supérieur, dont la limite va en descendant du côté d'amont du vallon. Quand ce déversement s'est opéré, la surface du glacier était à l'altitude de 1320 mètres; s'il ne descendait pas vers le Lac-Noir, c'est qu'il y avait là des glaces qui remplissaient déjà la vallée; en admettant que cette dernière eût alors sa profondeur actuelle, on trouve que cette masse d'eau solide avait 270 mètres d'épaisseur, sur une largeur de deux kilomètres. Comme il n'y a en aval aucun rétrécissement de la vallée qui puisse expliquer cette accumulation, nous sommes obligés de l'attribuer à l'influence du glacier du Rhône; à l'époque de sa plus grande extension, il s'élevait assez haut pour forcer les glaces du bassin de la Sense à former un lac, avant de pouvoir s'écouler sur son flanc droit.

Bassin des Sciernes. Ce bassin élevé a dû avoir un névé considérable, qui recevait des blocs de la chaîne escarpée et rocheuse qui le borde au sud-est. Il semble qu'à l'époque du retrait des glaciers il ait dû s'y faire des transports locaux, comme ailleurs; je n'en ai pourtant point à signaler, ce qui vient peut-être de ce que je n'y ai pas été assez attentif en parcourant cette région.

Vallon de Nüschel. Dans ce vallon, les deux chalets sont bâtis sur des collines longitudinales très irrégulières, et composées de petits débris qui n'ont pu arriver où ils se trouvent qu'en descendant sur des névés couvrant les pentes. Au sud-est du chalet supérieur une colline, aussi longitudinale, est plus près de la montagne, ce qui m'a décidé à la marquer comme éboulement; cependant, à ce qu'il semble, les gros blocs qui s'y trouvent n'auraient guère pu s'arrêter à l'endroit où ils sont, s'ils n'y avaient pas été voiturés lentement par un névé. En aval de ces dépôts, il y en a probablement d'autres qui sont cachés sous les éboulis.

Bassin de la Riggisalp. Tout le pâturage au nord de la pente rapide de la Kaiser-Eck est couvert de débris de cette montagne, provenant principalement des calcaires compactes du sommet, et il forme un petit paysage glaciaire bien caractérisé; on y remarque pourtant des entonnoirs si réguliers qu'on peut en attribuer la présence à la cargneule sous-jacente. Le névé-glacier qui a déposé ces débris en a aussi transporté jusqu'sur la croupe de la colline occidentale, ce qui montre qu'il a dû avoir plus de 100 mètres d'épaisseur; si l'on considère en outre que les dépôts continus ne descendent pas beaucoup en-dessous de 1300 mètres, on sera porté à admettre que le barrage opéré par le glacier du Rhône a exercé aussi son influence dans ce bassin, et a forcé les glaces à s'y amasser en plus grandes quantités qu'elles ne l'auraient fait sans cela.

Au bord supérieur de la nappe glaciaire continue, se trouve un petit lac, dont la longueur, dans le sens du sud-est au nord-ouest, est de 50 mètres et la largeur de 30 mètres; il est soutenu par une digue de débris semi-circulaire, dont le point le plus bas est à environ 12 mètres au-dessus de l'eau.

Vallée de la Warme Sense proprement dite. La pente qui borde le Lac-Noir à l'orient nous présente un dépôt informe considérable, et un petit plus haut et plus à l'est (pl. 7, fig. 1). Sur la rive gauche on n'en voit qu'un : il est au pied du lias du Dosenrain, et est surtout reconnaissable par ses blocs de jurassique supérieur. Le reste de cette rive ne montre que des éboulis provenant surtout du flysch. En aval du lac, au sud des Metzgern, une portion de moraine frontale est bien reconnaissable par sa configuration et la nature des matériaux qui la forment. Pour la partie de la vallée qui est en plein dans le flysch, je n'ai à citer d'autres traces de transport glaciaire qu'un fragment de jurassique supérieur trouvé à une petite hauteur, sur le flanc gauche, à l'ouest de *Wa (Warme)*. Les dépôts qui sont au confluent des deux Sensen appartiennent peut-être à cette vallée autant qu'à l'autre.

Vallée de la Kalte Sense.

Les bassins supérieurs d'où partait le glacier de la Kalte Sense sont ceux du Ganterist et du Schwefelberg, qui tous deux nous présentent des dépôts glaciaires puissants. Dans le premier, il y en a de très récents sur le flanc gauche de la partie supérieure du bassin, mais ils se distinguent mal des éboulis et ne sont pas marqués sur la carte. Plus bas, la région est toute couverte d'une nappe de fragments et de gros blocs jurassiques et néocomiens; elle accidente le bas des flancs de la vallée, ne laisse apparaître les terrains inférieurs qu'à une place, et a occasionné la formation d'un lac. Le glacier qui a déposé ces débris se serait élevé très haut, s'il fallait lui attribuer le dépôt qui recouvre la croupe au sud de la cote de hauteur 1590; mais il est un peu plus probable que c'est celui de Neunenen, dont le bassin est plus élevé, qui s'est étendu jusque là.

Le Schwefelberg nous présente des dépôts encore plus considérables et mieux caractérisés, du moins par leur relief, (pl. 10, fig. 1 à gauche); c'est un fouillis de moraines longitudinales et transversales, couvertes de gros blocs et séparées par des bas-fonds herbeux, où il se forme des lacs dans les temps pluvieux et à la fonte des neiges. Les bâtiments des Bains sont au pied septentrional d'une de ces moraines. Près des chalets il y a un bloc de 150 mètres cubes et un autre, long de 10 mètres, qui dépasse 100 mètres cubes.

Les glaciers des deux bassins du Schwefelberg et du Ganterist ont passé sur le flanc droit de la vallée, et y ont formé des dépôts continus et puissants, dans lesquels des ravins qui s'y sont creusés n'ont pas toujours atteint le flysch. Ces masses de glaciaire calcaire s'élèvent jusqu'à 150 mètres au-dessus de la Kalte Sense; elles sont couvertes de pâturages meilleurs que ceux du flysch, et forment, dans le haut, de petits plateaux, qui ont même parfois une contre-pente. A l'ouest et au nord-ouest des Wahlenhütten, on y rencontre une quantité de blocs de 30 à 100 mètres cubes.

Plus à l'occident, les matériaux de transport continuent à se montrer; mais ils ne sont plus en nappes qui puissent être marquées sur les cartes, si ce n'est le long de la rivière; plus en aval encore, il n'y en a que de loin en loin, jusqu'au débouché de la Muscheren-Sense. Mais sur les flancs de la vallée, on peut en reconnaître la limite supérieure assez facilement, grâce à ce que les roches en sont bien distinctes de celles du flysch; les petits fragments sont en général de plus en plus arrondis à mesure qu'on s'éloigne de leurs points de départ, et ils sont souvent aussi striés que ceux du glaciaire du Rhône. Cette limite fait une courbe prononcée pour pénétrer dans le bassin des ruisseaux descendant d'Ottenleue; là, au confluent au sud de *Bad*, on trouve encore un bloc de 20 mètres cubes. Au Stierenmoos, un peu à l'ouest des Bains du Schwefelberg, un petit dépôt marqué sur la carte et sur la planche 10, fig. 1, est à la hauteur de 1410 mètres; vis-à-vis, la limite supérieure des fragments erratiques est à 1380 mètres. Depuis là elle va en descendant assez régulièrement, pour arriver presque au niveau de la vallée, au débouché de la Muscheren-Sense.

Les détails qui précèdent montrent que nous sommes en présence des restes d'un glacier qui s'est étendu et retiré en quelque sorte normalement; il avait une pente plus forte que celle de la rivière actuelle, ce qui le distingue de ceux dont il a été question ci-dessus. Mais la vallée nous présente d'autres amas glaciaires qui ont dû se déposer dans des circonstances différentes.

Au Nielenboden, à un kilomètre en amont du confluent de la Muscheren-Sense, la vallée latérale qu'elle parcourt se couvre, sur son flanc gauche, d'un dépôt glaciaire qui continue dans celle de la Kalte Sense. Dans les endroits où cette dernière rivière en met le pied à jour, il paraît en place; ainsi il couvre la pente du haut en bas, sur une hauteur d'environ 80 mètres. La partie inférieure est limoneuse, tandis que la masse principale est très pierreuse; la prédominance des roches à teintes sombres le distingue de ceux dont les matériaux sont descendus du Schwefelberg; je n'en ai pourtant trouvé aucune qui appartienne certainement au glacier du Rhône; tous les cailloux, arrondis ou anguleux, peuvent être rapportés aux montagnes de cette région et provenir, par exemple, de la vallée de la Muscheren-Sense; les blocs dépassant un mètre cube, se sont surtout détachés des grès du flysch. A la partie qui est dans la vallée latérale, on voit, de loin, des modifications dans la nature du dépôt qui semblent le diviser en grands bancs plongeant très légèrement vers le nord. Quant aux parties lavées et stratifiées, elles y sont rares et peu étendues.

Sur l'autre flanc de la vallée de la Kalte Sense, il n'y a que de petits lambeaux de glaciaire, qui n'ont pu être marqués sur la carte; l'un d'eux a été mis à jour par la rivière, sous l'alluvion en terrasse, à l'ouest de *K (K*alte).

Après une interruption, les dépôts du flanc gauche recommencent à former un revêtement de la montagne, et plus en aval ils renferment des parties stratifiées. Au Schæferli, ils montent à environ 150 mètres au-dessus de la rivière. Il se trouve que cette hauteur n'est que de cinq mètres en dessous de celle qu'ils atteignent au débouché de la Muscheren-Sense; ces appréciations étant faites sur une carte à hachures, elles ne sont qu'approximatives; mais il est pourtant permis de dire que le glacier de la Kalte Sense s'est élevé à environ 1040 mètres, et qu'il a été à peu près horizontal pendant quelque temps. Comme pour les précédents, on peut déduire de cette dernière circonstance qu'il a été entravé dans son écoulement par celui du Rhône.

J'ai décrit un peu plus haut les dépôts les plus apparents, et par conséquent les plus récents, de la partie supérieure de la vallée; ils sont le fait de glaces dont la descente s'est opérée sans entraves. Mais il est clair que quand il existait un glacier horizontal dans la partie occidentale de la vallée, la région orientale contribuait à l'alimenter. Cette partie supérieure peut donc renfermer des dépôts ou des débris du même âge que ceux d'aval; seulement il ne serait possible de les distinguer des autres que sur les flancs de la région moyenne, où ils seraient plus élevés. Mes notes ne contiennent rien sur ce point.

Ces deux phases de la période glaciaire ne sont pas les seules qu'on puisse reconnaître dans ce bassin; il y en a une troisième. En 1871, j'ai rencontré à l'est des Bains d'Ottenleue un bloc de poudingue de Valorsine violet et gris; cette trouvaille étant restée isolée, je n'aurais pas osé en parler ici, si je n'avais pas eu l'occasion d'aller la vérifier en 1883: ce bloc est bien un poudingue de Valorsine, roche qu'on ne peut absolument pas confondre avec celles du flysch, où il n'y a rien qui y ressemble. Il est dans le ravin le plus oriental des ruisseaux qui se réunissent au nord de *B (Bad)*, à 60 mètres en amont de ce confluent; comme il est en partie caché, on ne peut indiquer ses dimensions, mais il doit dépasser un mètre cube. L'altitude à laquelle il se trouve est de 1340 mètres, et comme il est dans un ravin creusé sans doute depuis son arrivée, les glaces qui l'ont apporté ont atteint au moins la hauteur de 1350 mètres. Ce chiffre nous ramène à celui des Alpettes au-dessus de Semsales (page 225). N'ayant aucun doute quant à la nature du bloc, je n'hésite pas à admettre que les glaces du Valais sont venues jusque là, tout en convenant qu'une confirmation quelconque de ce fait ne serait pas de trop. On ne peut guère espérer d'en trouver une dans les environs d'Ottenleue, mais bien plus à l'occident, à l'arête ouest-sud-ouest de Hellstätt. Ce qui est certain, c'est que, de même que dans la vallée de la

Jogne (page 241), le glacier du Rhône n'a pas séjourné longtemps dans cette région.

La vallée de la Hengst-Sense ne présente pas à son origine un bassin élevé et peu incliné, comme ceux du Ganterist et du Schwefelberg. Elle est formée par la réunion de trois couloirs, qui tous nous offrent des dépôts glaciaires datant sans doute de l'époque où les neiges éternelles n'étaient plus loin de disparaître de nos montagnes. Il serait fastidieux de faire la description de ces petits accidents de terrain, qui sont semblables à ceux dont il a déjà été question. Peu après la réunion de ces couloirs, un quatrième vient s'y joindre au nord-est du Wannels; il contient aussi un barrage glaciaire dans la hauteur. Les dépôts du petit bassin d'Alpbiglen sont aussi remarquables, et se trouvent représentés sur la planche 10, fig. 1, de même qu'une petite moraine au haut de l'un des couloirs que je viens de mentionner. A l'épaulement du Gurbs, en amont du débouché de la vallée, les débris transportés cessent à la hauteur de 1250 mètres; c'est tout juste celle à laquelle ceux du Schwefelberg se sont arrêtés vis-à-vis, au sud-est des Bains d'Ottenleue; ainsi ces traces appartiennent probablement à la même phase. Je n'ai point fait d'observations qui puissent nous apprendre ce qui se passait dans cette vallée aux époques antérieures; mais il est clair que les névés y étaient retenus jusqu'à une grande hauteur, quand le glacier du Rhône pénétrait jusqu'au niveau de 1350 mètres, au midi de la Pfeife.

Vallée de la Muscheren-Sense. Cette vallée commence par deux branches: un couloir sinueux et étroit qui vient du Harnisch et le double bassin de la Geiss-Alp. Le couloir n'a de dépôts glaciaires bien reconnaissables qu'à son origine; il s'en est opéré peut-être plus bas, mais les éboulis les ont fait disparaître. Le névé-glacier qui en descendait a été élevé, car il a déposé des moraines, sur le flanc de la Mehrenfluh.

Le bassin de la Geiss-Alp et celui du nord de la Schwarze Fluh sont des régions toutes couvertes de débris et de blocs glaciaires, transportés par les névés venant des montagnes du sud. Les éboulis récents n'ont pas encore fait disparaître partout le palier, ou la contrepente, que ces dépôts présentaient à leur partie supérieure. Comme les névés partaient de toute la pente de la montagne, et se sont avancés tantôt plus, tantôt moins, les moraines qu'ils ont laissées forment un réseau de collines fort irrégulières, avec des bas-fonds herbeux, des marais et des étangs. La principale masse en mouvement descendait dans le couloir qui est au nord de la Kaiser-Eck, et d'où maintenant encore la neige ne disparaît pas toutes les années; c'est sans doute quand elle était près de cesser d'être permanente, qu'elle a formé une digue haute de 7 à 20 mètres, et enfermant un lac assez grand pour qu'il se trouve marqué sur la carte.

C'est près de l'extrémité nord-est de ces fouillis d'éminences que j'ai observé les plus gros blocs; il y en a un qui dépasse 100 mètres cubes. Les débris éparpillés remontent jusqu'à 100 mètres de hauteur sur le flysch du flanc gauche; mais, quand on en suit la limite au nord-est, on la voit descendre assez rapidement pour qu'elle doive arriver bientôt au thalweg. Dans le reste de la vallée, je n'ai pas observé de traces de transport glaciaire, si ce n'est un fragment de calcaire oolithique du bathonien, sur le flanc gauche, à une certaine hauteur au-dessus du point où la limite Berne-Fribourg arrive à la rivière. Il a déjà été question (page 249) des dépôts glaciaires du Nielen-boden.

Le glacier de la Sense dans la plaine.

Le glaciaire informe déposé sur le bas de la pente de la chaîne de flysch, à l'ouest de Kloster et au sud de Plaffeyen, a été apporté par le glacier du Rhône. Il y a aussi quelques témoins du passage de ce grand fleuve de glace, dans la région de quaternaire stratifié entre Kloster et Brunisried: ce sont surtout des blocs de poudingue de Valorsine, qu'on rencontre seulement dans le fond des ravins, ce qui indique que l'apport en est antérieur au dépôt du gravier. Il y en a un au nord de l'église de Plaffeyen, près d'une fontaine, et un second au débouché du ruisseau de ce village dans la Singine; d'autres sont dans le ravin à l'est-sud-est de Brunisried.

Quant au quaternaire stratifié, il date en partie de l'époque où le glacier du Rhône avait quitté la région pour n'y plus revenir, mais où celui de la

Sense y arrivait encore. Les dépôts de Brunisried sont plus élevés que les autres, et sont surtout à jour sur les berges du ruisseau au sud-est du village. Dans les matériaux qui les composent, je n'ai trouvé aucun caillou cristallin, tandis qu'il y en a beaucoup qui proviennent des grès du flysch; la plupart sont très gros, on en voit même qui approchent d'un mètre dans leur plus grande dimension; à quelques places, la position de ceux qui sont de forme aplatie indique qu'ils ont été apportés par un courant venant du sud; mais leur taille montre que le glacier n'était pas bien loin quand ils ont été déposés. Il y a aussi dans cette région des amas de limon fin, dont les relations avec les graviers ne sont pas bien à jour.

Le quaternaire stratifié qui borde la Sense plus au sud, doit être plus récent. Il date du moment où le glacier était rentré dans l'intérieur des montagnes, et où la rivière en venait déposer les matériaux dans la plaine; cependant ce n'est qu'à grande peine qu'on y trouve un galet encore strié; il est presque aussi difficile d'y recueillir une roche cristalline. Il y a du reste à distinguer dans ce quaternaire trois dépôts successifs, qu'on voit surtout sur la berge de la Sense: une zone inférieure de gravier, une zone d'argile fine et plastique et une zone supérieure de gravier. La couche d'argile est presque constamment visible, depuis le ruisseau au nord de Kloster jusqu'à l'est-nord-est de Brünisried; elle paraît souvent dépasser l'épaisseur de 10 mètres. On peut admettre que le dépôt en a été fait à un moment où des eaux tranquilles occupaient la région, parce que leur écoulement du côté du nord était entravé par quelque obstacle, peut-être par une moraine, que la Sense devait déblayer peu à peu. Les graviers supérieurs forment, dans les environs de Plaffeyen, une plaine légèrement inclinée vers le nord, qui a été évidemment égalisée par la rivière, et sur laquelle aucun glacier n'est revenu. Je les attribue à la période quaternaire, parce qu'ils sont anciens, car la Sense a approfondi considérablement son lit depuis qu'elle les a déposés. En outre, ils contiennent une quantité de roches provenant des régions supérieures du bassin; la rivière n'en aurait guère charrié autant, si le glacier ne les lui avait pas apportées jusqu'un peu au-dessus de son débouché dans la plaine.

Vallée de la Gürbe.

Le glacier de la Gürbe descendait des deux bassins de Neunenen et d'Oberwirtneren, qui sont à peu près à la même altitude. Le premier est plus large et à pente beaucoup plus faible; c'est ce qui fait qu'il est bien plus couvert de dépôts que l'autre, dépôts qui, du reste, appartiennent à la fin de l'époque glaciaire. Le plus récent est une petite moraine, un peu au nord du col qui est à l'origine du bassin. Un peu plus bas commence une nappe non interrompue de blocs et de débris, provenant surtout du jurassique supérieur, et offrant les accidents de relief ordinaires à ce genre de dépôt. Il paraît que le Ganterist a fourni beaucoup plus de matériaux que la Neunenenfluh, car c'est sur le flanc gauche du bassin qu'il y en a le plus. A l'ouest du chalet, ils montent à 90 mètres au-dessus du thalweg, jusqu'au haut de l'épaulement du Ganterist; là ils couvrent un plateau irrégulier, d'où des blocs ont pu tomber dans le bassin occidental. A partir de ce point, une partie du glacier doit s'être maintenue dans la hauteur, en s'avançant jusqu'au sud de la cote 1590 mètres, tandis que l'autre partie tombait plus tôt dans les régions inférieures.

Si le bassin d'Oberwirtneren renferme beaucoup moins de dépôts glaciaires, c'est qu'il est plus étroit et à pente plus rapide, et qu'il n'est pas enveloppé à son origine par des cimes aussi rocheuses. Il y a toutefois des deux côtés du ruisseau des amas de blocs qui ne peuvent y être arrivés par éboulement; en outre en montant au nord-nord-ouest du chalet, sur la croupe occidentale, on trouve des fragments et des blocs de jurassique supérieur jusqu'au haut, c'est-à-dire à 100 mètres au-dessus du vallon.

Un assez grand espace au nord de ces deux bassins est recouvert par une nappe peu interrompue de débris glaciaires. Après la réunion des différents ruisseaux qui forment la Gürbe, le dépôt se prolonge sur sa rive gauche, et quand il a cessé, des fragments éparpillés continuent à se montrer sur le flysch. Au col qui est à l'origine de la vallée de Langenegg, il y a un amas de débris étrangers à la localité, dont je ne puis attribuer le transport qu'au glacier-névé d'Oberwirtneren, quoiqu'on ait un peu de peine à se représenter qu'il soit arrivé jusque là.

Il est probable que les dépôts glaciaires que je viens de décrire sont relativement récents, et il se pourrait que le glacier-névé qui les a transportés ne fût pas descendu dans la vallée, plus bas que le point où nous venons de les voir cesser. Dans les époques antérieures, quand la chaîne calcaire était couverte de neiges, une masse de glace plus considérable doit s'être écoulée par la vallée de la Gürbe; mais les restes des transports anciens sont rarement conservés sur le flysch de la chaîne de la Berra. Aussi je n'ai à citer qu'un bloc de jurassique supérieur de plus d'un mètre cube; il est au sud d'un mamelon de la croupe qui descend de l'Ober-Gurnigel, au sud-ouest de M (Mettlen); comme ce point n'est qu'à 970 mètres d'altitude, il pourrait aussi avoir été appotér là par le grand glacier de la plaine, qui s'est élevé plus haut au-dessus de Wattenwyl.

Vallée de la Simme.

Partant de la haute chaîne des Alpes bernoises et traversant ensuite des montagnes dont la hauteur approche de la limite actuelle des neiges éternelles, le glacier du Simmenthal a eu, lors de son maximum d'extension, une puissance et une largeur considérables, en entrant sur le territoire de la feuille XII. Les roches qu'il y a apportées diffèrent peu de celles de nos montagnes, et ne pourraient guère en être distinguées que quand elles renfermeraient des fossiles, ce qui paraît être un cas rare; je n'ai, par exemple, rencontré de blocs de calcaire avec nummulites qu'au haut du sentier qui monte des anciens Bains de Weissenbourg au chemin de Morgeten. La roche qui nous servira surtout à distinguer, dans cette vallée, les dépôts du glacier principal de ceux des glaciers locaux, sera le conglomérat de la Hornfluh, que nous avons aussi en place sur la feuille XII, mais seulement dans la partie méridionale. Quoique le flysch du Simmenthal soit moins sujet aux éboulements que celui de la Berra, on y trouve beaucoup moins de dépôts glaciaires qu'il n'y en aurait sans doute, si la vallée était bordée par des montagnes calcaires. Je passerai en revue les principaux en allant d'amont en aval.

Quand on est entré sur le territoire de la feuille XII par la route qui vient du sud, on trouve du glaciaire informe avec cailloux striés à deux places, près du chiffre *903*. Plus en aval, à l'endroit où la route passe sur la rive droite de la Simme, du gravier repose sur un rocher élevé seulement de 5 ou 6 mètres au-dessus de la rivière, et dont la surface a été corrodée et polie, non par la glace, mais par l'eau; le dépôt qui la recouvre ne saurait être bien ancien. Dans la région au midi de Weissenbach et du Spitzhorn, je n'ai pas de traces du passage du glacier à signaler: sans doute que bon nombre des blocs de conglomérat qui couvrent les pâturages sont erratiques; mais il n'y a pas moyen de les distinguer de ceux qui sont descendus des hauteurs, ou qui proviennent peut-être de couches en place.

Il n'en est pas de même pour la partie occidentale de la vallée, où il y a quelques dépôts et beaucoup de blocs qui n'appartiennent pas aux roches de la région. Nord de *Ruhren*, le flanc gauche du ravin profond d'un ruisseau est surmonté par une masse de glaciaire informe pierreux, qui paraît avoir de 30 à 40 mètres de puissance. Il n'est pas impossible que ce dépôt appartienne à un glacier-névé particulier, qui serait venu du Hundsrück au midi de la feuille XII. Çà et là, dans la région à l'orient d'une ligne menée de l'Oberegg à la Schwarzmatt, il y a des lambeaux peu étendus de boue mêlée de cailloux, dont deux sont indiqués sur le profil de pl. 2, fig. 3, à droite; d'autres sont sans doute cachés sous la végétation. Ce qui est bien plus fréquent, ce sont les blocs erratiques du conglomérat de la Hornfluh, dont j'ai marqué sur la minute du levé une centaine dépassant 1 mètre cube. Je ne mentionnerai ici que les plus élevés et les débris qui nous indiquent l'altitude extrême à laquelle le glacier est parvenu. Vers le bord méridional de la carte, sur le flanc sud de l'Oberegg, il y en a de petits, qui sont à 1500 mètres; d'autres, plus gros et plus au nord, sont à une moindre hauteur, de même qu'une rangée en dessous du premier coude que fait le chemin qui descend d'Oberegg. Une route qui va de Jaun à Boltigen, mais qui n'est pas marquée sur la carte, traverse, au sud de *Schwarz (Schwarzenberg)*, un plateau ondulé avec des bas-fonds marécageux, qui ne dépasse que de très peu la hauteur de 1500 mètres; je n'ai pas rencontré de blocs dans cette région; pour en trouver, il faut descendre sur la route, du côté du Simmenthal, jusqu'à un point qui est à 1460 mètres; mais il y en a de petits, sur la pente à l'est de 1611, qui sont au moins à 1520 mètres; ainsi le glacier du Simmenthal s'est assez élevé pour pouvoir se déverser dans le bassin de la Jogne par dessus le plateau. Une preuve que cela a réellement eu lieu, c'est qu'il y a de petits blocs de conglomérat dans le ravin qui descend à l'ouest de l'Oberegg, et où des dépôts glaciaires montent jusqu'à 1450 mètres.

Les blocs erratiques assez volumineux sont très nombreux dans le vallon du ruisseau qui descend de *berg* (Schwarzen*berg)*; il y en a un de 16 mètres cubes, sur le flanc gauche. Sur les croupes qui sont plus au nord, la limite en descend successivement jusqu'à 1200 mètres; cela nous indique que les névés du Bæderberg empêchaient quelque peu le courant de glace venant du midi de s'étendre sur sa gauche.

Vis-à-vis de cette région, sur le flanc droit de la vallée, se trouve le bassin du Goldbach, que j'ai visité en 1869, et où j'ai marqué sur la minute du levé une quantité de blocs du conglomérat de la Hornfluh. En y retournant en 1882, après la publication de la carte, j'ai vu que j'aurais dû y indiquer aussi du glaciaire en nappe en *Goldbach*, ainsi que plus en amont, où il forme une moraine dirigée du sud au nord. Quant aux blocs, on peut attribuer le transport d'un certain nombre à des éboulements partis de la Spitzfluh, ou à des glissements du flysch ordinaire sur lequel ils sont tombés; mais cela ne peut être admis pour tous. Deux petits amas de glaciaire informe sont indiqués sur la carte, dans le haut de la vallée; d'après leur position il n'est pas impossible qu'ils résultent d'un transport par un névé local, cependant les cailloux qu'ils contiennent sont un peu trop arrondis pour cela. Ils atteignent la hauteur de 1500 mètres. Au nord de la vallée, aux chalets *an der Sage*. il y a quelques blocs et, tout au moins, un petit dépôt glaciaire; en outre le flysch en place a du poli assez bien conservé.

Le glacier qui s'élevait si haut sur le flanc droit, aurait pu pénétrer bien avant dans la cluse de Reidenbach, si l'entrée en avait été libre; mais le conglomérat de la Hornfluh ne dépassant pas la Schwarzmatt, il paraît s'être borné à retenir le glacier-névé qui en descendait et qui a amené plus tard, autour de Reidenbach, de gros blocs du jurassique supérieur de la région. La Schwarzmatt est aussi sur une moraine laissée par ce glacier local; une partie des éboulis marqués sur la carte plus en amont a peut-être la même origine. Les vallons qui sont des deux côtés du prolongement du Bæderhorn, présentent des dépôts appartenant probablement à l'époque de la retraite des glaces dans la hauteur; ceux de la Fluh-Alp sont encore plus récents.

A un certain moment, le glacier principal est arrivé à Taubenthal, car il a laissé là de gros blocs du conglomérat de la Hornfluh, surtout à droite du ruisseau; dans le village même il y en a un de près de 100 mètres cubes. Au nord de *nb* (Wüsten*bach*), nous retrouvons la même roche en petits blocs. Ces localités sont toutes deux au-dessous de 1000 mètres. Dans les montagnes qui sont au-dessus, j'ai rencontré aussi des dépôts glaciaires, dont le principal est marqué nord de *Wüst;* d'autres sont plus à l'ouest et montent jusqu'à 1370 mètres. C'est à la même hauteur que j'en ai trouvé sur le ruisseau nord de *Wal (Wal*dried). Il n'est pas probable que les glaces du Simmenthal soient arrivées là; ce sont plutôt celles du vallon de Bonfall qui étaient obligées de passer à cette hauteur, pour avancer de concert avec celles qui encombraient la vallée principale.

Ce vallon présente du reste des dépôts qui lui sont propres, et qui marquent les étapes successives du retrait des glaces: dans la partie inférieure, un amas trop large pour être appelé moraine couvre le flanc gauche; dans la partie supérieure, à Aebi, deux moraines frontales soutiennent des lacs, et une moraine latérale droite, couverte de blocs, est aussi bien distincte. Dans le dépôt de Waldried je n'ai pas rencontré de blocs du conglomérat de la Hornfluh; toutes les roches qu'on y trouve peuvent venir du vallon de Bonfall; il faut donc l'attribuer à une époque où le glacier local ne pouvait pas encore descendre directement dans la vallée principale, quoique celle-ci fût moins encombrée qu'elle ne l'a été à d'autres moments.

La région de flysch entre Oberwyl et Weissenburg contient de petits lambeaux glaciaires, dont les plus importants sont indiqués sur la carte; parmi les blocs qui s'y trouvent, il y en a du conglomérat de la Hornfluh. A Gsäss, chalet situé sur une croupe élevée et étroite, à l'ouest-nord-ouest des Bains de Weissenburg, on observe un dépôt avec cailloux et blocs arrondis, qui est à la hauteur de 1420 mètres. Je n'y ai rien vu qui indique que ce soient les glaces du fleuve principal du Simmenthal qui sont arrivées là: le dépôt peut appartenir au courant de la rive gauche, qui ne charriait que des débris des chaînes des Gastlosen et du Stockhorn, ou bien à celui qui descendait de Morgeten, et qui aurait été alors à 400 mètres au-dessus du niveau actuel de sa vallée. Il y a autant de probabilité pour l'une de ces suppositions que pour l'autre, car ces deux courants devaient atteindre à peu de chose près la même altitude, puisque leur écoulement était réglé par la montée ou la descente du glacier principal. Ainsi le dépôt de Gsäss nous indique la hauteur qu'a atteinte le glacier du Simmenthal dans ce profil de la vallée.

Je reprends le flanc droit au point où j'en suis resté ci-dessus. Vis-à-vis de Boltigen, à Schwand, et surtout plus au nord, les gros blocs du conglomérat de la Hornfluh sont très nombreux, de même que les matériaux de transport plus petits. Le plus élevé est au sud des chalets de Schwand, à 1460 mètres; il dépasse 30 mètres cubes. Les éboulis qui mettent à jour de petits dépôts glaciaires et des blocs erratiques sont aussi fréquents tout le long de l'Amerzengraben; à l'est de Rossberg, on y voit du limon fin stratifié; enfin le pont sur la Simme, en amont de l'embouchure de ce torrent, est supporté par un bloc erratique qui dépasse 100 mètres cubes; il n'est pas le seul dans cette partie inférieure de la vallée.

Plus à l'est, nous avons dans la hauteur un dépôt informe étendu, qui cache complètement le flysch, même dans le ravin du ruisseau qui y a son lit, et où j'en ai évalué l'épaisseur à 30 mètres. Presque tous les blocs qui interrompent çà et là le pâturage appartiennent au conglomérat de la Hornfluh; j'en ai vu un qui a 50 mètres cubes; ceux qui sont encore enfermés dans la masse, sur les berges du ruisseau, sont parfaitement rabotés et polis, malgré l'inégalité de dureté des fragments qui les composent. Ce dépôt n'est bien caractérisé comme appartenant au glacier du Simmenthal que jusque un peu au-dessus des chalets de Schwendi, à l'altitude de 1350 mètres; mais sur la pente occidentale, des blocs isolés se trouvent à 1400 mètres. Le lambeau quaternaire qui est marqué sur la carte plus au sud, paraît appartenir à un névé local, qui aurait empêché le glacier principal de porter là ses matériaux aussi haut qu'ailleurs; les débris qu'on y trouve sont tous de la région même; il y a en particulier de gros blocs du calcaire jurassique supérieur et du crétacé.

Au nord-ouest du Thurnen, nous trouvons de nouveau un dépôt glaciaire élevé (pl. 9, fig. 2, à droite): la partie inférieure a des blocs du conglomérat de la Hornfluh; mais je n'en ai pas vu dans la partie supérieure, qui pourrait ainsi provenir d'un transport local. On ne peut donc déterminer ici la hauteur atteinte par le grand glacier. Il en est de même sur le flanc nord du Thurnen, qui est tout recouvert par des éboulis, et dont le névé a dû tenir à distance le courant principal.

Je ne m'arrêterai pas à décrire les dépôts des régions basses à l'ouest de Diemtigen; le conglomérat si souvent cité s'y montre à peu près partout. Ceux de Tschuggen sont plus importants: nous avons là, sur un plateau élevé, un fouillis de collines allongées, de mamelons et de dépressions sans issues, qui forment un paysage glaciaire des mieux caractérisés. Ces accidents sont parsemés de blocs qui appartiennent soit au jurassique supérieur, soit surtout au conglomérat de la Hornfluh. Ces derniers manquent, en revanche, aux Feldmöser, sans doute parce qu'ici ce sont les dépôts locaux des glaciers-névés qui dominent. Les points les plus élevés de la nappe continue sont à 1400 mètres[1].

Il faut remarquer que le conglomérat de la Hornfluh n'est plus ici une roche caractéristique du glacier du Simmenthal, car celui de la vallée de Diemtigen en a aussi charrié. Comme ce dernier ne pouvait s'écouler qu'en s'élevant aussi haut que l'autre, il est possible que ce soit déjà dans cette région qu'ils sont entrés en contact, au moment de leur plus grande extension; avant et après, leur réunion s'est faite plus en aval, sur une ligne méridionale quand celui du Simmenthal était plus puissant, sur une ligne plus septentrionale, si jamais la hauteur des glaces de la vallée de Diemtigen leur a permis de refouler celles de la vallée principale ou de leur tenir tête. Ce n'est que lorsque les deux fleuves d'eau solide se sont trouvés confinés chacun dans son territoire, qu'ils ont cessé d'avoir de l'influence l'un sur l'autre.

---

[1] Je trouve dans mes notes une indication de débris épars avec conglomérat, à la hauteur de 1500 mètres, sur le flysch au sud-ouest de Tschuggen; cette donnée ne concorde pas avec les autres, et aurait besoin, pour cette raison, d'être confirmée par de nouvelles observations.

Dans la partie de la chaîne du Niesen qui borde le Simmenthal, je ne connais en fait de dépôt glaciaire important que celui de Bruchgehren; là un plateau est couvert de mamelons qui y dessinent un paysage glaciaire en miniature, et qui sont couverts de blocs; ceux du conglomérat de la Hornfluh y sont nombreux, et montent sur la pente méridionale jusqu'à la hauteur de 1350 mètres; peut-être y en a-t-il encore plus haut. Ce dépôt est probablement dû aux glaces de la vallée de Diemtigen, qui cheminaient parallèlement à celles du Simmenthal et à la même hauteur.

Il me reste à parler des traces laissées par le glacier du Simmenthal sur sa rive gauche, en aval de Weissenburg. Au nord et au nord-ouest de cette localité, il n'y a pas de dépôts de quelque importance; les blocs du conglomérat de la Hornfluh y sont devenus rares, mais y existent. A Niedfluh commence une nappe continue qui, dans la région de Balzenberg et de Ringoldigen et du côté d'Erlenbach, recouvre la pente de flysch à partir de la Simme, et monte sur le jurassique de la chaîne des Gastlosen jusqu'à plus de 1100 mètres; la partie supérieure de cette nappe a des blocs du conglomérat de la Hornfluh, mais ils n'y sont pas nombreux. Les masses de boue et de cailloux sont disposées un peu en moraines en *gen* (Ringoldin*gen*) et sous Balzenberg. Ces dépôts divers n'appartiennent sans doute pas à la même époque; mais c'est encore plus haut que nous trouvons ceux qui datent de la grande extension du glacier. A l'ouest de Gerenstein, ils sont à l'altitude de 1250 mètres, et y montent probablement plus haut sous les éboulis. A Almeren (au nord-ouest de Moos), ils sont à 1360 mètres. Ces amas élevés ne contiennent plus le conglomérat; les roches qui les forment sont celles du flanc gauche du Simmenthal: il en est sans doute ainsi, parce qu'ils proviennent du courant de glace alimenté par les montagnes de ce côté de la vallée, courant que le glacier principal maintenait à cette hauteur.

La pente au sud des Nüschleten est toute couverte d'un dépôt glaciaire continu, qui part de très haut et descend jusque en dessous de 1000 mètres d'altitude. A Ober-Nacki, c'est-à-dire dans le vallon occidental où il commence, les accidents de relief sont très remarquables: on y distingue parfaitement deux moraines latérales, et une frontale élevée de 15 mètres du côté d'amont; un ancien lac y est maintenant comblé. Plus à l'est, j'ai trouvé des fragments de flysch, ce qui indique que ce terrain occupait autrefois, à l'origine du vallon, un espace plus considérable qu'à présent. A cause de ce fait, je n'ai pas trouvé le moyen de distinguer par les roches, dans le bas de la nappe, ce qui appartient au glacier principal et ce qui est local; peut-être sont-ce les eaux du grand glacier qui ont lavé et stratifié, à une hauteur de 1200 mètres, les matériaux de quelques bancs alternatifs de sable et de gravier, sur le ruisseau qui borde la nappe à l'orient.

A l'ouest de cette nappe, au nord de Thal, il y a un petit dépôt du grand glacier à 1200 mètres, et des blocs erratiques qui montent jusqu'à 1300 mètres. Du côté de l'est, au Heiti-Berg, ils s'élèvent un peu plus haut, savoir à 1340 mètres.

A partir de la Burgfluh, le Simmenthal cesse d'avoir un flanc droit, et nous entrons dans une région où le glacier de la Kander a aussi apporté ses blocs. Il me reste pourtant encore à mentionner une observation de stries, qui sont probablement l'œuvre des glaces du Simmenthal. Depuis qu'on a percé, en 1714, la colline de Strättlingen pour conduire les eaux de la Kander dans le lac de Thoune, la Simme a approfondi son lit entre le quaternaire et le jurassique. A l'endroit où ce dernier terrain se termine, il a été mis à jour jusqu'à environ 25 mètres plus bas qu'on ne le voyait avant 1714; la rivière a poli la roche à quelques places; mais au point où les couches vont cesser d'être visibles, elles montrent du poli et des stries glaciaires. Ces stries ont une direction fort inattendue: elles sont presque verticales avec un plongement au sud. Je n'essaierai une explication de ce fait qu'en avouant mon entière incompétence en matière de physique glaciaire. On peut se représenter qu'un peu plus à l'est la masse de glace venant de la vallée de la Kander était plus élevée, et que son poids a agi sur celle du bord du rocher pour la faire monter à son niveau; les stries auraient alors été produites de la manière ordinaire, par la combinaison du mouvement vertical et de celui qui pousse la glace en aval.

Invasion du glacier de la Kander dans le Simmenthal. Au pied occidental de la Burgfluh, se trouve un bloc du granit de Gasteren; c'est une preuve que le glacier de la Kander est entré dans le Simmenthal. Il faudrait des recherches plus détaillées que les miennes, pour pouvoir tenter de déterminer le moment auquel ce phénomène a eu lieu, le point où les glaces étrangères se sont arrêtées, et la hauteur à laquelle elles sont parvenues. Il ne paraît pas que cette invasion ait eu l'importance de celle du glacier du Rhône dans les montagnes fribourgeoises.

Résumé sur les hauteurs atteintes par le glacier du Simmenthal. Si nous reprenons les maxima d'altitude connus que le glacier du Simmenthal a atteints, pour les comparer aux niveaux actuels de la vallée, nous aurons le tableau suivant:

	Altitudes en mètres du glacier.	du thalweg.	Hauteurs au-dessus du thalweg.
Pente de l'Oberreg (flanc gauche) . .	1500	920	580
Nord de Schwarzenberg (flanc gauche) .	1520	850	670
Haut du Goldbach (flanc droit) . .	1500	830	670
Sud du Schwand (flanc droit) . .	1460	810	650
Schwendi (flanc droit)	1400	800	600
O. N. O. des Bains de Weissenburg (fl. g.)	1420	750	670
Tschuggen (flanc droit)	1400	690	710
Almeren (flanc gauche)	1370	690	680
Heitiberg (flanc gauche) . . .	1340	660	680
Bruchgehren (flanc droit) . . .	1350	650	700

Il est probable que les chiffres de l'Oberregg et de Schwendi ne donnent pas tout à fait la véritable hauteur à laquelle le glacier est parvenu dans ces localités. Les trois derniers sont peut-être aussi un peu trop faibles: celui d'Almeren, parce que la partie supérieure du dépôt se perd sous les éboulis; les deux autres, parce que je n'ai pas fait de recherches pour m'assurer que c'était bien là la limite supérieure des matériaux de transport.

Tel qu'il est, ce tableau nous donne pourtant un résultat général sûr: la première colonne des chiffres nous montre que la pente du glacier était extrêmement faible, et la troisième, que son épaisseur allait en augmentant d'amont en aval; toutefois les chiffres indiqués exagèrent très probablement cette épaisseur, car on ne peut guère admettre qu'à l'époque de la grande extension des glaciers, la vallée fût déjà creusée à sa profondeur actuelle.

La largeur du fleuve de glace était d'environ 5 kilomètres à son entrée dans le territoire de la feuille XII, et elle se maintenait assez longtemps à ce chiffre; mais elle était probablement moindre à Tschuggen, et seulement de 3 kilomètres au débouché de la vallée. Ce rétrécissement du lit du glacier et la présence de la Burgfluh expliquent en partie qu'il n'ait eu qu'une si faible pente; mais les glaces de la Kander et de l'Aar réunies en un seul courant n'y sont-elles pour rien, et ne l'ont-elles pas maintenu à une certaine hauteur? A priori cela doit avoir eu lieu, car dès qu'il sera sorti de sa vallée, il les aura rencontrées quelque part; il les aura alors refoulées, si elles étaient moins puissantes, et quand c'était l'inverse, il aura été refoulé lui-même. Mais lorsque ce dernier cas s'est présenté, y a-t-il eu un moment où il ait été confiné entièrement dans sa vallée jusqu'à ce qu'il eût atteint la hauteur de l'obstacle? C'est ce qui n'est pas encore tout-à-fait prouvé, mais très vraisemblable. On connaît peu les maxima d'altitude des glaciers de l'Aar et de la Kander. Dans les ouvrages publiés, je ne trouve pas d'autre indication là-dessus que celle que rapporte M. A. Favre[1]: M. Krachenbühl a observé les blocs du glacier de l'Aar, à St-Beatenberg, à la hauteur de plus de 1400 mètres. Rapporté à la chaîne du Niesen, ce point n'est qu'à 5 kilomètres en amont du débouché du Simmenthal; cette donnée est donc une assez forte présomption en faveur de l'idée qu'à ce débouché le glacier de la Kander a été aussi haut que celui du Simmenthal, et en a entravé la sortie. Cette conclusion pourrait être appuyée, ou contredite, par des déterminations de la hauteur atteinte par les glaces de la plaine, sur le flanc des montagnes entre Reutigen et Blumenstein; mais il est très difficile d'en avoir de sûres. Les glaciers-névés locaux ont dû habituellement empêcher le fleuve principal de venir déposer ses matériaux de charriage sur ces pentes. Le point le plus élevé où j'ai vu des débris de roches cristallines d'un calcaire étranger à notre territoire, n'est qu'à 1180 mètres; c'est à Günzenen au sud-ouest de Reutigen (pl. 2, fig. 1, sous Heitiberg). Mais au pâturage qui est sur le jurassique moyen, au nord de *Bach-Alp*, il y a un indice que les glaces de la plaine se sont élevées bien

---

[1] Quatrième rapport sur l'étude et la conservation des blocs erratiques; Verhandl. der schweiz. naturf. Ges. in Frauenfeld, p. 200 (10).

plus haut. Au nord-est de l'inférieur des deux chalets que la carte indique à cet endroit, un ravin passe du callovien dans le jurassique supérieur: on voit là, à l'altitude de 1490 mètres, un amas de cailloux émoussés, épais d'un mètre; dans le nombre, il y en a qui proviennent de la dolomie que l'on ne trouve en place que dans le vallon de Bach-Alp; leur présence ne peut être expliquée qu'en admettant que le glacier de ce vallon a passé à cette hauteur, parce que celui de la plaine était assez élevé pour l'empêcher de descendre directement, et pour le forcer à contourner le flanc gauche de son bassin.

Groupe des vallées de Diemtigen.

La vallée latérale la plus considérable du Bas-Simmenthal y débouche en aval d'Erlenbach. Elle se compose de celle du Chirel et de celle du Filderich, qui toutes deux commencent dans le territoire de la feuille XVII; la dernière est la plus importante par sa longueur et par les petites vallées secondaires qui y arrivent. Ainsi qu'on peut le voir sur la carte, les dépôts glaciaires jouent un rôle considérable dans ce bassin.

Vallée du Filderich.

La vallée du Filderich commence entre deux sommités élevées de la chaîne du Niesen, la Wannenspitz et le Gsür, et arrivée sur le territoire de la feuille XII, elle reçoit celle du Grimmi, par laquelle le massif des Spielgärten écoulait son névé et ses glaces. Le cirque de Seeberg avait aussi son glacier-névé; car on trouve dans l'intérieur trois petites moraines frontales, et une latérale droite à son débouché dans la vallée principale (pl. 9, fig. 1). Il en est de même de la vallée de la Gurbs, dont le ravin, creusé dans le glaciaire informe, n'atteint le terrain sous-jacent que sur un point dans le territoire de la feuille XII. Aussi, malgré la largeur de la vallée du Filderich en amont de Schwenden, le sol en est partout constitué par une masse de glaciaire informe, dont la surface est rendue très irrégulière par des mamelons allongés et des dépressions. Un grand cône de déjection vient cacher la continuation directe de ces dépôts; mais à un niveau plus élevé, là où le cône commence, on voit de chaque côté un amas de débris et de gros blocs, provenant de la montagne même et avec une contrepente du côté des talus d'éboulis récents ce qui indique que le transport en a été opéré par un névé-glacier local; celui du nord a tout à fait la forme d'une moraine.

Après le cône de déjection de Schwenden, les dépôts glaciaires ne cessent plus jusqu'au défilé que traverse le Filderich, avant de recevoir le Chirel. Comme ailleurs la composition de ce glaciaire informe varie beaucoup: tantôt le limon ne contient presque pas de cailloux, tantôt il en a en quantité; il y a rarement des fragments tout à fait anguleux; on n'en trouve guère que dans des endroits où l'apport du glacier s'est mêlé aux éboulis des pentes. A l'ouest d'Ennetchirel, un éboulement le montre plus ou moins vaguement divisé en grandes assises marquées par des changements de couleur. Un autre éboulement au moulin de Zwischenfluh, met à jour deux zones de gravier grossièrement stratifié, qui interrompent les dépôts boueux. Dans d'autres endroits, on rencontre des traces de lavage par les eaux, que la terre végétale empêche de suivre et qui sont probablement peu considérables. Le plus étendu est une bande de gravier, dont il a déjà été question ci-dessus, page 223.

Assez souvent la partie supérieure du glaciaire est marquée sur les flancs de la vallée par un léger palier, ou tout au moins par un adoucissement de pente, que les éboulis modernes ne sont que rarement parvenus à effacer. Cet accident de relief ne s'est pas formé au bas des pentes rocheuses, dont les débris venaient se mélanger à l'apport du glacier; c'est le cas surtout sur le flanc du Hohmad.

A partir du débouché du Mäniggrund, le glacier du Filderich transportait une nouvelle roche, dont il a déjà souvent été question à propos de celui du Simmenthal; c'est le conglomérat de la Hornfluh. Le courant de glace qui en apportait des blocs, paraît avoir atteint parfois un niveau supérieur à l'autre, car on ne les trouve pas confinés sur le flanc gauche; il y en a beaucoup au sud du moulin de Zwischenfluh. L'un des plus considérables de la vallée a environ 70 mètres cubes; il est sur le chemin qui monte de Tiefenbach (point coté 810 mètres sur la carte) à Diemtigen.

Ainsi que je l'ai déjà fait remarquer ci-dessus (page 260), l'écoulement du glacier de Diemtigen était dans la dépendance de celui du Simmenthal, et il a dû nécessairement atteindre la même hauteur. Il est donc possible que les deux fleuves de glace soient entrés en contact au sud-est du plateau de Tschuggen, où les dépôts descendent jusqu'à 1290 mètres, et qu'ils se soient ensuite séparés, pour se rejoindre bientôt après au sud-ouest de Diemtigen; mais il est encore plus probable que le glacier du Simmenthal ayant toujours été le plus puissant, a empêché son affluent d'arriver jusque là et l'a forcé de s'écouler en suivant le flanc du Niesen.

Dans l'intérieur de la vallée, il m'a été possible de déterminer les altitudes suivantes que le glacier du Filderich a atteintes au moment où il était le plus puissant:

Localités	Altitudes en mètres du glacier.	du thalweg.	Hauteurs au-dessus du thalweg.
Schœni, flanc droit	1470	1150	320
Oeyen, flanc gauche	1350	1025	325
Schwarzberg, flanc droit . . .	1340	990	350

Schœni est en *D* (*Diemtig-Thal*); la limite supérieure indiquée est marquée par la présence de fragments de flysch sur le jurassique inférieur. A Oyen le glaciaire s'élève plus haut que le chiffre indiqué; mais la partie supérieure contient beaucoup de fragments anguleux, qui font penser qu'elle appartient à un névé descendant du ravin à l'ouest de l'Abendberg; la hauteur de 1350 mètres est un minimum marqué par des blocs du conglomérat de la Hornfluh, qui ne peuvent pas être venus de cette région où cette roche n'existe pas. La hauteur du Schwarzberg est celle qu'atteint la nappe glaciaire qui recouvre le flysch à l'ouest du sommet; on trouverait peut-être des fragments éparpillés plus haut. Ces chiffres nous montrent que l'élévation du glacier du Filderich a été proportionnée au niveau de celui du Simmenthal, mais qu'il est peu probable qu'il ait jamais contribué à faire monter ce dernier.

Mäniggrund.

Le bassin du glacier du Mäniggrund commence dans une région élevée, au pied du Röthihorn, un peu au midi de la feuille XII. Déjà près de cette origine, le plateau qui surmonte le cirque de Seeberg est semé d'une quantité de blocs erratiques, et le lac qui s'y trouve paraît avoir été formé par un barrage de débris transportés. Près d'un des chalets de Seeberg, on rencontre des galets striés. Ce sont là sans doute des traces qui datent de l'époque où le glacier s'était retiré dans la hauteur. Quand il descendait plus bas, il devait emporter surtout des blocs du conglomérat de la Hornfluh; ce devait aussi être le cas de la branche de Gestelen, qui, en outre, recevait ceux du jurassique supérieur du Niederhorn et de sa continuation.

Dans la partie de la vallée qui va au nord, on ne trouve que de petits dépôts; mais le crétacé supérieur du flanc droit porte beaucoup de blocs du conglomérat.

Là où la vallée tourne à l'est le glacier devait faire une chute; à partir de ce point ses dépôts commencent à devenir puissants. Il recevait des affluents sur ses deux rives, mais surtout sur la droite, où l'espace qui lui envoyait ses névés est beaucoup plus étendu. A cause de ces apports latéraux, ce n'est guère que vers son débouché qu'on pourrait trouver des points où la présence de blocs du conglomérat de la Hornfluh indiquerait le niveau auquel il est parvenu; je n'ai pas noté d'observations à cet égard. Il est assez certain que sa hauteur a parfois dépassé celle du glacier du Filderich; car non seulement ses blocs ont été portés jusque sur le flanc droit de ce dernier (page 266), mais ils ont encore passé dans la vallée du Chirel, à l'ouest du Roth-Bad.

Les dépôts qu'on voit maintenant au Mäniggrund supportent beaucoup de blocs considérables du conglomérat, du jurassique et du crétacé supérieurs; l'un de ces derniers dépasse 100 mètres cubes. Au débouché, on remarque une moraine latérale sur le flanc droit (pl. 8, fig. 2); dans l'intérieur, il y en a d'autres du même côté, qui sont séparées de la montagne par une contrepente; on y trouve aussi au moins une moraine frontale coupée par le ruisseau, et des régions accidentées par des mamelons.

Vallée du Chirel.

Le glacier de cette vallée prenait son origine à la Männlifluh, un peu au sud du bord méridional de notre carte. On ne commence cependant à en trouver des dépôts continus qu'à l'endroit où les pentes qui l'enfermaient diminuent d'inclinaison, c'est-à-dire à l'ouest de Meyenfall. Là ces dépôts s'élèvent bientôt, du côté gauche, à 1440 mètres, soit à 290 mètres au-dessus du niveau de la vallée (pl. 11). Sur le flanc droit, ils montent plus haut; mais leur partie supérieure appartient à un affluent qui descendait du Hohniesen. Comme les autres vallons latéraux ont presque tous apporté de même un tribut à la nappe glaciaire de la vallée, il n'y a guère qu'un point où nous puissions déterminer la hauteur du glacier principal sur sa rive droite: c'est à l'est-sud-est de Hubel, où elle est de 1410 mètres, soit de 410 mètres au-dessus du thalweg actuel. Ces chiffres nous montrent que le glacier du Chirel a atteint une hauteur correspondant à celle de celui du Filderich, ce qui n'est pas étonnant, puisque non seulement ils se réunissaient en amont de Diemtigen, mais se sont déjà côtoyés au nord du Schwarzberg, et n'ont été séparés sur ce point que quand l'un d'eux est descendu au-dessous de 1090 mètres.

Ce sont surtout des roches du flysch que renferme le glaciaire du Chirel; les gros blocs n'y sont pas fréquents; il y a même des espaces qui sont dépourvus de blocs de taille moyenne. Les fragments peu émoussés ou même anguleux s'y présentent plus souvent que dans d'autres dépôts dont le transport a été plus long. Le limon est ordinairement de teinte sombre, comme on peut s'y attendre dans le flysch; souvent pourtant il est devenu blanchâtre, sans doute par la longue action de l'air. Ce n'est que très rarement qu'on rencontre du gravier et du sable lavés.

Les vallons qui descendent sur le flanc de la chaîne du Niesen sont très remarquables, par la netteté avec laquelle s'y présentent les accidents de relief dans les matériaux transportés par les névés-glaciers locaux. Il y en a pourtant qui n'en ont que peu ou point de traces; ce sont ceux dont les deux flancs sont à pente rapide et rapprochés l'un de l'autre (Stalden, Bruchgehren). Dans ceux où le thalweg est large, on trouve une ou plusieurs moraines latérales et des frontales à différentes hauteurs; ces dernières soutiennent des lacs ou des marais. Il y a pourtant des lacs qui ont une autre origine (nord du Meggisserhorn et du Hohniesen). Les eaux de ces vallons ont parfois une partie de leur cours souterraine (vallon qui descend au nord-ouest du Tschiparellenhorn); dans celui de Zwingen le drainage paraît même se faire entièrement sous terre. Dans d'autres, le ruisseau primitif a été détourné par les dépôts glaciaires et a dû passer plus au nord (Drunen, Meggisserhorn, Meyenfall).

Petits phénomènes glaciaires dans les régions élevées.

Ainsi que j'ai souvent eu occasion de le dire dans les pages qui précèdent, les parties élevées de nos montagnes ont des dépôts de débris à angles plus ou moins émoussés, où blocs et petits fragments sont mêlés, et qui présentent des configurations qu'on ne peut expliquer que par une action glaciaire. Ce sont des digues qui soutiennent des lacs et des marais, des moraines de toutes les espèces, des alignements qui suivent le pied des pentes, mais en restent distincts. Dans bien des endroits, ces dépôts sont au bas de talus d'éboulis qui tendent à les recouvrir; malgré cela ils sont encore si nets qu'il faut en conclure qu'ils ne sont pas anciens, et qu'ils datent du moment où les dernières neiges éternelles allaient disparaître de ces montagnes; car, au temps où celles-ci étaient recouvertes d'épais névés, les débris qui tombaient des parois escarpées étaient sans doute transportés au loin.

J'ai déjà mentionné beaucoup de ces formations, qu'on pourrait presque appeler modernes, en exposant les phénomènes glaciaires que présente chaque vallée. Il serait oiseux d'en décrire d'autres en détail; aussi je me bornerai à n'en faire qu'une simple énumération, en ajoutant des renvois pour celles dont il a déjà été question.

Massif de la Dent-de-Broc. Vallée du *Coulaz*, page 240. La vallée qui est plus au nord a probablement des dépôts semblables, mais ils se distinguent mal des éboulis.

Massif du Plan. La vallée au sud de *Plan* commence par un couloir au pied duquel il y a deux moraines arquées, non pas concentriques, mais l'une à côté de l'autre, comme la moitié d'un 8 coupé verticalement; elles ne peuvent guère s'expliquer que par un transport sur un névé de si minime étendue que ces accidents n'ont pu être marqués sur la carte.

Massif du Hochmatt. Poute-Paluz: un couloir est barré par trois moraines transversales, dont deux soutiennent des étangs.

Massif de la Marchzahn. Puchtisweid: un couloir vient se terminer à une moraine très arquée, que l'on voit très bien de la route de Jaun à Boltigen.

Massif des Brunnen. Ganet d'amont à l'est de Charmey: petit lac entouré d'une moraine en demi-cercle, au bas d'un couloir. *Recardets,* page 245. *Vallée au nord de Jaun,* page 232.

Massif du Bacderberg: page 258.

Massif de la Kaiser-Eck. Nüschel et *Riggisalp,* page 246. Vallée de la *Muscheren-Sense,* page 251. Wallop (Wal A. sur la carte). Amas un peu disposé en moraine au sud du lac principal; à l'est du Rothekasten, couloir au bas duquel il y a deux moraines; dépôt au col d'où l'on descend à la Klus (pl. 8, fig. 1, au milieu).

Massif du Holzershorn, de la Scheibe et du Wannels.

Vallon de *Bonfall,* page 258. Origine de la vallée de la *Hengst-Sense,* page 251.

Scheibe. Le bassin à l'ouest de la Scheibe n'a pas de dépôts glaciaires; cela vient probablement de ce qu'il n'a pas de parois rocheuses qui aient pu charger les névés de débris. Le bassin de l'est est justement dans le cas contraire; aussi nous y trouvons des dépôts qui forment des moraines; la plus remarquable est celle qui ferme en partie le bassin au sud, et est élevée d'environ 10 mètres.

Widdersgrind. Dépôts avec contrepente du côté du nord, ce qui prouve qu'ils ont été formés par les névés du flanc de la montagne. Au ruisseau deux petites moraines, dont l'inférieure soutient un marais, qui a été un petit lac.

Vallées aboutissant à Weissenburg. En amont de la cluse de Weissenburg se réunissent deux vallées, qui toutes deux ont des dépôts glaciaires, sans doute d'autant plus récents qu'ils sont plus élevés. Vallon des *Ryprechten.* Près de l'origine, amas un peu difficiles à distinguer des éboulis et non marqués sur la carte. Sur le flanc gauche du ruisseau venant de l'Ochsen, digue qui lui est parallèle. Sur le sentier de Morgeten, au haut de la cluse entre la Wankfluh et le Schwiedenegg-Grat, poli et stries glaciaires. Un peu plus bas dépôt glaciaire avec galets striés. Sur le néocomien et le crétacé supérieur, dépôt continu, ayant peut-être 30 mètres d'épaisseur, caractérisé par blocs, boue et galets striés, et caché seulement çà et là par des éboulis récents; la partie d'aval date peut-être de l'époque où le glacier du Simmenthal retenait l'apport de cette région à une certaine hauteur.

Dans la vallée qui commence au Ganterist et à la Neunenenfluh, dépôts considérables au *Thalberg*, où arrive de l'ouest une vallée latérale qui en a aussi. L'influence du glacier du Simmenthal a pu se faire sentir jusqu'à la Zügegg et dans les régions qui sont à l'ouest et à l'est. La Zügegg est sur un amas formé par les moraines des glaces du Thalberg et du vallon de Wahlalp. Au sud-est du *Hohmad*, cirque avec deux moraines et un lac comblé. A *Ober-Wahlalp*, nappe continue sur le flanc droit de la vallée, avec matériaux provenant surtout du côté gauche; elle remonte jusqu'au col, où un amas de blocs du Stockhorn n'a pu arriver au flanc droit que sur un névé. En aval de la *Zügegg*, dépôt considérable sur la rive droite du Bünschen; d'autres petits sur la rive gauche.

Massif de la Neunenenfluh et des Nüschleten. Bassins du *Ganterist* et du *Schwefelberg*, page 247; de *Neunenen* et d'*Oberwirtneren*, page 254. *Lindenthal:* deux dépôts dont l'inférieur date peut-être de l'époque où le glacier de l'Aar retenait le névé-glacier de la vallée. *Bachalp:* deux dépôts sur le flanc gauche, réunis en un seul sur la carte. *Mentschelen.* Un couloir rempli d'éboulis récents, mais bordé de moraines latérales et aboutissant à un plateau où se trouve un petit lac temporaire. Plus à l'ouest, une petite moraine arquée, non marquée sur la carte. A l'est de *Langenegg*, au haut de la berge du Sulzgraben (ravin qui descend du Hohmad), dépôt allongé, qui peut provenir du Sulzgraben, ou de Langenegg, ou de ces deux endroits.

Massif de la Simmenfluh et des Nüschleten. Klusi: dépôt de glaciers-névés supérieurs. *Ober-Nacki*, page 261.

Alignement du *Niederhorn* (chaîne des Spielgärten). Vallon supérieur à l'ouest du *Niederhorn*, avec moraines variées et transport de blocs. *Schwendi,* page 259. A l'est du *Buntelgabel*, amas de débris de crétacé et de jurassique sur le flysch. *Thurnen* et *Feldmöser*, page 260.

Massif du Mänigen. Seeberg, page 268. Cirque de *Seeberg*, page 265. Dans la région *gen* (Mäni*gen*), série de petites moraines séparées par des marais, blocs qui n'ont pu arriver par éboulement sur le flysch où ils se trouvent.

Au *Twirienhorn*, traces d'une action glaciaire récente de trois côtés: à l'ouest un cirque de rochers a trois moraines rudimentaires successives; à l'est amas allongé de blocs qui paraissent avoir été transportés par un névé; au nord, dans le vallon creusé dans le flysch, dépôts glaciaires où l'on reconnaît une moraine latérale et deux frontales.

Chaîne du Niesen, page 269.

Remarques générales sur le terrain glaciaire des vallées.

Je résume et complète ici les conclusions que j'ai été amené à tirer çà et là, en exposant les observations qui précèdent.

1^0 On ne reconnaît pas dans nos montagnes d'alluvions antérieures à la période glaciaire, page 222.

2^0 Il y a lieu de distinguer, dans le terrain erratique, les transports opérés par les glaciers principaux, et ceux qui se sont effectués à des hauteurs où ils ne sont pas parvenus.

3^0 Il a dû se former des dépôts dans les hauteurs au commencement de la période glaciaire; mais il est peu vraisemblable qu'ils aient conservé leur relief sous la masse de névé qui a passé par dessus plus tard et pendant long-temps; aussi il est très probable que ceux que nous rencontrons maintenant dans ces régions datent de l'époque où les montagnes allaient cesser d'avoir des neiges éternelles. Ce moment n'est pas très éloigné de nous, car, dans les montagnes élevées, les talus d'éboulis n'ont pas encore fait disparaître les petits accidents orographiques glaciaires qui s'y trouvent. Plus bas, leur effet et celui des eaux courantes se montrent en général plus avancés, et le relief des dépôts glaciaires est moins accusé.

4^0 Dans les grandes vallées, il faut envisager comme datant de l'époque du retrait des glaces, les dépôts qui sont presque au niveau des cours d'eau, lorsqu'ils n'y sont pas descendus de plus haut par éboulement, et qu'il est manifeste qu'aucun barrage n'a forcé la rivière d'élever son lit. Ce dernier cas paraît être celui de la Jogne en amont de la Tzintre (page 234). Il y a aussi quelque probabilité que la Kalte Sense a coulé autrefois à un niveau inférieur à celui qu'elle a maintenant (page 249).

5⁰ Il y a des endroits où les glaces du courant principal n'ont pu opérer de dépôts sur les flancs des montagnes, parce que celles-ci leur fournissaient un contingent, qui suivait ensuite un chemin parallèle au leur et les en tenait éloignées (pages 257, 258, 261).

6⁰ A l'époque de la grande extension des glaciers, nos vallées étaient remplies par des masses d'eau solide qui n'avaient qu'une très faible pente, en sorte que leur épaisseur allait en augmentant d'amont en aval (pages 236, 263, 267). Cette accumulation était due, au moins pour celles qui se déversaient au nord-ouest, au barrage opéré par les grands glaciers. Elles étaient ainsi comme des ramifications de la nappe générale de glace presque horizontale qui couvrait la Suisse et une partie de l'Allemagne du sud[1], et elles ont dû en suivre toutes les fluctuations, aussi longtemps qu'elles ont été en contact avec elle.

7⁰ Il y a eu des moments où les grands glaciers pénétraient dans les vallées de nos montagnes: le glacier du Rhône dans celle de la Trême, page 226, de la Sarine, page 230, de la Jogne, page 240, de la Kalte Sense, page 250; le glacier de la Kander dans celle du Simmenthal, page 262. Dans d'autres moments, probablement vers la fin de la période glaciaire, les glaciers des vallées pouvaient descendre dans la plaine: glacier de la Sarine, page 229, de la Jogne, p. 242, de la Sense, page 252.

8⁰ Les dépôts stratifiés ne sont que des accidents dans le quaternaire informe; ils ne sont pas tous du même âge et ne peuvent servir à diviser la période glaciaire (pages 236 et 244).

---

[1] Cette horizontalité a été démontrée, pour les glaciers du Rhône et du Rhin, par M. A. Favre dans sa Notice sur la conservation des blocs erratiques et sur les anciens glaciers du revers septentrional des Alpes. Arch. des sc. de la Bibl. univers., vol. 57, 1876.

CHAPITRE IX.

DÉPOTS MODERNES.

La plupart des terrains dont il sera question dans ce chapitre continuent à se former sous nos yeux; mais, on l'a souvent fait remarquer, aucune limite commune à tous ne les sépare des terrains dits quaternaires; tel d'entre eux a commencé à se déposer plus tôt, tel autre plus tard. Les graviers du sol des vallées, par exemple, sont en grande partie plus anciens que les amas accumulés par les derniers névés des montagnes, qui n'ont cessé de s'augmenter qu'à une époque peut-être fort rapprochée de nous, et que nous sommes pourtant obligés de joindre aux terrains quaternaires.

Alluvions.

Les rivières les plus considérables de notre territoire alpin ont formé des alluvions assez importantes pour qu'elles occupent une place sur la carte, et soient l'objet d'une mention dans ces pages. Comme ailleurs elles se sont déposées dans les parties des vallées où la rivière avait cessé d'avoir une pente suffisante pour emporter, à mesure qu'ils arrivaient, les matériaux qu'elle charrie. Cet état de choses s'est produit quelquefois lorsqu'une moraine, un éboulement, ou un cône de déjections formé par un affluent, a opéré un barrage dans le lit de la rivière. Mais le plus souvent il provient de la présence sur un point d'une roche dont la résistance à l'action de l'eau est particulièrement énergique, en sorte qu'elle produit un *verrou*[1] qui ferme partiellement la vallée. Pendant que cet obstacle résiste, les roches tendres qui sont en amont sont désagrégées, en grande partie, en fragments assez ténus pour rester en suspension dans l'eau et être emportés au loin. La vallée s'élargit ainsi aux dépens de ses flancs; la pente du thalweg devient moins forte, et les gros débris apportés par la rivière y forment des plaines caillouteuses, dans lesquelles elle erre d'un endroit à l'autre. Quand l'action incessante

---

[1] C'est le terme (Riegel) employé par M. Rütimeyer: Ueber Thal- und See-Bildung, p. 21, 22, 66, 69, etc.

de l'eau en mouvement a rongé le verrou à un certain degré, la rivière a repris de la pente; elle recommence à emporter plus qu'elle n'apporte, et reprend les cailloux de la plaine. En se creusant de cette manière un lit un peu plus profond, elle laisse des terrasses d'alluvion au bas des pentes de la vallée. Aussi longtemps que les eaux d'inondations parviennent sur la surface de ces terrasses, elles y déposent un limon fin qui les rend fertiles. Elles sont conquises définitivement par la végétation, lorsque le creusement du lit est tel que les hautes eaux n'y parviennent plus.

Je dirai quelques mots des alluvions et des terrasses alluvionnaires qui se trouvent sur le cours de nos principales rivières.

Trême. Pour arriver à la Sarine, la Trême doit traverser un verrou de jurassique moyen, peu résistant du reste; son apport et ceux de ses affluents recouvrent la région supérieure d'alluvions et de cônes de déjections, qui ont fait disparaître en grande partie même les dépôts quaternaires; il y a de petites terrasses sur les bords de l'affluent qui vient du Paquier.

Sarine. Le creusement à Broc et au pont de Corbière de deux verrous, dont l'un est long et l'autre très court, a occasionné la formation de terrasses très peu élevées à Epagny, à Morlon et à Villarsvolard.

Jogne. Cette vallée a trois verrous: à Jaun, à Im Fang et à la Tzintre. C'est le dernier, formé probablement par une moraine (p. 234), qui a occasionné au moins les dépôts supérieurs des plaines assez étendues qui sont en amont. Aucun d'eux ne s'est encore assez abaissé, depuis que le glacier a disparu de la vallée, pour qu'il y ait sur les bords de la Jogne quelque chose de plus que des rudiments de terrasses.

Sensen. Sur les deux Siugines, ce sont autant les éboulements du flysch que l'existence de petits verrous de couches en place qui ont amené la formation de plaines alluvionnaires. Pour les bords du lac Noir et la partie supérieure du cours de la Hengst-Sense, il faut ajouter à cette cause celle des cônes de déjections.

Simme. Peu après son entrée dans le territoire de la feuille XII, la Simme coule dans une plaine de galets; la formation en est peut-être due au verrou de la Laubegg, produit par le conglomérat de la Hornfluh. Maintenant ce barrage n'a plus d'effet: ce sont les déjections du torrent de Grubenwald qui l'ont remplacé, car le rapide de la Laubegg commence déjà à l'arrivée de ce cours d'eau; si ce dernier n'apportait rien, le déblaiement des galets déposés plus en amont serait peut-être déjà bien avancé. En dessous de Garstatt commence une plaine alluvionnaire qui se prolonge jusqu'à la Simmenegg, où le flysch est rendu plus résistant par la présence de calcaires compactes; l'effet de ce long verrou est augmenté par les nombreux cônes de déjections qui encombrent cette région. Sous Oberwyl et un peu plus en aval, on voit de petites plaines qui sont surtout causées par les apports des ruisseaux. C'est à l'influence d'un défilé en amont de Därstetten qu'il faut attribuer de petits dépôts alluvionnaires qui commencent à devenir des terrasses, en aval de Weissenburg. Plus loin les dépôts de ce genre sont plus considérables, mais restent toujours peu élevés; ils sont dus au verrou de l'ouest d'Oey; plusieurs cônes de déjections assez étendus en ont retardé ou en retardent encore le déblaiement.

La largeur de la plaine en amont du défilé de Wimmis, montre quel travail la rivière a pu faire dans le flysch, pendant qu'elle creusait ou approfondissait ce passage. A l'heure qu'il est, elle n'a affaire à des couches en place qu'au pont à l'extrémité de la gorge, quoique son lit se soit fort abaissé depuis la percée de la colline de Strättligen. Ce fait est singulier, mais les observations de stries mentionnées p. 262 nous l'expliquent, en nous montrant que depuis l'époque glaciaire son lit n'avait pas continué à se creuser, mais s'était élevé. En amont du pont elle n'est pas encore redescendue au niveau qu'elle avait antérieurement. C'est par suite de l'abaissement qui est résulté de la percée mentionnée que la plaine de Latterbach est devenue une terrasse à l'abri des inondations.

Filderich. Les cônes de déjections de Schwenden et d'Ennetchirel ont occasionné la formation de plaines assez étendues. Le verrou produit par le dernier est tout à fait en voie de décroissance, car le dépôt en amont a des terrasses de 1 à 3 m. de hauteur.

Chirel. Cette vallée n'a une plaine que vers le bord sud de notre feuille; elle est occasionnée par les dépôts d'un ruisseau latéral.

Cônes de déjections.

La formation et le plus ou moins d'étendue des lits de déjections inclinés dépendent tout à fait des circonstances locales. Ils existent là où une vallée latérale n'est pas encore profondément creusée, et renferme un cours d'eau à pente rapide, là où un torrent arrive à la vallée principale à distance de la rivière qui la parcourt, là où il apporte à celle-ci une quantité de matériaux supérieure à celle qu'elle peut déblayer. Les déboisements dans le bassin et sur les berges d'un torrent et les éboulements qui en résultent, peuvent augmenter en peu de temps un de ces dépôts. Le plus ou moins de facilité de désagrégation des terrains du bassin est aussi un facteur essentiel, mais seulement quand ils sont propres à fournir des galets; sous ce rapport le plus attaquable de tous, le flysch, ne donne pas toujours lieu à de grands cônes, parce qu'il contient beaucoup de roches qui se décomposent en particules ténues, facilement emportées au loin par les eaux. Dans notre territoire, la roche qui, toutes choses égales d'ailleurs, donne lieu aux cônes les plus considérables est la cargneule, sans doute parce que tout en se désagrégeant facilement elle produit beaucoup de fragments qui ne se décomposent pas.

La grosseur des blocs transportés varie naturellement suivant la pente et le volume de l'eau des crues; le plus gros de ceux que j'ai vus est sur le cône de Seewelen, dans le Simmenthal, il a 3 m. cubes.

Quelque intéressants que soient les lits de déjections pour les localités où ils se trouvent, ils ne peuvent donner lieu ici qu'à quelques remarques.

La région presque en plaine entre Gruyères et Bulle, que les ruisseaux sont obligés de traverser avant d'arriver à la Sarine et à la Trême, contient des lits de déjections étendus; il n'y en a qu'un qui transporte maintenant ses matériaux jusqu'à la Trême. Cette rivière elle-même vient d'une région de flysch et de glaciaire très meubles, dont les éboulements encombrent souvent son lit; quoiqu'elle ait une certaine pente dans la plaine, elle ne peut pas emporter ce qu'elle charrie, et elle déborde à chaque crue pour déposer le surplus de ses matériaux dans une longue zone qu'on a dû lui laisser pour cet usage, et à laquelle le nom de cône ne convient guère.

Le bassin de la Jogne paraît être le mieux équilibré sous le rapport de la formation et du déblaiement des débris. En arrivant à la Jogne les ruisseaux n'ont que de petits cônes; le plus considérable est celui sur lequel est bâti le village de Jaun; ceux de Zum Eich restent confinés sur une terrasse. La rivière elle-même n'apporte à la Sarine que ce que celle-ci peut emmener plus loin. Dans les vallées latérales, il faut mentionner le cône de déjection du ruisseau qui descend de Poute-Paluz au Rio-du-Mont; il provient en partie de la cargneule, et a été joint à tort aux débris sur la carte.

Le long de la Warme Sense, il n'y a guère non plus de lits de déjections que ceux de deux ruisseaux qui viennent de la Kayser-Eck et du Hohmättle; ils maintiennent le lac Noir à son niveau, et tendent même à l'élever sans cesse. Ailleurs, dans les bassins de flysch, les matériaux transportés par l'eau se confondent avec les terrains en éboulement, qui y sont si fréquents. Ils reprennent leur configuration ordinaire le long de la Hengst-Sense, dans la partie où elle coule entre les terrains secondaires.

C'est à l'extrémité orientale de nos chaînes que les cônes de déjections sont le plus nombreux et le plus considérables; cela vient de la rapidité des pentes et surtout de l'absence d'une rivière qui puisse opérer un déblaiement quelconque. Aussi chaque petit ravin a le sien. Le plus étendu de tous est celui de la Gürbe, avec lequel vient se confondre en un seul éventail l'apport de trois autres ruisseaux; ceux qui aboutissent à Reutigen sont aussi très considérables.

Le Simmenthal présente une assez grande variété dans ses cônes de déjections: l'un des plus grands et celui de Grubenwald, produit par un torrent fort court, mais rapide et coulant dans la cargneule; il y en a que la rivière a ablationnés, en y taillant une berge au pied de laquelle elle ne passe plus (Weissenbach, Seewelen, Attisacker, près de la Simmenfluh); quelques-uns se déposent sur un ancien sol de la vallée que la Simme a quitté depuis long-temps en approfondissant son lit (Oberwyl, Kloster).

Dans la vallée de Diemtigen, on a les deux grands cônes de Schwenden et d'Ennetchirel, qui n'ont probablement atteint des dimensions si peu en rapport avec la brièveté de leurs cours d'eau que parce qu'ils viennent en partie de régions occupées par la cargneule. Au sud de la *klippe* de la Zünegg, deux ruisseaux travaillent à remplir un vallon supérieur.

Eboulis et éboulements.

Résumé historique : Wagner p. 14, Gremaud p. 55.

Comme toutes les montagnes calcaires à pentes un peu escarpées, nos chaînes présentent de nombreux talus d'éboulis sur leurs flancs et dans le bas des hautes vallées. Le plus souvent ils recouvrent la pente d'une manière uniforme ; quelquefois ils sont disposés en cônes, quand les débris des hauteurs sont réunis par un couloir. Les uns augmentent toutes les années et ne laissent pas la végétation s'établir ; d'autres sont parvenus à l'état de repos et sont recouverts d'une forêt ou d'un tapis vert, suivant que le plus ou moins de grosseur de leurs matériaux a fait préférer l'un ou l'autre de ces modes d'exploitation du sol. Il va sans dire que la nature des matériaux éboulés influe sur l'envahissement par la végétation : les calcaires du jurassique supérieur, presque sans argile, restent plus longtemps à nu que ceux du néocomien et du lias, et ceux-ci plus longtemps que ceux du crétacé supérieur ; les calcaires marneux du jurassique moyen et inférieur donnent encore plus tôt une terre végétale.

L'histoire n'a pas enregistré d'éboulement de nos montagnes qui ait été une véritable catastrophe ; mais on reconnaît facilement qu'il y en a eu de considérables dans différentes localités. Ils se sont surtout produits dans le jurassique supérieur, qui repose ou s'appuie sur des couches délitables. J'énumérerai les principaux.

Chaîne du Ganterist. Dans la partie occidentale de la Dent-de-Broc, un éboulement a affecté le bathonien, le jurassique supérieur et le néocomien ; il a formé aux Marches un plateau à surface mamelonnée et très irrégulière. Au Ritz, au nord-ouest de l'Ochsen, a eu lieu un écroulement plus considérable de toute la série des couches depuis la cargneule au jurassique supérieur ; il a laissé à sa place un profond ravin. Les débris ont passé sur le flanc gauche de la vallée de la Hengst-Sense, et ils ont barré la rivière pendant quelque temps, de sorte qu'il s'est formé une plaine d'alluvion en amont ; les matériaux tombés reposent sur le flysch, et leur poids contribue à mettre en mouvement les berges du lit que le torrent s'est de nouveau creusé. Dans le vallon longitudinal élevé qui est au midi de la Neunenenfluh, des amas de blocs de jurassique supérieur font reconnaître deux éboulements; celui de l'ouest est le plus ancien, car la végétation s'y est bien plus établie qu'à l'autre. Du côté septentrional de la Wirtnerenfluh (sommet coté 2080), il s'est détaché de même une masse considérable de jurassique supérieur, qui couvre un espace notable dans la vallée de Blattenheid.

Un des plus curieux éboulements est celui dont on voit les débris près de Blumenstein, à l'ouest du mot *Pohleren:* un amas allongé de blocs du jurassique supérieur recouvre les dépôts glaciaires, sur une longueur de plus d'un kilomètre; ils ne peuvent provenir que des sommets de la chaîne au-dessus de Mentscheleu, mais dans la hauteur on ne voit plus de traces de leur passage. Un amas de même nature, mais beaucoup moins considérable, se trouve dans la forêt au sud-ouest de Pohleren, au milieu d'un grand cône de déjections.

Chaîne du Stockhorn. Avant de disparaître sous les terrains crétacés près des Bains de Weissenburg, la zone méridionale de jurassique supérieur de cette chaîne couvre la pente d'une bande d'éboulis. Au nord de Balzenberg, ces débris ne forment plus un talus régulier, comme c'était sans doute le cas autrefois: il y a des plateaux et des contrepentes qui rendent évident que toute la masse de blocs a glissé sur les terrains marneux du jurassique inférieur.

Le Sohlhorn (sommité à l'est du mot *Stockhorn*) paraît avoir eu un éboulement par masse du côté du nord, car ses blocs sont remontés jusqu'à 20 m. de hauteur sur le flanc gauche du Lindenthal.

Chaîne des Gastlosen. Dans le massif de la Marchzahn a eu lieu un éboulement de jurassique supérieur qui s'est étendu jusqu'au ruisseau du Petit-Mont, et qui n'est marqué qu'en partie au bord méridional de la carte; il a sans doute été causé par la désagrégation des schistes à charbon. C'est plutôt à celle du flysch et peut-être du gypse qu'il faut attribuer un autre éboulement plus au nord-est, car il a fait descendre par masses de la cargneule, roche qu'on ne voit plus en place au-dessus. Il a surtout atteint le jurassique supérieur, dont les blocs sont remontés sur la rive gauche du ruisseau du Sattel.

A la Mittagfluh, près de Boltigen (sommité à l'ouest du mot *Taubenthal*), une chute considérable de rochers a balayé la forêt et la terre végétale du flanc de la montagne (pl. 8, fig. 1, à droite); les traces de cet évènement sont encore si fraîches qu'il ne saurait être bien ancien.

Ce n'est guère qu'à un éboulement qu'on peut attribuer la présence d'un amas de schistes jurassiques au nord de Weissenbach, près de Weissenburg.

A Eschlen, entre Balzenberg et Moos, près d'Erlenbach, deux écroulements se sont produits dans le jurassique supérieur; on voit très bien l'endroit d'où les masses sont parties.

Chaîne des Spielgärten. Un éboulement du jurassique et du crétacé supérieurs a eu lieu du côté nord-est du Buntelgabel; ici aussi on reconnaît bien la place d'où il s'est détaché.

Au Thurnen, au sud de *ne*, le flanc corallien de la montagne est descendu sans qu'il y ait eu grand dérangement dans les couches, car au bas de la masse on croit voir le jurassique en place, et en haut le crétacé supérieur est resté dans sa position naturelle; la désagrégation du flysch a été sans doute la cause de cet accident. De l'autre côté de la montagne, nous avons un phénomène plus difficile à expliquer, mais qui est peut être dû en partie à la même cause. On voit là deux grands cirques dont la longueur est transversale à la chaîne (pl. 9, fig. 2), et qui sont appelés le Grand et le Petit Korb (corbeille). Quand on y pénètre, ils offrent un spectacle grandiose et étrange: „on est tenté de se croire transporté dans l'intérieur de la Caldera de Palma.“ [1] Cependant la montagne forme une voûte un peu trop allongée, pour que ces cirques réalisent bien la notion de ce qu'on a appelé un cratère de soulèvement. Au devant il y a une masse si énorme de blocs qu'on en pourrait presque remplir les deux cirques. Les parois de ces derniers montrent que la roche a beaucoup de grandes fissures verticales; on peut donc se représenter que les masses calcaires qui remplissaient les cirques se soient détachées, et aient glissé sur une base marneuse, pour aller recouvrir le flanc de la montagne, que le flysch n'appuyait plus autant qu'auparavant. On ne voit maintenant plus cette base, que les éboulis postérieurs recouvrent de plus

---

[1] Studer, Geologie der westlichen Schweizer-Alpen, S. 270.

en plus; mais nous savons qu'en dessous des calcaires massifs et compactes de l'Abendberg se trouve une zone assez marneuse (p. 175); elle l'est peut-être encore plus au Thurnen, qui est plus rapproché de la chaîne des Gastlosen, où elle l'est tout à fait. Cela ajoute quelque vraisemblance à l'explication de la formation des cirques par un simple glissement. Sur le flysch qui est en dessous de l'espace entièrement recouvert par les éboulis, on trouve encore des amas de blocs ou des blocs isolés qui ont la même origine; il est même probable que les éboulis calcaires du Kloster, près de Därstetten, sont descendus aussi des cirques; je n'ai pas assez examiné la nature de la roche pour pouvoir l'affirmer.

A l'Abendberg et à la Rinderalp, plus au nord, il s'est formé plusieurs éboulements par masses du côté des Feldmöser.

Glissements de terrains dans le flysch de la chaîne de la Berra. On aura peut-être remarqué sur la carte que le pied extérieur de la chaîne de la Berra est formé par une zone d'éboulis, qui n'est interrompue que là où la chaîne l'est elle-même. Ce phénomène provient de ce que le flysch est une formation essentiellement délitable où se produisent très facilement, non pas des éboulements, mais des glissements de terrains. Les marnes de décomposition facile prédominent dans beaucoup de massifs; en outre elles viennent s'intercaler dans les grès presque entre tous les bancs; comme le passage d'une roche à l'autre est toujours brusque, il y a manque de cohésion à chaque joint de stratification; les grès sont souvent divisés en blocs par des fissures perpendiculaires orientées de toutes les façons, et par lesquelles l'eau et l'air vont dissoudre les petites assises de marne: la masse est ainsi désagrégée sur place, et il n'est pas nécessaire que la pente soit bien forte pour qu'elle se mette en mouvement. Les éboulis qui s'opèrent de cette manière ne parviennent pas facilement à s'asseoir d'une manière définitive: les produits de la décomposition des marnes argileuses sont assez imperméables à l'eau; mais celle-ci est retenue dans les dépressions formées par le premier glissement, et elle s'infiltre le long des surfaces des blocs; par les longues pluies toute la masse redevient visqueuse et le mouvement recommence. Il y a, particulièrement dans le massif des Alpettes, des lits de ruisseaux qui semblent n'être en repos que dans les sécheresses prolongées. Ce sont là les causes de la présence de cette zone d'éboulis, qui est venue recouvrir la molasse tout le long de la chaîne de la Berra, même dans des endroits où la pente est faible. C'est ce qui fait aussi que presque tous les ruisseaux, grands et petits, commencent par plusieurs branches, dans un bassin supérieur plus ou moins circulaire, où ils ne mettent à jour que des débris, même quand ils s'y creusent des ravins; la topographie de la carte indique bien cette particularité hydrographique qu'on retrouve, mais moins souvent, dans le flysch du Simmenthal.

Tuf.

Les sources plus ou moins tuffeuses ne sont naturellement pas rares dans nos montagnes, qui renferment tant de calcaire à peu près pur. Cependant il n'y en a pas beaucoup qui aient formé des dépôts assez considérables pour qu'on puisse les exploiter un peu en grand. Ce sont les régions où les sources sortent des débris plutôt que celles où le calcaire est en place qui donnent lieu à leur formation.

Les dépôts qui sont au nord-ouest de Pringy, près de Gruyères, sous Hürlisboden, à l'est du lac Noir, et à Reichenbach, près de Weissenburg, sont indiqués sur la carte; d'autres n'ont pu y trouver place: ce sont ceux du nord des Feldmöser (Thurnen), du nord de Thal, près d'Erlenbach, du sud-est d'Œy, entre les deux *klippen*.

J'ai déjà dit quelque mots des tufs de cargneule à la page 107.

Tourbe.

A cause des argiles imperméables qui sont le produit de la décomposition de ses marnes, le flysch a beaucoup de sols tourbeux; mais il ne s'y trouve guère de dépressions un peu étendues où la tourbe puisse s'amasser en grande quantité. Sur les plateaux où il y en a, son accroissement est lent, et elle peut perdre son eau par les grandes sécheresses; aussi elle est toujours plus ou moins décomposée et de mauvaise qualité. Quelques gisements de cette nature sont indiqués sur la carte: savoir aux Alpettes, près de Semsales, à la Muscheneck, dans le massif du Cousinbert, au nord du Fettbad, dans le massif du Gurnigel, dans la plaine à l'ouest de Moos, au pied de l'extrémité orientale de la chaîne du Stockhorn, et à l'ouest du Meggisserhorn, dans la chaîne du Niesen. Le plus considérable de tous est celui de l'Egelsee, à l'ouest de Diemtigen; il est dans une dépression causée sans doute par la dissolution de la cargneule. Il faut encore en mentionner deux non indiqués sur la carte, au sud des Joux dans le massif du Niremont.

CHAPITRE X.

STRUCTURE DES CHAINES.

Résumé historique: de Saussure pag. 17, L. de Buch 19, Ebel 21, Bernouilli 22, S. Studer 22, Bakewell 23, anonyme 23, El. de Beaumont 26, 35, B. Studer 27, 30, 31, 32, 35, 48, Brunner 34, 39, Verdat 35, Bachmann 51, Ischer 52, Mœsch 52, Lory 55.

La carte qui accompagne ce mémoire s'étendant sur une portion du Jura neuchâtelois, la légende des couleurs comprend bien des teintes qui ne sont pas employées pour la partie alpine. Voici celles qui se rapportent aux terrains constitutifs des montagnes de la structure desquelles il va être question.

Ef, flysch; décrit à la page 203.

Ep, conglomérat du flysch, p. 217.

Ec ou G, cargneule et gypse du flysch, p. 194.

Ee, flysch éboulé ou en place, p. 283.

En, nummulitique, p. 193.

Cs, crétacé supérieur, p. 184.

Cn, néocomien, p. 177.

Js, jurassique supérieur, p. 151.

Jm, jurassique moyen (bathonien et callovien), p. 136.

Ji, jurassique inférieur (bajocien et toarcien), p. 129 et 132.

JmL, jurassique moyen, inférieur et lias, p. 144.

L, lias, p. 120.

K, couches à *Avicula contorta* et dolomie (rhétien), p. 108 et 111.

Kc, cargneule triasique, p. 106.

Kg ou G, gypse triasique, p. 104.

L'application que je fais des noms de jurassique moyen et de jurassique inférieur est criticable au point de vue systématique. Ce qui m'a décidé à grouper les étages de cette façon, c'est la considération du rôle orographique qu'ils jouent; cette déviation de l'usage ordinaire m'a permis de diminuer les chances d'erreur dans le tracé des limites qui devaient passer par des régions couvertes de débris, ou dont les terrains ont été comprimés par les dislocations (voir là-dessus p. 131 et 165).

En tête des planches de cet ouvrage, on trouvera un tableau comparatif de la constitution des terrains dans les différentes chaînes. Les planches 1 à 4 donnent une série de profils qui sont coloriés des mêmes teintes que la carte, et auxquels je renverrai souvent dans ce chapitre. Bien des lecteurs en trouveront le dessin un peu maigre et, pour cette raison, d'une lecture peu facile: ce défaut provient de ce que je me suis efforcé de n'y marquer en lignes pleines que ce que l'on peut observer dans la nature, afin de leur conserver le caractère de documents que l'on pourra chercher à faire concorder avec telle ou telle théorie que l'on voudra.

Les planches 6 à 12 donnent des vues qui me paraissent reproduire assez bien les aspects orographiques déterminés par les différents terrains; elles ont été dessinées et autographiées par mon fils Émile; il a fait ce travail pendant quelques semaines de l'été de 1883, qui a été tout particulièrement défavorable; aussi quelques détails ne sont-ils peut-être pas si exacts qu'ils le seraient, si la lumière avait été meilleure. Pour n'avoir que des teintes plates, j'ai quelque peu modifié dans ces dessins l'échelle des couleurs de la carte; il se peut aussi que le coloriage présente quelque inexactitude dans le détail: pour plusieurs vues il ne m'a été possible de le faire sur place qu'au mois d'octobre, alors que les montagnes se sont couvertes de neige plus tôt que d'habitude.

Dans ce chapitre j'exposerai la structure de chaque chaîne en allant du sud-ouest au nord-est, et dirai ensuite un mot des vallées.

Chaîne de la Berra.

Après avoir fait la description des différents massifs de cette large zone, composée surtout de flysch, il y aura lieu de parler à part des *klippen* et blocs exotiques qui s'y trouvent, et de donner un résumé sur l'ensemble.

Massif des Alpettes ou du Niremont.

La partie de la chaîne de la Berra qui est au sud de Vaulruz et à l'est de Semsales, au bord méridional de notre carte, n'est que l'extrémité septentrionale du Niremont; aussi après avoir eu l'intention de me servir pour cette région du nom d'Alpettes, qui se trouve sur la feuille XII, il m'est souvent arrivé, dans les pages qui précèdent, de faire usage de celui de Niremont, qui est sur la feuille XVII.

Le terrain glaciaire et les éboulis recouvrent tellement ce massif, ainsi que la vallée de la Trême, qui le partage en deux, qu'il est très difficile de se rendre compte de sa structure; on ne pourrait y faire passer un profil qu'en le prolongeant hors de la carte, et si l'on n'y marquait que ce qu'on voit réellement, la structure de la montagne n'en ressortirait pas immédiatement. M. E. Favre a du reste déjà publié un profil du Niremont, qui passe par le Dat, un peu au sud de la feuille XII, et d'après lequel cette montagne est une voûte inclinée à l'ouest.[1] Le fait que les terrains secondaires du Mont-salvens sont séparés du flysch par une rupture, m'a fait expliquer par un accident semblable l'apparition du néocomien et du crétacé supérieur aux Alpettes (12ᵉ livraison de ces Matériaux, p. 53). Mais les faits observés dans cette région ne s'opposent pas à ce qu'on admette, avec M. E. Favre, l'existence d'une voûte qui serait inclinée d'environ 45°. Dans le profil de Rapaz, le néocomien serait alors un pan de la voûte surmonté régulièrement de crétacé supérieur et de flysch; quant à l'autre pan, il ne serait représenté que par le flysch à jour vers le bas de la montagne. Dans le profil de la bande de crétacé supérieur au nord-est de Semsales, la structure en voûte paraît encore plus

---

[1] Le Massif du Moléson et les montagnes environnantes, pag. 3, pl. 2, fig. 1, dans Arch. des sc. de la Bibl. univers., 1870, vol. 39.

certaine: le flysch plonge sous le crétacé, au ravin à l'est de *Broye;* plus au nord-est, au dernier des ruisseaux qui traversent cette bande, on voit très nettement une partie des couches visibles former une petite voûte complète, et celles qui suivent au-dessus sont les mêmes que celles qui sont au-dessous; ainsi le néocomien est resté dans l'intérieur de la montagne, comme noyau de l'anticlinale.

Le prolongement du crétacé à l'est de *1224,* où ses bancs plongent au nord-est, et sa réapparition au sud de *te* (Villette), un peu en dehors du bord de la carte, montrent que tous les affleurements ne s'expliquent pourtant pas en admettant une voûte simple. De même si, en général, le flysch plonge moyennement au sud-est, il y a de grandes déviations à cette règle: ainsi nord de *1415* l'inclinaison est à l'est-nord-est, irrégularité qui correspond à celle qui vient d'être mentionnée dans le crétacé supérieur. C'est dans la partie septentrionale, là où le terrain disparaît sous le glaciaire, que l'on trouve les plus grandes variations, soit dans la direction, soit dans l'inclinaison des assises.

Dans le massif à l'est de la Trême, les couches sont souvent horizontales. Elles sont dans la même position, à la croupe de la Queue des Alpettes (cote 1348 m.); mais entre deux, au bord de la Trême, les inclinaisons variées et les petits plis sont très fréquents. Si l'ensemble formait une voûte, elle serait complètement couchée sur plus de 6 kilomètres de largeur; mais il est plus probable qu'il y a dans le massif des dislocations dont les traces ne sont pas à jour, ou qui ne peuvent être reconnues dans un terrain qui ne se prête pas à l'établissement de subdivisions.

Interruption de la chaîne par la vallée de la Sarine.

Au nord de Gruyères, la chaîne de la Berra est complètement interrompue au point de vue géographique, sur une longueur de 5 kilomètres au moins; mais la présence de terrains alpins dans cette région montre bien que, si la montagne manque maintenant, elle occupait cet espace en formant un rivage, lorsque la molasse se déposait. A présent il n'y reste plus que des collines, où l'on voit surgir de dessous les dépôts quaternaires et modernes tous les terrains de nos montagnes, sauf le lias et le crétacé. Dans la douzième livraison de ces Matériaux, j'ai déjà donné des détails sur les différents affleurements qu'on y trouve: bajocien, p. 67; bathonien, p. 71; callovien, p. 160; jurassique supérieur, p. 144 et 173; flysch, p. 184. Il y en a encore deux qui n'ont pas été mentionnés, parce qu'ils sont à l'ouest d'Epagny, en dehors de la carte qui accompagnait ce mémoire. L'un est composé de schistes et de grès du flysch; peut-être que la cargneule qui est tout près, et que j'ai marquée comme triasique, parce qu'elle touche au lias, appartient aussi au flysch. L'autre affleurement est du jurassique supérieur, mis à jour par un ruisseau sur un petit espace, mais la nappe de quaternaire ne permet que de constater l'existence du terrain.

La colline de Morlon appartient probablement entièrement au flysch, quoique je n'aie pu le voir que sur le versant oriental. A l'ouest-sud-ouest de Villarsvolard, au bas de la berge gauche de la Sarine, on voit affleurer, sur une longueur de 5 m. seulement, quelques bancs de grès que j'ai attribués avec doute aux grès miocènes de Ralligen (douzième livraison, p. 147); après avoir revu et mieux comparé les échantillons, je crois que c'est plutôt du flysch; l'affleurement est à peine visible sur la carte, et n'est accessible que par les basses-eaux.

Il n'y a pas de doute que le flysch n'existe sous le glaciaire sur la pente nord-est du massif des Alpettes, et il est presque aussi certain que les lambeaux du même terrain qu'on voit encore le long de la Sarine et ailleurs, ne sont que les restes d'une zone montagneuse non interrompue, qui reliait autrefois ce massif à celui du Cousinbert; il est même probable qu'elle recouvrait les terrains jurassiques de la plaine. Cette région est ainsi l'un des points où l'immensité de la dénudation est la plus frappante.

Massif du Montsalvens.

Les profils qui accompagnent cet ouvrage ne figurent pas la structure du Montsalvens, à l'exception de celui de la planche 1, fig. 1. C'est parce qu'elle a déjà été exposée avec beaucoup de détails dans la douzième livraison de ces Matériaux, p. 189, pl. 4 et 5. Ici, je ne veux en donner qu'une idée générale qui pourra être comprise au moyen de la carte seule.

Le centre de la montagne présente trois voûtes jurassiques, parfaitement à jour dans le grand escarpement qui les coupe du côté de l'ouest. Celle du milieu est très inclinée sur le néocomien et tout-à-fait isoclinale; les deux autres montrent le jurassique moyen dans leur noyau. Toutes les trois sont dirigées de l'ouest à l'est, mais deux prennent ensuite, l'une plus, l'autre moins, la direction du nord-est, avant de disparaître sous le néocomien. Au nord, une quatrième voûte a la direction du nord-est; elle est compliquée d'une combe intérieure de jurassique moyen, et, sur son flanc nord-ouest, d'une synclinale qui renferme une petite zone néocomienne; du côté du nord-est, ces accidents secondaires disparaissent peu à peu, le flanc nord de la voûte reste dans la profondeur, et l'on n'a plus qu'une zone de jurassique supérieur et moyen plongeant au sud-est.

C'est à l'extrémité méridionale du Montsalvens que sont les accidents de structure les plus compliqués (pl. 1, fig. 1). Il y a là un C jurassique enveloppant le néocomien; ce dernier terrain touche au nord à une autre zone jurassique, dont l'apparition inattendue ne peut s'expliquer que par une rupture, car ce sont ses couches inférieures qui sont en contact avec le néocomien. Sur le ruisseau qui descend à la Jogne, à l'ouest de *les Gittes*, une petite zone méridionale de jurassique supérieur et de néocomien est séparée du C mentionné par un lambeau de flysch placé entre le tithonique et le jurassique moyen, comme s'il était tombé dans une crevasse; il n'a pas été possible de lui donner une place sur la carte.

La saillie que fait la montagne est le résultat d'une faille considérable, qui la sépare au nord du crétacé supérieur et du flysch, qui est cachée ensuite sous les éboulis et le quaternaire, mais se retrouve au sud. Là le flysch est en contact avec le jurassique moyen, et se recourbe pour pénétrer avec lui dans la gorge de la Jogne; il cesse bientôt d'y être visible, mais il est fort possible que le lambeau dont il vient d'être question en soit la continuation orientale; dans ce cas la faille serait singulièrement arquée. Quoi qu'il en soit, depuis la publication de la douzième livraison de ces Matériaux, la construction d'une nouvelle route de Broc à Charmey a mis à jour le contact du flysch et du calcaire à ciment (oxfordien), contact qu'on ne pouvait auparavant que supposer. Sur la pente de la rive droite de la Jogne, à partir du pont, on voit maintenant du flysch réduit en débris appliqué jusqu'à la hauteur de 12 m. contre le calcaire à ciment, dont les assises sont bien en place et presque horizontales. En continuant à monter sur la route, on arrive bientôt à un grand talus, qui offre une belle coupe du calcaire à ciment. A l'endroit où elle se termine, ce terrain semble reposer sur le flysch sur une longueur de 10 m., comme l'indique la fig. 1, pl. 13; en apparence la discordance de stratification entre les deux terrains est faible, mais le flysch n'est plus dans son état ordinaire: les bancs de grès ont été brisés et leurs fragments disséminés dans les schistes qui les renfermaient.

Massif du Cousinbert.

Ce large massif commence au pied nord du Montsalvens par une zone relativement étroite, où le plongement des couches se fait presque partout au sud-est et au-dessous de la moyenne; j'ai décrit dans la douzième livraison, p. 182, la composition du flysch de cette région et ses relations avec le crétacé supérieur, dont il paraît séparé par une faille. On est porté à penser que l'alignement de *klippen*, sur le versant occidental, à l'est de Corbières, est le noyau d'une voûte déjetée; mais le flysch d'au-dessous ne correspond pas à celui d'au-dessus: le premier est surtout marno-schisteux, le second gréseux.

Dans sa partie de gauche, le profil de la pl. 2, fig. 1, traverse la chaîne à l'endroit où elle commence à devenir plus large. De l'église de la Roche, il va au sud-est jusqu'à la croupe de la montagne, et de là au sud-sud-est jusqu'au couvent de la Valsainte. En suivant cette ligne, même quand on a quitté la région du glaciaire et des éboulis et qu'on est dans le flysch en place, il faut monter assez haut pour trouver un plongement de couches suffisamment à jour; le premier qu'on voit se fait au sud-est, tandis qu'à la Berra et aux environs il est plutôt est ou est-nord-est. Sur le reste de la ligne du profil, c'est l'inclinaison au sud-est qui se montre le plus fréquemment; mais dans le centre il y a des indices de petites anticlinales, dont l'étendue a été exagérée pour qu'elles puissent être indiquées. En outre, à la Valsainte, c'est le plongement au sud-ouest qui semble s'établir, et il est permis de supposer que la partie du terrain qu'on ne voit pas a la même inclinaison.

Le profil de la fig. 2 coupe la partie la plus large de la chaîne. Entre le Kappenberg et le point culminant de Züberle, il n'est pas en ligne droite, mais suit les sinuosités de la croupe. La présence du gypse et de la cargneule aux deux extrémités nous indique que ce sont les couches inférieures du terrain qui y apparaissent; elles y plongent en sens opposé; la montagne semble donc être une synclinale très évasée. Dans le centre on remarque deux anticlinales au Kappenberg et au Züberle, et entre deux des plongements variés, souvent plus forts qu'ils ne le paraissent au profil, qui ne les coupe pas perpendiculairement à la direction des couches. La position des assises est naturellement encore plus visible le long de la Gérine et de ses affluents; on y voit surtout bien le plongement général vers le sud, qui est presque partout caché par les éboulis au passage du profil; mais dans la région de Torri, il y a de grandes variations qu'on ne parvient pas à raccorder avec celles des hauteurs.

Un profil qui suivrait la croupe du Schweinsberg présenterait les mêmes caractères que le précédent: plongement vers le sud du côté du nord, plongement inverse du côté du midi, plongement à directions variées et souvent très fort dans le milieu. Au nord des Bains du lac Noir se trouve un escarpement où l'on peut suivre une épaisseur d'assises comme les affleurements de flysch en présentent rarement; le plongement y est nord-nord-ouest, sous la moyenne.[1] De l'autre côté de la chaîne, au confluent des deux Singines, la construction de la route a mis aussi à jour une série de roches variées, qui plongent fortement au sud-est. En revanche, le reste du versant nord du Schweinsberg présente peu de localités où il y ait des suites d'assises bien à découvert.

Massif du Gurnigel.

Dans ce massif, le flysch apparaît près des chaînes méridionales un peu plus fréquemment que dans le précédent; mais, à cause de la facilité de

---

[1] C'est à cet affleurement que se trouvent les Nummulites mentionnées à la p. 194. Depuis l'impression de cette page, il a paru une note sur cette découverte dans le Bulletin de la société vaudoise des sciences naturelles, vol. XIX, procès-verbaux, p. II.

désagrégation de ce terrain, on n'en peut pas partout déterminer le plongement près de la ligne de contact; rien ne paraît en place, par exemple, presque tout le long du Hohmättle (pl. 2, fig. 3, à gauche). Ce n'est qu'au Hohberg qu'on voit le grès s'enfoncer moyennement au sud; au-dessous se trouvent des affleurements jurassiques d'autant plus remarquables qu'ils nous présentent un faciès pétrographique et paléontologique bien différent de celui de la chaîne du Ganterist, dont ils sont tout près. Quand le flysch reparaît au Mättenberg, il plonge au nord; on a donc là, semble-t-il, une voûte ouverte qui serait un peu inclinée, car le plongement est plus fort au nord qu'au sud; mais immédiatement à l'est de cette région, la voûte serait tout à fait déjetée et aurait changé de direction, car c'est le plongement au nord-ouest qui y est le plus fréquent; un peu plus loin, dans le voisinage de la Muscheren-Sense, l'inclinaison est surtout au sud-est; ainsi la voûte ne se prolonge pas même jusque là.

On est encore bien plus embarrassé pour ramener à une règle générale la région qui s'étend entre le Mättenberg et la Kalte Sense. Sur le versant ouest, la direction des couches va généralement du sud-sud-ouest au nord-nord-est, et le plongement se fait tantôt d'un côté tantôt de l'autre. Sur le versant est, la moyenne des directions est de l'ouest-nord-ouest à l'est-nord-est et les plongements se font aussi des deux côtés. La variété est encore plus grande sur les bords de la Kalte Sense, où l'on voit une quantité de synclinales et d'anticlinales de peu d'étendue, dont la direction est parfois perpendiculaire à celle de la chaîne en général. On ne retrouve de la régularité qu'à Hellstatt: l'arête y est formée par un massif où les grès prédominent, et qui plonge sud-sud-est, assez fortement pour que les assises s'enfoncent sous la pente; un autre massif de grès est plus bas, du côté de la vallée de la Kalte Sense, et sa direction est parallèle à celle du premier; il est indiqué par la topographie de la carte, surtout du côté de l'ouest.

Entre la vallée de la Muscheren-Sense et celle de la Hengst-Sense, le flysch plonge le plus souvent autour du sud-sud-est et au-dessus de la moyenne, et cela jusqu'au contact avec le terrain triasique du massif du Wannels; mais il y a une quantité de petits plis, qu'on ne voit bien que dans les ravins des ruisseaux du Gustigrat.

De l'autre côté de la Kalte Sense, c'est le ruisseau qui descend à l'est des Bains d'Ottenleue qui nous montre le plus d'assises à jour: le plongement sud-est y est dominant, et il est parfois très fort; mais on y rencontre des synclinales et des anticlinales assez nombreuses, et quelquefois comprimées de manière à devenir isoclinales. A la Pfeife il y a de nouveau plus de régularité: l'arête est formée par un massif de grès, qui plonge au sud-est un peu plus fortement que la pente. Du côté du sud l'inclinaison des couches supérieures à ce massif va en augmentant. Du côté du nord on peut observer une série d'assises d'environ 300 m. d'épaisseur, qui plongent faiblement au sud-est; les schistes quelque peu mêlés de bancs de grès et de calcaire y sont prédominants; mais il y a en dessous une pente rapide qui domine la région des éboulis, et qui est formée surtout par un massif de bancs de grès, tout semblable à celui de la Pfeife. La présence de *klippen* et de blocs exotiques un peu plus bas, fait penser que le flysch a encore des couches plus inférieures, qu'on ne voit pas en place.

La direction des assises à la Schüpfenfluh ne correspond pas à celle de l'escarpement lui-même, comme on aurait pu s'y attendre; celles de l'est sont supérieures à celles de l'ouest, et le plongement se fait au sud-sud-est. Il est le même à l'occident de l'arête; mais là les débris laissent à peine voir des couches en place. L'épaulement qui descend au nord de *1723* montre des inclinaisons faibles variant autour du sud. Du côté du midi, c'est à un ruisseau non marqué qui descend de *negg* (Grönegg) qu'on voit le mieux que, comme ailleurs, le centre de la chaîne de flysch présente des brisures et des plissements de toute espèce, avec des plongements souvent au-dessus de la moyenne; c'est un dédale dont on ne peut tirer aucune règle générale. Au sud de la Kalte Sense, le ruisseau à l'occident des Bains du Schwefelberg montre un plongement sud-sud-est un peu incertain (pl. 2, fig. 7, à gauche).

Le profil de pl. 3, fig. 1, passe par les dernières parties élevées de la chaîne de la Berra. Du côté du midi il y a un grand espace où l'on ne voit pas les assises à jour; elles apparaissent bien au bord d'un ruisseau sous le terrain glaciaire, et paraissent plonger au sud, mais ce n'est pas parfaitement sûr. Dans la région moyenne de la chaine, au Ziegerhubel et au Gurnigel, on trouve, comme ailleurs, de grandes variations dans la position des couches. Du côté du nord la dernière pente rapide est formée par un massif de grès presque horizontal, à la suite duquel il n'y a que des éboulis. J'ai indiqué sur le profil ce qu'on voit à l'ouest de son passage, savoir la dolomie et le gypse de la Stockweid, et ensuite une assez grande série de schistes renfermant quelques bancs de grès; elle est visible jusqu'en *n* (Gurnigel Bad), tout près de la molasse.

On pourrait s'attendre à retrouver au Seeligraben ces dernières assises qui paraissent inférieures au gypse et à la dolomie; mais elles y sont entièrement cachées par les débris, malgré la profondeur du ravin. On est même obligé d'aller plus au sud que la direction des couches ne le ferait attendre, pour trouver le flysch mêlé de dolomie et de gypse; il occupe un long espace et ce n'est qu'après qu'on arrive à un premier massif de grès, qui doit être le même que celui qui abrite les chalets du Stock, et termine un peu plus loin les assises à jour sur la ligne du profil. A ces dernières localités ce grès plonge à peine; au Seeligraben il s'incline au sud-sud-est au-dessous de la moyenne en formant un défilé et des cascades. Dans la partie supérieure du bassin, c'est le même plongement qui continue à être le plus fréquent, dans des couches où les schistes l'emportent sur les grès. Cette dernière roche ne reparaît en masse considérable qu'à l'arête entre le Ziegerhubel et le Seelibühl; le plongement s'y fait au sud-sud-est au-dessus de la moyenne; en ne considérant que ce profil du Seeligraben, on est porté à admettre que c'est la même masse qu'au nord; on aurait ainsi une synclinale un peu repliée sur elle-même, de l'existence de laquelle on serait sûr si le gypse et la dolomie se montraient plus au sud, ce qui n'est pas le cas; ils pourraient être cachés sous les débris, mais au sud-est du Ziegerhubel, où il y a des assises en place avec toute espèce de plongement, on n'en voit pas de traces.

Dans la région au nord du Langeneckgrat, qui est traversée par le profil de la pl. 3, fig. 2, on a la plus grande peine à voir çà et là quelques mètres de couches en place; elles présentent des inclinaisons variables, parmi lesquelles celle du sud paraît dominer. L'épaulement qui de l'Ober-Gurnigel descend vers l'est, présente un peu plus d'assises visibles, mais les plongements y varient et ne correspondent qu'en gros à ceux du profil de pl. 3, fig. 1.

Klippen et blocs exotiques.

Dans les massifs des Alpettes et du Montsalvens et un peu au Hohberg, dans celui du Gurnigel, les terrains secondaires forment une partie constitutive de la chaîne de la Berra; mais il y a en outre dans les régions entièrement éocènes des pointements de ces terrains, qui ne sont jamais d'une grande étendue, et des blocs desquels on peut affirmer qu'ils sont enfermés dans le flysch. Ces pointements et ces blocs se trouvent, du côté septentrional de la chaîne, à l'est de Corbières et entre le Fettbad et le Gurnigel, et, du côté méridional, aux Echelettes, dans la vallée du Javroz, et au Hohberg, au nord du Hohmättle. Je les ai décrits en traitant des terrains auxquels ils appartiennent (rhétien p. 111, lias p. 122, jurassique supérieur p. 153, néocomien p. 178, nummulitique p. 194, granit p. 205).

Dans la douzième livraison de ces Matériaux, p. 142, j'ai examiné en détail les différentes hypothèses au moyen desquelles on peut expliquer ces gisements énigmatiques. Celle de M. Neumayr sur les *klippen* pennines peut s'appliquer à la région de l'orient de Corbières, quoique l'existence d'une voûte n'y soit pas démontrée (p. 291). Pour l'ensemble l'explication qui me paraît la plus plausible, c'est que les masses considérables sont des restes de montagnes qui existaient dans l'intérieur et sur les bords de la mer où s'est fait le dépôt du flysch, et que les blocs exotiques sont des parties détachées de ces mêmes montagnes. Cette solution me semble imposée par ce que nous voyons à l'endroit où la chaîne de flysch n'existe plus, c'est-à-dire entre Bulle et Gruyères (p. 288). Si l'érosion avait agi aussi puissamment ailleurs, particulièrement là où les couches inférieures du flysch sont près de la surface, les *klippen* et les blocs seraient bien plus nombreux.

Ce qui serait le plus intéressant à observer, ce seraient des pointements de granit; mais on n'en trouve pas. Les autres *klippen* sont trop éloignées les unes des autres pour qu'on puisse essayer de reconstruire les montagnes dont elles faisaient partie, d'autant plus qu'elles ont probablement été déplacées par les dislocations qui ont suivi le dépôt du flysch. On reconnaît pourtant une loi dans leur groupement, c'est qu'elles suivent la direction du sud-ouest au nord-est, direction qui est celle de la chaîne de flysch elle-même. On remarque cet alignement dans les *klippen* de Corbières et des Echelettes, dans les blocs exotiques du Fettbad, dans les *klippen* de lias du Schwarzwasser et dans celles de l'ouest du Gurnigel, dans la klippe de jurassique supérieur du Seeligraben et les blocs de la Stockweide; la klippe de lias du Magerbad seule reste isolée.

Résumé sur l'ensemble de la chaîne.

En examinant ci-dessus la structure de chaque massif, je ne suis pas parvenu à saisir des caractères communs qui permettent de se faire une idée schématique de toute la chaîne. Il n'y a guère qu'un trait constant qui se retrouve partout, c'est que du côté du plateau la pente présente les tranches d'une série de couches qui s'enfoncent du côté des Alpes.

Le massif des Alpettes est peut-être une voûte couchée; on est tenté d'en dire autant de l'extrémité sud-ouest de celui du Cousinbert; mais il est bien difficile de faire concorder avec cette idée le flysch qui relie ces deux parties en passant devant le Montsalvens, et qui est entre deux grandes failles. Pour le reste du bord nord-ouest de la chaîne, il y a aussi des difficultés: il faudrait admettre que nous ne voyons que le flanc supérieur de la voûte couchée, que le noyau n'apparaît que là où on trouve le gypse et la dolomie, et que l'autre flanc est tout entier dans la profondeur, sauf aux Bains du Gurnigel, où on en verrait une partie. On ne pourrait pas se représenter ce flanc inférieur, souvent invisible, comme se prolongeant bien loin dans la profondeur du côté du sud-est, car alors la présence des *klippen* deviendrait inexplicable, même en supposant que ce sont des lambeaux provenant d'un noyau de voûte tout intérieur. Mais ce qui ne se peut accorder avec cette hypothèse, c'est la grande synclinale que paraît former le Cousinbert, dont le centre est rempli par des plis nombreux et variés, qu'on retrouve aussi dans une partie du Gurnigel. Ces difficultés me portent à penser que du côté de la molasse il y a une faille plutôt qu'un contournement, au moins à partir du Montsalvens. Cette faille aurait peut-être été verticale dans l'origine; mais elle serait maintenant inclinée, par suite de la contraction intérieure qui a refoulé le flysch sur la molasse.

Pour ce qui concerne les détails orographiques, la chaîne nous présente les formes adoucies des montagnes uniformes dans leur composition pétrographique (pl. 10, fig. 1, pl. 12, fig. 1, à droite). Par leur nature et l'épaisseur de leurs bancs, les grès auraient pu fournir les éléments d'une charpente un peu solide; mais ils ne tiennent pas ensemble, comme cela a été expliqué à la page 283. La montagne n'est donc constituée que par des croupes allongées, accidentées çà et là par quelques dômes, qui ne font jamais une saillie bien accusée. Ce n'est guère que du côté du plateau, et particulièrement dans le massif du Gurnigel, que ces croupes sont déterminées par la nature des couches, et qu'elles en suivent la direction. Les rivières semblent encore plus indépendantes de toutes règles; la plupart sont obliquement transversales à la direction des couches, et il ne paraît pas que le cours d'aucun ruisseau ait été déterminé par la présence d'un pli; il serait du reste difficile qu'il en fût autrement, puisque les dislocations du milieu de la chaîne ne sont rien moins que régulières et changent à chaque pas.

Les terrains secondaires du massif des Alpettes ne couvrent pas un espace assez considérable pour qu'ils puissent modifier beaucoup l'aspect de la montagne. Le néocomien seul y forme une paroi rocheuse assez considérable. Mais il va sans dire qu'avec ses terrains variés, le Montsalvens a une physionomie bien différente de celle des régions de flysch: il reproduit en petit tous les accidents orographiques des hautes chaînes (Douzième livraison, p. 60, 189, etc.).

Chaîne du Langeneckgrat.

Entre les chaînes de la Berra et du Ganterist, s'élèvent à distance les unes des autres quatre petites montagnes (p. 3) qui se distinguent par des particularités géologiques communes; je les décrirai comme les autres sous le nom de massifs, quoique cette désignation ne convienne guère à cause de l'exiguité de leurs dimensions. J'y joindrai la région de lias des Steckhütten, parce qu'elle ne fait partie qu'en apparence de la chaîne du Ganterist.

Massif de Gruyères.

Les collines à l'ouest de Pringy paraissent former une synclinale arquée et irrégulière, dont les deux jambages commencent par du trias. Au sud du mot *Pringy*, le plongement du rhétien est assez variable. Le lias est souvent resté dans la profondeur: je ne l'ai vu du côté du sud-est que sur le ruisseau, en amont de la dolomie rhétienne, et en *gy* (Prin*gy*), et, de l'autre côté, au nord de *O* (1220). Sa présence sur ce dernier point est la principale preuve de l'existence d'une synclinale, car je n'ai pas constaté par des fossiles que la dolomie qui existe là appartienne bien au rhétien et ne soit pas éocène. Le jurassique inférieur (toarcien et bajocien) remplit l'intérieur de la synclinale, avec des plongements divers, dont la plupart s'accordent pourtant avec la structure admise. A Pringy il touche à la cargneule et au gypse, (terrains que le lithographe a placé trop au sud sur la carte).

La ville et le château de Gruyères sont bâtis sur un massif de lias, où le plongement se fait le plus souvent au nord-ouest et est très fort; il est trop large pour qu'il n'y ait pas un pli que les observations que l'on peut faire ne permettent pas de constater. Du côté de l'ouest, le jurassique inférieur le coupe brusquement, et ne le laisse plus apparaître qu'en une zone étroite sur le versant méridional. Le rhétien et la cargneule se montrent aussi de ce dernier côté, mais ne se prolongent pas à l'est, où le lias incliné au sud-est passe sous le bajocien. De ce côté là, le massif de Gruyères n'est pas séparé de la continuation de celui de la Dent-de-Broc; vers Pringy il ne l'est guère non plus, puisque les terrains triasiques se montrent sur les deux flancs de la vallée, et que dans les dépôts du torrent il y a quelques entonnoirs qui indiquent entre deux la présence du gypse, ou tout au moins de la cargneule.

Massif de l'Arsajoux.

Le massif de l'Arsajoux s'élève dans la direction de la partie méridionale de celui du Montsalvens, mais nous présente un ordre de choses tout différent. Il commence au nord-nord-est de Charmey par du jurassique inférieur incliné au sud-est. Ce terrain repose directement sur la dolomie du rhétien, sans lias entre deux; mais de l'autre côté ce dernier se montre, accompagné de dolomie, sur le ruisseau des Vathia; ce bout du massif est donc une synclinale. Si l'on monte l'arête à partir de son extrémité, on s'élève dans les couches; aussi on est fort étonné de voir apparaître un petit rocher de lias et bientôt après le rhétien; mais l'épaisseur des deux terrains est fort atténuée. Le jurassique inférieur n'a pourtant pas cessé sur le versant nord-ouest, car il continue à s'y montrer assez loin, en position irrégulière sous la dolomie; quand il cesse, le profil de la montagne est régulier: on a successivement cargneule, dolomie rhétienne, lias et jurassique inférieur; plus loin un peu de gypse apparaît encore sous la cargneule. Dans cette série, c'est le lias qui est le plus à jour; il ne plonge que de 15 à 20° au sud-est. Le jurassique inférieur, dans le haut de la montagne et sur le flanc sud-est, occupe une trop grande place pour qu'il ne forme pas de plis; c'est ce qu'indique aussi la position de l'affleurement de toarcien mentionné p. 129.

Dans un profil qui passerait par *r* (Arsajoux), on n'aurait à marquer que le jurassique inférieur, car le lias et le trias du versant nord-ouest sont coupés aux Rots. Mais bientôt le lias surgit de nouveau sur deux points rapprochés, dans le haut de la montagne. La zone de l'ouest est d'abord très étroite, mais elle s'élargit peu à peu, et la dolomie s'y joint en position régulière; le jurassique inférieur se prolonge par dessous, en sorte que nous avons ici la répétition de la structure de l'extrémité sud-ouest du massif. C'est par l'autre saillie de lias, au sommet 1502, que passe le profil de pl. 2, fig. 1. Là tout est brisé et mêlé: le jurassique inférieur entoure le mamelon de trois côtés, et celui-ci présente le lias, le rhétien proprement dit et la dolomie enchevétrés les uns dans les autres; j'ai dû me permettre de les supposer un peu plus à leur place pour pouvoir construire le profil par cet endroit.

Depuis là le massif est de nouveau une synclinale un peu déjetée au nord-ouest, dont le centre est occupé par le jurassique inférieur. Le lias de la partie sud-est disparaît sous le glaciaire et probablement aussi dans la profondeur, car on ne le voit plus à la cluse des Rosseyres. Le trias et le lias de la partie nord-ouest, au contraire, continuent de l'autre côté de la cluse; mais bientôt il n'y a plus que la cargneule, par suite de la disparition successive des autres divisions; elle laisse surgir un peu de gypse, et forme la base de la haute chaîne, avec la continuation du rhétien du jambage sud-est de la synclinale.

Cependant le massif de l'Arsajoux n'est pas complètement terminé. Au sud-ouest de *G* (*G*ratavache), sur le ruisseau, la cargneule est entre deux zones de dolomie, qui sont les deux pans d'une anticlinale, car celle du nord a du côté d'aval les schistes rhétiens avec fossiles, à quelques mètres seulement de distance du flysch; ce pan de voûte peut être considéré comme la continuation en position inverse de la dolomie qui, au nord de l'Arsajoux, est à la base de la synclinale.

En résumé, le massif de l'Arsajoux est une synclinale dont le jambage sud-est paraît et disparaît à la surface actuelle du sol. Le jambage nord-ouest a été brisé à deux endroits et a chevauché le terrain supérieur, en se laminant plus ou moins, jusqu'à l'arête culminante du massif. Outre la contraction générale de nos chaînes qui s'est faite dans le sens du nord-ouest au sud-est, ce massif nous en présente donc une autre dans le sens du nord-est au sud-ouest.

Massif du Dosenrain.

Ce massif est bien distinct de celui de l'Arsajoux, car il en est séparé par une zone de flysch. Le profil de pl. 2, fig. 2 passe par *C* (*C*hesalettes), mais il y a peu de choses en place sur cette ligne, les couches n'étant bien à jour que sur le Javroz, du côté du sud. Là le lias succède à la cargneule du massif des Brunnen; il est d'abord vertical, mais il plonge aussi au nord-ouest, avant de se recouvrir de jurassique inférieur; comme il se prolonge au sud de ce dernier terrain, il semble tendre à former la courbure d'une synclinale, mais on n'en voit pas bien le plongement dans cette partie; la cargneule, dont il n'est séparé que par le lit d'un ruisseau, serait l'autre jambage de cette synclinale, s'il n'y avait pas des motifs de la regarder comme éocène (p. 197).

Il est remarquable qu'une bande de flysch revêt ce commencement du massif à l'ouest et au sud. On n'y voit bien les couches en place que sur le Javroz, où, assez près du lias, elles sont verticales ou très redressées avec plongement ouest: au ruisseau, près de *G* (*G*ratavache), on trouve le flysch à 10 m. de distance du rhétien, et il paraît vertical, avec la direction de l'ouest à l'est.

Aux Chesalettes, la croupe du massif est couverte par le flysch, dont on ne voit pas de bancs en place, et dont les éboulis, mêlés de quelques morceaux de cargneule, couvrent la pente du vallon; j'y ai trouvé aussi un fragment qui m'a paru appartenir au bajocien, ce qui indiquerait que les terrains secondaires ne sont que cachés par les éboulis du flysch. En effet, en *Dosen* (*Dosen*rain), la cargneule, un peu de dolomie et le lias sortent de dessous le flysch, qui les recouvrirait probablement, si la dénudation ne l'avait pas enlevé.

Si l'on fait abstraction des dérangements de couches locaux, la partie du massif qui est à l'ouest du lac Noir est une synclinale évasée, un peu inclinée au sud-est, ce que montrent les détails suivants. Sur le ruisseau *rain* (*Dosen*rain), du côté du nord-ouest, la dolomie rhétienne plonge au sud, en dessous de la moyenne; le lias qui vient ensuite plonge de même, puis devient presque horizontal. Le ruisseau se précipite dans le bassin du lac Noir par une belle cascade sur ce terrain, qui est encore incliné de quelques degrés; la dolomie ne reparaît quelque peu sous les débris glaciaires et autres qu'en dessous du confluent de ce ruisseau et de celui des Chesalettes. Elle s'y trouve au même niveau que la cargneule de la haute chaîne, ce qui indique la présence d'une petite faille. Cet accident se voit encore mieux au sentier qui monte à Chesalettes, car la dolomie de la haute chaîne y doit toucher au lias du massif du Dosenrain. Sur le ruisseau des Chesalettes, l'inclinaison de ce dernier terrain au sud-sud-est est souvent forte, et il est surmonté par le jurassique inférieur.

Du côté du nord-est on voit affleurer le lias, la dolomie et la cargneule dans le ravin du ruisseau qui est en *10* (*1065*); mais les plongements changent si souvent qu'on ne peut y reconnaître de règle. Au-dessus des Bains il n'y a plus rien en place. La source sulfureuse sort de débris où le flysch domine; mais un peu plus à l'ouest et plus haut, un glissement récent et très étendu ne montre presque que de la dolomie et de gros blocs de gypse. Sous Thürleberg tout est éboulis de flysch.

Région des Steckhütten.

Le lias et le trias des Steckhütten forment une synclinale inclinée au sud-est. Cela n'est pas très apparent sur la carte, parce que le lithographe a oublié d'y marquer la réapparition de la dolomie et de la cargneule, au nord du lambeau de flysch qui est au sud-ouest de *H* (*Hengst*); après une interruption, ces deux divisions se retrouvent au col du nord du Wannels; c'est là la base du jambage sud-est de la synclinale. La masse de cargneule qui est à l'ouest du mot *Wannels*, et qui est flanquée de gypse des deux côtés, peut être regardée comme la courbure de cette synclinale. Plus au nord-est, c'est tantôt la dolomie tantôt la cargneule que l'on voit le mieux. A l'ouest de la croupe de lias, elles sont à peu près horizontales, mais au nord elles se redressent; là c'est la dolomie qui est le plus à découvert. Elle se rapproche de l'horizontale pour remonter assez haut le long de la Hengst-Sense. En même temps elle passe aussi dans le vallon d'Alpbiglen, et semble s'y perdre sous le lias; mais on la voit reparaître à deux places au-dessus de ce terrain, au mot *Hengst*; un seul de ces affleurements, où il y a des fossiles, est marqué sur la carte. Le lias est donc ici replié sur lui-même, mais il est très peu à jour, de même que sur le flanc gauche de la vallée.

Ce qui m'a engagé à parler de cette région ici, c'est la présence d'une zone de flysch au nord du Wannels. Ce terrain est surtout bien visible sur les bords de la Hengst-Sense; il s'y présente avec toute espèce de plongement, et est entouré par le lias, la dolomie et la cargneule. En montant le vallon qui y aboutit sur la rive gauche, on ne voit que des éboulis et une petite moraine, mais au col le flysch se montre de nouveau sur un petit espace; de l'autre côté, on le retrouve en place au Wannels, au-dessus de la cargneule, et il est probable qu'il va rejoindre, par le sud, celui qui remplit la vallée de la Muscheren-Sense. Ainsi la région liasique et triasique des Steckhütten est entourée par le flysch, sauf du côté de l'est.

Massif des Wirtneren.

Le massif des Wirtneren est un petit chaînon un peu arqué et étroit. Il est plus connu sous le nom de Langeneckgrat, que j'emploie dans un sens plus général (pl. 12, fig. 1). Les glissements du flysch en ont voituré les débris fort loin du côté du nord, ce qui fait qu'on l'a quelquefois cru beaucoup plus large qu'il ne l'est en réalité.

Le profil de pl. 3, fig. 2 passe un peu à l'ouest du méridien marqué sur la carte; il nous montre que cette petite montagne est une arête de lias, qui a du rhétien et du gypse à son pied septentrional, et qui supporte du jurassique inférieur du côté du midi; la cargneule semble y manquer, mais il y a assez de place pour qu'on puisse se la figurer sous les éboulis. Le tout plonge au sud; toutefois à l'extrémité occidentale le jurassique inférieur forme un revêtement du lias, et se montre même sur le flanc nord.

Il y a des indices que le massif a été une synclinale, ou qu'il a eu une tendance à prendre cette structure. En effet, nord de *Wi* (*Wirtneren*), le gypse et la dolomie font une réapparition dans le flysch, et il se pourrait que ces deux divisions se recourbassent dans la profondeur et revinssent à jour à l'est de *Wi*, comme jambage très incomplet d'une synclinale. Dans ce cas j'aurais eu tort, à la page 110, de considérer la dolomie de cette localité comme inférieure au gypse. A l'autre bout du massif, à la cascade du Fallbach, près de l'église de Blumenstein, on voit le plongement sud du lias diminuer notablement; mais il n'arrive pas à former la courbure de la synclinale.

Aux Wirtneren, à la crête liasique, on trouve quelques bancs qui sont un conglomérat de galets calcaires; je n'en ai pas remarqué de pareils ailleurs dans ce terrain. Les fossiles répandus dans les collections par les frères Meyrat, avec l'indication de *Blumensteinallmend* comme localité, viennent de la partie orientale de la montagne. Les ravins du Fallbach et de son affluent, le Sulzgraben, leur en ont aussi livré beaucoup qui appartiennent au toarcien et à la zone de l'*Ammonites opalinus*. J'avertirai les géologues qui visiteront cette région que nos cartes ne la représentent que d'une manière fautive, surtout pour ce qui concerne le cours des ruisseaux.

Résumé sur l'ensemble de la chaîne.

Les cinq petites montagnes qui viennent d'être décrites ne nous présentent pas de terrain supérieur au bajocien. C'est le lias qui y joue le rôle le plus important pour la détermination du relief; cependant il cède quelquefois le rang principal au jurassique inférieur. Il est fort possible que la structure en synclinale, qui y domine, ait été générale, et que, si elle n'est pas claire partout, c'est que les plissements postérieurs à l'époque éocène ont fait disparaître tout ou partie de l'un des jambages. Quant à la contraction dans le sens du nord-est au sud-ouest qu'on observe dans le massif de l'Arsajoux, et qui n'a d'analogue que dans les plis du Montsalvens et dans quelques autres accidents dont il sera question plus loin, elle pourrait bien être plus ancienne que celle qui a déterminé la direction de toutes nos chaînes.

Le jurassique moyen et supérieur et le néocomien existant au Montsalvens, et, en partie, dans les *klippen* de la chaîne de la Berra, il est remarquable qu'on n'en trouve plus de trace dans l'espace occupé par ces montagnes, espace qui était beaucoup plus considérable avant leur dernier plissement. Sont-ce des restes d'îles qui auraient existé dans la mer jurassique et crétacée? C'est possible, quoiqu'on ne puisse guère se représenter que des terres datant de cette époque aient résisté à la dénudation jusqu'à nos jours. La chose devient moins invraisemblable, si l'on admet que leur ablation s'est terminée pendant l'époque éocène, ou qu'elles se sont alors immergées dans la mer du flysch, qui les aurait couvertes de ses dépôts. Il ne me paraît pas douteux que ce recouvrement n'ait eu lieu au moins dans la région des Steckhütten, qui est encore entourée de flysch, et dans celle du Dosenrain, qui en est surmontée et enveloppée d'un côté.

Mais il n'est peut être pas nécessaire de faire remonter à une époque si éloignée la première émersion de ces montagnes. La période éocène a duré assez longtemps pour y opérer de grandes dénudations, surtout si elles formaient le rivage de la mer. Quoiqu'il en soit, on peut les regarder comme des *klippen*, qui ne diffèrent des autres que parce qu'elles sont moins engagées dans le flysch.

Chaîne du Ganterist.

Nous passons dans cette chaîne à des montagnes plus élevées, où la végétation a moins de prise, et où les accidents de structure se produisent sur une plus grande échelle, en sorte qu'ils sont moins difficiles à démêler que dans celles que nous quittons.

Massif de la Dent-de-Broc.

La planche 6, fig. 1 donne une vue de la Dent-de-Broc prise du nord-nord-est. Le profil de la pl. 1, fig. 1 traverse le massif : il va en ligne droite de la ruine du Montsalvens à la Dent-de-Broc ; depuis là les sommités et les cols y sont projetés sur une ligne aboutissant à la Dent-de-Bourgoz.

Rien ne nous montre comment ce massif se relie au Montsalvens par dessous le glaciaire ; il ne peut guère y avoir entre deux qu'une grande faille.

Grâce à une synclinale du jurassique supérieur, le flanc septentrional de la Dent-de-Broc nous présente à peu près toute la série des terrains de nos régions ; mais ceux du pied de la montagne sont en grande partie cachés par les éboulis : le rhétien, par exemple, n'est visible qu'à distance de la ligne du profil et seulement par ses couches fossilifères. Le jurassique moyen et inférieur, qui est très peu à jour, semble avoir été comprimé par la formation de la synclinale, car il n'occupe pas autant de place qu'à l'ordinaire. Je n'ai pas assez parcouru la pente pour être sûr d'avoir donné au crétacé supérieur toute l'extension qui lui revient. Enfin à la courbure orientale de la synclinale, c'est à tort que la carte ne fait pas arriver le jurassique supérieur jusqu'au ruisseau.

Au sud de la Dent-de-Broc, la synclinale est suivie d'une combe de jurassique moyen, qui du côté de l'ouest ne montre qu'un lambeau de bajocien, où les barres verticales ont été oubliées sur la carte. Le lias apparaît à deux places, à la berge du cône de déjections du Châtalet ; il forme un petit récif sur l'autre rive de la Sarine, puis plus loin se continue au sud-ouest, en une synclinale dont le commencement seulement est sur la feuille XII, et au jambage septentrional de laquelle apparaissent le rhétien et la cargneule. Le haut de la partie orientale de la combe présente des localités favorables pour l'étude du callovien et du calcaire concrétionné qui le surmonte. Vers le Montélon le lias n'apparaît pas régulièrement, car le bajocien semble manquer du côté du nord.

Entre les rochers de Leytemarie et la Dent-de-Bourgoz s'étend une large synclinale, remplie par le néocomien et le crétacé supérieur. Du côté du sud-ouest, ce dernier terrain est coupé assez carrément par le flysch, ce qui peut faire penser qu'il contient des plis secondaires. Du côté du nord-est, il semble finir aussi assez brusquement, sans atteindre la vallée du Montélon; mais il se montre encore dans un pli latéral au Cuaz. Il y a donc là deux synclinales, dont nous retrouverons la continuation dans le massif suivant.

Massif du Plan.

Dans la planche VI une partie de chaque vue se rapporte à ce massif, et le profil 2 de la pl. 1 passe par ses points culminants, projetés sur une ligne droite.

Sa structure reproduit celle du massif de la Dent-de-Broc, mais en la compliquant quelque peu. Du côté du nord-ouest, dans le ravin du Montélon, on voit bien les terrains inférieurs; le bajocien et le bathonien y présentent des affleurements où l'on peut recueillir des fossiles. La combe centrale du massif précédent est ici d'un bout à l'autre divisée en deux, par une voûte de lias très comprimée; quoiqu'elle semble s'élargir vers la Jogne, l'un des pans y manque probablement, car tous les bancs plongent assez faiblement au sud. La combe du nord ne paraît pas renfermer le bajocien, qui serait resté aussi dans la profondeur; il n'y a pas même place pour tout le bathonien. A l'orient du col qui divise celle du sud en deux parties, un éboulement a bien mis à découvert des couches où l'on peut recueillir des fossiles bathoniens et calloviens.

La synclinale crétacée du précédent massif ne forme plus ici une dépression; au contraire elle s'élève plus haut que ses jambages jurassiques; une voûte néocomienne centrale la divise en deux, mais on s'en apercevrait à peine sans les zones de crétacé supérieur, tant les couches sont devenues parallèles. Quoique la synclinale septentrionale soit très comprimée, elle renferme un lambeau de flysch, un peu à l'est de la ligne de partage des eaux; c'est la seule continuation de la zone de la Perreyre du massif précédent. Les bandes de crétacé supérieur cessent avant d'arriver à la vallée de la Jogne.

Les deux jambages de jurassique supérieur présentent la particularité qu'ils ne surgissent que peu au-dessus des autres terrains, et parfois seulement avec une très petite épaisseur; c'est ainsi qu'au sud-ouest du Gros Haut-crêt (sommité cotée 1651 m.), on passe du bathonien au néocomien, tous deux bien caractérisés, en traversant seulement 7 à 8 m. d'un calcaire compact qui ne fait pas du tout saillie; immédiatement plus au nord-est, il occupe en revanche beaucoup de place.

Sur le versant sud-est du massif, on peut reconnaître tous les terrains marqués sur la carte; mais on ne voit aucun plongement sûr de quelque étendue, du moins pas dans le voisinage de la ligne du profil.

On peut rattacher au massif du Plan les Thoos, qui sont entre le Rio-du-Mont et la Jogne (pl. 1, fig. 3). Cette montagne a une structure régulière; mais le flanc gauche de la vallée du Rio-du-Mont n'y correspond pas entièrement, car il y a là des plis qui portent les terrains plus au sud: le jurassique supérieur de Rochuat est courbé en S horizontale, et le callovien qui le suit plonge au nord-ouest, obliquement à la vallée; cette direction l'amènerait du reste à rejoindre celui du flanc droit, qui est beaucoup plus au nord.

Le rhétien et le lias des Thoos sont restés dans la profondeur, au centre et sur le versant occidental; ils ne se montrent que du côté de la vallée de la Jogne, et n'y occupent que de petits espaces. Depuis la publication de la carte la construction d'une route a découvert, en aval d'Im Fang, une longue série de couches; les *Taonurus* du bajocien y sont en grande quantité, mais je n'y ai trouvé en fait d'autres fossiles que des fragments de Bélemnites peu déterminables; sous le rapport pétrographique il n'y a de bien caractérisé qu'une petite épaisseur de lias cristallin, au village même; les couches qui le suivent en aval sont des schistes argileux, qui sont en discordance avec lui; il se pourrait qu'ils appartinssent au toarcien. En tout cas j'ai donné une trop grande largeur au lias sur ce point, ce que je n'aurais pas fait, si cette coupe eût été à jour.

Ce qui précède montre que les deux massifs de la Dent-de-Broc et du Plan sont tels que, sans forcer les faits, on peut y trouver des ressemblances de structure avec le Jura central et méridional.

Massif des Brunnen.

Ce grand massif est divisé en deux parties par le vallon des Rosseyres et le bassin des Morveaux, qui est trop élevé pour qu'on puisse l'appeler cluse.

Partie au sud-ouest des Morveaux.

Le profil de la pl. 2, fig. 1 est mené en ligne droite d'Im Fang au sommet coté 1821 m.; de là il se dirige vers l'Arsajoux (point coté 1502 m.), par la croupe de l'Arsa projetée sur une ligne droite. La vue de la pl. 6, fig. 2 représente la partie de ce massif qui est près de Charmey.

Nous trouvons ici une structure bien différente de celle de la région du Plan. Le lias qui est en colline au pied nord-ouest de cette dernière, continue avec un relief encore plus accusé de l'autre côté de la Jogne, mais il ne tarde pas à disparaître sous le bajocien. En revanche on rencontre plus au nord une autre zone de ce terrain, accompagné de rhétien et de cargneule; elle forme une petite montagne et ne correspond à rien dans les massifs précédents. Elle semble ne surgir du glaciaire qu'à Charmey; mais son véritable commencement est à l'embouchure du Montélon dans la Jogne, où une quarantaine de mètres de calcaire liasique vertical apparaît sous le quaternaire, à une petite distance du jurassique supérieur. Entre ce point et Charmey, il y a un autre affleurement sur la Jogne, à l'ouest-sud-ouest de *901*, aussi tout près du jurassique supérieur; il n'est pas marqué sur la carte, parce que la venue de la nuit m'a empêché de le voir à mon premier passage dans cette localité; comme un lambeau de dolomie le borde du côté sud, et qu'il est un peu au nord de la ligne menée de l'autre affleurement à l'église de Charmey, il se pourrait que ce fût la continuation de celui qui termine l'Arsajoux, au nord de *mey* (Charmey).

La région de jurassique moyen et inférieur renferme beaucoup de localités où l'on peut recueillir des fossiles; le bajocien y occupe un espace plus grand qu'ailleurs, et il enferme une synclinale assez régulière de bathonien.

Dans les rochers en amont de la Tzintre, la stratification n'existe que par places; aussi, quoique je les aie examinés de bien des points de vue différents, je ne suis pas sûr d'en avoir bien saisi la structure. Ils correspondent à toute la partie centrale du massif du Plan. La voûte de lias de ce dernier ayant disparu dans la profondeur, le callovien et le bathonien seuls sont encore à jour, et s'enfoncent de même sous forme de voûte déjetée au sud-est. Au nord de ce pli un lambeau de néocomien, qui a échappé au lithographe, et qui est la continuation d'une bande marquée plus au nord-est, nous indique la présence d'une synclinale. Le jambage septentrional de ce nouveau pli se recourbe encore pour recouvrir le jurassique moyen; en *1461* les couches en sont très tourmentées; au sud de *1821* il prend un léger plongement au nord-ouest. On aurait ainsi deux voûtes, dont la supérieure serait couchée sur le pan nord de l'inférieure, le pan méridional de celle-ci restant vertical.

Au passage du profil cité ci-dessus, la voûte méridionale a disparu sous le néocomien; la septentrionale ne peut-être reconnue avec certitude dans un calcaire compacte, crevassé en tous sens, mais son existence est indiquée par l'épaisseur même de la masse. Ce qui peut être vu sur place, c'est que le calcaire concrétionné ne surmonte pas le callovien; le passage est irrégulier, parce que le jurassique supérieur a été refoulé sur le moyen. Plus au nord-est la continuation de ce contact n'est nulle part à jour; la voûte cesse, car aux Morveaux la zone de jurassique supérieur n'a que son épaisseur ordinaire, et les couches en sont verticales.

Dans le néocomien du bassin des Fornix, il y a probablement sur le flanc droit la continuation de la voûte méridionale de jurassique; la synclinale indiquée par la présence du crétacé supérieur est trop haut sur le flanc gauche, pour qu'il ne soit pas probable qu'il y a encore une seconde voûte ablationnée dans le milieu du bassin.

Le versant sud-est de la chaîne est régulier, avec des couches un peu renversées les unes sur les autres, ce que fait déjà prévoir le jurassique supérieur qui, sur le flanc de la vallée de la Jogne, dévie de la verticale dans le haut pour plonger au sud-est.

Partie nord-est des Morveaux.

Voir le profil de pl. 2, fig. 2, mené en ligne droite de *tl* (Gas*tl*ose) au sommet du Mont-Bremenga, et la vue de l'extrémité nord-est, pl. 7, fig. 1, à droite.

Le versant nord-ouest de cette partie du massif des Brunnen est simple et régulier: il ne présente pas la synclinale de bajocien que nous avons vue près de Charmey; le lias ne forme un relief accusé qu'au flanc gauche du vallon des Recardes, sur le flanc droit duquel il y a des localités fossilifères dans le callovien et le calcaire concrétionné. La zone de jurassique supérieur du nord-ouest ne joue pas non plus un rôle orographique aussi important que dans l'autre partie; elle forme des escarpements, mais elle est couronnée par le néocomien; ce n'est que près du lac Noir qu'elle reprend son allure ordinaire.

Le bassin crétacé des Sciernes est le pendant de celui des Fornix, mais il n'est presque pas incliné dans le sens longitudinal; aussi nous voyons le jurassique former à son débouché une synclinale, dont la courbure n'est pas au milieu, mais au nord; il en résulte que le jambage du nord-est est très incliné, tandis que l'autre est à peu près horizontal. Le jurassique supérieur pénètre dans le bassin en y formant un cirque; il m'a été très difficile d'en reconnaître la limite supérieure, parce que les couches inférieures du néocomien s'en distinguent mal (p. 179); il m'a paru qu'il fait ensuite une réapparition un peu plus au sud-ouest; mais ses relations avec le terrain environnant n'y sont pas non plus bien claires.

Le profil cité ci-dessus montre que, dans l'intérieur du bassin, le néocomien forme probablement deux synclinales, dont la septentrionale est inclinée au sud-est, ce que ne ferait pas attendre la position du jurassique au Mont-Bremenga; les zigzags qui s'y présentent dans la hauteur ne sont pas moins surprenants.

A l'angle méridional du bassin, on voit sortir le jurassique supérieur du néocomien; loin de donner lieu comme d'habitude à un relief accusé, il se creuse au contraire, et laisse apparaître le callovien dans une combe; c'est ainsi une voûte ablationnée. Plus loin les deux pans se rapprochent en se redressant davantage et la combe se ferme. Elle s'ouvre de nouveau au sud-ouest de la Spitzfluh, pour former un cirque d'où le jurassique moyen sort par un col étroit, et va s'étaler sur le flanc est de la montagne. Le pan septentrional de la voûte se continue dans la Spitzfluh, où l'on ne reconnaît aucune stratification.

Au sud-est du pli jurassique que nous venons de suivre, le néocomien forme une synclinale, qui renferme un lambeau de crétacé supérieur en *n* (Klein); le jambage sud-est, appliqué contre le jurassique, s'élève très haut. Au nord de la Güberenfluh, toute la zone passe à l'arête et va bientôt mourir sur la pente sud-est, où l'extrémité en est pincée entre le jurassique supérieur.

Les versants sud et est de cette partie du massif des Brunnen, nous présentent des complications dont il n'y a pas traces plus au sud-ouest, où tout est régulier, sauf un léger renversement des assises inférieures sur les supérieures. Dans la région sud de la Güberenfluh, il y a eu refoulement du bathonien sur le terrain plus récent. A l'arête *Brunnen* le callovien et le bathonien remontent très haut, tandis que dans les dépressions qu'elle sépare le jurassique supérieur est à jour par dessous; le terrain chevauchant et le chevauché plongent tous les deux au sud-est. Le refoulement a aussi eu lieu dans l'intérieur du bathonien lui-même, car des massifs de grès reposent sur des schistes, tout en gardant à peu près le même pendage. Le profil de pl. 2, fig. 2 passe par l'arête qui descend du sommet coté 2045 m.; en y montant depuis Jaun, on arrive beaucoup plus tôt au passage du callovien au jurassique supérieur, passage qui est de la plus grande régularité et sans chevauchement; mais après avoir cheminé un peu dans ce dernier terrain, dont la stratification devient brouillée, on est surpris de retrouver du bathonien recouvrant un assez long espace; en gros ses couches concordent avec celles qui l'enveloppent; mais il n'a point de continuation au sud-ouest, tandis qu'il rejoint à l'est la masse refoulée dont il vient d'être question. Il paraît donc évident qu'il y appartient, et qu'ici il est tombé dans une large crevasse qui s'est faite dans le jurassique supérieur. Le même phénomène s'est produit, sur une moindre échelle, en *nf* (Güberenfluh): une crevasse, assez étroite du reste, est remplie par du bathonien, qui paraît concorder avec le jurassique supérieur du côté du nord. L'action qui a produit le refoulement devait empêcher, semble-t-il, le crevassement du calcaire compact, aussi est-il probable que ce dernier phénomène ne date que d'une époque postérieure.

Il est au reste remarquable que ce chevauchement et ces intercalations anormales se soient produits à l'endroit où la chaîne du Stockhorn, très réduite à Jaun, commence à s'élargir. Plus au nord, où elle continue à empiéter sur celle du Ganterist, il y a des phénomènes analogues, au milieu desquels le jurassique supérieur seul est resté partout dans sa position normale. En *1556* la cargneule occupe un assez grand espace, le rhétien en revanche manque par place, le lias est plus étroit que d'habitude, le jurassique inférieur est réduit à une petite combe, mais tous ces terrains sont dans une position régulière. Au sud de *fluh* (Spitz*fluh*), le bathonien et le bajocien reprennent de l'extension, mais le lias est réduit à une petite zone qui cesse au thalweg. Immédiatement après il occupe une position toute différente, car, au nord de *fluh*, il est renversé sur le jurassique supérieur et il monte même jusqu'à l'arête. En *fl* (Spitz*fluh*), on voit la ligne de contact de ce singulier recouvrement sur une longueur de près de 80 m.; le lias y repose sur la tranche des couches de la base du jurassique supérieur et du callovien, qui sont en position verticale. Au Stierenberg le renversement diminue; le lias se borne à longer le jurassique supérieur, qui laisse apparaître un peu de callovien.

Massif du Hohmättle.

Partie au sud-est du lac Noir.

La montagne peu élevée et peu accidentée qui borde le lac Noir, et qui est représentée pl. 7, fig. 1, est d'une physionomie bien différente de celle du massif qui vient de nous occuper. Elle en reproduit pourtant la structure; seulement la synclinale est penchée, et les terrains sont presque tous comprimés; la réduction a porté surtout sur le jurassique et le néocomien, qui, d'ordinaire, donnent lieu aux accidents de relief les plus marqués.

C'est en remontant le petit ruisseau au sud de *Stalden* qu'on peut le mieux reconnaître cette structure. Dans le bas, le lias, le bajocien et le bathonien sont restés assez puissants; le plongement au sud-est y varie de la moyenne à la verticale. La première bande de jurassique supérieur n'a que 7 ou 8 m. d'épaisseur, mais l'autre en a davantage; le néocomien qu'elles enferment est relativement assez puissant; mais on est bien surpris de le voir ouvert pour donner passage à une zone de bathonien, renfermant des *Taonurus* assez bien conservés et en stratification passablement parallèle à la sienne; ce lambeau n'a pu être marqué sur la carte, où le néocomien lui-même qui l'enveloppe a eu peine à trouver place. Au-dessus du jurassique supérieur, le bathonien est très réduit, le lias un peu moins. La cargneule en revanche occupe une place plus grande que nulle part ailleurs dans nos chaînes, parce qu'elle est peut-être en partie horizontale. Au sud-ouest de *H* (*Hürlisboden*), elle se recouvre d'un lambeau de lias et de rhétien, qui peut être envisagé comme la continuation d'une synclinale du Hohmättle dont il va bientôt être question.

Le gypse du Stalden pourrait bien appartenir au flysch qu'il interrompt; je l'ai joint au trias, parce qu'il est en dessous du rhétien, et qu'on en voit dans le prolongement de la cargneule.

Hohmättle proprement dit.

Quand on parcourt cette montagne pour prendre une idée de l'ensemble, on croit être sur un amas de ruines, tant il y a de débris éboulés, et tant les lambeaux en place qu'on rencontre semblent rassemblés par le hasard. Ce n'est que par un examen très détaillé que j'ai pu me rendre compte de sa structure, et il reste encore bien des détails que je ne m'explique pas, sans compter ceux qui m'ont peut-être échappé.

Le profil de la pl. 2, fig. 3, à gauche nous montre que le versant nord-ouest est une synclinale assez couchée sur le flysch, qu'on ne voit du reste pas en place. La cargneule et le rhétien de la base sont les terrains les moins atteints par la compression. Le lias et le bajocien n'apparaissent que plus à l'est, près du Hohberg. Le bathonien, qui occupe un large espace à la croupe et sur le versant sud, à l'ouest du passage du profil, est recouvert au sommet par du lias singulièrement entremêlé de rhétien.

Une zone continue de lias suit le bas de la pente méridionale; comme elle est accompagnée des deux côtés de rhétien et de cargneule, qui n'apparaissent que d'une manière intermittente, il faut la regarder comme indiquant l'existence d'une seconde synclinale dont un des jambages ne serait pas toujours venu à la surface.

Ce qu'il y a de plus énigmatique dans ce petit massif, c'est que toutes les bandes liasiques et triasiques du sommet et du versant sud viennent se terminer à l'est à une nappe rocheuse de jurassique supérieur, qui paraît se relier au jambage le plus élevé de la synclinale du versant nord-ouest.

Massif du Wannels.

La chaîne du Ganterist est interrompue à la vallée de la Muscheren-Sense, où le flysch vient se placer entre le Hohmättle et le Wannels. Les affleurements de cargneule de la Mährenfluh et de son pied peuvent être envisagés comme éocènes, comme trias de la Mährenfluh, ou comme une continuation de la chaîne du Ganterist reliant le Hohmättle au Wannels.

Il ne reste que bien peu de choses pour ce dernier massif, quand on en détache la région de lias des Steckhütten. Ce peu de chose est une synclinale à jambages à peu près verticaux et très comprimés: le néocomien occupe l'arête, le bathonien peut être constaté des deux côtés; je n'ai trouvé le lias bien distinct que du côté septentrional, à l'est de la limite Berne-Fribourg, où il y a aussi de la dolomie rhétienne. Du côté méridional, cette dernière division et la cargneule apparaissent çà et là sous les débris et doivent toucher au bathonien. Au col qui forme la frontière des deux cantons, elles enveloppent des blocs que je rapporte au lias avec quelque doute.

Massif de la Neunenenfluh.

Le massif ou plutôt la chaîne de la Neunenenfluh nous ramène dans des montagnes élevées, qui sont représentées en partie à la planche 10, fig. 1, et traversées par les profils de la pl. 2, fig. 7 et de la pl. 3, fig. 1 à 4. La carte contient à l'Ochsen une faute importante que je regrette beaucoup, et que je dois prendre entièrement à ma charge; c'est celle que le néocomien du versant nord y porte la teinte du bathonien.

La partie orientale de ce massif est d'une structure assez simple; l'occidentale est très compliquée du côté du sud, comme nous allons le voir.

Le profil de pl. 2, fig. 7 va en droite ligne de l'église d'Oberwyl à l'Ochsen, c'est-à-dire dans une direction qui dévie du méridien de 12° à l'ouest. Du côté du nord le plongement des terrains inférieurs y est supposé, parce qu'on ne peut qu'en constater l'apparition successive sans en voir les bancs; le gypse ne m'est même connu que par des fragments sortis de la galerie creusée pour capter la source des Bains du Schwefelberg; il se pourrait qu'il ne fût pas inférieur, mais intercalé à la cargneule. Plus haut la série est régulière, et elle forme une synclinale où les couches sont très redressées. Du côté de l'est, le néocomien et le jurassique supérieur sont affectés d'un clivage en grand assez régulier, que j'ai indiqué au profil. Du côté de l'ouest, la synclinale n'est pas à courbure aiguë; elle est au contraire aussi large en bas qu'en haut, et les terrains y sont ployés à angle droit.

Au sud de l'Ochsen s'étend une combe de jurassique moyen, qui se creuse profondément du côté de l'ouest, pour laisser apparaître le lias et le trias, dans des positions où il est difficile de reconnaître une règle; je n'y ai pas constaté la présence du bajocien par des fossiles.

La combe est suivie d'une synclinale régulière de jurassique supérieur enfermant du néocomien. Elle se continue assez loin vers l'ouest, puis tout d'un coup le centre s'ouvre pour laisser apparaître le jurassique moyen; les deux jambages de jurassique supérieur deviennent eux-mêmes des synclinales rudimentaires, qui s'écartent l'une de l'autre. Celle du nord est très étroite; le néocomien s'y retrouve pourtant avec peu d'interruptions, seulement il vient parfois toucher au bathonien; elle s'élargit vers le nord-ouest, où une partie forme une tête de rocher séparée du reste, puis elle tourne au sud; un dernier lambeau de néocomien vient alors attester que la synclinale continue; mais ensuite elle paraît ne plus former qu'une bande de jurassique supérieur, où la stratification est très peu conservée. Une nouvelle courbure lui fait prendre la direction de l'est, et il se trouve alors que ce n'est plus que le jambage inférieur de la synclinale méridionale. Cette bande circulaire de jurassique supérieur et de néocomien repose sur le jurassique moyen, qui la borde en dedans et en dehors, mais dont on voit rarement les assises. On pourrait admettre que ce n'est qu'un reste d'une calotte qui recouvrait la montagne, mais cela n'expliquerait pas sa forme de synclinale. Si l'on se rappelle que le lias en dessous est replié sur lui-même (p. 303), on y verra plutôt le résultat d'une contraction de la région dans le sens de l'est à l'ouest : le mouvement aurait été gêné par le lias des Steckhütten ; il en serait résulté un élargissement de la chaîne du Ganterist, et le jurassique moyen aurait surgi dans l'intérieur du jurassique supérieur brisé, en même temps qu'il repliait le lias.

Au passage du profil Ochsen-Wankfluh, le jambage méridional de la synclinale non brisée n'est plus flanqué par le bathonien, qui a bientôt cessé de se montrer ; c'est le lias, parfois caché par les débris, qui vient toucher au jurassique supérieur, mais sans être redressé comme lui. Le sol des vallons de Grenchen et des Ryprechten est formé par la dolomie rhétienne, qui laisse quelquefois surgir la cargneule. Au col qui les sépare, un lambeau de lias repose sur le rhétien et la cargneule apparaît au nord ; c'est le commencement d'une synclinale irrégulière des terrains inférieurs, qui n'est bien manifeste qu'en *ten* (Ryprech*ten*) ; là la dolomie monte sur le flanc gauche de la vallée, elle s'y recouvre d'un lambeau de lias, puis laisse surgir la cargneule en contact avec le jurassique supérieur ; ce pli devient plus régulier et plus complet à Morgeten, où le lias enveloppe une zone de bajocien.

Au profil par la Neunenenfluh, pl. 3, fig. 1, la structure de la chaîne se trouve fort simplifiée. Les divisions triasiques du pied septentrional y sont marquées d'après ce qui est à jour à l'est et à l'ouest ; le gypse paraît être enfermé entre deux bandes de cargneule ; mais les affleurements sont trop peu découverts pour qu'on soit bien sûr qu'il n'y ait pas eu éboulement d'une seule et même bande. La zone néocomienne qui était sur le flanc nord de l'Ochsen a passé du côté méridional de la chaîne, après en avoir formé la partie supérieure à Bürglen. La combe de jurassique moyen et le jambage septentrional de la seconde synclinale de l'Ochsen, se sont perdus successivement au midi de Bürglen, ce qui fait que la bande méridionale de néocomien est venue rejoindre la septentrionale. En même temps la série des terrains s'est complétée par une zone de crétacé supérieur, dont les débris empêchent de bien voir la largeur au passage du profil.

La synclinale de Morgeten n'est pas complète sur la ligne Neunenenfluh-

Schwiedenegg-Grat: le jambage sud a disparu, après s'être recourbé et avoir formé un point culminant, tandis que le jambage nord continue à être à jour à Thalberg. Le bajocien qui lui succède du côté du sud, semble former une nouvelle synclinale refoulée sur le jurassique moyen de la chaîne du Stockhorn.

Le profil par le Hohmad (pl. 3, fig. 2) ne diffère guère du précédent. Au pied nord, une faille doit séparer la chaîne de celle du Langeneckgrat; elle est évidente plus à l'est, sur le Sulzgraben, où la dolomie triasique succède au bajocien. Le jurassique moyen qui sort de la profondeur avec le plongement au sud, ne tarde pas à se renverser d'une manière assez notable, ce qui fait qu'il occupe beaucoup de place sur le flanc de la montagne.

Du côté méridional, la ligne du profil passe par une région de débris, à l'occident de laquelle le jurassique moyen est bien à jour; les autres terrains se montrent à l'est dans leur ordre naturel, mais ils sont très comprimés. Plus à l'est encore, à la Wahlalp, le lias s'élargit, puis, ainsi que la dolomie, il est coupé subitement par une bande de bajocien ou de toarcien dirigée du nord-est au sud-ouest; elle est suivie d'une seconde bande de lias, qui va dans la même direction jusqu'au ruisseau de la vallée; au nord-ouest du chalet supérieur, une double bande des mêmes terrains vient encore s'ajouter à celles-là. Ces petits accidents, qu'il a été impossible de figurer entièrement sur la carte, sont dus à des plis ou à des failles, plutôt à des failles, car le tout plonge au sud-est.

Au profil de la pl. 3, fig. 3, tracé du nord au sud par le sommet du Stockhorn, la chaîne s'est abaissée; la synclinale de jurassique supérieur et de néocomien est retournée sur le versant sud et y est descendue de plus en plus (pl. 12, fig. 1); au pied le bajocien et le lias ne sont pas visibles, mais ils sortent des débris un peu à l'ouest. Ce sont les terrains inférieurs qui étaient au bas du versant sud qui forment maintenant la croupe culminante; le bajocien et la partie supérieure du lias y manquent, mais plus à l'est la série est plus complète. Sur la ligne du profil, le rhétien forme une petite synclinale enveloppant un lambeau de lias, mais cet accident ne se prolonge ni d'un côté ni de l'autre. Le reste du vallon séparant les deux chaînes est rempli par la dolomie; elle est trop puissante pour qu'il n'y en ait qu'une zone, c'est probablement une voûte démantelée; tout près, du côté de l'ouest, elle s'ouvre pour laisser apparaître le gypse, qui est bordé au sud et surmonté à l'ouest par de la cargneule. Il est du reste difficile de se rendre compte de cette région: du chalet nord de *B* (*Bachalp*), un sentier monte au sud-est pour arriver au col qui sépare les vallons de Wahlalp et de Bachalp; il part du bathonien, auquel succède un peu d'hettangien, puis le rhétien très fossilifère et la dolomie. On a vite traversé ces trois assises en position assez régulière; mais sur la pente au-dessus du sentier, on en retrouve des lambeaux séparés les uns des autres par des débris; tous plongent faiblement au nord; ceux d'hettangien sont généralement dans le haut, mais se correspondent mal; quant à ceux de dolomie et de rhétien, ils sont sans aucun ordre, car la même couche se retrouve à plusieurs hauteurs différentes; le terrain a été brisé et les lambeaux sont plus ou moins descendus sur la pente, en sorte qu'il est impossible de les raccorder entre eux. Peut-être que ce brisement n'est pas ancien, et qu'il est dû à la dissolution du gypse.

Le profil de la pl. 3, fig. 4 passe par la Stockenfluh, la dernière sommité de la chaîne du Ganterist; comme il va du sud au nord et que les couches ont pris la direction est-sud-est, puis sud-est, il les coupe un peu obliquement. Ici la zone néocomienne s'est élargie et, après avoir envoyé un bras à l'est dans l'intérieur du jurassique, elle couvre un long espace à l'arête. Elle contient du crétacé supérieur, non au milieu, mais dans sa partie sud-ouest, ce qui fait supposer qu'il y a des plis dans le reste.

Un peu de cargneule et de lias, au haut du Lindenthal, sont les seuls restes de terrains inférieurs que nous trouvions dans cette montagne. Le jurassique moyen apparaît au sud-ouest, et se prolonge sous le jurassique supérieur jusqu'à venir toucher au néocomien. Il se montre aussi au nord de l'extrémité orientale de la chaîne.

Sur la carte, la synclinale jurassique et néocomienne paraît arquée à partir du Hohmad; ce n'est en partie qu'une apparence qui provient de ce que les terrains ne montent pas si haut et ne dévient pas de la verticale pour se renverser, comme c'est le cas plus à l'ouest. Mais la courbure de l'extrémité orientale vers le sud-est est positive; il en résulte que tous les terrains viennent se terminer au Lindenthal et non à la plaine, comme on aurait pu s'y attendre. Il y a donc à cette vallée une faille très importante.

Résumé sur l'ensemble de la chaîne.

La chaîne du Ganterist présente des plis multipliés et variés qui tantôt s'étalent, tantôt se resserrent sur un petit espace; elle est même interrompue au milieu de son parcours.

Les deux tronçons du sud-ouest comprennent des synclinales, des voûtes et des combes qui rappellent un peu les traits orographiques du Jura.

Le massif des Brunnen pourrait être envisagé comme une grande synclinale reposant sur le trias, s'il n'y avait pas des plis considérables, qui doivent avoir affecté le terrain qui passe par dessous. A l'élargissement de la chaîne du Stockkorn du côté de l'est correspond un refoulement des couches inférieures sur les supérieures.

Dans le massif du Hohmättle, c'est tout un jambage qui est renversé sur l'autre. Le massif du Wannels, qui recommence la chaîne après l'interruption, est une petite synclinale droite.

Le massif du Hohmad est moins compliqué à l'est qu'à l'ouest, où il se compose de deux synclinales de jurassique supérieur, séparées par une combe de jurassique moyen. La synclinale méridionale présente des traces d'une contraction dans le sens de l'est à l'ouest; elle se rétrécit et disparaît à Bürglen, peu après la combe; mais en même temps il se forme un pli triasique du même genre, qui cesse assez subitement. Depuis là la chaîne n'est plus qu'une synclinale simple, où les terrains inférieurs, très complets du côté du nord, sont comprimés du côté du sud; elle se termine à une faille, après s'être courbée au sud-est.

Il faut admettre que cette faille se continue le long de la chaîne du Stockhorn, partout où les divisions triasiques y viennent toucher au jurassique moyen-lias, tantôt plus haut, tantôt plus bas; elle paraît interrompue au Schwiedenegg-Grat. Au nord du Hochmatt, entre la Jogne et le Rio du Mont, le rejet en est en sens inverse; c'est la chaîne du Stockhorn qui montre les terrains les plus inférieurs; entre le Rio-du-Mont et le Montélon, elle est remplacée par une combe triasique.

Comme partout, le rôle des terrains dans le relief de la chaîne est essentiellement déterminé par la résistance plus ou moins grande qu'ils opposent à l'érosion et à l'influence des agents atmosphériques. Le jurassique supérieur forme les arêtes rocheuses les plus élevées, surtout quand il est peu stratifié. Le lias produit aussi des accidents de relief qui seraient plus considérables, s'il était plus puissant. Le néocomien couronne parfois les escarpements jurassiques; ses bancs calcaires, séparés par des feuillets marneux et souvent plissés, donnent lieu à des mouvements de terrains variés, mais peu étendus. Le crétacé supérieur, plus marneux, cause habituellement des dépressions. Le jurassique moyen n'offre de résistance aux actions atmosphériques que par ses massifs calcaires et gréseux; il forme les pentes des montagnes. Le bajocien et le toarcien, qui sont les terrains les plus désagrégeables de tous, sont quelquefois taillés en collines coniques soutenues par le lias.

Chaîne du Stockhorn.

Le versant nord-ouest de la chaîne du Stockhorn correspond si bien à celui de la chaîne du Ganterist du côté de la plaine, qu'on n'est point étonné d'y rencontrer la même structure; la ressemblance continue dans le centre, où se trouve une synclinale remplie par le néocomien et le crétacé supérieur; seulement ce dernier joue un beaucoup plus grand rôle. Le versant sud, en revanche, est tout différent de celui de la chaîne du Ganterist, ce que nous verrons en décrivant les différents massifs.

Massif du Hochmatt.

Cette montagne est coupée obliquement par le bord sud de la carte. Le profil de pl. 1, fig. 2, à droite traverse la partie nord-est des Poute-Paluz, à l'ouest du Rio-du-Mont. Celui de la fig. 3 passe par l'arête du Verdiz, mais, au nord-ouest du sommet 1175, j'en ai transporté la continuation plus bas au nord-est, pour que le Thooss y fût compris.

Dans le premier de ces profils, la séparation des deux chaines est marquée par une combe, mais plus à l'ouest, vers le Montélon, le lias de la chaîne du Ganterist vient former le pied de celle du Stockhorn, et la limite est indiquée par la cargneule qui est au-dessus.

Dans le profil de la fig. 3, la structure est régulière; la présence d'une zone de crétacé supérieur montre qu'il y a une synclinale dans le néocomien; le même indice semble en indiquer une seconde plus à l'est. Il se pourrait cependant que ce ne fût là qu'une apparence provenant du prolongement d'une rupture des terrains jurassiques; en effet, au nord de *att* (Hoch*matt*), une faille a porté le jurassique supérieur plus au sud, en sorte que le callovien vient presque toucher au néocomien.

La cluse étroite du Petit-Mont nous offre une belle coupe des terrains secondaires (pl. 2, fig. 1), tous à peu près verticaux et sans plis. Dans la continuation du massif vers le nord-est, le jurassique supérieur s'enfonce peu à peu, en sorte qu'au-dessus de Jaun le jurassique moyen vient toucher au néocomien, qui ne paraît pas lui-même complet; il n'y a pas place non plus pour le bajocien au-dessus du lias (pl. 2, fig. 2).

Au Petit-Mont, la large zone de flysch qui accompagne ce massif entre sur la feuille XII. Le crétacé supérieur en sort très redressé et avec plongement au sud-est; cet accident paraît plutôt dû à une faille qu'à un pli.

Massif de la Kaiser-Eck.

A Jaun, le massif de la Kaiser-Eck commence par une montagne étroite, à versants très semblables l'un à l'autre sous le rapport de l'inclinaison de la pente. Elle a la même structure que l'extrémité du massif du Hochmatt; seulement le jurassique supérieur recommence à s'y montrer déjà à Jaun, par sa partie voisine du néocomien; mais il est un peu plus à l'ouest qu'on ne pouvait s'y attendre, puisque sa direction le fait correspondre au jurassique moyen de l'autre rive de la Jogne. C'est là un des endroits où l'on peut voir que le passage au néocomien se fait d'une manière tout à fait insensible. Ce dernier terrain renferme plus au nord une première zone de crétacé supérieur;

une seconde commence à Altenhaus; en outre le néocomien se prolonge sous le flysch, car on le voit apparaître sur un ruisseau au sud de *us* (Altenha*us*).

Plus au nord, le jurassique supérieur reprend ses allures rocheuses ordinaires, les terrains crétacés empiètent sur le flysch, et la zone moyenne de néocomien disparaît sous le calcaire rouge du Schafberg, la sommité la plus élevée de la chaîne. Bientôt le néocomien passe sur le versant nord-ouest, et réduit le jurassique supérieur à un rôle subordonné dans le relief de la montagne; mais une rupture le ramène subitement dans le bassin de la Kaiser-Eck, que le profil de pl. 2, fig. 3 traverse à la limite des cantons de Berne et de Fribourg.

Sur cette ligne, comme ailleurs, le néocomien nous présente une multitude de petits plissements; le crétacé supérieur figure une synclinale fort irrégulière. Sur le versant sud de la chaîne, le néocomien laisse apparaître la courbure d'une voûte jurassique dont les pans paraissent en faille l'un par rapport à l'autre. Au pied se montrent encore le néocomien, le crétacé supérieur et le flysch; ce dernier est tout à fait comprimé.[1] Ces détails sont figurés en partie à la vue de la pl. 8, fig. 1.

La voûte jurassique est ouverte un peu plus profondément, à une demi-cluse plus à l'est; elle est représentée à une plus grande échelle que celle des profils à la pl. 2, fig. 4, seulement la hauteur y est un peu trop petite par rapport à la largeur. La stratification n'est visible qu'à quelques places; souvent les joints qui l'indiquent se terminent à de grandes fissures irrégulièrement verticales; cela nous fait voir que le calcaire ne pouvant se ployer s'est brisé, et que ses différentes parties ont joué les unes sur les autres.

Le profil de la pl. 2, fig. 5 passe par le Widdergalm.[2] Ici la voûte jurassique, qui se remontre après avoir été cachée par le néocomien, est tout à fait comprimée et irrégulière; c'est probablement l'élargissement de la chaîne des Gastlosen qui est la cause de ce changement. Quant à la synclinale crétacée

---

[1] La carte imprimée le porte à tort assez haut sur le flanc droit du Reidigenthal; dans la minute il est au bas.

[2] C'est la sommité cotée 2178 m. sur la carte. Le nom de Harnisch, qui semble s'y rapporter, appartient au pâturage de la cluse et au sommet coté 2111 m.

elle n'en a pas souffert. Le profil étant en ligne droite, il ne montre pas tous les détails de l'arête, dont il s'écarte un peu; ils sont représentés dans la fig. 3, pl. 12, comme on les voit de l'est et en sens inverse du profil. Au nord-ouest, la puissance du néocomien est peut-être augmentée seulement par les petits contournements intérieurs qui s'y sont formés, tandis qu'il est probable qu'il y a dans le crétacé supérieur un pli qui embrasse un ensemble d'assises. Au versant nord-ouest le jurassique supérieur a perdu son importance orographique ordinaire.

Massif de la Scheibe.

Du côté oriental de la cluse du Harnisch, tous les terrains ont été transportés plus au nord, en sorte que les deux flancs de cette coupure ne se correspondent pas. Il est remarquable que cet effet se soit produit justement au point où la chaîne des Gastlosen s'élargit considérablement, comme je le remarquais tout à l'heure.

Pour opérer ce déplacement, la zone jurassique prend presque la direction du nord, et comme elle est ablationnée, sa structure en voûte régulière frappe de tous les points où l'on voit le fond de la vallée de Bonfall. Au Harnisch, elle se couvre en partie de néocomien, qui renferme un peu de crétacé supérieur; ce n'est pas là la seule continuation de la synclinale du Widdergalm, car une masse au moins égale de ces terrains se trouve plus au nord, et il en est de même des autres divisions.

Dans le profil par la Scheibe, pl. 2, fig. 6, la zone de crétacé supérieur s'élargit aux dépens du néocomien méridional, et la montagne devient le pendant du Widdergalm. Le jurassique supérieur du midi est un massif de rochers découpé en aiguilles et fissuré en tous sens; dans la continuation, au sud-ouest de *Neu* (*Neuenberg*), la stratification se rétablit; on voit très bien (pl. 13, fig. 2), qu'il n'y a plus alors que le pan méridional de la voûte. Du côté du nord, nous trouvons une rupture transversale à la chaîne et corrélative de celle du Harnisch; le jurassique supérieur semble avoir été étiré et courbé avant d'être rompu, car celui de l'est finit par une pointe tournée vers le sud, et celui de l'ouest par une autre tournée vers le nord.

Au Widdersgrind, tous les terrains sont un peu renversés les uns sur les autres; au sommet lui-même le jurassique supérieur l'est complètement sur le néocomien, tandis que plus à l'est sa largeur est très atténuée, en sorte qu'il ne paraît pas occuper autant de surface qu'à l'ordinaire.

La fig. 3, pl. 4, qui est à une échelle plus grande que celle des autres profils, montre ce que l'on voit le long du ruisseau qui descend de Neuen-berg: le pan de voûte du jurassique supérieur et une zone de néocomien, de crétacé supérieur et de flysch fort atténués, sont renversés sur la cargneule et la dolomie de la chaîne des Gastlosen; il est curieux de retrouver ici le flysch, que nous n'avons pas revu depuis le Reidigenthal.

Au profil par le Wank, pl. 2, fig. 7, ce renversement est moins marqué, si ce n'est dans le néocomien, dont une portion est toute en zigzags; la craie ne vient pas à jour, mais il y a encore un lambeau de flysch, un peu trop à l'est de la ligne du profil pour que j'aie pu l'y indiquer; je n'ai pas pu non plus le mettre sur la carte. Le jurassique supérieur est recouvert par le néocomien de tous les côtés; ce n'est donc qu'une petite partie d'un flanc de la voûte qui est à jour; il reparaît un instant dans la même position un peu plus à l'est. Dans la partie septentrionale du profil, le renversement est très marqué.

Massif des Nüschleten.

Ce massif est traversé par plusieurs profils, pl. 3, fig. 1 à 5, qui tous vont du sud au nord; la planche 10, fig. 2 en représente la partie occidentale.

Le profil de la fig. 1 passe un peu à l'ouest des Bains de Weissenburg. Nous trouvons là deux zones de jurassique supérieur séparées par une syn-clinale néocomienne: la plus méridionale est le commencement d'une voûte, qui s'élève en se dirigeant à l'est-nord-est et en se recouvrant d'abord de néocomien, puis de crétacé supérieur; la seconde est la continuation de celle que nous avons vue disparaître ci-dessus; elle ne tarde pas à s'enfoncer de nouveau, ou plutôt elle n'a été mise à jour que par les torrents, qui ont enlevé le néoco-mien qui la recouvrait; le prolongement en pointe de ce dernier terrain vers l'est-nord-est nous en indique la continuation souterraine. Il est remarquable qu'en *Bad* ce sont des lambeaux de crétacé supérieur qui se montrent au bas de la zone jurassique méridionale, tandis que c'est le néocomien qui la surmonte à cet endroit, et qui la recouvre tout entière plus à l'est.

Le reste du profil ne donne lieu à aucune remarque, si ce n'est à celles que le néocomien paraît moins puissant du côté sud de la synclinale crétacée que du côté nord, et qu'il y a eu rupture et déplacement du jurassique supérieur à la cluse de Morgeten, car les deux flancs ne se correspondent pas.

Au nord de Weissenburgberg, la voûte crétacée semble se continuer assez régulièrement; cependant sur son flanc sud elle présente, à différentes hauteurs, des lambeaux de flysch qui montrent qu'il y a de petites dislocations. Il serait fort difficile de dire ce que le jurassique supérieur devient dans la profondeur; car au profil par le Loheren-Horn, pl. 3, fig. 2, il ne forme plus de voûte, mais une zone simple, bordée au sud de jurassique moyen et au nord de crétacé supérieur. Dans cette nouvelle position, il se continue à l'est-nord-est, en présentant de distance en distance des masses rocheuses sans stratification visible, entre lesquelles pénètre le crétacé supérieur contenant des lambeaux de flysch. Le long de cette zone il n'y a absolument aucune trace de néocomien, tandis que ce terrain apparaît du côté nord de la synclinale crétacée, et se montre aussi dans le centre à l'est et à l'ouest.

Ce qui frappe dans le profil par le Stockhorn, pl. 3, fig. 3, c'est la grande largeur du jurassique supérieur dans la Mieschfluh. L'anfractuosité qui s'y trouve indique-t-elle un pli? Il est impossible de s'en assurer directement, toute stratification ayant disparu dans ces rochers; mais l'extension du crétacé supérieur à l'ouest rend cette supposition probable, et elle devient presque certaine par le fait que plus à l'est, au nord de Nacki, la même zone, devenue encore plus large, supporte dans son intérieur un lambeau de crétacé.

La synclinale du centre de la chaîne se trouve ici divisée en deux: celle de la pente du Stockhorn renferme une zone de crétacé supérieur continue, malgré son peu de largeur, et elle va se perdre sur le flanc septentrional de la chaîne. L'autre est remarquable par l'absence du néocomien au sud, et la présence d'un lambeau de flysch. Le crétacé supérieur va se perdre sous les débris et le glaciaire, au midi des Nüschleten, après que le flysch s'y est montré encore une fois. C'est la réapparition de l'anticlinale jurassique sur le flanc nord du Keibhorn (sommité cotée 1954 m.), qui a opéré la séparation des terrains crétacés en deux zones. Au passage du profil, cette voûte se trouve être isoclinale; il serait difficile de dire si l'un des pans y est plus représenté que l'autre. En effet, du côté nord-est le pan méridional existe à peine, car on voit apparaître le jurassique moyen surmonté de calcaire concrétionné au bas de la zone, au sud de *or* (Stockhorn); à l'ouest du profil le contraire a lieu: le jurassique moyen apparaît dans une combe, où il plonge au sud, de même que le calcaire concrétionné qui le surmonte; ici c'est le pan méridional qui est complet et le septentrional atténué. La complication est encore augmentée un peu plus à l'ouest, par la présence de débris d'un poudingue que je ne puis rapporter qu'au flysch, quoique je ne sache guère comment il faut expliquer sa présence dans cet endroit.

La multiplication des plis dans cette région, où la chaîne commence à être rétrécie, a pour fait corrélatif le refoulement du Stockhorn sur le jurassique moyen de son pied septentrional. Cet accident se voit fort bien, quand on monte par le sentier qui vient du col entre Bachalp et Wahlalp.

Au profil par les Nüschleten (pl. 3, fig. 4; pl. 12, fig. 1), on a peine à retrouver la continuation de la zone méridionale de jurassique supérieur, tant elle est cachée par le glaciaire et les éboulis. La synclinale du centre n'a plus que le néocomien, qui forme le sommet, et passe sur le flanc nord de la chaîne pour y finir assez brusquement, à ce qu'il paraît.

Il m'a été impossible de reconnaître la structure des grands escarpements de jurassique supérieur qui forment le flanc septentrional des Nüschleten; il est cependant certain qu'ils n'occupent autant de place que parce que la syn-clinale et la voûte des régions occidentales y ont une continuation quelconque.

Dans le profil de la pl. 3, fig. 5, qui passe par la Moosfluh, un peu à l'est du sommet coté 1327 m., la chaîne est réduite à un escarpement, qui regarde au nord et va à l'est-nord-est; elle finit ainsi avec un changement de direction qui est l'inverse de celui par lequel la chaîne du Ganterist s'est terminée. Il y a dans l'escarpement une synclinale qui enferme du néocomien et du crétacé supérieur. Je n'ai vu que la partie occidentale de cette montagne, d'un accès très difficile, et je ne suis pas sûr d'avoir bien marqué, au profil et sur la carte, ces deux terrains dans leur véritable position relativement l'un à l'autre.

Résumé sur l'ensemble de la chaîne.

A son entrée sur la feuille XII, du côté du midi, la chaîne du Stockhorn a une structure simple; tous les terrains s'y succèdent dans leur ordre régulier, le crétacé seul apparaît plusieurs fois, par suite de plis dans le néocomien et peut-être d'une faille dans le flysch.

A la vallée de la Jogne, il se produit un rétrécissement des terrains secondaires, et d'un côté le jurassique supérieur ne vient même plus à jour; en même temps il y a dislocation dans le sens de l'est à l'ouest.

Dans la partie principale du massif de la Kaiser-Eck, le flysch perd de son importance, et sa place est prise par une voûte et une synclinale jurassiques et crétacées. La même structure se continue dans le massif de la Scheibe, après un déplacement de tous les terrains vers le nord.

A partir de la cluse de Weissenburg, c'est une nouvelle voûte jurassique, se changeant ensuite en zone simple, qui forme le bord méridional de la chaîne; celle qu'elle a remplacée dans cette position arrive peu à peu à être au centre, et à partager le néocomien et le crétacé supérieur en deux synclinales. En se rétrécissant toujours plus et en diminuant d'intensité, tous ces accidents de structure passent sur le flanc nord de la chaîne, qui se termine en ne formant plus qu'une arête. Sauf à cette extrémité, ce flanc présente d'un bout à l'autre la même structure: une pente plus ou moins haute de jurassique moyen et inférieur, couronnée par le jurassique supérieur, que surmonte quelquefois le néocomien. C'est sur l'autre versant que sont les accidents de plissements.

Le rôle orographique des formations est le même que dans la chaîne du Ganterist (p. 321); c'est quand la stratification a disparu dans le jurassique supérieur qu'il forme les masses les plus imposantes, par exemple le Stockhorn.

Chaîne des Gastlosen.

Par sa structure et sa physionomie, cette chaîne est fort différente de celles dont nous venons de nous occuper. Elle ne l'est pas moins par les fossiles qu'elle renferme. On y rencontre en particulier, soit dans nos régions, soit dans leur continuation en deçà et au delà du Rhône, une faune d'un caractère spécial, qu'on a envisagée jusqu'à ces derniers temps comme kimméridienne ; il en est question dans les pages 165 à 171 de ce travail, imprimées en juillet 1883. Avec M. Studer, j'ai distingué dans les couches qui la renferment les schistes à charbons et le calcaire noir. En cherchant à en déterminer les espèces, je me suis aperçu, il y a assez longtemps, qu'elle est loin d'être aussi franchement kimméridienne qu'on le croyait. Toutefois j'ai cru y reconnaître six espèces ayant ce caractère (p. 171), tandis que je n'y ai point trouvé celles que Coquand indique dans le bathonien de Biot. Je suis ainsi arrivé à la conclusion que les espèces nouvelles ou spéciales à ce terrain étant plus nombreuses que les autres, on était peut-être en présence d'une faune différente de toutes celles qui sont connues, et s'éloignant en tous cas beaucoup de celles du kimméridien de France.

A la réunion de la société suisse des sciences naturelles à Zurich, en août 1883, M. Schardt fit une communication sur ses recherches géologiques dans le Pays d'Enhaut, et M. de Loriol y exposa le résultat de son étude de la faune des couches à Mytilus de cette région, étude qui l'avait amené à les classer dans le bathonien. Depuis lors les travaux de ces Messieurs sur ce sujet ont été publiés. Ce sont les suivants :

1) *Schardt,* Sur les couches à Mytilus des Alpes vaudoises. Compte-rendu des travaux présentés à la soc. helv. des sc. nat. réunie à Zurich, p. 92 (Archives des sc. de la Bibl. univ., novembre 1883).

2) *De Loriol,* Sur les fossiles des couches à Mytilus des Alpes vaudoises. Même recueil, p. 94.

3) *De Loriol et Schardt,* Etude paléontologique et stratigraphique des couches à Mytilus des Alpes vaudoises. Mém. de la soc. paléont. suisse, vol. 10.

4) *Schardt*, Etudes géologiques sur le Pays-d'Enhaut vaudois. Bull. de la soc. vaud. des sc. nat., vol. 20, 1884.

Je suis d'accord avec M. Schardt pour admettre que ce qui sera reconnu exact pour le Pays d'Enhaut le sera aussi pour la partie de la chaîne des Gastlosen qui se trouve sur la feuille XII. Le nom de couches à Mytilus, assez peu employé jusqu'ici, étant très bon pour désigner les schistes à charbon et le calcaire noir de Wimmis réunis, je m'en servirai aussi en exposant mon point de vue à l'égard de l'âge de ces assises.

Il ne m'appartient guère d'hésiter à admettre sans réserve une opinion de M. de Loriol sur une question paléontologique, cependant je ne puis me décider à regarder avec lui les couches à Mytilus comme certainement bathoniennes (2, p. 96; 3, p. 92), quand même cela s'accorderait avec la position stratigraphique d'une Rhynchonelle dont il est fait mention ici à la p. 149. Voici les motifs de ma réserve:

1º Sur 54 espèces décrites, M. de Loriol en trouve 15 sûrement bathoniennes; 15 autres du même étage sont d'une détermination moins assurée, 2 sont du callovien et 22 sont nouvelles (2, p. 95; 3, p. 22). Si des considérations stratigraphiques nous y invitent, n'est-il pas possible de penser, d'après ces chiffres, que cette faune appartient à une époque postérieure à celle du dépôt du bathonien de l'Europe centrale? Ensuite n'y a-t-il pas dans les espèces rapportées à cet étage de petites modifications qui, avec l'apparition des formes nouvelles, rendraient cette supposition plus plausible?

2º Les Polypiers qui sont à la base de ce terrain sont au nombre de 25 espèces toutes nouvelles. M. Koby les a étudiés d'assez près pour pouvoir en dénommer un bon nombre, et les placer dans des genres dont le principal développement s'est produit dans le crétacé, tandis que les types ordinaires du bathonien manquent complètement dans les couches à Mytilus (3, p. 122; 4, p. 98).

3º A la Simmenfluh, le lias n'est pas aussi près des couches à Mytilus que M. Schardt l'a cru, d'après les ouvrages qui en parlent (1, p. 93; 3, p. 111; 4, p. 102). Les assises sans fossiles qui sont entre deux ne peuvent pas être évaluées à moins de 150 m.

4⁰ D'après la position stratigraphique et la nature pétrographique des couches à Mytilus, qui comprennent le haut d'un massif essentiellement marneux et le bas d'un massif tout calcaire, et en prenant les chaînes voisines pour point de départ, on s'attendrait plutôt à les voir correspondre à la fois au callovien et à la zone de l'*Ammonites transversarius*.

Ces remarques sont en partie des suppositions dont les recherches ultérieures peuvent démontrer l'inanité ; elles me paraissent cependant assez fondées pour faire admettre que la question de l'âge exact des couches à Mytilus n'est pas résolue d'une manière définitive, et qu'elle ne le sera que quand on en aura trouvé la faune en relation de superposition avec d'autres mieux connues. Il ne sera peut-être pas impossible de parvenir à ce résultat : j'ai déjà indiqué, p. 164, que dans la zone méridionale de la chaîne du Stockhorn, il y a ou mélange, ou juxtaposition, ou croisement des facies de fossiles du nord et du midi ; cela est bien vague, et il faudra des recherches patientes pour en savoir davantage, mais cela indique de quel côté il faut diriger ses efforts.

Je passe à la description des différents massifs de la chaîne des Gastlosen.

Massif de la Marchzahn.

La physionomie toute spéciale de cette montagne est assez bien rendue par le dessin de la pl. 7, fig. 2. Les profils de la pl. 2, fig. 1 et 2, à droite la coupent un peu obliquement, surtout le dernier, parce que leur direction a été prise par rapport aux autres chaînes.

Le jurassique supérieur forme la grande masse de la montagne. Du côté du sud, il paraît avoir éprouvé une action métamorphique très prononcée (p. 172), en sorte que la stratification n'est visible qu'à la base. Aux Gastlosen proprement dites, les modifications postérieures au dépôt sont moins sensibles, cependant la stratification a aussi disparu dans la partie supérieure. Les schistes à charbon apparaissent à quelques places, qu'on trouve difficilement sur la carte, où les lignes verticales les ont envahies mal à propos ; on les voit mieux dans le dessin cité. La zone de crétacé supérieur du flanc méridional est parfois interrompue ou non visible.

Le plongement du flysch de la chaîne du Stockhorn n'est à jour, dans le voisinage de ce massif, qu'à la croupe du Sattel (pl. 2, fig. 1); il se fait au sud comme celui du jurassique, mais en déviant peu de la verticale; on peut admettre qu'il y a eu un léger refoulement du calcaire sur le flysch.

Il faut remarquer encore que la partie septentrionale du massif est courbée assez brusquement, ce qui produit un changement de direction; en même temps le crétacé supérieur remonte dans un bassin qui s'est formé dans le jurassique: ce sont là des indices d'une contraction dans un sens plus ou moins perpendiculaire à celle qui a produit le plissement des chaînes.

Massif du Baederberg. [1]

Le profil de la pl. 2, fig. 3 coupe ce massif dans sa partie nord-est, en passant par le milieu du chiffre *1706*. A cet endroit la montagne est tout à fait divisée en deux chaînons, dont un seul est bien apparent à la cluse de la Jogne. Il continue le massif de la Marchzahn avec les mêmes allures; mais il commence plus au sud, comme s'il avait été obligé de faire place au second chaînon, et il en résulte qu'il est un peu arqué. Sur le flanc nord-ouest la zone de jurassique moyen devrait être plus large sur la carte, comme cela est expliqué à la p. 166.

Le commencement du second chaînon est entamé par la Jogne au Purpel; c'est une voûte, qui se dirige d'abord vers le nord; on n'en voit bien que le pan septentrional, et elle cesse bientôt d'avoir un relief à part; le jurassique supérieur s'y perd sous le crétacé, pour reparaître quelque peu sur un ruisseau un peu plus loin; une zone de flysch et de cargneule accompagne le pan oriental, et le tout tourne bientôt au nord-est.

A la Fluh-Alp, le jurassique apparaît et disparaît sous le crétacé supérieur; mais bientôt celui-ci passe sur le flanc sud-est de la voûte, qui devient une montagne, et semble prendre en même temps une structure différente: en effet, sur le flanc septentrional, au passage du profil, le seul plongement que l'on

---

[1] Il aurait peut-être mieux valu dire: du *Baederhorn*, puisque c'est le nom qui est attribué à la sommité sur la carte; celle du canton de Fribourg porte celui de Baederberg, et je n'ai pas fait attention à cette différence.

voie se fait au sud-est; à la Klus le centre et le versant nord sont occupés par le jurassique moyen-lias, qui plonge encore au sud-est et devient horizontal, sans arriver à s'incliner au nord-ouest. Cependant le pan septentrional de la voûte existe encore au nord de *Kl* (*Kl*us), comme le montre le profil de la pl. 3, fig. 7; seulement il n'est représenté que par un petit rocher de moins de 10 m. d'épaisseur, offrant des surfaces de glissement des deux côtés, et par autant de crétacé supérieur, qu'une synclinale de flysch relativement considérable sépare de celui de la chaîne du Stockkorn. Ces détails n'ont pu être tous marqués sur la carte.

Massif du Holzershorn.

La partie occidentale de ce massif est coupée par le profil de la pl. 2, fig. 3, et représentée à la pl. 8, fig. 1, où le Holzershorn est masqué par la Mittagfluh.

Les deux chaînons du massif précédent se continuent dans celui-ci, seulement ils sont un peu plus serrés l'un contre l'autre. Celui du nord-ouest a été une voûte, mais il n'a pas été possible d'indiquer sur la carte ce qu'il reste du pan nord-ouest: ce sont d'abord trois petits rochers coniques de jurassique supérieur, qui sortent des débris vers le haut du col par lequel on passe de la Klus au vallon de Bonfall, ensuite un rocher du même terrain, qui abrite le chalet supérieur d'Aebi. La région du Holzershorn est l'une de celles où il y a très peu de distance entre les points de la chaîne des Gastlosen où le néocomien manque, et le flanc sud de la chaîne du Stockhorn, que ce terrain recouvre. Ces traces d'un pan de voûte rendent ce fait moins étonnant (voir aussi p. 184).

Le versant sud-est de ce chaînon est revêtu de crétacé supérieur d'une manière continue, et il y aurait place partout pour une zone de flysch, mais dans la région occidentale, on ne la voit que sur deux points.

Le chaînon du sud-est est appliqué contre l'autre; le jurassique supérieur y occupe un grand espace, parce qu'il plonge à peu près comme la pente; les schistes à charbon apparaissent dessous et sont en contact avec le flysch, sans qu'il y ait une discordance marquée entre les assises des deux terrains.

Cette région est remarquable par ses cinq sommités, où le calcaire devient particulièrement massif, et où il occupe un espace horizontal plus considérable que dans les parties intermédiaires; le même fait se remarque au Baederhorn; il semble qu'une action métamorphique plus intense là qu'ailleurs en ait augmenté le volume.

Du côté du nord-est, les deux chaînons s'abaissent; celui du sud-est resserre moins le crétacé supérieur et le flysch de l'autre, mais il garde sa structure isoclinale, car les schistes à charbon reviennent à jour sur un point au moins. Un peu plus loin, le jurassique supérieur s'atténue tellement, surtout dans le chaînon nord-ouest, qu'il cesse de se montrer à la surface; le point culminant du massif est alors dans le jurassique moyen-lias, qui vient presque toucher à la zone de flysch.

Plus à l'est le jurassique supérieur forme deux croupes comme auparavant (pl. 2, fig. 6, à droite). On pourrait croire qu'il est disposé en synclinale, mais cela s'accorderait peu avec la structure du reste du massif. Bientôt la chaîne s'enfonce telle quelle sous les débris, et ne reparaît pas même au ruisseau qui passe dans sa continuation.

Massif d'Oberwyl.

Avant que le massif du Holzershorn se termine comme il vient d'être dit, on voit du côté du nord, sur le ruisseau du vallon de Bonfall, un petit affleurement composé de jurassique et de crétacé supérieurs; ce dernier terrain est au sud-est de l'autre, ce qui indique que ce n'est pas un reste du pan septentrional de la voûte du Holzershorn, et qu'il faut en chercher la continuation du côté de l'ouest, à Waldried, où nous trouverions les deux terrains dans la même position relative, si tous les deux y étaient visibles. C'est donc dans le vallon de Bonfall que commence une nouvelle chaîne, qui pourrait prendre une nouvelle dénomination, si, à cause de sa ressemblance de composition avec celle des Gastlosen et pour plus de simplicité, il ne valait pas mieux lui en conserver le nom. L'emploi de l'expression de massif pour le premier tronçon de ce nouvel alignement est de même tout à fait de convention, car il ne s'élève pas assez pour former quelque chose de plus qu'un palier sur le flanc de la vallée; il est presque partout recouvert de débris, et ce n'est guère que le long des ruisseaux qu'on peut en voir la composition.

Le profil de la pl. 2, fig. 7, qui va en droite ligne de l'église d'Oberwyl à la Wankfluh, donne une idée de cette région, d'après ce qu'en a découvert le ruisseau qui descend du Wank. Les terrains sont en partie comprimés et renversés sous ceux de la chaîne du Stockhorn, surtout au ravin de Neuenberg, représenté pl. 4, fig. 3. Je n'ai pas vu le crétacé supérieur sortir de dessous les débris à sa place ordinaire; au nord-est d'Oberwyl, il paraît manquer réellement, car le flysch est tout près du jurassique.

Sur une ligne indiquée par le ruisseau de Weissenbach, il y a eu rupture des couches, et elles ont été resserrées encore plus contre le flanc de la chaîne du Stockhorn; c'est le jurassique moyen-lias qui a le plus souffert de cette compression. Il est remarquable que, de même qu'à un phénomène pareil mentionné p. 324, la rupture du jurassique supérieur n'a pas eu lieu brusquement: la zone occidentale de ce terrain se recourbe vers le nord, comme si elle avait résisté aussi longtemps que possible; la zone orientale commence par une pointe, et ne reprend sa largeur ordinaire que peu à peu, mais forme ensuite une arête rocheuse élevée (pl. 10, fig. 2, à gauche). Cette partie montre le crétacé supérieur, qui manquait dans l'autre. A l'occident de *Bad,* le jurassique moyen-lias se lamine complètement dans un étroit couloir, au bas duquel ce qui reste alors de la chaîne des Gastlosen touche au néocomien de celle du Stockhorn; depuis ce point elle est réduite à une bande de jurassique et de crétacé supérieur, qui va se perdre sous les débris du côté de l'est; on ne peut que se la représenter comme je l'ai indiqué au profil de la pl. 3, fig. 1, à droite.

Massif de la Simmenfluh.

La chaîne des Gastlosen ne tarde pas à revenir au jour, mais d'une tout autre manière qu'on ne pouvait s'y attendre. Aux Bains de Weissenburg, sur le flanc droit de la cluse, on trouve de la cargneule appliquée soit contre le jurassique, soit contre des lambeaux de crétacé supérieur de la chaîne du

Stockhorn; au pavillon appelé casino, elle est recouverte par du calcaire compact ne se distinguant de celui du jurassique supérieur que par un mélange de schistes noirs qui le caractérisent comme flysch; ainsi on pourrait croire que la cargneule est éocène. Mais sur le flanc gauche cette roche atteint une quarantaine de mètres d'épaisseur; elle n'est plus recouverte par le flysch, mais par le jurassique supérieur, que nous avons vu se perdre sur l'autre flanc et qui réapparaît subitement ici avec une épaisseur de 15 à 20 m. Après cette résurrection la chaîne va en s'élargissant et en se complétant du côté de l'est (pl. 10, fig. 2). Les allures de la cargneule, remplacée souvent par de la dolomie, ont déjà été décrites p. 111. Une zone de jurassique moyen-lias apparaît de chaque côté; celle du nord s'élargit plus promptement que celle du sud, mais étant dans un vallon elle est moins visible dans la vue citée. Le jurassique supérieur continue à ne former qu'une bande très étroite, qui ne fait pas même saillie partout. Sur le sentier qui conduit de Weissenburgberg aux Bains, il est réduit à un mètre d'épaisseur, et on voit à jour d'un côté le crétacé supérieur, et de l'autre le jurassique moyen-lias. Cette irrégularité d'allures continue: à Weissenburgberg c'est le crétacé qui occupe plus de place que le terrain sous-jacent; mais bientôt ce dernier reste seul, puis disparaît à son tour, en sorte que le flysch doit toucher au jurassique moyen-lias.

C'est au passage du profil de la pl. 3, fig. 2 que le jurassique supérieur reparaît, en s'élevant sur le flanc d'un ravin à 12 m. de hauteur, sur quelques mètres d'épaisseur seulement; du côté du nord, il présente une surface de glissement par laquelle il touche, non pas au jurassique moyen-lias, mais à du flysch bien caractérisé; ce gisement anormal n'est qu'un accident local assez curieux qui ne se prolonge pas. La nouvelle zone de jurassique supérieur qui commence là, ne devient du reste pas plus importante que l'autre; et elle finit aussi par se perdre; car en *fluh* (Nied*fluh*), le jurassique moyen-lias est de nouveau en place à côté du flysch.

La zone triasique n'étant pas au milieu du jurassique moyen-lias, il y a lieu de penser que ce dernier forme deux voûtes rasées, dans l'une desquelles le trias n'apparaît pas, à moins qu'on ne préfère admettre qu'il n'y en a qu'une seule dont le pan septentrional occupe beaucoup de place, parce qu'il est compliqué de petits plis. Cette dernière supposition a toutefois moins de vraisemblance, parce qu'un peu plus à l'est il n'y a plus de zone triasique au sud, mais bien au nord, et que cela ne s'explique bien que par l'existence de deux voûtes, dont tantôt l'une, tantôt l'autre est atténuée.

Le jurassique supérieur du Loherenhorn appartient à la fois à la chaîne du Stockhorn et à celle des Gastlosen; ainsi il n'y a plus rien qui sépare clairement ces deux alignements de montagnes, tandis que plus à l'ouest il y a évidemment faille entre deux.

Le profil de la pl. 3, fig. 3 va du sud au nord, en passant par *Mo* (*Moos*). Ici le jurassique supérieur de la Mieschfluh est renversé sur le jurassique moyen-lias; s'il contient une synclinale (voir p. 326), elle forme une certaine limite entre la chaîne du Stockhorn et celle des Gastlosen. La zone méridionale du même terrain a recommencé au ruisseau de Balzenberg, avec une largeur normale, mais entièrement dans la continuation du jurassique moyen-lias, dont elle a comprimé la voûte sud en se déplaçant du midi au nord. Elle présente le singulier phénomène d'un terrain qui a été entièrement brisé en blocs de toutes grandeurs, depuis celle d'une grande maison à celle d'une noix; les petits fragments sont souvent soudés en rocaille par du tuf. On est porté à penser que ce massif d'un calcaire rigide de sa nature a été porté plus au nord par un mouvement relativement récent, à une époque où il n'était plus chargé par d'autres terrains, qui en auraient forcé les assises à rester réunies en une seule masse. Plus loin ce calcaire ne paraît pas ainsi réduit en brèche, mais il ne reprend pas son rôle orographique ordinaire; au passage du profil, il est même dominé par le jurassique moyen-lias.

Le profil de la pl. 3, fig. 4 coupe une région où le glaciaire et les débris couvrent la pente. J'y ai indiqué approximativement le passage de la zone triasique d'après ce que l'on voit un peu plus à l'est; il est possible qu'elle n'y existe que dans la profondeur, car, après s'être courbée vers le nord, elle a cessé d'être visible à Klusi. La zone septentrionale de jurassique supérieur est presque complètement ablationnée, tandis qu'un peu plus à l'ouest elle a atteint sa plus grande largeur. La cluse au-dessus de Latterbach est l'un des points où l'on peut le mieux suivre une coupe de la zone méridionale du même terrain.

Le profil suivant, pl. 3, fig. 5, passe par *r* (Heitiberg). Le crétacé supérieur y joue un rôle de quelque importance au pied de la montagne, et il remonte parfois très haut sur le jurassique; la pl. 12, fig. 4 le montre dans des positions où il n'est guère possible d'en expliquer la présence autrement qu'en admettant qu'il s'est déposé dans des dépressions provenant de l'érosion du terrain sous-jacent; cette vue montre aussi que le jurassique supérieur a repris son rôle ordinaire de massif rocheux. L'absence de stratification empêche de reconnaître si un lambeau de crétacé qui le surmonte au nord-est de *Stutz*, est dans un pli ou dans une ancienne dépression. Le jurassique moyen-lias continue à être trop recouvert par la végétation pour que l'on puisse faire autre chose que des suppositions sur sa structure.

Enfin le profil de la pl. 3, fig. 6, qui passe par *ro* (Brodhusi), ne traverse plus que le massif de la Simmenfluh (pl. 12, fig. 1). Si l'on ne fait attention qu'à l'arête principale, il semble que la chaîne se termine sans changer de direction, et se distingue par là de celles du Ganterist et du Stockhorn (p. 319 et 327). Au fond, c'est ici que se rencontrent les plus grandes irrégularités. Au ruisseau à l'est du Stutz, il y a solution de continuité dans la chaîne; à une certaine hauteur du côté de l'occident, le jurassique supérieur est tout brisé en gros blocs et en petits fragments soudés par une matière tuffeuse; c'est la répétition de ce que nous venons de voir à une autre rupture (p. 337). Du côté de l'orient, l'extrémité occidentale de la Simmenfluh est reportée un peu plus au nord, et elle est bordée presque depuis le haut d'une zone de crétacé, qui va dans la direction du sud-est et se retrouve, de l'autre côté de la Simme, pincée dans le jurassique supérieur de la Burgfluh (pl. 12, fig. 2). Le même changement de direction est bien plus sensible quand on suit la grande route au nord-ouest et à l'ouest de Wimmis: le jurassique moyen-lias y plonge constamment au sud-ouest, et quand on est dans ses dernières couches au pont sur la Simme, on les voit s'enfoncer sous le jurassique supérieur, et continuer dans la même position jusqu'au château de Wimmis. Le crétacé et le jurassique moyen nous montrent ainsi que la Burgfluh et la Simmenfluh ne sont qu'un seul massif, où le jurassique supérieur, dont la stratification a disparu, doit avoir la direction du nord-ouest au sud-est. Le crétacé et le flysch qui sont adossés à la Burgfluh à son extrémité sud-ouest (pl. 12, fig. 2), conduisent à la même conclusion. Ainsi, malgré l'apparente uniformité de direction de la chaîne des Gastlosen, son extrémité orientale est recourbée à angle droit.

Résumé sur l'ensemble de la chaîne.

La chaîne des Gastlosen est divisée, au débouché du vallon de Bonfall, en deux parties qui ne sont pas la continuation directe l'une de l'autre et dont la structure diffère, sans que l'une d'elles ressemble à la chaîne du Ganterist ou à celle du Stockhorn.

La première partie comprend d'abord, du côté sud-ouest, un alignement isoclinal simple, avec plongement vers le sud-est et escarpement regardant au nord-ouest. Il n'y a à la surface du sol aucun indice que cet alignement soit une moitié d'anticlinale. Il compose à lui seul le premier massif; dans le second il est accompagné d'une voûte de plus en plus saillante, mais où le pan nord finit par être extrêmement réduit; dans le troisième l'isoclinale est refoulée sur cette voûte, qui a en apparence la même structure qu'elle, mais où quelques lambeaux trahissent encore l'existence d'un ancien pan septentrional.

Au-dessus d'Oberwyl, la seconde partie de la chaîne des Gastlosen est une isoclinale simple, en partie renversée, qui ne forme qu'un palier de la chaîne du Stockhorn; elle est encore plus comprimée à l'ouest des Bains de Weissenburg, où elle se réduit bientôt à une zone excessivement étroite. Elle recommence aux Bains par la cargneule et le jurassique supérieur, auxquels viennent bientôt s'ajouter deux bandes de jurassique moyen-lias. A partir du Loherenhorn, elle a une zone septentrionale de jurassique supérieur, qui lui est commune avec la chaîne du Stockhorn, et elle garde la même structure jusque près de son extrémité orientale, où elle se courbe pour prendre la direction du sud-est.

Dans son parcours elle présente quatre ruptures transversales accompagnées de dislocations, savoir entre les massifs de la Marchzahn et du Bœderberg, à Weissenbach, à Balzenberg et au nord-est de Stutz. A deux de ces endroits le jurassique supérieur a été broyé par les dislocations, à Balzenberg et au nord-est du Stutz.

Sur la ligne de jonction avec la chaîne du Stockhorn, il y a faille ou contact irrégulier des terrains le long du massif de la Marchzahn. Cette faille se continuant dans l'intérieur de la chaîne et non au bord, le contact est normal dans le massif du Bœderberg; mais il redevient anormal dans celui du Holzershorn, par suite de la suppression presque complète d'un pan de voûte. La faille est très grande dans le massif d'Oberwyl, et au commencement de celui de la Simmenfluh, où elle se perd peu à peu.

Quant au rôle orographique qu'il joue, le jurassique supérieur est extrêmement variable, et les changements s'y produisent sur de petits espaces; c'est quand le calcaire a la structure décrite à la page 172 qu'il forme les masses les plus imposantes; on est alors tenté de penser qu'une action métamorphique y a produit une augmentation de volume. Le jurassique moyen-lias joue le rôle ordinaire des terrains mélangés de calcaire et de marne.

Flysch du Simmenthal.

Le profil de la pl. 2, fig. 3 coupe la zone de flysch du Simmenthal dans sa partie la plus large, et montre les inclinaisons de couches qu'on peut observer, soit sur la ligne même qu'il suit, soit à une petite distance; ces plongements sont fort variables, et les espaces où l'on n'en voit point sont très étendus. Il y a sans doute des plis et peut-être des failles dans cette région; mais je ne saurais en déterminer ni le nombre ni la nature. On pourrait essayer de le faire, si le terrain était divisé en massifs de roches diverses, qu'on puisse suivre dans le sens longitudinal; les observations faites sur différents points se complèteraient alors les unes les autres; mais on n'a pas cette facilité. Dans une partie de la vallée il y a beaucoup de calcaire compact; dans une autre il n'y en a pas (p. 215); les massifs de grès ne se laissent pas non plus poursuivre bien loin, soit parce qu'ils changent de nature, soit parce qu'ils se perdent sous la végétation.

Les profils de la pl. 2, fig. 2 et 5 à 7, ceux de la pl. 3, fig. 1 à 5, montrent, aux endroits où elle est visible, la position du flysch sur le flanc gauche de la vallée; elle concorde en général avec celle des couches secondaires, et l'inclinaison est presque partout très rapprochée de la verticale. Les profils de la pl. 4, fig. 1 et 4 coupent le flanc droit; le plongement du flysch n'y est pas visible près des terrains secondaires, et il en est à peu près partout ainsi:

Chaîne des Spielgärten.

Par ses deux alignements dont la structure n'est pas la même, et où le flysch persiste jusque sur les croupes des montagnes, par ses *klippen* qui surgissent du flysch et par ses escarpements regardant au sud-est, la chaîne des Spielgärten diffère beaucoup de celles de l'autre flanc du Simmenthal.

Alignement du Niederhorn.

Le Niederhorn s'élève dans une région occupée par le conglomérat énigmatique de la Hornfluh, décrit à la page 217. Ce dépôt commence dans le Pays d'Enhaut, au delà de la Sarine, et vient se perdre sur le territoire de la feuille XII, absolument comme les poudingues miocènes du plateau se perdent dans la molasse, c'est-à-dire que les bancs en finissent en coin dans les schistes ordinaires du flysch. Il semble donc qu'on pourrait en expliquer la formation de la même manière que celle de ce poudingue; mais ce qui empêche de le faire, c'est qu'ici les fragments roulés sont rares. M. Studer a été tenté d'attribuer cette brèche au broyement des couches calcaires pendant les dislocations.[1] Tout dernièrement M. Schardt a émis, pour le Pays d'Enhaut, une idée qui m'est aussi venue à l'esprit; c'est celle que les débris constituant les brèches sont tombés au pied des falaises que formaient déjà les chaînes de la Gummfluh et du Rubli.[2] Pour notre territoire cette explication rencontre deux difficultés, savoir que la brèche se trouve au-dessus de la falaise même que forme maintenant le Niederhorn, ensuite que la zone de conglomérat est

---

[1] Geol. der westl. Schweizer-Alpen, S. 293. Voir aussi: Geol. der Schweiz, B. 2, S. 123.
[2] Études géolog. sur le Pays d'Enhaut vaudois, p. 21.

très large. Il faut donc admettre que les débris sont tombés non pas d'une, mais de nombreuses falaises, et à une profondeur assez grande pour qu'ils n'aient pas été roulés par les vagues; la destruction de ces falaises par la désagrégation aurait été prolongée assez longtemps pour fournir la grande masse de matériaux que renferment les conglomérats. Les bandes et les *klippen* de crétacé supérieur et de jurassique qui surgissent maintenant quelque peu au-dessus des brèches, sont probablement les restes de ces anciennes falaises. Quant au Niederhorn, le manque fréquent du crétacé supérieur à son sommet indique qu'il a été émergé temporairement; mais ses couches étaient dans le fond de la mer quand l'éocène bréchiforme s'est déposé au-dessus, en masses sans doute plus puissantes que ce qu'il en reste aujourd'hui.

La partie du conglomérat qui est à l'ouest de la Simme, au bord méridional de la feuille, est séparée du flysch ordinaire par une zone de crétacé supérieur (pl. 2, fig. 3, à droite), qui semble se terminer à la rivière; mais on en retrouve une continuation au Spitzhorn, plus au nord-est. Si une lacune existe entre ces deux points, cela vient probablement de ce que la zone a été rompue par les dislocations, car elle se remontre près de Weissenbach, comme soutien du conglomérat qui fait une avance de ce côté-là. Au pied du Spitzhorn, les derniers affleurements de cette zone sont arqués et en discordance avec le conglomérat (pl. 4, fig. 1, à gauche). On peut envisager cette bande crétacée comme un reste d'une ancienne montagne qui formait du côté du nord-ouest le rivage de la partie de la mer éocène où s'est déposée la brèche, et fournissait à cette dernière une partie de ses matériaux.

Quant aux *klippen* qui ont pu jouer le même rôle, une des révisions que j'ai faites après la publication de la carte m'oblige à la compléter pour la région de conglomérat à l'occident de Grubenwald. A l'ouest de *903*, la croupe de la colline est formée par une *klippe* allongée de crétacé supérieur, appartenant surtout à la variété compacte semblable au jurassique. Elle est entourée de tous côtés par le conglomérat éocène, et se montre sur une longueur d'environ 500 m., mais on n'en voit pas bien les couches en place; elle est indiquée au profil de la pl. 2, fig. 3, qui passe un peu plus au sud-ouest. Au nord-est de *903*, la route coupe 12 m. de crétacé supérieur, en assises verti-

— 343 —

cales dirigées de l'est à l'ouest; peut-être cet affleurement se relie-t-il à la klippe par dessous les débris ou l'éocène. Un massif de calcaire compact qui le borde au sud pourrait être jurassique; mais il ne contient pas une trace de fossiles pour appuyer cette classification; d'un autre côté il n'a absolument aucune partie bréchiforme. Il n'en est pas de même d'un autre qui est au nord, car il passe distinctement au conglomérat, ce qui montre qu'il est éocène.

L'affleurement de crétacé sur le ruisseau au nord-est de Grubenwald apparaît en position normale sous l'éocène. En revanche, il faut envisager comme *klippen* les trois pointements de jurassique qui percent la nappe de conglomérat à Mayenberg.

Le Niederhorn a ceci de particulier qu'il se dirige du sud au nord; c'est ce qui fait qu'il est coupé obliquement par le profil de la pl. 4, fig. 1, dans lequel les pentes paraissent plus douces qu'elles ne le sont en réalité. Le grand escarpement qu'il forme du côté de l'est provient évidemment d'une faille, qui semble se prolonger vers le nord en diminuant de rejet. Du côté du nord-ouest la montagne s'est compliquée d'une voûte de jurassique supérieur peu saillante, qui finit fort irrégulièrement et où le manque partiel du crétacé peut bien être l'effet des dislocations.

Au Buffeli et au Buntelgabel, la direction de l'alignement a considérablement changé; mais il présente de même de grands escarpements du côté du sud-est (pl. 4, fig. 2, à gauche; pl. 8, fig. 2). Une calotte assez puissante de flysch couronne le Buffeli, en reposant parfois, du côté du sud, directement sur le jurassique supérieur; de l'autre côté on voit apparaître le crétacé, puis le jurassique; ce dernier disparaît sous le flysch septentrional, quelquefois directement, d'autres fois avec un revêtement de l'autre terrain. Au Buntelgabel, le flysch forme du côté du nord une croupe qui se maintient, en sorte que ce n'est que vers l'est, principalement dans deux ravins, que l'on voit un prolongement du jurassique et du crétacé.

Les escarpements du sud-est sont moins réguliers et moins verticaux qu'au Niederhorn; ils ont, à différentes hauteurs, des paliers sur lesquels on trouve le crétacé supérieur seul ou accompagné de flysch. Cette structure est due évidemment à des failles; au Buntelgabel il n'y en a guère qu'une, qui est considérable; au Buffeli elles sont plus nombreuses. Cette région faillée peut cependant être considérée comme un pan de voûte, car au nord-ouest de *M* (*M*äniggrund), le jurassique supérieur du Buffeli traverse la vallée et, quoique il présente bien des variations de plongement, il peut être considéré comme la courbure d'une synclinale reliant le Buffeli au Mänigen, dont les couches sont à peu près horizontales. A partir de ce point, le thalweg s'est assez creusé dans la synclinale pour qu'on voie apparaître le jurassique moyen-lias et peut-être la cargneule triasique. Plus loin un lambeau de jurassique moyen se montre encore sur le flanc gauche, nord de *u* (Mäniggrund).

De l'Abendberg à la Buntelalp, une zone de flysch vient interrompre les affleurements de terrains secondaires; ceux du Buntelgabel s'y prolongent par deux branches qui s'y perdent irrégulièrement; à celle du sud-est, par exemple, le flysch touche successivement au jurassique moyen, au jurassique supérieur et au crétacé. En outre, sur quelques points de la nappe éocène, on voit apparaître subitement l'une ou l'autre de ces dernières divisions, ou toutes les deux à la fois. C'est en admettant que le flysch s'est déposé sur un fond de mer où les terrains étaient déjà disloqués que ces faits s'expliquent le mieux.

Comme le montre le profil de la pl. 4, fig. 4, le Thurnen est une large voûte carrée, recouverte par le crétacé supérieur, sur lequel se trouve à une place un reste de flysch. Du côté de l'ouest, cette voûte se perd assez brusquement et irrégulièrement (pl. 9, fig. 2, à droite). Elle est remarquable par les écroulements qui s'y sont produits, en laissant des cirques allongés (p. 282). Du côté du nord-est, elle se rétrécit un peu et le jurassique supérieur y forme une arête (pl. 4, fig. 5, à gauche), puis elle s'abaisse et disparaît sous le terrain glaciaire.

Au nord de cette extrémité du Thurnen, le jurassique supérieur se remonte par deux *klippen*, entre la cargneule éocène et le flysch proprement dit. Celle de l'ouest est considérable, et contient des *Encrines:* là où la stratification est visible, elle indique que les couches sont verticales et dirigées de l'ouest-sud-ouest à l'est-nord-est. Celle de l'est est dans le ravin d'un petit ruisseau et très peu à découvert.

Alignement du Mänigen.

Le Mänigen est une montagne en forme de plateau incliné au nord-ouest, avec un grand escarpement à l'est-sud-est et un autre moins considérable au nord. Le profil de la pl. 4, fig. 1 la traverse sur une ligne droite menée par le sommet du Niederhorn et les chalets de Seeberg; celui de la fig. 2 part à peu près du même point, au bord sud de la carte, pour suivre l'escarpement rocheux qui est entre *ä* et *n* (Mänigen).

Ce qu'il y a de plus remarquable dans cette montagne, c'est certainement le cirque de Seeberg, représenté sur la pl. 9, fig. 1. Les parois qui le forment étant en couches à peu près horizontales, on est tenté d'en attribuer l'origine à un effondrement du centre; mais à l'examen cette hypothèse tombe, car, assez avant dans l'intérieur, ce n'est pas le jurassique supérieur qu'on y trouve en place, mais bien le jurassique moyen-lias, qui y arrive du sud. A cause de sa largeur, on ne peut guère songer non plus à supposer une rupture suivie d'un écartement des couches; il ne reste donc d'autre cause à évoquer que l'érosion par les influences atmosphériques et l'eau; mais s'il y a un endroit où l'action d'un ruisseau semble n'avoir pu être bien puissante, c'est bien celui-là, car la pente de l'intérieur du cirque est faible. L'érosion a-t-elle commencé déjà vers la fin de la période crétacée, et la région n'a-t-elle ensuite été immergée que peu de temps pendant le dépôt du flysch? ne s'y serait-il déposé, par exemple, que du gypse et de la cargneule, qui auraient été ensuite facilement enlevés? On voit à présent ces roches à l'entrée et un peu dans l'intérieur; il pourrait bien y en avoir encore plus en avant sous les éboulis.

Les extrémités sud et nord des grands escarpements que le Mänigen forme du côté de l'orient, sont représentées pl. 9, fig. 1 et pl. 8, fig. 2, à gauche; mais c'est au centre qu'ils sont le plus imposants. J'ai cherché à expliquer à la page 199 la présence des amas de cargneule qui y sont adossés.

La région du plateau, en partie très déchirée, montre le jurassique supérieur, le crétacé et le flysch. A chaque pas on rencontre des irrégularités dans les relations de ces trois terrains; quelques-unes sont dues à de petites failles, comme on en voit au profil de la pl. 4, fig. 2; mais souvent l'apparition subite d'un lambeau de crétacé dans une anfractuosité jurassique, ou un pointement de ce dernier terrain dans l'autre, m'a paru provenir de ce que la mer crétacée est revenue sur une région érodée. De même le manque fréquent du crétacé entre le jurassique supérieur et le flysch, paraît avoir pour cause une érosion antérieure aux dépôts éocènes, ou bien la persistance d'îlots jurassiques jusqu'au moment où ces dépôts ont commencé à s'opérer.

Le profil de la pl. 4, fig. 4 passe par la hauteur qui domine Oeyen, et qui est aussi représentée dans la pl. 8, fig. 2 (Blankli). La structure de cette montagne est un peu plus simple que celle du Mänigen. Je ne saurais indiquer par quelle cause une bande de crétacé qui se sépare de la zone en position normale, se trouve enveloppée dans le jurassique supérieur.

A l'Abendberg, le calcaire blanchâtre du jurassique est particulièrement puissant, et la partie supérieure est assez bien stratifiée au passage du profil de la pl. 4, fig. 5. Une synclinale de flysch et de crétacé fort évasée sépare cette montagne du Thurnen; on y voit surgir le jurassique supérieur en *klippe* près du passage du profil; un autre affleurement plus au sud-ouest est moins anormal. Cette synclinale est coupée du côté du nord-est par un escarpement subit, qui présente beaucoup d'irrégularités. Vers l'Abendberg le jurassique supérieur a subi une rupture, où sont descendus le crétacé et le flysch; cet accident est assez près de la ligne du profil pour que j'aie pu l'y figurer. Au centre, mais plus vers le nord-est, le jurassique se montre dans le bas de la pente, et est surmonté par le crétacé flanqué de flysch des deux côtés; cela correspond à la *klippe* et à l'affleurement mentionnés ci-dessus. Vers le Thurnen, le jurassique apparaît encore une fois dans une position analogue.

Au nord-est de l'Abendberg, une nappe de flysch succède irrégulièrement aux rochers jurassiques et à un petit lambeau de crétacé. Au bord de l'escarpement, on voit le flysch reposer directement sur le jurassique; mais plus loin le terrain intermédiaire existe à des endroits où il n'est pas marqué sur la carte.

La colline de jurassique moyen-lias de la rive droite du Filderich se relie sans rupture au grand escarpement vers lequel ses couches plongent; le ruisseau coule entre deux en formant des rapides; il y a des endroits où son lit est parfaitement déblayé dans la roche en place, et où les galets passent sans s'arrêter; en fixant une barre de fer en travers du couloir, au-dessus des hautes eaux, on pourrait mesurer, au bout d'un certain nombre d'années, l'ablation opérée par le torrent sur la roche en place.

A Tchuggen la chaîne se courbe vers le nord, puis brusquement vers l'ouest, ce qui est d'autant plus remarquable que le jurassique inférieur plonge toujours plus ou moins sous le supérieur, en sorte qu'il y a réellement changement de direction des couches.

Dans la continuation de l'alignement de l'Abendberg, nous trouvons quatre *klippen*. La première est un rocher appelé Wattfluh; il s'élève subitement sur les bords du Filderich, qui en a séparé une partie du reste; le plongement y est à l'ouest-nord-ouest et faible; il n'est donc pas impossible que ce ne soit qu'une partie de la masse occidentale de jurassique moyen-lias, qui aurait été séparée par l'érosion à l'époque quaternaire. Du côté du nord, un petit rocher est composé de fragments du même calcaire, soudés par un peu de matières tuffeuses; c'est peut-être une partie broyée comme celles de la chaîne des Gastlosen (p. 337 et 338).

La *klippe* de Bächlen ne fait que très peu de saillie sur les terrains environnants, le plongement y est généralement fort, et paraît se faire tantôt d'un côté tantôt de l'autre.

Celle de la Zünegg est un massif beaucoup plus rocheux et bien plus puissant, dont les couches très redressées plongent au nord-ouest et au nord-nord-ouest avec une assez grande régularité.

Enfin au sud de *n* (Simmenthal), sur le flanc gauche d'un ravin, à 6 m. en amont d'un affleurement de gypse, on voit apparaître un petit rocher de calcaire clair du jurassique supérieur, sans stratification distincte; il n'a pas plus de 5 m. d'épaisseur et, du côté du sud, il présente une surface de glissement; il s'élargit du côté de l'ouest, puis se continue sur la pente sans faire saillie, et se perd sous les débris de flysch.

L'apparition à la surface du sol de ces trois ou quatre *klippen* ne paraît pas due uniquement aux dislocations post-éocènes; ce sont bien plutôt des restes d'anciennes montagnes, qui ont été au-dessus de la mer pendant la période crétacée, et sur lesquelles s'est déposé le terrain éocène.

Twirienhorn, Hohmad, Schwarzberg.

Ce sont là trois montagnes auxquelles on peut donner le nom de *klippen*, tant à cause de leur forme que parce qu'elles sont enveloppées par le flysch au moins de trois côtés; de l'autre côté, c'est-à-dire le long du Filderich, l'existence de l'éocène sous le quaternaire me paraît extrêmement probable, surtout à cause de la présence des lambeaux de cargneule dans la partie nord-est du Mänigen.

La vue de la planche 11 donne une idée de la manière dont ces masses de jurassique moyen et inférieur surgissent du flysch; mais l'escarpement du Twirienhorn n'y est visible qu'à moitié; le Schwarzberg n'est pas non plus flatté, parce qu'il se présente un peu de face; vu du Simmenthal, il apparaît comme une des pyramides les plus élancées que l'on puisse rencontrer dans les montagnes. Le profil de la pl. 4, fig. 4 passe par le sommet du Twirienhorn, et coupe le Hohmad assez loin au nord-nord-est de son point culminant. L'inclinaison des couches se fait du même côté dans les deux montagnes, mais elle est plus forte dans le Hohmad. Le profil de la pl. 4, fig. 5, mené du sommet du Hohniesen à celui de l'Abendberg, coupe le Schwarzberg au sud-sud-est de son point le plus élevé, et montre que l'inclinaison des couches y est la même qu'au Twirienhorn.

J'ai déjà exposé, p. 200, les faits relatifs à la cargneule éocène de cette région. Il serait intéressant de savoir comment le flysch se comporte au contact du jurassique; mais je n'ai pu faire nulle part d'observations à cet égard, à cause des éboulis et de la persistance de la végétation. Rien ne serait moins sûr que de vouloir déduire quelque chose des petits affleurements de couches qu'on voit à distance des *klippen*, à cause de l'extrême inconstance que le flysch présente dans ses plongements. Le point où j'en ai vu en place le plus près du calcaire est au Gurbsgrat, sur la feuille XVII, au midi du Twirienhorn; à 10 m. du calcaire, il plonge au nord-ouest comme ce dernier, mais plus fortement, et entre deux il y a de la cargneule.

Le manque du dernier terrain jurassique dans ces trois grandes *klippen* peut faire penser que cette partie de la contrée a été émergée avant l'époque où il s'est déposé ailleurs; il est fort possible cependant qu'il y ait existé et qu'il ait été entièrement dénudé pendant la période crétacée.

Il y a nécessairement une faille entre le Twirienhorn et le Hohmad. En revanche ce dernier est probablement relié au Schwarzberg par dessous le flysch; c'est ce qu'indique du moins l'apparition, sur le ruisseau d'Ennetschiret, du terrain qui compose ces deux montagnes. D'un autre côté, l'identité de plongement et de direction dans le Twirienhorn et le Schwarzberg porte à penser que ce sont deux parties d'une même chaîne. Si l'on ne voulait admettre pour cette région qu'une époque de dislocation, il faudrait se représenter que chaque *klippe* a été produite par une poussée verticale particulière, qui aurait eu pour effet d'amener le jurassique à la surface, en lui faisant percer tout ce qui se trouvait au-dessus de lui. Tout s'explique bien mieux en admettant que les *klippen* ne sont que des parties de deux chaînes qui ont existé depuis la fin de l'époque jurassique, qui ont été ensuite coupées en tronçons par l'érosion, puis immergées en tout ou en partie à la fin de l'époque crétacée, et ramenées à une plus grande hauteur après le dépôt de l'éocène. Dans cette série de vicissitudes, les deux chaînes ont dû se rapprocher continuellement par suite de la contraction permanente de l'écorce terrestre.

Résumé sur l'ensemble de la chaîne.

L'alignement du Niederhorn peut en grande partie être ramené à une anticlinale, où la rigidité des terrains n'a pas permis aux ployements de s'effectuer d'une manière complète: la voûte est restée carrée dans le Thurnen; le pan méridional a subi des ruptures dans le Buntelgabel et le Buffeli, et il est peut-être resté dans la profondeur au Niederhorn.

L'alignement du Mänigen est un plateau qui diminue de largeur et s'abaisse un peu dans le centre (Blankli). Au pied de la grande pente jurassique qu'il présente du côté du sud-est, on ne trouve, en fait de terrains un peu anciens, que la cargneule et le gypse éocènes, qui apparaissent au sud-ouest et au nord-est; il existe donc là une grande faille. Les lacunes de la série des terrains dans la région des *klippen* qui terminent cet alignement, montrent qu'elle a été émergée depuis le dépôt du jurassique supérieur, et ne s'est retrouvée sous la mer qu'à l'époque éocène.

La région des grandes *klippen* a eu la même histoire géologique, à moins que la première émersion n'ait eu lieu encore plus tôt.

Chaîne du Niesen.

Mes observations n'ont porté que sur le flanc nord-ouest de cette chaîne; c'est Bachmann qui avait bien voulu se charger de l'étude de l'autre versant, mais maintenant il n'est plus là pour nous communiquer ses résultats. Le profil de la pl. 4, fig. 5, à droite montre ce que l'on voit sur une des lignes où les couches sont le plus à découvert; dans celui qui passerait par une autre sommité, on aurait des détails différents; de même les quelques plongements indiqués sur la carte présentent de grandes variations; cependant l'inclinaison au sud-est paraît dominer, surtout vers le bord méridional de la carte, tandis que sur l'autre versant Bachmann a marqué deux plongements en sens contraire; si l'on considère en outre que la présence du gypse et de la cargneule à Oey et dans la vallée de la Kander et celle d'une *klippe* de lias près de Mühlenen, sont de très forts indices que c'est la base de l'éocène qui forme le pied des deux versants, on arrivera à la conclusion que la chaîne est un reste d'une synclinale très bouleversée dans son intérieur, et dont la ligne de faîte est l'axe. C'est ce qui résulte aussi du profil par le Reiterihorn, au-dessus de Frutigen, que donne M. Studer.[1]

Un autre trait fort remarquable, aussi observé par M. Studer, c'est qu'au Niesen même les couches plongent surtout au sud-ouest; il y a donc là le changement de direction que nous avons déjà trouvé à la Simmenfluh et à la Burgfluh, près de Wimmis. La chaîne du Niesen est ainsi la quatrième de celles à la terminaison desquelles nous constatons des indices ou d'une contraction qui s'est faite de l'est à l'ouest, et dont les effets se sont combinés avec le plissement général du nord au sud, ou de l'existence d'un obstacle qui aurait produit le même résultat en entravant ce plissement (p. 319, 327, 338).

---

[1] Geologie der Schweiz, B. 2, S. 125.

Vallées.

Même quand on ne veut faire que le moins de théorie possible, on ne peut guère, à l'heure qu'il est, parler des vallées sans toucher à la question de leur origine. A mesure que la doctrine des soulèvements subits a perdu du terrain, celle de l'érosion comme agent principal de la formation des vallées a dû naturellement en gagner. En Suisse, la question a été remise à l'ordre du jour par M. Rütimeyer, puis traitée à diverses reprises par M. Heim, et tout dernièrement par M. Schardt.[1]

C'est moins par les observations que j'ai faites dans les vallées que par celles qui ont rapport aux hauteurs, que j'ai été conduit à admettre que l'action des agents atmosphériques et de l'eau en mouvement a fait disparaître des masses considérables de roches. Je ne saurais guère en effet m'expliquer autrement le fait que, pour décrire la structure de nos chaînes, j'ai eu si souvent à parler de synclinales et assez rarement de voûtes; les unes n'existent pas sans les autres, et si ces dernières ne jouent qu'un rôle peu apparent, c'est qu'elles ont été ablationnées peu à peu à partir du moment où elles ont commencé à sortir de la mer. Les voûtes jurassiques de l'alignement du Niederhorn ne forment pas une exception: la présence du flysch jusque sur leur sommet montre que c'est ce terrain qui les a préservées de la dénudation jusqu'à une époque assez récente. Ensuite on observe dans beaucoup d'endroits de nos montagnes des plissements qui n'ont pu avoir lieu qu'entre des couches qui ne sont plus là, et dont la place est occupée par une vallée ou un vallon: les refoulements qui existent entre les Brunnen et la Spitzfluh (p. 312), ne peuvent s'être opérés que quand les couches refoulées étaient surchargées par d'autres; la synclinale verticale et comprimée du Wannels (p. 315) n'a pu se former que quand les deux vallons qui le bordent n'existaient pas. En général, on ne se rend compte du redressement de toutes les couches de nos montagnes qu'en admettant qu'il s'est opéré dans un temps où il n'y avait pas de dépressions considérables entre elles; ainsi les vallées longitudinales que nous y voyons maintenant ont été creusées par l'érosion.

[1] Etudes géologiques sur le Pays d'Enhaut vaudois, p. 168.

Ce n'est pas seulement l'action mécanique de l'eau qui est capable de produire de grands effets dans la formation du relief des montagnes, mais aussi son pouvoir dissolvant. Dans presque toutes les régions montagneuses, il existe des lacs situés dans des dépressions considérables, dont le pourtour ne présente que des roches en place où rien ne permet d'en attribuer la formation à des dislocations. Leurs eaux limpides s'échappent par des conduits souterrains; elles semblent ne pouvoir emporter que des quantités infimes de matières minérales, et c'est cependant à leur action qu'il faut attribuer le creusement de tout le bassin, du moins à partir du point par où les eaux s'écoulaient autrefois, en sortant d'un vallon non interrompu par une dépression. Les lacs de Wallolp et du Stockhorn sont, dans nos montagnes, les principaux de ceux qu'il faut ranger dans cette catégorie.

Les partisans de la doctrine de l'érosion ne sauraient du reste attribuer au hasard la direction des vallées actuelles; car il est évident que quand les plissements ont fait sortir de la mer la région de nos montagnes, ce ne pouvait être une plaine entièrement horizontale; les premières dislocations y avaient déjà produit des accidents de relief qui ont dû déterminer la direction des eaux courantes; mais il ne semble pas qu'on puisse espérer de trouver, à l'heure qu'il est, des traces de ces mouvements primitifs du sol, traces qui ont dû être effacées par toutes espèces de changements postérieurs.

Pour rester fidèle à mon rôle de simple rapporteur, j'aurai cependant soin dans ce qui suit de mentionner les faits qui peuvent être favorables à l'hypothèse que les dislocations et les ruptures ont joué le principal rôle dans la formation des vallées.

Vallée de la Sarine.

Dans notre territoire, la Sarine traverse la chaîne du Ganterist par une cluse oblique, où s'opère un léger changement dans la direction des montagnes, changement dont on ne s'aperçoit du reste bien qu'en rapprochant la feuille XVII de la nôtre. Il peut donc y avoir eu là une rupture originelle qui a livré passage à la rivière. Mais si l'on considère que le jurassique supérieur et les terrains crétacés de la Dent-de-Broc n'ont de continuation qu'au Moléson, à plus d'une lieue de distance, et que ce n'est pas la rupture qui a éloigné ces deux montagnes, on est ramené à penser que l'érosion a détruit une partie très considérable de la rive gauche de la rivière. Nous avons déjà eu l'occasion de voir que la chaîne de la Berra a subi une ablation encore plus complète (p. 288). Ces deux faits nous montrent que la Sarine a accompli un travail en rapport avec son importance.

Bassin de la Jogne.

La vallée de la Jogne est longitudinale à son origine et à sa partie inférieure; entre deux elle est plus ou moins obliquement transversale. Elle est parvenue à un degré d'achèvement assez avancé, car la rivière n'a de rapide un peu important qu'à la Tzintre (p. 234). Dans la partie transversale, la correspondance des deux flancs n'est pas parfaite. C'est dans la cluse de la chaîne des Gastlosen que la discordance est la plus importante: il y a eu là rupture, changement de direction et rejet de la montagne (p. 332). A la cluse de Jaun, on trouve de même un manque de concordance entre les deux côtés de la vallée (p. 322). A Im Fang le lias est très rétréci seulement sur le flanc gauche (p. 308). En amont des Fornix, le jurassique supérieur ne se raccorde pas complètement d'un côté à l'autre. Enfin, en amont de la Tzintre, toute la partie centrale du massif du flanc gauche disparaît bientôt sous le jurassique supérieur du flanc droit (p. 309). Ces discordances de structure sont un peu plus grandes que celles qu'on rencontre dans les parties de nos chaînes qui n'ont point de vallées transversales; elles ne sont surpassées que par celles qu'on constate à la cluse imparfaite du Harnisch (p. 324). Elles n'autorisent pourtant pas à penser que les chaînes aient été coupées profondément par les dislocations qui les ont produites; mais elles indiquent qu'à la place où elles se trouvent, il pouvait y avoir de simples solutions de continuité, qui auraient déterminé la direction de l'écoulement des eaux et la formation de la vallée.

Dans cette partie transversale on ne remarque pas, sur les flancs, des plateaux ou des adoucissements de pente qui soient les restes d'un ancien *sol* de la vallée; cela provient probablement de ce qu'il y a toujours eu un certain équilibre entre l'érosion opérée par la Jogne d'un côté, et celle de ses petits affluents et de l'action pluviale de l'autre. Dans la partie longitudinale inférieure le plateau de Charmey, de Lienson et des Gîtes, qui a une pente uniforme (pl. 6, fig. 1), semble être un ancien sol de la vallée; mais il n'y a aucun indice que la rivière y ait jamais passé. Comme le Montélon et la Jogne font voir que le quaternaire y est très puissant, il faut admettre que cette dernière avait probablement creusé son lit dans le milieu de la vallée, et qu'à un certain moment de l'époque glaciaire elle a été reportée, ainsi que le Javroz, du côté du Montsalvens.

La plaine dans laquelle coule le Rio-du-Mont en amont de son confluent, montre que la région inférieure de la vallée qu'il parcourt est en quelque sorte achevée, comme la partie de celle de la Jogne où elle aboutit. M. Schardt[1] pense que ce ruisseau recevait autrefois une bonne partie de l'eau qui s'écoule maintenant par celui de Vertchamp (feuille XVII de la carte). Les deux flancs de la vallée ne correspondent pas entièrement; le gauche est plus plissé que l'autre (p. 308); il doit donc y avoir eu là une déchirure importante, à laquelle il faut attribuer une part du travail opéré.

La vallée du Montélon est moins avancée dans sa formation que celle du Rio-du-Mont, car la pente du thalweg est plus rapide. La correspondance entre les flancs est ici aussi complète qu'elle peut l'être.

En amont des Sciernes, la vallée du Javroz présente sur son flanc gauche un plateau longitudinal incliné qui en a été peut-être le sol à la fin de l'époque glaciaire; cependant on n'y voit rien qui indique que la rivière y ait jamais passé.

Bassin des deux Sensen.

Aucune des vallées de ce bassin n'est rigoureusement transversale ou longitudinale. Le flysch où elles se trouvent est un terrain qui permet à peine de déterminer la structure de la montagne actuelle; ce serait donc une entreprise bien vaine que de chercher à deviner ce que cette structure pouvait être, quand l'érosion a commencé son œuvre.

---

[1] Etudes géologiques sur le Pays-d'Enhaut, p. 177.

On peut placer l'origine de la vallée de la Warme Sense à volonté dans trois vallons, ceux des Chesalettes et des Recardes, qui sont longitudinaux, et celui de Nüschel, qui est obliquement transversal; mais tous les trois sont élevés, et leurs eaux n'arrivent au lac Noir que par des gorges et en faisant des chutes; aussi ce n'est qu'au bassin où elles se réunissent ainsi que commence proprement la vallée. Le lac ne dépasse pas 10 m. de profondeur; en suivant son effluent, qui ne tarde pas à avoir une assez forte pente, on se convainc facilement que sa formation est récente, et n'a pour cause que les éboulements de flysch du flanc gauche et les déjections des ruisseaux du flanc droit. Quant au bassin lui-même qui l'enferme, j'en attribue l'existence à la présence du gypse et de la cargneule qui se trouvent des deux côtés; ces deux roches étant très solubles, l'eau peut y produire à la longue de grands effets, même sans exercer d'action mécanique.

Simmenthal.

La vallée de la Simme est transversale jusqu'à son entrée sur notre carte, où elle devient un instant longitudinale. Bientôt elle traverse obliquement les couches jusqu'à Reidenbach, et depuis là elle reste remarquablement parallèle aux hautes montagnes de son flanc gauche, jusqu'à ce que celles-ci viennent se mettre en travers à la Burgfluh.

Le profil longitudinal de cette vallée ne présente d'irrégularité notable de pente qu'à la Laubegg, en amont de Garstatt, où la rivière franchit par un rapide remarquable un massif de conglomérat de la Hornfluh. Les petits rétrécissements de la vallée, leurs causes et leurs effets ont déjà été indiqués à la p. 276.

M. Studer cite le Simmenthal comme exemple de vallée dont la formation peut être attribuée à l'érosion.[1] Il serait en effet difficile de trouver quelque fait qui puisse faire penser que, sur tel ou tel point, la disposition des couches ou leur rupture ait déterminé la direction de la vallée. On chercherait vainement, par exemple, le long de la Simme, entre Latterbach et Weissenburg,

---

[1] Lehrbuch der physikalischen Geographie und Geologie, B. 1, S. 351.

des indices que le flysch ait été jamais une synclinale régulière, qui aurait formé une vallée analogue à celles qui séparent les chaînes du Jura.

Sur les pentes en dessous des montagnes composées de terrains secondaires, on remarque souvent des terrasses qui ont dû être une fois des sols, soit de la vallée principale, soit d'une latérale qui lui était parallèle; à différents endroits aussi, des collines sont séparées de la pente générale par un petit vallon longitudinal sans eau, duquel on peut penser que c'est un ancien lit de la Simme. Nulle part pourtant les terrasses ne se prolongent d'une manière assez continue pour qu'elles apparaissent clairement comme étant des restes d'un ancien niveau de la vallée. On peut seulement reconnaître entre un certain nombre d'entre elles des rapports de hauteur qui permettent de les considérer, sans trop de chances d'erreur, comme étant contemporaines et marquant à peu près la même étape dans le creusement de la vallée. Pour mentionner les trois groupements que j'ai cru pouvoir faire de cette manière, je me servirai des noms qui sont indiqués sur les cartes au $^1/_{50000}$, feuilles Boltigen et Wimmis.

1) Aeschi (flanc gauche)	. . . .	895 m.
Aegerten (flanc droit)	. . . .	885 „
Oberwil (flanc gauche)	. . . .	850 „
Bühl (flanc gauche) .	. . . .	840 „
Ouest de Weissenburg (flanc gauche) .	. .	770 „
Reichenbach (flanc gauche)	. . .	750 „
Leimeren (flanc gauche) .	. . .	730 „
Sud-ouest de Latterbach (flanc gauche)	. .	715 „

L'ancien sol de la vallée dont ces terrasses seraient des restes, aurait eu une pente de 180 m. entre Aeschi et Latterbach; la rivière actuelle descend de 160 m. environ entre ces deux points.

2) Hüppweid (flanc gauche)	. . .	1160 m.
Gstüssen (flanc gauche) .	. . .	1120 „
Littisbach (flanc gauche) .	. . .	1110 „
Eschiegg (flanc gauche) .	. . .	1110 „
Ouest de Boltigen (flanc gauche)	. .	1070 „

Adlemsried (flanc gauche)	1047 m.
Pfaffenried (flanc droit)	1010 „
Silberbühl (flanc droit)	1000 „

Pour ce sol de la vallée, plus élevé que le précédent, la différence d'avec la pente actuelle est plus grande: 160 m. contre 110 m. environ.

3) Dans la région d'Erlenbach:

Balzenberg	970 m.
Moos	925 „
Thal	875 „
Almenden	865 „

Ces terrasses auraient pu être jointes au groupe précédent, si elles n'étaient pas trop éloignées du thalweg actuel. Elles se rapportent probablement à une époque un peu plus reculée, où il y avait peut-être dans le Simmenthal deux ou trois vallées longitudinales parallèles, dont les torrents auraient peu à peu détruit les barrières qui les séparaient pour n'en plus former qu'une. La pente de l'ancien sol qu'elles représentent était beaucoup plus grande que celle des autres groupes.

Il n'est pas facile de s'expliquer comment il s'est fait que le Simmenthal ait deux issues, l'une au nord, l'autre au sud de la Burgfluh (pl. 12, fig. 2). Pour suivre cette dernière d'amont en aval, il faut monter de 130 m. à partir de la Simme; mais il est évident, d'après la configuration du sol, qu'une bonne partie de ce barrage n'existerait pas sans les débris qu'ont amenés les torrents du Niesen; peut être que, si cet apport était enlevé, l'issue ne serait guère moins profonde que l'autre. Dans la gorge septentrionale, je n'ai trouvé de trace du travail de l'eau que sur un point; c'est au premier rocher que la route entame en amont du pont de Wimmis; une excavation polie est à environ 30 m. au-dessus de la rivière. Il n'est pas impossible qu'elle se soit faite à l'époque où la glace occupait la gorge.

Il se peut fort bien que le ployement à angle droit qu'a subi l'extrémité orientale de la chaine (p. 338), ait produit une rupture qui aurait facilité la formation de l'issue septentrionale, même quand une couverture de flysch y serait tombée; mais cet événement ne peut absolument pas être rapporté à une époque postérieure au creusement de l'issue méridionale. Il n'est pas possible non plus d'admettre que la Simme se soit frayé successivement les deux passages, d'abord celui du sud, ensuite celui du nord. Pour appuyer cette hypothèse, il faudrait supposer un barrage qui serait venu se placer au midi de la Burgfluh, et qui aurait fait monter les eaux du Simmenthal assez haut pour qu'elles pussent commencer à passer par l'issue septentrionale; il faudrait encore que cet obstacle se fût maintenu assez longtemps pour que la nouvelle gorge se fût approfondie de telle façon que la Simme n'ait pas pu retourner dans son ancien lit. Le glacier de la Kander a pu former un tel barrage pendant un certain temps (p. 262); mais il n'est pas possible qu'il ait eu la permanence qu'il faudrait lui supposer.

Les deux passages ont donc été creusés simultanément. Celui du sud peut très bien être l'œuvre du Chirel: à une première époque ce torrent aurait passé par Bächlen, qui forme encore une terrasse, et par le midi de la Zünegg; à une seconde époque un éboulement descendu du Niesen aurait suffi pour lui faire porter son cours au nord de la Zünegg, où il serait devenu parallèle à la Simme; l'érosion des deux rivières aurait ensuite détruit la barrière qui les séparait d'abord, et depuis lors le Chirel serait devenu un affluent de la Simme, et aurait abandonné son débouché particulier. Du reste, pendant que les glaciers du Simmenthal et de la vallée de Diemtigen se rencontraient et se refoulaient tour à tour sur ce petit espace (p. 260), il est sans doute arrivé souvent que les eaux de fonte du Simmenthal se sont échappées par l'issue méridionale, et quelquefois que celles de la vallée de Diemtigen ont passé par la gorge septentrionale.

Groupe des vallées de Diemtigen.

Les montagnes de cette région présentent une plus grande variété de structure que celles du reste de notre territoire; en outre il paraît certain que les dislocations que leurs couches ont subies remontent à différentes époques; cela complique le problème de l'origine des vallées qui s'y trouvent.

Mäniggrund. La formation de la plus grande partie de cette vallée peut être regardée comme ayant eu pour point de départ une synclinale très évasée. Comme on ne voit, le long du ruisseau, les terrains antéglaciaires que sur un point, il est difficile de savoir si la courbure de cette synclinale a été compliquée de ruptures, qui auraient préparé ou accompagné le travail de l'eau; les failles du Buffeli et du Buntelgabel et la présence du flysch sur le flanc gauche, jusque près du thalweg, rendent cette hypothèse probable. Il est fort possible aussi qu'une rupture ait eu lieu au débouché de la vallée; mais dès que l'on admet que les montagnes sont le résultat d'une contraction de la croute terrestre, on ne peut penser que la brisure ait été accompagnée d'un écartement des lèvres créant un passage que l'érosion n'aurait fait ensuite qu'agrandir.

Vallée du Filderich. En parlant du cirque de Seeberg, p. 345, j'ai déjà examiné la question de sa formation. Jusqu'à Zwischenfluh, le Filderich suit une ligne de faille; mais cette dislocation est probablement très ancienne; elle a déterminé peut-être la formation d'une vallée, mais déjà à une époque où des cours d'eau, dont la direction était toute différente, en creusaient d'autres entre *les klippen* (p. 349). Ces vallées primitives ont été remplies par l'éocène, et les dislocations postérieures n'ont ramené de rivières que dans celle du Filderich. Ce torrent a dès lors approfondi la vallée dans ce terrain, qu'il n'y met plus à jour, maintenant qu'il a perdu peu à peu la pente qu'il lui faudrait pour déblayer les décombres glaciaires et modernes. La mesure de l'action érosive qu'il a exercée nous est donnée par le défilé de Zwischenfluh, où il n'est pas possible d'admettre qu'une rupture lui ait créé un passage.

Vallée du Chirel. Cette vallée commence dans le flysch; rien dans ce terrain n'indique qu'une dislocation ait déterminé sa direction, qui est oblique à celle des couches. Elle est bordée ensuite par les grands escarpements jurassiques du Schwarzberg, au pied desquels on verrait sans doute le flysch, si le Chirel était plus avancé dans le travail du déblaiement des dépôts glaciaires qui s'y sont accumulés. La vallée n'aurait été préparée par les dislocations que si la formation de ces escarpements était postérieure au dépôt de l'éocène, ce qui est peu vraisemblable, ainsi que nous l'avons vu plus haut.

SECONDE PARTIE.

PLATEAU.

Par suite de la présence du lac de Neuchâtel, la partie du plateau suisse dont nous avons à nous occuper ici n'arrive pas jusqu'au Jura. Cependant la molasse qui forme la rive droite de ce lac reparaît de l'autre côté, à ses deux extrémités et dans le golfe que le Jura forme à Boudry. Cette dernière région, qui est sur la feuille XII, a été décrite par M. Jaccard dans la sixième livraison de ces Matériaux, p. 26 et 49, et dans la septième, p. 56.

Tout en conservant les traits généraux de la configuration du plateau suisse, notre région en présente de particuliers dans la direction de ses cours d'eau et par conséquent dans son relief. J'ai déjà donné quelques détails là-dessus à la p. 8.

Un coup d'œil jeté sur la carte montre que dans la région à l'occident de la Sense, que je dois décrire ici, le quaternaire occupe plus de place que la molasse, tandis qu'à l'orient c'est l'inverse. En outre ces deux divisions principales s'y découpent beaucoup plus l'une l'autre. Cette différence a peut-être un peu sa raison d'être dans la nature des choses, mais elle a surtout pour cause la manière dont le lever a été fait: comme tous nos collègues, Bachmann a tenu compte surtout du tertiaire, et n'a marqué le quaternaire que là où il occupe de grands espaces. Sans prétendre que j'aie eu raison de faire autrement, il faut que je dise ici comment je m'y suis pris pour exécuter mon travail: en multipliant les courses autant qu'il m'a été possible, j'ai marqué le tertiaire partout où il m'est arrivé de trouver un indice de sa présence, et, quand c'était nécessaire pour rendre les affleurements visibles sur la carte, je leur ai donné une étendue plus grande que celle qu'ils ont dans la nature ; je crois donc que dans les surfaces où j'ai mis la teinte du quaternaire, ce terrain forme bien réellement une nappe tout au moins assez épaisse pour que le tertiaire sous-jacent ne soit pas atteint par les travaux ordinaires de l'agriculteur. Il y a probablement çà et là des pointements de molasse qui m'ont échappé ; mais je ne doute pas que, si l'une des divisions a été favorisée aux dépens de l'autre, ce ne soit en définitive le tertiaire.

CHAPITRE Ier.

LA MOLASSE ET SES DIVISIONS.

Résumé historique : Scheuchzer p. 55, Bertrand 57, Razoumowsky 58, Manuel 61, C. Escher 61, 63, L. de Buch 62, 72, Chambrier 62, Ebel 62, Fontaine 63, Bernouilli 22, Kuenlin 64, Lardy 64, 71, Humboldt 64, Levade 64, Bakewell 64, Meissner 64, Studer 67, 70, 71, 75, 76, El. de Beaumont 27, Necker 70, Blanchet 71, de Charpentier 71, Morlot 76, Bessard 76, Ph. de la Harpe 76, Jaccard 76, Mayer, Heer, Renevier 76, Martignier et de Crousaz 76. Notes paléontologiques de divers auteurs 77.

Comme on le sait, le nom de *molasse* a été introduit dans la science par de Saussure. Chez les populations de la Suisse romande, il désigne seulement le grès tendre, qui est la roche prédominante du terrain auquel les géologues l'appliquent ; dès que le grès est difficile à tailler, elles lui refusent ce nom, et l'appellent *pierre dure*.

Malgré le grand nombre d'auteurs que contient la liste ci-dessus, la molasse de notre territoire a été peu étudiée ; il n'y a guère que les ouvrages de M. Studer qui renferment autre chose que des observations faites en passant, ou une application plus ou moins heureuse de résultats obtenus ailleurs.

Les différences de composition pétrographique et les fossiles, quand il y en a, amènent à distinguer dans ce terrain différentes subdivisions, dont l'âge relatif n'est pas toujours facile à déterminer, comme nous le verrons après les avoir successivement décrites. Ces subdivisions sont:

1) Le grès de Ralligen.
2) La molasse d'eau douce avec lignite.
3) La molasse d'eau douce inférieure sans lignite.
4) La molasse marine.
5) Le poudingue subalpin.
6) Le grès coquillier.

Grès de Ralligen.

Ralligen est le nom d'une tour sur la rive droite du lac de Thoune, au nord-ouest de Merligen. Au-dessus de cette localité, on voit affleurer des grès mélangés de marnes, que M. Studer a décrits avec beaucoup de détails dans ses Beyträge zu einer Monographie der Molasse, 1825, p. 38 à 44 et pl. 1, fig. 2. Plus tard il a appliqué le nom de grès de Ralligen à d'autres assises qui occupent une position analogue au pied des Alpes, mais qui, pour ce qui concerne la feuille XII, se sont trouvées appartenir au flysch. C'est du grès de la localité même seulement que je crois devoir rapprocher une des subdivisions de la molasse du canton de Fribourg.

Sur la feuille XII, le grès de Ralligen commence à Rapaz au pied du massif des Alpettes; caché sans doute sous les dépôts glaciaires au nord-est de cette localité, il ne se remontre qu'à Vaulruz, où il s'élève pour former une des collines considérables du canton; plus loin la plaine de la Sionge l'interrompt, mais après cette rivière il constitue deux collines parallèles; au delà de la Sarine, il ne reparait qu'à Impart, où il forme une élévation moins accusée. Là se termine cette zone, dont on ne retrouve aucune continuation jusqu'au delà de la vallée de l'Aar.

Les localités où on peut le mieux observer le grès de Ralligen sont la carrière de Vaulruz, et celle du pont de Corbières. On voit aussi d'assez grands affleurements à Rapaz, aux ruisseaux près de Vaulruz, à une carrière au sud de Marsens, à Vuippens, où la Sionge en coupe un grand massif, enfin au ruisseau près d'Impart.

Description. La roche principale de cette division est un grès assez dur pour que la cassure en soit parfois esquilleuse; la teinte est un gris bleuâtre foncé; mais l'influence de l'air, qui pénètre très profondément, la change en gris sale, légèrement jaunâtre. Les grains que l'on obtient en dissolvant la roche dans l'acide, ne paraissent pas différents de ceux de plusieurs variétés de la molasse proprement dite. Les bancs sont nettement séparés les uns des autres, mais il arrive que leur surface se trouve bosselée et ondulée. Ils présentent toutes les épaisseurs, depuis celle de feuillets de schistes jusqu'à 1 m. et plus; la division en dalles est la plus fréquente.

Avec les grès se trouvent des marnes argileuses de même teinte, à cassure largement conchoïde, quand elles ne sont pas schisteuses. Souvent elles sont sableuses à différents degrés; et quand elles ne le sont pas, on y voit habituellement de très petites paillettes de mica. Les pyrites de fer y sont fréquentes, mais elles ne forment que rarement de gros noyaux; souvent ce ne sont que des grains que l'on distingue à peine à l'œil nu. Au pont de Corbières, j'y ai vu un feuillet de charbon.

Les grès et les marnes s'entremêlent de toutes les façons; cependant on a souvent des massifs puissants de l'une des deux roches où l'autre n'apparaît que d'une manière très subordonnée. En somme les grès paraissent l'emporter en épaisseur sur les marnes.

Variations. Le grès varie peu; je n'y ai pas remarqué de poudingues, ni même de galets. La teinte y est d'une grande constance; cependant j'ai vu des bancs rouges sur quelques points du ruisseau des Molliets, à l'est de Vaulruz. Quelquefois les fissures y sont remplies de spath calcaire.

Les marnes varient davantage: elles peuvent devenir rouges, verdâtres, violettes, ou être bigarrées de ces différentes teintes; elles ressemblent alors beaucoup à celles de la molasse d'eau douce; cependant elles offrent presque toujours une schistosité marquée qui suffit pour les en distinguer, quand on les voit bien en place. Une autre différence se trouve dans le passage au grès; il est habituellement brusque, ce qui n'est pas le cas dans la molasse d'eau douce.

Puissance. L'épaisseur de cette division paraît être très considérable. C'est au nord-est de Vaulruz que la zone est le plus large. Dans ce profil le plongement au sud-est est tout à fait prédominant, comme ailleurs, mais on y observe aussi quelques inclinaisons en sens contraire, ce qui fait que la puissance des couches n'est pas proportionnelle à la largeur de la zone. A Champotey, sur la rive gauche de la Sarine, le profil est plus favorable pour évaluer la puissance. J'ai mesuré là des plongements allant de 33 à 42°; en admettant une inclinaison moyenne de 35°, on trouve que le terrain a une puissance de 590 m. Ce chiffre est bien élevé, et l'on peut se demander s'il n'y a pas une faille entre les deux collines de Champotey et de Vuippens, en sorte que l'une ne serait que la répétition de l'autre; le fait que les roches sont identiques dans l'une et dans l'autre, vient appuyer cette présomption.

Fossiles. Soit dans le grès, soit dans les marnes, on voit des restes d'origine végétale noirs; mais il est rare que la structure organique y soit un peu conservée, ou qu'elle ait laissé des traces sur les empreintes; quelquefois ils sont accumulés en feuillets minces, d'autres fois encore transformés en charbon brillant, cassant, à poussière noire. Je puis pourtant mentionner:

1° Une feuille de Palmier bien conservée, provenant de la carrière de Vaulruz; elle me paraît se rapporter au *Sabal major* (Unger), que Heer cite de l'aquitanien et du mayencien.

2° Une feuille de *Podocarpus eocenica* Unger, espèce que Heer ne cite en Suisse que du grès de Ralligen.

Les Mollusques que j'ai trouvés n'étant qu'à l'état de moules, ils ne sont guère susceptibles d'une détermination positive. Voici quelques remarques sur les résultats d'une comparaison avec des exemplaires de Ralligen, qui ont conservé leur test. (M. C. Mayer a publié une liste des espèces de cette dernière localité avec des diagnoses.[1])

1° *Cardium.* M. Mayer a établi deux Buccardes nouvelles de Ralligen. Le *Cardium Heeri* me paraît être représenté dans le grès de nos localités. Des empreintes avec ou sans fragments de test indiquent encore la présence de bivalves marines, auxquelles on n'oserait pourtant attribuer un nom générique.

2° *Cyrena.* On trouve sur des surfaces de couches de nombreux moules de valves qui ont la forme des Cyrènes. M. Mayer cite à Ralligen la *Cyrena convexa* Brongn. MM. Renevier et Hébert ont réuni à cette espèce la *Cyrena*

---

[1] Heer, Flora tertiaria Helvetiæ, vol. 3, p. 202.

semistriata Desh. Dans notre grès de Ralligen, il y a des valves qui ont tout à fait la forme un peu plus allongée de la figure de Brongniart, et d'autres qui se rapprochent mieux de celle de Deshayes.

3° *Melanopsis acuminata* Sandb. MM. Sandberger et Mayer ont donné ce nom à un fossile de la Haute-Bavière et de Ralligen, encore trop mal connu pour pouvoir être décrit.[1] La couche marneuse où l'on a trouvé l'*Halitherium* dont il va être question, renferme une quantité de moules d'un Gastéropode qui se rapportent tout à fait à des exemplaires de Ralligen.

J'ai reçu des carriers, ou trouvé moi-même, des restes de poissons et de reptiles, que M. Rütimeyer a eu la complaisance d'examiner et de déterminer autant que faire se pouvait. Ce sont:

Une pièce operculaire de poisson osseux. Rapaz.

Une vertèbre cervicale de Squale. Vaulruz.

Un rayon de nageoire dorsale de poisson osseux avec son porteur interspinal? Vaulruz.

Une dent à pointe émaillée, probablement de poisson. Vaulruz.

Une dent d'un grand reptile, probablement d'un crocodile. Vaulruz.

Une pièce marginale de grande tortue aquatique, probablement marine. Rapaz.

En pratiquant la tranchée du chemin de fer à Vaulruz, on a découvert une Sirène, dont on n'a malheureusement conservé que le tronc. Il est déposé au musée de Fribourg, et M. Reichlen en a publié un dessin (p. 78), que M. Lepsius a eu la bonté d'examiner. Il trouve que pour autant qu'on en peut juger, ce tronc appartient plutôt au genre *Halitherium* de l'oligocène qu'au genre *Metaxytherium* du miocène; peut-être est-ce l'*Halitherium Schinzi* Kaup.

Ces restes nous apprennent que les grès de Ralligen de notre territoire sont une formation marine mêlée de couches saumâtres ou nymphéennes; mais ils sont insuffisants pour en déterminer la place précise dans la série tertiaire. Les auteurs qui se sont occupés de ceux des bords du lac de Thoune, les regardent comme formant la division la plus ancienne de la molasse suisse.

---

[1] Sandberger, Land- und Süsswasser-Conchylien, S. 341.

Molasse à lignite.

La molasse à lignite ne se présente que dans la partie sud-ouest de notre carte; comme elle renferme des bancs de calcaire, elle y est désignée par les lettres mic. Elle forme deux zones, dont l'une suit la vallée du Flon, au nord-ouest, et l'autre celle de la Mionnaz, au sud-est. Les dépôts glaciaires s'étendent en une bande non interrompue sur les hauteurs qui séparent ces deux vallées, en sorte qu'on ne peut voir qu'imparfaitement les couches tertiaires qui sont entre ces deux zones.

C'est aux tranchées du chemin de fer à Oron-le-Châtel, sur le Flon et dans la partie inférieure du cours du Maclon, qu'on voit les affleurements les plus étendus dans la première zone; dans celle de la Mionnaz, il n'y a guère de série de couches un peu continue que sur le ruisseau ouest de Grattavache; la Mionnaz n'en met à jour que dans le ravin par lequel elle descend à la Broye, sur la feuille XVII. Dans les deux zones les galeries des mines de charbon, où l'exploitation se fait avec plus ou moins de continuité, offrent l'occasion de voir de longues séries de bancs. Ce qui suit montre que la molasse à lignite est la division qui nous présente la plus grande diversité de roches.

Molasse et grès. On y trouve d'abord de la molasse ordinaire, c'est-à-dire. du grès tendre; elle est gris verdâtre, ou simplement grise, et se décompose facilement à l'air. Au chemin sud de *tin* (St-Mar*tin*), elle se désagrège en sable, en laissant subsister de grands grumeaux plus résistants. Sauf sur le flanc droit de la vallée de la Mionnaz, où elle forme des masses assez épaisses, cette roche est très subordonnée aux autres. On trouve plus fréquemment un grès dur, gris bleu ou gris verdâtre, à grains fins, quelquefois même assez peu distincts à l'œil nu. Il est souvent disséminé par assises isolées dans les marnes; d'autres fois il forme des massifs de bancs de toutes les épaisseurs jusqu'à 1 mètre. On l'exploite pour pierre de taille, et on lui donne le nom de *pierre dure* ou de *grès*, par opposition à la molasse proprement dite.

Marne. La marne est la roche qui prédomine dans les couches à lignite. Elle est ordinairement de pâte extrêmement fine, d'un gris très foncé ou bleuâtre, à cassure assez conchoïde. On rencontre aussi des couches de marnes bigarrées qui ont des teintes bleues, jaunes, violettes, rouges, etc.; elles sont ordinairement d'un grain moins fin que l'autre, et ressemblent ainsi à celles de la molasse d'eau douce ordinaire; elles s'en rapprochent bien plus encore lorsqu'elles deviennent sableuses, ce qui arrive quelquefois. Un autre trait de ressemblance, c'est la présence de concrétions ramifiées ou mamelonnées, de consistance crayeuse et blanchâtres; mais elles sont assez rares.

Calcaire. Le calcaire des couches à lignite est le calcaire ordinaire des terrains d'eau douce, dont M. Kaufmann a élucidé la formation. Dans notre région il est généralement brun, mais souvent il est plus chargé de matières bitumineuses, et devient alors plus ou moins foncé, quelquefois presque noir. Ordinairement il est assez tendre et à cassure finement terreuse; mais il peut aussi être dur, compacte et à cassure esquilleuse. Il n'est pas rare d'en trouver de schisteux à feuillets très minces; parfois la schistosité est due au mélange de feuillets de charbon très nettement séparés du calcaire; je trouve sur un échantillon jusqu'à onze feuillets alternatifs de ces deux roches sur une épaisseur de 4 mm.

Charbon. Le charbon exploité dans cette division porte le nom de lignite, sans en avoir les caractères physiques: il est noir, cassant, brillant, à poussière noire; il est bien rare qu'on y trouve des parties où la structure végétale soit conservée. Les galeries de mines en traversent ordinairement plusieurs couches; celle qui est à l'endroit désigné par un *, sur les bords de la Mionnaz, en a rencontré douze, mais deux seulement valaient la peine d'être exploitées. Jamais les bancs ne dépassent l'épaisseur de 30 cent., et encore présentent-ils souvent des parties impures.

Variations. Les roches les plus caractéristiques de ce sous-étage sont le calcaire et le charbon; l'on ne trouve guère l'une sans l'autre, quoiqu'elles ne se suivent pas nécessairement dans un ordre déterminé. Les marnes de pâte très fine peuvent aussi être regardées comme assez caractéristiques. J'ai retrouvé le calcaire et le charbon jusqu'à l'extrémité nord-est de la zone du Flon; il n'en a pas été de même au bout de celle de la Mionnaz, mais cela provient probablement de l'exiguité des affleurements. Sauf cette exception apparente ou réelle, les deux zones sont très semblables dans leurs parties principales, car les variétés de roches décrites se montrent identiques dans chacune d'elles. La zone de la Mionnaz a en dessus et en dessous des couches à lignite des massifs auxquels je n'ai donné que la teinte mi, parce que le charbon et le calcaire paraissent y manquer complètement. Sur le flanc gauche du vallon, et dans la partie inférieure du flanc droit, le terrain garde bien son caractère; mais en montant la pente de droite, on est sur des bancs de molasse très épais, qui semblent identiques à ceux de la molasse grise, et les marnes sont aussi moins fines; je n'aurais pas étendu la teinte mic à ces parties, si, le long du ruisseau qui descend au sud du Crêt, il ne s'était pas encore trouvé des fragments nombreux de calcaire avec feuillets de houille.

Quant à la région de la croupe entre St-Martin et le Crêt, les assises visibles ont les caractères de celles de la Haute-Broye dont il sera bientôt question, car il y a grande prédominance de la molasse sur les marnes.

Détails stratigraphiques. Le plongement des assises de la molasse à lignite a une régularité remarquable pour des roches qui varient autant de nature, et qui ne forment pas des masses puissantes et résistantes. Il se fait presque toujours au sud-est; les inclinaisons contraires sont très rares, et ne sont que de petits accidents locaux. Dans la vallée du Flon et sur le flanc droit de celle de la Mionnaz, le degré de plongement est à peu près le même, rarement au-dessous de 20^0, jamais au-dessus de 30^0. Il est plus fort sur la rive gauche de la Mionnaz, où il atteint souvent la moyenne et la dépasse même.

Dans l'intervalle entre les deux zones, les assises qui semblent appartenir plutôt à la molasse grise ont en général un plongement moindre de 20^0; ce sont ainsi les plus rapprochées de l'horizontale; il n'y a donc pas augmentation régulière de l'inclinaison en s'avançant vers les Alpes.

Dans leurs exploitations, les mineurs ont parfois rencontré des failles déplaçant les couches de houille; ces dislocations ne paraissent pas considérables. Peut-être y en a-t-il en revanche une bien plus grande entre les deux zones. On peut se demander en effet s'il faut les considérer comme successives, celle de la Mionnaz étant supérieure à l'autre, ou bien si cette succession n'est qu'une apparence provenant de la rupture d'un seul ensemble de couches. Dans ce cas la molasse sans calcaire de St-Martin au Crêt serait inférieure aux deux zones de lignite, elle aurait été amenée au jour par la faille, et ne serait pas autre chose qu'une réapparition de la molasse grise de la vallée de la Broye. Il n'y a point de raison décisive qui fasse admettre une de ces hypothèses et rejeter l'autre. Je crois plutôt qu'il y a faille, parce que sur les bords du Léman on ne connaît qu'un massif de ces assises, ensuite parce qu'il est un peu improbable qu'à la formation d'une première zone de lignite ait succédé un dépôt de couches d'eau douce ordinaires, et que la formation des lignites ait recommencé après dans des circonstances tout à fait semblables; enfin parce que la puissance de près de 1200 m. qu'il faudrait admettre, ainsi que nous allons le voir, semble bien forte pour cette seule division. Zollikofer ne donne en effet que 100 à 200 m. d'épaisseur à la molasse à lignite sur les bords du Léman; il est vrai qu'il faut peut-être joindre à ce chiffre celui de 130 à 140 m. qu'il attribue à deux divisions secondaires, la molasse à gypse et la molasse à graines noires. [1]

Puissance. C'est au nord-est d'Oron-le-Châtel que la zone du Flon est le plus large. J'ai observé là des plongements variant de 19 à 27°; en prenant seulement 20° et en admettant en outre que Chesalles est à peu près à 80 m. plus haut que le flanc droit du Flon, on trouve que les couches qui sont entre ces deux points doivent avoir une puissance de près de 435 m. (voir p. 76 un autre chiffre indiqué par Morlot).

Le point le plus favorable pour faire la même évaluation dans la zone de la Mionnaz, est le profil de la Verrerie de Semsales. Dans la partie moyenne du ruisseau qui descend du Crêt, les premières assises visibles n'ont qu'une faible inclinaison; au nord-ouest de *G* (*G*rattavache), le plongement devient assez subitement de 25° et il arrive à 52° au-dessus de la Verrerie; en comptant seulement 30° et en admettant que la Verrerie est à 30 m. plus bas que le point de départ, on obtient une puissance de 700 m.

Si les deux zones ne sont que la répétition du même massif, la différence de puissance qui semble exister entre elles provient sans doute de ce qu'au nord-est d'Oron-le-Châtel celle du Flon n'est pas à jour dans toute sa largeur.

---

[1] Bull. de la soc. vaudoise des sc. natur., vol. 3, p. 207.

Si nous envisageons les deux zones comme successives, nous ne pourrons pas leur attribuer une puissance totale bien supérieure à la somme des deux chiffres ci-dessus, parce que les assises intermédiaires plongent peu.

Fossiles. C'est surtout dans le voisinage des bancs de charbon que se rencontrent les fossiles; ils peuvent être dans la marne, mais le plus souvent ils sont dans le calcaire ou le charbon. Le test des coquilles a pris parfois la même couleur que le calcaire, habituellement il est blanc et calciné. Malheureusement presque toutes les pièces sont écrasées, aussi aucun des exemplaires que je possède n'est susceptible d'une détermination rigoureuse. Ils appartiennent tous à des genres d'eau douce; ce sont une ou deux espèces de *Limnées*, une *Planorbe* qui me paraît ne pas avoir été décrite, une *Anodonte*, une *Cyclas* et peut-être une *Cypris*.

Le calcaire renferme quelquefois des restes de végétaux, mais je n'en ai point rencontré de déterminables. Une couche de marne sousjacente à un banc de houille exploité autrefois dans la vallée de la Mionnaz, contient beaucoup de feuilles, dont les détails sont bien conservés, à cause de la très grande finesse de la roche. Je puis citer les espèces suivantes:

1. *Taxodium dubium* (Sternb.).	5. *Typha latissima* A. Braun.
2. *Glyptostrobus Ungeri* Heer.	6. *Salix aff. varians* Gœppert.
3. *Sequoia Langsdorfii* (Brongn.).	7. *Grewia crenata* (Unger).
4. *Arundo Gœpperti* (Munster) ou	
Phragmites œningensis A. Braun.	

Les feuilles du numéro 6 ont tout-à-fait la forme et la nervation du *Salix varians*, mais il n'y en a aucune qui présente une trace de dentelures au bord. Les numéros 4 et 5 sont des plantes de marais ou de lac très répandues dans tous les étages de la molasse. Les numéros 2, 3 et 7 ne sont cités par Heer que dans l'aquitanien et le mayencien; le numéro 1 a une grande extension verticale.

Dans le canton de Vaud, on n'est guère plus avancé dans la connaissance des Mollusques des couches à lignite du bord du Léman. M. Jaccard, qui résume les indications des géologues de Lausanne, ne donne de nom spécifique qu'à l'*Helix Ramondi* de la Paudèze.[1] Dans son grand ouvrage sur les Mollusques terrestres et fluviatiles, M. Sandberger ne cite non plus que cette espèce de Rochette.[2] M. Renevier a donné les résultats de l'examen des fossiles d'une localité où ils sont mieux conservés qu'ailleurs; il n'a pas pu les identifier avec des espèces décrites.[3] Les Anthracotherium et les Chéloniens sont plus connus;[4] mais c'est la flore qui l'est le mieux, grâce aux études de Heer.[5]

Ceux de ces auteurs qui s'occupent de l'âge de la molasse à lignite s'accordent à la mettre dans la partie moyenne de la molasse d'eau douce inférieure, soit dans la partie supérieure de l'étage aquitanien. A cause des Anthracotherium, M. Sandberger serait disposé à la placer un peu plus bas dans la série.[6]

Molasse d'eau douce inférieure.

La molasse d'eau douce occupe des espaces assez considérables sur notre carte, près des lacs de Neuchâtel et de Morat et tout le long des Alpes. Mais elle ne se présente pas partout avec des caractères identiques, et il est nécessaire de la décrire par régions. Celle des bords des lacs se relie, hors de notre territoire, avec celle qui remonte plus ou moins haut au pied du Jura; on peut donc l'appeler *zone subjurassique*. Une autre partie sort de dessous la molasse marine, avec quelques caractères particuliers, dans le coin sud-ouest de notre territoire, c'est-à-dire dans la *région de la Haute-Broye*. On en trouve une troisième zone, dans une contrée où elle n'est pas distinguée sur la carte; c'est à l'est de Fribourg, entre le ravin du Gotteron et la Sense, à l'orient de Heitenried; j'en parlerai sous la rubrique de *région Gotteron-Sense*. Enfin le long des Alpes nous aurons *la zone subalpine*.

[1] Jura vaudois et neuchâtelois, 6ᵉ livr. des Mat. pour la carte géol. de la Suisse, p. 61.
[2] Die Land- und Süsswasser-Conchylien der Vorwelt, p. 469.
[3] Bullet. de la soc. vaudoise, vol. 6, p. 197 et vol. 9, p. 308.
[4] *Renevier*, les Anthracotherium de Rochette. Bull. de la soc. vaud., vol. 16, p. 140. *Portis*, Les Chéloniens de la molasse vaudoise. Mém. de la soc. paléont. suisse, 1882.
[5] Flora tertiaria Helvetiæ, vol. 3, p. 222.
[6] Die Land- und Süsswasser-Conchylien, p. 337.

Zone subjurassique.

Cette zone forme les collines entre le lac de Neuchâtel et la vallée de la Broye; elle y est directement surmontée par la molasse marine, au sud d'Estavayer et dans la partie la plus élevée du Vully, entre les deux lacs. Elle remonte la vallée de la Broye jusqu'à Henniez. A l'est de cette dernière région, elle est habituellement recouverte par la molasse marine, mais partout où les rivières ont creusé des vallons profonds, elle se montre jusque dans l'intérieur du plateau, ainsi le long de l'Erbogne, du Chaudon, du Biberenbach, de la Sarine, de la Sense et de la Tafferna, affluent de la Sense.

C'est aux falaises du lac de Neuchâtel, entre Cudrefin et Font, dans les ravins de Motier et de Praz, sur le lac de Morat, aux berges de l'Aar et de la Sarine, qu'on peut observer les coupes les plus complètes de ce terrain.

Description. La molasse de cette division est un grès tendre, habituellement fin, mais parfois aussi assez grossier; ordinairement les grains se distinguent à l'œil nu; à la loupe ils se montrent anguleux et assez souvent transparents; les opaques ont des teintes variées; le vert de différentes nuances est fréquent, le rouge est plus rare. Le ciment, peu distinct, doit être en grande partie argileux, car la molasse d'eau douce ne résiste pas à l'influence de l'air, et ne donne qu'une très mauvaise pierre de construction. Ce qui la distingue surtout de la molasse marine, ce sont les variations de couleur que présentent la plupart des bancs: ils sont panachés de verdâtre, de bleuâtre et de jaunâtre ou de roussâtre; ces teintes, qui proviennent sans doute des influences atmosphériques, pénétrent si profondément qu'on ne voit presque jamais la couleur uniforme que la roche a sans doute dans la profondeur. J'ai rencontré, mais bien rarement, des bancs un peu rouges.

C'est à la molasse d'eau douce qu'appartient surtout la roche que M. Studer a décrite sous le nom de *Knauermolasse*,[1] *molasse à grumeaux*. Dans cette variété, la masse principale est de facile décomposition; elle contient des grumeaux ellipsoïdes, ordinairement d'un très grand diamètre, faisant saillie dans

---

[1] Beiträge zu einer Monographie der Molasse, S. 97. Geologie der Schweiz, B. 2, S. 353.

les parois qui coupent le banc, et plus ou moins disposés en lignes dans le sens de la stratification; la roche en diffère peu de celle du banc lui-même, le ciment y est seulement plus tenace. Quelquefois les parties saillantes ont des formes rectangulaires, et figurent par leur alignement des portions de bancs séparées par des parties tendres; la roche en est alors d'un grain plus fin.

Les marnes jouent un grand rôle dans la molasse d'eau douce; elles sont de pâte plus ou moins fine et plus ou moins argileuses; elles se distinguent surtout par la variété de leurs couleurs, car elles sont grises, jaunes, bleues, verdâtres, violettes, roses, rouges, etc.; ces teintes sont parfois distribuées par bancs, surtout la dernière; mais souvent aussi il y en a plusieurs qui panachent la même assise. Il est remarquable que les couches rouges soient souvent presque exclusivement argileuses. La structure des marnes est rarement homogène, mais souvent plus ou moins grumeleuse. Dans quelques bancs on trouve des concrétions d'un calcaire blanchâtre, dur ou de consistance crayeuse; elles sont ramifiées et mamelonnées, jamais régulièrement arrondies, et ne dépassent guère la grosseur d'une noix.

Entre la marne et la molasse il y a tous les passages possibles, et, pour désigner ces variétés intermédiaires, on hésite souvent entre le nom de *molasse marneuse* et celui de *marne sableuse*.

Sur la rive gauche du lac de Neuchâtel, la molasse d'eau douce renferme des bancs calcaires en proportion notable. Dans notre territoire je n'en ai rencontré qu'un seul, qui ne paraît pas se prolonger bien loin. Il est à la falaise au nord de *re* (Chabrey), en dessous de 6 mètres de molasse. C'est un calcaire plus compact, plus pur et plus dur que ne l'est ordinairement cette roche quand elle s'est formée dans l'eau douce; la cassure est esquilleuse, la teinte d'un gris assez clair, parfois un peu panaché de rose; on y remarque beaucoup de petits cristaux, qui sont isolés ou groupés en nids sans former de géodes. Je n'y ai pas trouvé de fossiles.

La séparation des bancs de molasse et de marne n'a jamais rien de bien net; ordinairement le passage des uns aux autres est insensible. En général les assises de molasse ont une grande puissance; on en voit qui atteignent

20 mètres sans renfermer de joints de stratification dans leur intérieur. Il y a des massifs de marnes d'une égale épaisseur, mais ils se divisent à l'infini, soit par la teinte, soit par la pâte de la roche.

Variations. On peut s'attendre à trouver, et on trouve en effet, une certaine constance dans la molasse d'eau douce, quand on la suit sur une ligne parallèle au Jura. Cependant, si on fait deux relevés détaillés des assises à peu de distance l'un de l'autre, il n'y a presque jamais identité entre eux, pour peu qu'ils comprennent une étendue verticale un peu considérable. Les bancs de molasse épais ont une certaine constance; cependant il arrive souvent que l'autre roche vient s'y intercaler et les diviser. Quant à la marne, si l'on cherche à en suivre une assise, on trouve presque toujours que la roche en subit des modifications, soit dans sa teinte, soit dans sa nature. J'en ai même vu qui avaient un mètre d'épaisseur et finissaient d'une manière tout-à-fait brusque dans un banc de molasse. Pour obtenir des coupes concordantes, il faut s'en tenir à une région restreinte et les établir par grandes masses de molasse et de marnes, encore arrive-t-il qu'on est parfois embarrassé pour assigner des caractères à chaque membre, parce que le même massif change un peu d'un ravin à l'autre : un grand banc de molasse, par exemple, se présente dans l'un avec des grumeaux, tandis que dans l'autre il est homogène. Je me dispenserai donc de donner ici des coupes qui n'auraient de valeur que pour une localité, et desquelles il ne ressortirait aucun fait général.

Il résulte encore de ces variations qu'on ne peut établir dans la molasse d'eau douce des étages qu'on puisse espérer de retrouver partout, même en restant également loin du pied du Jura.

Quand on va du côté des Alpes en partant du lac de Neuchâtel, les modifications sont encore plus grandes, mais s'opèrent assez graduellement. On quitte une région où les marnes tiennent à peu près autant de place que la molasse, et on les voit diminuer de plus en plus, de telle sorte que sur les points les plus éloignés du Jura, elles ne jouent qu'un rôle tout-à-fait subordonné, et que pour en rencontrer il faut être sur des affleurements considérables dans le sens vertical. Cette remarque est bien loin d'être nouvelle, car il y à 60 ans que M. Studer avait déjà observé ce fait, le long de l'Aar entre Aarberg et Laupen.[1]

Puissance. Dans le Vully la molasse d'eau douce horizontale atteint l'altitude de 600 mètres; le lac de Morat étant à 435 mètres, on en voit sur ce point une puissance de 165 mètres. Sur le flanc droit de la vallée de la Broye, elle monte à des altitudes supérieures, à 650 mètres par exemple; mais les couches présentent des inclinaisons qui ne sont pas toujours les mêmes, et ces endroits sont trop éloignés du sol de la vallée pour servir à une évaluation de puissance. Nous n'avons du reste au Vully et sur la rive droite du lac de Neuchâtel que la partie supérieure du terrain; la partie inférieure est sur le flanc du Jura; là, à St-Blaise par exemple, les assises plongent assez fortement au sud-est. Il est impossible de savoir à quelle profondeur elles se trouvent sur la rive droite du lac; toutefois les couches de la plaine et du Jolimont, entre les lacs de Neuchâtel et de Bienne, étant déjà horizontales ou à peu près, celles de St-Blaise ne doivent pas tarder à le devenir sous les eaux. Peut-être le lac est-il creusé uniquement dans le tertiaire; comme il atteint la profondeur de 145 mètres, la puissance de la molasse d'eau douce serait alors d'au moins 310 mètres.

Fossiles. Malgré le grand espace qu'occupe la zone subjurassique, j'ai le regret de devoir dire que je n'y ai rien trouvé en fait de restes d'animaux et de plantes, et que ce n'est que pour mémoire que je mets le mot de *fossiles* au commencement de cet alinéa. On rencontre des Mollusques sur quelques points le long du Jura, mais les espèces sont très peu nombreuses; elles appartiennent au miocène inférieur.

Région de la Haute-Broye.

Au sud de Rue, les flancs de la vallée de la Broye et le lit de la rivière montrent de la molasse tout-à-fait semblable à celle des environs de Lausanne, qu'on a ordinairement désignée sous le nom de *molasse grise*. Le grain de cette roche varie beaucoup de grosseur dans les mêmes bancs, et il est en

---

[1] Beiträge zu einer Monographie der Molasse, S. 100.

général plus grossier que dans la zone subjurassique; le ciment y étant peu tenace, elle se décompose facilement en sable. Elle forme des bancs très puissants, ne renfermant presque pas de joints de stratification dans leur intérieur. La teinte varie suivant que les surfaces que l'on examine sont à l'air depuis plus ou moins longtemps : sur les pentes rapides, où les grains qui se détachent tombent facilement, elle est uniformément grise; sur les flancs des ravins, où l'érosion est plus active, le gris se trouve passablement bleuâtre, rarement verdâtre; quand la désagrégation est lente, les surfaces sont plus ou moins panachées de jaune sale, comme dans la zone subjurassique.

Les grands bancs de molasse sont séparés par des assises peu puissantes de marnes bigarrées tout-à-fait semblables à celles des bords du lac de Neuchâtel; il y a aussi des argiles sans calcaire et des bancs dont la roche est intermédiaire entre la molasse et la marne. On pourrait signaler comme une différence entre les deux régions la présence d'assises entièrement noires, si elles n'étaient pas très rares.

C'est uniquement à cause de ces analogies pétrographiques avec d'autres régions qu'il faut regarder cette molasse de la Haute-Broye comme étant une formation d'eau douce. Je n'y ai trouvé en fait de restes d'animaux qu'une *Helix* et un fragment de carapace de tortue, à l'entrée du tunnel de Vauderens, dans la partie supérieure de la division. Au nord-est de Chapelles, dans le ravin d'un petit affluent du Maclon, à la limite de la molasse à lignite, un bloc détaché contient des feuilles. J'y ai recueilli :

Laurus cf. princeps Heer.	*Cinnamomum lanceolatum* (Unger).
Cinnamomum Scheuchzeri Heer.	» *polymorphum* (Al. Braun).

Sauf la première qui est surtout œningienne, ce sont là des plantes répandues à tous les niveaux de la molasse suisse.

Dans le ravin de Promasens j'ai trouvé :

Cinnamomum Scheuchzeri Heer.	*Cinnamomum retusum* (Fischer-Ooster)?

Région Gotteron-Sense.

Dans le centre du plateau, les profonds ravins de la Sarine et de ses affluents ne montrent du haut au bas que de la molasse marine. Aussi en passant de là à la région plus élevée qui s'étend entre Fribourg et la Sense, je ne m'attendais nullement à y trouver de la molasse d'eau douce; quand j'y ai rencontré des assises de marnes bigarrées, je les ai envisagées d'abord comme une variation locale des dépôts marins, puis, quand elles se sont multipliées, comme un indice de l'apparition de couches d'eau douce inférieures. Je n'ai pas pu faire de nouvelles courses pour éclaircir la chose avant la publication de la carte, et j'ai laissé toute la molasse de cette région dans la division marine. Peu après, en retournant sur les lieux, je me suis convaincu que j'avais fait là une erreur importante et fort regrettable.

Près de Fribourg, le profond ravin du Gotteron est tout entier dans la molasse marine; elle y plonge légèrement entre le sud-ouest et l'ouest et, en remontant le ruisseau, on descend dans les couches. Vers *er* (Gotte*ron*), on commence à trouver des débris qui ont les caractères des assises d'eau douce, tandis que les marines continuent à former des parois sur les flancs du ravin. Au sud de *Mag (Mag*genberg) les marnes bigarrées sont bien en place; plus en amont on ne voit que de la molasse mal caractérisée. Au sud de Tafers, les marnes se montrent de nouveau, à différentes hauteurs; mais la molasse, qui y est en plus grande quantité, se distingue mal de celle qui est bien certainement marine.

Sur la Sense, c'est à la route qui conduit de Heitenried à Schwarzenbourg que l'on trouve une apparition semblable de la molasse d'eau douce inférieure. A partir du pont, la route monte sur le flanc droit du ravin, qui est fort escarpé; on y observe environ 35 mètres de grès gris et de marnes bigarrées. La molasse qui est au-dessus renferme des zones de galets, et par sa stratification entrecroisée, elle rappelle tout-à-fait les assises marines. On voit aussi les couches d'eau douce dans le ravin de la Sodbachmühle; elles y paraissent plus puissantes, et il n'est pas possible d'y déterminer le point où elles cessent. En amont de ces localités, la molasse marine est inclinée au sud, et à l'orient d'Heitenried elle l'est au nord-est, ce qui nous explique l'apparition du terrain qui lui est inférieur.

Quant à la région entre le Gotteron et la Sense, il est certain que les couches d'eau douce se trouvent aussi dans la vallée de la Tafferna, où l'on voit assez souvent les marnes bigarrées; mais mes notes ne me donnent pas le moyen de faire le départ de ce qui appartient à l'une des divisions plutôt qu'à l'autre. Il est possible qu'ici la molasse d'eau douce rejoigne celle de la zone subjurassique, qui est marquée sur la carte jusqu'à Mühlethal.

Zone subalpine.

Cette division ne s'étend pas d'une manière régulière au pied des Alpes. Du côté du sud-ouest elle est remplacée par la molasse à lignite; à l'ouest de Semsales, j'ai pourtant trouvé un certain ensemble d'assises où il n'y a ni calcaire ni charbon, et qui peut en être regardé comme le commencement; plus loin, s'il y a une continuation de cet affleurement, elle est cachée sous le quaternaire. Quand les couches à lignite ont cessé au-delà du Crêt, ce sont les grès de Ralligen et la molasse d'eau douce ordinaire qui se trouvent dans leur continuation. Cette dernière n'a d'affleurements un peu considérables qu'à Romanens, à une assez grande distance des Alpes; mais avant que les grès de Ralligen se soient terminés en coin, elle apparaît sous de puissants dépôts glaciaires, à l'est de Corbières et de Hauteville. Bientôt les couches marines s'étant rapprochées des Alpes, elle ne forme plus qu'une zone assez étroite, qui se continue jusqu'à la vallée de l'Aar.

Roches. Au premier abord, on ne voit guère de différences notables à signaler dans la nature et le mélange des roches entre cette zone et celle de la région des lacs. C'est en général la même molasse et les mêmes marnes bigarrées qu'on y trouve, et la ressemblance est souvent complète, même entre de grands affleurements. Il y a pourtant à mentionner un certain nombre de particularités, qui se manifestent surtout dans la partie orientale.

1º La molasse à grumeaux (p. 372) y est plus fréquente que dans la zone subjurassique; elle se montre à différentes hauteurs, mais ne se retrouve pas toujours, quand on suit un ravin voisin d'un autre où on l'a déjà vue.

2º Il y a çà et là des bancs de molasse plus dure, qu'on ne rencontre pas dans la zone subjurassique, mais ils n'ont jamais qu'une faible puissance; ils se distinguent aussi par une teinte plus uniforme, mais qui peut varier d'un endroit à l'autre, car elle peut être grise, verdâtre, blanchâtre, jaunâtre, etc.

3⁰ La couleur rouge est plus rare dans les marnes qu'au bord des lacs; elle se présente en revanche plus souvent dans la molasse, mais ordinairement elle ne forme qu'un panachage; ce n'est guère qu'au ruisseau du Villaret, au nord de *Berret*, que j'ai vu des couches qui rappellent celles des environs de Vevey.

4⁰ La molasse ne forme pas d'assises aussi puissantes que dans la zone subjurassique, car on n'en trouve guère qui dépassent 4 ou 5 mètres. La séparation des bancs présente aussi quelque chose de plus net. La structure schisteuse se montre dans quelques portions de molasse, et elle s'étend aussi aux marnes; dans ce cas la ressemblance avec les couches à lignite est très grande.

5⁰ On rencontre plus souvent des marnes noires, intercalées en bancs peu épais entre les autres; à deux endroits elles contenaient des fragments d'*Helix*. J'ai aussi observé cette couleur dans de la molasse à Romanens et à la Roche; elle est sans doute due à des matières charbonneuses. Je n'ai vu de charbon proprement dit qu'au nord-nord-est des Bains du Gurnigel et dans le ravin de l'affluent du Wissbach; il est dur, d'un noir brillant et très fendillé, mais ne forme que des feuillets qui ne se prolongent pas.

6⁰ Il y a, mais bien rarement, des fissures de la molasse qui sont tapissées de cristaux de spath calcaire; j'en ai aussi trouvé dans des cavités lenticulaires au ravin du Zible, près de la Roche.

7⁰ De la Singine à Wattenwyl, cette division devient de plus en plus semblable à la molasse grise (p. 375), par la diminution des bancs de marne et par une plus grande quantité d'assises de grès gris ou gris bleuâtre, de grain assez grossier; ces dernières n'atteignent pourtant pas l'épaisseur de celles de la Haute-Broye. Cette molasse-là a parfois subi un clivage irrégulier; elle est devenue plus dure, toute fendillée et se désagrège en fragments à arêtes assez aiguës.

8⁰ Enfin la division subalpine contient des bancs de poudingue, dont il sera question plus loin.

Fossiles. Comme dans les précédentes zones, je n'ai ici que bien peu de choses à citer en fait de fossiles. Au nord de Vuippens, j'ai rencontré dans le ravin du Gérignoz, à l'est de la route, des Hélices très bien conservées, savoir :

Helix Ramondi Brongn. | *Helix (Gonostoma) sublenticula* Sandb.

Vers *m* (Romanens) on trouve un plus grand nombre d'espèces; mais il est difficile d'extraire de la couche sableuse qui les enferme des exemplaires entiers et déterminables. Des *Planorbes* et des *Limnées* nous montrent mieux que les *Hélices* qui les accompagnent que le terrain est d'eau douce. Parmi ces dernières se trouvent probablement les deux espèces citées ci-dessus.

Puissance. On ne peut guère songer à évaluer la puissance de la molasse d'eau douce subalpine, puisqu'on n'en voit pas la base, et qu'on ne peut trouver que rarement des séries d'assises un peu régulières. Dans les ravins de la Roche et de long de la Sense, j'en ai observé des suites de plus de 100 mètres, où les couches étaient assez visibles pour qu'il soit à peu près sûr qu'elles ne renferment pas de failles. Ce chiffre est probablement bien inférieur à la puissance réelle.

Remarque sur la classification. Il résulte des descriptions qui précèdent qu'il n'est pas possible de distinguer deux étages, l'aquitanien et le langhien, dans la molasse d'eau douce de la feuille XII. Si la dénomination de langhien est juste pour la molasse grise de Lausanne, on pourrait l'appliquer à la partie supérieure de celle de la Haute-Broye; mais on n'aurait aucun moyen de reconnaître s'il y a en dessous de l'aquitanien ou pas. Les variations des caractères pétrographiques dans la zone subjurassique, font que le langhien qu'on y voudrait distinguer ne ressemblerait pas partout à celui de la Haute-Broye, et on serait encore plus embarrassé pour lui assigner une limite inférieure. Dans la zone subalpine, la molasse du Gurnigel paraîtrait plutôt langhienne, tandis que plus à l'ouest elle semblerait plutôt aquitanienne.

Molasse marine.

La molasse de formation marine couvre tout le centre du plateau et s'étend jusqu'au lac de Neuchâtel, au midi de Font. C'est la seule que l'on voie dans la vallée de la Broye entre Rue et Villeneuve, dans toute celle de la Glane et le long de la Sarine et de ses affluents, entre Pont-la-ville et Bösingen. Elle couronne encore la partie la plus élevée du Vully, au nord du lac de Morat.

Description. La molasse marine ne diffère pas essentiellement de celle d'eau douce. C'est un grès tendre dont le grain varie de grosseur; dans quelques assises on ne le distingue guère qu'à la loupe, dans la plupart il est bien reconnaissable à l'œil nu; plus rarement il devient plus grossier et atteint le diamètre d'un à deux millimètres.

La teinte la plus fréquente est un gris verdâtre, assez souvent c'est un gris ordinaire, ou bien un gris passant au vert bleuâtre. Cette dernière variation de couleur se trouve surtout dans les couches inférieures. Ces différentes nuances ne sont pas souvent mélangées par bancs; elles se présentent dans les mêmes masses et se fondent l'une dans l'autre. A l'air la couleur change peu, elle devient seulement un peu jaunâtre.

Les bancs ont toutes les épaisseurs possibles; il y a de la molasse qu'on peut appeler schisteuse, tandis qu'on en voit dans des carrières des épaisseurs de 10, de 20 mètres même qui ne présentent aucun joint de stratification. Souvent, il est vrai, ces bancs puissants ne sont pas si homogènes qu'ils en ont l'air, et ils se divisent par suite d'une longue exposition à l'air; on voit aussi des assises massives devenir schisteuses dans leur prolongement, sans l'intervention de cette cause. En général c'est dans la région voisine des Alpes que les joints de stratification sont les plus marqués.

Les marnes qui interrompent çà et là les grands massifs de molasse, sont généralement fines, à teinte d'un gris sombre bleuâtre, rarement panachées de plusieurs couleurs. Elles ne présentent pas les variations de composition des marnes d'eau douce, car elles sont moins souvent sableuses; dans les dépôts marins on distingue donc mieux ce qui est marne de ce qui est molasse; en outre la structure en est habituellement schisteuse. Ces marnes ne sont jamais que très subordonnées au grès tendre; on peut suivre des ravins profondément creusés et voir une grande puissance de couches, sans en rencontrer un seul banc; il est vrai que c'est la roche qui se recouvre le plus facilement de végétation. L'homogénéité est donc le caractère qui différencie le mieux la molasse marine de celle d'eau douce.

Détails divers. Dans la molasse marine, la séparation des bancs se fait souvent sans changement de la roche près des joints; mais parfois leur surface est constituée par une matière plus fine, qui forme un ou plusieurs feuillets souvent assez durs. Alors cette surface est souvent ondulée, ridée ou bosselée, effets que maintenant on n'attribue plus seulement à l'action directe des vagues. Il y a aussi quelquefois des sillons qui paraissent des chemins tracés par des animaux.

Un des caractères appartenant presque exclusivement à la molasse marine, c'est qu'elle présente assez fréquemment des stratifications entrecroisées. Quelquefois c'est un banc qui est coupé par des lignes parallèles entre elles, mais faisant un angle avec les joints principaux. Ces lignes sont marquées par un changement dans la grosseur du grain, plutôt que par une solution de continuité. Quelquefois elles ne restent pas concordantes entre elles; leur inclinaison diminue et elles deviennent peu à peu parallèles aux joints du banc, ou se perdent. On voit aussi s'y produire des pendages contraires; la pl. 13, fig. 6 et 9 en présente des exemples. Comme on le sait, ces irrégularités de stratification sont attribuées à l'effet des vagues et des courants déposant des matières sur un fond incliné. Ce qui confirme cette explication, c'est qu'elles sont parfois accompagnées de galets et de noyaux de marne transportés (fig. 9).

A l'inverse de la molasse d'eau douce, la molasse marine a rarement des concrétions qui résistent plus à la désagrégation que le banc lui-même; on y trouve au contraire des parties plus tendres, de formes allongées, dont la décomposition laisse un trou. Cela ne se remarque guère du reste que dans les parois verticales des grands ravins de la Sarine et de la Broye.

Ce n'est guère non plus que dans la molasse marine que des fragments de bois, dont il n'y a plus que des restes plus ou moins carbonisés, sont accompagnés d'une matière ocreuse qui colore la roche en roux tout autour, et beaucoup plus loin que ne le ferait attendre la grosseur du fragment.

Outre les marnes en assises régulières et prolongées qui viennent interrompre çà et là la molasse, on en trouve qui ne forment que des nids plus ou moins allongés, mais où la stratification indique qu'elles se sont déposées comme le grès. D'autres inclusions de marnes n'ont que la grosseur d'un bloc ordinaire, et leur stratification différente de celle de la molasse semble indiquer que ce sont réellement des blocs transportés, à moins que cette apparence ne provienne d'un clivage. Ce qui est sûr, c'est qu'il y a de petits noyaux de marne tendre tout-à-fait arrondis, qui sont mêlés à la molasse comme les galets de roches dures auxquels ils se joignent quelquefois, et dont il va être question.

Grès à galets. Dans le voisinage des Alpes, et plus souvent que la molasse d'eau douce, qui est pourtant plus près des montagnes, la molasse marine renferme des cailloux complètement arrondis, ordinairement isolés, mais formant quelquefois des traînées plus ou moins prolongées. Comme ces galets approchent parfois de la grosseur du poing, on est étonné de les rencontrer dans un dépôt fin. Ils se trouvent bien plus souvent encore dans des bancs d'un grès particulier, qui vient s'intercaler à différentes hauteurs dans la molasse marine ordinaire, et que j'appellerai *grès à galets*. Cette roche ne se distingue de la molasse qui la renferme que par la plus grande grosseur du grain, et par les inégalités de cohésion qu'on y remarque : elle est en effet composée de parties résistantes et de friables; comme dans la molasse, il y a quelquefois des feuillets de pâte fine et dure. Les bancs n'ont ordinairement que 1, 2 ou 3 mètres d'épaisseur; il est rare qu'ils ne présentent pas une stratification entrecroisée, soit dans leur intérieur, soit relativement à la molasse qui les contient; quelquefois ils se divisent en dalles assez régulières. La grosseur d'une noix est la plus fréquente dans les galets, qui ne sont jamais assez rapprochés pour qu'on puisse donner à la roche le nom de poudingue. Dans les environs de Treytorrens et de Combremont, et le long du chemin de fer entre Cottens et Neyruz, le grès grossier se présente presque sans cailloux, mais il contient les moules de bivalves qui ne manquent presque jamais de les accompagner. Ce dernier caractère est d'une certaine importance, les bancs de grès se trouvant dans des masses puissantes de molasse qui ne contiennent aucune trace de fossiles. Malheureusement il ne reste ordinairement que l'empreinte interne d'une seule valve, prise par une roche grossière, ce qui rend indéterminable presque tout ce qu'on recueille; les meilleures pièces peuvent être rapportées aux *Tapes vetula* (Bast.) et *suevica* Quenst. On trouve plus rarement des fragments roulés d'Huîtres et de Balanes. Au sud-est de Préz (vers l'origine de la vallée de la Glane), des galets de calcaire compact, gris clair et roses, sont percés de trous de Mollusques perforants, dans quelques-uns desquels on trouve des restes de la coquille.

Le grès à galets a du rapport avec le grès coquillier, mais il en diffère par son peu de cohésion, et surtout par sa position stratigraphique, car dans la région occupée par cette roche il se trouve plus bas, et en est, pour ainsi dire, le précurseur. Ce n'est que sur un point très éloigné de cette région que le grès à galets prend la cohésion du grès coquillier : c'est à la croupe de la colline au sud-est de Préz, où il acquiert assez de consistance pour qu'on ait pu l'exploiter pour pierres de construction; on y voit même des parties où le test des bivalves forme une lumachelle. L'épaisseur en dépasse 5 mètres, et il est surmonté d'un peu de molasse.

Il arrive assez souvent que, quand les couches marines se présentent avec une puissance considérable, on y trouve deux assises de grès à galets assez loin l'une au-dessus de l'autre. Il y a des endroits où j'en ai trouvé trois, ainsi le long du ruisseau du Carouge au midi de Moudon; de même sur la route qui monte au nord de Lucens, on en rencontre trois bancs assez distants les uns des autres, et tous inférieurs au grès coquillier qui est sur le plateau; il y en a aussi trois dans le ravin de Surpierre.

D'un autre, côté la présence du grès à galets a toujours quelque chose de plus ou moins local. On le voit quelquefois se perdre en coin dans la molasse. C'est ce qui explique que les trois bancs du Carouge que je viens de citer ne se retrouvent pas dans la gorge de la Broye, un peu plus à l'est.

Le grès à galets est fréquent dans la partie de la molasse marine qui est près des Alpes. Il l'est encore plus le long du bord occidental de la carte. En revanche, je n'en ai pas trouvé dans la région qui borde la Sarine depuis Ecuvillens jusque près de Klein-Bösingen, où il recommence.

Quant aux galets isolés ou formant des traînées dans la molasse à grain ordinaire, ils occupent la même zone que le grès près des Alpes. Ils sont rares ou manquent complètement partout ailleurs, excepté au nord-est d'Ueberstorf, dans la région du coude que fait la Sense.

Les uns et les autres de ces cailloux appartiennent aux mêmes roches que ceux qu'on rencontre dans le grès coquillier; aussi je renverrai d'en parler jusqu'à ce qu'il soit question de cette dernière division.

Variations. La description qui précède montre que la molasse marine présente différentes variations locales. Je n'en connais point qui s'étendent assez loin dans le sens du sud-ouest au nord-est pour lui donner dans une région des caractères qu'on ne trouve pas dans une autre, si ce n'est celle de la présence ou de l'absence du grès à galets. En allant des Alpes au lac de Neuchâtel, on observe la différence déjà mentionnée que la division en bancs devient en général de moins en moins marquée. J'ajouterai que, dans la région de Lucens et de Combremont, la molasse marine est plus friable qu'ailleurs, sans présenter d'autres différences notables.

Fossiles. J'ai déjà dit que les restes d'animaux manquent totalement dans la plus grande partie de la molasse marine, particulièrement dans les bancs homogènes où l'on fait des exploitations. Aux questions qu'on leur fait à ce sujet les carriers répondent toujours que leur pierre ne contient rien; quelquefois ils m'ont dit avoir trouvé un *bec d'oiseau;* c'est ainsi qu'ils appellent les dents de requin. Il y a pourtant dans notre territoire une série de localités fossilifères, près de la limite méridionale de la molasse marine. On les rencontre du mont Combert, au nord de la Roche, jusqu'à l'est de la Sense; c'est la continuation des gisements encore plus riches de la région au midi de Berne, qui sont connus depuis fort longtemps; la conservation des fossiles y est la même. En exploitant les localités que je vais indiquer, on pourrait former des collections beaucoup plus considérables qu'on ne s'y attendrait d'après le petit nombre de noms que j'ai à citer. Les récoltes que j'ai faites sont assez maigres, et j'ai dû encore en négliger une partie, les déterminations étant difficiles par suite de la mauvaise conservation des exemplaires, et de l'insuffisance des renseignements que l'on possède sur une quantité d'espèces dont les noms se trouvent dans les ouvrages.

La carte indique trois de ces localités sur le versant sud-est du mont Combert. La plus méridionale est à une petite colline séparée du reste de la montagne; les fossiles sont contenus dans une molasse qui se décompose en gros grumeaux, ce qui est rare dans cette division; ils se trouvent à différentes hauteurs et toujours dans la même roche, en sorte que l'assise fossilifère est très puissante, si tout est en place; l'absence de joints de stratification m'a empêché de reconnaitre s'il en est ainsi, ou s'il y a eu éboulement. A la seconde localité en allant vers le nord, les fossiles sont renfermés dans une molasse bleue horizontale, un peu au-dessus de la lisière de la forêt, et ne paraissent pas occuper une couche bien épaisse. La troisième localité est dans un cirque produit par un éboulement; plusieurs blocs y sont pleins de fossiles, mais je n'y ai que très peu récolté; les couches d'où ils sont descendus paraissent surmontées de poudingue. Il est à peu près sûr que ces trois gisements n'appartiennent pas rigoureusement au même niveau; mais mes récoltes sont trop minimes pour qu'il y ait quelque conséquence à tirer des différences que présentent les listes spéciales de chacun d'eux, d'autant plus que les espèces communes se trouvent dans tous les trois. Je les réunis donc en une seule:

Ostrea tegulata Münster?	*Venus multilamella* (Lam.)
» *Meriani* Mayer?	» *islandicoides* (Lam.)
Pecten palmatus Lam.	*Tapes vetula* (Bast.)
» *latissimus* (Brocchi).	*Lutraria sanna* Bast.
» *Rollei* Hörnes.	» *latissima* Desh.
Cardium burdigalinum Mayer (Lam.?)	*Panopea Menardi* Desh.
» *hispidum* Mayer (Eichw.?)	*Turritella Doublieri* Math.
» *praecellens* Mayer.	» *turris* Bast.

A la Gottaz, au bas du flanc droit de la vallée qui est à l'est du mont Combert, j'ai trouvé des fragments de Balanes, une Lime et un radiole qui appartient probablement à la *Cidaris avenionensis* Desm. Le niveau de la couche est bien inférieur à celui des précédentes; c'est pour cela que je la mentionne.

La localité marquée au sud-est de Montévraz-dessus correspond probablement à l'une de celles du mont Combert. Les fossiles y sont renfermés dans de la molasse bleue devenant jaunâtre à l'air. Voici les espèces déterminables que j'ai trouvées à cet endroit:

Ostrea gingensis (Schl.)	*Pecten latissimus* (Brocchi).
» *tegulata* Münster?	» *scabrellus* Lam.
» *Meriani* Mayer?	*Arca Breislaki* Bast.?

Cardita Jouannetti (Bast.)
Cardium multicostatum Brocchi.
  »   *burdigalinum* Mayer (Lam ?)
Venus multilamella (Lam.)
  »   *islandicoides* (Lam.)
  »   *umbonaria* (Lam.)
Tapes vetula (Bast.)

Lutraria sanna Bast.
  »   *elliptica* Boissy ou *oblonga* Chemn.
Panopea Menardi Desh.
Natica millepunctata Lam.
Turritella turris Bast.
  »   *Doublieri* Math.
  »   *bicarinata* Eichw.

Au pied oriental de la colline de poudingue sur laquelle est écrit le mot *dessous* (Montévraz-*dessous*), se trouve une localité fossilifère qui est déjà connue (p. 75) sous le nom de Burgerwald. Elle est un peu en aval d'un pont appelé Pont-des-pilons. Je n'y ai que peu récolté de fossiles; mais le musée de Fribourg en possède une assez grande série d'exemplaires, qui ont été déterminés par M. Mayer-Eymar, et dont M. Cuony a eu la bonté de m'envoyer la liste suivante :

Pecten palmatus (Lam.)
  »   *benedictus* (Lam.)
  »   *Herrmannseni* Dunker.
Mytilus barbatus Linn.?
Arca Fichteli Desh.
Cardium commune Mayer.
  »   *praecellens* Mayer.
  »   *edule* Linn.
  »   *crassum* Defr.
  »   *hispidum* Eichw.
  »   *multicostatum* Brocchi.
Venus Brocchii Desh.
Tapes vetula Bast.
  »   *puella* Mayer.

Tapes gallensis Mayer.
Scrobicularia plana (da Costa).
Mactra helvetica Mayer.
  »   *Turonica* Mayer.
Ensis magnus Schum.
  »   *Rollei* Hörnes.
Cultellus pelucidus (Penn.)
Solen vagina Linn.
  »   *Deickei* Mayer.
Calyptraea chinensis (Linn.)
Turritella Doublieri Math.
Trochus patulus Brocchi.
Murex Partschi Hörnes.

On trouve ensuite des fossiles sur la rive droite de la Sense, aussi dans la partie méridionale de la molasse marine. Un peu au-dessus du débouché du Laubbach, un bloc mi-molasse mi-poudingue m'a fourni l'*Ostrea gingensis* (Schl.), avec des bivalves mal conservées. Un peu au nord du ruisseau de la Gauchheit, au bord immédiat de la Sense, un pli amène au jour une couche fossilifère qui est riche (pl. 13, fig. 5), mais que je n'ai presque pas exploitée; aussi je ne puis citer que :

Lutraria sanna Bast.?
Solen vagina Linn.?
Turritella turris Bast.

Fusus burdigalensis (Bast.)
Conus Dujardini Desh.

Les environs de Guggisberg ont des assises fossilifères qui appartiennent à un niveau plus élevé; mais elles sont en dehors du territoire dont j'ai à m'occuper ici.

Un banc assez riche, mais peu à découvert, qui se trouve au haut de la croupe du Gibloux, au-dessus du poudingue, doit être plus moderne que ceux des environs de Montévraz; je ne puis en citer que le *Pecten Rollei* Hörnes et le *Cardium praecellens* Mayer.

Les localités marquées d'un astérisque au Mont (ouest du Chatelard) et à Estevenens, appartiennent à la partie moyenne de la molasse marine; mais on n'y trouve que des moules à peu près indéterminables; l'un d'eux est le fossile du miocène de la Suisse qu'on cite sous le nom de *Natica mille-punctata* Lam.

Deux autres localités, Moudon et le lit de la Glane au sud de Neyruz, ne donnent pas de meilleurs exemplaires; mais elles ont une certaine importance, parce qu'elles appartiennent aux couches les plus inférieures que l'on voit dans la molasse marine du centre du plateau. A Moudon le banc fossilifère est dans un grès très grossier, au-dessous de la molasse ordinaire qu'on exploite à la carrière; cette dernière a fourni à M. Ch. Bertholet, inspecteur-forestier, quelques feuilles qu'il m'a communiquées. Les Mollusques, la plupart indéterminables, sont des Acéphales orthoconques; il n'y a pas trace de Gastéropodes :

Cinnamomum Buchi Heer.
   »   *polymorphum* (Braun).
   »   *Scheuchzeri* Heer.

Tapes vetula (Bast.)
Lutraria sanna Bast.?
Solen vagina Linn.?

Dans le lit de la Glane, les fossiles sont immédiatement en dessous de la prise d'eau d'un moulin, dans 3 mètres de molasse ordinaire, bleuâtre et verdâtre, surmontée d'un banc de grès à galets. Il n'y a non plus que des bivalves presque toutes indéterminables et des feuilles de *Cinnamomum* assez nombreuses :

Cinnamomum polymorphum (Braun).   *Cinnamomum lanceolatum* (Unger).
»   *Scheuchzeri* Heer.   *Tapes vetula* (Bast.)

Au sud-est de Villengeaux (Haute-Broye), la tranchée du chemin de fer a mis à jour de la molasse verdâtre ordinaire, qui renferme des feuilles assez bien conservées, mais non accompagnées de Mollusques. Celles que j'ai recueillies appartiennent aux espèces suivantes :

Populus cf. *glandulifera* Heer.   *Cinnamomum Scheuchzeri* Heer.
»   cf. *latior* Braun var. *cordifolia* Heer.   »   *lanceolatum* (Unger).
»   *balsamoides* Göppert.   »   *Roosmässleri* Heer?
»   *mutabilis* var. *ovalis et crenata* Heer.   »   *spectabile* Heer?
Cinnamomum polymorphum (Braun).

Puissance. L'épaisseur de la molasse marine est très variable. Dans la région au sud-ouest d'Estavayer, elle ne dépasse guère 100 mètres. Au Vully elle est encore moindre, car elle n'atteint que la moitié de ce chiffre. Elle est un peu plus forte dans les parties entourées par la molasse d'eau douce, au midi de Morat et d'Avenches, mais reste en dessous de 100 mètres. Elle n'a pas augmenté au sud et à l'est de Groley, où la présence du grès coquillier indique pourtant que les couches marines sont complètes. Le long de la vallée de la Broye, la puissance va en augmentant. Au midi de Surpierre, où la molasse d'eau douce cesse de venir à jour, il y en a une hauteur de 150 mètres jusqu'au grès coquillier. A Moudon, on ne voit plus la base de la division; cependant sur la berge droite de la vallée ses couches montent à 170 mètres au-dessus du lit de la rivière; la puissance réelle est probablement plus grande, puisque les collines plus élevées sont aussi composées de molasse. Dans la vallée de la Glane, les couches de grès à galets du sud-ouest de Neyruz sont à près de 140 mètres au-dessus du banc du lit de la rivière qui contient les fossiles dont il vient d'être question. Les escarpements qui bordent immédiatement la Sarine approchent de la hauteur de 100 mètres, et il y a 200 mètres de différence d'altitude entre la molasse de Cormanon et celle des bords de la rivière.

Ces chiffres minima sont donnés par des régions où les assises sont à peu près horizontales; quand on se rapproche des Alpes, où elles sont plus inclinées et mêlées de poudingues, on arrive à de plus élevés. C'est le cas, par exemple, dans les environs de Laubbach. Nous avons vu ci-dessus qu'au bord de la Sense il y a des couches fossilifères à 780 mètres d'altitude. En remontant le Laubbach, on remarque que si les assises ont un plongement il est très faible vers l'est. Après le village les inclinaisons varient, mais elles ne sont pas de nature à faire remonter la couche fossilifère qui reste sous le sol. Sur le flanc nord de la colline *bach* (Laub*bach*), j'ai trouvé des fragments de grosses huîtres en place à 1100 mètres environ. Il n'y a aucun indice que le sommet, qui est à 1150 mètres, ne soit pas composé aussi de couches marines, qui ne peuvent pas être à moins de 370 mètres au-dessus du prolongement souterrain de celles de la Sense. Selon toute apparence ce chiffre n'indique pas encore la véritable épaisseur de la molasse et des poudingues marins. Au pont sur la Sense, au nord des assises fossilifères horizontales, on voit surgir de la molasse sans poudingue, qui plonge de 10^0 au sud-sud-est et qui, s'il n'y a pas de faille, doit passer par dessous celle que nous avons prise pour point de départ. Du côté d'aval la rivière continue à mettre à jour de nouvelles couches jusqu'à Leist, en même temps que celles du pont s'élèvent sur le flanc droit; le plongement reste le même, ce qui fait que ce massif de molasse inférieure au poudingue peut être évalué à 200 mètres. Avec les 370 mètres ci-dessus cela donnerait un total de 570 mètres.

Au nord-ouest de Plasselb, la différence de 270 mètres entre les deux cotes de hauteur de 767 mètres et de 1037 mètres correspond assez bien à l'épaisseur de la molasse sur ce point, où elle est sans poudingue; ce n'est naturellement là qu'un chiffre minimum, puisqu'on ne voit pas la base du terrain.

Si du mont Combert (au nord de la Roche), on va à la Sarine parallèlement à la ligne anticlinale, on descend de 472 mètres; on peut admettre que les couches qui sont entre ces deux points ont une épaisseur à peu près égale à ce chiffre. Cette conclusion ne serait erronée que si, tout en formant l'anticlinale, elles allaient en montant vers le mont Combert. Ce pourrait être le cas si elles étaient très redressées, mais soit à la Sarine, soit à cette montagne, l'inclinaison est très faible, et il n'y a aucun indice que le plongement tourne au sud-ouest.

Au Gibloux il y a une différence de hauteur de 400 mètres entre le point culminant et Villarlod; la molasse et le poudingue ne sont pas bien loin d'avoir une épaisseur correspondant à ce chiffre, car le plongement au nord-ouest est très faible, et il n'existe pas toujours.

Si l'on considère que sous la molasse marine dont nous ne voyons pas la base, il y a probablement encore une épaisseur notable de couches d'eau douce, on comprendra que M. Studer ait comparé l'ensemble du terrain à un prisme dont une face touche aux Alpes, tandis que l'arête opposée s'appuie au Jura.[1]

Grès coquillier.

Le grès coquillier surmonte la molasse marine dans la région nord-ouest de notre carte, où elle est moins puissante que dans le centre du plateau. Une ligne menée par les affleurements de cette division qui sont le plus au sud-est, se trouve être assez sinueuse, et elle n'est pas parallèle au lac de Neuchâtel et au Jura. Elle part de Bussy, près de Moudon, et va de là au nord-est à Rossens, en passant par Villars-Bramard; ensuite elle tourne au nord-nord-est jusqu'à l'orient d'Ebrabloz, puis à l'est-nord-est jusqu'aux Chena-leyres; de cette localité elle reprend la direction du nord-nord-est pour passer au Bois près de Cuterwyl, et après elle suit celle du nord-nord-ouest pour arriver à la colline sud de Donatyre; de là elle se dirige vers le point cul-minant du Vully en allant au nord-nord-est. Ainsi le grès coquillier n'existe pas au-dessus de la molasse marine qui est entre le lac de Morat et la Sarine.

C'est sur les plateaux et les collines au sud de Font que l'on peut le mieux étudier cette division; on l'y a mise à jour par de nombreuses carrières. Ailleurs elle n'apparaît que sur quelques points, souvent éloignés les uns des autres. Sans doute que le quaternaire en cache des parties notables; malgré cela il est certain qu'il n'en reste que des lambeaux isolés; ils ont résisté jusqu'à présent à l'érosion qui a creusé les vallées et les vallons de la région où ils se trouvent.

---

[1] Beiträge zu einer Monographie der Molasse, S. 1.

Description. Le grès coquillier est à grains de grosseurs variables, qui enferment toujours de petits galets, même lorsqu'ils se rapprochent de ceux de la molasse par leur finesse. Son nom lui vient de ce que quelques parties de la roche sont tellement remplies de valves de coquilles qu'elles sont tout-à-fait lumachelliques. Ces test ont toujours subi une dissolution plus ou moins avancée, en sorte qu'ils laissent une lacune dans la roche, et qu'ils ont entièrement disparu dans les parties les plus exposées à l'air. On voit en outre de petites cavités qui datent du dépôt, et qui proviennent de ce que le ciment, toujours peu visible, n'a pas rempli tous les intervalles qui existaient entre les grains de sable. La teinte générale de la roche fraîche est un bleu assez marqué; mais la décomposition, qui la rend grise ou un peu jaunâtre, y a pénétré très profondément. Accidentellement on y rencontre des débris de bois comme dans la molasse; il n'en reste que peu de chose et ils ont laissé à leur place un peu de poussière ocreuse, dans une cavité autour de laquelle la roche est pénétrée de la même matière.

Des galets assez nombreux sont habituellement disséminés dans le grès; mais comme ils ne se touchent pas, on n'est jamais tenté de donner le nom de poudingue à la roche. Les plus gros approchent de la grosseur d'un œuf; je n'en ai vu qu'un qui eût celle du poing.

Stratification et puissance. Il arrive que les assises de ce grès sont horizontales, mais c'est une exception. Le plus souvent la roche se divise en bancs peu épais, dont les joints ne sont bien sensibles que dans les parties superficielles, tandis que celles qui ont conservé leur couleur bleuâtre sont beaucoup plus massives. Cette stratification est habituellement inclinée; le pendage est le plus souvent de 10 à 15 °, mais il peut être plus fort : par exemple, il est de 20 ° au nord de Combremont-le-Grand et au Vully, de près de 30 ° à l'est de Cheires, de 36 ° à la colline au nord-est de Châbles. Quand il se fait du même côté et qu'on ne voit pas ce qui est sousjacent au grès, on peut croire que ce dernier a une puissance considérable; mais si la molasse est à jour, ce qui arrive quelquefois, elle se trouve être entièrement ou à peu près horizontale, et cela nous apprend que l'inclinaison du grès provient d'un entrecroisement de stratification. En réalité la puissance de cette division n'est jamais bien grande; elle atteint 15 mètres; mais dans la plupart des carrières on n'en voit que 5 ou 6 mètres, et il arrive souvent qu'elle n'est certainement que de 2 ou 3 mètres, sans doute parce que l'érosion en a enlevé une portion plus ou moins considérable.

Le fait que la stratification du grès coquillier est entrecroisée est du reste sensible dans beaucoup d'endroits où on ne voit pas la molasse. A l'est de Châbles, par exemple, une série de petits bancs plongeant de 13° sont surmontés d'une assise parfaitement horizontale qui les coupe tous successivement. Dans plusieurs exploitations le plongement se fait dans deux ou trois sens différents, et le changement est tantôt brusque, tantôt graduel. Au sud-est de Cheires la molasse horizontale est surmontée, du côté du sud-est, de $1^1/_2$ mètres d'un mélange de petites assises de grès coquillier et de molasse inclinées au sud-est; du côté du nord-ouest, la molasse horizontale et ce mélange lui-même sont directement recouverts de grès coquillier pur plongeant au nord-ouest, c'est-à-dire en sens contraire.

Les pendages que j'ai notés dans beaucoup d'endroits appartiennent à toutes les aires de vent; mais les plus nombreux sont ceux du nord-est et du nord-ouest, ensuite viennent ceux du nord.

Relations avec la molasse. A la carrière à l'est de Bollion, qui est une de celles où le grès coquillier est le plus puissant, il contient dans la partie supérieure un banc de molasse de 4 mètres, qui va en s'amincissant du côté du sud-ouest et se perd tout à fait. Il en est de même d'un banc moins épais, au lambeau à l'est d'Ebrabloz. Au sud-ouest de Surpierre, à deux affleurements séparés, un banc de molasse surmonte le grès, mais dans l'une de ces localités il se prolonge en se transformant plus ou moins en grès coquillier. A la colline de Seyri, c'est aussi un mélange des deux roches qui forme un point culminant au sud du village. En général, il est rare que l'on voie autre chose que du glaciaire sur le grès coquillier; mais le relief du sol permet parfois de présumer qu'il y a ou de la molasse, ou une certaine épaisseur de grès, qui est cachée.

Presque partout on ne trouve dans une même coupe verticale qu'une zone de grès coquillier qui la termine, sauf dans les cas qui viennent d'être mentionnés. Il y a pourtant trois localités où il s'en montre deux qui ne peuvent pas être rigoureusement du même âge. Au sud de Châbles, dont le plateau est formé par la partie la plus étendue de cette division, on en voit sortir une autre masse qui forme un petit escarpement sur la pente nord-ouest du plateau, à un niveau plus bas. Les deux zones qui sont au sud de Châtillon, au bas et sur la pente d'une colline, ne sauraient être ramenées à une seule et même couche, sans admettre une faille assez improbable. Au nord-est de Nuvilly, on a exploité $2^{1}/_{2}$ mètres de grès coquillier à environ 100 mètres en dessous d'une masse principale bien plus épaisse, qui est au haut de la colline du côté de Sassel. Ces couches inférieures peuvent être considérées comme du grès à galets plus dur qu'il ne l'est ordinairement, d'autant plus que parmi les autres assises de ce dernier, il en est plusieurs qui se rapprochent aussi du grès coquillier, parce qu'elles sont moins friables que les autres.

Galets. Il n'est pas nécessaire de comparer de grandes quantités d'échantillons pour reconnaître que les galets du grès coquillier et ceux du grès intercalé plus bas dans la molasse, appartiennent aux mêmes roches; car on en trouve bientôt qui sont identiques. Je ne suis pas en mesure de donner les résultats d'un examen un peu complet de ces roches; les collections que j'en ai faites sont trop minimes pour que je puisse faire autre chose que quelques remarques, qui se rapportent à la fois au grès coquillier, au grès à galets et aux fragments roulés isolés dans la molasse.

1) Les galets gréseux peuvent provenir du flysch; ils sont assez nombreux.

2) Il y a une assez grande variété de calcaires à teintes claires, compactes ou un peu argileux. Ils ont souvent des cavités provenant de Mollusques perforants. Il en est qui peuvent être rapportés au calcaire compact du flysch, d'autres au jurassique supérieur de nos chaînes, particulièrement au tithonique exotique dans celle de la Berra; mais il y en a d'un calcaire rose et d'un blanchâtre qui sont assez fréquents, et qui ne peuvent se rapprocher de roches des Alpes actuelles. Un seul échantillon de calcaire jaune, un peu roux, peut provenir du valangien du Jura.

3) Des calcaires foncés, compactes ou un peu sableux, peuvent se rapporter à différents terrains des Alpes.

4) Les galets les plus nombreux appartiennent à une roche à pâte fine, composée de silice, avec un peu d'argile et quelquefois de calcaire. La couleur en varie beaucoup; ceux qui frappent le plus les regards sont d'un rouge assez foncé; la plupart présentent toutes les teintes de vert et de violet, et quelquefois deux nuances se trouvent dans le même fragment. Les roches des chaînes alpines voisines et du Jura ne présentent rien d'analogue.

5) Il en est de même d'une quartzite grossière, gris verdâtre, et d'un quartz très blanc, presque hyalin.

6) Un porphyre rouge a ordinairement une teinte plus vive que celui des Botteys, exotique dans le flysch (p. 207); le nombre et l'aspect des cristaux est le même.

7) Il y a en assez grande quantité des granits à feldspath rouge et d'autres à feldspath vert; on trouve quelques échantillons qui paraissent identiques à ceux du flysch (p. 207); dans beaucoup d'autres, les teintes rouges et vertes sont bien plus vives.

Il est très remarquable que ces différentes roches se retrouvent toutes dans le poudingue subalpin, et que parmi les calcaires de teinte claire il n'y en ait presque pas qu'on soit tenté de rapporter aux terrains du Jura. C'est donc du côté des Alpes qu'il faut en placer le gisement primitif, d'autant plus que c'est là qu'on en rencontre des fragments de grande taille.

Fossiles. Le grès coquillier de la feuille XII est très pauvre en Mollusques, en comparaison de sa continuation plus au nord-est. Je ne suis parvenu à reconnaître que des *Tapes* dans la lumachelle, et je n'ai d'échantillons un peu déterminables que d'un seul Gastéropode, tandis qu'il y en a plusieurs espèces déjà à Brüttelen, au nord de la feuille. Les dents de Squalides sont assez fréquentes. Les carriers recueillent des ossements d'animaux terrestres, qui sont souvent très roulés; M. Rütimeyer a eu la bonté d'examiner ceux que j'ai rapportés, ce qu'il a pu y reconnaître se trouve indiqué dans la liste suivante:

Ostrea gingensis (Schl.)? Châbles.
Tapes suevica Quenst. Se trouve partout.
» *vetula* (Bast.)? Un peu moins fréquent, mais très répandu.
Natica millepunctata Lam.? Châbles; est de Cheires.

Lamna cuspidata Ag. Est de Cheires, Seyri, Bollion, Châbles, Mont de Motier.
   »   *elegans* Ag. Châbles, Mont de Motier.
   »   *contortidens* Ag. Bollion, Mont de Motier.
   »   *denticulata* Ag. Bollion? Sud-est de Chavannes-le-Chêne; est de Cheires, Châbles.
Oxyrhina hastalis Ag. Mont de Motier.
   »   *leptodon* Ag. Bollion, Vully?
   »   *Desori* Ag. Châbles.
Crocodile, plaque nuquale? Est de Cheires.
Trionyx. Mont de Motier.
Tortue probablement terrestre. Est de Cheires.
Halitherium ou *Metaxytherium*, vertèbre. Sud-ouest de Grange-de-Vesin.
Palaeomeryx, un calcaneum ayant probablement appartenu à un individu de ce genre.
      Est de Cheires.
Rhinoceros du groupe *incisivus-minutus*, dents. Est de Cheires, Châbles, Mont de Motier.

    Remarques générales sur le grès coquillier et le grès à galets. Nous avons vu plus haut qu'il y a des coupes où deux zones de grès coquillier apparaissent à des niveaux différents, l'un étant plus bas et dans l'intérieur de la molasse sousjacente à l'autre. Il faut encore remarquer qu'il n'est pas toujours facile de raccorder entre elles les assises de cette roche qui couronnent les hauteurs, parce que, sans être très éloignées les unes des autres, elles sont souvent à des altitudes différentes. Les légères inclinaisons qu'on peut observer dans la molasse qui les supporte, ne suffisent pas toujours pour expliquer ce fait: il faut avoir recours à des failles, qu'on ne voit pas, ou admettre que tel ou tel des affleurements appartient à une zone inférieure, qui n'est plus recouverte par la molasse, parce que l'érosion l'a enlevée.

    Tout ce que nous savons, du reste, du grès coquillier nous montre que c'est un dépôt opéré sur un rivage dont les eaux étaient agitées. Il serait donc peu naturel de penser que les parties qui sont à 15 kilomètres du lac de Neuchâtel se soient déposées en même temps que celles qui sont sur ses bords et que celles qui, peut-être, étaient au milieu avant la formation de la vallée qui le renferme. Il est bien plus vraisemblable qu'il y a eu retrait successif du rivage vers le centre du plateau, à mesure que le bassin de la mer se remplissait, ou que les mouvements du sol en exondaient le fond du côté du Jura, tandis qu'ils l'abaissaient du côté des Alpes.

Le grès à galets doit avoir été déposé à de petites profondeurs comme le grès coquillier. Comme il y en a souvent plusieurs assises séparées les unes des autres par des massifs de molasse très puissants (p. 384), et que chacune de ces assises s'est formée près de la surface des eaux, il faut admettre qu'il y a eu affaissement constant ou périodique du fond de la mer. C'est cet abaissement qui a permis aux dépôts fins de la molasse de recouvrir l'assise inférieure de grès à galets; le bassin s'étant presque rempli, les fragments plus grossiers et les galets ont pu venir former une nouvelle assise au même endroit; un second abaissement a été suivi d'un second dépôt de molasse, qui s'est terminé par un troisième dépôt de grès à galets. Cette hypothèse de M. Studer [1] d'un affaissement successif nous explique la grande puissance de la molasse marine du côté des Alpes.

Ces considérations me semblent devoir éloigner la tentation de faire du grès coquillier une zone supérieure à tout le reste de la molasse marine, parce qu'il la surmonte au bord du lac de Neuchâtel. Il y avait probablement autrefois près du Jura un grès coquillier contemporain de la molasse marine inférieure; celui que nous voyons maintenant sur la rive droite du lac de Neuchâtel est peut-être du même âge que la partie moyenne, et celui qui en est à 15 kilomètres de distance correspond à une partie plus récente. Nous sommes ainsi ramenés à l'opinion de M. Studer que les deux groupes sont des dépôts contemporains de la même mer. [2]

Les très maigres indications de fossiles que j'ai faites ci-dessus ne donnent aucune tentation de faire des comparaisons entre ceux du grès coquillier et ceux de la molasse subalpine. Si nous avions des matériaux plus considérables, il faudrait tenir grand compte des différences de conditions dans le dépôt de ces deux divisions, et surtout des différences de niveau des couches fossilifères dans la molasse subalpine.

---

[1] Geologie der Schweiz, B. 1, S. 388.
[2] Beiträge zu einer Monographie der Molasse, S. 387.

Poudingue subalpin.

Dans notre territoire, les poudingues voisins des Alpes ne forment pas une zone continue, comme dans la Suisse centrale et orientale à partir du lac de Thoune. Ils appartiennent presque tous à la molasse marine; ceux de la molasse d'eau douce n'ont quelque importance que près de Mettlen, au point où se termine la chaîne de la Berra.

Poudingue de la molasse d'eau douce.

Je ne connais pas de bancs de galets dans les couches d'eau douce de la partie sud-ouest de notre carte. On ne commence à en trouver que dans la région de la Roche; j'en ai marqué sur la carte deux bancs d'environ un mètre d'épaisseur, au nord de *Berret* et de *Creux;* ils se correspondent trop peu pour qu'on puisse penser que ce soient deux affleurements de la même assise; mais ils sont tous deux dans la partie supérieure de la division. Sur le torrent plus au nord, je n'ai vu un peu de poudingue qu'à un bloc de molasse non en place. Les galets de ces bancs ne sont pas tous entièrement arrondis; ce sont surtout des grès et des calcaires; mais il y a aussi les roches siliceuses qu'on trouve dans les autres divisions. On voit en outre dans la molasse de cette région quelques traînées de galets, dans l'une desquelles il y a en de roches cristallines.

Un banc de poudingue se trouve au Schwand, au nord de la Muscheneck; mais on ne le voit qu'en blocs détachés; il est aussi essentiellement calcaire et, comme les précédents, il ne contient pas de gros galets.

La molasse des ravins du Wyssbach, du Seeli, du Gurnigel et de Seftig- schwand n'a pas de poudingue proprement dit, mais des traînées de petits galets, parmi lesquels un bon nombre sont de roches cristallines; on y remarque surtout du quartz presque hyalin.

Le seul massif de poudingue de la molasse d'eau douce qui approche par son importance de ceux des couches marines, se trouve à l'extrémité orientale de la zone, près de Mettlen. Les éléments qui le composent sont souvent très gros; il y a dans le nombre de véritables blocs qui approchent d'un mètre dans leur plus grande dimension. Le ciment est un grès dur et grossier, parfois coloré en rouge; il forme une partie notable de la roche, car il arrive que les galets s'y trouvent isolés. Les cailloux incomplètement roulés sont rares. L'origine des éléments de ce massif n'est pas douteuse; la très grande majorité, si ce n'est tous, provient du flysch; on y retrouve en particulier les brèches granitiques de ce terrain.

Plus à l'ouest, dans la région de débris qui s'étend au sud de Seftigschwand, on voit à deux places, sur les bords d'un ruisseau, de nombreux blocs de poudingue de même composition, mais dont les galets sont plus petits; un bloc de molasse qui les accompagne montre qu'ils appartiennent bien à une couche en place dans le voisinage, et ne sont pas erratiques.

Dans les assises d'eau douce de Wattenwyl, on rencontre des traînées de galets, dont quelques-unes sont assez épaisses pour qu'elles puissent être appelées bancs, mais elles sont fort irrégulières et ne se prolongent pas beaucoup. Les roches qui ne sont ni des calcaires ni des grès y forment 5 à 6 pour cent du tout. On y remarque un quartz blanc presque hyalin, un autre rubanné de rose, une roche siliceuse verte, des quartzites à pâte grossière, un granit à feldspath d'un vert très vif, un autre à feldspath rosé, un porphyre rouge à inclusions variées. La plupart de ces roches, dont on ne connaît pas l'origine, se retrouvent dans le poudingue et la molasse marine. Les analogies avec les blocs exotiques et les fragments des brèches du flysch sont moins grandes.

Poudingue de la molasse marine.

Les massifs composés de poudingue de formation marine sont, en allant de l'ouest à l'est, celui du Gibloux, celui de Pont-la-ville, qui n'est probablement que la continuation du précédent, celui de Montévraz et celui du Guggisberg; c'est leur présence qui donne un plus grand relief à la région du pied des Alpes, quoiqu'ils soient loin d'être aussi inclinés qu'ailleurs. Ils se composent surtout d'éléments calcaires ou gréseux, mais contiennent aussi d'autres roches, dont l'existence est indiquée sur la carte par des points rouges, peut-être un peu trop nombreux, sauf au Gibloux.

Massif du Gibloux. Etant au nord-ouest de la ligne anticlinale, la molasse et le poudingue du Gibloux plongent en général de ce côté là, ou sont horizontaux ; mais il y a des exceptions, et il en résulte qu'on est embarrassé quand on cherche à se représenter le parcours d'un banc dans les régions où il n'affleure pas. Il est du reste très rare que les assises soient bien à jour. Le ciment qui en unit les éléments est très peu cohérent, surtout quand il y a beaucoup de quartzite ; aussi sur de grands espaces ne reconnaît-on qu'on est sur le poudingue que par la présence de nombreux galets dans le sol.

Au Chatelard, il y a peut-être plus de grès intercalé que de poudingue, et il est évident que ce dernier repose sur un grand massif de molasse pure où, du côté du midi, un ruisseau s'est creusé un ravin très profond. A l'ouest du village on voit des bancs dont les galets désagrégés ne forment qu'un fin gravier ; ils nous montrent comment les assises de poudingue à gros éléments se terminent souvent, quoiqu'on ne puisse pas en suivre la transformation.

Au Gibloux proprement dit, le poudingue est bien plus puissant qu'au Chatelard. On peut évaluer à près de 300 mètres l'épaisseur des couches qui en renferment. C'est sur le versant nord, du côté de Vuisternens, qu'on a les plus grands affleurements, sans qu'on y voie pourtant des séries non interrompues de plus de 40 mètres. On y constate que les bancs de galets ont jusqu'à 20 mètres d'épaisseur, que la molasse qui les sépare ne tient pas autant de place, et qu'elle renferme des galets isolés ou en trainées. Le poudingue est tout aussi désagrégeable que cette molasse elle-même, ce qui ressort déjà du fait qu'il n'y en a peut-être pas un seul bloc éboulé autour de la montagne, et que le terrain glaciaire n'en renferme pas non plus. Ce n'est qu'à un endroit que j'ai constaté, par l'inclinaison des galets aplatis, qu'ils se sont déposés sous l'influence d'une force agissant de l'est à l'ouest ; à d'autres endroits ils sont en position horizontale, mais le plus souvent il n'y en a pas de cette forme.

Quant aux dimensions des galets, elles sont, comme toujours, très variables ; un bon nombre dépassent la grosseur de la tête ; j'en ai vu dont le plus grand diamètre atteignait $1/_2$ mètre. Les petits forment quelquefois des bancs à eux seuls. Les roches auxquelles ils appartiennent sont en grande majorité des grès et des calcaires. Après viennent des quartzites grossières, vertes, gris verdâtre, jaunâtres, rarement rouges, à cassure esquilleuse. Dans les bancs en place où je l'ai estimée, la proportion de cette roche varie du 5 au 30 pour cent; mais à une quantité d'endroits où l'on ne voit que les produits de la désagrégation des assises, elle dépasse le 50 pour cent. Il faut mentionner encore des calcaires compactes, blanchâtres et rosés. Les granits et porphyres existent, mais sont très rares.

Massif de Pont-la-Ville. A Avry-devant-Pont, on voit deux bandes de poudingue très à jour. L'ancienne route au nord du village montre une coupe assez nette de la zone septentrionale; un banc principal de poudingue de 10 mètres d'épaisseur y est enfermé dans de la molasse, qui en contient elle-même d'autres petites intercalations, et qui présente des entrecroisements de stratification; le tout plonge de 12° au sud-sud-est. L'inclinaison diminue du côté de l'est, où, au passage de la route actuelle, la répartition des galets et de la molasse paraît déjà un peu différente. A la zone méridionale, où le poudingue est plus puissant, mais de même composition, on ne voit pas de molasse, et le plongement ne peut être déterminé avec certitude. Sur le ruisseau qui descend en cascade à la Sarine, l'inclinaison semble se rapprocher de la verticale. De même sur la rive gauche de cette rivière, en amont du pont qui la traverse, le plongement est aussi très fort et assez régulier; mais en aval il y a enchevêtrement de la molasse et du poudingue et clivage de la première, en sorte qu'il est très difficile de se rendre compte de la position de l'une et de l'autre. Le poudingue a favorisé l'établissement du pont, en fournissant une énorme pile naturelle au milieu des eaux; mais il se perd bientôt sous le quaternaire de la rive droite.

Malgré la profondeur du ravin de la Sarine, elle cesse de mettre à jour le tertiaire au nord du pont, et ce n'est que plus loin qu'on le retrouve. Ici la molasse l'emporte sur le poudingue: ce dernier forme quatre grands bancs principaux de 5 à 6 mètres chacun, qui sont séparés par trois zones de molasse de 10, 20 et 4 mètres. Ces assises plongent d'environ 12° sud-est, mais en descendant la rivière on les voit former une voûte très surbaissée, et reprendre ensuite le même plongement. Les entrecroisements de stratification, l'apparition et la disparition de bancs secondaires de galets y sont fréquents; au sud de re (Molley*re*), une assise de 3 mètres, à gros éléments, se perd, par exemple, sur une longueur de 10 mètres.

Après avoir cessé d'être visible, le poudingue réapparaît à l'ouest de la Roche. Au premier affleurement il plonge assez fortement au sud-est; mais dans la partie septentrionale on voit aussi une inclinaison au nord-est, en sorte qu'il paraît former une voûte rompue, dont celle de la Sarine ne serait que la continuation très atténuée. Au second affleurement le plongement est variable ou douteux (pl. 13, fig. 3).

Le poudingue du massif de Pont-la-Ville ne se distingue de celui du Gibloux que par une moins grande quantité de quartzite; il est rare que la proportion en atteigne 5 pour 100. Les éléments sont aussi en général moins gros, je n'en ai guère vu qui aient 3 décimètres de diamètre.

Massif de Montévraz. On peut rattacher au massif de Montévraz des bancs de poudingue qui sont perdus dans la molasse plus à l'ouest, et qu'on verrait peut-être en plus grand nombre, si le terrain glaciaire ne jouait pas un rôle aussi prépondérant dans cette région. Le ruisseau qui descend à l'ouest du mont Combert en met à jour un petit, lorsqu'il commence à creuser son ravin dans la molasse. A la Peraousaz, au nord de la même colline, la base des couches visibles est formée par un banc de 2 mètres de poudingue à petits fragments, qui contient beaucoup de roches siliceuses dont les angles sont seulement émoussés. On peut faire la même remarque sur les petits cailloux de cette espèce, dans les poudingues fins du Gibloux. Le versant est du mont Combert présente, à la Combe, deux bancs de poudingue ordinaire, qui n'ont presque que des roches calcaires ou gréseuses; l'un est au bas, l'autre vers le haut de la colline.

Quelques autres assises, qu'on ne peut pas suivre sur un long espace, apparaissent au sud-ouest de Montévraz; la composition en est assez variée. Celles de la pente occidentale sont surtout formées de grès et de calcaire, avec peut-être 5 pour 100 de quarzite. Au niveau de la plaine, près de la Combe, une petite assise dont les éléments ne dépassent pas la grosseur d'une noix, renferme 40 pour 100 de quartzite et de roches siliceuses vertes. Sur le versant sud de la colline, la présence d'un banc qu'on ne voit pas est indiquée par une quantité de galets de quartzite, qui en doivent former la plus grande partie, car toutes les autres roches sont rares.

A Montévraz, les affleurements tertiaires montrent tous du poudingue, en sorte qu'on peut croire que c'est la roche dominante; mais il est probable que ce que le glaciaire cache appartient surtout à la molasse. En revanche, la colline cotée 1067 mètres ne paraît pas contenir beaucoup de grès, si ce n'est à la base. Le plongement s'y fait au sud, de quelques degrés seulement, car le plus fort que j'aie vu est de 10°, et il y a même des parties horizontales. Toutes les couches qui affleurent autour du côté du nord sont donc inférieures, et cette colline n'est qu'un reste d'un massif supérieur. On y voit des éléments qui ont $^1/_2$ mètre de diamètre, j'en ai remarqué un qui avait $^3/_4$ mètre dans sa plus grande dimension. Ce massif est celui où les grès et les calcaires sont le moins accompagnés d'autres roches, car il y a des bancs où l'on ne voit pas autre chose. Quand les quartzites s'y trouvent, ce n'est guère que dans une proportion inférieure au 5 pour 100. Cependant les échantillons de granits rouges et verts que j'ai recueillis sont passablement variés.

Massif du Guggisberg. Je ne connais bien de ce massif que la partie qui est au sud de Laubbach et de la Ryffenmatt; le reste est en dehors du territoire que j'ai étudié.

Le premier banc qui y appartient se voit au nord-est de Plaffeyen; il est peu épais et accompagné de molasse. Par sa position il appartient à la partie inférieure de la division, de même que ceux qui se trouvent de l'autre côté de la Singine; ceux-ci plongeant légèrement au sud finissent par s'enfoncer les uns après les autres avec plus ou moins de régularité. L'un d'eux, qui doit passer par dessous la molasse de la pl. 13, fig. 5, se remonte plus au midi et disparaît de nouveau, non loin du commencement de la molasse d'eau douce; c'est celui qui contient le plus de roches non calcaires ou gréseuses.

Dans la région en aval du village de Laubbach, la présence du poudingue se manifeste surtout par les galets provenant de sa désagrégation; les bancs en place n'ont été mis à jour que par les ruisseaux; ils sont horizontaux, ou n'ont qu'un plongement à peine sensible à l'est plutôt qu'au sud.

En amont du village, les poudingues occupent sur la rive droite du ruisseau une pente de plus en plus escarpée, qui domine de beaucoup la région méridionale de molasse d'eau douce et de débris de flysch. Les assises y sont horizontales, ou, s'il y a un léger plongement, il se fait vers le nord-est, le nord, ou le nord-ouest. Dans le bas il y a passablement de molasse intercalée entre les bancs de poudingue; elle varie beaucoup de cohésion, de grain et de couleur. A mesure que l'on monte le long du ruisseau, on la voit diminuer, et finir par ne plus former que des lentilles plus ou moins prolongées dans des bancs puissants de galets. Au sud-est de la Ryffenmatt, le poudingue apparaît de même sur une pente rapide, bordée par un ruisseau dont la rive droite est moins élevée et ne montre que des débris de flysch.

Dans ce massif le poudingue est généralement composé de gros éléments: les galets de 3 décimètres de diamètre sont fréquents, et il y a des blocs arrondis qui approchent d'un mètre dans leur plus grande dimension. A plusieurs endroits, la position inclinée des ailloux aplatis indique qu'ils sont restés à leur place sous l'action d'une force qui agissait dans une direction constante, mais cette direction n'est pas partout la même. On peut rapporter au flysch la majorité des roches auxquelles les éléments appartiennent. Celles qui ne sont ni du grès, ni du calcaire se trouvent un peu partout, mais dans beaucoup de bancs il n'y en a pas plus d'un pour cent; quelques-uns, surtout ceux qui ne sont composés que de petits cailloux, en renferment beaucoup plus. Les quartzites du Gibloux sont représentées, mais elles y sont plus rares que dans les autres massifs. Les granits, encore moins nombreux, ne sont cependant pas difficiles à trouver, du moins dans quelques bancs.

Remarques générales sur les poudingues marins. Dans tous les massifs on rencontre, il est vrai assez rarement, des fragments roulés de grosses Huîtres et de Balanes, et cela dans les parties supérieures comme dans les inférieures.

Les galets impressionnés sont fréquents; on en trouve aussi d'écrasés, dans les fissures desquels a pénétré la molasse qui forme le ciment.

Ce qui frappe surtout dans la région des poudingues, c'est leur grande puissance et leur mélange avec des bancs de molasse. Il y a à tirer de ces deux faits la même conséquence que des intercalations de grès à galets dans les couches du centre du plateau. Chaque banc de poudingue s'est déposé dans une eau peu profonde; un abaissement du fond et du rivage de la mer a fait reculer la côte vers le sud-est, et ce sont seulement les matériaux fins qui ont pu continuer à arriver à l'endroit où les cailloux se déposaient auparavant; une assise de molasse s'est alors formée, mais au bout d'un certain temps les apports des rivières ayant reporté la côte plus au nord-ouest, les galets ont pu revenir au-dessus du sable; des répétitions successives des mêmes phénomènes ont produit de la même façon les nombreuses alternances que nous observons aujourd'hui.

Comme il n'y a pas de roche bien caractérisée qui ne se retrouve en plus ou moins grande quantité dans nos quatre massifs, je puis faire sur leur nature quelques remarques qui se rapportent à tous, mais elles seront bien loin d'épuiser le sujet:

1º Les grès qui forment peut-être la majorité des éléments des poudingues proviennent en bonne partie du flysch. Ceux qui sont très grossiers montrent en effet les mêmes grains que les échantillons pris dans le terrain lui-même; ce qui est encore plus décisif, c'est la présence des brèches granitiques dans le poudingue. Les grès plus fins ont naturellement la teinte jaune roux que la roche prend toujours dans son gisement primitif, quand elle a été exposée longtemps à l'air.

2º Les calcaires de teinte foncée ou noirs, purs ou argileux, ou sableux, qu'on pourrait rapporter aux terrains jurassiques inférieurs des chaînes voisines sont assez rares; d'ailleurs ils pourraient tout aussi bien provenir de bancs du flysch. Un échantillon de calcaire gris lumachellique n'a d'analogue que dans le lias.

3º Les calcaires de teintes claires ne sont pas rares; ce sont ceux que choisissaient surtout les mollusques perforants pour y établir leur demeure. Ils se présentent avec de nombreuses variétés:

a. Des calcaires de pâte très fine, variant de teinte, avec des veines cristallines ténues et plus ou moins parallèles, sont identiques à ceux du flysch décrits à la p. 205.

b. Un échantillon à taches noires a tout à fait les caractères du crétacé supérieur de nos chaînes intérieures; d'autres de calcaire blanchâtre tendre, ont ceux du même terrain dans la chaîne de la Berra.

c. Il n'y a presque pas de calcaire compacte qui rappelle le jurassique supérieur de nos montagnes intérieures; mais il y a des galets qui peuvent bien avoir appartenu aux couches de calcaire presque blanc des blocs exotiques de l'est de Corbières (12ᵉ livraison de ces Matériaux p. 134). Un échantillon à taches noires et un peu rosé, est identique à la roche des blocs exotiques du Fettbad appartenant au même terrain (12ᵉ livr., p. 20).

d. Un calcaire compacte rose, rarement rouge, qui se trouve en assez gros galets, a quelquefois des coupes de fossiles; mais il n'y a rien d'analogue dans nos chaînes actuelles. Un autre calcaire un peu jaunâtre renferme des Nérinées, mais il est un peu différent du tithonique à facies corallien de la chaîne des Gastlosen; on ne peut guère en chercher l'origine bien loin de l'emplacement du poudingue qui le renferme, car sur la route qui descend de la Ryffenmatt à la Sense, on en voit un bloc qui a un mètre dans sa plus grande dimension.

e. Des calcaires d'aspect dolomitique, un peu cristallins, variant de teintes, ne sont identiques à aucune roche de nos montagnes.

f. Un calcaire jaune roux, à oolithes de teinte plus claire, et un autre sans oolithes rappellent le valangien inférieur du Jura. D'autres se rapprochent de certains bancs urgoniens. Il est invraisemblable qu'ils proviennent des régions d'où nous connaissons ces terrains de nos jours.

4⁰ Il n'y a dans nos montagnes aucun gisement de quartzite; par conséquent, l'origine des galets de cette roche, particulièrement nombreux au Gibloux, est tout-à-fait inconnue. Un quartz blanc semi-translucide ne se présente pas en gros galets; il provient peut-être de filons dans les quartzites.

5⁰ On ne connaît pas davantage l'origine de roches à pâte fine, quelquefois schisteuses, dont la silice forme la base, mais où elle est mélangée de matières diverses, qui la colorent de teintes différentes. Les cailloux que l'on remarque les premiers sont d'un rouge vif, un peu foncé. Il y en a beaucoup qui présentent tous les verts possibles; le vert et le violet peuvent être associés dans le même galet. Cette variété de teintes manque absolument dans les quelques bancs du flysch qui sont composés d'une roche semblable.

6⁰ Un porphyre rouge est très rare. Un échantillon du Gibloux est identique à celui du flysch des Botteys (p. 207).

7⁰ Les granits sont rares, mais présentent une certaine variété; beaucoup ont les uns un feldspath rouge, les autres un vert. Ce caractère les rapproche de ceux qui sont en blocs ou en fragments dans les brèches du flysch de la Berra (p. 205); mais je connais trop peu ce genre de roche pour que je puisse me prononcer sur leurs ressemblances ou leurs différences; le rouge est toujours plus vif dans les cailloux du poudingue et de la molasse, ce qui provient peut-être de la décomposition qui s'y produit; dans le flysch on ne trouve une teinte aussi vive que dans les petits fragments que renferme la brèche granitique. Quoique rares, ces granits semblent être un peu trop nombreux dans le poudingue et la molasse pour qu'on puisse penser qu'ils ont tous été remaniés du flysch.

D'après ce qui précède, on peut attribuer au flysch la portion la plus considérable des galets du poudingue; d'autres en petite quantité paraissent appartenir aux autres terrains de nos chaînes; un grand nombre proviennent de gisement qui ne sont plus à jour à l'heure qu'il est. Aucune hypothèse ne me paraît pouvoir expliquer ces faits, si ce n'est celle de M. Studer, qui admet qu'à l'époque miocène il existait, au bord des Alpes, des collines et des falaises de rochers qui formaient le rivage du bassin où se sont déposés la molasse et le poudingue.[1] Dans nos régions cette chaîne n'avait que peu de granit et de porphyre, mais passablement de quartzite, de roches siliceuses et de calcaires. Une partie de ces derniers appartenait probablement au tithonique; il y en avait peut-être du crétacé supérieur, et il n'est pas impossible que quelques assises fussent du valangien et de l'urgonien du type jurassien.

Ce n'est pas pénétrer plus avant dans le domaine des hypothèses que de penser que cette chaîne existait déjà à l'époque éocène, car il fallait bien que la mer qui a déposé le flysch eût un rivage; c'est de là que se seraient détachés les blocs exotiques et les éléments des brèches que contient ce terrain. Les *klippen* seraient aussi des restes de ces anciennes montagnes, qui, à l'époque

---

[1] Geologie der Schweiz, Bd. 2, S. 387.

miocène, se seraient trouvées assez coupées pour que le flysch pût envoyer ses matériaux dans le bassin de la molasse.

CHAPITRE II.

RELATIONS STRATIGRAPHIQUES DES DIVISIONS DE LA MOLASSE.

Dans le territoire de la feuille XII, les rapports d'âge entre la molasse marine et la molasse d'eau douce sont bien clairs, dans la zone subjurassique et dans les régions de la Haute-Broye et du Gotteron à la Sense; la première est superposée à la seconde. Du côté des Alpes, le plongement général des assises au sud-est ferait croire que les deux divisions d'eau douce et le grès de Ralligen sont au contraire de formation plus récente que la molasse marine. Nous avons donc à voir de quelle manière on peut faire accorder les faits stratigraphiques avec les données paléontologiques.

Inclinaisons de la molasse.

Considérée dans son ensemble, la molasse de notre territoire forme une anticlinale surbaissée, dont le faîte est non loin des Alpes, comme dans le reste de la Suisse. Sur la carte, la ligne qui marque ce faîte est un peu sinueuse; elle va du sud-ouest au nord-est, en se rapprochant légèrement des montagnes; mais près de la Sense, elle arrive dans une région où il n'y a plus lieu de la prolonger.

Les deux pans de cette anticlinale ne se ressemblent pas. L'inclinaison des couches n'est bien marquée que du côté du sud-est; elle y ascende bientôt à 15 ou 20° et, plus près des Alpes, on ne la voit remplacée par le plongement contraire que sur quelques points, et seulement momentanément, tandis que le plus souvent elle va en augmentant, et dépasse parfois 45° au pied des montagnes. Le pan nord-ouest ne présente qu'une inclinaison beaucoup plus faible et plus irrégulière. Dans la vallée de la Broye elle atteint par place 20°, mais change souvent de direction; plus au nord-est, quand la ligne qui marque le faîte de l'anticlinale est dans la molasse marine, l'inclinaison au nord-ouest est plus faible, parfois à peine sensible ou nulle, et toujours soumise à de grandes variations sous le rapport de la direction.

Sur la Sense, la disposition des couches est différente. Au ruisseau qui a traversé Plaffeyen, on a d'abord un plongement sud-sud-est, ce qui est normal, mais plus en aval il tourne au nord-est; à Fall, sur la rive droite de la Sense, les assises sont horizontales; plus au nord, sur le ruisseau de Laubbach, le plongement est à l'est; à partir du pont par lequel la route qui monte à la Ryffenmatt traverse la Sense, on a de nouveau une inclinaison sud-sud-est de 10°, qui se continue jusqu'au delà de Leist. Quand elle cesse, on est dans la direction de la ligne anticlinale; mais au lieu de passer peu à peu au plongement nord-nord-ouest, les couches s'inclinent subitement de quelques degrés est-sud-est. Cette nouvelle position ne persiste pas longtemps : à partir du ruisseau de Kalchstetten, le pendage sud-sud-est recommence, et continue jusque près de Schwenni, où il devient sud-sud-ouest.

Il faut aller jusqu'au nord-ouest de Schwarzenburg pour trouver un plongement septentrional. On a alors dans cette région une nouvelle anticlinale, dans l'intérieur de laquelle apparaît la molasse d'eau douce (p. 377). Il est probable qu'il y a des failles aux points où l'inclinaison change près de Leist; car si toutes les couches de molasse qu'on voit successivement surgir au nord de cet endroit étaient inférieures à celles qui s'enfoncent au sud, la puissance de la molasse marine serait bien supérieure au chiffre que j'ai été amené à lui assigner à la p. 390. L'horizontalité mentionnée à Fall semble indiquer l'existence d'une synclinale, mais à Laubbach on n'en trouve pas de continuation régulière; les plongements y sont variés.

Dans le centre et le nord-ouest du plateau, la molasse est moins souvent horizontale que légèrement inclinée. Il est difficile de bien déterminer la direction et le degré d'un plongement faible, lorsque les parois où il se présente, le long des ravins des grandes rivières, n'offrent pas des angles rentrants; je n'ai su découvrir de règle dans ceux que j'ai observés; ils se font vers tous les points de l'horizon, mais assez souvent vers le nord-ouest et le sud-est; des observations plus spéciales amèneraient peut-être à reconnaître qu'il y a dans notre molasse des ondulations dirigées du sud-ouest au nord-est; cependant il me semble que ce sont plutôt des failles peu considérables qui séparent les plongements différents.

Relations stratigraphiques des couches marines et des couches d'eau douce du côté des Alpes.

Région de la Haute-Broye. Au coin sud-ouest de la carte, la molasse d'eau douce grise passe en général sous la molasse marine; mais leurs relations n'étant pas partout très claires, il est nécessaire d'entrer à cet égard dans quelques détails.

A l'ouest de la Broye, sur le Parimbal, les plongements sont très divers; mais comme ils varient surtout entre le nord et l'ouest, les couches qu'on y observe doivent nécessairement passer sous les assises marines occidentales.

Le long de la Broye, la même molasse plonge assez constamment au nord-nord-ouest; l'inclinaison, qui a été en diminuant à partir de la ligne anticlinale, revient à environ 15^0 à l'ouest de Rue, et la molasse avec marnes bigarrées plonge là sous des couches plus exclusivement molassiques, qui doivent être marines. A cet endroit le lithographe a prolongé sur la carte les barres verticales plus au sud qu'elles ne devaient l'être.

Sur le flanc droit de la vallée, la molasse grise se trouve plus haut que sur l'autre. Le long du chemin de fer, le plongement nord ou nord-nord-ouest est faible, même près de la ligne anticlinale; nulle part il ne dépasse 15^0. A la Fin de Vaud il est de 25^0 nord. Là le contact des deux divisions n'est pas visible; mais il l'est au sud de Vauderens, en *la G* (*la Gottaz*), où la molasse marine verdâtre commence à se montrer à la pente escarpée de la vallée (le lithographe a oublié les barres qui l'indiquent); elle y succède à de la molasse à grumeaux. Il en est de même plus au nord en *d* (*Vauderens*). En revanche, sur le chemin de Vauderens à Replanaz, il y a une faille locale, car on y voit ces deux assises l'une à côté de l'autre. La tranchée qui précède le tunnel est dans les couches d'eau douce, et celles qui sont au-dessus ont plutôt l'aspect marin; comme le plongement est nord-nord-est, les premières ne doivent pas tarder à descendre sous le niveau de la voie. Mais si on les suppose prolongées du côté de l'ouest, elles iraient passer bien au-dessus de la colline de Rue, qui est pourtant composée de molasse marine; le plongement doit donc changer entre ces deux points. Quoiqu'on trouve en effet qu'à l'ouest de Blessens, l'inclinaison se fait au nord-nord-ouest, et qu'au sud de Rue elle a lieu à l'ouest, on ne peut pas admettre que toute la molasse grise passe sous la marine, car au sud-est de Rue on voit les deux divisions au même niveau.

Contact des deux molasses, de Porsel au delà de la Sense. A Porsel la molasse marine plonge de 16° au sud-est; cette inclinaison serait bien suffisante pour la faire passer par dessous les couches à lignite du flanc gauche de la vallée du Flon, si les assises se prolongeaient de ce côté. Plus au nord-est, la position relative des deux divisions est la même jusqu'à la Joux, où se terminent les couches à lignite. Nous sommes ainsi amenés à admettre l'existence d'une grande faille qui met en contact les étages supérieurs et inférieurs de nos molasses, le long de la vallée du Flon.

Du pied des Alpettes à Villaraboud, s'étend une zone de terrain glaciaire qui interrompt complètement les affleurements des couches d'eau douce, sur une longueur de 4¹/₂ kilomètres, et ceux de molasse marine, sur une longueur un peu moins grande. Au nord-est de cet espace, il n'y a plus de bancs calcaires ni de lignite. La molasse marine de Tréfayes et des Cilares est inclinée régulièrement au nord-ouest d'environ 15°. Quant aux couches d'eau douce, elles plongent généralement au sud-est de 15 à 20°, et comme cette inclinaison est encore la même au lambeau de Rosaire, ce doivent être les assises inférieures qui sont en contact avec la molasse marine, par la continuation de la faille de la vallée du Flon.

Le long du Gibloux, le pan sud de l'anticlinale est caché sous le terrain quaternaire, et quand il est de nouveau à jour, il est composé de poudingue marin, dont les affleurements de molasse d'eau douce restent éloignés jusqu'à la Roche. A cette localité, sur le ruisseau qui se jette dans la Serbache au nord de l'église, les deux divisions se retrouvent très près l'une de l'autre (pl. 13, fig. 3). En remontant ce ruisseau, on voit çà et là quelques bancs de molasse et de marne plongeant faiblement au sud-est; cette inclinaison augmente un peu dans les derniers affleurements de ces roches. Après une interruption par la végétation et une petite combe, on arrive à de la molasse verte et dure, qui ne peut être que marine, mais où un clivage rend un peu douteux le plongement marqué dans la figure. Le ruisseau descend à cet endroit par trois cascades dans du poudingue mêlé de grès, qui paraît ne plonger que faiblement et être en discordance avec la plus grande partie de la molasse verte. Ainsi les couches marines semblent avoir subi des dislocations dans leur intérieur. En outre, à moins d'admettre qu'elles passent sous celles d'eau douce, il faut se représenter une grande faille dans l'espace où l'on ne voit pas d'affleurement. Un peu plus à l'est, au sud de *Zil* (*Zib*le), la molasse d'eau douce paraît plonger nord-ouest et être même en partie verticale; cette déviation de l'inclinaison générale est un indice de plus de la présence d'une ligne de rupture.

Près de Montévraz, le poudingue marin ne plonge que d'environ 6°, à la localité fossilifère marquée sur le ruisseau qui vient du Creux. En allant de là au sud on trouve du glaciaire, puis la molasse d'eau douce plongeant au sud-est jusqu'à 50°. Ici la distance entre les deux affleurements est notable; elle l'est moins au ruisseau plus à l'est. On n'y voit pas bien le plongement du poudingue, qui est sans doute peu considérable, comme dans toute cette région; à 60 pas plus en amont les marnes bigarrées et la molasse marneuse sont en place avec une inclinaison de 15°. Du côté de l'orient, les affleurements des deux espèces de couches sont à de plus grandes distances les uns des autres.

Un peu plus au nord-est, au sud de Clausalet, les couches d'eau douce doivent être en contact avec le poudingue, mais on ne les voit qu'en détritus.

Au sud-ouest de Plasselb, la Gérine nous présente, sur sa rive gauche, une coupe dans les deux divisions; malheureusement elle n'est pas non plus sans lacunes. La molasse marine forme un rocher en *h* (Bach); de là en amont on voit sur la berge ce qui est représenté à la pl. 13, fig. 8. Sauf sur un point, la molasse marine (mm) apparaît bien divisée en couches, et le plongement en est le même partout jusqu'en mm[1]. Là la roche change un peu de nature, elle devient grumeleuse; elle est surmontée de blocs de poudingue qui doivent provenir d'une couche qu'on ne voit pas en place; ce poudingue, plus que la molasse, fait rattacher cet affleurement à ceux qui sont plus au nord. Après une interruption, on trouve des assises d'eau douce bien caractérisées; c'est en partie de la molasse grise, en partie de la molasse marneuse panachée de bleu et de jaune, avec un peu de marne violette; la molasse est fendillée, en sorte qu'il y a un peu d'incertitude sur la réalité du plongement marqué. Après une nouvelle interruption, on voit les couches d'eau douce d'une manière continue, avec un plongement régulier de 20°.

Sur la rive droite de la Sense, le contact entre les deux divisions n'est pas non plus visible. Au sud du pont de la route qui conduit à Laubbach, le plongement de la molasse marine va en diminuant, et elle devient bientôt horizontale. Immédiatement avant le débouché du ruisseau sud de Fall, elle subit des plissements représentés à la pl. 13, fig. 5; une autre courbure semble exister au delà du ruisseau, puis le plongement général vers le sud recommence; mais bientôt il y a une interruption de 15 mètres dans les affleurements, et, quand on voit de nouveau des assises, ce sont des marnes et de la molasse marneuse en éboulement, mais où l'on reconnaît pourtant que le plongement est sud-sud-est. On peut observer le long de la berge une épaisseur d'environ 100 mètres de cette molasse d'eau douce; deux fois les couches deviennent horizontales, pour plonger ensuite de 20° à peu près.

Le dernier point où nous pouvons nous renseigner sur la position relative des deux molasses est à Laubbach, sur l'affluent qui arrive au ruisseau principal, sud de a (Laubbach). Sur le flanc gauche on y voit, à partir de son débouché, ce qui est représenté à la pl. 13, fig. 7. Les couches mm sont dans le bas une assise de poudingues, puis de la molasse grise, souvent un peu argileuse, avec un banc de marne sableuse irrégulièrement schisteuse. Ces caractères ne sont pas ceux de la molasse marine ordinaire, mais bien ceux des grès mêlés au poudingue dans les environs. En mi[1] on trouve en place un petit banc de marne violette et rouge, sur de la molasse grise fissurée, en mi[2] de la marne gris bleuâtre, dure et aussi fissurée. On croit avoir passé de mm à mi, sans que le contact soit visible. Mais en continuant à remonter l'affluent, qui change un peu de direction, on ne voit rien sur le flanc droit du ravin; sur le gauche on a de petits affleurements qui, de même que la nature du sol, indiquent la continuation de la molasse d'eau douce. On est donc étonné de retrouver, près d'une maisonnette, un banc du poudingue marin horizontal, qui a tous les caractères de ceux qui sont sur le ruisseau principal, un peu plus au nord, et dont on ne retrouve pas un analogue dans le dépôt d'eau douce de cette région. On se convainc ainsi qu'on n'est pas réellement entré dans la molasse d'eau douce, mais qu'on a suivi la limite des deux divisions. A quelques pas de là, le ruisseau coule sur le poudingue en question, qui disparaît définitivement pour être remplacé par les marnes et la molasse d'eau douce; la figure 4, planche 13, indique ce que l'on voit à cet endroit:

a. Poudingue dont la surface est de molasse bleue et dure.

b. Marne bleu verdâtre.

c. Marne rougeâtre avec quelques galets.

d. Marne sableuse, grise, panachée de bleuâtre et de jaunâtre, fissurée en tout sens.

e. Molasse friable, aussi très fissurée.

f. Marne argileuse bigarrée.

g. Marne noire.

La fissuration des couches *d* et *e*, l'épaississement de certains bancs, la terminaison en coin d'autres bancs, indiquent un froissement des assises comme on en observe ordinairement au voisinage d'une faille, dans les massifs composés de roches variées.

Les observations que je viens de rapporter sont, je crois, les seules que l'on puisse faire sur la position relative des deux molasses. Il n'y a que la dernière qui présente un contact immédiat entre elles; le poudingue qui s'y trouve appartient à la moitié inférieure de la division marine; les marnes sont aussi assez bas dans la division d'eau douce. La faille qui les met en contact est donc très considérable, et elle présente une pénétration de quelques mètres de l'un des terrains dans l'autre.

Nous constatons ainsi que partout où les relations entre les deux molasses sont un peu à jour du côté des Alpes, il n'y a pas une superposition de l'une sur l'autre, mais une juxtaposition qui doit résulter d'une faille. Nous ne pouvons reconnaître si cette faille est verticale ou inclinée, car nous n'en voyons nulle part une étendue considérable en hauteur.

Relations stratigraphiques des couches marines et des couches d'eau douce du côté du nord-ouest.

Nous avons déjà vu que sur les bords du lac de Neuchâtel, la molasse marine est superposée à celle d'eau douce à Font, du côté du sud-ouest, et au Vully, du côté du nord-est, et qu'il en est de même sur le flanc droit de la vallée de la Broye. Dans le plus grand nombre des points où il est visible, le passage de l'une à l'autre se fait avec complète concordance des couches, et on est souvent embarrassé pour placer la limite; mais il y a des exceptions, dont voici les principales.

A Font, l'église est bâtie sur un rocher d'une molasse assez bien caractérisée comme marine; mais à la même hauteur, ce sont les marnes d'eau douce qui sont à jour, surtout du côté du village. Il n'y a pas moyen de décider s'il y a des failles, ou si la molasse marine a été déposée dans une dépression préexistante de la division inférieure.

Au sud-ouest de Chabrey, dans une région où il n'y a que des couches d'eau douce, on est surpris de rencontrer à une colline à pentes plus accentuées que celles des autres, du grès à galets assez cohérent pour qu'on l'ait exploité, et qu'on soit tenté de l'appeler grès coquillier. Il se montre surtout sur le versant sud-ouest, et en dessous il y a de la molasse marine ordinaire assez puissante. Du côté de l'ouest, ce sont les marnes et la molasse d'eau douce qui sont à jour; à quelque distance des couches marines, elles sont peu inclinées, mais au contact elles semblent verticales. Ainsi c'est par une faille que s'explique le mieux cette apparition inattendue d'un lambeau de molasse marine, à 8 kilomètres des autres affleurements les plus rapprochés.

Au Vully, le chemin qui va de Lugnorre à Sur-le-Mont passe des marnes bigarrées à la molasse marine, avant d'arriver à cette localité. De l'autre côté des maisons, il monte encore et l'on croit qu'on s'élève dans la même molasse; mais on se trouve tout-à-coup dans des marnes bigarrées qui ne sont pas beaucoup en dessous du grès coquillier. De même, au nord du mot *Vully*, la molasse d'eau douce monte assez haut pour diminuer considérablement l'espace qui devrait être occupé par la marine. C'est en admettant que cette dernière s'est déposée sur un fond accidenté que ces irrégularités de succession s'expliquent le mieux.

À Nierlet (au sud-ouest de Groley), la molasse marquée comme marine n'en a bien le caractère qu'au nord du village; il y a plus haut, à deux places, du détritus argileux qui ne peut provenir que de marnes bigarrées formant un pointement dans cette molasse marine.

À l'est de Noréaz et au nord de Wallenried, j'ai été amené à faire descendre assez rapidement, sur une seule et même pente, la limite entre les deux divisions. Les assises sont trop peu à jour pour qu'on voie comment elles se succèdent; mais il me paraît très probable que l'une ne surmonte pas l'autre régulièrement, quoique la manière dont elles plongent explique en partie la direction de leur limite, du moins à Wallenried.

Au sud de Klein-Bösingen, la molasse d'eau douce se trouve avoir disparu au bord de la Sarine plus tôt qu'on ne pouvait s'y attendre; cependant le plongement des couches marines explique aussi un peu ce fait.

Dans les assises qui bordent le Biberen, à Liebisdorf et plus en amont, on voit de la molasse assez bien caractérisée comme marine, à des niveaux où elle ne devrait pas se trouver d'après ceux qu'occupe la molasse d'eau douce.

Au tunnel à l'ouest de la gare de Flamatt, les couches du côté de l'est ont les caractères de la molasse d'eau douce; de l'autre côté, elles ont l'aspect bien plus homogène de la marine. Il y a eu dépôt par la mer dans une dépression, ou changement subit dans la structure d'un banc d'eau douce; c'est cette dernière hypothèse que j'ai admise en coloriant la carte.

De ce qui précède on peut conclure que, si presque partout l'eau salée paraît avoir remplacé l'eau douce sans dérangement des assises que celle-ci avait déposées, il y a des endroits où il semble que la mer ait trouvé des dépressions de quelque importance dans le bassin où elle est venue s'établir;

à moins qu'on ne veuille admettre qu'elle a opéré elle-même ces dépressions après son arrivée. Il faut peut-être étendre cette explication à la région de Rue, où la molasse d'eau douce ne passe pas régulièrement sous la marine (page 411).

Relations stratigraphiques des deux molasses d'eau douce et du grès de Ralligen.

La faille qui sépare la molasse marine de Porsel des couches à lignite (page 411), est trop considérable pour qu'elle ne se prolonge pas au sud-ouest ; mais ce n'est guère que sur le Maclon qu'on peut espérer d'en trouver des traces. En descendant ce ruisseau à l'ouest de Perey-Martin et de Pont, on traverse d'épais massifs de molasse gris bleuâtre, entremêlés de bancs plus marneux, qui constituent la molasse grise ; comme le plongement est sud-est on monte dans les couches. On peut donc s'attendre à entrer dans la molasse marine, mais cela n'a pas lieu ; le lambeau de Porsel ne se prolonge pas de ce côté. Quand il se produit un changement dans les roches, la molasse n'est plus en bancs épais et les marnes augmentent de puissance ; aussi les pentes du ravin présentent-elles beaucoup moins de couches en place ; on ne tarde pas à rencontrer des fragments de calcaire et de lignite ; quant au plongement, il est resté le même, il a seulement un peu augmenté. Sur un petit affluent de la rive droite qui vient aboutir en *M* (Maclon), on passe aussi de la molasse grise à la molasse à lignite ; la première, au haut du ravin, plonge fortement sud-est ; la seconde, dans le bas, plonge non moins fortement est-sud-est. C'est au passage de l'une à l'autre que les couches sont le moins visibles ; on y observe des inclinaisons contraires, dans des affleurements trop peu étendus pour qu'on puisse bien en déterminer la nature.

Ces indices d'une faille sont si faibles que, si on ne connaissait que cette région, on serait porté à croire que les couches à lignite succèdent à la molasse grise et sont plus récentes ; or, sur les bords du lac Léman, on envisage les premières comme aquitaniennes et la dernière comme appartenant à un étage supérieur, le langhien ; il faut donc admettre que la continuation de la faille de Porsel se trouve sur le Maclon, et y met en contact les étages inférieur et moyen de nos molasses.

J'ai déjà été amené (page 368) à parler de la stratigraphie de la molasse à lignite, et à admettre comme très probable une faille qui en séparerait les deux zones.

Les indices paléontologiques qui font regarder le grès de Ralligen comme l'étage le plus ancien du plateau (page 365), ne sont qu'imparfaitement appuyés par ses relations stratigraphiques. A son extrémité sud-ouest, il plonge comme les couches à lignite et leur paraît superposé. Dans son centre il s'élargit aux dépens de la molasse d'eau douce, mais lui semble toujours supérieur. La disparition de son extrémité nord-est dans l'intérieur de cette division est le seul fait stratigraphique qui pourrait nous amener à le regarder comme plus ancien. On ne peut du reste faire que des suppositions sur la nature des dislocations qui l'ont fait venir à jour. Il est possible qu'il forme une voûte qui aurait surgi de dessous la molasse d'eau douce. Il n'y aurait alors pas besoin de recourir à une faille intérieure, comme je l'ai fait plus haut (page 364), pour expliquer la grande puissance de ce terrain. Mais cette voûte serait très inclinée, et on hésite à admettre l'existence d'une dislocation de ce genre dans la molasse. Puisque nous avons déjà reconnu des failles dans le tertiaire du plateau, il sera plus naturel d'attribuer à cette cause l'apparition du grès de Ralligen; d'après les affleurements que nous en connaissons la rupture serait un peu arquée.

Petites failles.

Les grandes failles ne sont pas les seules que présente la molasse. Il y en a de petites, particulièrement dans les couches marines. Dans les carrières on remarque souvent de grandes fissures verticales, quelquefois obliques, plus rarement en lignes courbes, qui semblent ne pas avoir été accompagnées d'un dénivellement des couches. Parfois ces fissures sont multipliées et parallèles, de manière à diviser la masse en dalles ou en plaques minces; c'est alors une espèce de clivage qui ne s'étend jamais bien loin. Quand il y a une dénivellation indiquée par la non-correspondance des joints de stratification, l'uniformité des massifs de molasse empêche ordinairement de reconnaître si elle est petite ou considérable; aussi il serait peu utile de faire l'énumération de ces accidents. J'ai déjà eu du reste l'occasion de mentionner des failles, ou de décrire des particularités stratigraphiques qui en peuvent faire supposer (pages 396, 410, 411, 415).

Une rupture de la nature de laquelle je ne trouve pas d'explication se présente à la carrière de grès coquillier, à l'est d'Ebrabloz (sud de Payerne). La roche est traversée par une fissure verticale qu'on voit sur une longueur de 20 mètres; d'un côté le grès est resté intact, de l'autre il est tout fendillé et morcelé; la paroi de la partie intacte est une surface de glissement, mais avec des stries horizontales.

Résumé et remarques générales.

Dans notre molasse nous avons eu à distinguer de bas en haut, en restreignant les divisions à celles qui paraissent d'âges différents :

1) Le grès de Ralligen.

2) La molasse d'eau douce, dont les couches à lignite ne sont probablement qu'un facies local, et qui prend dans la Haute-Broye les caractères de la molasse grise ou du langhien de Lausanne.

3) La molasse marine, à laquelle se rattachent le grès coquillier d'un côté du plateau et les poudingues de l'autre.

L'ensemble de ces divisions forme une anticlinale, dont la ligne de faîte est rapprochée des Alpes. Il a fallu admettre des failles considérables pour concilier les faits stratigraphiques avec les données paléontologiques :

1) Une faille sépare d'abord la molasse grise de celle à lignite dans les environs de Chapelles, puis, à partir de Porsel, la molasse marine de celle d'eau douce, jusqu'au delà de la Sense et probablement plus loin. Cette faille, la plus longue de toutes, est à peu près parallèle à la ligne de faîte de l'anticlinale.

2) Une faille courte sépare peut-être les deux zones de la molasse à lignite.

3) Une autre faille, plus longue et arquée, fait surgir le grès de Ralligen, qui en a peut-être une seconde dans son intérieur.

4) Sur la Sense on trouve, à l'ouest de Schwarzenburg, une anticlinale très surbaissée, suivie, du côté du sud, d'une ou de plusieurs ruptures accompagnées de dénivellement.

5) Il n'a pas encore été question de la plus grande rupture, savoir de celle qui sépare la molasse d'eau douce du flysch de la chaîne de la Berra. Nous ne pouvons faire que des suppositions sur sa nature. Nulle part on ne voit un contact des deux terrains, et presque partout leurs affleurements de couches en place sont séparés par de larges zones de débris. Les plus rapprochés sont au Creux, au nord du Cousinbert; la molasse y pénètre un peu dans le domaine du flysch et plonge plus fortement que ce dernier, dont une partie, enlevée par l'érosion, devait être autrefois refoulée par dessus; mais il est probable que dans la profondeur il y a juxtaposition des deux terrains, suivant une ligne verticale ou oblique.

On pourrait penser que la longue faille qui sépare les deux divisions principales de la molasse est ancienne, et que c'est elle qui a produit un abaissement continu du fond de la mer pendant le dépôt des poudingues subalpins. Cependant quelques faits s'opposent à ce qu'on adopte cette manière de voir. Les massifs de galets du Gibloux, de Montévraz et du Guggisberg ont du côté du midi des escarpements considérables, qui présentent la tranche de leurs couches peu inclinées. Celles-ci s'étendaient donc plus loin de ce côté. On peut même penser que, pendant le dépôt de la molasse marine, le rivage n'était pas formé par les couches d'eau douce, et que la mer allait toucher au pied des Alpes d'alors, c'est-à-dire à l'alignement de terrains variés qui subsistait encore à l'époque miocène, après avoir formé le rivage du bassin éocène. On ne comprendrait guère en effet comment les grands galets du poudingue seraient arrivés au point où ils gisent actuellement, en traversant une portion de terre-ferme formée par la molasse d'eau douce et le grès de Ralligen. Il est plus facile de se rendre raison des faits, en admettant qu'à partir des Alpes le fond de la mer s'abaissait, non suivant une ligne de rupture verticale, mais par un mouvement de bascule, dont l'effet était moindre à la côte et considérable du côté du nord-ouest. La mer n'aurait alors formé au pied des montagnes que des dépôts peu épais, que ses vagues et ses courants auraient en partie remaniés pour combler les régions plus profondes, à mesure que l'augmentation de pente les y faisait arriver plus facilement. Ce qui serait encore resté de ces dépôts dans la région de la molasse d'eau douce et du grès de Ralligen, que firent surgir les dislocations postmiocènes, aurait été enlevé par l'érosion, dont les effets sont, pour ainsi dire, inscrits dans les falaises méridionales du poudingue.

D'après cela les failles et l'anticlinale seraient contemporaines, et leur premier commencement daterait des mouvements qui ont exondé le fond de la mer.

Les massifs de poudingue du Gibloux et de Pont-la-ville sont en face du débouché de la Sarine; ils nous apparaissent comme les restes d'un estuaire miocène que l'érosion a tronqué des deux côtés. Le massif de Montévraz ne correspond à aucune vallée actuelle; celui du Guggisberg est à droite du débouché de la Sense; cette rivière n'en coupe que la partie occidentale. Il y a là un indice que la vallée de la Sarine seule est très ancienne, et que les dislocations postmiocènes ont modifié considérablement le relief antérieur de la chaîne de la Berra.

CHAPITRE III.

DÉPOTS QUATERNAIRES.

Résumé historique : Gruner p. 57, Razoumowsky 60, L. de Buch 65, 69, Ebel 66, Fontaine 66, C. Escher 66, Studer 69, 78, de Charpentier 72, Necker 72, Guyot 73, Lardy 73, A. Escher 74, Bessard 78, Brunner 39, A. Favre 78, 79, 80, Morlot 79, Sartorius 79, Daguet, Reichlen, Pahud, Perrier et Sottaz 80, Bachmann 80, Ramsay et Morlot 81, Rütimeyer 81, Falsan et Chantre 81.

D'après les idées généralement reçues sur la classification de la molasse suisse, notre territoire se serait trouvé à sec avant la fin de l'époque miocène, tandis que dans la Suisse centrale et orientale des couches d'eau douce auraient continué à se déposer sur les marines. M. Kaufmann a présenté contre cette opinion de très graves objections, auxquelles personne n'a répondu, que je sache; il admet que la molasse marine de Berne et, par conséquent, la nôtre sont de formation contemporaine à celle de la molasse d'eau douce supérieure de la Suisse orientale.[1] S'il a raison, ce que je serais assez disposé à croire, je suis dispensé de rechercher ce qui a pu se passer chez nous pendant la fin de l'époque miocène. N'ayant pas eu l'occasion de me former une opinion sur une autre question d'une plus haute portée et fort controversée, je ne sais pas si, en passant au terrain glaciaire, je suis aussi dispensé de rechercher si nous n'avons pas à sa base quelque dépôt pliocène. Le fait est que je n'en ai point reconnu, et je doute un peu qu'il y en ait. Je n'ai même trouvé aucune assise quaternaire qu'on puisse appeler *alluvion ancienne*, si l'on veut désigner par cette expression un terrain antérieur à l'extension des glaciers sur le plateau. Tous les graviers que j'ai examinés renferment en effet des roches du Valais, dont on ne peut expliquer l'arrivée dans notre territoire qu'en leur donnant un glacier pour véhicule.

Le terrain quaternaire se présente sous deux formes qui sont synchroniques, car elles sont entremêlées de toutes les façons, le *glaciaire informe* ou glaciaire proprement dit et le *glaciaire stratifié*.

Glaciaire informe.

Les dépôts glaciaires proprement dits couvrent la plus grande partie du plateau, avec des épaisseurs fort variables, mais souvent considérables sur de grands espaces. Le chemin de fer entre Romont et Vaulruz, d'une longueur de 13 kilomètres, nous en fournit un exemple : il a nécessité des tranchées profondes et nombreuses, qui n'ont pas atteint la molasse sur un seul point. Ce sont donc les matériaux de toutes grosseurs apportés par le glacier du Rhône et ses affluents qui constituent la plus grande partie du sol arable du pays, même dans bien des endroits où la molasse est marquée sur la carte.

Caractères généraux.

Le glaciaire informe est dans notre territoire ce qu'il est partout, un mélange d'un limon très fin avec des matériaux de toutes les dimensions

---

[1] Rigi und Molassegebiete der Mittelschweiz. Beiträge zur geologischen Karte der Schweiz, Lief. 11, S. 310—341. Voir particulièrement le tableau de la page 340, qui est reproduit dans : *E. Favre*, Revue géolog. suisse pour l'année 1872, page 58.

possibles, sans aucune tendance à une séparation des éléments suivant leur grosseur. Le limon occupe ordinairement plus de place que les fragments qu'il enveloppe; il arrive même que ces derniers sont si rares ou si petits que l'on croit être en présence d'une alluvion ordinaire. Dans d'autres dépôts les débris caillouteux occupent autant de place que le limon; d'autres fois encore ils prédominent, et sur quelques points ils semblent les composer à eux seuls; mais alors même il y a toujours des particules fines qui ne se rencontrent pas dans ceux qui ont été opérés sous l'influence de l'eau. La teinte fraîche du limon est presque toujours le gris bleuâtre; elle passe au gris jaunâtre ou roussâtre, partout où l'action de l'air et de l'eau a pu se faire sentir, et la limite entre les deux teintes est toujours très irrégulière. Habituellement ce n'est que la dernière que l'on voit.

Les galets contenus dans le limon sont presque toujours arrondis et à surfaces polies, et portent les stries souvent décrites, lorsqu'ils n'appartiennent pas aux roches les plus dures du dépôt. On ne voit guère de cailloux anguleux que par places et surtout dans le voisinage des montagnes; ils ne sont presque pas mêlés de boue. Ailleurs, si des galets ne sont pas entièrement arrondis, leurs angles sont au moins émoussés, et s'il y en a de tout à fait anguleux, ils appartiennent à une roche fragile qui s'est brisée peu avant de s'arrêter où elle est. Les fragments de roches composées et de conglomérats ont acquis des surfaces lisses, qu'ils n'ont jamais à un tel degré lorsqu'ils ont été roulés par un cours d'eau.

Ces différentes sortes de mélanges alternent les uns avec les autres; une masse limoneuse peut succéder à une autre très caillouteuse, des fragments anguleux à des galets parfaitement arrondis.

Contact avec la molasse.

Le glaciaire informe repose sur la molasse à toutes les hauteurs et de toutes les façons, sur des pentes escarpées comme sur les parties horizontales, vers le bas des vallées comme au sommet des collines qui les séparent. Il n'est pas rare qu'au bord du flanc le moins élevé d'un ravin, il soit en place sur de la molasse coupée horizontalement, et que, sur l'autre flanc, celle-ci monte beaucoup plus haut avant de se surmonter de glaciaire. Si on avait des raisons de regarder ce terrain comme n'appartenant qu'à une époque très limitée, il faudrait admettre, d'après cela, qu'il ne s'est déposé dans la plaine que lorsque celle-ci avait déjà reçu tout à fait son relief actuel, et qu'il n'a fait qu'en adoucir les contours.

Ordinairement le passage de la molasse au glaciaire est brusque, le terrain supérieur s'est simplement déposé dans les anfractuosités de l'autre. Il en est surtout ainsi sur le grès coquillier. Mais il arrive aussi qu'on est embarrassé pour trouver une limite : la partie supérieure de la molasse étant décomposée et la base du glaciaire étant sableuse, on ne sait trop où l'un commence et l'autre finit. Au nord de Rueyres-St-Laurent, le passage s'opère par près de deux mètres d'un fouillis de blocs de molasse anguleux, qui semblent provenir d'une couche brisée sur place, et entre lesquels sont venus s'intercaler des galets glaciaires. On observe le même phénomène à la carrière de Macconens, seulement la couche de molasse réduite en fragments y est moins épaisse. Au nord-est de Vaulruz, une tranchée du chemin de fer montre que la base du glaciaire contient beaucoup de sable et même des blocs provenant des grès de la région. Il en est de même sur un point de la grande carrière de Fribourg, mais sur une moins grande échelle. Je cite ces faits, parce qu'ils semblent indiquer que le glacier exerçait une action sur le terrain qui le portait; mais ils sont trop rares pour qu'on puisse en tirer cette conclusion. A Vaulruz, les blocs et le sable peuvent très bien être descendus du haut de la colline sur le bord d'une langue du glacier. Quant aux autres cas, on peut y appliquer l'hypothèse de Bachmann, qui a attribué au gel la division en grands et en petits blocs d'une couche de molasse sous le glaciaire, à Berne.[1]

La molasse ordinaire est très peu propre à conserver le poli et les stries et rainures glaciaires; il n'en est pas de même des roches dures qui l'accompagnent parfois. A la tranchée du chemin de fer, au nord d'Oron-le-Châtel, des rainures vont en montant légèrement du côté du nord-est, sur la coupe

---

[1] Neuere Beobachtungen über die Bodenverhältnisse Berns. Mitth. der bern. naturf. Gesellschaft, 1876, S. 110.

d'un banc dur qui a cette direction. A Vuippens, au haut de la paroi de gauche du défilé par lequel la Sionge traverse le grès de Ralligen, on en voit de semblables dirigées du sud au nord. C'est sur le grès coquillier qu'on en rencontre le plus fréquemment; j'en ai particulièrement remarqué dans les environs de Cremin, de Combremont-le-Grand et de Bollion.

Moraines.

Dans la Suisse centrale, les glaciers, qui ne descendaient qu'une seule vallée bien encaissée, ont laissé de grandes moraines arquées, marquant les étapes de leur retraite définitive. On ne trouve rien de pareil dans notre territoire. Les faits que nous connaissons nous apprennent qu'à une certaine époque le glacier du Rhône a couvert le pays d'une nappe épaisse de glaces; ils nous font présumer qu'avant ou après il a occupé et abandonné beaucoup d'endroits à diverses reprises, et qu'à chaque retour il a plus ou moins effacé les accidents de relief qu'il avait probablement formés dans ses périodes de retrait. Rien ne nous montre que, quand il s'est retiré définitivement, son recul ait eu lieu d'une manière bien régulière, et que son front soit resté stationnaire sur une ligne traversant une partie notable du plateau, car les moraines que nous pouvons observer sont minimes, et ne sont que d'une importance tout à fait secondaire pour le relief du pays. Je n'en énumérerai que quelques-unes, dont l'origine m'a paru plus indubitable que celles d'autres accidents de terrain qu'on est tenté de rapporter à la même cause.

Région sud-ouest de la carte. Au nord de la Jaillaz (près de St-Martin), on remarque deux moraines qui, étant dirigées du sud-ouest au nord-est, doivent être regardées comme s'étant formées latéralement à une langue du glacier; l'une d'elles est presque uniquement composée de blocs et de débris du poudingue d'Attalens. Plus au nord, un autre amas allongé a la position d'une petite moraine frontale. A la Fin-de-Vaud, vers l'origine du Maclon, une petite digue de seulement 4 mètres de haut coupe le cours du ruisseau, qui la traverse par un canal.

Vallée de la Sarine. J'ai déjà mentionné ci-dessus, à Bulle et à Vuadens, des moraines qui sont l'œuvre du glacier de la Sarine (p. 229, 230 et 243).

Plus loin, au nord-ouest de Villarsvolard, la plaine présente une quantité de petites élévations de quelques mètres de hauteur seulement et à arêtes aiguës, par conséquent tout à fait semblables à celles que laisse un glacier actuel en retrait.

Au sud-ouest de Senèdes, le vallon qui descend à la Sarine est coupé par une colline aride, qui laisse pourtant un passage au ruisseau; elle est composée d'un gravier presque sans boue, mais non stratifié, avec beaucoup de fragments anguleux de roches cristallines. C'est l'œuvre d'un bras du glacier qui venait de l'ouest et qui avait une certaine hauteur, car on retrouve le même dépôt de fragments anguleux sur le plateau à l'ouest de Senèdes.

Entre Villars d'Avry et Pont, la grande route traverse deux moraines dirigées de l'ouest à l'est. La plus méridionale s'appuie à l'ouest sur la pente; elle y est en partie composée de gravier fin, à fragments anguleux, comme celle de Senèdes. Deux mamelons, dont l'un contient du gravier lavé, mais avec stries, la continuent du côté de l'orient.

A Pérolles, au sud de la gare de Fribourg, le chemin de fer coupe une colline allongée à peu près de l'est à l'ouest, et toute composée de glaciaire informe; c'est une moraine, qui est précédée d'une autre moins marquée un peu plus au sud.

Est de la Sarine. En *vaz* (Zénau*vaz*), trois collines allongées du sud au nord figurent bien une moraine entièrement composée de débris glaciaires, mais sans blocs proprement dits. Au sud de Rechthalden un barrage large, arqué, à concavité regardant à l'ouest, semble avoir séparé la partie supérieure de la vallée du reste, et forcé le ruisseau d'Entenmoos à passer dans un autre vallon du côté du sud. Entre Entenmoos et les Mühlenmatten, on voit des bassins tourbeux, fermés par de petites moraines compliquées.

Les collines au nord de Taffers peuvent d'autant mieux être rangées dans la même catégorie d'accidents de relief, que la molasse n'y apparaît nulle part, et qu'elles laissent entre elles des vallons que les ruisseaux actuels n'ont guère pu creuser. La plus caractérisée comme moraine par sa configuration est celle de Bäriswyl.

Il faut aussi mentionner, à cause de leur forme particulière, des amas considérables qui figurent des mamelons plutôt que des collines allongées, et qui se trouvent surtout dans la région à l'ouest du mont Combert. Ils sont composés de fragments anguleux de toutes grosseurs, qui ont subi un certain lavage; mais ils contiennent aussi par place du limon glaciaire ordinaire.

Vallée de la Broye. La vallée de la Broye étant beaucoup plus régulièrement encaissée que celles de la Sarine, on pourrait s'attendre à y voir les dépôts glaciaires s'y accuser par leur configuration et former en particulier des barrages. Ce n'est pas le cas; on n'y peut reconnaître que des accidents longitudinaux. Ainsi, à l'ouest de Trey, il y a une colline qui peut très bien être considérée comme une moraine latérale d'une branche du glacier descendant le long de la Broye.

Il est possible que le sol de la vallée ayant commencé à s'élever dès que les glaces n'y sont plus revenues, des moraines frontales soient cachées sous les alluvions.

De Payerne au bord septentrional de la carte, le flanc droit de la vallée présente beaucoup de collines entièrement quaternaires et dirigées du sud-ouest au nord-est. Ce sont évidemment des dépôts latéraux du glacier. Quelques-unes sont assez étroites pour qu'elles puissent être regardées comme de véritables moraines, surtout quand le sol en est très pierreux. D'autres, plus larges, semblent plutôt provenir de dépôts successifs. Les plus importantes de ces collines se trouvent, en allant du sud-ouest au nord-est, à Corcelles, à Dompierre, à Avenches, où des creusages profonds n'ont amené au jour que du glaciaire informe, au nord de *Chandon*, où une partie de la colline est composée de gravier stratifié, à Clavaleyre, au sud-ouest et au nord-est de Courgevaux, au sud de Burg (deux collines), à l'est de Montellier, au Löwenberg, à Galmitz, à l'ouest de Ried et au nord-est de Kerzers.

Région du bassin de l'Aar. Dans le domaine des glaciers de l'Aar et de la Kander, les moraines sont bien mieux marquées que dans celui du Rhône; mais nous n'avons à nous occuper ici que de ce qui se trouve sur le flanc de l'extrémité orientale des chaînes.

Au sud de Reutigen, deux moraines se dessinent au pied septentrional de la Simmenfluh; elles sont dirigées du sud-sud-ouest au nord-nord-est, et peuvent être attribuées à un glacier local ou à celui du Simmenthal, qui contournait la montagne.

Les moraines sont nombreuses dans les dépôts glaciaires au sud et à l'est de l'église de Blumenstein; il y en a aussi une à l'ouest. Etant toutes dirigées du sud-sud-ouest au nord-nord-est, elles ont été déposées par le front du glacier.

La hauteur à l'ouest-sud-ouest de Wattenwyl est toute couverte de moraines, que la topographie de la carte indique en partie; on en compte jusqu'à six dirigées du sud au nord et étagées les unes au dessus des autres. Du côté du nord on en voit de plus courtes, dont les directions sont plus variées, mais en général du sud-ouest au nord-est.

Epaisseur des dépôts glaciaires. On ne peut guère parler d'une puissance de ce terrain dans les bassins où il ne forme que des moraines et des mamelons. On le peut davantage dans notre territoire, où il s'étend en nappes sur des espaces considérables; mais les estimations en chiffres sont difficiles à faire et incertaines; car on ne peut que rarement savoir jusqu'où se prolonge l'épaisseur mesurée à un escarpement plus ou moins vertical.

Ce qui est sûr, c'est que la puissance des dépôts va en diminuant des Alpes au lac de Neuchâtel. Dans la partie sud-est du plateau, des pentes rapides et étendues ne laissent pas apparaître la molasse, tandis qu'on la trouve presque toujours du côté du nord-ouest dans les mêmes circonstances. Cela se comprend, puisque c'est sur sa droite que la partie du fleuve de glace qui venait de la vallée du Rhône devait être le plus chargée de matériaux. Cette puissance va aussi en diminuant du sud-ouest au nord-est; mais il faut excepter la région à l'est du lac de Morat, où le quaternaire reprend une plus grande importance.

Voici quelques remarques plus spéciales sur ce sujet.

De Villarsbeney au poudingue de Pont-la-ville, les ruisseaux de la rive droite de la Sarine ne mettent nulle part à jour le terrain qui supporte le quaternaire, non plus que ceux de la rive gauche à partir de Corbières; pour cette raison il est fort probable que la nappe glaciaire de cette région atteint une épaisseur moyenne de 80 mètres jusqu'à une distance assez considérable de la rivière.

Les ruisseaux qui arrivent au Ruz, au nord de Hauteville, ont des ravins très profonds, où, sur une grande longueur, on ne voit que des dépôts quaternaires. Si le creusement en était entièrement postglaciaire, l'épaisseur de ces dépôts devrait être portée à 130 mètres; mais il est possible que l'érosion se soit opérée, pour une bonne partie, pendant que les glaciers venaient dans la contrée, que le glaciaire informe que nous observons dans le lit soit le dernier qui y ait été apporté, et que la molasse monte par dessous plus ou moins haut sur les flancs des ravins. Malgré cela il n'est pas douteux que le quaternaire ne soit très épais dans cette région.

A Bertigny, au nord de Pont-la-ville, le plateau glaciaire est à 130 mètres au-dessus du lit de la Sarine, sur la berge de laquelle la molasse ne se montre que jusqu'à une hauteur de 50 à 60 mètres, et cela sur un assez long espace. Au-dessus de cette nappe glaciaire s'élève encore une colline, dont la forme régulière en ovale allongé frappe de loin et de tous les côtés, et qui montre à une place du sable et du gravier, à une autre du glaciaire informe, et plus haut des blocs de poudingue de Valorsine.

Plus au nord-est, les dépôts quaternaires qui cachent presque entièrement la molasse dans le bassin supérieur du Gotteron, ne pourraient le faire, s'ils n'avaient pas une épaisseur notable.

La continuité de la nappe glaciaire qui s'étend dans le centre du plateau, du sud-ouest au nord-est, amène à la même conclusion.

Dans la vallée de la Broye, que le glacier a dû descendre dans les moments où il n'arrivait pas dans les régions plus élevées, l'importance des apports qu'il a laissés n'est pas moins grande. Elle nous est indiquée par des ruisseaux dont les ravins profonds n'atteignent pas la molasse sur une partie notable de leur cours: ainsi la Gotta au nord de Chesalles-sur-Moudon, le ruisseau des Vaux au nord-est de Brenles, le ruisseau de Seigneux au nord de Dompierre. A ce dernier un affluent parallèle à la partie toute dans le glaciaire coule dans la molasse; cela nous montre que les dépôts quaternaires dont il s'agit se sont faits dans des ravins antérieurement creusés; mais ils n'en sont pas moins considérables.

Dans les hauteurs du bord occidental de la carte, les vallons de la Lembaz et de la Petite-Glane, dans le lit desquelles la molasse se montre très peu, doivent avoir une nappe importante de dépôts.

Le glaciaire paraît moins épais sur le flanc droit de la vallée de la Broye, à partir de Payerne; mais entre Morat et Laupen il reprend plus de constance, et cela continue jusqu'au bord septentrional de la feuille.

C'est sur les rives du lac de Neuchâtel, à partir d'Estavayer, que la nappe glaciaire est la moins épaisse. On le remarque bien à la falaise qui forme le rivage; elle n'y surmonte que de très peu la molasse, mais elle n'y manque que là où un ruisseau a creusé un ravin.

Limite supérieure des matériaux erratiques.

Bassin du Rhône. La colline la plus élevée du plateau, le Gibloux, a une partie de sa croupe recouverte par une petite nappe glaciaire, et, près de son point culminant (1240 mètres), on trouve des fragments de roches cristallines étrangères à celles que renferme le poudingue. Il y a donc eu un moment où le plateau tout entier a été recouvert par le glacier du Rhône; ce n'est ainsi que sur le flanc de la chaîne de la Berra que nous pourrons trouver des indications sur le maximum de hauteur auquel il est parvenu dans nos régions.

Aux Alpettes, au bord méridional de la carte, un dépôt informe s'étend en petite nappe à l'altitude de 1350 mètres; des roches cristallines du Valais montrent que c'est bien le glacier du Rhône qui l'a opéré. Sur la pente septentrionale de la même montagne, la nappe glaciaire reste un peu en dessous de 1300 mètres; je n'ai pas remarqué de roches erratiques plus haut.

Le versant occidental du Montsalvens est trop escarpé pour qu'on puisse espérer d'y trouver des débris laissés par le glacier; mais il y en a au col crétacé qui est au sud de la cote de hauteur 1336; ils sont à environ 1250 mètres (voir la note de la page 240).

Sur le flanc de la chaîne de flysch qui vient ensuite, on a beaucoup moins de facilité qu'ailleurs pour déterminer la limite supérieure des restes erratiques. Une nappe continue de glaciaire revêt le pied de la montagne; mais du côté d'en haut elle est recouverte par les éboulis. Les débris isolés qui étaient probablement autrefois sur le flysch en place, ont été entraînés, puis ensevelis par les glissements qui s'y sont produits et s'y produisent encore. Voici pourtant quelques observations que l'on peut faire dans cette région.

A l'est-sud-est de Corbières, un peu plus bas que le chalet marqué à l'ouest de la cote 1366, on trouve, à une altitude d'environ 1150 mètres, des fragments arrondis de calcaire qui n'appartiennent pas au flysch. Aux Troches, au sud de la Roche, la nappe glaciaire monte très haut, et on voit des cailloux transportés jusqu'à la hauteur de 1200 mètres. De gros blocs de poudingue de Valorsine, dont beaucoup sont rouges ou violets, se rencontrent à 100 mètres au-dessous de cette limite, surtout sur les chemins qui montent au sud-est et à l'est de la Roche.

Plus au nord, la nappe glaciaire elle-même dépasse plusieurs fois la hauteur de 1100 mètres, et contient surtout des fragments calcaires. A l'est de la colline cotée 1067 mètres, des blocs de roches cristallines se montrent sur le ruisseau, plus au midi que la nappe glaciaire, mais non à une altitude plus considérable.

A l'ouest de la Gérine, les éboulis de flysch ne laissent apparaître les dépôts glaciaires que bien en dessous de 1000 mètres; mais à l'est de cette rivière, au sud de *bo* (Sagen*boden*) et du chemin marqué sur la carte, j'ai rencontré un petit bloc de poudingue de Valorsine à 1000 mètres d'altitude.

Au sud-ouest de Kloster, près de Plaffeyen, au-dessus du chemin marqué sur la carte, on voit des blocs de la même roche à un peu plus de 1000 mètres.

A la Ryffenmatt, on trouve un dépôt de glaciaire stratifié à 1080 mètres (c'est par erreur que cette localité est cotée sur la carte à 1174 mètres). Le sommet de la colline de poudingue qui est plus au sud, à 1155 mètres, ne m'a pas présenté de débris glaciaires; mais plus à l'est j'en ai rencontré quelques-uns, parmi lesquels se trouvait un morceau de granit qui ne peut provenir ni du poudingue ni du flysch; ils sont à 1150 mètres. Sur le ruisseau qui descend au sud-est de la Ryffenmatt, je n'ai vu de débris de ce genre que plus bas : un fragment de gneiss était à 1060 mètres environ; deux blocs de poudingue de Valorsine, dont l'un a 2 mètres cubes, sont à 1020 mètres.

A partir de la Ryffenmatt, la région où l'on pourrait chercher la limite supérieure du glacier du Rhône, est couverte par les éboulis du flysch, ou formée par des escarpements si ardus que les débris laissés par les glaces n'auraient guère pu y rester. Mais nous en retrouvons au-dessus du Gurnigel, à une hauteur qui serait inattendue, si le bloc de poudingue de Valorsine près des Bains d'Ottenleue (p. 250), ne nous avait déjà fait voir que les chiffres ci-dessus ne marquent pas la hauteur maximum du glacier. Le chemin qui, des Bains, monte à la Stockweid n'y cesse pas, comme la carte le ferait croire, mais continue plus au sud; avant de commencer à descendre pour traverser le ruisseau marqué sur la carte, on y trouve des fragments de roches étrangères au flysch : granit, gneiss, roche feldspathique, calcaire avec Nummulites; le plus gros a 40 centimètres dans sa plus grande dimension; c'est un conglomérat qui pourrait appartenir au poudingue de Valorsine, mais qui est mal caractérisé. M. A. Favre, qui a eu la bonté d'examiner des échantillons de ces débris, n'y a rien trouvé qui indique s'ils ont été apportés par le glacier de l'Aar ou par celui du Rhône. Leur situation à l'ouest d'un épaulement élevé, et surtout la présence d'un bloc de poudingue de Valorsine plus bas, à l'est des Bains, me font pencher pour la dernière alternative. Ces débris sont à la hauteur de 1320 mètres. Ce chiffre n'est que de 30 mètres en dessous de celui des Alpettes; à moins qu'on ne veuille admettre des mouvements postérieurs du sol, ou un haussement momentané des glaces venant de l'ouest par l'effet d'une augmentation de puissance de celles du bassin de l'Aar, cette donnée nous montre que les observations énumérées plus haut n'indiquent pas l'altitude supérieure atteinte par le glacier du Rhône, et qu'il y a eu un moment où il était complètement horizontal.

Bassin de l'Aar. J'ai déjà été amené, à la page 264, à rechercher quelle a pu être la hauteur atteinte par les glaciers de la Kander et de l'Aar réunis, et à admettre, d'après un dépôt local, la vraisemblance qu'ils aient monté à 1490 mètres, au nord de Bachalp. Si la justesse de cette présomption était confirmée par d'autres observations, cela démontrerait que le glacier de l'Aar a pu faire monter, par refoulement, celui du Rhône jusqu'au-dessus du Gurnigel. Cependant les constatations de limites supérieures que j'ai pu faire directement dans ce bassin ne donnent que des chiffres bien inférieurs: 1130 mètres au sud du Fallbach, près de Blumenstein; 1120 mètres au sud-ouest de la cote 1046 mètres, qui est celle d'une moraine à l'ouest de Stockern; 1150 mètres au sud de Seftigschwand. Ces hauteurs sont celles de dépôts continus; la recherche de débris isolés en donnerait probablement de plus grandes.

Roches du terrain glaciaire.
Blocs erratiques.

On est loin de s'entendre sur la distinction qu'il faudrait établir entre les simples débris erratiques et les *blocs:* l'un donnera ce dernier nom à un fragment d'un ou deux pieds cubes; un autre ne l'accordera qu'à ceux dont les dimensions peuvent s'énoncer en mètres; dans une contrée pauvre en débris erratiques, le même observateur sera porté à être moins exigeant que dans une autre où il ne voit que cela. Au commencement de mon travail sur le terrain, je n'ai pas noté tous les blocs que j'ai rencontrés; mais je l'ai fait depuis la publication de l'*Appel* de MM. A. Favre et L. Soret (voir p. 79). Je m'en suis tenu à ceux dont le volume dépassait un mètre cube, et, quoique je me sois souvent détourné de mon chemin pour aller reconnaître la nature de ceux que je ne voyais qu'à distance, je ne doute pas qu'un grand nombre ne m'aient échappé, particulièrement dans les forêts.

La fréquence des blocs n'est pas toujours en rapport avec l'importance des dépôts glaciaires. C'est ainsi qu'ils sont rares dans la nappe assez continue qui s'étend au nord de Romont, de Villaz-St-Pierre et de Chénens. C'est entre la Glane et les montagnes qu'ils sont le plus nombreux; dans cette région ils ont été moins exploités, et la plus grande rapidité des pentes a facilité l'action de l'érosion, qui en a ainsi dégagé un plus grand nombre du limon et des débris qui les entouraient. Aussi au pied des Alpes, le long de la plupart des ruisseaux, il ne serait pas possible de les marquer tous, même sur une carte à grande échelle. On peut encore citer comme régions où il faut aller pour en voir un grand nombre, celle de la Verrerie de Semsales à Vaulruz, les environs de Champotey et la partie sud-ouest du mont Combert. Les tranchées du chemin de fer entre Romont et Vaulruz montrent combien il y en a d'enfermés dans le glaciaire informe. Ils restent assez nombreux dans la région élevée que coupe le bord occidental de notre carte; mais partout ils diminuent à mesure qu'on s'avance vers le nord-est. Les matériaux erratiques fournissant presque toutes les pierres de construction employées dans le pays, et leur présence entravant beaucoup les travaux de l'agriculteur, un grand nombre de blocs ont disparu dans les parties les plus peuplées et les mieux cultivées, c'est-à-dire dans les régions basses; mais il est bien rare qu'on les ait exploités dans les ravins profonds et étroits des ruisseaux; c'est donc là qu'on peut se faire une idée de la quantité que tel ou tel district en possédait autrefois; seulement il faut se rappeler que l'on y voit tous ceux que l'érosion a dégagés des dépôts glaciaires, depuis que ceux-ci se sont opérés.

Le plateau peu élevé qui suit le lac de Neuchâtel à partir d'Estavayer, est une des régions qui présentent le moins de blocs; c'est sur la grève du lac qu'il faut aller pour voir ceux qui appartiennent à cette zone. A la hauteur de la falaise qui s'y trouve, il est facile de juger que les vagues du lac ont enlevé une largeur notable de l'ancien rivage; les matériaux fins de la molasse et du glaciaire ont été entraînés au large, et les blocs seuls sont restés sur la grève. Ils sont particulièrement nombreux entre Font et Estavayer et à Forel, mais ont bien diminué près de Cudrefin. Les grèves du lac de Morat en sont complètement dépourvues sur la rive gauche; sur la droite il n'y en a qu'à Faoug où on les a exploités en partie.

S'ils sont remarquables par leur grand nombre, les blocs de la feuille XII le sont moins par la taille. Je n'en connais pas qui approche des dimensions de la Pierre-à-bot, près de Neuchâtel, et du grand bloc du Steinhof, près de Herzogenbuchsee. A la Jaillaz, non loin de Sᵗ-Martin, un bloc de poudingue miocène d'Attalens abrite une maison; il s'est divisé en plusieurs parties qui, réunies, n'étaient pas loin d'avoir 500 mètres cubes. Je ne connais pas dans notre territoire d'autres masses erratiques qui approchent de cette taille. Sur un affluent de la Sionge, au nord-ouest des Ponts, près de Vaulruz, on voit un bloc de poudingue de Valorsine qui cube de 70 à 80 mètres; un autre de même volume et de la même roche est sur la Trême, au sud de Vuadens. Vers l'extrémité septentrionale du bois marqué sur la carte entre Hennens et

Villaranon, on a exploité, pour en faire du gravier, un bloc du poudingue d'Attalens de 60 mètres cubes.

A la page 79 on trouvera l'indication de publications qui traitent d'autres blocs erratiques du canton de Fribourg. Celui qu'on appelle le menhir de la Roche est au bord de la Serbache, à l'ouest-sud-ouest de l'église; ses dimensions sont d'environ 6 mètres de hauteur, 4 de longueur et 2 de largeur; c'est un gneiss-granit à grain assez fin; il est probable qu'il avait la position qu'on lui voit maintenant dans un dépôt de glaciaire, dont le torrent l'a partiellement dégagé. Le bloc de Pierrafortscha (pierre fourchue) est à peu près en *y* (Grange-sur-Marl*y*); il appartient à un granit à grains peu distincts et à talc vert, dont il sera question plus loin; on en a exploité une partie; ce qui en reste est divisé en trois pièces qui peuvent cuber ensemble 60 mètres. Je mentionnerai encore la Pierre-du-Cheval-blanc, sur la grève du lac de Neuchâtel, à l'ouest de Chabrey; c'est un bloc de quartzite de 10 mètres cubes environ, auquel l'action des vagues conserve assez bien sa couleur blanche.

Le plus grand des blocs que j'ai vus sur le versant de nos montagnes du côté de l'Aar, barre le cours d'un ruisseau au nord de *t* (Blumens*t*ein); il a environ 40 mètres cubes; c'est un granit avec un élément vert (talc?) très abondant.

Distribution géographique des différentes espèces de roches.

Pour parler pertinemment de toutes les roches que renferme le terrain glaciaire de notre territoire, il faudrait connaître la géologie du Valais assez complètement pour être en état de décider, avec certitude, si tel ou tel échantillon vient d'une seule région, ou s'il peut provenir de plusieurs. N'ayant vu que quelques points de cette contrée, et n'étant du reste que peu familiarisé avec les roches cristallines en général, je ne parlerai ici que de quelques-unes, en m'appuyant sur les échantillons que j'ai recueillis dans le Valais, et sur une petite collection de fragments de blocs erratiques de notre territoire que M. A. Favre a bien voulu me déterminer. On trouvera des renseignements plus compétents dans l'ouvrage qu'il publiera sans doute, pour commenter la belle carte du terrain erratique qu'il vient de nous donner.

Pour ne pas multiplier sans nécessité les noms de localités, dans un résumé aussi général que celui que je vais faire, j'ai divisé la partie du plateau dont il est question ici en cinq zones parallèles à la chaîne de la Berra et au lac de Neuchâtel, et désignées par des numéros à partir des Alpes. La ligne qui sépare les zones 1 et 2 passe par Oron, le Crêt, le Gibloux, Treyvaux et Giffers; la limite des zones 2 et 3 va par Montet, Romont, Chénens, Neyruz, Fribourg; celle des zones 3 et 4 part de Neyruz (Vaud), et continue par Cremin, Marnand, Torny-le-Petit, Cutterwyl, Gurmels et Gammen; celle des zones 4 et 5 commence à Champtauroz, passe par Nuvilly, Cugy, le milieu de la plaine de la Broye et se termine à Fräschelz. Une ligne transversale menée de la Berra au lac de Neuchâtel, par Ecuvillens et Dompierre, divise chaque zone en deux parties, distinguées par les lettres *a* pour le sud-ouest et *b* pour le nord-est.

Si l'on se représente *théoriquement* la direction que devait prendre la partie du glacier du Rhône qui s'épanchait sur notre territoire, elle paraîtra coïncider à peu de chose près avec celle de ces zones, du moins à l'époque de sa plus grande extension, car alors les différences d'altitude du plateau ne pouvaient pas exercer une très grande influence. A priori, il me semble qu'il ne peut guère y avoir eu de divergence que le long du bord occidental de la carte, qui est encore un peu rapproché de la ligne menée du Bas-Valais au Chasseron, ligne suivant laquelle on est porté à admettre que s'opérait le partage des deux moitiés de l'éventail du glacier.

Les roches erratiques sur la répartition desquelles je ferai quelques remarques sont les suivantes:

1) *Granit du massif du Finsteraarhorn*. Ce granit, qui se reconnaît assez bien à son grain moins distinct que celui du suivant, à un quartz plus hyalin, et à l'absence de grands cristaux de feldspath, se trouve dans toutes les zones; mais il est plus rare dans 1a, surtout dans la partie la plus rapprochée des montagnes.

2) *Granit du Montblanc*. La protogine du Montblanc, qui se distingue surtout par ses gros cristaux de feldspath, est moins fréquente que le granit du Finsteraarhorn; mais elle m'a paru se trouver aussi dans toutes les zones,

sauf dans la partie de la première qui est au pied des montagnes. Ce fait était assez inattendu, puisque cette roche appartenait à la gauche du glacier sortant du Valais.

3) *Gneiss.* Parmi les gneiss extrêmement variés apportés par le glacier du Rhône, il y en a un qui se rencontre dans toutes les zones, mais particulièrement dans la partie occidentale de la deuxième. Il est à grain fin et à mica noir violet, très brillant. Je l'ai trouvé en place à la Barmaz entre St-Maurice et Martigny; mais il passe sans doute de l'autre côté du Rhône, d'où il est plus naturel de faire venir les échantillons erratiques du canton de Fribourg.

Le gneiss le plus fréquent après celui-là est un gneiss œillé, dont M. A. Favre a déterminé un fragment comme identique à celui qui est en place à St-Nicolas dans la vallée de Viège. Je n'en ai pas d'échantillon provenant de 1a, mais il se trouve dans 1b et dans les autres zones, surtout dans 5. Il est assez probable que tous les fragments recueillis ne viennent pas de la vallée de Viège, car d'après la carte de M. de Fellenberg (feuille XVIII), un gneiss œillé joue un grand rôle sur le versant valaisan du massif du Finsteraarhorn.

Parmi les échantillons de blocs que M. A. Favre a eu la bonté d'examiner, il y en a un du nord-est d'Oulens (3a), qui lui a paru appartenir probablement au gneiss de l'Arolla, roche qui joue un rôle très important dans la haute chaîne, entre la vallée de St-Nicolas et celle de Bagnes.

Un échantillon de gneiss rose venant du nord-est de Ferlens (2a), a été reconnu par M. A. Favre identique à celui de Salanfe, au sud-est de la Dent-du-Midi. Je ne sais si cette roche passe sur la rive droite du Rhône.

4) *Arkésine.* Cette roche des Alpes pennines, qui joue un certain rôle parmi les blocs erratiques laissés par le glacier du Rhône plus au nord-est, paraît être rare dans notre territoire. Je n'en ai recueilli d'échantillons un peu certains que dans le gravier de Greng, dans 4b.

5) *Euphotide et éclogite.* Ces deux roches, dont la première n'est connue que de l'origine de la vallée de Saas, se trouvent dans tout notre territoire, excepté dans la zone 1, encore ai-je rencontré un fragment d'éclogite au Crêt,

dans 1a. C'est dans 2a et 3b que j'ai remarqué le plus de blocs d'euphotide; la difficulté de les faire sauter fait qu'ils sont plus respectés que tous les autres.

6) *Serpentine*. Je n'hésite pas à penser que cette roche se trouve dans toutes les zones, quoique le hasard ait voulu que je n'en aie pas rapporté d'échantillon de la troisième. La présence de l'euphotide nous montre qu'une bonne partie de ces fragments de serpentine peuvent venir des Alpes pennines, et en particulier de la vallée de Saas. Cependant les montagnes de celle de Lötsch, sur la rive droite du Rhône, ont pu aussi en fournir (feuille XVIII); un échantillon d'un bloc que M. de Fellenberg nous a montré dans une excursion de la société géologique suisse, se trouve identique à plusieurs de ceux que j'ai recueillis dans le canton de Fribourg.

7) *Pétrosilex*. Cette roche, qui joue un grand rôle dans la partie du massif des Aiguilles-rouges coupée par le Rhône, est encore une de celles qu'on retrouve dans toutes les zones, mais elle est plus abondante dans la première et la seconde.

8) *Poudingue de Valorsine*. De toutes les roches provenant du Valais, c'est celle-ci qui a fourni le plus grand nombre de blocs dépassant 1 mètre cube. J'en ai noté plus de 600 de cette taille, et il est bien certain que je n'ai pas vu la moitié de ceux qui existent à la surface du sol, sans parler de ceux qui sont ensevelis dans les dépôts de limon et de petits débris. Il y en a dans toutes les zones; mais les chiffres de chacune montrent comme ils diminuent en allant des Alpes au Jura, et en passant de la moitié occidentale d'une zone à la moitié orientale; dans 5a j'en ai noté 65 et seulement une dizaine dans 5b; le long des Alpes ils se maintiennent mieux vers l'orient, car j'en ai encore trouvé une quarantaine dans 1b. La variété rouge ou violette est plus rare que l'autre, mais elle est aussi représentée partout, quoiqu'elle appartienne surtout aux zones 1 et 2. Cette roche est en si grande quantité dans tout le territoire oriental du glacier du Rhône, qu'on a peine à se figurer que tous les blocs et petits débris qui y appartiennent proviennent du flanc droit du Valais, où elle n'occupe pas un si grand espace que sur le gauche.

9) *Calcaire du lias*. Parmi les innombrables variétés de calcaire venant du Valais et des chaînes extérieures des Alpes, je ne citerai que le calcaire

très spathique, rouge ou violet, qui se trouve dans les Alpes vaudoises, particulièrement au mont Arvel. J'en ai des échantillons de 2a et 2b, 4b et 5a, outre ceux qui ont été apportés par le glacier de la Sarine dans 1 (p. 243).

10) *Flysch*. On trouve un peu partout des grès et des calcaires gréseux qu'on peut rapporter au flysch, mais qui peuvent aussi appartenir à d'autres terrains. Un bloc de $2^1/_2$ mètres cubes, qui est au bord du lac de Neuchâtel, à mi-distance de Cudrefin et de Champmartin (5b), est un conglomérat calcaire à gros fragments, semblable à la brèche de la Hornfluh. Il vient sans doute des Alpes vaudoises, et se trouve en compagnie d'un poudingue d'Attalens. C'est de la même région que proviennent des fragments du grès moucheté de Taveyannaz, roche que je n'ai remarquée du reste que dans 1a.

11) *Molasse rouge de Vevey*. Des débris d'un grès tendre, rouge, que je ne puis rapporter qu'à la molasse de Vevey, sont fréquents dans 2a, surtout aux environs de Vauderens et autour du Gibloux. J'en ai aussi trouvé dans 3a et dans 4a et 4b. Les affleurements actuels de cette roche, près de Vevey, sont à une altitude inférieure à celle d'Attalens, par où auraient dû passer les fragments qui en seraient provenus. Peut-être viennent-ils de l'ouest du Pèlerin, où M. Jaccard admet une molasse rouge identique à celle de Vevey.

12) *Poudingue d'Attalens*. Cette roche, qui est partie d'un territoire voisin du nôtre, est celle qui a fourni le plus grand nombre de blocs erratiques; on les trouve à des hauteurs qui approchent de celle du Pèlerin, le point culminant *actuel* de la région où elle est en place. Quoique ce soit la pierre à laquelle on s'attaque le plus, parce que c'est celle dont l'exploitation est la plus facile, et qu'elle remplace le gravier dans les régions où il manque, j'en ai eu à noter plus de 1100 blocs au-dessus d'un mètre cube. La répartition en est très semblable à celle des poudingues de Valorsine; la plupart sont de même dans la partie occidentale de nos zones; mais ils diminuent un peu plus rapidement en allant vers le nord, car je n'en ai noté que 40 dans 5a. J'en ai trouvé le même nombre dans 1b; quelques-uns de ceux-ci sont peut-être venus des massifs de Pont-la-ville et de Montévraz, où le poudingue est passablement cohérent, mais il n'y en a pas du Gibloux, qui n'a point fourni de blocs. J'en ai vu 55 dans 2b, moitié de zone qui occupe un plus grand espace

que 1b, mais seulement un ou deux dans 3b, la partie la plus pauvre en blocs. J'en ai noté 3 dans 4b et autant dans 5b; ces derniers chiffres seraient bien augmentés, si l'on tenait compte des blocs au-dessous d'un mètre cube.

13) *Quartzite du Gibloux.* Le Valais a fourni à notre territoire une grande quantité de fragments de quartzite, la plupart de petite taille. Il n'est naturellement pas facile d'en distinguer les galets de la même roche provenant du Gibloux, cependant ceux-ci m'ont paru pouvoir être reconnus à leur forme, où les traces d'angles ont disparu, et à leur couleur à l'air, qui est un jaune roux plus accusé; ordinairement on en rencontre beaucoup à une place, tandis qu'il n'y en a pas un peu plus loin. J'en ai trouvé jusque dans la région entre le lac de Morat et la Sarine.

14) *Calcaire des couches à lignite.* Cette roche ne peut être confondue avec aucune autre, même lorsqu'elle ne renferme pas des feuillets de charbon où des fossiles, ce qui arrive souvent. J'en ai rencontré des débris dans le glaciaire, du côté du nord jusqu'au delà de Rue et de Vauderens, et, du côté du nord-est, sur les deux versants du Gibloux, jusqu'au nord-est de Vuisternens-devant-Pont. Un fragment trouvé à l'est de Planafaye (versant nord-ouest du Gibloux) était un peu plus haut que le Crêt, qui est le point culminant *actuel* de la région de la molasse à lignite.

15) *Molasse.* On rencontre dans le glaciaire beaucoup de grès durs qui viennent des régions de poudingue et de couches à lignite; mais il est difficile de les distinguer avec sûreté des grès du flysch, bien plus nombreux. On y remarque aussi de la molasse proprement dite, le plus souvent en fragments anguleux; on pourrait voir là un indice d'une action érosive du glacier sur son fond, si ce fait ne se présentait pas surtout au nord-est de collines à pentes rapides, comme le Gibloux et le mont Combert, d'où la molasse a pu tomber sur le bord d'un bras du glacier, dans les époques de moindre extension.

16) *Roches du Jura.* Je n'ai remarqué dans le glaciaire informe, en fait de roches provenant du Jura, qu'un fragment de calcaire jaune néocomien, au Vully. En revanche, les galets de cette chaîne sont assez nombreux dans le gravier d'Ins.

17) *Fragments erratiques avec fossiles.* On trouve quelquefois des débris

erratiques qui renferment des fossiles plus ou moins déterminables. La plupart viennent de nos chaînes ou de leur prolongement sur la feuille XVII, et ont été apportés surtout par le glacier de la Sarine et ses affluents. C'est le cas des suivants trouvés dans la zone 1 :

Rhétien. *Rhabdophyllia*, Riaz. *Terebratula gregaria* Suess, la Mottaz, au sud de la Tour-de-Trême. *Rhynchonella* avec radioles d'oursins, mont Combert.

Lias. *Belemnites*, Progens, Kloster près Plaffeyen.

Bajocien. *Harpoceras aalense* (Zieten) dans calcaire taché, Villarsbeney.

Bathonien. *Lytoceras*, nord de Morlon.

Jurassique supérieur. *Aptychus aff. gigantis* Quenst., nord-est de Corbières.

Néocomien méditerranéen. Fragment de Céphalopode déroulé, ouest de Sorrens.

Crétacé supérieur. *Inoceramus*, Moulins de Broc.

Le Valais et la partie des Alpes vaudoises qui en est voisine ont aussi fourni des fragments avec fossiles :

Calcaire néocomien avec *Toxaster*. J'en ai trouvé dans quelques localités, dont les plus au nord-est sont Macconens dans 3a et les Méselenés au nord-est de la Roche, dans 1b.

Urgonien. Les blocs de ce terrain ne sont pas rares, mais je n'en ai rencontré qu'un avec des fossiles, savoir un *Radiolites;* il est au sud-ouest de la Roche.

Nummulitique. On trouve assez souvent des blocs et des fragments avec des Nummulites ou des Orbitolites. C'est dans 2a qu'il y en a le plus; j'en ai rencontré aussi un à Kerzers dans 4b.

Remarques sur les phases de la période glaciaire.

Les détails qui viennent d'être donnés sur la répartition géographique des matériaux du terrain erratique provenant du Valais, montrent qu'elle ne s'est pas faite au hasard; mais nous n'y trouvons pas une régularité qui permette d'en déduire au premier coup d'œil les différentes phases du phénomène glaciaire.

La plus grande partie des roches énumérées ont pu se joindre au glacier sur différents points de son cours, et lorsqu'il débouchait dans le bassin du Léman, elles devaient occuper une certaine largeur à sa surface; mais d'autres venant d'un seul endroit devaient s'y trouver sur la même ligne longitudinale. Quand les glaces s'étalaient dans la plaine, les blocs de la première catégorie devaient s'éloigner plus ou moins les uns des autres et finir, par conséquent, par se déposer dans des zones différentes. Cette considération explique suffisamment la répartition des débris du granit du Finsteraarhorn et d'une partie des gneiss (n⁰ 1 et 3).

Quoique l'euphotide de Saas (n⁰ 5) vienne du midi du Rhône, sa présence dans notre territoire n'a rien qui doive nous étonner. La carte du Valais nous montre, en effet, que les montagnes de la gauche de la vallée devaient fournir au moins les deux tiers du fleuve de glace qui débouchait dans la plaine. A supposer que le glacier se soit divisé en deux moitiés, tout ou partie des blocs d'euphotide auront dû se trouver dans celle qui a pris la direction du nord-est. La même considération peut, à la rigueur, expliquer la venue de l'arkésine (n⁰ 4) et du gneiss de l'Arolla (n⁰ 3); mais elle ne suffit pas pour rendre compte de la présence du gneiss de Salanfe, des granits du Montblanc et de celle des poudingues de Valorsine de la rive gauche, s'il y en a, ce qui me paraît probable (n⁰ 2, 3 et 8). M. Guyot a déjà émis à cet égard l'idée que dans une première période le glacier du Rhône ne s'était déversé qu'au nord-est, par suite de l'encombrement du bassin du sud-ouest. [1] Les études postérieures appuient cette idée.

En effet, quoique le bassin du Léman soit en général plus bas que notre territoire, il n'offrait pas passage à un aussi .grand volume de glace, parce qu'il est resserré entre le Jura et les montagnes du Chablais. Si l'on suppose qu'un partage se faisait sur la ligne menée du Rhône au Chasseron, il se trouve que la partie du sud-ouest n'avait plus d'issue par-dessus le Jura entre la Dent-de-Vaulion et le Fort-de-l'Ecluse, [2] tandis que celle du nord-est en

---

[1] Sur la distribution des espèces de roches dans le bassin erratique du Rhône. Bull. de la soc. des sc. nat. de Neuchâtel, vol. 1, p. 500.

[2] *A. Favre*, Carte 'du phénomène erratique et des anciens glaciers du versant nord des Alpes suisses et de la chaîne du Mont-Blanc.

trouvait un grand nombre. C'est dans le bassin du Léman que débouchaient les glaciers de la Savoie, provenant d'une région moins élevée, il est vrai, mais égale en surface à celle du Valais. Ces masses de glace n'avaient un peu de dégagement qu'au Fort-de-l'Ecluse, et ne pouvaient parvenir dans des contrées basses qu'en passant au midi du Grand-Colombier. Entre cette montagne et celle de Semenoz, le couloir avait seulement 27 kilomètres de largeur. C'est là surtout qu'il a dû se produire un encombrement qui a pu faire monter les glaces du Rhône, de manière à les obliger à se déverser pendant un certain temps presque entièrement du côté du nord-est. Alors les granits du Mont-Blanc venant du flanc gauche de la partie inférieure du Valais (n⁰ 2), ont pu arriver dans notre territoire, et, en bien plus grand nombre, dans les régions du Jura au nord et au nord-est du Chasseron.

Il me semble aussi que c'est à cet encombrement qu'il faut attribuer le rôle prédominant que le glacier du Rhône a joué sur le plateau suisse, où il est venu détourner complètement celui de l'Aar de son cours naturel,[1] et probablement aussi ceux de la Reuss et de la Linth.

Les blocs du poudingue d'Attalens (n⁰ 10), qui sont partis d'une région hors du Valais, donnent aussi lieu à quelques remarques. Ils nous montrent que, pendant longtemps, la surface de la partie du glacier qui s'est déversée sur notre territoire n'a pas été bien supérieure à 1077 mètres, cote actuelle du Pèlerin, c'est-à-dire du point le plus élevé de la contrée qui pourrait en fournir maintenant. D'un autre côté, il fallait que le glacier eût au moins la hauteur de 840 mètres pour qu'il dépassât Châtel-Sᵗ-Denis, celle de 720 mètres pour qu'il pût passer par Attalens, et celle de 650 mètres pour qu'il pût passer, à l'ouest du Pèlerin, à un endroit où il pouvait encore se charger de blocs de poudingue. Quand il ne surpassait pas notablement ces minima de hauteurs, il ne pouvait pas sortir du bassin de la Broye, car les points les plus bas de la ligne de partage des eaux entre ce bassin et ceux de la Sionge, de la Neirigue et de la Glane sont, en allant du massif des Alpettes à Saulgy, 870, 850, 900, 910, 900 et 810 mètres.

---

[1] *Bachmann*, Ueber die Grenzen des Rhonegletschers im Emmenthal. Mitth. der naturf. Gesells. in Bern, 1882, Heft 2, S. 6.

Les blocs de poudingue de ces bassins étant nombreux, le glacier a dû se maintenir pendant longtemps entre 810 et 1080 mètres. Quand il s'est abaissé en dessous du premier de ces chiffres, il n'a pu descendre que dans la vallée de la Broye; c'est probablement alors que ceux de la Sarine, de la Jogne et de la Sense se sont étendus dans la plaine. Cette période a été aussi de longue durée, car il a fallu du temps pour que tous les blocs de poudingue de la région de la Broye se soient détachés et aient été transportés.

En ne prenant en considération que les faits que nous fournit notre territoire, nous arrivons ainsi à reconnaître quelques traits de l'histoire des glaciers. Dans une période de grande extension, qui a probablement été unique, la plus grande partie des glaces de la vallée du Rhône se sont étendues du côté du nord-est; c'est sans doute alors qu'elles ont pénétré dans les vallées des chaînes extérieures (p. 274). Dans d'autres temps la plaine seule était recouverte, et la distribution des débris erratiques se faisait autrement. Dans d'autres encore, le glacier ne remplissait que la vallée de la Broye. C'est sans doute de la période du retrait définitif qu'il nous reste le plus de traces; nous ne pouvons pas savoir si celle d'avancement a présenté tout juste les mêmes phases en sens inverse, parce qu'il se pourrait que, quand les glaces sont arrivées pour la première fois, les vallées ne fussent pas creusées exactement dans la même proportion relativement les unes aux autres que quand elles se sont retirées.

Glaciaire stratifié.

Le glaciaire stratifié se relie de toute façon à l'informe : les roches qui le composent sont les mêmes; il y a des dépôts intermédiaires que l'on peut mettre dans l'un et dans l'autre; les assises bien stratifiées occupent toutes les positions par rapport aux amas informes, et, si elles sont inférieures, elles renferment des roches du Valais, qui n'ont pu être apportées dans le pays que par un glacier. C'est là ce qui résultera des détails qui suivent.

Caractères généraux.

Le glaciaire stratifié se compose de limon argileux très fin, de sables à grains de toutes les grosseurs, de graviers et de blocs. Les variations dans le mélange de ces matériaux et le plus ou moins d'étendue des dépôts, permettent de faire de ces derniers une classification qui n'a, du reste, rien d'absolu; il y a en effet des amas qui, offrant des caractères intermédiaires, peuvent être placés dans deux des divisions suivantes.

1) Dans les grandes masses de glaciaire informe on rencontre parfois des nids, des traînées, des bandes de matériaux divers, qui sont lavés et plus ou moins stratifiés, et plus souvent inclinés qu'horizontaux. Ce sont les produits du lavage opéré par des fontes temporaires et locales; le plus souvent ces couches stratifiées ne s'étendent pas assez loin pour qu'on puisse en tenir compte sur les cartes.

2) D'autres dépôts plus considérables sont composés de blocs, de galets peu arrondis et de sable grossier; les éléments fins y manquent ou n'y forment que des bandes peu épaisses. Ils ressemblent tout à fait à ceux que l'on voit en nappe à l'extrémité de tous les glaciers en retrait. L'action de l'eau y est évidente; mais les matériaux n'y sont pas disposés comme le sont ceux qui ont été transportés par un courant et la stratification y est confuse.

3) Du gravier, du sable de tous les grains, du limon fin sont entremêlés en bancs très nettement séparés, mais se perdant très brusquement et présentant toutes les variations possibles quant au plongement et à la direction; des inclinaisons de 20 à 30⁰ n'y sont pas rares. Les débris peu roulés y sont souvent en proportion notable; il y en a quelquefois d'assez gros pour qu'on puisse les appeler blocs. Surtout du côté des Alpes, cette forme de dépôts peut se présenter en collines passablement isolées sur un plateau, ou interrompant la régularité d'une pente.

4) Des graviers puissants dont les galets sont roulés et à surfaces rugueuses, occupent des espaces considérables; ils contiennent du sable, qui se trouve aussi en bancs séparés, mais peu continus. Ces dépôts ont le même faciès que ceux des grandes rivières, et la dispositon des galets plats indique

parfois la direction du cours d'eau qui les a opérés. Lorsqu'ils sont étendus en plateau, la partie supérieure est parfois un limon qui donne une terre franche.

5) De l'argile très fine, entremêlée de bancs d'un sable aussi très fin, constitue un autre genre de dépôt. Elle est quelquefois assez consolidée pour que la cassure en soit conchoïde. Tantôt les lignes de stratification y sont très éloignées ou manquent, tantôt elle est presque schisteuse. On y trouve assez souvent de petits cailloux anguleux ne dépassant guère la grosseur d'une noisette. Ce dépôt s'est évidemment formé dans des lacs temporaires plus ou moins grands, et les fragments anguleux y ont probablement été portés par des glaces flottant à la surface.

Un caractère commun aux masses stratifiées de peu d'étendue, c'est qu'on y trouve assez promptement des galets qui ont conservé leurs stries. Dans les autres, il faut chercher assez longtemps avant d'en rencontrer un, et même parfois ils semblent manquer complètement. Cela nous montre qu'il ne faut pas un transport bien prolongé pour faire disparaître ces traces de l'action glaciaire.

Les dépôts stratifiés ne sont pas répandus également sur tout notre territoire : il y des régions plus ou moins grandes où ils manquent presque totalement; c'est particulièrement le cas sur les hauteurs qui séparent le bassin de la Glane de celui de la Broye. Ils sont aussi très rares au nord-ouest de la vallée de la Broye, à partir de Payerne et d'Estavayer.

Au Gibloux, les amas stratifiés les plus élevés sont à environ 900 mètres du côté du sud et à 840 mètres du côté du nord. Le long de la chaîne de la Berra, il ne s'en trouve pas sur les flancs des montagnes dans la partie du sud-ouest; dans le reste ils sont à peu près à 940 mètres aux environs de la Roche, à 900 mètres à Montévraz-dessous, à 860 à Zénauvaz; ils remontent à 950 mètres sur les deux flancs de la vallée qui va de Plasselb à Plaffeyen, à 1080 à Plaffeyen, et à 1210 mètres au nord-est du Gurnigel. Il résulte de ces chiffres que s'ils n'atteignent pas la limite supérieure des matériaux de transport, ils en approchent parfois.

Les graviers du glaciaire stratifié ne restent pas toujours incohérents; il arrive que les eaux qui les traversent, ou les ont traversés, y ont déposé du tuf; alors ils forment un poudingue qui se distingue toujours de celui du miocène par les cavités qui restent entre les éléments; de là le nom de *poudingue à trous* qu'on lui donne en allemand (löcherige Nagelfluh).

Restes organiques.

Je n'ai rencoutré que très peu de choses en fait de restes organiques dans le quaternaire stratifié.

A la Mounaz et au Poyet, au sud-ouest du Gibloux, du sable fin renferme de courts feuillets de lignite brun, avec parties noires, dures et brillantes; la structure en est tout à fait schisteuse; comme ils ne se terminent pas en coin, et qu'il y en a qui ne sont certainement que des fragments isolés dans le sable, ils ne se sont probablement pas formés sur place, mais sont plutôt remaniés. N'ayant pas rencoutré de lignite brun dans la molasse, je ne saurais dire d'où ils viennent. A un grand escarpement de sables horizontaux sur les bords de la Neirigue, à l'est de Chavannes-sous-Orsonnens, j'ai aussi vu des fragments de bois carbonisés.

Au nord de Lully, près d'Estavayer, on exploite une argile gris bleuâtre, un peu sableuse, qui renferme de petites coquilles d'eau douce très fragiles. Je ne peux affirmer qu'elle ne soit pas d'origine plus ou moins récente; ce qui me porte à la regarder comme quaternaire, c'est qu'elle renferme des fragments anguleux de roches cristallines, comme les argiles dont le dépôt remonte à l'époque glaciaire. Ces coquilles sont encore indéterminées, de même que quelques Hélices recueillies dans un nid de limon renfermé dans du gravier, sur la ligne du chemin de fer, au sud de Fribourg.

Dans les environs de cette même ville, on a trouvé deux défenses d'éléphant (voir p. 78). Celle qui vient des graviers fouillés pour l'établissement du pont suspendu inférieur, appartient à la partie la plus ancienne du quaternaire de cette région; ces graviers reposent, en effet, sur la molasse et sont directement surmontés par du glaciaire informe. M. Musy a eu l'obligeance de me montrer l'endroit où a été recueillie la seconde défense, qui existe encore au musée de Fribourg. C'est dans la première tranchée du chemin de fer, au sud de la gare de cette ville; je n'y ai vu que du glaciaire informe; mais il est possible que les travaux aient atteint les graviers inférieurs à *Helix* que le chemin coupe un peu plus loin, et que ce soit là qu'on ait fait la trouvaille.

Détails spéciaux.

Les dépôts les plus considérables de glaciaire stratifié accompagnent le cours des rivières, mais se trouvent aussi à différentes hauteurs sur les flancs de leurs vallées. J'en ferai une courte description, en allant de l'ouest à l'est.

Vallée de la Broye. Au nord d'Oron une masse puissante de quaternaire est composée de sable et de gravier, dont les couches sont très irrégulièrement mêlées; à plusieurs endroits les talus de la route montrent que du glaciaire informe est venu surmonter les assises stratifiées. Ce dépôt renferme un vallon longitudinal creusé par une rivière qui n'y passe plus, et qui était probablement le Flon.

Le gravier d'Ecublens s'élevant peu au-dessus de la Broye date probablement de l'époque du retrait définitif du glacier; il en est de même de celui qui s'étend de Bressonnaz à Moudon. Ce dernier dépôt présente des matériaux de toute grosseur, ce qui indique qu'il s'est fait non loin de l'extrémité du glacier. Dans la hauteur, à Grange-Verney, une colline très sèche est composée de sable particulièrement fin.

De même qu'une partie des précédents, les dépôts stratifiés de Lucens ne s'élèvent pas partout sur les flancs de la vallée; on peut donc être tenté de les regarder comme postglaciaires, en les attribuant à la Broye. La tranchée du chemin de fer qui les coupe en *u* (Curtilles), a montré qu'ils contiennent des bancs de sable d'au moins 5 ou 6 mètres d'épaisseur, dont l'un plonge du nord au sud de plus de 20°; cela ne peut s'expliquer que comme irrégularité d'un dépôt formé dans le voisinage d'un glacier.

Entre Curtilles et Ebrabloz, le flanc droit de la vallée présente, à des hauteurs un peu variables, des dépôts stratifiés souvent allongés, qui se sont formés sans doute sur les bords du glacier, lorsqu'il descendait encore bien plus au nord-est. Celui dans lequel un ruisseau a creusé son ravin au nord-ouest de Sédeilles, et qui est composé surtout de sable et de limon, est plus ancien, car dans le haut il est directement recouvert de glaciaire informe.

La vallée de la Lambaz renferme un dépôt continu et puissant, non exclusivement stratifié, car le glaciaire proprement dit y apparaît en dessous, à Cheyri et à Coumin, et s'y mélange à d'autres endroits; il descend de la hauteur de 670 mètres à celle de 470. Il est probable qu'il s'est surtout formé, lorsque le glacier se retirait lentement de la vallée; le grand rôle qu'y joue le sable fait aussi penser que la sortie des eaux était entravée temporairement, par les glaces qui s'écoulaient encore dans la vallée principale.

Le glacier était sans doute encore élevé, quand le plateau au nord de Menières se couvrait de sable et de gravier à une hauteur moyenne de 560 mètres; mais il était plus bas quand ses eaux de fonte ont formé les dépôts entre Granges et Payerne, dépôts qui se prolongent à l'ouest jusqu'à Vesin et Montet. Cette région est composée de plaines et de collines, dont les altitudes varient de 450 à 560 mètres; il s'y trouve des bassins intérieurs, dont les eaux ne peuvent maintenant s'écouler que parce qu'ils se sont remplis d'alluvions. Les couches sablonneuses ou argileuses y jouent un rôle parfois prépondérant, et les graviers y sont souvent à petits galets.

Dans le bassin de l'Erbogne se trouve une série de plateaux de quaternaire stratifié, qui sont étagés les uns au-dessus des autres. Souvent on observe du glaciaire informe très caractérisé, entre le gravier ou le sable et la molasse; ailleurs cette intercalation semble manquer. Les plateaux supérieurs renferment des bassins fermés, remplis par des marais ou des lacs-marais. Ces dépôts paraissent dater du dernier retrait des glaces, et s'être faits successivement, à mesure qu'elles diminuaient pour finir par ne plus arriver que jusqu'à Payerne. Le dernier des plateaux, celui de Cousset, n'est élevé que d'une trentaine de mètres au-dessus du sol actuel de la vallée. L'épaisseur des graviers ainsi étagés montre que ce retrait a duré un temps considérable.

Des dépôts analogues, mais moins importants, se trouvent à l'Echelles, à l'origine du Chandon. Ceux qui se montrent çà et là, sur les hauteurs qui bordent cette rivière, ne sont un peu étendus que près de Donatyre.

De Payerne au lac de Morat, les deux flancs de la vallée de la Broye n'ont que très peu de glaciaire stratifié. Les alluvions nous cachent tout ce que l'époque quaternaire a laissé sans doute dans les parties basses. Les graviers et les sables jouent en revanche un rôle important sur la rive droite du lac de Morat, à partir de l'arrivée du Chandon. Au sud-ouest de la ville, ils forment un plateau coupé par la berge rapide du lac. Sur l'autre rive, on ne trouve qu'à l'ouest de Motier un dépôt correspondant à celui-là, encore est-il à une cinquantaine de mètres plus haut.

Les graviers de Kerzers et de Fræschels doivent être assez anciens, car ils sortent, du moins en bonne partie, de dessous le glaciaire informe.

La région parcourue par le Biberen nous présente aussi des dépôts notables de quaternaire stratifié, dont les uns se sont faits dans les bas-fonds et d'autres sur les collines.

Vallée de la Glane. La partie supérieure de la vallée de la Glane n'a presque pas de graviers et de sables lavés, car le premier dépôt de ce genre qui soit un peu considérable se trouve à Aruffens. Ils deviennent plus fréquents au delà de Romont, où, au midi de Villa-St-Pierre, une exploitation de gravier présente des bancs de sable inclinés de plus de 45°. Il en est de même des bords de la Neirigue, affluent de la Glane, qui ne commencent à montrer un terrain de ce genre qu'au village de ce nom. Au confluent des deux rivières et plus en aval, le glaciaire stratifié est très puissant. Elles y ont formé des escarpements qui ont jusqu'à 50 mètres de hauteur, et qui présentent des bancs irréguliers d'argile et de sable fins, entre lesquels les graviers ne jouent qu'un rôle subordonné; ces derniers ne prédominent que sur les plateaux; à l'est d'Orsonnens, un gros bloc de poudingue d'Attalens, à 2 mètres au-dessus de la dernière assise stratifiée visible, semble indiquer le retour des glaces après le dépôt du sable.

Il y a peut-être un terrain stratifié correspondant sur la rive gauche de la Glane, au midi et à l'est d'Autigny, mais je n'ai pu constater la présence d'un tel dépôt qu'à des mamelons isolés sur le plateau.

Une nappe de gravier assez étendue se montre à Matran; elle repose presque partout sur le glaciaire informe; c'est au confluent du ruisseau et de la Glane qu'on peut le mieux voir cette superposition.

Région de la Sionge. Les rives de la Sionge ne nous présentent de glaciaire stratifié que dans la partie inférieure de son cours. Celui qui monte sur la pente de Marsens et plus au nord, a sans doute été déposé par les eaux de fonte des glaces qui couvraient encore la plaine. Les sables et limons qu'on trouve sur la berge du Gérignoz au nord de Chamuffens, sont plus anciens, car ils sont directement recouverts de glaciaire informe. Quant à la nappe peu épaisse de gravier qui forme la plaine, elle appartient évidemment à la dernière phase de la période quaternaire, à celle où le glacier de la Sarine allait rentrer dans les montagnes (p. 230). Presque partout on peut constater au-dessous la présence du glaciaire informe, et quelquefois la position des galets aplatis y indique l'action d'un cours d'eau suivant la même direction que la Sionge actuelle. Il y a peut-être aussi des endroits où le gravier n'a pas recouvert le glaciaire informe, parce que celui-ci faisait saillie sur le reste.

Vallée de la Sarine. En décrivant les dépôts du glacier de la Jogne, j'ai déjà parlé de la partie de la vallée de la Sarine qui s'étend entre Broc et Villarvolard (p. 242). Plus loin nous trouvons, à Corbières, un plateau de glaciaire stratifié, où, en général, les dépôts fins jouent un grand rôle dans la partie inférieure, tandis que dans la supérieure il y a des graviers composés par places d'une quantité de très gros galets. Au-dessous le bas des berges de la rivière montre le glaciaire informe.

Les pentes au nord de Hauteville sont composées d'une argile fine, gris bleu, que j'ai attribuée au glaciaire, en faisant le lever de la région il y a fort longtemps. L'analogie avec d'autres localités me fait penser maintenant qu'il se pourrait qu'elle ait été déposée par les eaux; s'il en est ainsi, il faudrait de même donner une plus grande extension aux dépôts stratifiés sur la rive gauche de la rivière, où il se trouve aussi de cette argile. Il ne m'a pas été possible de refaire un examen détaillé de ces points. Le gravier qui est au nord du Ruz est surmonté de blocs erratiques, parmi lesquels quelques-uns surpassent un mètre cube; on ne voit pas s'ils sont accompagnés de glaciaire informe, mais leur position porte à croire à un retour de la glace après le dépôt du gravier.

Entre Pont-la-ville et les Granges d'Illens, le long du ravin étroit et profond de la Sarine, les dépôts stratifiés paraissent n'appartenir qu'aux hauteurs, et le glaciaire informe reposer directement sur la molasse. Il y a peut-être une exception sur la rive droite, au nord-est de Pont: on voit là du gravier sur la molasse; mais il n'est pas sûr qu'il passe sous le glaciaire, et que ce ne soit pas un lambeau assez récent laissé par la Sarine, lorsqu'elle coulait à cette hauteur. Les dépôts certains les plus considérables sont ceux de Granges d'Illens, qui forment plusieurs collines et mamelons; au moins en apparence, ils sont séparés les uns des autres par du glaciaire informe.

Sur le flanc gauche du ravin du Bry, un éboulement a mis à jour du gravier un peu incliné et présentant une faille très nette, dont on ne peut évaluer l'amplitude.

Au sud-est de Corpataux on voit, sur les deux rives de la Sarine, du gravier qui repose directement sur la molasse et qui est surmonté par du glaciaire informe; celui-ci à son tour est recouvert par un lambeau de quaternaire stratifié. On retrouve l'assise inférieure, qui est évidemment une des parties les plus anciennes du quaternaire de cette région, jusqu'au delà de Fribourg. C'est à la Tuffière, près de Corpataux, et dans les travaux exécutés par la Société des eaux et forêts, près de Fribourg, qu'on peut le mieux l'observer.

Cette assise diffère assez sensiblement des autres dépôts de ce genre. Les galets dépassant la grosseur de la tête y sont exceptionnels; on n'y trouve guère de bancs de sable séparés du gravier. Les indications de stratification qu'on y peut reconnaître ont parfois une inclinaison, mais elles sont habituellement horizontales ou à peu près. Les galets aplatis indiquent çà et là, par leur position, l'action d'un courant, du reste variable dans sa direction. Ces différents caractères assimilent ces graviers aux dépôts des grandes rivières. La très grande majorité des galets qui les forment peut être rapportée aux montagnes du canton de Fribourg, et on y peut faire une collection des roches de tous les terrains qui ont des bancs non friables; aussi est-on, au premier abord, disposé à se croire en présence d'une alluvion ancienne, antérieure à l'époque glaciaire. Mais en cherchant un peu on finit toujours par y rencontrer des roches cristallines du Valais, et même des blocs erratiques dans les ravins immédiatement au sud de Fribourg. Ainsi cette assise date d'une époque où le glacier du Rhône arrivait, ou était arrivé, dans le bassin de la Sarine, en s'élevant pour cela à l'altitude d'au moins 850 mètres. En outre la grande prédominance des roches du canton de Fribourg rend probable que, déjà à cette phase de la période glaciaire, les vallées de la Sarine et de la Jogne envoyaient un contingent dans la plaine.

Il faut remarquer que, quelque anciens que paraissent ces graviers, il n'est pas parfaitement sûr qu'ils soient le premier dépôt quaternaire de la région où ils se trouvent. A plusieurs endroits on les voit reposer directement sur la molasse; mais ce contact n'est pas si souvent à jour qu'on puisse exclure la possibilité que du glaciaire informe soit intercalé quelque part entre les deux terrains. Or, sur la berge gauche de la Sarine, en aval du viaduc de Grandfey, on voit 10 mètres d'épaisseur de glaciaire informe entre la molasse et le gravier; tandis qu'en amont cette intercalation semble ne pas exister; seulement il n'est pas parfaitement sûr que le gravier soit du même âge que celui qui est entre Fribourg et Corpataux; ainsi je n'ose pas tirer de ce fait la conséquence que ce dernier n'est pas l'assise quaternaire la plus ancienne.

Il y a sur la Sarine deux endroits où l'on trouve, en relation avec les graviers, d'autres dépôts dont il est assez difficile de se rendre compte: c'est à l'est et au sud-est d'Ecuvillens et à l'ouest du monastère de Hauterive. Là les graviers occupent le haut de la berge de la rivière et, en dessous, on a une argile fine, où l'on ne voit guère de stratification, mais qui est bien en place jusqu'au bord de l'eau, c'est-à-dire à un niveau où, ailleurs, on ne voit que la molasse. A cause de sa nature, il n'est pas possible d'admettre qu'elle ait été déposée par la Sarine, à mesure que celle-ci a approfondi son ravin; à cause de sa position, elle paraît antérieure au gravier, ce qui nous porterait à penser que, sur ces points, une ancienne Sarine aurait d'abord creusé son lit jusqu'à la profondeur actuelle, que ce lit serait devenu un lac à une première époque glaciaire, par suite d'un barrage en aval, et qu'il s'y serait déposé du limon, puis du gravier. Cette conclusion n'étant pas appuyée par d'autres observations, on préférera peut-être une autre explication, savoir que le barrage en aval de Hauterive ne serait survenu que vers la fin de l'époque glaciaire; quoique plus bas que le gravier, l'argile serait alors plus récente, et serait non seulement appliquée contre la molasse, ce qui est visible, mais encore contre une partie du gravier, ce qui est moins à jour.

Les travaux exécutés par la Société des eaux et forêts au bord de la Sarine et sur le plateau de Pérolles, sont très instructifs pour ce qui concerne le terrain quaternaire; c'est pourquoi je m'y arrêterai quelque peu. Si l'on monte sur la rive gauche de la rivière, après avoir passé par le barrage qui est en *B* (*Bourguillon*), on trouve un lambeau de gravier qui repose sur la molasse, à 15 mètres au-dessus du niveau que l'eau avait avant les travaux; il contient des blocs de molasse, qui sont tombés de la paroi quand il se déposait. Des lambeaux analogues se présentent aux extrémités des deux presqu'îles qui sont plus au sud. On rangera ces graviers dans l'alluvion ou le quaternaire, suivant que l'on regardera le creusement de la Sarine comme s'étant fait rapidement ou lentement.

En suivant de là le cable de transmission de la scierie, on monte dans la molasse, et on arrive au gravier quaternaire inférieur, qui forme des rochers de poudingue au haut des escarpements de l'autre rive. On voit ensuite très bien le passage insensible au glaciaire informe qui surmonte cette première assise quaternaire. A la scierie (à l'est de l'ancienne fabrique de waggons marquée sur la carte), on voyait de plus autrefois, en superposition directe, le gravier inférieur, le glaciaire informe et un glaciaire stratifié supérieur, essentiellement composé de sable; ce dernier formait un mamelon, qu'on a en partie enlevé au sud-est de la fabrique de waggons. Le chemin de fer qui descend de là à la Sarine du côté du sud, montre les mêmes subdivisions. J'ajouterai qu'à Fribourg même trois exploitations de gravier mettent à jour le glaciaire informe sur le stratifié, savoir à la porte de Morat, entre les deux ponts de fil de fer, et au nord de *B* (*Bourguillon*). Dans les ravins au-dessous de la gare, cette superposition est aussi évidente, quoique moins directe.

La Sonnaz, qui coule du sud-ouest au nord-est, arrive à la Sarine à l'endroit où celle-ci prend la même direction. Cette petite rivière est accompagnée de dépôts considérables, mais interrompus, de glaciaire stratifié; ils reposent quelquefois sur le glaciaire informe, mais n'en sont pas recouverts;

on est donc porté à en attribuer la formation à l'époque du retrait définitif des glaces.

La nappe de glaciaire stratifié la plus étendue de notre territoire se trouve sur la rive droite de la Sarine, à partir de Ræsch. Comme elle accompagne la rivière, et qu'il y a de l'autre côté des lambeaux qui y correspondent, on est tenté de la regarder comme l'œuvre d'une ancienne Sarine, qui aurait coulé sur un plateau, mais on est bientôt amené à écarter cette idée. En effet les inégalités du sol sont considérables; les dépôts sont plus élevés à l'ouest de Düdingen; la nappe se prolonge en montant du côté d'Itschewyl et de Schmitten, et arrive à la Sense en s'éloignant de la Sarine. Il y a dans ces faits la preuve qu'elle est due aux eaux de fonte d'un glacier, eaux qui partaient tantôt d'un endroit, tantôt d'un autre, et ne l'ont pas formée tout entière au même moment.

A Ottisberg il y a, en dessous du terrain stratifié, du glaciaire informe qui ne peut guère être que plus ancien; de même celui du ravin de Schiffenen paraît antérieur au gravier qui n'est que sur le plateau. Les collines au nord-est de Düdingen pourraient être regardées comme présentant un glaciaire informe supérieur, si la plus élevée de toutes n'était pas elle-même composée de couches déposées par les eaux. Ainsi cette nappe paraît être, au moins dans sa partie principale, le dépôt quaternaire le plus récent de la région.

Les lambeaux stratifiés qui se montrent le long de la partie de la Sarine qui va du sud au nord, sont peu considérables et ne donnent lieu à aucune remarque particulière.

Vallée de la Gérine. Cette vallée est remarquable en ce que les dépôts de glaciaire stratifié les plus étendus partent du niveau de la rivière, pour s'élever et s'étendre sur les hauteurs qui la bordent; c'est le cas de ceux de St-Sylvestre, de Tentlingen, de Marly et de Chésalles. Le glaciaire informe descend aussi jusqu'au sol de la vallée, et sort de dessous le stratifié au moins à deux endroits, savoir au sud de Giffers et à Marly. Ces faits nous montrent que la vallée était entièrement creusée, au moins avant la fin de l'époque glaciaire.

Les dépôts stratifiés isolés sont fréquents sur les hauteurs du bassin de cette rivière; ils reposent généralement sur le glaciaire informe, toutefois celui qui est à l'est de Bonnefontaine en est recouvert, ce qui se voit surtout dans sa partie méridionale. Il faut mentionner aussi des amas de gravier et de sable qui sont appliqués sur la pente des berges de molasse, et dont les moins étendus ont peut-être été laissés par la rivière, à mesure qu'elle creusait son ravin. La bande de quaternaire stratifié au sud-ouest de Plasselb présente une certaine analogie avec celui de la Sense à Plaffeyen (p. 253): elle est composée de gros gravier, surmonté d'une argile très fine dont le dépôt suppose un barrage temporaire en aval. Un point où il y a différence, c'est qu'à Plasselb on a du glaciaire informe par dessus l'autre, ce qui n'est pas le cas à Plaffeyen.

Vallée du Gotteron. Le bassin supérieur de cette vallée a une grande nappe de glaciaire stratifié qui couvre des plateaux, forme des collines, et descend jusqu'au thalweg sans laisser apparaître un autre terrain, si ce n'est en amont où le glaciaire informe se prolonge en pointe le long du ruisseau. Il apparaît aussi sur un affluent de la rive droite profondement creusé, ce qui nous montre que c'est le quaternaire le plus ancien. La nappe stratifiée se prolonge en aval sur la rive gauche, tandis que le glaciaire informe occupe le fond du vallon et le flanc droit; plus loin il y a aussi une zone étroite de gravier de ce dernier côté.

Vallée de la Tafferna. La partie supérieure de cette vallée n'a que peu de dépôts stratifiés. Ceux de Heitenried en sont déjà éloignés. Celui d'Ueberstorf y aboutit, mais il appartient à un plateau supérieur qui se prolonge jusqu'à Alblingen, et occupe probablement la place d'une ancienne vallée remplie par les dépôts quaternaires.

Vallée de la Sense. J'ai déjà parlé, à la page 252, du quaternaire stratifié de Plaffeyen et de Brünisried. Une vallée qui s'étend de Plasselb à Plaffeyen montre à son origine du glaciaire informe, qui plus loin passe sans doute sous l'alluvion. C'est surtout du gravier qui en occupe les flancs; plus souvent qu'ailleurs il est assez pénétré de tuf pour former un poudingue très résistant, qui reste en surplomb sur les parties désagrégeables. Ce glaciaire stratifié s'élève plus haut que celui de Brünisried.

Entre Umbertschwendi et la Sodbachmühle, la Sense coule dans un ravin de molasse à parois escarpées, à partir duquel la contrée s'abaisse vers l'ouest. Il n'est pas étonnant qu'il n'y ait là que quelques lambeaux de matériaux glaciaires lavés. Plus au nord les dépôts de ce genre augmentent en étendue et, au midi du coude par lequel la rivière tourne à l'ouest, ils sont à des altitudes assez basses et sur des adoucissements de pente de la berge de molasse. Ils ont encore plus d'importance à l'ouest de l'arrivée de la Tafferna; à Laupen ils descendent jusqu'au sol de la vallée.

Versant du bassin de l'Aar. Les éboulis et les lits de déjections cachent peut-être des dépôts stratifiés, sur le flanc oriental de nos chaînes. Je n'en ai vu à jour que sur les versants septentrionaux de deux collines, à Moos, près de Reutigen, et à Blumenstein; le reste de ces collines paraît composé de glaciaire informe. Sur le chemin qui monte à l'ouest de Wattenwyl, on trouve un peu de sable que l'eau a débarrassé de ses parties fines; il a une teinte noirâtre qu'on ne voit pas dans celui du bassin du Rhône.

Relations des deux formes du quaternaire et remarques générales.

Il résulte des détails qui précèdent que le glaciaire stratifié et l'informe peuvent occuper toutes les positions l'un par rapport à l'autre. Ce n'est guère que sur les pentes où un éboulement s'est récemment produit et dans les tranchées des travaux d'art, que l'on peut voir un passage net de l'un à l'autre. Il arrive que ce passage est brusque; le plus souvent il est peu sensible. Il peut y avoir superposition suivant une ligne horizontale assez régulière, ou bien, si c'est le glaciaire stratifié qui est supérieur, il a rempli d'abord les dépressions de l'autre avant de s'étendre en nappe. Assez souvent il y a juxtaposition des deux dépôts suivant une ligne verticale ou inclinée. Il peut même y avoir enchevêtrement de l'un dans l'autre.

Quand on a devant soi une coupe verticale de quaternaire un peu étendue, on peut distinguer deux, trois et même quatre assises successives stratifiées et non stratifiées; mais il n'y a pas toujours moyen de savoir si elles sont l'œuvre d'une longue période ou d'une courte, si le dépôt a été continu ou interrompu.

On ne peut que présumer que l'assise inférieure appartient au moment de l'arrivée du glacier et la supérieure, si elle est stratifiée, à celui de son retrait.

Il résulte de cela qu'on pourra distribuer tous nos dépôts entre une seule période d'avancement des glaces et une seule période de retrait, ou bien, si on le préfère, entre deux époques glaciaires; on agira tout aussi arbitrairement dans un cas que dans l'autre. Si l'on est conduit, par des observations faites dans d'autres régions, à admettre deux recouvrements différents par les glaces, on ne trouvera pas dans notre territoire des moyens de décider si c'est le premier ou le second qui a été le plus considérable.

Ce qui me paraît certain, c'est que l'extension des glaciers a duré longtemps. On a cette impression, quand on considère la grande abondance des blocs qu'ils ont empruntés à un territoire restreint, et la puissance de ce qui reste de leurs dépôts, quoiqu'ils aient été bien diminués par l'érosion post-glaciaire. Que seraient ces dépôts si on y ajoutait tout ce que les eaux de fonte ont entraîné pendant l'époque glaciaire elle-même? On sait maintenant que l'extension des glaces était surtout due à l'abondance des précipitations aqueuses. Le gel et le dégel continuels, le frottement perpétuel des matériaux transportés les uns contre les autres, les cascades des eaux de fonte travaillaient continuellement à réduire les roches en poussière, et des cours d'eau bien plus puissants que ceux de nos jours emportaient au loin les produits de cette trituration. La nappe quaternaire qui couvre notre territoire est certainement bien inférieure en volume à la masse des matériaux qui l'ont traversé à cette époque.

CHAPITRE IV.

DÉPOTS MODERNES.

Résumé historique : Bolz p. 58, Razoumowsky 61, Koch 66, Studer 69, Kutter 83, Schneider 84, Bessard 85, de la Harpe, Troyon, Martignier et de Crousaz 85, Fraisse et Gremaud 85.

A l'énumération ordinaire des dépôts modernes, nous aurons à ajouter dans notre territoire les dunes et les cordons littoraux des bords des lacs.

Alluvions.

Il y a lieu de distinguer, dans les alluvions du plateau, celles que l'on rencontre dans les régions supérieures et qui se sont formées sans l'intervention de cours d'eau proprement dits, et celles qui ont été déposées par les rivières. A cause de leur importance les plaines de la Broye et le Grand-Marais seront l'objet d'articles séparés.

Alluvions des régions supérieures.

Le terrain glaciaire, tant le stratifié que l'informe, a laissé sur le plateau une quantité de dépressions qui, depuis la retraite définitive des glaces, ont été remplies peu à peu. Beaucoup de ces dépressions étaient fermées à l'origine, et ont été d'abord des étangs ou des lacs, partout où le fond n'était pas particulièrement perméable. Celles où il arrivait un petit cours d'eau ont été comblées assez promptement par son apport, et la nature du sol indique seule leur origine; il a fallu plus longtemps pour que le même effet se produisit dans les petits lacs sans affluent qui étaient la source d'un ruisseau. Encore à présent, il reste un bon nombre de ces dépressions qui sont des bassins fermés, d'où les eaux ne s'échappent que par des conduits souterrains ou par l'évaporation, à moins qu'on ne leur ait créé un débouché artificiel. C'est dans le glaciaire stratifié qu'il en reste le plus de cette catégorie. Dans ce terrain, les eaux pluviales s'infiltrent facilement, en emportant les matières minérales dont elles sont chargées; les dépressions se remplissent donc moins vite, ou ne se remplissent pas du tout.

J'énumérerai quelques-uns des plus remarquables de ces accidents de l'ancien sol glaciaire. A l'est de Sorrens (pied sud-est du Gibloux), un marais est enfermé entre du glaciaire informe et du stratifié; pour l'assainir on a dû en couper la digue au point le plus bas, qui est à trois mètres au-dessus de sa surface. Entre Ecuvillens et Magnedens, se trouvent plusieurs petits bassins, dont le plus encaissé est au nord de ce dernier village; dans les temps de pluie ils deviennent des lacs, et alimentent probablement la source de la Toffeyre, près de la Sarine.

Parmi les alluvions marquées sur la carte au plateau entre Lully et le Vully, il y en a beaucoup qui se sont formées dans des dépressions sans écoulement primitif, mais aucune n'est notablement encaissée de tous les côtés.

Deux marais tourbeux assez grands et d'autres plus petits, à l'est de Rechthalden (entre la Gérine et la Singine), sont des bassins dont l'encaissement sans lacunes est encore bien reconnaissable.

C'est à St-Ursen (vallée du Gotteron), que se trouve la dépression de ce genre la plus curieuse; c'est un cirque allongé, régulier, entouré par une pente d'une vingtaine de mètres de haut, et dont le font plat est un marais boisé. Je ne puis m'en expliquer la formation autrement qu'en admettant qu'une masse de glace s'est trouvée séparée du reste du glacier et s'est maintenue là, pendant qu'un torrent a amené les graviers qui forment le pourtour du cirque.

C'est à l'ouest et au sud-ouest de Düdingen que les bassins de ce genre sont les plus nombreux. Plusieurs renferment de la tourbe qui s'est formée après le dépôt préalable d'une couche argileuse; on l'exploite en pratiquant des puits-perdus pour l'écoulement des eaux. D'autres dépressions ne renferment point d'alluvion; pour cette raison elles n'ont pu être indiquées sur la carte.

L'alluvion très allongée marquée au nord-est de Kerzers, est un marais sans écoulement qui, par places, a beaucoup d'eau; c'est le reste d'un ancien vallon comblé par le glaciaire.

Parmi les dépressions qui se sont entièrement remplies d'alluvions diverses et de tourbe, je citerai celles du Crêt, de Vaulruz, du Bugnon (au midi du Gibloux), de Lentigny, de Seedorf (près Noréaz) et de Cutterwyl. Ces deux dernières renferment chacune un îlot de glaciaire informe. La tourbe qui s'y trouve repose quelquefois directement sur le glaciaire informe, le plus souvent sur des dépôts lacustres variés, savoir: de l'argile presque pure provenant du lavage du glaciaire informe; de la craie lacustre très blanche, contenant beaucoup de coquilles; un mélange d'argile et de calcaire qui constitue ce qu'on appelle la cendre de tourbe, et qui peut être plus ou moins modifié par des matières végétales. La tourbe elle-même s'élève parfois plus haut que le terrain environnant, et ce bombement du marais est sensible même par des temps secs. Je n'ai vu de tourbe recouverte par des dépôts limoneux de quelque importance qu'au sud de Montévraz-dessus.

Alluvions des rivières.

La délimitation des alluvions des rivières donne beaucoup de travail à celui qui fait le lever d'une carte à grande échelle, et les observations qu'il recueille pourraient donner lieu à beaucoup de descriptions détaillées, qui n'auraient qu'un intérêt local. La cause de la formation d'alluvions le long des rivières du plateau est la même que dans les montagnes, savoir l'existence d'une roche un peu résistante formant un verrou en aval d'un terrain de plus facile désagrégation (p. 275). En suivant sur la carte les rivières bordées d'alluvion, on trouvera le verrou qui en explique la formation. On verra que la molasse marine a joué ce rôle relativement à tous les autres terrains, celle d'eau douce relativement au quaternaire, le quaternaire par rapport à lui-même, quand il s'est trouvé accumulé de manière à resserrer le cours d'eau. A la Sarine, près de Broc, on trouve les grès du flysch formant verrou relativement au quaternaire et ensuite au jurassique moyen. A Pont-la-ville, le poudingue a occasionné l'élargissement le plus considérable du lit de la rivière, et, un peu plus loin, dans la molasse, un évasement que le quaternaire est venu remplir, pour en être enlevé ensuite en partie, toujours sous la même influence.

A l'exception de la Broye dans sa partie inférieure et de la dernière partie du cours des ruisseaux qui y arrivent dans cette région, toutes nos rivières sont en voie d'approfondir leur vallée. Ce qui le prouve, c'est l'existence de *terrasses alluvionnaires*, c'est-à-dire d'alluvions qui ne sont plus recouvertes par les plus hautes eaux. Maintenue par un verrou, la rivière a coulé autrefois à leur niveau, ce qu'on reconnaît aux traces d'anciens lits et surtout aux berges qu'elle a dessinées au pied des collines; le peu de pente l'obligeait alors de déposer le surplus de matériaux de charriage qu'elle ne pouvait emporter. Quand le verrou a été abaissé et sa pente augmentée, elle a recommencé à déblayer ses propres apports, en s'y taillant une berge.

Les terrasses que j'ai marquées sur la carte ne sont en général élevées que de quelques mètres au-dessus du lit actuel de la rivière. A de plus grandes hauteurs, on en trouve d'autres composées aussi de matériaux transportés; si l'on peut en voir l'intérieur suffisamment, on reconnaît quelquefois que le dépôt est si irrégulièrement stratifié qu'on ne peut l'attribuer à la rivière (p. 448). Mais dans bien des cas on est dans l'embarras pour savoir s'il faut classer telle ou telle masse de gravier dans l'alluvion ou dans le quaternaire; c'est surtout ce qui arrive sur les berges de la Sarine (p. 454).

La surface des terrasses est toujours formée par un limon fin, qui les rend fertiles. Ce dépôt provient des eaux d'inondation, qui ont continué à les submerger, alors que la rivière s'était déjà creusé un lit trop bas pour qu'elle pût y revenir en temps ordinaire.

Je ne m'arrêterai pas à reproduire ici, même en résumé, les nombreux détails que j'ai recueillis sur les alluvions des rivières, surtout lorsque des travaux d'art invitaient à le faire. Il vaut davantage la peine de dire quelques mots de celles de la région des lacs, qui sont très étendues.

Plaine de la Broye.

La plaine de la Broye et de la Petite-Glane ne montre rien autre que des terrains modernes, excepté dans les environs de Payerne, où des élévations peu considérables paraissent appartenir au quaternaire, et au sud-est de Bussy, où, à l'orient de la Petite-Glane, un mouvement de terrain ne peut guère s'expliquer que de la même façon. Ce dernier affleurement a été oublié sur la carte. Je n'ai rencontré absolument aucun indice que le canal de la Broye ait atteint autre chose que des dépôts alluvionnaires, si ce n'est au midi du pont de Payerne, où un bloc de près d'un mètre cube ne peut guère provenir que d'un prolongement du glaciaire informe sous le limon.

Le sol de la plaine est presque exclusivement composé d'une terre qui, le plus souvent, peut être appelée franche, mais qui peut devenir argileuse et assez forte, ou sableuse et légère. Ce n'est guère que sur les berges du grand canal, quand elles ont été entamées par les eaux, qu'on en peut voir une certaine épaisseur. Elle se trouve alors tantôt de même composition du haut en bas, tantôt de composition un peu variée, parce que çà et là la quantité de sable augmente. Ce qui change le plus, c'est la couleur; le gris bleuâtre domine dans le bas; le jaune panaché de roux et le gris foncé alternent ensuite. Assez souvent la présence de matières végétales produit des bandes noires; il peut aussi arriver que ces matières soient en assez grande quantité pour que la terre puisse être appelée tourbeuse; ici cette variété manque tout à fait, là elle prédomine. On ne voit guère dans ces dépôts de joints de stratification proprement dits; mais les variations de teinte et de composition forment des zones qui ne dévient guère de l'horizontale.

Ce sol limoneux ou sableux, épais d'au moins 6 mètres, ne renferme d'intercalations de gravier qu'à l'origine de la plaine. On en voit un banc à l'arrivée de la Broye dans cette région, et il y en a des traînées peu épaisses dans le limon jusqu'au delà de Payerne. Plus loin on trouve bien du gravier dans le lit du canal; j'en ai vu jusqu'à deux kilomètres de son embouchure dans le lac; mais il renferme trop de fragments de briques roulés pour qu'il ne provienne pas des charriages qui se font à présent par les hautes eaux. On peut être dans l'incertitude sur l'origine de celui qui se trouve parfois en assez grande épaisseur dans le lit de la Broye, dont le cours était bien plus lent; mais le canal l'ayant coupé à deux endroits, au nord de Payerne et à l'ouest-nord-ouest de Corcelles, on peut s'assurer là que ce gravier est un apport postérieur, et ne se prolonge pas en couches sous les limons; ceux-ci au contraire le coupent brusquement. La Petite-Glane en charrie aussi dans la partie supérieure de son cours dans la plaine.

Je ne sais que penser du gravier et du sable dont j'ai vu une petite exploitation en *rb* (Erbogne), au nord de Corcelles. Ce village est sur les déjections de la rivière, qui y forment un cône très surbaissé. On y rapporterait sans hésitation cet affleurement, s'il n'avait pas tout à fait l'aspect des dépôts quaternaires stratifiés.

A la surface de la terre arable, les cailloux manquent complètement dans une bonne partie de la plaine. Dans d'autres on en voit en assez grande quantité, quelquefois un par mètre carré; mais comme il y a presque autant de fragments de briques ou de tuiles, ils proviennent sans doute d'apport faits pour amender les terres.

Les parties les plus basses de la plaine ont un sol tourbeux à la surface; mais la tourbe proprement dite est rare. Je n'en connais d'exploitation qu'à deux endroits, au Bey, près du lac. Sur une épaisseur d'environ 0,40 mètre, la partie supérieure contient trop d'argile pour qu'elle puisse servir de combustible; on ne peut descendre bien bas en exploitant par les moyens ordinaires, à cause de l'abondance de l'eau.

De ce qui précède il résulte que le sol de la plaine est formé, jusqu'à plusieurs mètres de profondeur, du limon ténu qu'y apportent la Broye, la Petite-Glane et les ruisseaux qui descendent des deux flancs de la vallée. Avant la canalisation de la Broye, qui n'est pas ancienne, et l'abaissement du lac de Morat, qui est récent, les inondations de la plaine étaient fréquentes; chacune d'elles a contribué à en élever le sol. C'est pour cela que, tout le long de l'ancienne Broye jusqu'à un kilomètre du lac et le long de certaines parties de la Petite-Glane, le sol est plus élevé, et a été mis en culture de préférence à celui qui en est plus éloigné. C'est ce haussement du rivage qui a fini par confiner la Broye dans un seul lit, car, près de Payerne surtout, on voit encore des traces des anciens bras qu'elle formait. C'est à la même cause qu'il faut attribuer le ralentissement du cours de tous les ruisseaux qui viennent déboucher dans la plaine, et la présence d'alluvions jusque dans l'intérieur de leurs vallées.

Cependant, au-dessous du limon apporté par les rivières, le creusement des canaux a mis çà et là à jour d'autres dépôts, qu'il faut attribuer au lac qui couvrait autrefois la plaine. Au nord-ouest de Corcelles, les berges du canal principal se sont trouvées assez attaquées par de hautes eaux, pour que j'aie pu reconnaître qu'il coupe une dune ou cordon littoral de sable pur, sur une longueur de 30 mètres; le point culminant de ce dépôt est à 3 mètres en dessous du niveau de la plaine, et, dans le moment où j'ai fait l'observation, il était aussi à 3 mètres au-dessus de l'eau; en amont et en aval, on voyait très bien le limon argileux ordinaire prendre peu à peu la place du sable en le recouvrant. Je ne doute pas qu'en exécutant les travaux on n'ait rencontré ailleurs d'autres dépôts lacustres, que l'on ne voit plus depuis que les berges sont recouvertes par la végétation. Si je généralisais même la seule observation que j'ai pu faire d'un canal latéral au moment de son creusement, je dirais que les dunes et les cordons littoraux sont très nombreux sous le sol de la plaine. Ce canal a été établi en 1877; la partie que j'en ai vue, lorsque les talus en étaient encore assez frais, part de la Broye au sud de *D* (*Dompierre*), et se dirige au nord-nord-est, pour arriver au canal principal à l'endroit où il commence à se trouver à la limite de Vaud et de Fribourg. La profondeur, qui est de 4 mètres au commencement, va en diminuant jusqu'à l'embouchure, où elle est de moins de 3 mètres. Tout le long la tranchée montrait, dans sa partie supérieure, la terre plus ou moins argileuse et plus ou moins tourbeuse qui constitue la plaine; dans le bas, il y avait interruption de ce dépôt général par six apparitions de sable et une de gravier, que l'on voyait sortir de dessous la terre, monter plus ou moins rapidement, pour redescendre ensuite. Le gravier était aussi parfaitement lavé que celui que l'on voit maintenant sur les grèves d'un lac, et de plus il renfermait beaucoup de fragments de coquilles lacustres roulés. Il était, en comptant à partir de l'amont, entre la première et la seconde apparition de sable; cette dernière et la suivante renfermaient aussi des coquilles. La première n'était pas de structure homogène; on y voyait se dessiner des lignes confuses, mais assez parallèles à la courbe formée par la séparation du sable et de la terre. La dernière, la plus près du grand canal, était beaucoup plus large que toutes les autres, et faisait beaucoup moins l'effet d'une croupe s'élevant dans la terre supérieure. Il ne me paraît pas douteux que toutes ces élévations ne soient des cordons littoraux formés sur le rivage d'un lac en voie de se retirer. La première, dont le point culminant n'est qu'à un mètre en dessous du sol de la plaine, est plus probablement une dune.

La carte topographique du canton de Vaud nous apprend que la surface du sol le long de ce canal va en descendant de 444 à 442 mètres. Le lac dont la vague a amoncelé le gravier de l'un des cordons littoraux, était au moins à 440 mètres, soit de 5 mètres plus élevé que le niveau moyen du lac de Morat avant l'abaissement des eaux. Le sommet de la dune de Corcelles dont il a été question ci-dessus, et qui est à 3 kilomètres plus en amont, est à 445,5 mètres environ. Au moment où elle s'est amoncelée sur la grève du lac, celui-ci était à un niveau plutôt supérieur qu'inférieur à celui qu'il avait quand il formait les dépôts de Dompierre.

L'existence de ce niveau un peu plus élevé du lac quand il s'étendait dans la plaine, est confirmée par des observations qu'on peut faire au sud-ouest de Faoug. Près de la route on exploite de l'argile qui déjà à 0,40 mètre de profondeur est d'un grain extrêmement fin et très plastique; il n'y en a pas de pareille dans toute la plaine de la Broye. On ne peut pas en attribuer le dépôt au Boiron, dont les alluvions sont plus grossières, tandis qu'elle est identique à la vase qui se dépose encore dans certaines parties du fond des lacs du Jura; or le haut en est à un niveau supérieur à celui des eaux moyennes avant l'abaissement. En outre, au sud du village, une petite terrasse longe l'alluvion et le glaciaire; elle n'est élevée que d'un mètre, et paraît composée de sable et de petits galets laissés par le lac lorsqu'il était plus haut. Peut-être faut-il regarder comme ayant la même origine une large zone de sable qui est à l'ouest d'Avenches, et que je n'ai marquée comme glaciaire stratifié que parce que je n'y ai pas trouvé de traces de coquilles lacustres.

Un autre fait intéressant à mentionner, c'est qu'au canal de Dompierre, plus près de son débouché que de la Broye, on voyait une traînée de cailloux et de fragments de tuiles romaines, sur une longueur de 30 mètres et à 1 mètre sous le niveau du sol. Je n'y ai trouvé aucune trace d'une construction; cela ne peut provenir que d'un transport fait pour amender les terres à une époque déjà ancienne, mais qu'on ne peut préciser; les débris d'origine romaine ne sont pas chose rare sur les deux flancs de la vallée, et ils ont été employés à différents usages plus ou moins longtemps après que la domination romaine avait cessé.

La série de cordons littoraux que nous avons vue recouverte sous la plaine, a son analogue au bord du lac actuel, dont elle marque les retraits plus récents. On voit là des élévations allongées, plus ou moins parallèles entre elles, continues sur un long espace ou interrompues. Elles sont composées de sable fin ou ordinaire, renfermant exceptionnellement des grains qui atteignent la grosseur d'un pois. Leur hauteur peut aller jusqu'à un mètre du côté de la plaine; leur largeur varie de quelques mètres à 20 mètres. J'ai indiqué sur la carte ceux de ces cordons littoraux qui sont anciens. Ce qui confirme leur origine, c'est qu'on voit encore la vague en former de pareils au bord de l'eau, du moins à quelques endroits.

Au sud-ouest de Faoug, un des anciens cordons sépare de la grève du lac un terrain plus bas d'un mètre. Au nord d'Avenches, un chemin va du sud-est au nord-ouest, sur une élévation qui a environ 15 mètres de large et un de hauteur; elle passe insensiblement à la plaine et est recouverte de terre franche; je l'attribue à un ancien cordon littoral que les alluvions ont recouvert. Une ondulation semblable part du Bey et va au sud-ouest; le sol y est par places beaucoup plus sableux, ce qui la qualifie un peu plus clairement comme cordon littoral, formé à une époque où le lac s'était retiré au nord-ouest. Enfin au bord de la Broye, au sud-ouest du Bey, on remarque de petites élévations d'à peu près un mètre de hauteur, composées d'un sable fin sans mélange de gros grains. Cette dernière circonstance me les fait envisager comme les points culminants d'anciennes dunes, dont le reste aurait été recouvert par les alluvions postérieures.

Grand-marais.

On appelle *Grand-marais* la plaine marécageuse qui s'étend à l'est du lac de Neuchâtel et au nord-est de celui de Morat, jusqu'au delà d'Aarberg. Notre carte n'en comprend que la partie méridionale, où il y a trois régions à distinguer sous le rapport de la nature des dépôts.

Alluvions des bords du marais. De Montellier au delà de Kerzers, la lisière de la plaine est formée par une alluvion qui varie un peu de nature d'un endroit à l'autre. La partie inférieure est sans doute un dépôt argileux ou sableux de l'ancien lac du Seeland, mais je n'ai guère eu l'occasion de le voir à jour. Du côté de Montellier, la partie supérieure a été formée par les eaux d'inondations du lac de Morat et la terre descendue des pentes voisines. Plus au nord-est elle provient surtout de l'apport des ruisseaux; c'est pour cela que cette zone est plus large et plus élevée à l'arrivée du Biberen, le plus considérable de tous.

Il est fort possible que dans cette région le quaternaire ne soit pas à une grande profondeur sous l'alluvion; c'est du moins ce que fait présumer la présence d'une colline de glaciaire informe dans l'intérieur; elle s'élève de 10 mètres au-dessus du reste de la plaine, et elle montre beaucoup de galets striés; au nord-est un terrain de même nature en est séparé par l'alluvion, qu'il ne dépasse guère que d'un mètre.

C'est une terre franche qui forme la plus grande partie de la surface de cette lisière; on y trouve des galets, surtout au pied des collines et même assez loin dans l'intérieur; cela n'est pas étonnant, car le Biberen, qu'on a divisé en plusieurs branches, en charrie encore. Dans les endroits où l'apport des ruisseaux a été moins considérable, le sol est plus argileux et plus ou moins mêlé de matières végétales qui le rendent noir.

Il est dans la nature des choses qu'il soit difficile de mener une limite entre cette alluvion et la tourbe qu'elle borde. Les deux formations passent de l'une à l'autre insensiblement, car il y a de l'argile tourbeuse et de la tourbe argileuse; en outre, les ruisseaux ont parfois recouvert de terre une tourbe bien caractérisée, ou bien ce sont les amendements artificiels du sol qui ont produit cet effet.

La zone d'alluvion au nord du Vully, de Cudrefin à Sugiez, est essentiellement de formation lacustre. Cependant les ruisseaux de Cudrefin et de Jorissant ont aussi élevé le sol, mais si peu qu'on ne peut parler de cônes de déjections.

Au sud-ouest de Cudrefin, la plaine est légèrement ondulée près du rivage, ce qui semble indiquer l'action des eaux du lac ayant un niveau plus élevé; l'intérieur est plus bas et plus marécageux. De l'autre côté de la ville, on remarque aussi des ondulations qui sont encore mieux caractérisées comme l'œuvre du lac, car le sol en est composé de sable mêlé de quelques petits galets. Plus loin la plaine est plus basse et le sol d'origine plus vaseuse, même au rivage; mais bientôt après on trouve un ancien cordon littoral de sable qui atteint jusqu'à 50 mètres de large; il se prolonge jusqu'à la rive gauche de la Broye, qu'il élève un peu plus que l'autre; la plaine intérieure qu'il sépare du lac est légèrement plus basse, parfaitement plane, et finit par renfermer de la tourbe exploitable.

Près de l'embouchure de la Broye, le sol n'est tourbeux qu'à la surface; en dessous c'est la vase du lac qui le compose. On trouve beaucoup plus de tourbe en remontant la rivière; mais elle y est toujours surmontée d'une alluvion récente, qui provient du limon que les hautes eaux ont laissé; cet apport a élevé le bord et se perd peu à peu dans la plaine. Au-dessous les berges se montrent de composition variable; il est évident, d'après ce qu'on voit, que ce sont tantôt les limons apportés par les eaux, tantôt les produits de la végétation qui ont contribué à élever peu à peu le sol de la plaine.

Du côté du sud, les alluvions descendues du Vully sont arrivées à la rivière à deux places, en laissant à droite et à gauche des bassins où la tourbe a pu rester beaucoup plus pure.

Les travaux de canalisation ont montré qu'à sa sortie du lac de Morat et aussi longtemps qu'elle reste près du Vully, la Broye coule dans de l'argile vaseuse grise, bleuâtre ou noirâtre, rarement mêlée de traînées de sable, et renfermant des coquilles lacustres; à deux ou trois places cette argile contient des zones peu épaisses de concrétions ferrugineuses.

Du côté du nord, entre Ins et Müntschmier, la bande d'alluvion est très étroite et manque parfois, parce qu'elle n'a pas été augmentée par l'apport de ruisseaux, si ce n'est à Ins; les graviers de la zone quaternaire remaniés y jouent un certain rôle, sous forme de plateau au pied de la pente de la colline; comme ils sont assez souvent séparés de la plaine de tourbe par une berge rudimentaire de $\frac{1}{2}$ à un mètre et plus, ils paraissent avoir été détachés par l'action de la vague de l'ancien lac, plus élevé que ne l'est à présent celui de Neuchâtel. A Müntschmier, la zone d'alluvion devient beaucoup plus large parce qu'un ruisseau arrive un peu plus à l'est.

Région de la tourbe. La plus grande partie du Grand-marais est couverte par une épaisse couche de tourbe, dont la surface semble parfaitement plane, particulièrement dans le centre. Les eaux s'y écoulent en effet avec une extrême lenteur dans le lac de Morat et surtout dans la Broye; il en était du moins ainsi avant l'abaissement des lacs.

Un cordon littoral et une dune combinés séparent cette tourbe du lac de Neuchâtel, et en ont occasionné la formation. Du côté du sud, vers la Sauge, l'élévation de cette digue naturelle est peu considérable, mais la pente vers l'intérieur du marais est très marquée; elle est composée surtout de sable; mais il y a aussi de petits galets, dont la grosseur ne dépasse pas celle d'une noix; on en remarque qui proviennent de la molasse d'eau douce de la rive droite du lac, et d'autres qui sont des fragments de briques. En s'avançant vers le nord et en arrivant dans une région plus en face de la nappe du lac, on trouve du sable fin apporté par le vent du sud-ouest, et la digue s'élève. Bientôt on n'y voit plus que du sable mouvant, qu'une végétation de pins et de genévriers maintient en place; c'est alors une dune d'une largeur de 10 à 20 mètres, élevée de 4 mètres au-dessus du lac de Neuchâtel et de 3 mètres au-dessus de la tourbe pure. Du côté du lac il y a sur la grève des cordons littoraux rudimentaires et irréguliers qui, autrefois, étaient recouverts de temps en temps par les hautes eaux, tandis que la dune ne l'était jamais. De l'autre côté, du sable très fin forme une zone cultivable plus ou moins large, qui s'étend un peu sur la tourbe.

A l'est de cette dune, il y en a encore deux autres, qui ne sont situées de même qu'en partie sur la feuille XII. La plus occidentale a une largeur d'environ 20 mètres et peut être 2 mètres de haut. Elle a servi à l'établissement d'un chemin dont on voit encore le gravier sur le sable fin, et que l'on regarde comme une voie romaine; elle se perd peu à peu sous la tourbe du côté du sud. L'autre est plus élevée, car elle monte au moins à 5 mètres au-dessus de la plaine; elle est fort irrégulière, soit en hauteur soit en largeur, mais n'a pas d'interruption complète; le sable fin qui la compose passe des deux côtés sous la tourbe. Au midi elle finit par des élévations séparées les unes des autres; c'est une portion dont le sable a été en partie emporté par le vent, car on en trouve de petites éminences sur la tourbe.

Le marais n'est pas séparé du lac de Morat de la même façon que celui de Neuchâtel. Il n'y a de cordon littoral un peu marqué qu'à l'angle oriental du lac, encore n'est-il pas ancien, car les hautes eaux y arrivaient souvent avant le dessèchement. Au sud de *436*, sur la grève, on a exploité quelquefois de la tourbe sous environ un demi-mètre de limon; elle est à un niveau inférieur à celui des eaux moyennes, par conséquent elle semble indiquer qu'il y a eu une époque où le lac était moins haut. On n'est cependant pas forcé de tirer cette conséquence de ce fait : autant qu'on en peut juger à l'œil, cette tourbe n'est pas plus bas que la partie inférieure de celle qui est à l'est de la route, et elle s'y relie peut-être par dessous le dépôt meuble de la grève. S'il en est ainsi, on peut se représenter qu'autrefois le lac se terminait à un cordon littoral situé plus au sud-ouest, et derrière lequel la tourbe s'est formée de la même façon qu'au lac de Neuchâtel; plus tard la vague des hautes eaux aurait détruit ce cordon et en aurait transporté les matériaux sur le bord du marais, pour former la grève actuelle.

Les canaux établis dans la plaine atteignent sans doute les dépôts sous-jacents à la tourbe, à un beaucoup plus grand nombre d'endroits qu'on ne peut le reconnaître, lorsqu'il y a un certain temps qu'ils ont été creusés. Celui qui a été établi pour couper les coudes de la Broye entre Sugiez et la Monnaie, a entamé sous la tourbe non seulement de l'argile et du sable pulvérulent, mais aussi du gravier renfermant des galets nombreux de la molasse et de la marne d'eau douce du Vully, ce qui porte à croire qu'il est alluvionnaire et non quaternaire.

Au nord-ouest de *L (Langen Graben)*, le sable d'une dune ou d'un cordon littoral arrive à la surface et se perd sous la tourbe.

Un grand canal, que j'ai vu creuser au passage de la route d'Ins au lac de Morat, à quelques pas de distance de celui qui porte sur la carte le nom de Canal d'Aarberg, a atteint l'argile bleuâtre lacustre à l'ouest de la route, mais sur un petit espace. Les conducteurs de travaux de ce genre connaissent plusieurs cas où cela est arrivé, et d'autres où l'on a trouvé des sables mouvants (Flugsand).

Alluvion antérieure du lac. La région à l'ouest de Fræschels est un peu plus élevée que celle qui renferme la tourbe, car elle atteint la cote de 440 mètres. Elle est composée d'une terre argileuse, grise près de la surface et bleuâtre dans la profondeur, qui a tous les caractères de la vase des lacs du Jura; comme à la Broye, on y rencontre des concrétions ferrugineuses, assez rares du reste. Cette région est légèrement ondulée, et les parties plus basses ont de la terre tourbeuse et de la tourbe à la surface. L'alluvion marquée sur la carte de l'autre côté de la plaine, au sud-est de Müntschmier, a les mêmes caractères. Ces dépôts supposent un lac dont le niveau était au moins à 440 mètres, chiffre qui est aussi celui que donnent les observations faites dans la plaine de la Broye (p. 465). Cette plus grande élévation des eaux du Jura se déduit aussi de l'existence de la bande de gravier remanié le long des collines d'Ins à Müntschmier, ainsi que nous l'avons vu un peu plus haut.

Alluvion de la rive droite du lac de Neuchâtel.

Ce n'est qu'à Cudrefin que les alluvions de la rive droite du lac de Neuchâtel sont de quelque importance; il en a déjà été question à la page 468. On pourrait donc passer les autres sous silence, s'il n'y en avait pas une qui confirme l'existence d'un ancien niveau des eaux plus élevé. Au nord-ouest de Gletterens, on observe une terrasse régulière, élevée de $1^1/_2$ à 2 mètres au-dessus des hautes eaux du lac avant son abaissement; elle est composée de sable, mêlé de galets et en stratification horizontale. Le ruisseau qui y arrive a un peu haussé ses bords en y déposant de la terre; mais on ne peut pas lui attribuer la formation de la terrasse, qui n'a ni la configuration ni la composition d'un cône de déjections; elle ne peut être que l'œuvre du lac lorsqu'il avait un niveau plus élevé. Elle était sans doute autrefois plus étendue, car on en voit encore des restes plus au nord-est. Ce qu'il y a de remarquable, c'est que le sable contient beaucoup de fragments de tuiles romaines roulés, ce qui nous apprend que la plus grande élévation du lac existait à l'époque romaine, ou s'est produite plus tard. A Chevroux, un petit plateau formé de gravier est aussi au-dessus des plus grandes crues.

L'absence d'alluvion au bord du lac provient de ce qu'il n'y arrive presque pas de cours d'eau qui amène plus de matériaux que la vague n'en peut réduire en menues parcelles. Un ruisseau au nord-est de Cheyres et celui de Port-Alban forment seuls des cônes de déjections de quelque importance. Avant l'abaissement et la régularisation des eaux du lac, la vague des crues venait presque partout battre le pied de la falaise, et comme les matériaux que celle-ci fournit sont très désagrégeables, ils étaient facilement réduits en poussière et transportés au large, quoique la pente de la grève fût extrêmement douce. Aussi il n'est pas rare qu'au lieu de sable et de galets glaciaires, on voie la molasse en place sous l'eau, même à une assez grande distance du rivage. Au sud-ouest de Port-Alban, la vague n'arrivait plus partout à battre le pied de la falaise, déjà avant l'abaissement des eaux. Il s'était formé sur la grève, fort étendue, un ou plusieurs cordons littoraux, derrière lesquels se déposait de la vase où la végétation commençait à s'établir.

La presque totalité des débris que le lac a enlevés pour former la falaise a ainsi été entraînée au large, où le lac reste peu profond jusqu'à une grande distance de la rive. Cette partie porte le nom de *blanc-fond* (voir p. 75).

Cônes de déjections.

Les cônes de déjections qui méritent d'être mentionnés ici ne sont naturellement pas distribués également sur tout le plateau.

Les plus considérables sont ceux des torrents qui descendent de la chaîne de la Berra. Celui de la Marivue à Semsales est très grand, et ne se trouve qu'en partie sur la feuille XII; les irrégularités de la surface témoignent des quantités de débris que ce torrent peut amener sur un point dans une crue subite.

La région au nord et à l'est de Bulle, que j'ai jointe au glaciaire, pourrait bien être un ancien cône de déjections de la Trême; du moins elle a tout à fait la configuration de ce genre de dépôt. La rivière aurait passé d'abord à l'ouest de la ville, puis au sud; c'est quand elle aurait eu la première direction qu'elle aurait creusé le vallon au midi de Riaz, dont les dimensions sont sans proportion avec le petit ruisseau qui y passait seul, avant qu'un canal y menât une partie des eaux de la Trême actuelle.

Les ruisseaux qui descendent du Montsalvens et de la pente méridionale du Cousinbert, n'amènent que peu de décombres à la Sarine; ils les déposent sur le plateau quaternaire qui borde le pied de la montagne. Les lits de déjections les plus considérables qui s'y forment ainsi, sont ceux du midi de Villarvolard et de Hauteville.

Dans les environs de la Roche, la Serbache ne peut pas déblayer tous les débris que lui amènent les torrents descendant de la montagne; aussi s'y est-il formé des cônes de déjections, qui se relient les uns aux autres. Le ruisseau qui arrive au nord de *808* a été détourné de son cours naturel vers le nord par ses propres débris.

A Rüti, au sud de Plaffeyen, il s'est formé de même sur le quaternaire un cône de déjections fort surbaissé, qui a donné un terrain très fertile, parce qu'il ne renferme que peu de pierres.

De Moudon au delà de Granges, la vallée de la Broye étant large et en plaine, tous les ruisseaux un peu importants qui y arrivent ont formé des lits de déjections adoucissant plus ou moins le bas des pentes. Ceux de ces ruisseaux dont l'activité se fait encore sentir, effacent les berges des terrasses, et produisent dans la rivière un barrage plus ou moins marqué, qui en ralentit le cours en amont. D'autres dont le dépôt est plus ancien sont complètement coupés par la berge qui sépare les terrasses des alluvions proprement dites. Il y en a enfin qui ne s'augmentent plus qu'à distance de la rivière et de sa berge.

Eboulements.

C'est sur les bords des cours d'eau qui se sont creusé des gorges profondes dans la molasse, que les éboulements proprement dits se sont le plus souvent produits; les eaux excavant le pied des parois, il se détache de celles-ci des masses plus ou moins grandes. Ces accidents seraient plus fréquents, si la désagrégation de la molasse par les agents atmosphériques n'était pas si intense qu'elle l'est. Sur les bords de la Broye, il faut citer celui qui s'est produit en amont de Bressonnaz. Les éboulis de Baumes, au midi de Surpierre, se sont opérés sans doute à différentes reprises; ils sont probablement dus à la désagrégation de la molasse d'eau douce, qu'on ne voit du reste plus dans cette localité; moins récents que celui de Bressonnaz, ils ne sont cependant pas très anciens, car la rivière n'en a pas façonné le pied en berge.

Le Vully nous présente à Salavaux un petit éboulement qui n'a pu être figuré sur la carte, et au nord de sa partie la plus élevée des éboulis très étendus. C'est à l'action du lac qui occupait le marais qu'il faut attribuer ces derniers; il faut aussi les regarder comme anciens, car la surface n'a plus la configuration des éboulements des terrains marneux, et la décomposition des roches y a pénétré à une grande profondeur.

Les traces des éboulements de molasse qui se produisent dans le ravin de la Sarine, sont assez rapidement effacées par l'action érosive de l'eau courante sur les blocs; c'est au sud de Fribourg que l'on en voit encore les restes les plus considérables. En dessous de Posieux, le poudingue quaternaire, reposant probablement sur un dépôt délitable, en a aussi formé qui méritent d'être mentionnés, de même que ceux qu'on voit dans le ravin de la Gérine au sud-est de Giffers; ces derniers ont affecté à la fois la molasse et le glaciaire. Sur la Sense l'éboulement de molasse le plus considérable a eu lieu au nord-est de Mettlen.

La nature marneuse de la molasse d'eau douce fait qu'il s'y produit des glissements de terrains plutôt que des éboulements; aussi s'étendent-ils quelquefois fort loin, si la pente est un peu forte; c'est le cas de celui de Vauderens, au sud duquel il s'en trouve un autre moins considérable. Celui du Villaret près de la Roche est, en revanche, plus large que long. Le plus étendu de tous est au sud-ouest de Wattenwyl.

Tuf.

C'est surtout dans les nappes de gravier quaternaire que les eaux dissolvent du calcaire, pour le déposer ensuite sous forme de tuf. Sur 32 localités où j'ai observé des sources dont les dépôts sont importants, il s'en est trouvé 20 dont il est certain qu'elles proviennent d'eaux qui ont passé par des graviers et des sables stratifiés; pour quatre autres cette origine est moins sûre; trois m'ont paru provenir de la molasse, du moins à leur sortie, et une seule du glaciaire informe; je n'ai pu déterminer l'origine des autres. La plupart des dépôts de tuf étendus se trouvent sur les flancs des ravins des grandes rivières, et les eaux qui les ont formés sortent à la limite du quaternaire et de la molasse.

J'énumérerai ici ceux qui ont été exploités ou qui sont susceptibles de l'être; quelques-uns ont été indiqués sur la carte quand l'échelle le permettait. Sur la Sarine: au nord-nord-ouest de Villarsbeney; Toffeyre, au nord-est de Corpataux, et plus en aval; à l'ouest du Petit-Marly; Staad, à l'ouest de Düdingen; à l'est de Bösingen. Sur la Glane: un peu en amont de Macconens; Posat et plus en aval. Sur le Gotteron: au nord de Balterswyl. Sur la Sense: au nord-est de Brünisried et à Schwenni. Localités diverses: au nord-ouest de Sedeilles; au nord de Prez sur l'Erbogne; entre Prez et Corjolens; ruisseau de Düdingen, au nord du village.

Beaucoup de ruisseaux déposent du tuf dans leur lit, aux époques où ils n'ont que l'eau qui provient de sources. Cette croûte préserve la molasse de l'érosion d'une manière remarquable. Si le ruisseau fait une chute, cette roche se conserve sous le tuf, tandis qu'elle est érodée à droite et à gauche par les agents atmosphériques. J'ai particulièrement remarqué cela au ruisseau entre Villars-le-Comte et Forel (au-dessus de Lucens).

CHAPITRE V.

RELIEF ET HISTOIRE GÉOLOGIQUE DU PLATEAU.

Résumé historique: Ebel p. 21, de Saussure 58, Razoumowsky 60, Deluc 66, Koch 66, Studer 74, 82, Guyot et de Pourtalès 74, Desor 81, de Mortillet 82, Ramsay 82, Rütimeyer 83, Sottaz 83.

Le sujet que ce chapitre doit aborder est l'un des plus difficiles à élucider, si l'on veut examiner les faits sous toutes leurs faces, et ne pas s'en tenir à rechercher ceux qui peuvent cadrer avec telle ou telle hypothèse que l'on a peut-être admise à priori. En outre, si l'on ne prend pour base que les données restreintes fournies par notre territoire, il n'est pas possible d'arriver à des résultats positifs, particulièrement pour ce qui concerne l'origine des lacs; cette dernière question a déjà été traitée dans plusieurs travaux, auxquels il faut ajouter celui que M. A. Favre a publié[1]) depuis que je les ai résumés à la page 81. Comme ce n'est pas mon intention de sortir des limites qui m'ont été assignées, je laisserai de côté ce problème, quelque intéressant qu'il soit d'ailleurs.

Je suis obligé de me restreindre encore davantage, parce qu'en étudiant le sujet, j'ai été amené à me convaincre qu'on peut faire trois ou quatre histoires géologiques de notre territoire assez différentes et presque également plausibles, suivant que l'on admet ou que l'on repousse des hypothèses contradictoires qui toutes ont leurs défenseurs autorisés. Ce sont les suivantes :

1° La molasse marine de la Suisse occidentale est contemporaine de la molasse d'eau douce supérieure de la Suisse orientale (p. 421).

2° Pendant l'époque pliocène notre pays était terre ferme sans être envahi par les glaces.

3° L'extension des glaciers a été contemporaine des dépôts pliocènes.

4° Il n'y a qu'une seule période glaciaire.

5° Il faut distinguer deux époques d'extension des glaces, séparées par un intervalle de temps considérable.

L'examen de questions aussi controversées me mènerait trop loin; aussi je me contenterai d'exposer quelques observations, sans les relier à aucune théorie, et seulement dans le but d'indiquer des faits dont il faudra tenir compte en faisant cet examen.

Remarques générales sur l'érosion.

Le fait que la ligne anticlinale de la molasse ne passe pas partout par les régions les plus élevées du plateau, nous montre que le relief de celui-ci est bien plus l'œuvre de l'érosion que des dislocations des couches. Cette conclusion ressort aussi de l'autre fait que partout les couches les moins susceptibles de désagrégation forment les collines les plus élevées, tandis qu'au

---

[1] Sur l'ancien lac de Soleure. Arch. des sciences de la Bibl. univ., sér. 3, tome 10, 1883.

passage des grands cours d'eau, elles sont aussi bas que les autres, sans qu'il y ait trace d'une dislocation qui aurait préparé un chemin à la rivière.

De toutes les divisions de la molasse, c'est celle d'eau douce qui se montre la plus accessible à l'érosion; elle ne le cède même pas toujours au quaternaire sous ce rapport. C'est en effet dans ce terrain que se sont creusées, au nord-ouest de notre territoire, les vallées les plus larges et les plus profondes; en outre, le long des Alpes, il forme toujours une dépression du côté de la molasse marine, et s'il s'élève à une certaine hauteur sur le flanc de la chaîne de la Berra, c'est qu'il y a été protégé par le flysch. Les ruisseaux qui coulent sur les éboulis de ce dernier terrain, sans y former des ravins, s'encaissent aussitôt qu'ils parviennent dans la molasse d'eau douce. Ce n'est qu'entre Montévraz et Plasselb, où la zone de cette division est plus étroite, qu'il ne s'est pas formé une vallée plus ou moins parallèle à la chaîne alpine.

La molasse à lignite est un peu moins attaquable que celle dont nous venons de parler; elle le doit à une plus grande régularité de la stratification, et aux bancs de calcaire et de grès dur qu'elle renferme.

Les couches de Ralligen sont très résistantes par leurs grès, fort peu par leurs marnes. Dans leur courte apparition, elles se sont conservées en collines élevées entre Vaulruz et la Sarine.

La molasse marine est assez accessible à l'action des agents atmosphériques et de l'eau en mouvement; mais son homogénéité fait qu'elle peut former des pentes plus escarpées que les autres terrains du plateau, ce que l'on voit fort bien quand elle surmonte les couches d'eau douce. Pour la même raison, les rivières s'y sont souvent creusé des gorges profondes, mais étroites. Elle ne forme cependant pas à elle seule des collines élevées, si ce n'est celle du Menzisberg, entre la Gérine et la Sense, et le mont Combert, encore celui-ci contient-il des bancs de poudingue.

Le poudingue est le moins désagrégeable des terrains du plateau, aussi constitue-t-il les collines les plus élevées et les plus escarpées: Gibloux, collines d'Avry-devant-Pont, de Pont-la-ville, de Montévraz et du Guggisberg. Toutefois le poudingue du Gibloux n'est pas moins désagrégeable que la molasse qui s'y intercale (p. 400); aussi n'est-ce probablement qu'un reste d'une nappe autrefois fort étendue.

L'un des faits dont il faudra le plus tenir compte dans tout essai de retracer une histoire géologique du plateau, c'est le manque de la molasse marine le long du lac de Neuchâtel, depuis Lully et Montet à Lugnorre. La manière la plus simple de l'expliquer est d'admettre que cette partie était exondée quand la mer couvrait le reste du plateau; la moindre puissance de la molasse marine à Font et au Vully (p. 389) appuie cette idée. D'un autre côté, la présence d'un lambeau de ce terrain supérieur à Chabrey (p. 415) porte à penser qu'il a occupé autrefois tout ou partie de cet espace, et qu'il en a été enlevé. Il n'y a guère de difficulté à admettre cette idée, si l'on reporte cette érosion à l'époque où, suivant l'opinion commune, la Suisse occidentale était à sec, tandis que la molasse d'eau douce supérieure se déposait à l'orient. Il est plus difficile de s'en rendre compte, s'il faut la rapporter à une époque postérieure où les dislocations principales du tertiaire s'étaient déjà effectuées, car nous avons peine à retrouver l'agent qui l'aurait produite; tout au plus pouvons-nous penser qu'avant l'invasion des glaces, l'écoulement des eaux se faisait des Alpes au Jura, comme dans le reste de la Suisse, que plusieurs rivières passaient par cette région, et qu'à l'époque glaciaire ce qu'elles avaient laissé de molasse marine entre elles a été enlevé peu à peu, par les eaux provenant de la fonte des glaces.

Remarques spéciales sur les vallées.

Vallées principales.

Vallée de la Petite-Glane. De toutes nos rivières secondaires, la Petite-Glane est celle dont le lit est le plus constamment dans le quaternaire. Cela tient sans doute à l'abondance des dépôts de ce terrain dans cette région, mais aussi à ce que l'érosion postglaciaire n'a pas encore eu le temps de produire des effets bien considérables. Dans la plaine de Payerne, que cette rivière a contribué à élever, il n'y a plus aucune trace de la vallée qu'elle y formait autrefois parallèlement à celle de la Broye.

Vallée de la Broye. La Broye prend sa source au pied des Alpettes, et coule au sud-ouest, ce qui la fait passer dans le territoire de la feuille XVII; après un coude aigu, elle prend la direction du nord-ouest et rentre sur la feuille XII, près d'Oron. Depuis là jusqu'à Rue, elle a creusé son lit tantôt dans le quaternaire, tantôt dans la molasse. En arrivant aux couches marines, elle forme une gorge profonde; mais à partir de Bressonnaz le sol de la vallée s'élargit de nouveau, et la rivière ne touche plus à la molasse que quand elle a été repoussée contre l'un des flancs. En aval de Moudon, elle ne coule guère que dans ses propres alluvions, sauf près de Curtilles, où un dépôt de quaternaire stratifié l'a rejetée un instant dans la molasse. Avant d'entrer dans la plaine de Payerne, elle traverse un verrou de molasse qui peut être considéré comme à peu près ouvert. Il est probable qu'elle n'a dû s'y frayer un passage que parce que les derniers dépôts quaternaires l'ont repoussée vers l'est.

Dans cette partie de Moudon à Payerne, où le creusement de la vallée semble achevé depuis longtemps, l'escarpement de beaucoup de pentes de molasse montre encore qu'autrefois la rivière en a rongé le pied; c'est le cas à l'est de Moudon et en dessous de Bussy, de Cremin et de Surpierre; mais çà et là la présence de dépôts quaternaires au pied de ces anciennes berges fait pourtant voir que la formation en est antérieure à la fin de l'époque glaciaire. Les pentes rapides et moins hautes à l'ouest de chez-Perrin sont sans doute plus récentes.

On ne reconnaît que faiblement cette ancienne action des eaux, sur les bords de la plaine en aval de Payerne; elle s'y trahit toutefois dans quelques pentes de la molasse du côté gauche, mais ici aussi le terrain glaciaire en couvre le pied. Les pentes analogues du côté droit sont à une hauteur plus considérable, et sont par conséquent plus anciennes.

Sur sa rive droite, le lac de Morat a des falaises à Faoug, à Meyriez et à Morat; elles ont sans doute commencé à se former lorsque le lac était plus élevé (p. 466). Sur la rive gauche, on distingue bien les falaises plus anciennes de celles où l'action de la vague a continué jusqu'à nos jours: les premières ont une alluvion à leur pied, et une pente plus douce où çà et là les cultures ont pu s'établir.

Il est remarquable qu'il n'y ait, sur les bords latéraux de la plaine de la Broye, presque pas de traces de l'action des eaux du lac; je ne puis guère citer à cet égard que le sable d'Avenches déjà mentionné, et du gravier au nord-est de Payerne, qui paraît être le produit du lavage du glaciaire par les vagues. Presque partout le passage de l'alluvion au glaciaire informe est insensible et il n'y a pas de reste d'une ancienne falaise. Cela nous indique que le niveau plus élevé du lac a peu duré; l'action des eaux n'a pas eu le temps de se faire assez sentir pour que le haussement postérieur de la plaine par les alluvions n'ait pas caché les rudiments de falaises qu'elles ont commencé à former.

Même en amont de Payerne, la vallée de la Broye est celle qui est à la fois la plus profondément creusée et la plus large de notre territoire. Ce fait frappe le voyageur qui y arrive en chemin de fer par le tunnel de Vauderens. Suffit-il pour l'expliquer de se rappeler que les glaces du Valais et les eaux qui en provenaient y ont passé plus longtemps qu'ailleurs? On ne sera pas porté à amoindrir l'importance de ce facteur, si l'on considère que cette vallée n'est que la continuation de la dépression d'Attalens (feuille XVII), dont les dimensions ne sont pas moindres, et dont il faut bien rapporter la formation à l'époque glaciaire, si l'on ne veut pas remonter à une période antérieure, supprimer le lac Léman et y faire passer le Rhône.

Vallée de la Glane. La Glane met quelquefois la molasse à jour dans la première partie de son cours. Aux Noutes, elle semble avoir été détournée d'un ancien lit au pied d'une pente de molasse, par un dépôt glaciaire qui l'a fait passer dans celui d'un de ses affluents. Si cela a eu lieu, on peut penser que c'est elle qui a façonné la partie occidentale de la colline de Romont, tandis que l'affluent qu'elle a remplacé façonnait l'autre. A présent elle coule très lentement jusqu'à Macconens, pour parcourir une région de quaternaire, dont les amas les plus considérables ont occasionné la formation d'alluvions. A Macconens elle entre dans la molasse, mais non d'une manière définitive, car elle se retrouve bientôt dans le quaternaire. En aval d'Autigny elle s'est creusé une gorge étroite et profonde à une époque déjà ancienne, car le quaternaire a pu s'y déposer et y rester à l'est de Matran.

Vallée de la Sarine. Après sa sortie des montagnes à Gruyères, la Sarine semble ne plus couler dans une vallée qui soit en rapport avec son importance. La région de sa rive gauche est d'abord très peu élevée; puis, par suite du dépôt des graviers de Broc, elle s'est creusé un ravin étroit et peu profond dans le flysch et le jurassique; il a fallu pour cela bien des siècles, mais ce ne peut être là qu'un épisode très court de son histoire. Sauf à un petit verrou à Corbières, son ravin est très large jusqu'à Pont-la-ville, parce qu'il n'est creusé que dans le quaternaire, mais au fond ce n'est toujours qu'un ravin. Comme nous l'avons déjà vu (p. 352), l'interruption presque complète de la chaîne de la Berra sur 5 kilomètres de longueur, nous montre que l'œuvre accomplie par la Sarine est d'une tout autre importance. Pour opérer cette ablation, elle doit s'être dirigée aussi plus à l'ouest, et, nous le verrons plus loin, elle n'a probablement pas toujours été ramenée dans la direction septentrionale qu'elle suit maintenant.

A Pont-la-ville la rivière entre dans le poudingue, puis dans la molasse; son ravin se resserre dans ces terrains plus résistants; mais les hauteurs qui le bordent à distance font assez l'effet d'une vallée en rapport avec le volume de ses eaux. Plus loin ces hauteurs ne continuent que sur la rive droite, la gauche prenant plutôt la configuration d'un plateau; la rivière commence en même temps à former des méandres, et son ravin s'élargit assez pour qu'il puisse contenir des terrasses alluvionnaires.

Dans les environs de Fribourg, il y a des collines assez élevées à distance des escarpements abruptes, mais leur orientation ne semble pas témoigner d'une action ancienne de la Sarine, si ce n'est quelque peu au nord de la ville. Il en est de même de celles qui bordent la rive gauche, quand la rivière se dirige au nord-est; elles paraissent n'avoir été façonnées que par les affluents qui les séparent les unes des autres; la rive droite est un plateau moins élevé. Le ravin est devenu assez large pour que les terrasses alluvionnaires y soient presque continues.

A Bösingen la rivière entre dans la molasse d'eau douce; il en résulte que le ravin et la zone d'alluvion s'élargissent considérablement, déjà avant l'arrivée de la Sense; mais le creusement de la vallée est devenu fort lent depuis là, car, jusqu'au bord septentrional de la carte, il n'y a que quelques terrasses peu étendues. Les plus grandes hauteurs sont sur la rive droite ; sur la gauche rien n'indique que l'action de la Sarine se soit exercée hors de son ravin actuel.

Ainsi la principale rivière de notre territoire ne se présente pas comme ayant été le facteur déterminant de la configuration de la région qu'elle traverse ; elle semble n'y être venue que tard, alors que sa route y était déjà préparée, et s'être bornée à s'y creuser un lit. A plusieurs endroits, si l'on barrait complètement le ravin ainsi formé, elle prendrait une direction différente de celle qu'elle a.

Vallée de l'Erbogne. L'Erbogne est la seule rivière un peu importante dont la direction soit celle qu'auraient eue les cours d'eau qui auraient enlevé la molasse marine sur les bords du lac de Neuchâtel (p. 479). Quoique profond, son ravin n'est pourtant pas hors de proportion avec le volume de ses eaux ; à l'est de Grandsivaz, il présente une division en terrasses irrégulières. Quant aux hauteurs qui l'encaissent à distance, elles peuvent figurer l'ancienne vallée d'un cours d'eau plus considérable.

Vallée du Chandon. Cette vallée n'a pas été assez envahie par le terrain glaciaire, pour qu'il y en ait des restes notables ailleurs qu'à son origine et à son extrémité. Son flanc gauche présente, à Oleyres, une coupure qui pourrait bien avoir été le passage d'un cours d'eau très ancien, suivant la même direction que l'Erbogne. A une époque bien plus rapprochée de nous, le Chandon passait par Clavaleyre et Greing, en suivant un vallon dans lequel on a ramené une partie de ses eaux par un bief.

Vallée de la Gérine. La largeur de la plus grande partie de cette vallée et le revêtement de ses flancs par du quaternaire nous montrent qu'elle est ancienne. On est donc étonné qu'elle ne soit par places qu'un ravin étroit dans la molasse, sans que cette roche y paraisse plus résistante qu'ailleurs. Cela peut s'expliquer par le fait que les élargissements de la vallée se trouvent à l'arrivée d'un affluent plus ou moins parallèle à la Gérine, ce qui peut faire penser qu'ils sont dus à l'ablation de l'extrémité de l'arête qui sépare les deux ravins.

La direction de cette vallée étant en travers de celle de la marche de la glace, celle-ci a pu souvent la remplir et forcer la rivière à prendre un autre cours; c'est ce qui nous explique le mieux le dépôt des graviers de Tentlingen. Un barrage analogue au sud de Giffers peut avoir formé en amont un lac, où se seraient déposés les graviers dont les restes sont encore appliqués contre la molasse, à partir de St-Sylvestre.

Vallée de la Tafferna. Dès son commencement au nord d'Alterswyl, la Tafferna coule à une grande profondeur, ce qui nous indique que son cours est ancien. Cependant sa vallée a été peu envahie par le glaciaire; cela vient probablement de ce qu'elle était protégée du côté de l'ouest, par des hauteurs qui ne permettaient pas toujours aux glaces d'y arriver. Mais à l'est de Schmitten, le quaternaire y est descendu, et a forcé la rivière à faire un coude.

Vallée de la Sense. On n'est point étonné que la vallée de la Sense soit largement ouverte à Plaffeyen, puisque c'est la molasse d'eau douce qui y est sous-jacente au quaternaire; mais plus loin, il se trouve que cette largeur continue dans le poudingue et la molasse marine, car l'on ne peut attribuer qu'à l'érosion de la Sense la dépression considérable qui sépare le Menzisberg et le Guggisberg. A partir de Leist, les choses changent complètement: la rivière n'est plus encaissée que par une gorge profonde, mais étroite, dont le profil n'est qu'une minime partie de celui de la région d'où elle sort. En revanche, un peu plus à l'ouest, la vallée du Gotteron a une largeur hors de proportion avec son cours d'eau, surtout si l'on enlève par la pensée le quaternaire épais qui y cache partout la molasse. On est ainsi amené à admettre qu'elle a été creusée par un agent plus puissant, qui ne peut être que la Sense. Il est vrai que cette rivière n'y pourrait plus être ramenée à présent, parce que depuis lors elle s'est créé un lit plus profond; mais si nous remontons à une époque où elle coulait plus haut, cette difficulté disparaît, et les moraines au sud-ouest de Leist nous paraîtront être le barrage qui l'a forcée de rester plus à l'est, et de s'y creuser le ravin actuel, qu'un autre cours d'eau avait peut-être déjà ébauché.

Il ne me paraît cependant pas probable qu'à cette époque antérieure la Sense ait coulé jusqu'à Fribourg. Près de cette ville, le ravin du Gotteron, dont le sol n'a que 30 à 40 mètres de large, n'est pas en disproportion avec la grandeur de ce ruisseau. En revanche, au sud de Taffers et à l'est de Maggenberg, il y a un vallon sans eau, bordé de berges de molasse, dont je ne puis attribuer le creusement qu'à une rivière qui n'est plus là, et qui peut bien avoir été la Sense. Quant au cours qu'elle aurait eu depuis Taffers, il n'est plus possible de le déterminer, cette région toute glaciaire ayant bien changé depuis lors. Il est du reste aussi possible que, toujours avant le creusement du ravin du Gotteron, elle ait passé à l'ouest de Maggenberg. Ce qui indiquerait qu'elle a été aussi dans cette région, c'est que le quaternaire stratifié de la rive gauche de ce ravin renferme plus de galets de flysch qu'il n'y en a ordinairement dans ce terrain.

Vallée du Biberen. La vallée du Biberen est large près de son origine, entre Guschelmuth et Cressier, et elle a été évidemment remplie par le glaciaire et les alluvions. Malgré ce caractère d'ancienneté, il y a dans cette région une autre vallée dont la formation paraît antérieure : c'est celle qui s'étend transversalement au Biberen, et qui va en s'élargissant de Klein-Gurmels à Salvenach. On peut l'attribuer à un très ancien cours d'eau qui a été coupé par la Sarine, lorsqu'elle est venue dans cette région.

Comblement de vallées par le terrain glaciaire.

Le glaciaire se trouvant jusqu'au niveau actuel du sol des grandes vallées, il n'y a pas lieu de s'étonner qu'il revête les flancs d'un grand nombre de vallons assez profondément creusés, que là il en couvre l'un des côtés tandis que l'autre montre la molasse, qu'ailleurs il en occupe le sol, tandis que les deux flancs laissent apparaître le terrain plus ancien, ou bien que l'origine du vallon soit dans la molasse et le reste dans le quaternaire.

Ces faits montrent que l'œuvre de l'érosion moderne n'est pas très considérable, et que l'époque glaciaire est encore rapprochée de nos temps. On peut être aussi tenté d'en tirer la conséquence que la configuration du pays était arrêtée, même dans ses détails, avant l'invasion des glaces. Cette conclusion serait moins fondée qu'elle n'en a l'air ; car il se peut fort bien que la période glaciaire ayant été très longue, telle petite vallée ait été creusée pendant une première invasion, et plus ou moins revêtue de glaciaire pendant une seconde.

Les nappes quaternaires étendues cachent bien des vallons qu'elles ont comblés; c'est ce qu'il faut conclure de l'existence de ceux que nous pouvons encore reconnaître à présent. J'en ajouterai quelques exemples à ceux qui ont été indiqués en parlant des vallées principales et à la page 460.

En *Ou (Oulens)*, au nord de Moudon, un ravin creusé dans la molasse cesse subitement, parce qu'il a été rempli par du glaciaire informe.

A l'est d'Esmont et de Saulgy, un vallon a été assez comblé pour qu'on ait pu faire passer les eaux du marais qui l'occupe dans un autre. La continuation de ce vallon se retrouve à Siviriez.

A la fin de la période quaternaire, lorsque le glacier de la Sarine arrivait encore dans la plaine, la Trême ne pouvait pas suivre son cours actuel. A partir du point coté 827 mètres sur la carte, elle allait sans doute au nord par Vuadens, où l'on reconnaît encore une vallée que le petit ruisseau qui la parcourt n'a pu creuser. Une fois hors de son ancien lit, cette rivière a suivi différentes directions: elle a probablement passé par Bulle (p. 473), plus certainement par les Granges, dont la plaine inclinée paraît composée de ses déjections. Le curé Chenaux m'a rapporté qu'il avait entendu dire qu'autrefois elle se rendait à la Sarine, par le vallon qui de la Tour-de-Trême se dirige vers Morlon; c'est en effet ce que semble indiquer la présence d'une petite plaine de déjections qu'on remarque à l'est de la première de ces localités.

Le ruisseau de Schuperon (au sud de Giffers) a approfondi son lit dans le glaciaire, sans atteindre la molasse, qui pourtant se trouve beaucoup plus haut, tout près de là, à la berge de la Gérine. Cela montre que le quaternaire a comblé la vallée d'un ancien ruisseau plus important; il est probable que c'est celui de Schwand qui passait par là, avant d'être détourné à l'ouest de St-Sylvestre.

Vallées de formation ancienne.

Nous trouvons sur le plateau deux vallées dont les cours d'eau actuels n'expliquent nullement l'existence.

La plus considérable est la large dépression qui coupe tous les terrains de la molasse, entre Vaulruz et Rueyres; elle serait sans doute plus profonde, si le glaciaire et les alluvions ne l'avaient pas plus ou moins comblée. Les ruisseaux qui y arrivent s'écoulent des deux côtés, leur cours est sinueux et à peine sensible. Je ne puis attribuer cette coupure à un autre agent qu'à la Sarine, dont nous savons déjà que la vallée qu'elle suit maintenant n'est pas en rapport avec son importance (p. 482). Cette supposition semble au premier abord peu naturelle, parce que maintenant la Sarine coule à 140 mètres au-dessous de la dépression en question; il n'y a cependant aucune difficulté à l'admettre, dès qu'on ne veut pas ôter aux rivières toute influence sur l'approfondissement de leur vallée; le lit de la Sarine pouvait bien se trouver à 200 mètres plus haut, avant l'invasion des glaces, évènement auquel on peut attribuer son changement de cours.

L'existence de cette dépression me paraît donc être le principal argument que l'on puisse invoquer, dans notre territoire, pour montrer que la molasse du plateau suisse a subi de fortes érosions avant la période glaciaire.

J'ajouterai que je n'ai pas trouvé d'indices sûrs de ce que pouvait être le cours de la rivière au delà de Vuisternens. Dans les environs de Romont, la vallée de la Glane ne paraît pas tellement étroite qu'on ne puisse admettre que la Sarine y ait passé; mais plus en aval il n'en est pas de même. Du reste, quand elle coulait à la hauteur de Sales (830 mètres) et que la Glane n'était qu'un de ses affluents, le chemin vers le Jura ne lui était fermé presque nulle part. Si l'on ne reconnaît plus la direction qu'elle a suivie, c'est que les érosions postérieures et les apports glaciaires ont fait disparaître les traces de son passage.

L'autre vallée dont j'ai encore à parler ici est bien moins considérable et n'est peut-être pas aussi ancienne. C'est celle qui s'étend de l'ouest à l'est entre Plasselb et Plaffeyen. A son origine elle est profonde et le ruisseau qui y preud sa source n'acquiert quelque importance que par les affluents qui viennent de la montagne. Son histoire doit être un peu compliquée ; le glaciaire stratifié y est si puissant et si étendu qu'il faut admettre qu'il s'est déposé après un premier creusement, qui serait antérieur sinon à l'époque glaciaire tout entière, du moins à sa première partie, où cette région n'était pas encore envahie par les glaces. Peut-être est-ce la Gérine qui a opéré la première ébauche de la vallée, en passant entre les deux molasses, dont celle d'eau douce était de plus facile désagrégation. Plus tard le glacier est venu ensevelir toute la contrée, et ses eaux de fonte ont pu continuer à approfondir la vallée. C'est sans doute pendant une ou deux époques de retrait, qui ont duré long-temps, qu'il a déposé à droite et à gauche les graviers changés maintenant en poudingue qui couronnent les flancs, puis en s'abaissant ceux qui sont plus bas.

TROISIÈME PARTIE.
GÉOLOGIE APPLIQUÉE.

CHAPITRE Ier.
LES EAUX.

Résumé historique : Aretius p. 13, Plantin 14, Haller 15, Bridel 18, Cullmann 50, anonyme 50, Gremaud 54. Les auteurs qui ont traité des eaux minérales seront indiqués plus loin.

Alpes.

Rôle des terrains relativement aux eaux.

Le *gypse,* tant l'éocène que le triasique, occupe trop peu de place pour qu'il puisse avoir une influence bien définie sur la distribution des eaux, même quand il forme des entonnoirs; je n'ai pas fait d'observation sur la réapparition de l'eau que ces derniers collectent; c'est dans la région d'Oey et de Diemtigen qu'on aurait le plus l'occasion d'en faire.

La *cargneule* est peu perméable; quand elle se trouve dans une position telle qu'elle reçoive les eaux des terrains plus élevés, elle forme des sources plus nombreuses que considérables, qui alimentent les fontaines de beaucoup de pâturages.

La *dolomie* étant souvent mêlée de marnes n'absorbe pas beaucoup les eaux pluviales, et quand elle le fait, elle n'occupe pas assez d'espace pour donner lieu à la formation de sources bien importantes.

Dans les montagnes où le *lias* figure comme terrain bien distinct, le calcaire y domine souvent, en sorte que les eaux de pluie peuvent y pénétrer. Habituellement il est trop peu puissant pour que ces infiltrations produisent de grandes sources, sauf dans la vallée de la Jogne.

Le *toarcien* et le *jurassique inférieur et moyen* de la chaîne du Ganterist, auxquels il faut joindre le *lias-jurassique moyen* des chaînes intérieures, sont des terrains que la présence des marnes rend peu pénétrables à l'eau, sauf dans la chaîne des Spielgärten, où le dernier est plus calcaire. Ils sont donc sillonnés par des filets d'eau et des ruisseaux, et n'ont de véritables sources que quand ils sont recouverts par les éboulis du jurassique supérieur.

A cause de sa nature toute calcaire et de ses fissures, le *jurassique supérieur* se comporte tout à fait comme dans le Jura et bien d'autres contrées : il absorbe beaucoup d'eau pluviale, et en forme des sources vauclusiennes, sur lesquelles nous entrerons dans quelques détails ci-après.

Dans le *néocomien* la pluie s'infiltre moins que dans le jurassique supérieur, à cause de ses intercalations marno-schisteuses ; mais c'est néanmoins un terrain à la surface duquel les eaux ne s'écoulent guère que quand elles sont en grande quantité.

Le *crétacé supérieur* tient le milieu entre les terrains perméables et les non perméables. Quand le calcaire y prédomine, les eaux s'y perdent ; c'est le contraire dans l'autre cas. Les bandes étroites de cette division qui sont enfermées dans le néocomien, permettent d'établir, dans quelques pâturages, des fontaines que l'on n'aurait guère si elles n'existaient pas.

La grande abondance de l'argile, tantôt pure, tantôt en mélange dans les marnes, fait du *flysch* le terrain le plus imperméable de nos montagnes, surtout dans la chaîne de la Berra. Ce sont les détritus qui absorbent le plus l'eau ; elle s'y infiltre le long des blocs de grès et par les fissures que la sècheresse a produites dans les argiles ; mais elle ne descend jamais bien profond. Les terrains de flysch sont donc la région des mares, des filets d'eau et des ruisseaux ; on peut y recueillir partout l'eau nécessaire pour abreuver les bestiaux ; mais les bonnes sources y sont rares. Celle qui se trouve dans la partie septentrionale de la croupe des Alpettes, forme une exception.

Il faut ajouter que les ruisseaux qui viennent du flysch n'ont que rarement des eaux aussi claires que ceux qui proviennent du calcaire; ils sont souvent chargés de matières végétales et ferrugineuses par les sols tourbeux.

Les *dépôts glaciaires* qui forment des digues à l'origine des vallées, ou au bas des couloirs sur le flanc des montagnes, collectent les eaux dans des lacs ou des marais, et les laissent ressortir en sources fraîches à leur pied. Les nappes glaciaires de quelques vallées élevées jouent un autre rôle; elles laissent pénétrer les eaux de pluie, qui, retenues ensuite par le terrain sousjacent quand il est imperméable, coulent à sa surface, et sortent en sources à l'extrémité de la nappe.

Les *éboulis* de fragments calcaires qui couvrent les flancs de bien des montagnes, se comportent de même. Ils sont souvent descendus sur des pentes rapides de terrains peu perméables; ils n'y laissent arriver que lentement les eaux de pluie ou de neige qui, sans cela, s'écouleraient immédiatement; ces eaux forment des sources pour les pâturages inférieurs; sans être considérables, elles ont l'avantage d'être presque intarissables si l'éboulis est étendu.

Les *cônes de déjections* absorbent souvent à leur origine une partie de l'eau des ruisseaux qui les ont formés; ils la filtrent et elle ressort plus bas en source claire. C'est là l'origine de beaucoup de fontaines dans les villages situés sur de tels terrains.

Sources et engouffrements d'eau.

Je complèterai les remarques générales faites ci-dessus, par quelques détails sur les sources les plus remarquables et leur origine, en les classant par régions.

Vallée de la Sarine. Les eaux du chaînon jurassique et néocomien de Leytemarie (sommet coté 1846 mètres), forment plusieurs sources qui sourdent à son extrémité occidentale, au bord de la plaine de la Sarine. Celles de la Dent-de-Broc en produisent d'autres du même côté, mais à une plus grande hauteur, ce que la présence du jurassique inférieur explique parfaitement.

Bassin de la Jogne. Les sources de la vallée du Montélon ne sont pas particulièrement abondantes. Dans celle du Rio-du-Mont, près du bord méridional de la carte, on en remarque cinq ou six sur la rive gauche, à la limite du lias et du bajocien; elles ne sont pas toutes permanentes et paraissent provenir de l'eau qui s'infiltre dans le lias.

On trouve des sources des deux côtés de la cluse par laquelle la Jogne traverse la chaîne des Gastlosen : celles de la rive gauche viennent du jurassique supérieur, et forment un ruisseau; celles de la rive droite jaillissent plus au nord, à l'ouest du Purpel; il est possible que leur eau provienne en partie du jurassique supérieur, mais c'est la cargneule qui en occasionne probablement la sortie de dessous les débris.

La cluse de Jaun est la partie la plus intéressante de notre territoire sous le rapport des sources vauclusiennes. Un ruisseau de belle eau claire jaillit à Kapellboden; son bassin de réception est évidemment une bonne partie du massif de la Kaiser-Eck; dans les très fortes pluies on voit fonctionner un émissaire supplémentaire plus près d'Altenhaus. La source de Jaun est encore plus remarquable par l'abondance de ses eaux et sa permanence. Elle jaillit sur le flanc gauche de la vallée, en faisant une chute de 8 mètres, et se rend à la Jogne par une pente assez rapide, mais courte; le volume de ses eaux surpasse souvent celui de la rivière; quoique on prétende que, de mémoire d'homme, elle n'a tari qu'une fois, je l'ai vue diminuée notablement, après deux jours de beau temps succédant à une période de pluie. Quand même le jurassique supérieur n'apparaît pas à la surface du sol (p. 322), il ne me semble pas douteux que ce ne soit par ce terrain que les eaux arrivent; mais il n'est pas facile de déterminer la région qui les collecte. Le bassin des Sciernes, dans le massif des Brunnen, serait assez grand pour les fournir; mais il est très invraisemblable que le jurassique supérieur qui le borde forme une synclinale sans cassure, par dessous la vallée de la Jogne, pour amener les eaux qu'il contient sur le flanc gauche. La source de Jaun ne pourrait venir du massif de la Kaiser-Eck que si celle de Kapellboden n'était qu'un émissaire à un niveau supérieur et tarissant toujours le premier, ce qui ne paraît pas être le cas. Sur le flanc gauche de la vallée, d'où il est bien plus naturel de faire venir ces eaux, nous ne voyons d'abord d'autre terrain de réception que le néocomien et le jurassique supérieur du Rückli, qui occupent évidemment trop peu de place pour fournir à un tel débit; mais la cluse d'Im-Fang ne coupe ces terrains qu'à un niveau notablement supérieur à celui de la source, en sorte que rien ne s'oppose à ce que les eaux du Hochmatt passent dans le Rückli par dessous; peut-être même qu'une partie du ruisseau s'y engouffre. Le Hochmatt lui-même ne me paraissant guère fournir une surface de réception suffisante, je suis disposé à croire qu'il faut en aller chercher une jusque dans le bassin des Morteys (feuille XVII), ce à quoi la cluse du Rio-du-Mont ne s'oppose pas.

Le village de Jaun est alimenté d'eau par des sources abondantes, filtrées dans le glaciaire du vallon latéral qui y arrive du nord.

Le lias du flanc droit de la vallée en aval de Jaun étant puissant et très calcaire, il peut recueillir beaucoup d'eau que lui amènent les ruisseaux qui descendent sur le jurassique inférieur. A Zur Eich, il en sort de temps en temps plusieurs sources au-dessus de la route; ce sont les émissaires supplémentaires d'une autre qui forme un ruisseau immédiatement en dessous, et qui paraît être permanente.

Le bassin des Fornyx a une grande source sortant de la base du jurassique supérieur, à l'extrémité du flanc droit, et passablement au-dessus de la Jogne; mais elle n'est pas permanente; d'autres qui jaillissent du néocomien, le sont encore moins. Il est probable que ce ne sont là que les émissaires supérieurs d'une nappe d'eau qui se décharge habituellement dans les graviers alluvionnaires de la Jogne.

Bassins supérieurs. Nous avons dans nos montagnes trois bassins de jurassique supérieur et de néocomien où l'on voit des eaux s'engouffrer dans le sol.

Le bassin des Sciernes présente, dans sa partie la plus élevée, des entonnoirs où les eaux s'infiltrent lentement, car le fond en est herbeux. A l'ouest de la cote 1412, se trouve un marais qui a peut-être été un lac; on y voit un petit ruisseau se perdre dans un rocher. Les émissaires connus de ce bassin sont dans le jurassique supérieur, au nord de *Stieren*; il y en a quatre, mais trois au moins ne sont que temporaires.

Dans le bassin de Valolp (Wal-A. sur la carte), le ruisseau au nord du

Schafberg traverse un lac-marais, dont il est probable que les eaux s'écoulaient autrefois souterrainement. Les cartes à grande échelle représentent un lac dans le pâturage de la Kaiser-Eck; ce n'est qu'un étang enfermé dans des couches en place. Le lac supérieur de Walolp est très peu profond et d'un niveau très variable, mais il est bien encaissé. Les ruisseaux qui s'y rendent y forment des deltas. Les eaux de celui qui vient de l'ouest n'y arrivent pas toujours à jour; celui de l'est est le produit de sources dont les bassins collecteurs sont au sud de *galm* (Widder*galm*); ils sont au nombre de trois et bien fermés par des couches en place. Les eaux du lac se perdent au nord-ouest dans une crevasse du crétacé supérieur, de laquelle elles doivent passer immédiatement dans le néocomien. Il n'y a aucune vraisemblance qu'elles reparaissent au lac inférieur, qui n'est que de quelques mètres plus bas; il est beaucoup plus probable qu'elles contribuent à alimenter la source de Kapellboden, dont il a été question ci-dessus.

Dans la continuation du thalweg de la vallée, on trouve de nouveau un marais remplaçant sans doute un ancien bassin à écoulement souterrain, dont les issues se sont fermées; il en sort un ruisseau qui se verse dans un dernier lac, étroit, profond et très encaissé, dont le niveau peut varier d'au moins 5 mètres. Il correspond au point le plus bas du col par lequel le ruisseau de la vallée passait autrefois pour se précipiter en cascades vers la Klus. Je n'ai pas pu reconnaître avec quelque certitude l'endroit où ses eaux s'engouffrent, mais il n'y a guère de doute que ce ne soit du côté d'aval. En bas on ne les voit pas surgir sur un seul point, comme cela arrive quelquefois. Il est vrai que, d'après la carte à l'échelle du cinquante-millième, un ruisseau est produit par une source au haut du pâturage de la Klus; mais le fait que le topographe a consigné de cette façon doit être extrêmement rare, car un lit ne commence à être marqué dans le sol qu'un peu plus bas, et il n'y a de l'eau qu'après des pluies. Dans les temps un peu secs, on n'en voit sourdre successivement qu'en dessous de l'arrivée du ruisseau de Reidigen, qui lui-même a perdu la sienne en entrant dans les débris; une dernière source jaillit dans la cluse étroite en dessous du pâturage. Ainsi habituellement les eaux du lac de Walolp passent du rocher dans les éboulis, et contribuent à alimenter une nappe souterraine qui vient à jour plus ou moins haut, suivant qu'elle est plus ou moins abondante.

Quoique les lacs du Stockhorn soient des deux côtés d'un chaînon, on peut retrouver encore le vallon qui descendait autrefois de la région du plus occidental à celle du plus oriental: il est marqué par une dépression coupant le jurassique supérieur du Keibhorn; on peut même penser que c'est la résistance de ce terrain, dont l'érosion marchait moins vite que celle du néocomien et du crétacé supérieur, qui a amené la séparation du vallon en deux. Depuis lors les eaux de la partie occidentale se sont écoulées, pendant un certain temps, par une cluse du côté du nord. Le lac qui les réunit maintenant est de formation relativement récente, car il n'est pas encore bien en dessous de cette cluse; il est pourtant en voie de se remplir de nouveau, parce que les ruisseaux qui y arrivent y forment des cônes de déjections, sans doute depuis que les alentours ont été entièrement mis en pâturage. Les eaux se perdent dans le néocomien du côté de la cluse, c'est-à-dire au nord, mais il est difficile de savoir où elles ressortent. Le jurassique inférieur est un terrain en général assez imperméable; cependant dans cette région il est particulièrement rocheux, en sorte qu'on pourrait s'attendre à les voir reparaître dans la vallée de Wahlalp; mais aucune source de quelque importance ne jaillit sur ce flanc. Tandis que le haut de la vallée a de petits ruisseaux qui sortent de la cargneule, le torrent n'a habituellement point d'eau au milieu, qui est une région de débris; vers le bas il y a des sources nombreuses, dont quelques-unes ont une température assez constante, à en juger par la végétation qui les entoure; mais le volume de leurs eaux réunies ne paraît pas excéder celui que la vallée elle-même peut fournir.

L'hypothèse la plus probable est donc que les eaux du lac en question vont sourdre dans la cluse du Buntschen, en y descendant par le néocomien ou le jurassique supérieur. En allant le long de la gorge étroite de ce torrent, je n'ai pas aperçu de source importante, mais je n'ai pas pu voir également bien le thalweg partout. Pour mettre la chose au clair, il faudrait suivre le lit lui-même; seulement on ne pourrait le faire que par des eaux très basses, et encore en costume de bain et muni d'une échelle.

Il faut mentionner ici une idée que j'ai entendu énoncer par un habitant du pays: c'est que les eaux du lac ressortent au pied nord de l'extrémité orientale de la chaîne, à l'ouest de Moos; les sources de cette localité sourdent d'une région d'éboulis calcaires, et elles sont assez abondantes, surtout la principale, qui est la plus à l'est; mais elles ont une région de réception suffisante pour qu'on ne soit pas obligé de les faire venir de si loin.

Les eaux du lac oriental du Stockhorn s'engouffrent dans une saillie que fait le jurassique supérieur dans le crétacé, qui, dans cette région, lui succède fort irrégulièrement. Il paraît que le conduit peut recevoir toutes les eaux des crues, car le niveau en varie très peu. Il est profond, mais malgré cela il est en voie de diminuer, car il y a des alluvions à l'ouest, et, à l'est, un ruisseau y amène de temps en temps beaucoup de matériaux. Quoique la pente méridionale du jurassique supérieur soit très rapide, les eaux n'y reparaissent pas; elles n'en sortent que sous un amas de débris, dont le transport me paraît devoir être attribué à une action glaciaire; après avoir cheminé par dessous, elles forment plusieurs sources dans le pâturage de Klusi.

Vallée de la Simme. Le Simmenthal ne se trouve pas dans des conditions aussi favorables que la vallée de la Jogne, pour avoir des sources d'un grand volume.

Je citerai d'abord celle qui est en amont du cône de déjections de Klein-Weissenbach (on appelle ainsi la partie du village située sur la rive droite de la Simme). Elle sort d'une région de conglomérat de la Hornfluh, où l'on ne voit rien en place; elle est sans doute collectée par des schistes marneux. D'autres moins importantes se montrent plus haut. Ces sources fournissent toute l'eau du ruisseau dans les temps un peu secs.

A la Schwarzmatt, où le jurassique supérieur est débarrassé jusque très bas de sa couverture de flysch, se trouvent deux sources très abondantes, qui, réunies, forment un ruisseau; elles ont l'air d'être permanentes, et sont sans doute collectées dans le jurassique supérieur de la Mittagfluh.

Le ruisseau du Wank, qui arrive à l'est d'Oberwyl, se perd en temps ordinaire sur le flanc jurassique et néocomien de la montagne; c'est la cargnenle qui en fait ressortir les eaux.

Au pied d'une terrasse quaternaire, un peu à l'est d'Oey, sourd une belle eau qui produit un ruisseau. Il est possible qu'elle ne provienne pas seulement des eaux pluviales qui traversent le gravier, mais aussi d'infiltrations qui se feraient dans le cône de déjections du Chirel.

Le jurassique supérieur de la Burgfluh recueille les eaux de quelques sources peu considérables, qu'on voit sourdre sur le chemin de la rive droite de la Simme, en amont du pont de Wimmis.

Chaîne des Spielgärten. Les terrains de cette chaîne sont trop morcelés pour qu'il y ait quelque régularité dans la distribution des eaux qu'ils reçoivent. Le jurassique supérieur, le plus perméable de tous, n'y couvre pas de grands espaces; l'inférieur est peu marneux, et n'est pas placé de façon à rassembler sur un seul point les eaux d'un grand bassin de réception.

Au nord du Buntelgabel, il y a un engouffrement dans un marais assez étendu, enfermé entre le jurassique supérieur, le crétacé et le flysch; il recevait autrefois les eaux d'un ruisseau que l'on a maintenant détourné pour assainir le sol. La sortie de celles qui s'y perdent encore s'opère sans doute dans le Männiggrund, mais je ne saurais dire sur quel point.

Aux Feldmöser, au nord de l'Abendberg, un ruisseau sort en source du terrain glaciaire, mais il serait difficile de dire d'où l'eau en vient.

Chaîne du Niesen. Il n'y aurait guère de remarques particulières à faire sur le régime des eaux de cette chaîne, si les éboulis et surtout le terrain glaciaire ne venaient pas ajouter leur influence à celle du flysch. On voit, par exemple, quelques petites sources sortir d'éboulis pierreux, surtout au-dessous des hauteurs où les neiges persistent longtemps. La plus grande de ce genre est dans la vallée de Bruchgehren. Le glaciaire et les talus de débris ont occasionné la formation de lacs et d'engouffrements d'eau, sur lesquels je donnerai quelques détails. Le lac supérieur de la vallée de Meyenfall, qui est fort beau, a été formé par les éboulis qui ont comblé le thalweg. Les eaux s'écoulent souterrainement par ces débris. Quand au lac que la carte indique un peu plus bas, il n'existe pas; c'est là que les eaux ressortent en formant une source un peu large, mais non une nappe.

Dans la vallée qui commence à l'ouest du Megisser-Horn, un lac prolongé d'un marais est soutenu par une moraine; elle ne ferme pourtant pas si complètement la vallée que les eaux ne puissent s'en échapper à ciel ouvert, dans des couches en place; c'est un thalweg nouveau qui s'est formé au lieu de l'ancien, que la moraine a barré; il n'y passe cependant qu'un surplus des eaux, car une partie s'infiltre pour former une source en dessous de la digue.

Le lac qui est au haut de la vallée de Wytbodmen est entre des couches en place; il est moins grand que la carte ne le ferait croire, car il n'a pas plus de 25 mètres de longueur. Un ruisseau en sort, et rien n'indique qu'il y ait de l'eau qui s'engouffre. On a peine à s'en expliquer la formation, car il ne paraît pas occuper la place d'une assise particulièrement désagrégeable et soluble. En aval, le ruisseau se perd dans des débris pour reparaître à un marais inférieur, où l'on voit de plus une autre source sortant aussi des éboulis. Ce marais a été un lac soutenu par une moraine et, peut-être, par des couches en place; le ruisseau s'en échappe maintenant à ciel ouvert.

Dans la vallée de Nitzel (c'est celle qui arrive en *Bad* (Roth-*Bad*), le ruisseau sort d'une moraine frontale. Plus bas il se verse dans un lac de 30 mètres de diamètre, soutenu par une digue de 7 à 10 mètres de haut. L'eau disparaît par des ouvertures qu'on voit dans la vase, et elle ressort en une seule source un peu plus bas. Il ne paraît pas qu'il y en ait jamais assez pour que le lac se remplisse, et qu'elle coule à ciel ouvert.

Dans la vallée de Drunen, le ruisseau se perd sur un plateau glaciaire qu'il a couvert de ses propres déjections; il va reparaître plus au nord, mais à une moins grande distance que la carte ne le ferait croire.

Eaux minérales.

Les sources minérales de nos montagnes sont surtout sulfureuses et ferrugineuses. Les premières viennent du gypse, soit triasique, soit éocène; les autres sortent du flysch proprement dit; c'est pour cela qu'aux établissements du lac Noir et du Gurnigel, on a trouvé des eaux ferrugineuses à côté des sulfureuses. Dans la partie historique de ce travail, j'ai mentionné les nombreuses publications relatives aux sources minérales, toutes les fois que le

— 499 —

contenu n'en était pas purement médical. Je me bornerai ici à énumérer les sources, en indiquant les deux ou trois pages où il en est occasionnellement question ci-dessus, et en renvoyant au résumé historique pour les données bibliographiques; j'ajoute à ces dernières la citation de l'ouvrage suivant, que je n'ai connu qu'après l'impression des premières feuilles de ce volume: *Gsell-Fels*, „Die Bäder und klimatischen Kurorte der Schweiz", 1880.

Sources sulfureuses. Montbarry, au pied oriental du massif des Alpettes, au sud du Paquier. Utilisée dans un petit établissement de bains. P. 106. Rüsch, p. 27; Kuenlin, p. 27; Meyer-Ahrens, p. 50.

Fin de dom Hugon, dans la vallée du Rio-du-Mont, non loin du ruisseau, en *Mont*. Non utilisée; d'après Bridel elle l'a été autrefois. P. 105. Plantin et Wagner, p. 14; Scheuchzer, p. 15; Bridel, p. 18; Rüsch, p. 27; Kuenlin, p. 27; Meyer-Ahrens, p. 50.

Sciernes, au nord de Charmey. On ne parle plus de cette source dans le pays. Plantin et Wagner, p. 14; Scheuchzer, p. 15; Bridel, p. 18; Kuenlin, p. 27; Meyer-Ahrens, p. 50.

Lac Noir. Une source sulfureuse et une ferrugineuse, utilisées dans un assez grand établissement. P. 196. Ebel, p. 21 (à l'article Guggisberg dans l'ouvrage par ordre alphabétique); anonyme, p. 23; Rüsch, p. 27; Kuenlin, p. 27; Meyer-Ahrens, p. 50; Castella, p. 51; Gsell-Fels, p. 210.

Hohberg et *Petit-Ganterist*, à l'est du lac Noir. Je n'ai pas vu ces deux sources, et je ne connais de renseignement imprimé qui s'y rapporte que la mention que MM. Lüthy et Gœtz ont lu, à la société fribourgeoise des sciences naturelles, une courte notice sur deux sources sulfureuses découvertes en 1832 dans ces localités. Atti della Società elvetica delle scienze naturali raunata in Lugano. 1833. P. 93.

Schwefelberg, au pied septentrional de l'Ochsen. P. 316. Utilisée dans un assez grand établissement. Weber, p. 18; Ebel, p. 21 (sous le nom de Ganterisch); Rüsch, p. 27; Meyer-Ahrens, p. 50; Gohl, p. 50; Bircher, p. 51; Gsell-Fels, p. 243.

Gurnigel, grand établissement au-dessus duquel sont deux sources sulfureuses et une ferrugineuse. P. 196. Wagner, p. 14; Scheuchzer, p. 15;

Haller, p. 15; Morell, p. 18; Weber, p. 18; Ebel, p. 21; anonyme, p. 22; Lutz, p. 23; Rüsch, p. 27; Fueter, p. 27; de Fellenberg, p. 35; Verdat, p. 35; Meyer-Ahrens, p. 50; Gohl, p. 50; Gsell-Fels, p. 234.

Därstetten et *Weissenburg*, dans le Simmenthal, deux ou trois sources sulfureuses non utilisées et que je n'ai pas vues. Rüsch, p. 27; Meyer-Ahrens, p. 50.

Sources ferrugineuses. Ottenleue, au sud de la Pfeife. Source utilisée dans un assez grand établissement. De Fellenberg, p. 35; Meyer-Ahrens, p. 50; Gohl, p. 50; Gsell-Fels, p. 245.

Blumenstein, à l'est de la chaîne de la Berra, source ferrugineuse, établissement de bains. Wagner, p. 14; Scheuchzer, p. 15; Morell, p. 18; Weber, p. 18; Ebel, p. 21; anonyme, p. 23; Rüsch, p. 27; de Fellenberg, p. 35; Meyer-Ahrens, p. 50; Gohl, p. 50; Gsell-Fels, p. 248.

Roth Bad, pied oriental de la chaîne du Niesen. Meyer-Ahrens, p. 50 (sous le nom de Riedern): Gohl, p. 50; Gsell-Fels, p. 263.

Weissenburg, dans le Simmenthal. La source thermale de ce grand établissement jaillit à peu près au milieu de l'affleurement de jurassique supérieur marqué sur la branche orientale du Bunschen. Elle est captée au niveau du ruisseau, sur la rive gauche; une crevasse verticale dans les couches plongeant faiblement ouest-sud-ouest, indique qu'elle a pu sortir plus haut, quand la gorge était moins profondément creusée. Le gypse qu'elle contient fait penser que l'eau provient peut-être des environs du Loheren Horn, où il y a des lambeaux de flysch, dans lesquels je n'ai, il est vrai, pas vu cette roche. Il est aussi possible que ce soit une partie de l'eau du lac occidental du Stockhorn qui arrive là, ce qui expliquerait mieux sa permanence et sa température. Ritter, p. 14; Scheuchzer, p. 15; Christen, p. 15; Haller, p. 15; Morell, p. 18; Ebel, p. 21; anonyme, p. 22; Brunner, p. 23; Rüsch, p. 27; de Fellenberg, p. 35; Meyer-Ahrens, p. 50; Gohl, p. 50; Muller, p. 50; Gsell-Fels, p. 263.

Vallée de Diemtigen. Une source dont je ne connais pas la situation exacte. Scheuchzer, p. 15; Rüsch, p. 27 (vol. 2, p. 247 de l'ouvrage).

Plateau.

Eaux ordinaires.

La *molasse d'eau douce* donne des sols peu perméables, à cause de la grande abondance de ses marnes; les eaux s'y écoulent donc surtout par la surface; on peut en recueillir par le drainage presque partout où les pentes ne sont pas fortes; du reste les terrains de ce genre non accompagnés de glaciaire ne sont pas étendus. A cause de la variété de leurs roches les couches à *lignite* sont plus aquifères dans leur intérieur; du moins les travaux de mines qu'on y fait ont parfois à combattre l'invasion des eaux.

La *molasse marine* absorbe l'humidité par capillarité, mais cette propriété est sans effet pour la formation de sources. C'est par les fissures que l'eau y pénètre en quantités notables. Les couches de marnes proprement dites qui peuvent l'arrêter, ne sont pas fréquentes; mais on voit quelquefois cet effet produit par des intercalations gréseuses plus dures ou plus argileuses. Le *poudingue subalpin* n'est non plus perméable que par ses fissures; toutefois celui du Gibloux, qui est beaucoup moins cohérent, paraît laisser filtrer l'eau. Je n'ai pu du moins m'expliquer que de cette façon des sources qui apparaissent à la surface de bancs de molasse, au nord du Gibloux.

Le *grès coquillier* laisse aussi pénétrer de l'eau par ses fissures; elle est ordinairement arrêtée par la molasse qui est en dessous.

Le *glaciaire informe*, dont la composition est très variable, peut se comporter de différentes façons relativement à l'absorption de l'eau : les parties très pierreuses la laissent passer facilement; le limon franc s'en laisse aussi pénétrer, mais le limon argileux est très peu perméable.

Dans le *glaciaire stratifié* il peut y avoir des couches qui ne se laissent que fort peu traverser par les infiltrations; mais les graviers et les sables étant prédominants dans ce terrain, c'est le plus perméable de tous.

Une bonne partie des sources du plateau jaillissent aux endroits où se trouve retenue l'eau filtrée par des graviers; c'est la molasse ou le glaciaire informe qui le plus souvent produit cet effet. La presque horizontalité des terrains et le peu d'homogénéité des nappes quaternaires, sont cause que l'on ne voit guère surgir sur un même point des eaux provenant d'un espace considérable. Je ne connais guère que les sources de la Toffeyre, près de Corpataux, qui, pour le volume, puissent être comparées aux sources vauclusiennes des montagnes de notre territoire.

Les eaux qui entrent dans le glaciaire informe y peuvent être arrêtées par la molasse, ou par un amas plus argileux que le reste. Elles forment des sources plus nombreuses qu'abondantes.

L'intérieur de la molasse peut aussi contenir des eaux, qui y pénètrent ordinairement après avoir traversé le quaternaire. C'est naturellement sur les flancs des ravins qu'elles ressortent le plus souvent en sources; on n'en voit guère sourdre au bas des grands escarpements, parce que les fissures ne descendent pas jusque là. En général la molasse marine est peu aquifère; j'y ai vu plusieurs fois faire sans succès des travaux considérables pour établir des fontaines. C'est ce qui explique aussi que, quand elle repose sur celle d'eau douce, on voit rarement des eaux surgir à la limite.

En somme les sources du plateau sont plus nombreuses que remarquables par leur volume; toutes choses égales d'ailleurs, elles sont plus soumises aux variations d'humidité et de sècheresse que celles de la montagne, où la neige forme des réservoirs qui durent jusqu'à la fin de l'été.

Eaux minérales.

Le plateau n'est pas dépourvu de sources minérales; quelques-unes ont été utilisées dans des établissements dont la fortune a été fort variable. N'ayant presque pas fait d'observations spéciales sur ce sujet, je me borne à renvoyer aux auteurs qui en ont parlé. Les pages indiquées sont celles du résumé historique en tête de ce volume, sauf pour *Gsell-Fels,* „die Bäder und klimatischen Kurorte der Schweiz", où ce sont celles du livre lui-même. On trouvera en outre des renseignements sur les sources du canton de Vaud, dans l'ouvrage allemand de Vuillemin cité à la page 93, n° 115.

Moudon. Meyer-Ahrens, p. 50.

Lucens, dans la vallée de la Broye. Levade, p. 66; Meyer-Ahrens, p. 50.

Henniez, dans la vallée de la Broye. Scheuchzer, p. 56; Levade, p. 66; Meyer-Ahrens, p. 50.

St-Eloi, près Estavayer. Razoumowsky, p. 61.

Grandcour, source avec gaz inflammable. Razoumowsky, p. 61; Levade, p. 66. C'est probablement une émanation de marais qui n'existe plus à présent.

Montet (sur Cudrefin). A l'est de ce village, au sud du mot *Jacob* de la carte, une source qui a l'air d'être ferrugineuse sort sur le terrain glaciaire dans le lit d'un ruisseau. On en fait quelque usage dans la contrée.

Champ-Olivier, au sud de Morat. Rüsch, p. 69; Kuenlin, p. 70; Meyer-Ahrens, p. 50.

Morat. Bertrand, p. 57, mentionne près de cette ville deux sources minérales; l'une d'elles est probablement celle de Champ-Olivier.

Garmiswyl, près de Düdingen. Rüsch, p. 69; Kuenlin, p. 70; Meyer-Ahrens, p. 50; Gsell-Fels, p. 212.

Bonn, au bord de la Sarine au nord-ouest de Düdingen. Dugoz, p. 57; Schueler, p. 57; Studer, p. 69; Rüsch, p. 69; Kuenlin, p. 70; Meyer-Ahrens, p. 50; Gsell-Fels, p. 212.

CHAPITRE II.

INFLUENCE DES TERRAINS SUR LA VÉGÉTATION.

Alpes.

L'exposition, l'altitude et le plus ou moins de pente ont ensemble plus d'influence sur la végétation que la nature du sous-sol; mais on reconnaît aussitôt l'effet de celle-ci dans les localités où les trois autres facteurs sont égaux. La composition minéralogique des roches et surtout leur état d'agrégation, se manifestent soit directement par l'épaisseur de la terre végétale qu'elles forment, soit indirectement par la manière dont elles se comportent relativement à la circulation de l'eau.

Le *gypse* occupe trop peu de place, et il est trop souvent recouvert par les débris d'autres terrains pour que son influence puisse se faire sentir sur l'ensemble de la végétation. La *cargneule* donne des pâturages assez fertiles. La *dolomie* fournit passablement de terre végétale, quand elle renferme une forte proportion de marne; dans le cas contraire, c'est un sol plutôt propre à la production du bois qu'à celle de l'herbe. La fraîcheur de la végétation trahit quelquefois la présence du *rhétien* entre le lias et la dolomie.

Le *lias* donne des pâturages de fertilité moyenne; il peut devenir rocheux et se couvre alors de forêts de sapins.

A cause de ses marnes, le *jurassique moyen et inférieur* est fertile, même sur les pentes assez fortes; dans les bas-fonds il peut devenir marécageux. Dans la chaîne des Gastlosen, où le lias s'y joint par des couches de même nature, il forme les plus beaux pâturages; mais ils sont exposés à être envahis par une fougère qu'il est difficile d'extirper. Sur les pentes des ravins, les sapins y croissent plus rapidement qu'ailleurs.

Le *jurassique supérieur* est le terrain qui se transforme le moins facilement en terre végétale, et qui a le moins de pâturages. Dans les régions inférieures, les forêts peuvent s'y établir; mais elles ne montent pas si haut qu'elles le feraient, si elles étaient mieux protégées contre la dent des chèvres. C'est le pin qui est l'essence qu'il conviendrait surtout d'y planter.

Le *néocomien* se couvre des meilleurs herbages et ses parties rocheuses de bouquets de sapins, en sorte que la végétation n'y manque que dans les escarpements; seulement les pâturages y sont entrecoupés d'une multitude de tranches de bancs calcaires, quand ceux-ci sont verticaux ou à peu près.

Le *crétacé supérieur* est aussi favorable au développement de la végétation; mais sa nature plus marneuse fait que le sol qu'il fournit se ravine plus souvent, et se laisse fortement entamer par les pieds des bestiaux dans les temps humides.

Le *flysch* est le terrain dont le tapis végétal est le plus continu; malgré cela c'est celui qui a le moins de valeur. Les pentes rapides n'ont qu'une herbe sèche et de la bruyère, les autres ont une végétation de marais; il est très rare qu'on y estive les vaches laitières; aussi n'est-ce point dans la chaîne de la Berra que se fabriquent les bons fromages de Gruyères, comme je l'ai lu quelque part; on n'y fait paître que le menu bétail et les génisses. Les sapins y prospèrent moins bien qu'ailleurs; dès que la pente est douce, ils se couvrent de lichens et la cime meurt. Ces caractères de la végétation sont si tranchés qu'on ne peut passer à un autre terrain sans s'en apercevoir tout de suite. Dans le Simmenthal, où le flysch descend dans les régions basses et habitées, les travaux d'amélioration et les engrais donnent aux terres une plus grande fertilité.

Le *glaciaire* est souvent venu bonifier le sol fourni par le flysch, et le passage de l'un à l'autre terrain est toujours rendu sensible par la nature des herbages.

Les *éboulis* de jurassique supérieur ne deviennent accessibles à la végétation que quand ils n'augmentent plus que lentement; alors les talus de débris fins se couvrent peu à peu d'herbes, et les régions de gros blocs plutôt de sapins. C'est sur les éboulis des Gastlosen que se trouvent les derniers survivants du pin arole, qui était sans doute autrefois plus répandu dans nos montagnes.

Plateau.

Il n'arrive pas souvent que le tertiaire forme à lui seul la base minéralogique du sol du plateau, car presque partout on trouve plus ou moins de glaciaire là même où la carte n'en indique point. Cependant il peut se faire qu'il soit prédominant sur des espaces assez étendus.

La *molasse d'eau douce* donne des terres fertiles, mais qui ont besoin d'être drainées quand la pente en est faible.

La *molasse pure* n'est pas très productive, lorsque la décomposition n'y a pas pénétré profondément, et qu'il n'y a aucun mélange de glaciaire.

Par la grande variété de leurs matières minérales, les *dépôts glaciaires* proprement dits donnent les terrains les plus fertiles de notre territoire; mais ils ont demandé des travaux de défrichement considérables, surtout du côté des montagnes, où les blocs sont nombreux; aussi y a-t-il là bien des espaces qui attendent encore qu'on les mette en valeur. Si, en général, le degré de perméabilité de ce terrain est favorable à l'agriculture, il peut se faire qu'il soit trop argileux et disposé à devenir marécageux, ou bien un peu trop léger et pulvérulent dans les temps secs; cette dernière variété de terre se montre surtout dans la région nord-ouest. Au pied des montagnes, il arrive que le glaciaire informe est trop pierreux pour être fertile.

Les dépôts tout à fait argileux du *glaciaire stratifié* sont trop peu étendus pour qu'il y ait lieu d'en parler ici. Les graviers sont naturellement peu fertiles, lorsqu'ils remontent jusqu'à la surface du sol; mais il est arrivé assez souvent que, quand ils forment des plateaux, la période de leur dépôt a été suivie d'une autre dans laquelle ils ont été recouverts d'un limon qui donne une bonne terre.

Comme ailleurs les *alluvions* caillouteuses des grandes rivières restent à peu près improductives, jusqu'à ce que le creusement naturel ou la canalisation du lit n'y laisse plus arriver que les eaux limoneuses des crues. Les *terrasses* où cette bonification du sol a eu lieu depuis longtemps sont très fertiles. Pour les autres alluvions, c'est surtout la manière dont elles se comportent à l'égard des eaux qui décide de leur valeur pour l'agriculture.

CHAPITRE III.

MATIÈRES MINÉRALES UTILES.

Résumé historique: Scheuchzer p. 56, Christen 15, Haller 15, Guettard 56, Gruner 16, 57, Bertrand 17, 57, Bolz 58, Razoumowsky 58, Simmer 17, 58, Ebel 21, Fontaine 22, Bernouilli 22, Kuenlin 23, C. Brunner 26, 74, Lagger, Studer et de Fellenberg 33, Müller 34, Gonin 85, Chatelain 50, 85.

Il faut ajouter ici l'indication de deux ouvrages qui ont paru depuis l'impression du résumé historique, et dont le titre indique suffisamment le contenu: *Musy*, Notice géologique et technique sur les carrières du canton de Fribourg, dans Bulletin de la société fribourgeoise des sciences naturelles, 1881—1883, p. 21. *Weber und Brosi*, Karte der Fundorte von Rohprodukten in der Schweiz.

On n'a rencontré dans notre territoire aucune espèce de richesses métalliques. J'ajouterai qu'il n'y a absolument aucune chance qu'on en puisse jamais découvrir, parce que j'ai vu faire, dans ce but, des travaux considérables et à rebours du bon sens, et qu'on raconte dans les chalets bien des légendes à cet égard.

Combustibles minéraux.

On trouve de la *tourbe* dans les montagnes sur le flysch (p. 284); mais le bois n'est pas encore devenu assez rare pour qu'on cherche à en tirer parti. Les gisements de ce combustible sont très nombreux sur le plateau (p. 460, 464, 469) et sont exploités un peu partout pour les besoins locaux; ils le sont pour l'exportation, dans le voisinage du chemin de fer principal. La verrerie de Semsales fait aussi usage de la tourbe des environs.

Depuis le siècle passé, on exploite des *charbons de pierre* avec plus ou moins de continuité dans la chaîne des Gastlosen (p. 17, 21, 23, 50) et aux environs d'Oron (p. 57, 58, 64, 68, 70, 71, 76, 85). Dans ce dernier district, il n'y a guère eu qu'une ou deux entreprises qui aient été rémunératrices, même avant l'établissement des chemins de fer, qui ont fait baisser le prix des charbons. A présent les exploitations y sont à peu près abandonnées; une seule continue encore dans la zone du Flon, parce que le lignite est employé sur place à la cuisson de la chaux. Dans la zone de la Mionnaz l'entreprise des Verreries de Semsales paraît aussi avoir interrompu les travaux qu'elle a poursuivis pendant fort longtemps; à en juger par le grand nombre de points où l'on a établi des galeries, les bancs exploitables pourraient bien être épuisés jusqu'à une grande profondeur.

L'extraction de la houille de la chaîne des Gastlosen n'a été quelque peu rémunératrice qu'à la Klus, près de Boltigen. Maintenant elle ne s'y fait plus que sur une petite échelle et en hiver, par des ouvriers qui ont été occupés pendant l'été sur les montagnes. Deux galeries ont été pratiquées, il y a environ 25 ans, aux Gastlosen, mais il ne paraît pas qu'elles aient donné des résultats de quelque importance; à présent on aurait peine à en retrouver l'emplacement.

Matériaux de construction.

La pierre est peu employée pour les bâtisses dans la région montagneuse de notre territoire, et ce n'est pas depuis longtemps qu'elle commence à y remplacer le bois dans la construction des ponts. On y trouve partout des moellons pour la maçonnerie, et à peu près partout de la pierre de taille ordinaire, aussi n'y a-t-il presque pas de carrière exploitée d'une manière suivie.

Le calcaire gréseux du lias a fourni des pierres d'assez grandes dimensions, dans l'intérieur du village de Charmey. Il en est de même de la *klippe* de jurassique supérieur à la Tour-de-Trême. C'est aussi dans ce dernier terrain qu'on a ouvert une carrière importante, en amont des Fornyx, pour les travaux d'art de la route de Bulle à Jaun. Les bancs y sont particulièrement réguliers et d'épaisseurs fort diverses; la plupart renferment des feuillets très minces et contournés d'argile verdâtre ou noirâtre, ce qui donne à la roche un aspect grumeleux, mais ne paraît pas en diminuer la solidité.

Les grès durs du flysch de la Berra ont été exploités pour pierre de taille, là où ils descendent au niveau de la plaine, savoir au midi de Plaffeyen et au pont de Broc.

Dans les villages du plateau, la pierre remplace de plus en plus le bois dans la construction des maisons. Les travaux de maçonnerie et les murs de soutènement, surtout ceux qui sont exposés à l'humidité, se font presque exclusivement au moyen des blocs erratiques dont le pays est parsemé. Une quantité de carrières fournissent de la pierre de taille, qu'on distingue en *pierre dure* et en *molasse*. La première est exploitée dans le grès de Ralligen; une carrière de la molasse à lignite, à Oron, en donne aussi une très semblable, qui est peut-être moins dure. Quant à la molasse d'eau douce proprement dite, elle ne contient pas d'assises qui puissent être employées à autre chose qu'à faire de la maçonnerie à l'abri de l'humidité; aussi n'y pratique-t-on point d'exploitation régulière. La molasse marine, au contraire, peut donner à peu près partout de la pierre de taille, pourvu qu'on la prenne à une certaine profondeur. C'est une roche facile à travailler et qui est durable, à en juger par la cathédrale de Fribourg, élevée au moyen-âge. Cependant la molasse qui a servi à faire la partie supérieure d'une vieille tour à Romont, a moins bien résisté que le grès coquillier qu'on a employé pour la partie inférieure. Les carrières ouvertes dans le voisinage de chemins de fer expédient leurs produits hors du canton où elles se trouvent.

Les quelques ruines qui nous restent d'Aventicum nous montrent que les Romains ont généralement dédaigné la molasse, mais qu'ils ont fait un grand usage du grès coquillier, concurremment avec les calcaires qu'ils tiraient du Jura. Ils exploitaient sans doute le grès au haut de la colline qui est au sud-est d'Avenches. Cette pierre a l'avantage de résister au frottement et de ne pas se polir; aussi maintenant on l'exporte dans les contrées voisines, surtout pour faire des escaliers. La partie supérieure des carrières ne donne que des moellons, qu'on emploie dans la maçonnerie sous le nom de *parpin*. Le grès à galets (p. 383) est utilisé de la même façon; quelquefois il a fourni de la pierre de taille.

Le *sable* pour les mortiers se trouve dans presque tous les dépôts quaternaires, soit en bancs distincts, soit mêlé au gravier; c'est ce dernier qui est le meilleur, tandis que l'autre est souvent d'un grain trop fin.

Le *tuf* (p. 284, 475) est exploité dans quelques carrières, dont la principale est celle de la Toffeyre au bord de la Sarine, près de Corpataux. J'ai vu des parapets de pont qui en étaient construits; ils paraissaient anciens et étaient bien conservés.

Il n'y a pas dans les montagnes de régions où l'on ne puisse fabriquer de la *chaux grasse*. Sur le plateau, le calcaire des couches à lignite est employé dans ce but; dans quelques endroits on se sert des galets que l'on recueille dans le lit des rivières. Le jurassique moyen du Montsalvens renferme des bancs qu'on pourrait employer à faire de la *chaux hydraulique* et du *ciment* (p. 139).

Matières diverses.

Dans les montagnes, ce sont surtout les éboulis de petits fragments calcaires qui fournissent les matériaux nécessaires à l'entretien des routes. Dans la plus grande partie de la plaine, on se sert à cet effet des *graviers* quaternaires; mais il n'y en a pas partout, et on est obligé alors, pour les remplacer de casser les galets glaciaires que l'on recueille dans les champs. Les blocs de poudingue d'Attalens sont particulièrement employés dans ce but. On se sert aussi des graviers des rivières ou du bord des lacs, quoiqu'ils soient de qualité inférieure, à cause des roches tendres qui s'y trouvent mêlées.

Ce sont les matériaux erratiques qui fournissent les *pavés* des villes. La Gérine et la Sense charrient d'assez gros fragments de grès du flysch, pour qu'on en puisse tailler des bordures de trottoir et d'excellentes pierres à paver de forme régulière. Çà et là aussi un bloc erratique de marbre du Valais a servi à faire un bénitier ou d'autres objets d'art.

Les blocs erratiques ont été employés autrefois pour faire des *meules de moulin*; peut-être aussi le grès coquillier a-t-il servi au même usage. A deux ou trois endroits où l'on avait mis à découvert cette roche pour l'exploiter, on a trouvé à la surface des meules d'environ un demi-mètre de diamètre, entières ou brisées, et l'on voyait très bien la place d'où d'autres avaient été extraites à coups de pique. Je suppose, sans en être sûr, que ces meules servaient pour moulins à bras à l'époque romaine.

La colline de grès de Ralligen de Champotey est couverte d'une quantité d'anciennes carrières, où l'on exploitait des pierres pour faire des *meules à aiguiser*; c'était l'objet d'un commerce assez étendu, à ce qu'il paraît. Dans les villages de la plaine, les *fours* et les *poêles* sont construits en molasse marine. On en trouve d'assez anciens, ce qui montre qu'il y a des bancs qui sont très propres à cet usage.

Les *briqueteries* du plateau, qui sont nombreuses, tirent leurs matériaux en première ligne des détritus de la molasse d'eau douce, et en seconde ligne des argiles quaternaires; les sables fins sont employés en mélange, quand cela est nécessaire. La plus considérable de toutes, qui est à Lentigny, exploite l'argile sous-jacente à une nappe de tourbe. On ne fabrique guère de poterie proprement dite dans notre territoire. La *verrerie* de Semsales tire parti du sable quaternaire de la Mounaz, qui m'a paru provenir plutôt d'un détritus de la molasse que de roches erratiques. Elle se sert aussi de la *cargneule* réduite en poudre; pendant un certain temps on l'exploitait à cet effet dans le vallon de l'Erbivue, sous le nom de *corgnolet,* et on la préparait au moulin à gypse de Pringy.

La croyance à la vertu curative du *lait de lune* n'a pas encore entièrement disparu du pays; il y a des gens qui s'en servent pour les maladies des bestiaux.

Le *plâtre* fabriqué avéc le gypse de nos régions est employé pour les constructions et surtout pour les usages agricoles. On l'exploite d'une manière assez régulière à Pringy, au lac Noir et à Blumenstein. La carrière du Burgerwald, au nord du massif du Cousinbert, a été abandonnée, sans doute à cause de la difficulté des transports. On a utilisé temporairement le gisement de Gratavache, pour la reconstruction du couvent de la Valsainte. A Oey dans le Bas-Simmenthal, l'exploitation ne se fait pas non plus d'une manière bien suivie. Il paraît que quelquefois on a rencontré, dans les carrières du canton de Fribourg, des morceaux qui ont pu être travaillés comme *albâtre.*

La présence du gypse dans notre territoire a souvent fait penser qu'il pourrait bien être accompagné d'*anhydrite salifère,* soit dans le canton de Fribourg (voir p. 33), soit dans le Simmenthal (p. 21). M. Studer a eu l'obligeance de me communiquer qu'entre 1830 et 1840, de Charpentier, Simon et lui furent chargés d'explorer le Simmenthal, pour voir ce qu'il y avait de fondé dans cette supposition. De Charpentier fit l'essai de toutes les sources, sans arriver à trouver rien qui vaille. J'ai souvent entendu parler de l'existence de sources salées, même sur le plateau, mais sans jamais pouvoir apprendre rien de précis sur leur emplacement. A Cheyres, par exemple, une source de ce genre doit avoir été ensevelie par un éboulement.

Addition et rectifications.

1) A la liste du toarcien de la chaîne du Langeneckgrat, p. 130, il faut ajouter *Harpoceras aalense* (Zieten), de Lareyma. Cette espèce est encore plus fréquente dans la zone de l'*Amm. opalinus*, et doit être ajoutée aussi à la page 132.

2) En décrivant, à la page 227, le conglomérat de l'Etivaz erratique dans la vallée de la Sarine, je n'ai eu sous les yeux qu'un échantillon qui renferme une roche siliceuse verte. Il se trouve qu'en réalité elle est très rare dans ces blocs, et que les fragments verts, qui y sont nombreux, méritent bien plus le nom de talcschiste, que leur donne M. Schardt dans ses Etudes géologiques sur le Pays-d'enhaut. C'est lui qui a eu l'obligeance de me rendre attentif à cette erreur.

3) A la page 243, j'ai dit qu'il ne m'était pas possible de distinguer des dépôts spéciaux, qui auraient été opérés par la continuation des glaciers de la Sarine et de la Jogne au delà de Corbières. J'ai pourtant trouvé dans mes notes des indications de nappes du terrain erratique, que leurs galets presque tous calcaires peuvent faire attribuer aux glaces de nos vallées s'écoulant au bord de celles du Valais, ainsi au sud-sud-est de Bonnefontaine et au nord des Bains du Gurnigel.

Errata.

P. 52 ligne 8: piraniques, lisez: jurassiques.
P. 113 et 118: Rhabdophylla, lisez: Rhabdophyllia.
P. 333 ligne 12: pl. 2, fig. 3, lisez: fig. 5.

TABLE ALPHABÉTIQUE
DES MATIÈRES ET DES LOCALITÉS

(Les fossiles et les auteurs cités sont dans des tables spéciales qui suivent celle-ci.)

A.

Abendberg 7, LJm 150, jur. sup. 175, calc. à Dic. 176, cr. sup. 192, struct. 346.

Ablentschen, flysch 216, glac. 231.

Adlemsried, congl. jur. 167.

Aebithal, calc. à Dic. 175.

Affluents de la Broye 9, v. Vallée.

Age relatif des divisions de la molasse 408.

Albâtre 511.

Allemanin, flysch 210.

Allires, granit-gneiss 207, flysch 209.

Alluvion 83, 275, 506.

„ ancienne 73, 422.

Alluvions des régions supérieures 459.

„ „ rivières 461.

Almeren, glac. 261, 263.

Alpbiglen, rhèt. 115, 116, lias 128, zone de l'A. transv. 160, glac. 251.

Alpes, topogr. 2, rés. hist. 13, géol. 103, eaux 489, végèt. 503.

Alpettes, flysch 209, glac. 225, 430, tourbe 284.

Alpligen, néoc. 183.

Altenhaus, néoc. 183.

Ambre 208.

Amerzengraben, glac. 259.

An der Sage, bl. err. 257.

Anhydrite, transf. 105.

Anticlinale de la molasse 408.

Arkésine, err. 437, 442.

Arpille, néoc. 181.

Arses, glac. 235.

Aruffens, gl. strat. 450.

Autigny, gl. strat. 450.

Avenches, sable 466.

Avry-devant-Pont, poud. 401.

B.

Bachalp, gypse 105, rhétien 115, 116, hettang. 121, glac. 264, 272, struct. 319.

Bächlen 347.

Bæderberg, flysch 216.

Bæderhorn, calc. à Dic. 172, 175, flysch 216, glac. 258.

Bains de Weissenbourg, jur. sup. 164, néoc. 183, struct. 325, 335.

Bajocien 132, 307, 308.

Balmflub, calc. à Dic. 175.

Balzenberg, glac. 261, éboul. 281.

Banderettaz, toarc. 130, bajoc. 133, bath. 137.

Bäret, flysch 216.

Bäriswyl, mor. 426.

Bathonien 136, 307.

Baumes, éboul. 474.

Berra, brèche avec granit 207, flysch 209.

Berrautaz, bajoc. 133.

Bertigny, glac. 429.

Beschiess-Hohberg, bajoc. 135.

Bey, tourbe 464.

Bijittoz, call. 141.

Bimont, cr. sup. 185, flysch 209.

Blanc-fond 60, 75, 473.

Blaukli, struct. 346.

Blattenheid, bajoc. 134, 135, bath. 138, éboul. 281.

Blocs erratiques 433.

Blocs exotiques, lias 122, jur. sup. 153, granit 205.

Blumenstein, gypse 105, rhét. 113, lias 127, éboul. 281, mor. 428, glac. 433, bl. err. 435, gl. str. 457, eau min. 500.
Blumensteinallmend, foss. 304.
Bochet, call. 142.
Bochuat, zone de l'*Am. transv.* 160.
Bodenevaz, glac. 240.
Bollion, grès coq. 393, 396.
Boltigen, quat. strat. 223, voyez Klus.
Bonfall, néoc. 183, glac. 258.
Bonn, eau min. 503.
Bonnefontaine, gl. str. 456.
Botteys, brèche à frag. crist. 207.
Bourliandaz, lias 128.
Brecka, néoc. 181.
Breite, flysch 216.
Bremenga, néoc. 181.
Brequettaz, néoc. 181.
Bressonnaz, éboul. 474.
Briqueterie 510.
Broc, bajoc. 132, quat. strat. 222, glac. 242.
Broye 9, v. Vallée.
Bruchgehren, glac. 263, source 497.
Brückerle, flysch 209.
Brünisried, glac. inf. et strat. 252.
Bry, gl. str. 452.
Buchtisweid, sch. à ch. 168, cargn. éoc. 198, mor. 271.
Buchweid, flysch 216.
Buffeli, cr. sup. 192, struct. 343.
Bühl, flysch 216.
Bulle, glac. 228, 229, c. de déj. 473.
Buntelgabel 7, calc. à Dic. 177, flysch 217, 220, glac. 273, éboul. 282, struct. 343, eaux 497.
Burgerwald, gypse éoc. 195, mol. mar. 387.
Burgfluh, struct. 338, source 497.
Bürglen. call. 141, jur. sup. 158, zone de l'*A. transv.* 160, tithon 161, néoc. 181.

C.

Calcaire à ciment 139.
    „ à Dicéras 172.
    „ à lignite err. 440.
    „ à Ostreæ 178.
    „ avec Toxaster err. 441.
    „ concrétionné 152, 158, 159.
    „ en grumeaux 152.
    „ noir (jurass.) 169.
    „ noir (néoc.) 178.
    „ oolithique 178.
    „ schisteux 152.
Callovien 139.
Carouge, gr. à galets 384.

Cargneule, trias. 106, 109, 315, éoc. 194. 315, rôle 489, 504, emploi 510.
Caudraz, bajoc. 133, 135, congl. err. 228.
Cerniat, c. à *Bel. latus* 178, glac. 239.
Cerniaulaz, lias 127, toarc. 129.
Cerniettes, lias 128.
Chables, grès coq. 394, 395.
Chabrey, relat. des mol. 415, bl. err. 435, mol. mar. 479.
Chaîne de la Berra, topogr. 2, 3, rhétien 111, sinémurien et liasien 122, bajoc. 132, bath. 136, call. 139, jur. sup. 152, néoc. 177, crét. sup. 185, numm. 193. gypse dol. et cargn. éoc. 195, flysch 203, glissem. 283, struct. 287, 297, interr. 288.
Chaîne du Ganterist, topogr. 4, gypse 105, rhét. 112, 114, hettang. 120, siném. et liasien 124, toarc. 129, bajoc. 132, bath. 136, call. 140, jur. sup. 157, néoc. 179, cr. sup. 185, flysch 211, struct. 305, 320.
Chaîne des Gastlosen, topogr. 5, trias. 111, rhét. 117, LJm. 148, jur. supér. 165, cr. sup. 189, flysch 212, struct. 329, 339.
Chaîne du Langeneckgrat, topogr. 3, gypse 105, rhét. 112, hettang. 120, siném. et liasien 124, 125, toarc. 129, bajoc. 132, struct. 298, hist. géol. 304.
Chaîne du Niesen, flysch 220, glac. 261, 269, struct. 350, eaux 497.
Chaîne des Spielgärten, topogr. 7, trias. 118, LJm. 150, jur. sup. 175, cr. sup. 190, gypse dol. et cargn. éoc. 198, flysch 216, struct. 341, 349, eaux 497.
Chaîne du Stockhorn, topogr. 4, rhét. 116, hettang. 122, lias 129, bajoc. 135, bath. 139, call. 143, LJm. 144, jur. sup. 162, néoc. 182, cr. sup. 187, sidérol. 193, gypse et cargn. éoc. 197, flysch 211, struct. 321, 328.
Chalet-neuf, bl. err. 226.
Champotey, glac. 243, grès de Rall. 364, carr. 510.
Champ-Olivier, eaux min. 503.
Chamuffens, gl. str. 451.
Chapelles, mol. d'eau douce 376.
Charbon 167, 175. 367, 506.
Charmey, lias 127, c. de Berrias 178, glac. 236, gl. str. 237.
Châtel, néoc. bleu 178, quat. strat. 237.
Chatelard, poud. 400.
Châtillon, grès coq. 394.
Chaux-de-Félésinaz, néoc. 183, cr. sup. 188.
Chaux-de-Lapez, néoc. 183.
Chaux-du-vent, rhétien 113, hettang. 121.
Chaux grasse 509.

W.

Z.

TABLE ALPHABÉTIQUE DES FOSSILES CITÉS

Cf. indique que les exemplaires examinés ne sont pas dans un état tel qu'on ne puisse avoir aucun doute sur leur identification; *aff.* marque que les exemplaires présentent de légères différences, qui ne sont pourtant pas suffisantes pour les séparer de l'espèce dont je leur donne le nom.

TABLE ALPHABÉTIQUE
DES AUTEURS CITÉS ET DES PERSONNES QUI ONT FOURNI
DES RENSEIGNEMENTS

MATÉRIAUX

POUR LA

CARTE GÉOLOGIQUE DE LA SUISSE

PUBLIÉS PAR LA COMMISSION DE LA SOCIÉTÉ HELVÉTIQUE DES SCIENCES NATURELLES

AUX FRAIS DE LA CONFÉDÉRATION

DIX-HUITIÈME LIVRAISON

DESCRIPTION GÉOLOGIQUE

DES

TERRITOIRES DE VAUD, FRIBOURG ET BERNE

COMPRIS

DANS LA FEUILLE XII ENTRE LE LAC DE NEUCHATEL ET
LA CRÊTE DU NIESEN

PAR

V. GILLIÉRON

PLANCHES

BERNE

EN COMMISSION CHEZ SCHMID, FRANCKE & Co. (Anc. Librairie J. Dalp)

1885

Imprimerie Stæmpfli à Berne.

EXPLICATION DES PLANCHES

Les profils des planches I à IV dont l'échelle n'est pas indiquée sont à celle de 1 : 25,000.

Les teintes employées dans ces quatre planches sont, à peu de chose près, les mêmes que celles de la carte. Elles sont au bas de la planche I. Voici l'explication des lettres :

a, dépôts récents.
eb, éboulis.
to, tourbe.
l, cônes de déjections.
at, terrasses alluvionnaires.
q, quaternaire erratique.
qd, quaternaire stratifié.
mi, molasse d'eau douce inférieure.
mg, poudingue de la molasse.
Ef, flysch.
Ep, conglomérat du flysch.
Ec, cargneule et gypse du flysch.

Ee, flysch éboulé ou en place.
Cs, crétacé supérieur.
Cn, néocomien.
Js, jurassique supérieur.
Jm, jurassique moyen.
Ji, jurassique inférieur.
LJm ou JmL, jurassique moyen, inférieur
   et lias.
L, lias.
K, rhétien et dolomie.
Kc, cargneule triasique.
Kg, gypse triasique.

Les lignes entre deux lettres, au-dessus des profils, indiquent les limites des chaînes qui sont à l'ouest et au nord du Simmenthal :

$$B = \text{chaîne de la Berra.}$$
$$L = \quad \text{,, } \quad \text{du Langeneckgrat.}$$
$$G = \quad \text{,, } \quad \text{du Ganterist.}$$
$$S = \quad \text{,, } \quad \text{du Stockhorn.}$$
$$Ga = \quad \text{,, } \quad \text{des Gastlosen.}$$

Sur la construction des profils et le dessin des vues voir page 286.

Planche I.

Fig. 1. Profil par le Montsalvens et le massif de la Dent-de-Broc, en projetant les sommités sur une ligne droite. Voir: Montsalvens, p. 289; Dent-de-Broc et Dent-de-Bourgoz, p. 306.

Fig. 2. Profil par le massif du Plan et par la partie occidentale de celui du Hochmatt, en projetant sur une ligne droite les sommités du premier de ces massifs. Voir: Plan, Creux et Gros Haut-Crêt, p. 307; Poute-Paluz, p. 321.

Fig. 3. Profil par le massif des Thooss et celui du Hochmatt. La partie de gauche est sur une ligne un peu plus au N. E. que celle de droite. Voir: Grand Thooss, p. 308; Verdiz et Hochmatt, p. 321.

Planche II.

Fig. 1. Profil par les chaînes de la Berra, du Ganterist, du Stockhorn et des Gastlosen: sur une ligne droite du N.-O. au S.-E. entre la Roche et la croupe de la Berra, et du N.-N.-O. au S.-S.-E. entre cette croupe et la Valsainte; ensuite en projetant les sommets sur une ligne droite dans la même direction, entre la Valsainte et la cote 1821 mètres; puis de là en ligne droite du N.-O. au S.-E. jusqu'au bord de la carte. Voir: flysch de gauche, p. 291; Arsajoux, p. 300; Vonnechy et Raveyère, p. 309; Ober-Rück, p. 322 (gorge du Petit-Mont); flysch plus au S.-E. (Sattel), p. 332; cargneule, p. 198; Oberbergfluh, p. 331.

Fig. 2. Profil par les mêmes chaînes, dans la direction du S.-S.-E. 8° S. du Burgerwald à la Balisaz, en passant par les points culminants entre le Kappenberg et la Balisaz, et dans la direction S.-S.-E. dans le reste, sans dévier de la ligne droite. Voir: Kappenberg et Zübcrle, p. 292; Magnenaz et Balisaz, p. 301; mont Bremenga et Combifluh, p. 311; Rückly, p. 322; Gastlosen, p. 331; flysch, p. 340.

Fig. 3. Profil par les chaînes du Ganterist, du Stockhorn et des Gastlosen et le flysch du Simmenthal, en ligne droite dans la direction S.-S.-E.

3⁰ E. Voir: flysch du pied du Hohmättle, p. 293; Hohmättle, p. 314; du Kaisereck-Schloss à Luchen, p. 323; Dürrifluh et Krachihorn, p. 332; région de flysch du Krachihorn au Beretgraben, p. 340; glaciaire du Ruhrsgraben et du Beretgraben, p. 256; flysch et crétacé à droite, p. 342.

Fig. 4. Coupe sur le flanc gauche de la Klus à l'E. de Boltigen. Les rochers du Langel devraient être plus élevés. Voir: Langel, p. 323; la partie de droite appartient au massif du Holzershorn, p. 333.

Fig. 5. Profil par les chaînes du Stockhorn et des Gastlosen, en ligne droite direction S.-E. 11⁰ S. Voir: Widdergalm, p. 323; Trümmelhorn et Mittagfluh, p. 333, où la figure 3 est indiquée au lieu de la fig. 5; flysch, p. 340.

Fig. 6. Profil par les mêmes chaînes, en ligne droite direction S.-S.-E. 2⁰ S. Voir: Seeberg, Scheibe, Homad, p. 324; à droite l'extrémité du massif du Holzershorn, p. 334; flysch, p. 340.

Fig. 7. Profil par les chaînes du Ganterist, du Stockhorn et des Gastlosen, en ligne droite N.-S. 12⁰ E., passant par l'Ochsen et l'église d'Oberwyl. Voir: flysch du Schwefelberg, p. 294; Schwefelberg Bad et Ochsen, p. 316; Ryprechten, p. 317; Wankfluh, p. 325; région au-dessus d'Oberwyl, p. 335; flysch, p. 340.

Planche III.

Fig. 1. Profil par les quatre chaînes du nord de la Simme, en ligne droite N.-S. Voir: région du Gurnigel, p. 294; Neunenenfluh et région plus au S. (Morgeten), p. 317; Schwiedenegg-Grat et région plus au S. (Bains de Weissenburg), p. 325; chaîne des Gastlosen restée dans la profondeur, p. 335; flysch à droite, p. 340.

Fig. 2. Profil par les mêmes chaînes en ligne droite N.-S. Voir: flysch de gauche, p. 295; Langeneckgrat, p. 304; Hohmad, p. 318; Loheren, p. 326; S. du Loherenhorn, p. 336; flysch à droite, p. 340.

Fig. 3. Profil par les chaînes du Ganterist, du Stockhorn et des Gastlosen, en ligne droite N.-S. passant par le sommet du Stockhorn. Voir: partie de Pohleren à Bachalp, p. 318; Stockhorn, p. 147; Stockhorn et Mieschfluh, p. 326; Mieschfluh et Almeren, p. 337; flysch, p. 340.

Fig. 4. Profil par les chaînes du Ganterist, du Stockhorn et des Gastlosen, en ligne droite N.-S., passant par le sommet de la Stockenfluh. Voir: Stockenfluh, p. 319; Nüschleten, p. 327; région au-dessus de Latterbach, p. 337; flysch, p. 340.

Fig. 5. Profil par les chaînes du Stockhorn et des Gastlosen, en ligne droite N.-S. Voir: Moosfluh, p. 327; Günzenen et Laupersberg, p. 338; flysch, p. 340.

Fig. 6. Profil par la chaîne des Gastlosen, en ligne droite N.-S. partant de l'église de Reutigen. Voir: p. 338.

Fig. 7. Coupe vers le bas de la vallée de Reidigen, à l'échelle d'environ 1 : 1000, en ligne droite. A gauche, apparition d'un rudiment du pan septentrional d'une voûte jurassique, qui est resté dans la profondeur à la Dürrifluh, p. 333; à droite synclinale crétacée et éocène séparant les deux chaînes.

Planche IV.

Fig. 1. Profil par la chaîne des Spielgärten, en ligne droite N.-O. 8⁰ O. — S.-E. 8⁰ E., passant par le Spitzhorn et le point culminant du Niederhorn. Voir: crétacé et flysch au N.-O., p. 342; gypse du Spitzhorn, p. 199; Niederhorn, p. 343; Seeberg et Kummli, p. 345.

Fig. 2. Profil par la chaîne des Spielgärten, en ligne droite N. 10⁰ O. — S. 10⁰ E., passant par les rochers de Mänigen. Voir: Buntelgabel, p. 343; Mänigen et Seeberg, p. 345.

Fig. 3. Coupe le long du ravin de Neuenberg, N.-O. d'Oberwyl. Voir: trias, p. 117; flysch, p. 211; jurassique et crétacé, p. 325; partie inférieure, p. 335.

Fig. 4. Profil par la chaîne des Spielgärten, en ligne droite N.-N.-O. 5⁰ O. — S.-S.-E. 5⁰ E., passant par le sommet du Twirien-Horn. Voir: Thurnen, p. 344; Blankli, p. 346; Hohmad et Twirienhorn, p. 348; cargneule éocène du Twirienhorn, p. 201.

Fig. 5. Profil par la chaîne des Spielgärten et le flanc N.-O. de celle du Niesen, en ligne droite passant par les sommets de l'Abendberg et du Hohniesen. Voir: N.-E. du Thurnen, p. 344; Rinderberg-Alp et Abendberg, p. 346; Schwarzberg, p. 348, Hohniesen, p. 350.

Planche V.

Fig. 1. Plaquette de gypse schisteux, avec feuillet de dolomie brisé par suite du changement de l'anhydrite en gypse. P. 105 et 194.

Fig. 2. *Klippe* de lias, à l'O.-S.-O. des Bains du Gurnigel. P. 123.

Fig. 3. Quatre profils par une petite colline que forme un amas de blocs de jurassique supérieur dans le flysch des Echelettes. P. 154 et 207.

Fig. 4. Bloc exotique reposant sur le flysch dans le Seeligraben, près des Bains du Gurnigel. P. 156.

Fig. 5. *Klippe* tithonique dans le Seeligraben, près des Bains du Gurnigel. P. 155.

Fig. 6. Contact du crétacé supérieur (à gauche) et du jurassique supérieur sans stratification visible (à droite), à la Simmenfluh, sur la grande route en amont du pont de Wimmis. Voir sur le passage du jurassique au crétacé supérieur en général la page 189.

Fig. 7. Portion d'un dépôt de gravier au S. de Weissenbach (Simmenthal). P. 222.

Planche VI.

Fig. 1. Vue prise d'un peu au-dessus de la nouvelle route de Broc à Charmey, à l'E. de Châtel. Voir: glaciaire, p. 235 et 354; Dent-de-Broc, p. 306; le Plan, p. 307.

Fig. 2. Vue prise de la nouvelle route au N.-E. du Crésuz. Voir: glaciaire, p. 235; le Plan, p. 307; partie au-dessus de Charmey, p. 309.

Planche VII.

Fig. 1. Vue prise d'au-dessus des Bains du Lac Noir; la Kaiser-Eck et la Teuschlismad, longtemps enveloppées dans le brouillard, ont été faites d'après une photographie de M. Cornu prise de plus bas. Voir: bassin entre la Spitz-fluh et les Recardes, p. 311; montagnes bordant le lac, p. 313. La bande de néocomien de la montagne inférieure n'est visible sur le terrain qu'au centre.

Fig. 2. Vue prise d'au-dessus de c (Rückli). Voir: jurassique, p. 331; cargneule et gypse, p. 197. Un affleurement de gypse est masqué par le flysch de droite.

Planche VIII.

Fig. 1. Vue prise du coude de la route de Boltigen à Jaun, au N.-O. d'Eschi. Voir: éboulement de la Mittagfluh, p. 282; Luchernalp et Rothekasten, p. 323; partie de droite, p. 333.

Fig. 2. Vue prise du flanc N.-O. du Schwarzberg. Voir: cargneule, p. 199; Mäniggrat, p. 345; Buffeli et Buntelgabel, p. 343; Blankli et Abend-berg, p. 346.

Planche IX.

Fig. 1. Vue prise de S (Schwenden). Voir: gypse et cargneule, p. 199; Seefluh, p. 219; glaciaire, p. 265; l'ensemble, p. 345.

Fig. 2. Vue prise du parallèle marqué au S. de u (Weissenburgberg). Voir: glaciaire de droite, p. 260; cirques jurassiques, p. 282; l'ensemble, p. 344.

Planche X.

Fig. 1. Vue prise du pavillon des bains d'Ottenleue. Voir: aspect des régions de flysch, p. 298; de la Neunenenfluh à l'Ochsen, p. 315; Widders-grind, p. 325; Scheibe, p. 324; lias et couches triasiques de droite (Steckhütten), p. 303. Il y a quelque incertitude sur la place assignée aux lambeaux de lias et de trias dans le vallon d'Alpbiglen (en dessous de la cote 2071 m.).

Fig. 2. Vue prise d'au-dessus du chemin S. de *is* (Zwischenbächen). Voir: région jurassique de Gsäss, p. 335; Bains de Weissenburg, p. 325 et 335; Flühberg, p. 326; Weissenburgberg, p. 336. Les hauteurs de Morgeten et de Bürglen, à l'arrière-plan de la cluse de Weissenburg, étaient trop voilées pour qu'on pût les dessiner.

Planche XI.

Vue prise d'au-dessus des maisons marquées sur la carte à l'ouest de *Wytbodmen.* Voir: glaciaire, p. 269; Twirienhorn et Schwarzberg, p. 348.

Planche XII.

Fig. 1. Vue prise du pavillon de S\-Jacques près de Thoune. Voir: chaîne du Niesen, p. 350; Simmenfluh, p. 338; Reutigenfluh et Nüschleten, p. 327; Hohmad et partie en dessous de la Stierenfluh et du Stockhorn, p. 318 et 319; Langeneggrat, p. 303 (Wirtneren); région de flysch à droite, p. 295 et 298.

Fig. 2. Vue prise de la rive gauche de la Simme, à l'E. de Latterbach, et complétée pour le pied du Niesen d'un autre point de vue plus au S.-O. Voir: Simmenfluh et Burgfluh, p. 338; essai d'explication des deux issues du Simmenthal, p. 357.

Fig. 3. Détails d'une synclinale crétacée au Widdergalm. Voir p. 324.

Fig. 4. Crétacé supérieur déposé dans des dépressions du jurassique, à Latterbach. P. 189 et 338.

Planche XIII.

Fig. 1. Contact du calcaire à ciment (oxfordien) et du flysch, sur la route de Broc à Charmey. P. 291.

Fig. 2. Contact d'une demi-voûte de jurassique supérieur et du néocomien, près de Neuenberg (massif de la Scheibe). P. 324.

Fig. 3. Position relative du poudingue de la molasse marine et de la molasse d'eau douce, au N.-O. de la Roche. Voir: poudingue, p. 402; pour l'ensemble, p. 412.

Fig. 4. Position relative du poudingue marin et de la molasse d'eau douce inférieure sur un affluent du Laubbach (amont). P. 414.

Fig. 5. Plissements de la molasse à Fall, au bord de la Sense, au N.-E. de Plaffeyen. P. 387 et 413.

Fig. 6. Deux bancs de molasse avec stratification entrecroisée et fragments de marne roulés, à Sommentier. P. 382.

Fig. 7. Position relative de la molasse marine et de la molasse d'eau douce inférieure, sur un affluent du Laubbach (aval). P. 413.

Fig. 8. Position relative de la molasse marine et de la molasse d'eau douce inférieure, sur la rive gauche de la Gérine, au S.-O. de Plasselb. P. 412.

Fig. 9. Stratification entrecroisée dans la molasse du ravin au S.-O. de Montet, près de Rue. P. 382.

Tableau comparatif des terrains de la partie alpine.

Divisions.	Chaîne de la Berra.	Chaîne du Langeneckgrat et du Ganterist.	Chaîne du Stockhorn.	Chaîne des Gastlosen.	Chaîne des Spielgärten.
Flysch.	Grande variété de roches: grès grossiers et fins, brèches et poudingues, marnes de toutes les couleurs, calcaires compacts et sableux, roche verte siliceuse; granit en blocs (p. 203). Algues nombreuses (p. 208). Nummulites sur quelques points (p. 193 et 202). (Gypse et dolomie sporadiques à la base (p. 195).	Seulement l'extrémité d'une zone qui vient de la vallée de la Sarine et qui n'a ensuite qu'un lambeau isolé comme continuation. Roches semblables à celles de la chaîne de la Berra (p. 211).	Zone large au sud ouest, mais cessant bientôt et ne se retrouvant ensuite que par lambeaux. Mêmes roches que dans la chaîne de la Berra avec silex corné vert en plus. Algues (p. 211). (Gypse et cargneule d'un côté seulement (p. 197).	Une zone intérieure accompagnée de cargneule dans la partie de la chaîne qui se dédouble (p. 197). Dans la zone du Simmenthal, roches semblables à celles de la chaîne de la Berra avec quelques différences: grès moins important, présence d'argile sans calcaire, grande quantité de calcaire compacte, silex corné vert et rouge. Algues surtout le long de cette chaîne (p. 213).	Non séparé du flysch de la chaîne du Niesen. Algues rares et souvent déformées. Grès moins variés pour la grosseur du grain, schistes plus durs et parfois lustrés. Brèche de la Hornfluh dans la partie méridionale (p. 216 et 341). Gypse et cargneule dans la partie inférieure du terrain (p. 198).
Crétacé supérieur.	Calcaire marneux, schisteux, tendre, d'un blanc sale. Fossiles rares: Fucoïdes, Echinides, Inocérames. P. 165; 12e livr., p. 122.	Calcaire taché et marnes schisteuses, panachées en grand de teintes rouges et gris verdâtre. Schistes bleu foncé ou noirs à la base. Inocérame et Fucoïdes (p. 185).	Mêmes caractères pétrographiques que dans la chaîne du Ganterist. Les couches fossiles de la base manquent parfois. Restes de plantes et d'animaux peu propres à la détermination de l'âge (p. 187).	Peu de différences pétrographiques, mais il n'y a plus de schistes noirs à la base. Puissance moins grande. Fossiles montrent que c'est le même terrain que dans les autres chaînes (p. 189).	Plus grande quantité de calcaire compacte; mélange de grains foncés dans les schistes; modifications métamorphiques, dendrites. Dents de Squalides, fragments d'Inocérame (p. 190).
Néocomien.	1) Calcaire argileux noir, presque sans fossiles; peut-être aptien. 2) Calcaire oolithique blanchâtre, à fossiles de l'Europe centrale roulés; peut-être argonien. 3) Néocomien bleu, calcaire et marnes schisteuses avec fossiles méditerranéens. 4) Calcaire à *Belemnites latus*, roches du n° 3, faune méditerranéenne. 5) Calcaire à *Ostrea*, calc et dur, fossiles émigrés du Jura. 6) Couches de Berrias, roche du 3 et 4; fossiles surtout méditerranéens. P. 178; 12e livr., p. 104 à 120.	Calcaire de teinte claire, souvent taché de noir, mêlé de parties argilo-schisteuses. Fossiles plus rares que dans la chaîne de la Berra, méditerranéens, sans trace d'émigration venant du Jura; de là point de division à établir (p. 179).	Mêmes caractères pétrographiques que dans la chaîne du Ganterist. Fossiles encore plus rares; les Bélemnites dominent, du moins par le nombre des individus. Zone méridionale moins puissante que la septentrionale (p. 182).	Manque. Erosion du jurassique supérieur (p. 189).	Manque. Erosion du jurassique supérieur (p. 191).
Jurassique supérieur.	Fossiles en partie de l'Europe centrale, en partie méditerranéens. 1) Tithonique, calcaire noir, seulement la partie inférieure de l'étage (12e livr., p. 95). 2) Calcaire en grumeaux, Calcaire schisteux. } Zone des *Ammon. trausilobatus* et *acanthicus* (p. 152; 12e livr., p. 92). 3) Calcaire concrétionné, zone des *Ammon. transversarius* et *polyplocus* (p. 152; 12e livr., p. 89).	1) Tithonique, calcaire de teinte claire, peu de fossiles (p. 161). 2) Zone de l'*Ammon. acanthicus* ne peut être distinguée paléontologiquement (p. 161). 3) Calcaire concrétionné assez riche en fossiles (p. 159).	Deux zones de faciès différents pour les fossiles. Zone septentrionale.　Zone méridionale. Au haut fossiles tithoniques, au bas fossiles du calcaire concrétionné (p. 163).　Indices d'une faune corallienne; quelques fossiles du calcaire noir de la chaîne des Gastlosen; deux fossiles du calcaire concrétionné (p. 163).	1) Calcaire à *Diceras*, de teinte claire, souvent sans stratification, avec fossiles associés en faciès à Nérinées et faciès à Brachiopodes (p. 171). 2) Calcaire noir au fond. Faune spéciale, regardée jusqu'ici comme kimméridienne, mais classée dans le bathonien par M. de Loriol (p. 169 et 829).	1) Calcaire à *Diceras* semblable à celui de la chaîne des Gastlosen, mais avec moins de fossiles (p. 176). 2) Calcaire noir moins distinct et sans fossiles (p. 175).
Jurassique moyen.	Calcaire à ciment, quelques espèces de fossiles plutôt méditerranéennes (p. 139; 12e livr., p. 85). Schistes à nodules; faune callovienne de l'Europe centrale avec trois espèces méditerranéennes (12e livr., p. 82, 164).	Calcaire analogue au calcaire à ciment, mais plus dur. Il y a des fossiles de l'Europe centrale, mais non ceux des schistes à nodules; ils sont essentiellement méditerranéens (p. 140).	Ne se distingue pas des couches inférieures dans la partie orientale. Les fossiles sont surtout là où la chaîne du Stockhorn s'implante sur celle du Ganterist; ils sont moins nombreux, mais aussi méditerranéens (p. 143).	Schistes à charbon, dépôt de rivage à fossiles marins et saumâtres. Apparition d'une faune toute différente de celle des chaînes plus au nord-ouest et classée dans le bathonien par M. de Loriol (p. 167).	Traces de charbon et des fossiles qui l'accompagnent dans la chaîne des Gastlosen (p. 175).
Jurassique inférieur.	Pas de série complète; connu sur quelques points seulement. 1) Bathonien: calcaire sableux, faune assez variée, mais avec grande prédominance des Céphalopodes, presque entièrement méditerranéenne (p. 136; 12e livr., p. 71). 2) Bajocien: calcaire sableux; Céphalopodes appartenant surtout à la zone de l'*Ammon. Humphriesianus* de l'Europe centrale (12e livr., p. 67).	Couches formant une série sans lacunes. 1) Bathonien: calcaire sableux et calcaire argileux très puissant. Peu d'espèces de fossiles, toutes méditerranéennes. 2) Bajocien: calcaire argileux où l'on distingue (p. 132): Zone de l'*Ammon. Parkinsoni*, la plus riche, espèces en majorité méditerranéennes. Zone de l'*Ammon. Humphriesianus*. .　.　.　.　*Murchisonae*. .　.　.　.　*opalinus*.	Les deux étages ne se distinguent que dans la partie sud-ouest et seulement pétrographiquement (p. 133 et 139). Dans le reste de la chaîne, ils présentent des variations dans leurs roches; les *Trochus* seuls y sont un peu fréquents. Il y a des indices d'une zone corallienne bathonienne (p. 147).	Grande uniformité de composition pétrographique. Fossiles très rares et indéterminables (p. 185).	Série uniforme de calcaire foncé, assez différent de celui de la chaîne des Gastlosen. Seulement quelques fossiles qui ne permettent pas de faire une parallélisation sûre (p. 150).
Lias.	Le sinémurien est représenté par des *klippen* et des blocs exotiques d'un calcaire grenu ou spathique, sans marne, avec fossiles (p. 122).	1) Toarcien: schistes argileux avec Ammonites et Bélemnites (p. 129). 2) Liasien et sinémurien: calcaire impur, siliceux, quelquefois compacte, mêlé de marnes, surtout dans le haut. Fossiles des deux étages dans les mêmes bancs (p. 124). 3) Hettangien: calcaire sans marnes de texture et de composition variables. Fossiles peu nombreux (p. 120).	Les étages ne se distinguent pas; on ne trouve que çà et là un fossile (p. 129 et 147). On peut séparer l'ensemble du lias par les caractères pétrographiques dans la partie sud-ouest de la chaîne (p. 129).	Le lias ne se distingue pas même par la roche; il n'y a que çà et là quelques fossiles qui y appartiennent (p. 148).	Une partie d'une très grande masse de calcaire est probablement liasique; mais on n'y connaît pas encore de fossiles de ce terrain (p. 150).
Trias.	Un seul affleurement connu au nord de la Pfeife, probablement rhétien; c'est une *klippe* ou un bloc exotique (12e livr., p. 10).	1) Rhétien, calcaire noir ou gris bleuâtre avec schistes marneux noirs, peu puissant, riche en fossiles, formant souvent une lumachelle (p. 112). 2) Dolomie avec marnes bigarrées p. 108). 3) Cargneule (p. 106). 4) Gypse (p. 101).	1) Rhétien vient à jour seulement dans la partie sud-ouest; à peu près aussi riche en fossiles que dans la chaîne du Ganterist (p. 116). 2) Dolomie (p. 103). 3) Cargneule (p. 106).	1) Rhétien avec caractères pétrographiques assez semblables à ceux des autres chaînes. Faune aussi à peu près la même (p. 117). 2) et 3) Dolomie et cargneule se remplaçant souvent l'une l'autre (p. 111).	Existence du rhétien douteuse (p. 119). Dolomie et cargneule (triasiques?) (p. 118).

Pl. I.
Fig: 1.
O.N.O.
S.S.E.
Montsalvens
Jogne
B. G.
qd
Js
Cn
Jm
Cn
Js
Jm
Ef
Us
Cn
q
eb
K
L
Ji
Jm
Js
Cs
Cn
Cn
Dent de Broc
Leytemarie
Js
Jm
Js
Cn
Cs
Cn
Dent de Bourgoz
Js
Ligne à 700 m. d'altitude
Fig: 2.
N.O.
S.E.
Cn
Js Jm
Js
Jm
L
Ji
Le Plan
L
Le Creux
Jm
Ji
Js
Jm
Cn
Cs
Cn
Ec
Cs
Cn
Js
Gros Haut Crêt (1651)
Jm
G. S.
Ji
L
K
Ko
K
Ruisseau de Poute-Paluz
L
Ji
eb
Rio du Mont
q
Ko K
Ligne à 800 m.
Fig: 3.
N.O.
S.E.
G. S.
Js
Jm
Grand Thooss (1380)
Cn
u
eb
Ko
K
L
Ji
Verdiz 1775m.
Ji
Thooss aux pierres
Jhn
Js
Cn
Hochmatt
Cs
Cn
N. de Chaux de Lapex
Ligne à 880 m.
a
fo
ml
qd
mg
Ep
Ec
Cn
Jm
JmL ou LJhn
K
Kg
eb
l
q
mi
Ef
Ec
Cs
Js
Ji
L
Ke
Établissege de Wurster, Randegger & Co. Winterthur.

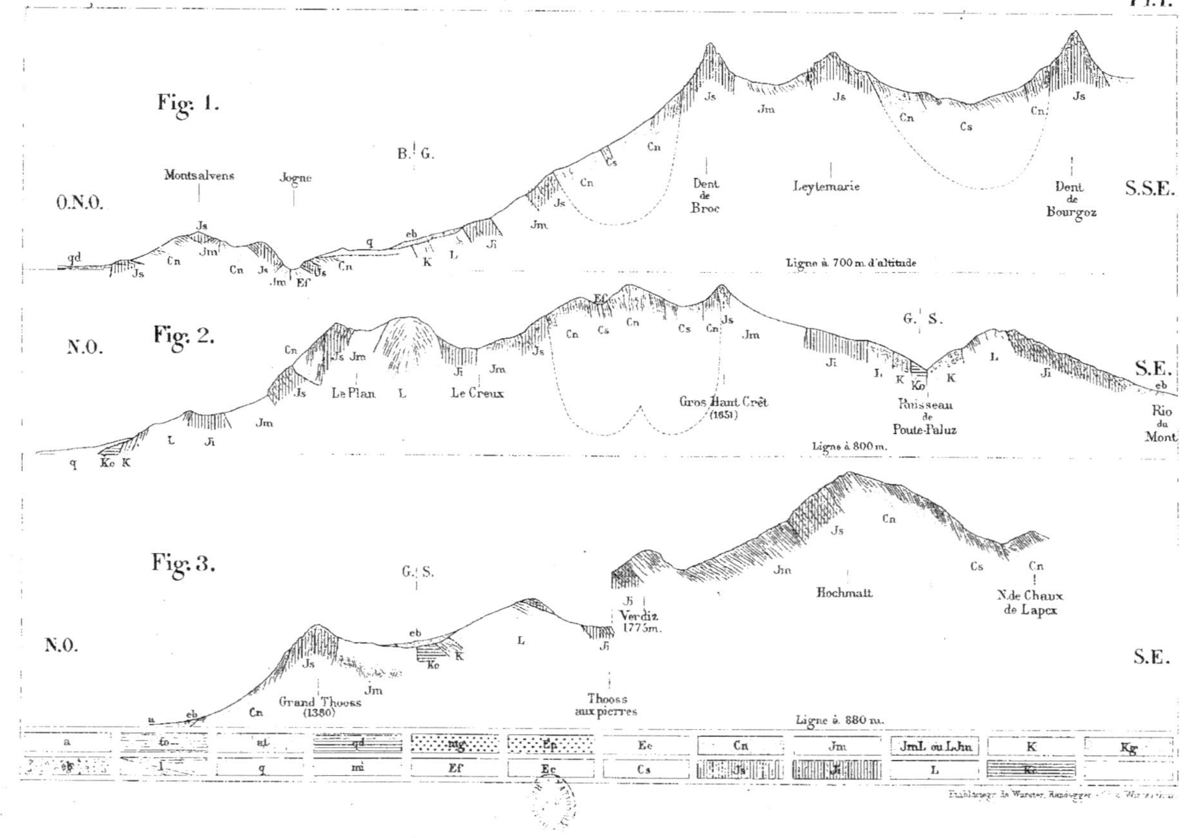

Pl. I.

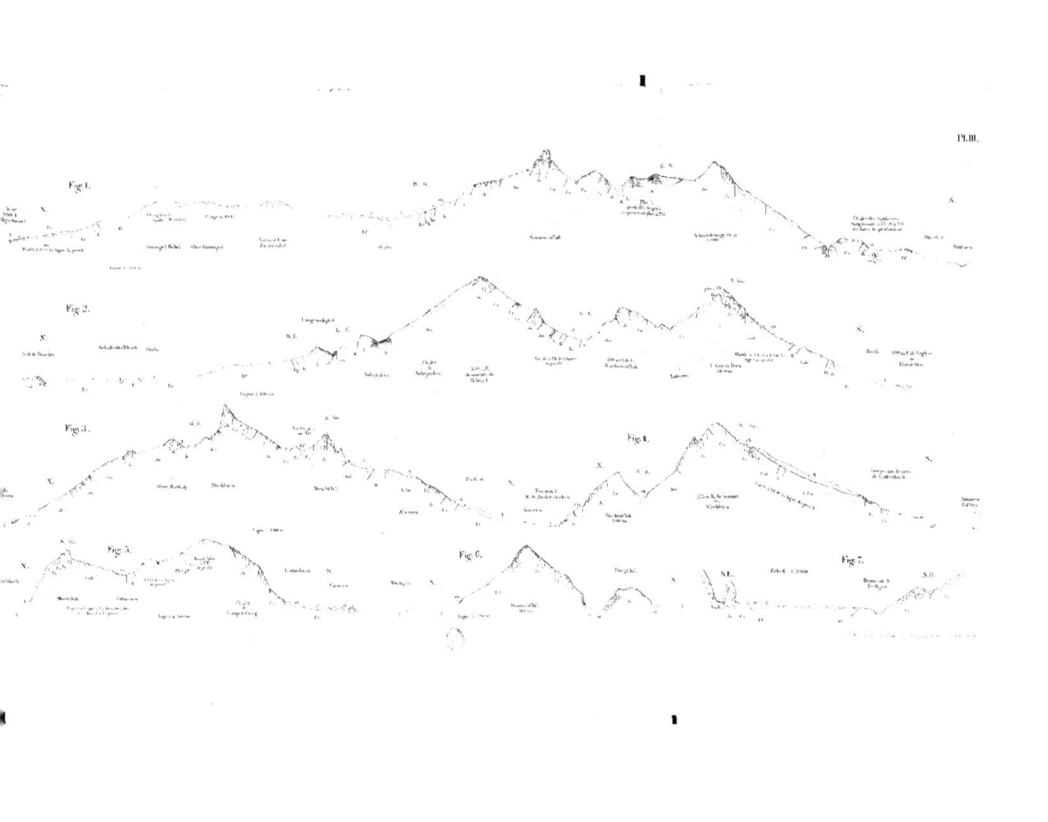

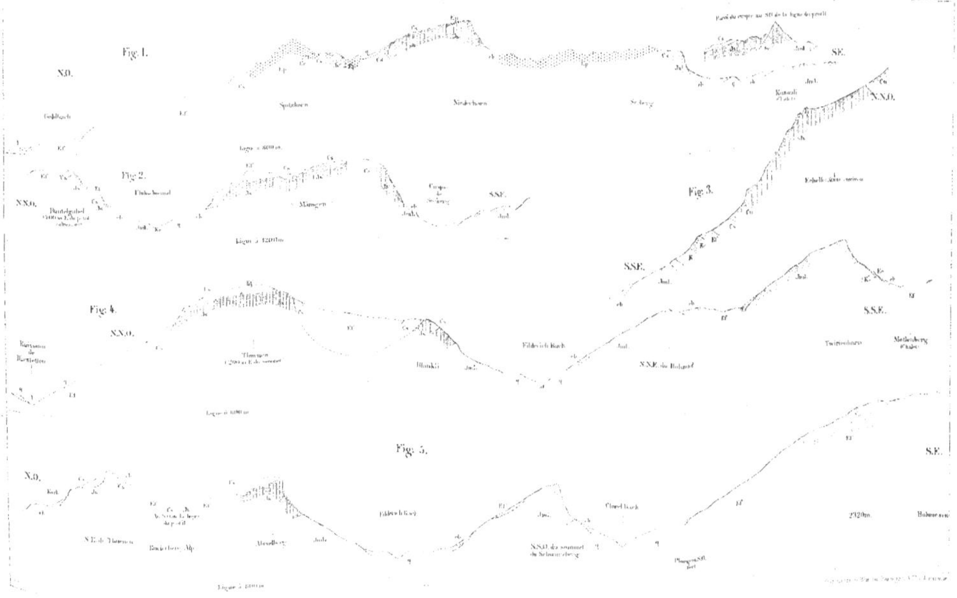

PL.IV.

Fig. 1.
N.O.
SE.
N.N.O.
Gelthach
Spitzhorn
Niesehorn
Schwrg
Kümmli

Fig. 2.
N.N.O.
Ligne à 8000 m.
Flühebermel
Mürgern
S.S.E.
Bautelgishel
Ligne à 1200 m.

Fig. 3.
N.N.O.
Echelle des armes
S.S.E.
S.S.E.
N.N.E. du Belpand

Fig. 4.
N.N.O.
Ruisseau de Rottellen
Thunsern
Blanki
Fildsrich Bach
Twürschhorn
Muttenberg
Chalet
Ligne à 1000 m.

Fig. 5.
N.O.
S.E.
Bael
S.E. de Thunsern
Bachstorer Alp
Mettelberg
Fildsrich Bach
Clowel Bach
Holznersee
N.N.O. du sommet du Schwarzeberg
2320m.
Ligne à 1000 m.

PL.V.

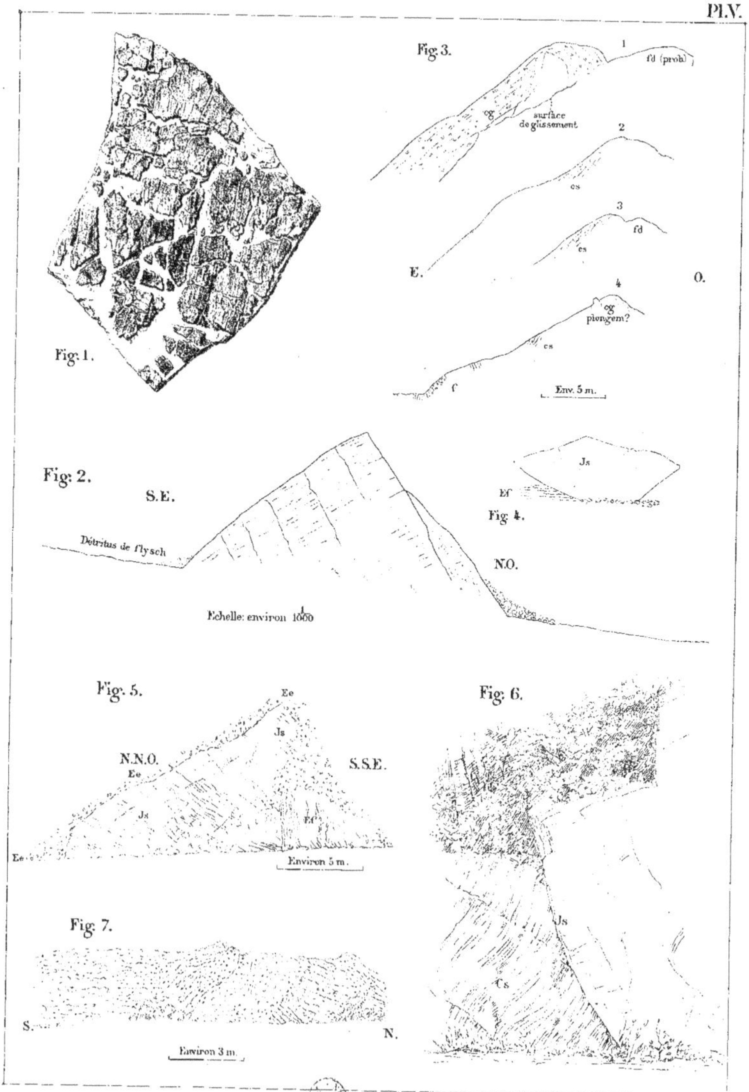
Fig: 1.
Fig. 3.
1
fd (prob)
cg
surface de glissement
2
cs
3
fd
cs
E.
O.
4
cg plongem?
cs
f
Env. 5 m.
Fig: 2.
S.E.
Détritus de flysch
N.O.
Echelle: environ 1/1000
Js
Ef
Fig. 4.
Fig. 5.
Ee
Js
N.N.O.
Ee
S.S.E.
Js
Ef
Ee
Environ 5 m.
Fig: 6.
Js
Cs
Fig. 7.
S.
N.
Environ 3 m.

Photol. topogr. de Wurster, Randegger & Cie à Winterthur

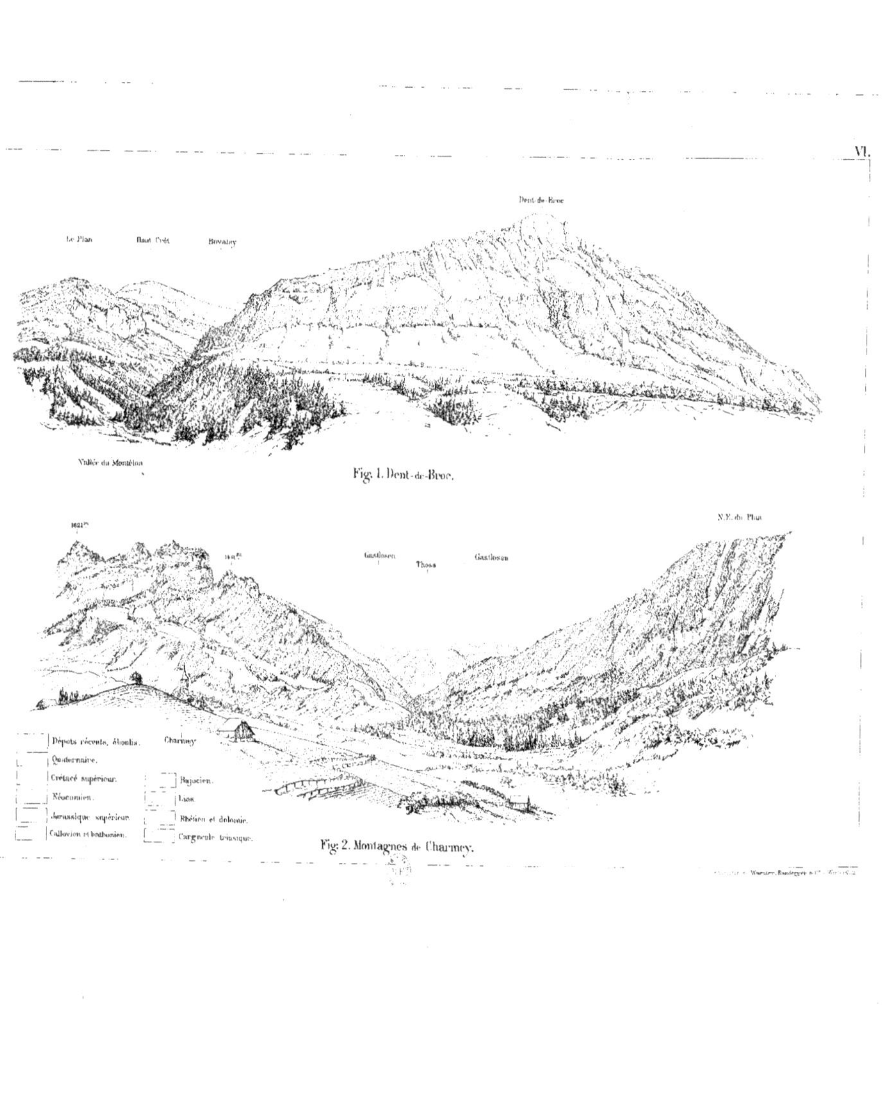

Fig. 1. Dent-de-Broc.

Fig. 2. Montagnes de Charmey.

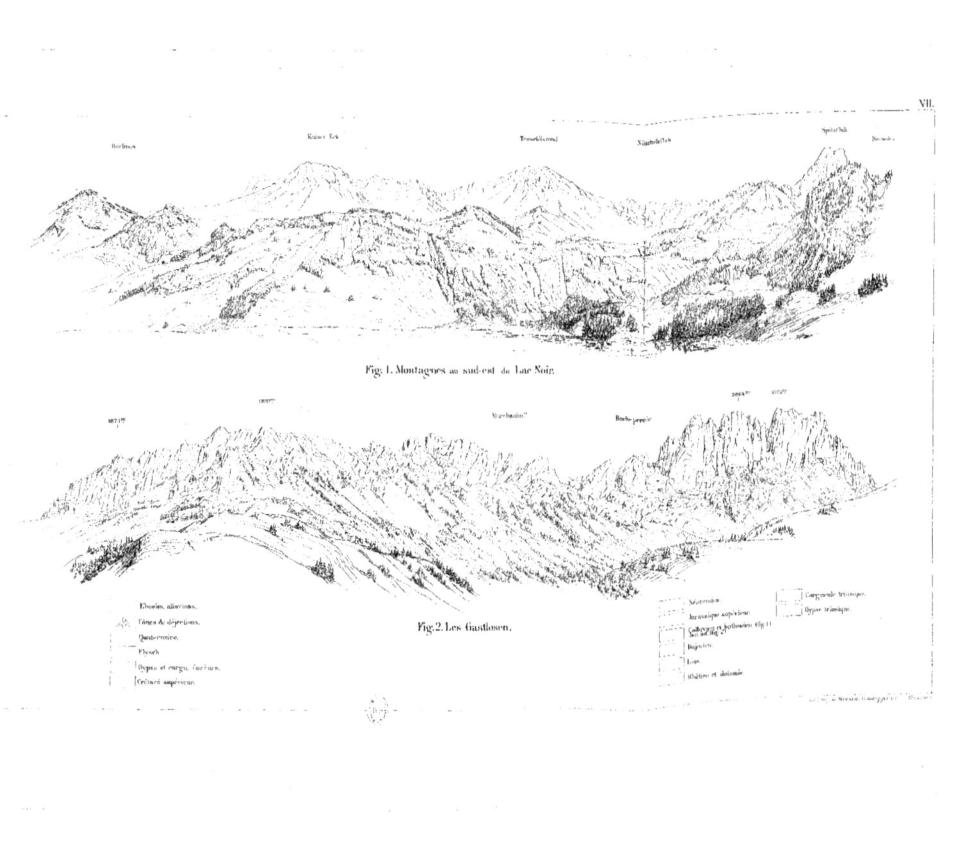
Fig. 1. Montagnes au sud-est du Lac Noir.
Fig. 2. Les Gastlosen.
Eboulis, alluvions.
Cônes de déjections.
Quaternaire.
Flysch.
Gypse et marne éocènes.
Crétacé supérieur.
Néocomien.
Jurassique supérieur.
Callovien et bathonien (fig. 1)
Bajocien.
Lias.
Rhétien et dolomie.
Cargneule triasique.
Gypse triasique.

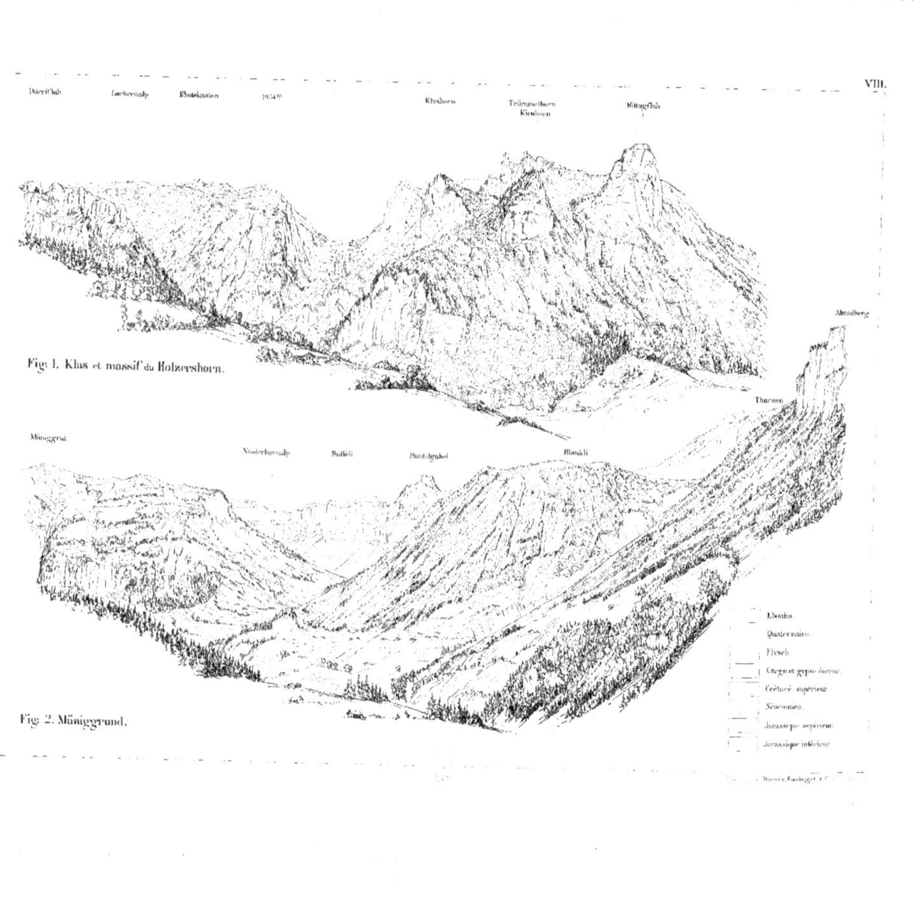

Fig. 1. Klus et massif du Holzershorn.

Fig. 2. Müniggrund.

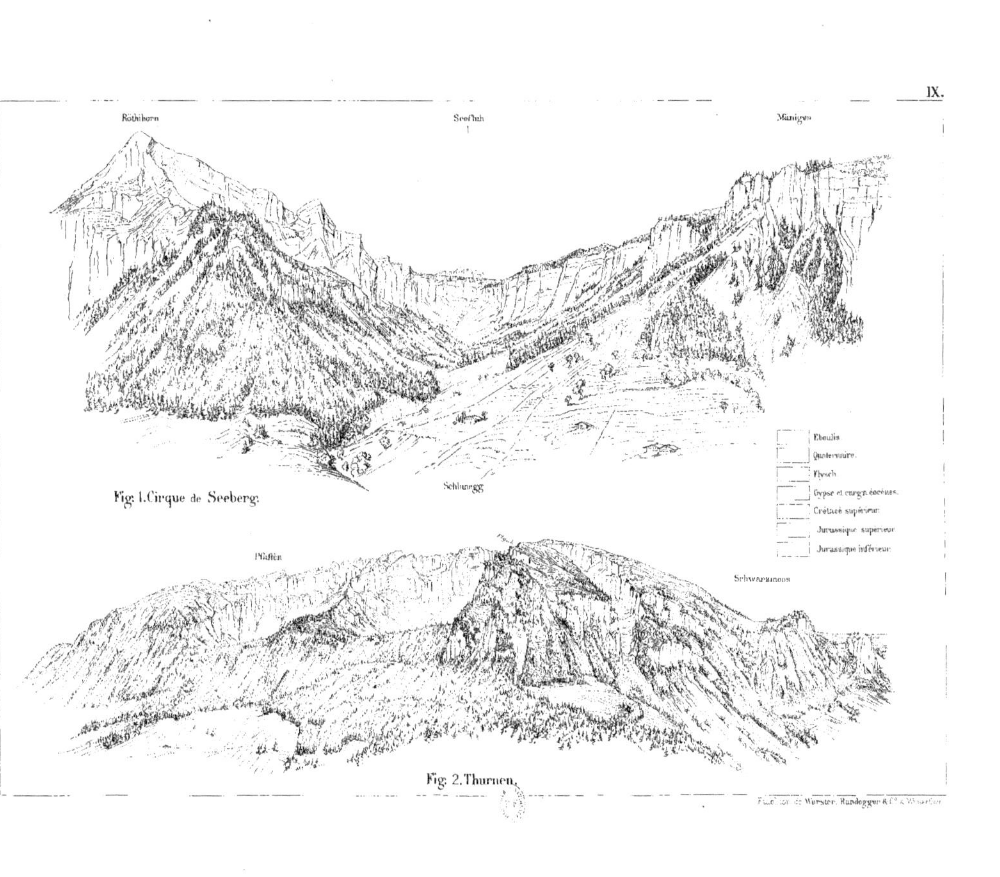

Röthhorn
Seefluh
Mänigen
Schlunegg
Fig. 1. Cirque de Seeberg.
Eboulis
Quaternaire.
Flysch
Gypse et eargn. éocènes.
Crétacé supérieur
Jurassique supérieur
Jurassique inférieur
Pfaffen
Schwarzmoos
Fig. 2. Thurnen.

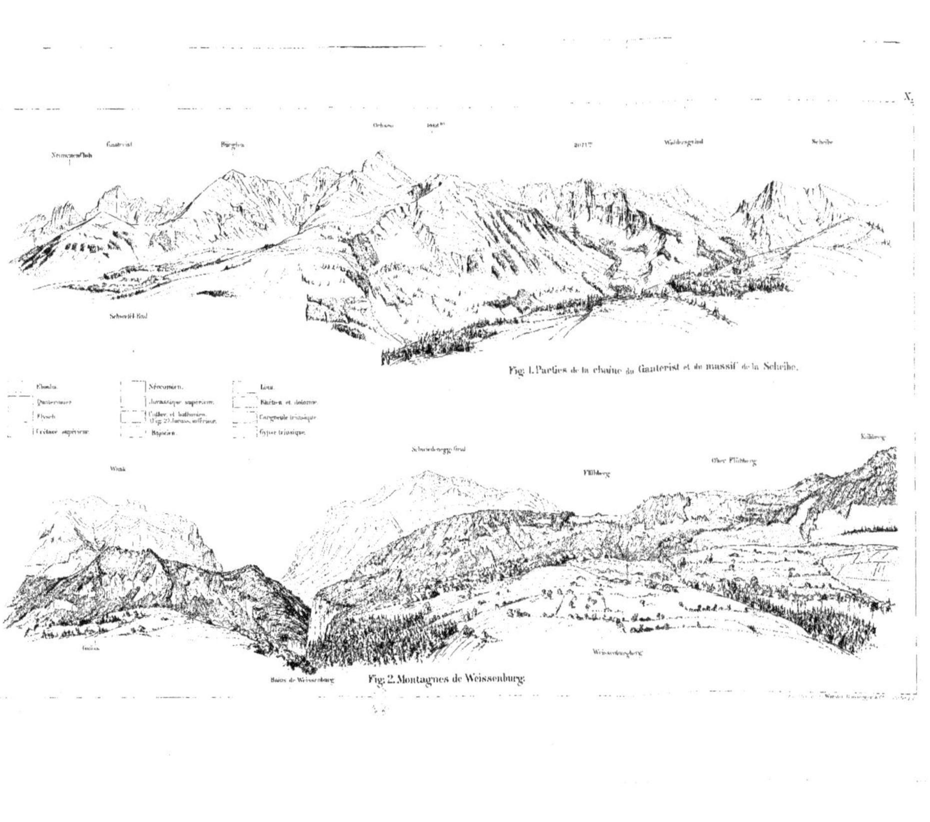

Fig. 1. Parties de la chaine du Ganterist et du massif de la Scheibe.

Fig. 2. Montagnes de Weissenburg.

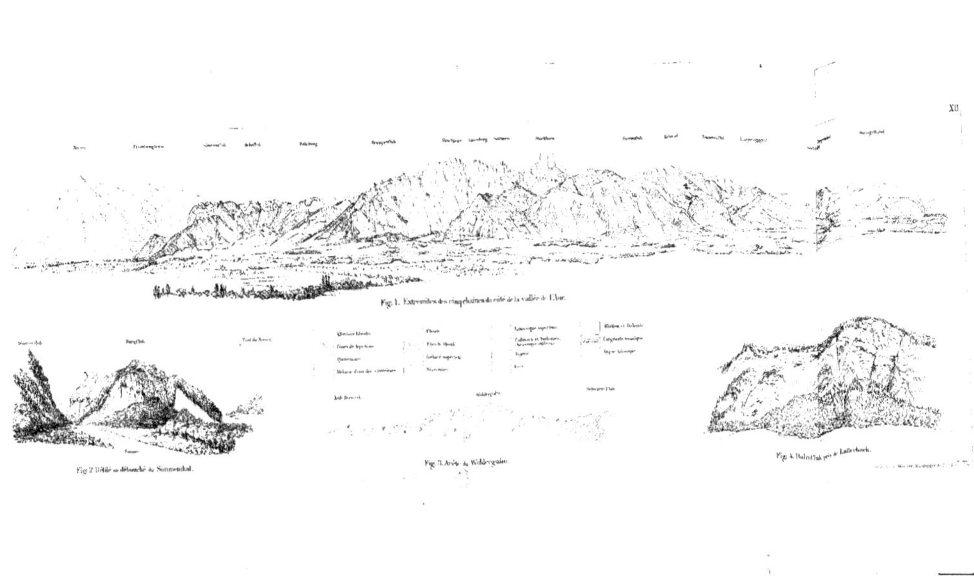

Fig. 1. Extrémités des cinq chaînes du côté de la vallée de l'Aar.
Fig. 2. Défilé au débouché du Simmenthal.
Fig. 3. Arête du Widdergalm.
Fig. 4. Halmifluh près de Lauterbach.

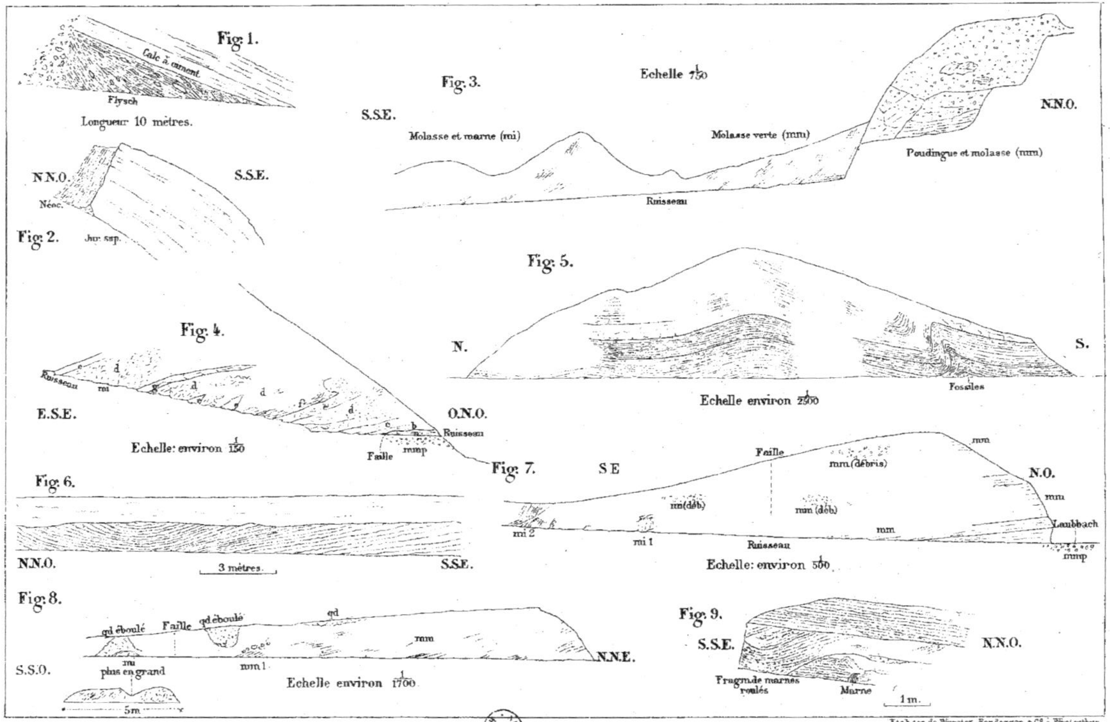

Fig. 1.
Calc. à ciment
Flysch
Longueur 10 mètres.
N.N.O.
Néoc.
Jur. sup.
Fig. 2.
S.S.E.
Fig. 3.
Echelle 1/750
Molasse et marne (mi)
Molasse verte (mm)
Poudingue et molasse (mm)
Ruisseau
N.N.O.
S.S.E.
Fig. 5.
N.
S.
Fossiles
Echelle environ 1/2500
Fig. 4.
Ruisseau
mi
e
d
g
d
f
d
c
b
a
Ruisseau
Faille
mmp
E.S.E.
Echelle: environ 1/150
O.N.O.
Fig. 7.
SE
Faille
mm (débris)
mm
mm (déb)
mm (déb)
mm
mi 2
mi 1
Ruisseau
Laubbach
mmp
N.O.
Echelle: environ 1/500
Fig. 6.
N.N.O.
3 mètres
S.S.E.
Fig. 8.
qd éboulé
Faille
qd éboulé
qd
mm
zu
plus en grand
mm 1
S.S.O.
N.N.E.
Echelle environ 1/1700
5m
Fig. 9.
S.S.E.
N.N.O.
Fragm. de marnes roulés
Marne
1 m.
Etab. typ. de Wurster, Randegger & Cᵉ à Winterthur.